PROFESSIONAL ENGINEER SURVEYING GEO-SPATIAL INFORMATION

NEW

측량 및 지형공간정보 기술사

지적기술사

5급 국가공무원 (토목직)

측량 및 지형공간정보 기술사

기출문제 및 해설

박성규 · 박종해
이혜진 · 온정국

이 책의 특징

- 17년간 기출문제 빈도표
- 26년간 단원별 출제경향 분석
- 최근 7년간 기출문제 모범답안 제시
- 최근 7년간 시사성 문제의 철저한 해설

예문사

머리말
INTRO

최근 측량 및 공간정보학은 사진측량, 원격탐측, GNSS 측량 및 GSIS(공간정보 구축 및 활용) 등의 발달로 지구 및 우주공간의 4차원 동시측량뿐만 아니라 토지, 환경, 자원, 해양 분야 등의 정성적 분야까지 그 활용도가 증가하고 있다. 이러한 최신 측량 및 공간정보를 계획하고 실시하는 측량 및 공간정보 기술자의 역할은 나날이 증대되고 있으며, 측량 및 공간정보 기술자의 자격을 심사하는 시험 또한 다양한 변화를 겪고 있다.

이러한 관점에서 본서는 측량 및 지형공간정보기술사 시험에 대비할 수 있도록 《NEW 측량 및 지형공간정보기술사 기출문제 및 해설》을 신경향에 맞게 《포인트 측량 및 지형공간정보기술사》, 《포인트 측량 및 지형공간정보기술사 실전문제 및 해설》에 이어 추가 편찬한 책이다.

측량 및 지형공간정보 자격시험에 관계되는 서적은 그동안 많이 출간되었으나, 측량 및 지형공간정보기술사 시험 관련 과년도 기출문제 및 해설집은 출간되지 않아 출제 경향분석 및 답안 작성 요령을 익히기 위한 수험생들의 고생은 이루 말할 수 없었다.

이러한 수험생들의 고충을 다소나마 해소하고자 본서의 저자들은 다년간의 측량 및 지형공간정보기술사 및 기술고등고시 강의에서 얻은 경험을 토대로 《NEW 측량 및 지형공간정보기술사 기출문제 및 해설》집을 출간하게 되었다.

또한 기술사 시험에서 가장 중요한 답안작성 요령에 대한 확실한 이해 없이 무분별한 수험준비를 하게 된다면 시대의 변화에 따른 답안 및 핵심 문제의 답안을 작성할 수 없으므로 많은 시간과 경비를 소비하게 되는 문제뿐만 아니라 유사한 문제가 출제된다 하더라도 응용력이 부족하게 되므로, 측량 및 지형공간정보기술사 자격시험 입문 시 과년도 기출문제 파악 및 답안작성 요령을 파악하는 것이 수험생의 필수사항이라고 할 수 있다.

그러므로 본서는 수험자 입장에서 다음과 같은 사항에 역점을 두어 편집하였다.

- 108회에서 최근 기출문제까지 모범답안 세시
- 실전에 직접 적용이 가능한 요약답안 제시
- 사진측량, GNSS, GSIS 등 첨단측량 관련 문제 요약정리
- 최근 측량 및 공간정보 관련 시사성 문제의 철저한 해설

아무쪼록 본서가 독자 여러분의 측량 및 지형공간정보기술사 대비에 보탬이 된다면 저자로서 큰 보람이 될 것이며, 이 자리를 빌어 본서를 집필하는 데 참고한 저서들의 저자께 심심한 감사를 드린다. 또한 많은 업무에도 불구하고 출판에 도움을 준 서초수도건설학원 직원들과 도서출판 예문사 정용수 사장님 및 직원 여러분께도 깊은 감사를 드리는 바이다.

공학 박사
측량 및 지형공간정보기술사 **박성규** 외 저자 일동

출제기준

INFORMATION

필기시험

직무 분야	건설	중직무 분야	토목	자격 종목	측량 및 지형공간정보 기술사	적용 기간	2023. 1. 1~2026. 12. 31
• 직무내용 : 측량 및 공간정보에 관한 고도의 전문지식과 실무경험에 입각한 계획, 연구, 설계, 관측, 분석, 운영, 평가 또는 이에 관한 지도, 감리 등을 수행하는 직무이다.							
검정방법	단답형/주관식 논문형			시험시간	400분(1교시당 100분)		

시험과목	주요항목	세부항목
측량 및 측지, 지형공간정보의 계획, 관리, 실시와 평가, 그 밖의 측지 · 측량에 관한 사항	1. 측량 및 측지학	1. 기하측지학 2. 물리측지학(중력측량, 지자기측량, 지각변동조사 등) 3. 우주측지(VLBI, SLR 등) 및 위성측지학(GNSS, Altimetry, 위성궤도 결정 등)에 관한 사항 4. 위치결정의 기준(측지기준, 좌표계, 좌표변환 등) 5. 지도투영법 6. 평면기준점측량 7. 수준점측량 8. 천문측량
	2. 일반측량 및 응용측량	1. 측량데이터 처리와 오차 2. 위치결정과 표현 방법 3. 법률, 제도, 정책 등에 관한 사항 4. 응용측량(지상현황측량, 하천측량, 터널측량, 노선측량, 시공측량, 지반 및 구조물 변위측량 → 시설물 안전관리측량 등)
	3. 사진측량 및 원격탐사	1. 사진측량의 일반과 원리 2. 사진측량의 설계, 처리과정, 품질관리, 결과물 3. 수치사진측량에 관한 사항 4. 항공사진측량에 관한 사항 5. 항공 LiDAR 측량의 일반과 원리에 관한 사항 6. 원격탐사의 일반과 원리에 관한 사항 7. 위성영상처리, 분석 및 응용에 관한 사항 8. 수치표고자료구축에 관한 사항
	4. 지도제작 및 공간정보구축	1. 지도 및 공간정보의 원리와 응용 2. 지도제작(작업공정, 편집, 수정 등)에 관한 사항 3. 수치지도제작에 관한 사항 4. 공간정보 정책수립과 의사결정 분야의 활용 5. 공간정보 구축과 응용분야 6. 지하공간정보 수집 및 분석 7. 실내공간정보 수집 및 분석 8. 재난정보 수집 및 분석 9. 국토변화 분석
	5. 수로 측량	1. 수로측량 총론 및 기준에 관한 사항 2. 수로 및 연안조사 측량 방법 및 규정 3. 수로측량성과관리 및 활용분야에 관한 사항

면접시험

직무 분야	건설	중직무 분야	토목	자격 종목	측량 및 지형공간정보 기술사	적용 기간	2023. 1. 1～2026. 12. 31
• 직무내용 : 측량 및 공간정보에 관한 고도의 전문지식과 실무경험에 입각한 계획, 연구, 설계, 관측, 분석, 운영, 평가 또는 이에 관한 지도, 감리 등을 수행하는 직무이다.							
검정방법	구술형 면접시험			시험시간	15～30분 내외		

면접항목	주요항목	세부항목
측량 및 측지, 지형공간정보의 계획, 관리, 실시와 평가, 그 밖의 측지 · 측량에 관한 사항	1. 측량 및 측지학	1. 기하측지학 2. 물리측지학(중력측량, 지자기측량, 지각변동조사 등) 3. 우주측지(VLBI, SLR 등) 및 위성측지학(GNSS, Altimetry, 위성궤도 결정 등)에 관한 사항 4. 위치결정의 기준(측지기준, 좌표계, 좌표변환 등) 5. 지도투영법 6. 평면기준점측량 7. 수준점측량 8. 천문측량
	2. 일반측량 및 응용측량	1. 측량데이터 처리와 오차 2. 위치결정과 표현 방법 3. 법률, 제도, 정책 등에 관한 사항 4. 응용측량(지상현황측량, 하천측량, 터널측량, 노선측량, 시공측량, 지반 및 구조물 변위측량 → 시설물 안전관리측량 등)
	3. 사진측량 및 원격탐사	1. 사진측량의 일반과 원리 2. 사진측량의 설계, 처리과정, 품질관리, 결과물 3. 수치사진측량에 관한 사항 4. 항공사진측량에 관한 사항 5. 항공 LiDAR 측량의 일반과 원리에 관한 사항 6. 원격탐사의 일반과 원리에 관한 사항 7. 위성영상처리, 분석 및 응용에 관한 사항 8. 수치표고자료구축에 관한 사항
	4. 지도제작 및 공간정보구축	1. 지도 및 공간정보의 원리와 응용 2. 지도제작(작업공정, 편집, 수정 등)에 관한 사항 3. 수치지도제작에 관한 사항 4. 공간정보 정책수립과 의사결정 분야의 활용 5. 공간정보 구축과 응용분야 6. 지하공간정보 수집 및 분석 7. 실내공간정보 수집 및 분석 8. 재난정보 수집 및 분석 9. 국토변화 분석
	5. 수로 측량	1. 수로측량 총론 및 기준에 관한 사항 2. 수로 및 연안조사 측량 방법 및 규정 3. 수로측량성과관리 및 활용분야에 관한 사항
품위 및 자질	6. 기술사로서 품위 및 자질	1. 기술사가 갖추어야 할 주된 자질, 사명감, 인성 2. 기술사 자기계발 과제

수험 대비 요령
INFORMATION

저자 박성규
- 공학박사
- 측량 및 지형공간정보기술사

서 론

기술사(PE : Professional Engineer)라 함은 현장실무에 입각한 고도의 전문지식과 응용능력을 갖추고 소정의 자격검정을 거친 사람들에게만 주어지는 관련 분야의 최고기술자라 할 수 있다.

기술사 시험은 단순히 최고의 기술자가 되기 위한 것이 아니며 해당 기술 분야의 문제점을 도출하고 정확한 방향을 제시하여야 할 뿐만 아니라 해당 기술에 관한 기획 및 입안을 수행할 수 있는 기술 전문가 자격 시험이다.

또한 기술인으로서 최고의 위치에 있으므로 신분에 맞는 인격과 인품을 겸비해야 한다고 생각한다. 최근 몇 년 전부터 우리 분야에서도 어느 특정한 사람만이 기술사가 될 수 있다는 생각을 버리고, 노력하는 사람 모두가 기술사가 될 수 있다는 인식의 변환과 함께 기술사에 대한 관심이 매우 높아지고 있는 실정이다.

하지만 측량 및 지형공간정보기술사의 경우에는 다른 기술사처럼 교재가 많이 나와 있는 것도 아니기 때문에, 정리 요약된 자료를 구하기란 쉽지 않은 것이 현실이다.

기술사 시험을 준비하는 이들은 시험 준비 방법 및 참고자료 수집 방법 등 모든 것이 생소하고 궁금하게 느껴질 것이다.

그래서 바쁜 가운데도 시간을 쪼개어 나름대로의 계획과 신념에 따라 기술사 시험에 정진하고 있는 여러분께 작은 보탬이 되었으면 하는 마음으로 좀 더 쉽게 접근할 수 있는 방향을 제시하고자 한다.

측량 및 지형공간정보기술사 수험 대비 요령

기술사 시험은 단답형과 주관식 논문형으로 구분되어 출제되고 1교시(9:00)부터 4교시(17:20)까지 진행되며 매 교시 100분씩 총 400분 동안 치러지게 된다.

또한 매 교시의 배점은 100점이며 총 400점을 만점으로 하고 총점의 60%인 240점 이상 취득하면 1차 필기 시험에 합격한다.

과거에는 매 교시마다 40점 이하이면 과락(科落)을 두어 4교시의 총 취득점수가 240점 이상이 되어도 불합격하였으나, 1999년도부터는 과락을 없애고 4교시 총 합계 점수가 240점 이상만 되면 합격할 수 있도록 규정이 바뀌었다.

또한 2000년도부터는 출제유형이 1교시는 단답형 문제로 13문제를 제시하여 그중 본인이 자신 있는 10문제를 선택하여 기술하며, 1문제당 배점은 10점씩으로 되어 있다. 2~4교시까지는 주관식 논문형 문제로 종래에는 배점이 50점, 40점, 30점, 25점, 20점으로 형태가 다양하였으나, 2000년도부터는 25점으로 배점된 6문제를 제시하여 본인이 가장 잘 정리할 수 있는 4문제만 선택하여 답안작성을 하도록 경향이 바뀌어 출제되고 있으므로 기존의 공부방법을 완전하게 벗어나, 광범위하고 포괄적으로 공부하여야 할 것이다('측량 및 지형공간정보기술사 최근 17년간 기출문제 빈도표' 참조).

1 기술사 시험의 특징

(1) 쓰는 시간에 제약을 받는다.

(2) 답안지의 작성 공간에 제약을 받는다.

(3) 문장 표현력을 시험한다.

(4) 장기간 준비해야 한다.

2 수험자의 마음가짐

(1) 합격할 수 있다는 확실한 신념을 가져야 한다.

(2) 조급하게 서두르지 말고 지속적으로 공부할 수 있도록 마음의 준비를 해야 한다.

(3) 합격으로 인한 어떤 특혜를 고려하지 말고 자신의 부족한 부분을 정립시킨다는 생각으로 공부에 임한다.

(4) 목적 달성(합격)을 위해 사생활을 일시적으로 자제(절연, 절주)하여야 한다.

(5) 쉽게, 빨리 먹을 수 있는 수단과 방법이란 없다고 보며, 공부는 충분히 할 만큼 해야 합격할 수 있다는 것을 인식하여야 한다.

3 기술사 시험의 준비요령

3.1 준비 시 유의사항

(1) 준비단계는 일정계획에 의한 자료수집, 정리, 암기, 모의답안지 작성 등의 단계로 꾸준하게 하지 않으면 안 된다.

(2) 합격할 때까지 모든 생각과 마음은 항상 시험준비에 노력을 다하여야 한다.

(3) 개인 체력 관리에 주의하여야 한다.

(4) 사생활에 따른 시간 낭비가 되지 않도록 유의하여야 한다.

(5) 주위 수험자들과 선의의 경쟁 의식을 느끼는 것이 중요하다.

(6) 생각만 가지고 도전을 하지 않는다면 기술사는 자신의 것이 되지 않는다.

3.2 일정 계획

(1) 수험 준비 시간은 최근의 경향으로 연간 600~1,000시간 정도를 요한다. 만약 1일 6시간 이상 공부하는 것으로 계산하면 5~6개월이 소요되며 집중적 노력이 중요하다.

(2) 측량 및 지형공간정보기술사 시험의 경우는 연간 2회 실시되고 있으므로 자신의 생활에 맞게 계획을 세우는 것이 중요하다.

3.3 자료 수집 및 정리

3.3.1 자료 수집

(1) 기본교재의 선택은 3~4권으로 정할 것

(2) 보조교재의 수량은 적으면서도 알차게 이용할 것

(3) 수집된 자료는 효율적(총괄적, 포괄적)으로 집중정리하고 관리할 것

(4) 각종 관련 학회 및 협회지, 논문집, 인터넷 측량 자료 등을 이용할 것

3.3.2 자료 정리

(1) 기본교재를 구입한 후 답안지에 Sub-note할 것
(2) 시험장에서와 같은 흑색 볼펜과 모의 답안지를 사용하여 정리해 볼 것
(3) 단답형은 주관식 논문형 모범답안을 정리하기 전에 정리할 것
(4) 각 분야에 대한 가장 기본적인 부분의 특징, 고려사항, 문제점, 개선사항 등을 정리할 것

3.4 학습 방법

(1) 눈으로 공부하는 것보다 쓰는 공부가 효율적이다.
(2) 자료 정리에 철저를 기하여야 한다.
(3) 요점을 정리한 후 모범답안 작성 연습을 한다. 답안지 양식을 복사하여 14page 단위로 1집을 만들어 쓰면서 연습하는 습관을 기른다.
(4) 자신만의 암기방법을 개발한다.
① 그림을 통하여 연상시키는 암기 방법 및 첫 글자, 약자를 이용하여 암기하는 방법이 있다.
② 현장경험이나 수행업무 및 일상생활을 연상시키는 암기가 가장 효과적일 것이다.
③ 모범답안에 대한 중요한 내용은 반복하여 암기하여야 한다.
④ 100% 암기하기도 어렵지만 암기한 내용을 시험장에서 모두 표현하기는 더욱 어렵다.
⑤ 암기식 공부는 똑같은 문제가 나오지 않는 한 답안 작성도 어렵지만 동일한 문제가 출제되어도 생각이 잘 나지 않으므로 포괄적이고 전반적인 흐름을 이해할 수 있는 공부를 하여야 한다.
⑥ 자료 정리에서 단답형은 약 100개, 주관식 논문형은 약 100~150개 정도 준비하여야 한다.

3.5 모의 답안지 작성

(1) 사전에 답안지 작성을 충분히 연습해 보는 것이 필요하다.
(2) 답안 작성 시 한자, 영문 등을 골고루 섞어 쓰면 좋다.
(3) 답안 작성은 그림이나 기본적인 공식을 활용하여 작성해야 한다.
(4) 기술사 수준은 해박한 지식과 고도의 경험을 요구하며 문제에 대한 정확한 방향, 문제점 및 대안을 제시할 수 있는 적합한 답안지를 작성하여야 한다.

3.6 답안 작성의 일반적 요령

(1) 출제된 문제의 핵심을 파악한 뒤 채점위원의 입장에서 작성하여야 한다.

(2) 많이 알고 있다고 점수가 되는 것은 아니며, 체계적이고 논리적으로 정리된 답안지만이 정답이다.

(3) 암기된 내용을 기록하는 것보다 이해된 내용을 이용하여 답안지를 작성하는 것이 효과적이다.

(4) 답안 작성 시간(시험시간 100분)이 충분하다고 생각한 수험자의 답안은 어딘가 부실한 것이다.

(5) 문제지를 받으면 가장 확실한 문제부터 답안 작성을 하는 것이 좋다. 즉, 난이도가 높은 문제를 풀었다고 점수가 많은 것은 아니다.

(6) 시험 당일 점심시간을 잘 활용하라(준비해간 도시락을 먹으면서 정리하는 것이 매우 중요하다).

3.7 답안 작성 예시

(1) 개요

요구하는 문제의 정의 및 기술하고자 하는 방향 제시, 문제의 요지와 답안의 범위를 제시할 것

(2) 이론

한 단계 위쪽에서부터 생각하여 간략하고 함축성 있게 세분화하여 작성할 것

① 특징(1. 장점, 2. 단점)

② 종류

③ 필요성

④ Flow Chart

(3) 문제 요지(본론)

출제된 문제의 핵심을 폭넓고 포괄적으로 파악하고 경제성, 민원, 장소 선정, 학술적 검증, 안전관리, 보존상태, 규정규칙 등의 검토사항 등을 기술할 것

① 원인

② 대책

③ 유의사항(고려사항)

④ 개선사항(제안사항) 또는 본인의 경험

⑤ 현장경험이 있으면 반드시 그 내용을 기술할 것

(4) 결론

결론에는 가장 중요한 특징, 문제점, 대책, 개선방향을 기술하고 수험자의 개성이 나타나도록 기술할 것(1. 우수성, 2. 개선방향, 3. 자신의 의지가 포함되어야 한다)

측량 및 지형공간정보기술사 17년간 기출문제 빈도표

INFORMATION

구분		시행연도	2006년		2007년		2008년		2009년		2010년		2011년		2012년		2013년		2014년		2015년		2016년		2017년		2018년		2019년		2020년		2021년		2022년		빈도 (계)	빈도 (%)
			78	80	81	83	84	86	87	89	90	92	93	95	96	98	99	101	102	104	105	107	108	110	111	113	114	116	117	119	120	122	123	125	126	128		
총론 및 시사성	총론	용어	3					2	2	1					2			2		1		2		1		2				1	1		1				21	2.0
		논술	4	2	3		1	2		1	2	1	1	1	2	3	3	2	1		1		3	3	1	1			1	2		1	1		1	1	45	4.2
	시사성 및 관련법	용어													1	1		1			1																4	0.4
		논술					3					3	3		1	3		3	2	1	3	2	1	1	2	1	1	4	1	1			1	2			39	3.7
소계			7	2	3		4	4	2	2	2	4	4	1	6	7	3	8	3	2	5	4	4	5	3	4	1	4	2	4	1	1	3	2	1	1	109	10.3
측지학	지구와 천구	용어	1	2	1	1	1	2		1	1	2	4	3	2		3		2		3		2		2		1		2	1	1	1		1	1		41	3.9
		논술		1					1																		1										3	0.3
	좌표 해석	용어	1				1			3						1		1					1		1					1				1		1	12	1.1
		논술								3		1	2													1										1	8	0.8
	중력/ 지자기 측량	용어	1		1			1		1	1				1		1			1			1			1		1	1								12	1.1
		논술						1	1			1		1			2	1	1			1													1		10	0.9
	공간 측량	용어			1	1		1			1		1						1	2					1				1			1				1	12	1.1
		논술	1						1						1		2			1														1			7	0.7
	해양 측량	용어															2		2			1						1									6	0.6
		논술			2		1						1			1			2																		7	0.7
소계			4	3	5	2	3	5	3	8	3	4	8	4	4	2	10	2	8	4	3	2	4		4	2	2	2	4	2	1	2		3	2	3	118	11.2
관측값 해석	오차와 최소 제곱법	용어			1		2		1			1						1	1	1			1	1		1		1	1		1	1			1	1	17	1.6
		논술				1					1													1						1						1	5	0.5
소계					1	1	2		1		1	1						1	1	1			1	2		1		1	1	1	1	1			1	2	22	2.1
지상측량	거리 측량	용어					1					1																									2	0.2
		논술			1																				1	1											3	0.3
	각측량	용어				1	1															1															3	0.3
		논술	1																																		1	0.1
	삼각측량 삼변측량	용어																	1							1					1		1				4	0.4
		논술	1																															1			2	0.2
	다각 측량	용어												2	1		1						1							1			2				8	0.8
		논술					1																														1	0.1
	수준 측량	용어					1		1											1												2	1	1			7	0.6
		논술						1	1							1	1	1						1	1				1		1	1					10	0.9
	세부 측량	용어																																			0	
		논술																																			0	
소계			2		1	1	4	1	2			1		2	1	1	2	1	1	1		1	1	1	2	2			1	1	2	3	4	2			41	3.9
GNSS 측량	GNSS	용어	1	2	2	2	2	1	1	2	2	2		1	1	1	1	3		1	1	1	1	2		1	2	2	3	1		2	1	1		1	44	4.2
		논술		3		1		1		2		3		3	1				1	1	1	1	1	1		1			1	1	1				1	1	26	2.5
	GNSS 응용	용어							1							3			1			2		1	1		1	2					1		1		14	1.3
		논술	1	1	2	2	3		1		1		1		2	1	2			1	2	1		2		4			1	1			1	1			31	2.9
소계			2	6	4	5	5	2	3	4	3	5	1	4	4	5	3	3	2	3	4	5	2	6	1	6	3	4	5	3	1	2	3	2	2	2	115	10.9

구분		시행연도	2006년		2007년		2008년		2009년		2010년		2011년		2012년		2013년		2014년		2015년		2016년		2017년		2018년		2019년		2020년		2021년		2022년		빈도 (계)	빈도 (%)
			78	80	81	83	84	86	87	89	90	92	93	95	96	98	99	101	102	104	105	107	108	110	111	113	114	116	117	119	120	122	123	125	126	128		
사진측량 & R.S	사진측량	용어	3	3	1	3		4	2	1	4	2	2	2	1	1	1	1	1	2	1	2	1	2	1		2	2		1	3		1	2	2	2	56	5.3
		논술	3	2			1	6	2	1	3	2	1	3	1			1	1	1	2	1	2	2		1	2		1	2		1	2	2	1	3	50	4.7
	사진판독	용어				1																															1	0.1
		논술															1								1									1			3	0.3
	R.S (원격탐측)	용어		1	1		1		1				2		2	2		2	1	2	1	1	1			1	1		1	1			1	2	1		26	2.5
		논술			2	3			2	1			6		2		1	2	1	1	1	1		2		2		2		1	2		2	2	2	1	39	3.7
	사진측량 & R.S 응용	용어	1		2		1				1						1	1				1	1	1	1	2	1	2	1	1		1	1	1		2	23	2.2
		논술		3	2	2	1	3	3	4	2				3	4		2		3		2	2	2	2	1	3	4	2	1	2	2	2	3	3	2	65	6.2
소계			7	9	8	9	4	13	10	7	10	4	11	5	9	7	4	9	4	9	5	8	7	9	5	7	9	10	5	7	7	4	9	13	9	10	263	25
공간정보 (GSIS)	공간정보 (구축)	용어			1	2		1		2		4		1	2	1			1	1					1	1	1				1	1	1		2	2	26	2.4
		논술	3					1	2	1	1	3		2			1			1	2		2		1		2	1		2		1	2		1		29	2.8
	공간정보 (활용)	용어		1	1	3			1	1			3				1		1				1	2	1	1	2		1	2	1	3			1	1	28	2.7
		논술		2	3	1	2	2	1	1	3			3	2			1	1	1	2		2	1	3	2	2	3	3	1	3	3	3		2	2	55	5.2
소계			3	3	5	6	2	4	4	5	4	7	3	6	4	1	2	1	3	3	4		5	3	6	4	7	4	4	5	5	8	6		6	5	138	13.1
응용측량	지도제작	용어		2	1				3		1	1		2		1	3	1	1	1	3	1	1	1	1			3		1	2				1		31	2.9
		논술		3	1	6			2	3	1	3	1		1	2			2	1		3	2			1	2		2		2	1		3	1		43	4.1
	면·체적측량	용어		1						1							1												1	1					1		6	0.6
		논술					1							1																	1		1				4	0.4
	도로 및 철도측량	용어	2				2	1			1		1	2			1			1					1	1					1			1		1	16	1.5
		논술		1			2	1			2					1		2			1	1	1	1	1				1	2	1	4			1	1	24	2.3
	터널측량	용어																																				
		논술							1					1			1		1		1				1		1	1			1				1	1	11	1.0
	하천 및 수로측량	용어														2			1		4	1		2	2	1	2		1	1	1		2	2	2	2	26	2.5
		논술	1							1	1			1	1	2	1	2	2	2	1	2	1	1	3	1	1		2	2	3	1	2	1	2	1	38	3.6
	상하수도측량	용어																																				
		논술																1																			1	0.1
	댐측량	용어																																				
		논술																																				
	항만측량	용어																																				
		논술																																				
	교량측량	용어																																				
		논술												1	1					1																	3	0.3
	시설물측량	용어																														1		1			2	0.2
		논술					1													1			1					2			1	1	1	1		1	10	0.9
	문화재/비행장측량	용어																				1							1								2	0.2
		논술																																				
	지적측량 및 기타	용어		1							1																										2	0.2
		논술	3		2	1	1				1	1	2	1					2	1		2	1		1	1	3		1	1		2			1	1	29	2.7
소계			6	8	4	7	7	2	6	5	8	5	4	9	3	8	7	6	9	8	10	11	7	5	10	5	9	6	9	8	13	10	6	9	10	8	248	23.5
총계			31	31	31	31	31	31	31	31	31	31	31	31	31	31	31	31	31	31	31	31	31	31	31	31	31	31	31	31	31	31	31	31	31	31	1,054	100

측량 및 지형공간정보기술사 단원별 출제경향 분석(48~128회)

INFORMATION

1. 총론(A General Summary) 및 시사성

구분＼내용	출제문제	출제유형	회차
	Geomatics (10점)	용어	69회
	측량의 상대오차 $1/10^6$로 허용 시 구면과 평면의 한계와 관련 공식 유도 설명 (25점) 상대정밀도 1/10,000일 때 평면측량의 범위는 몇 km인가? (25점) / 대지/소지측량 (10점) (25점) (10점)	논술/용어	65, 66, 107, 111, 113회
	측량법상 측량의 분류, 정의 (25점) (10점) (10점) (25점) (10점) (25점) / 측량법에 도입된 세계측지계 (10점) 우리나라 측량법상의 측량성과 심사 (25점) (10점) (25점) (25점) 측량법 시행령에서의 측량업의 종류 기술 (25점) (25점) (25점) / 위반행위에 대한 과태료 부과내용 (25점) 측량법에 의한 측량의 분류 (10점) / 공공측량에서 제외되는 측량 (10점) (25점) 일반측량에서 제외되는 측량 (10점) / 측량법 주요 개정내용 (25점) / 측량기기 성능검사 (10점) 측량기술자 중에서 고급기술자의 기준 (10점) (10점) / 우리나라 측량기술자를 분류하고 육성방안 논술 (25점) 공공측량업의 업무내용 중 "설계에 수반되는 조사측량과 측량 관련 도면작성"에 대해 설명 (25점) 공공측량 성과심사의 절차와 업무내용에 대하여 설명 (25점) (25점) (25점) (25점) (25점) (25점) (25점) / 공공측량 목적, 종류, 업무처리 절차 (25점) (25점) (25점) (25점) (25점) 공공측량작업규정에서 용지측량의 업무영역(지적현황측량) (25점) / 공공측량 성과의 메타데이터 작성 (25점)	논술/용어	51, 52, 53, 67, 68, 78, 80회 52, 61, 64, 68회 61, 65, 71, 74, 76, 81, 87, 116, 122회 71, 78회 71회 71, 76, 77, 78, 81, 98, 102, 108, 114, 117, 123회 104, 125회
	측지원자 (10점) (10점) (10점) / 세계측지계의 요건 (10점) / 국가위치의 기준 (25점)	용어/논술	52, 53, 57, 119, 126회
	우리나라 측량기준과 좌표계에 대한 현황, 문제점, 개선방안 (25점) (25점) 우리나라 측지기준 (25점) (25점) (25점) (25점) (10점) (10점) (25점) / 우리나라 지구 중심 좌표계의 기준 (10점)	논술/용어	60, 68, 70, 72, 73, 76, 86, 90, 104, 107회
총론	우리나라의 측량원점 (30점) (50점) (50점) (10점) (25점) (25점) / 수준원점 (10점) (10점) / 평면직각좌표원점 (10점) (10점) (10점) / 10.405″ (10점) 우리나라의 표준경선 (10점) / 우리나라의 수평측지기준 현황 (25점) / 우리나라 원점의 역사적 배경 및 문제점, 개선방안 (25점) (25점) 우리나라 측지계 원점 현황, 재확립을 위한 개선방안 (25점) / 남 · 북한 측지계 문제 해결 (25점)	논술/용어	48, 50, 51, 52, 55, 65, 74, 77, 96, 101, 119회 93, 95, 98회 110, 117회
	우리나라 표고 종류와 기준 (25점) (25점) (25점) (10점) (10점) (25점) (10점) (25점) / 평균해수면으로 정한 이유 (25점) / 평균동적해면 (10점) / 타원체고와 표고 (10점) (10점) / 평균해수면과 수준원점의 문제점 및 개선방안 (25점) (25점) 우리나라 육상과 해상에서 각 높이 기준에 대한 정의, 기준면 종류, 기준면의 통합 필요성 및 활용방안 (25점) (25점) (25점) / 표고기준면과 수심기준면의 상관관계 (25점) KNGEOID13을 연안 · 도서지역에 적용할 때 문제점, 정확도 향상 방안 (25점) / 통일 대비 북한지역의 긴급 인프라 구축을 위한 수직위치 결정방안 (25점)	논술/용어	67, 70, 74, 75, 76, 78, 81, 87, 89, 92, 93, 96, 101, 128회 90, 99, 113, 119회 102, 108회
	측량기준점 (10점) (10점) (10점) (10점) / 기준점 관리 방안 (25점) (25점) / GNSS 상시관측소, 중력점, 자기점의 현황 (25점) / 기준점 종류별 현황 (25점) (25점) / 영해기준점 (10점) 공공기준점 측량의 정의, 기준점 간격, 정확도, 활용방안에 대하여 설명 (25점) / 효과적인 통합측지망 구축방안 (25점) / 통합기준점 작업방법 (25점) 측량기준점 일원화에 따른 문제점/개선방안 (25점)	용어/논술	71, 73, 86, 98, 101, 110, 120, 123, 125회 72, 99, 105회 110회
	최근 측량법 제5조(측량의 기준)가 개정되어 세계측지계가 도입되었다. 주요 내용과 대처방안에 관한 기술 (25점) (25점) (25점) (10점) (25점) (25점) (10점) (25점) 세계측지계 도입에 관한 측량 및 GIS분야의 현황, 문제점, 기존자료 활용방안에 대한 기술 (25점) (25점) (25점) 세계측지계의 도입배경과 내용을 설명하고 대축척 수치지형도의 전환방법 (25점) / 국가격자좌표계의 도입방안 (25점)	논술/용어	63, 66, 69, 74, 76회 72, 78, 80회 78, 99회
	국토기본법에 의한 국토조사에 대하여 설명 (25점)	논술	71회
	국제단위계 중(SI) 기본단위 (10점) (10점) / 라디안 (10점) (10점) 1초는 몇 라디안 (10점) (10점) / 스테라디안 (10점) / m^2와 평의 관계 (10점) / 측량장비 검정 (25점) (25점)	용어/논술	50, 50, 57, 69, 76, 108, 111, 113회
	기본측량과 건설교통부 산하 국립지리정보원 임무 (10점) 측량 및 GIS 관련 단체와 역할 (10점)	용어	58회 74회

구분 \ 내용	출제문제	출제유형	회차
시사성	측량용역대가를 설명하고, 저가심의제 도입과 최저가 낙찰제도가 측량분야에 미치는 영향에 대하여 논하시오. (25점) 우리나라 지리정보 가격체계의 문제점과 개선방안 (25점)	논술	72회 84회
	측량정보산업의 현황과 전망을 설명하고 측량기술자의 역할 (25점) 측량산업 활성화 차원에서 건설관리법과 제도 개선방안 (25점) / 공간정보산업의 현황, 문제점, 개선방안 (25점) 공간정보기술이 활용되는 분야 (25점) / 공간정보추진체계 (10점)	논술/용어	78회 84, 86회 96, 101회
	21세기 측량의 발전방향에 대하여 설명 (25점) / 책임측량사 제도 (25점)	논술	62, 68회
	남북통일을 대비한 측량 및 GIS분야의 대응 방안을 제시 (25점) / 남북한 국가기준점 통합구축 방안 (25점)	논술	72, 116회
	정보기술(IT) 분야에서 GIS와 GPS 역할 (25점)	논술	73회
	지리정보산업의 해외진출 활성화를 위한 공간정보의 품질인증 방안 (25점) 측량업체의 해외시장 진출방법에 대한 기술 (25점) (25점) / 해외 진출을 지원하기 위한 영문지도 사용기준 (25점)	논술	95회 84, 93, 105회
	일반측량에 지적기능이 통합될 경우 장단점 기술 (25점)	논술	84회
	특수카메라/인터넷/휴대폰을 통한 불특정다수에게 공개되는 국가지리정보보안의 문제점 및 개선방안 (25점) (25점) / 공간정보 보안규정 (25점)	논술	87, 92, 101회
	국토 통합정보시스템 구축의 주요 내용 (25점) (25점) (10점) / 공간정보 관련 법률 정비방안 (25점) 국가공간정보정책 기본계획 (25점) (25점) (25점) (25점) / 제1차, 제2차 국가측량기본계획 (25점) (25점) (25점) 3차원 공간정보 구축사업의 현황, 활용방안 및 문제점 (25점) / 스마트 국토정보 3.0 (10점)	논술/용어	89, 93, 101, 102, 110, 111, 114, 116, 123, 125회 96, 105회
	국토에 대한 체계적인 인문지리정보의 인프라 구축방안 (25점) (25점) / 국가수문기상 재난안전 공동활용 시스템 (25점)	논술	92, 93, 101회
	UN-GGIM (10점) (25점) / GGIM-Korea 포럼 발전방향 (25점) / 국토지리정보원 공간정보 기관표준 (25점)	용어/논술	96, 98, 105, 107회
	항공사진측량의 지적재조사사업의 적용방안 (25점) / 해양지적 (25점)	논술	96, 102회
	북극지역 공간정보 구축 (25점)	논술	102회
	국가지점번호 부여체계 도입 (25점) / 차세대 국가위치기준체계 구축계획 (25점)	논술	104, 113회
	공간정보의 국외 개방에 대한 문제점 및 해결방안 (25점)	논술	119회

2. 측지학(Geodesy)

구분 \ 내용	출제문제	출제유형	회차
측지학	Geoid (25점) (10점) (10점) / 지오이드모델의 결정방법, 필요성 (50점) (25점) (25점) / 지오이드고 (10점) (25점) / 합성지오이드모델 (10점) (10점) / KNGeoid13 (25점) / KNGeoid18 (10점) / KNGeoid (10점) 지구의 모양과 크기 (25점) / 지구타원체 (10점) / 준거타원체 (10점) / 기준타원체 (10점) (10점) / 텔루로이드면 (10점) 대지측량 기준계(1980)의 기타 상수 중 제1이심률과 제2이심률의 정의 (5점) (10점) (10점) 기준타원체(준거타원체) (10점) / 지구의 평균곡률반경 (10점) / 자오선 곡률반경 (10점) Bessel 타원체와 GRS 80 타원체의 근본적인 차이점과 타원체 요소는? (10점) (25점) 지구의 형상, 지오이드, 지구타원체, 연직선 편차에 대해 기술 (25점) (25점) (10점) / 측지기준 파라미터(8가지) (10점)	논술/용어	50, 53, 55, 63, 69, 74, 92, 99, 102, 105, 114, 117, 122회 51, 52, 56, 66, 75, 80회 49, 54, 77회 58, 96, 108회 65, 68회 65, 69, 99, 108회
	자오선 수차 (10점) (10점) / 진북방향각 기본식 (10점) 연직선 편차 (10점) (10점) (10점) (10점) (10점) (10점) (10점) / 연직선 편차/수직선 편차 (10점) (10점)	용어	51, 55, 119회 54, 55, 58, 67, 76, 86, 93, 111, 119회
	평행권 (10점) / 측지선과 항정선 (10점) / 자오선과 묘유선 (10점)	용어	66, 96, 125회
	구과량과 구면삼각형 (10점) (10점) (10점) (10점) (10점) (10점) (10점) (10점) (10점) / 구과량 (10점) (10점) (10점) (10점) (10점) / 르장드르 정리 (10점) (10점)	용어	50, 51, 58, 61, 67, 73, 75, 80, 84, 86, 92, 93, 99, 111, 117, 120회
	장동 (10점) / 코리올리효과의 힘 (10점)	용어	51, 83회
	천문측량에 의한 위치 해석기법을 기술 (25점) (25점) (25점) (10점) 천문측량이 측지측량에 이용되는 이유? (25점) (25점)	논술/용어	59, 69, 87, 102회 62, 64회
	세계시 (10점) (10점) / 표준시 (10점) (10점) 균시차 (10점) (10점) / 역학시 (10점) / 협정세계시 (10점)	용어	56, 62, 65, 89회 58, 69, 105회
	적경과 적위 (10점) / 천문좌표계 (10점) / 지구좌표계 · 천문좌표계 (10점) / 위도의 종류 (15점) (10점) (10점) (25점)	용어/논술	48, 52, 54, 60, 77, 78, 93회
	지심좌표계 (10점) (10점) (10점) / ITRF (10점) (30점) / 국제천구좌표계(ICRF) (10점) 세계 측지 측량 기준계(WGS 60, 66, 72, 84)에 대하여 기술 (25점) / 세계측지계 좌표 변환 (25점) (25점) (25점) 측량에서 사용하는 지구 좌표계의 종류에 대하여 기술 (50점) (10점) / UTM, UPS 좌표계 (10점) / UTM-K 좌표계 (25점) UTM 좌표 (10점) / UTM과 UPS (10점) (10점) (10점) / UTM, UPS 축척계수 (10점) UTM과 평면직각좌표에서 음수(-)를 피하기 위하여 원점에 얼마를 더해주는가? (10점) ITRF 좌표계 (10점) (10점) / IERS (10점) / ITRF 2000, 2008, 2020 (10점) (25점) (10점) (10점) / 한국측지계2002 (10점) / 3차원 측지좌표계 (10점)	용어/논술	49, 50, 51, 111, 119, 126회 54, 92, 113, 128회 54, 56, 84, 93회 57, 61, 64, 67, 125회 63, 67, 70, 86, 98, 101, 108, 128회
	수평위치와 수직위치 결정을 위한 측량방법 (25점) (25점) (25점) 삼차원 위치결정을 사진측량, 관성측량, GPS 측량 및 관성측량방법으로 분류 설명 (25점) (25점)	논술	55, 56, 70회 57, 65회
	정표고, 역표고, 타원체고, 지오이드고 (10점) (10점) (10점) (10점) 등포텐셜면 (10점) / 타원보정 (10점)	용어	52, 81, 90, 113회 55회
	중력측량의 관측방법 및 보정에 대해서 설명 (30점) (25점) (25점) (25점) (25점) (25점) / 중력이상 및 보정에 대하여 기술 (25점) (25점) (25점) (25점) (10점) (10점) (10점) (10점) (10점) (10점) (10점) / 지구물리측량 (25점) (25점) / 지구중력장모델 (25점) 상대중력계로 중력을 관측하는 경우 중력이상값을 계산하기 위하여 실시하는 보정 (25점) / 상대중력값을 이용한 지하자원 및 지각구조 탐사방법 (25점) 고도계위성과 중력측정위성의 원리 및 대표적 위성 (25점) / 국가기준점에서 중력값 측정 조건 · 방법 · 처리과정 (25점)	논술/용어	49, 54, 57, 60, 64, 66, 69, 77, 80, 81, 86, 87, 92, 90, 96, 102, 107, 108, 117회 95, 99회 99, 101회
	지자기 3요소 (10점) (10점) / 우리나라 지자기측량의 방법 (25점) 라플라스점 (5점) (10점) (10점) (10점)	용어/논술	52, 99, 126회 49, 50, 55, 102회
	반사파와 굴절파 측량에 대하여 기술 (25점) / 탄성파 측량 (10점) (10점) (10점)	논술/용어	57, 78, 104, 116회
	도플러 효과 (10점) / 도플러 변위 (10점) 케플러 위성궤도의 요소 (10점) (10점) (10점) (10점) (10점) (10점) (10점) (10점)	용어	52, 55회 59, 74, 83, 90, 95, 102, 104, 125회
	VLBI (10점) (10점) (10점) (10점) (10점) (10점) (10점) / SLR(Satellite Laser Ranging)와 VLBI(Very Long Baseline Interferometry)의 특성을 비교 설명 (25점) (10점) (25점) (25점) (25점) (10점) (10점) (25점) (10점) (25점) VLBI의 안테나 캘리브레이션 (25점) / VLBI 관측국, GNSS 상시관측소의 국가기준점 간 연계방안 (25점)	용어/논술	53, 67, 69, 71, 73, 75, 78, 81, 83, 86, 93, 96, 104, 111, 117, 125, 128회 99, 104회
	해상에서 수평위치(x, y) 결정 시 이용되는 방법 (10점) (50점) (25점) (25점) / e-로란(Loran) (10점) / e-Navigation (25점) 해양 조석 관측에 대하여 설명 (25점) (25점) (10점) (10점) (25점) (10점) / 해안선 측량 (25점) (10점) / 해양조석부하 (10점) / 부진동 (10점) / 지형류 (10점) 해양에서 수심측량의 의의, 방법, 활용에 대해 기술 (25점) (25점) (25점)	용어/논술	49, 52, 53, 56, 99, 102회 54, 74, 83, 89, 102, 107, 116, 117, 120, 128회 55, 58, 68회

내용 구분	출제문제	출제유형	회차
측지학	최신 해양측량 기술 (25점) (25점) / 수심라이다 측량 (25점) 해상 경계설정 방안과 분쟁해결 방안을 제시 (25점) (25점) (25점) / 영해기점 (10점) (10점) (10점) (10점) (25점) / NLL (10점) / 해양지명 (10점) 우리나라 해안선의 법적 근거와 유형별(자연 및 인공) 획정기준 (25점) (25점) / 해안선조사 DB구축 (25점) / 해안선 결정방법 (10점) (25점)	논술/용어	72, 81, 102회 72, 80, 81, 84, 86, 90, 98, 102, 111회 93, 98, 99, 102,111회
	동적측지계, 기준시점(Epoch) 기반의 측지계 도입의 필요성/도입방안 (25점) 한 국가의 좌표체계 결정방법에 관한 기술 (25점) 세계 측지 측량망에 대해 기술 (25점) / 최적 측지망 설계 시 고려해야 할 요소 (10점) (25점) / Robustness 분석인자 (10점) 화산활동과 관련된 많은 자연현상을 관측하는 측지학적 관측기술 (25점)	논술/용어	96회 84회 57, 74, 87, 89회 99회

3. 관측값 해석(Error) 및 지상측량(Terrestrial Surveying)

구분 \ 내용	출제문제	출제유형	회차
관측값 해석	오차의 원인, 처리방법, 성질에 따른 분류 (25점) (10점) (25점) / 착오와 참값 (10점) 관측오차의 종류를 설명하고 오차를 최소화하기 위한 방법에 대하여 설명 (25점) (10점)	논술/용어	51, 53, 116, 128회 71, 117회
	정규분포 (10점) (10점) / 오차곡선 (10점) (10점) (10점) / 측량에서 확률오차 범위 (10점) / 정규분포와 표준편차에 대해 설명 (25점) 정규분포를 설명하고 우연오차, 과대오차의 영역분포를 설명 (25점)	용어/논술	60, 61, 65, 101, 108, 126회 67회
	평균제곱근오차 (10점) / 표준편차와 표준오차를 설명 (25점) / 확률오차 (10점) / 평균제곱오차 (10점) 최확치를 구하는 방법 (25점) (10점) (10점) (10점) 자료 관측에서의 무게(Weight) 경중률 (10점) (10점) (10점)	용어/논술	61, 67, 73, 102회 51, 53, 58, 92회 63, 102, 113회
	분산, 공분산, 상관계수 (25점) (25점) (10점) (10점) / 오차 타원 (10점)	논술/용어	60, 61, 66, 75, 81, 87회
	정확도와 정밀도 (25점) (25점) (10점) (10점) (10점) (10점) 1차원, 2차원 정밀도 영역 표현 (5점) / 신뢰타원 (10점) / 오차타원 (10점)	논술/용어	53, 62, 72, 84, 110, 120회 49, 61, 66회
	오차전파의 법칙 (10점) (25점) (10점) (25점) (10점) (25점) (25점) (10점)	용어/논술	54, 61, 63, 68, 84, 90, 110, 122회
	최소제곱법의 원리와 실례에 대하여 설명 (25점) (10점) / Total Least Squares Method (50점) (10점) (10점) (25점) (25점) (10점) (10점) (25점) (25점) (25점) (10점) (25점) 측량에서의 관측자료는 $AX = L + v$라는 매트릭스관측방정식으로 표현할 수 있다. 각 매트릭스의 내용과 차원을 설명하고, 최소제곱법에 의한 조정을 위한 정규방정식 조정과정을 설명 (25점) 최소제곱법을 예를 들어 설명 (50점)	논술/용어	50, 53, 61, 62, 63, 66, 67, 73, 75, 76, 83, 104, 119, 128회 63회 50회
지상 측량	경사거리 측정 보정(지도상에 표시할 때 거쳐야 하는 과정) (10점) (10점) 거리측량에서 정오차 보정방법 (25점) (25점) 거리측량의 종별 특성에 대하여 기술 (25점) 거리 1m 정의 (10점) / 횡거(Meridian Line) (10점) 지도에 표현하기 위한 거리의 환산 (10점) (10점)	용어/논술	56, 92회 53, 55회 56회 60, 95회 61, 65회
	EDM 측량 시 오차발생 원인 (10점) / EDM 오차의 종류와 보정법에 대해 기술 (25점) (25점) 전자파 거리측정에서 굴절계수를 설명하고 거리측정에 미치는 영향을 설명 (25점) EDM 반송파 종류 및 구분에 대하여 설명 (25점) (25점) EDM에서 사용하는 전자파의 주파수는 대부분 고주파를 사용하는데 그 이유는? (10점) 토털스테이션(TS)에 의한 3차원 좌표측정의 원리 및 도면화 (25점) (25점) (25점) / 오차 종류 및 보정방법 (25점) 전자평판 측량과 기존의 평판측량을 비교 설명 (25점)	용어/논술	56, 65, 111회 58회 62, 67회 65회 71, 77, 81, 113회 71회
	각 관측기계의 3조건 (5점) / 각의 종류 (10점) (10점) (10점) 배각법의 종류 및 배각법 오차 소거방법 (50점) / 각 관측법에 대하여 기술 (25점) (25점) 수평각을 관측한 측점 주위의 각 관측기법에 대해 기술 (25점) 각의 측설방법에 대해서 설명 (10점) / 수직각의 종류 (10점)	용어/논술	48, 83, 89, 107회 52, 55, 65, 78회 67, 68회
	측량에 사용하는 렌즈는 보통 합성렌즈를 사용한다. 그 이유는? (10점) 데오드라이트에 대한 검사 항목 (10점) / 1급 데오드라이트의 성능 (10점) 측량법 등록기준 레벨(1급) 감도 (10점) / 현장에서 레벨의 기포관 감도 측정 (25점)	논술/용어	62회 63, 71회 66, 77회
	대도시 지역에서 기준점 측량 방법 (25점) (25점) 우리나라 특별 소삼각망의 역사/구성/문제점/해결방안 (50점) 국가의 기본삼각점에 대한 문제점 및 개선방향 (25점) 우리나라 삼각망의 설치과정을 역사적 관점에서 설명 (25점) 평면위치 결정(X, Y) 방법에 대해 설명 (25점) (25점) / 3차원 위치결정방법 (25점) / 수평위치와 수직위치 결정방법 (25점)	논술	50, 77회 75회 51회 63회 66, 73, 79, 108회
	삼각측량과 삼변측량의 원리 및 특성을 비교 설명 (25점) / 삼각측량의 특징 및 삼각망의 종류 (25점) 측지 삼각측량 (10점) / 수평선과 지평선 (10점) 양차 (10점) (10점) (10점) (10점) (10점) 삼각망의 종류 (10점) (10점) 편심(귀심)측량의 의의와 편심 요소 (10점) / 편심관측 (10점) (10점) 측지삼각측량을 삼각측량, 삼변측량, GPS 측량방식에 의하여 실시하고자 한다. 각각의 작업방법을 기술하고 귀하가 체험한 삼각측량에 대하여 예를 들어 기술 (50점) 삼각측량과 삼변측량을 설명하고 조건식 수와 망의 정밀도를 중심으로 비교 설명 (25점) (10점) / 자유망조정 (10점) 사변망의 조건식을 도시하여 설명 (25점) / 삼변측량에서 가장 이상적인 삼변망은? (10점)	논술/용어	50, 125회 52, 54회 54, 67, 84, 113, 125회 54, 123회 54, 66, 120회 55회 58, 89, 102회 50, 65회

구분 \ 내용	출제문제	출제유형	회차
지상측량	결합트래버스와 폐합트래버스에서 측각오차 점검과 배분 (25점) (25점)	논술 계산/용어	52, 69회
	평면직각좌표의 원점에서 P_1, P_2 지점의 편차(3°W), 진북방향각(22°16′30″), 자오선 수차(12′10″)가 주어졌을 때 진북방위각과 방향각을 구하시오. (10점) (10점) (10점) / 자오선수차 (10점)		54, 58, 68, 119회
	다각측량 (10점) (10점)		58, 123회
	결합트래버스 측량에서의 기하학적 조건식을 유도 (25점)		65회
	방위각, 방향각, 방위, 역방위각 (10점) (25점) (25점) (10점) (10점) (10점) / 편각 · 교각 (10점)		60, 61, 65, 75, 76, 84, 123회
	트래버스 측량에서 교각으로부터 방위각 계산법에 대해 기술 (25점)		65회
	트래버스의 간이조정법 3가지의 기본가설과 조정법에 대해 기술 (25점) (25점) / 컴퍼스법칙(Bauchitch) · 트랜싯법칙 (10점) (10점) (10점) / 배횡거법 (10점)		65, 84, 95, 96, 99, 108회
	항정법 (25점) / 기준면 (10점) / 수준면 (10점) / 인바표척 (10점)	논술/용어	50, 70, 122, 123회
	수준측량 오차와 조정 (25점) (20점) (10점) (50점) (50점) (25점) (25점) (25점) / 수준점의 이전 (25점)		48, 50, 52, 55, 57, 67, 87, 117, 120회
	교호수준(교호고저) 측량 (10점) (10점) (10점) (10점) / 도해구간의 수준측량과정 및 방법 (25점) / 틸팅나사법과 데오드라이트법 (25점)		54, 84, 101, 104, 110, 122회
	간접수준측량에 대하여 설명 (25점) / 절대적 기준에 기준한 표고 측정 방법 (25점)		54, 75회
	삼각수준측량의 원리, 방법, 수반되는 오차와 소거방법에 대해 기술 (25점) (25점) / 직접수준측량에 의한 종단측량 (25점)		60, 67, 111회
	정밀수준망의 구축현황, 문제점, 해결방안(25점) / 산악지를 통과한 장거리노선의 정밀수준측량의 오차와 정확도 향상방안(25점)		98, 99회
	통합기준점 높이 결정 (25점)		122회

측량 및 지형공간정보기술사 단원별 출제경향 분석(48~128회)

INFORMATION

4. GNSS 측량

구분 \ 내용	출제문제	출제유형	회차
GNSS 측량	GPS, SPOT 좌표계 (5점) / GPS와 IMU (10점)	용어/논술	48, 80회
	GPS 위성 궤도 수 (5점) / GPS Time (10점) (10점) / 국제원자시(TAI)/윤초 (25점)		49, 69, 101, 107회
	GPS 3개 구성요소 (10점) / GPS 현대화 (10점) / GPS 궤도정보 (10점) (10점)		60, 70, 116, 117회
	GPS에서 SA, AS (10점) (10점)		60, 65회
	GPS 신호 5가지 주파수 (10점) / GPS 측량에서 운송파 (10점) / PCV(Phase Center Variable) (10점) / 반송파 위상차 (10점) (10점)		62, 64, 96, 114, 119회
	C/A (10점)		66회
	GPS에서 고주파 L_1, L_2 사용하는 이유에 대하여 간단히 설명 (10점)		67회
	GPS를 아는 대로 설명 (25점) / GPS 위치 결정방법과 활용 (25점) (25점) (10점) (25점) (10점) (25점) (25점) (25점) / DGPS/IDGPS/RTK (10점) (25점) (10점) (10점) (25점)	논술/용어	50, 56, 62, 67, 72, 74, 75, 76, 78, 89, 90, 95, 104, 117회
	GPS 이용한 우리나라 정밀 기준점 측량(1, 2등 삼각점) (30점) (25점)		51, 86회
	GPS 현장관측에 관한 기술 (25점)		56회
	정밀 GPS(DGPS)의 의의, 오차, 활용에 대해 기술 (25점) (25점) (25점) (25점)		58, 61, 64, 102회
	1점당 GPS에 의한 기준점 측량의 작업구분 인원수 성과작성품 (25점)		83회
	GPS에서 block I 위성과 II 위성의 근본적인 차이점(기술적 측면보다 정치적 측면에서) (10점)		65회
	GPS에서 단독측위와 상대측위의 원리 및 특성에 대하여 기술 (25점) (25점) (25점) / 이중위상차 (10점) / 불명확상수 결정방법 (25점) (10점)		66, 92, 108, 117, 120, 123회
	GPS 측량 작업공정에 대해 공정별로 자세히 설명하시오. (25점) (25점) / 정밀데이터처리 (25점)		66, 68, 89회
	GPS 위성신호에서 의사거리에 의한 거리 계산 (25점) (25점)		63, 69회
	GPS 측량에서 세션 (10점) / Zero-Baseline GPS 안테나 검정방법 (10점) / GPS 시각동기 (10점)		83, 99, 110회
	ITS (10점) / GPS 상시관측소 (25점) / ITS와 LBS (25점) / VRS (25점) (10점) / VRS의 DGNSS 보정 정보 생성방법 (25점) / Network RTK (10점) (25점) (10점) (25점) (25점) (25점) / PPP-RTK (25점) (10점) / FKP (10점) (10점)	용어/논술	51, 59, 70, 78, 93, 95, 96, 98, 104, 107, 110, 113, 114, 116, 119, 126회
	VRS(Network-RTK) 관측 중 점검사항과 주의사항 (25점) / SSR 개념 및 활용 (25점) / Broadcast-RTK (10점)		96, 125, 126회
	GPS 측량에 있어 VRS에 대해서 기술 (25점) (25회)		63, 68회
	무선이동통신기술을 이용한 전자인식표지국가기준점 실용화 방안 (25점)		83회
	GPS 상시관측소를 이용한 정밀측위 방법에 대한 기술 (25점) (25점)		84, 92회
	LADGPS (25점) (10점) / VRS (25점) (10점) / WADGPS (25점) / SBAS (10점) (10점) (25점) (10점) / QZSS (10점) (25점) / GPS-재밍(Jamming) 및 기만 (10점) (10점) / 항재밍(Anti-Jamming) (25점) / 스푸핑(Spoofing) (10점)		77, 78, 86, 87, 92, 95, 98, 102, 110, 113, 114, 117회
	NMEA 포맷 (10점) / RINEX 포맷 (10점) (10점) (10점) / RTCM (10점)	용어	73, 89, 105, 107, 128회
	GPS에서의 PDOP (10점) / DOP (10점) (10점) (10점) (10점) (10점) (10점) (25점) / DOP 관련 오차 (25점)	용어/논술	56, 62, 68, 70, 75, 110, 113, 128회
	GPS에서 Cycle Slip (10점) (10점) (10점) (10점) (25점)		60, 69, 76, 89, 92회
	칼만 필터(kalman filter) (10점) (10점)		62, 71회
	방송력, 정밀력 (10점) (10점) (10점) (10점) (10점) (10점) (10점) (10점)		62, 66, 69, 77, 81, 84, 98, 125회
	불명확 정수 (10점) / GPS 측량에서 불확실정수(Ambiguity) 결정법 (10점) (25점)		62, 71, 95회
	OTF(On The Fly) (10점) (10점) (10점) (10점)		73, 75, 90, 122회
	GPS 위치오차 (10점) / GPS 편의(bias) (10점) / GPS 측위오차 (25점) (10점) (10점) (10점) (25점) (10점) (25점) (10점)		63, 64, 69, 73, 81, 87, 101, 113, 122회
	GPS 오차 위성, 신호전달, 수신기 관련 오차에 대해 기술 (25점) (25점) (10점) (10점) / GNSS 측량의 전리층의 영향 (25점) (25점)		65, 83, 84, 105, 117, 123회
	WGS 84/ WGS84 타원체를 우리나라에 적용할 경우 문제점 (10점) (50점)	용어/논술	53회
	3차원 지심 직각 좌표와 지리 좌표를 설명하고 좌표 간의 변환공식을 기술 (25점)		58회
	GPS Leveling (10점) (25점) (25점) (25점) / 지오이드 모델 13 구축에 따른 GNSS 수준측량방법 (25점)		70, 80, 86, 105, 107회
	지구중심좌표계를 이용한 GPS 측량에서 Geoid를 고려해야 하는 이유에 대해 설명 (25점)		60회
	GPS 측량과 TS측량기술에 대하여 좌표계, 높이기준, 측량방식에 따른 차이를 설명 (25점)		71회
	GPS와 지오이드 모델을 이용한 표고산출방법 (25점) / GPS를 이용한 표고 측정방법과 한계 (25점)		90, 96회
	GPS 현장 관측 시 책임자 역할 (25점) (25점)	논술	69, 83회
	GPS 측량 자료의 품질관리(Q · C)를 위한 항목 (25점) (25점) (25점)		74, 75, 81회
	GPS와 GLONASS의 특징을 비교하고 통합 활용방안에 대하여 설명 (25점) (25점)	논술/용어	64, 105회
	GNSS(Global Navigation Satellite System) (10점) (25점) (25점) / GNSS와 RNSS 비교 (25점) (25점) / A-GNSS (10점)		71, 80, 81, 104, 113, 116회
	Galileo 프로젝트 (10점) (10점)		72, 77회
	국내외 GNSS 추진 현황에 대한 기술 (25점) (25점) / GNSS 인프라 고도화 방안 (25점)		84, 92, 110회

구분 \ 내용	출제문제	출제유형	회차
GNSS 측량	CNS (10점) (10점) (25점) / GPS (VAN) 이용 (10점) (25점) (25점) / LBS(Location Based Services) (25점) (10점) / LBS와 실내측위 관련 기술 (25점)	용어/논술	53, 56, 58, 59, 68, 71, 80, 104, 111회
	에어본 GPS (10점) (25점) (25점) / GPS/INS (25점) / IMU(INS) (10점) (10점) (10점)	용어/논술	59, 70, 84, 87, 107, 108, 123회
	차세대 도로교통용 정밀위성항법 기술 (25점)	용어/논술	110회
	성장동력산업으로 선정된 텔레매틱스, LBS와 GPS, GIS관계에 대하여 설명 (25점) (25점) (10점)	용어/논술	71, 72, 116회
	GPS 측량과 원격탐측(Remote Sensing)의 특성을 비교 설명 (40점) (25점)	논술	49, 68회
	GPS에 대해 특성과 측지분야 응용 전망에 대하여 기술 (25점)	논술	51회
	GPS 측량과 종래측량의 근본적인 차이와 GPS 측량의 한계를 논하시오. (25점)	논술	63회
	GPS 측량과 R · S를 이용한 실생활에 활용되는 사례 (25점)	논술	76회
	GPS를 이용한 기상관측원리 (25점)	논술	99회
	위성항법 보정정보의 표준화 필요성 및 국제표준 (25점)	논술	119회

5. 사진측량(Photogrammetry) 및 원격탐측(Remote Sensing)

구분 \ 내용	출제문제	출제유형	회차
사진 측량 및 응용	사진측량의 최소 중복도 (5점)	용어/논술	48회
	기복변위 (10점) (10점) (10점) (25점) (10점) (25점) (10점) (10점) (10점) / 항공사진의 경사변위 (10점)		50, 55, 57, 70, 71, 81, 87, 93, 104, 126회
	사진의 특수 3점 (10점) (10점) (10점) (10점) (10점) (10점)		53, 61, 69, 92, 101, 116회
	촬영고도 (10점) (10점)		51, 78회
	중심투영 (10점)		54회
	사진측량에서의 기선의 종류 (10점)		63회
	사진측량의 발전과정을 4세대로 나누어 기술 (25점)		65회
	항공 사진기 특성 (10점) / 항공카메라에서 초점거리와 화면거리를 비교 설명 (10점) / 항공카메라의 종류 (10점)	용어/논술	52, 67, 71회
	디지털 항공카메라의 특성 및 활용 (25점) (25점) (25점) / 원리 · 종류 · 특징 (25점) (25점) / 센서 종류 (25점) (10점) (25점)		78, 81, 86, 96, 102, 123, 128회
	항공사진 보조자료 (10점) / F.M.C (10점) (10점) (10점) / 항공사진의 주기내용 (10점)		62, 69, 80, 81, 83회
	항공사진촬영을 위한 검조장의 조건 및 검정방법 (25점) (25점) (25점) (25점) (25점) / 비측량용 디지털 사진기 자체검정 (25점)		110, 114, 117, 123, 125, 126회
	사진측량 시의 입체시 (10점) (10점) / 색수차 입체시(Chromo Stereoscopy) (10점) / 스테레오 매칭기법 (25점)	용어/논술	56, 64, 87, 104회
	시차와 시차공식에 대하여 기술 (25점) / 시차차 (10점)		55, 96회
	사진측량에서의 카메론 효과 (25점)		64회
	사진측량의 과고감에 대하여 간단히 설명 (10점) (10점) (10점) (10점) (10점) / 부점 (10점) / 카메론 효과 (10점)		67, 74, 87, 93, 99, 111회
	사진측량에 이용되는 공선조건(Colinearity Condition) (30점) (10점) (10점) (10점) (25점) (10점) (10점) (25점) / 공면조건 (10점) (25점)	논술/용어	49, 50, 56, 64, 66, 71, 76, 86, 119, 123회
	사진측량의 외부표정요소 취득방법 (25점) / 내부표정 (10점) / 사진측량의 표정요소 (10점) (10점)		65, 80, 108, 114회
	등각 사상변환, 부등각 사상변환 (10점) (10점) (25점) (25점) / 좌표변환 (25점) (10점) / 사진측량의 촬영계획 (25점)		49, 71, 73, 83, 105, 110, 113회
	사진측량의 지상기준점측량 (25점) (25점)		51, 62회
	사진측량에서의 표정에 대해 기술 (25점) (10점) (30점) (25점) (10점) (25점) (25점) (25점) (25점) (25점) (25점) (25점) / 방사렌즈왜곡 (10점) / 편류 (10점)		48, 50, 53, 54, 55, 57, 62, 89, 101, 105, 114, 120, 125회
	기계적 상호표정 중 그루버법에 의한 평탄지 상호표정방법을 각 단계별로 그림을 그리고 설명 (25점) (10점) (25점)		60, 68, 93회
	항공 삼각측량 작업공정 (25점) (25점) / GPS보조에 의한 항공삼각측량의 원리와 방법에 대하여 설명 (25점) / 광속법 (10점)		53, 60, 101, 125회
	사진 좌표 왜곡의 다섯 요소를 나열하고 설명 (25점) / 사진측량 정오차 요인 (10점) / 사진좌표계 (10점)		63, 77, 125회
	항공삼각측량 기법에 따른 Pass Point와 Tie Point의 의의, 배치방법을 설명 (25점)		63회
	입체모델 상에서 종시차(y−panallax)를 소거할 경우 완전모델과 불완전모델의 과잉수정계수는? (10점)		65회
	사진측량에서 내부표정을 설명하고 내부표정의 정오차가 보정되는 과정과 내용을 설명 (25점)		66회
	지도나 사진 및 영상의 좌표변환을 위해 이용되는 좌표변환식 (25점) (25점) (25점)		67, 68, 95회
	항공사진측량에 의한 지형도 제작과정을 실례를 들어 설명 (25점) (25점)	논술	51, 80회
	항공사진 촬영 시 양호한 사진을 얻고자 할 때 갖추어야 할 조건에 대해 기술 (25점)		57회
	항공사진측량 촬영계획 (25점) / 사진측량 공정에서 모델 수, 사진매수, 기준점(X, Y) 수, 수준측량 거리를 구하라. (25점) (25점) / 표정도 (10점)	논술/용어	56, 76, 120, 122회
	사진지도제작 방법 (25점) / 지도와 항공사진 차이점 (10점) / 사진지도의 종류 (10점) (10점)		53, 68, 77, 80회
	정사투영 사진지도 (10점) / 조정집성 사진지도 (10점) / 사진측량용 도화기 (10점)		56, 83, 119회
	정밀수치 편위수정에 있어서 직접법과 간접법에 대하여 기술 (25점) (10점) / 편위수정 (10점) (10점)		65, 75, 89, 128회
	정사투영영상, 실감 정사영상, 수치정사투영지도에 대해 기술 (25점) (25점) (25점) (25점) (25점) (10점) (25점) (25점) (25점) (25점) (10점) (25점)		65, 70, 73, 75, 76, 81, 87, 89, 104, 108, 114, 125회
	사진측량에서 단사진의 디지털영상으로부터 정사사진도를 작성하기 위한 과정을 기술하시오. 다만, 수치표고 모델(DEM)은 주어져 있다고 한다. (25점) (25점) (25점)		71, 78, 92회
	Digital Photogrammetry의 특성과 응용 (25점) (25점) / DPW (10점)	용어/논술	51, 69, 123회
	Epipolar Line과 평면 (10점) (10점) (25점) (10점) (10점) (10점)		58, 59, 64, 95, 102, 116회
	수치영상의 개선과 복원에 대하여 기술 (25점) / 수치영상처리에 대해 기술 (25점) / 히스토그램 변환 (10점) (10점) / 영상재배열 (10점) (10점)		59, 62, 107, 125, 126회
	수치사진측량의 작업과정에 대하여 설명 (25점) (25점) (25점)		72, 83, 84회
	영상정합에 대하여 기술 (10점) (30점) (10점) (10점) (25점) (25점) (25점) (25점) (25점) (25점) (25점) (25점) (25점) (25점) (25점)	용어/논술	49, 54, 58, 61, 64, 69, 73, 75, 86, 90, 92, 98, 108, 128회

구분 \ 내용	출제문제	출제유형	회차
사진측량 및 응용	수치사진측량에 대한 실시간 지형정보 획득에 관하여 기술 (50점) (25점) / Mobile Mapping System (25점) (25점) (10점) / I-MMS (10점) 차량기반멀티센서를 이용한 3차원 측량기술과 도심지 정확도 향상방안 (25점) / MMS 카메라 왜곡보정방법 (25점) / MMS 자료 융합 시 문제점 · 개선방안 (25점) 3차원 공간정보 구축작업 중 교통시설물에 대한 효과적인 가시화 작업방법 (25점) ADAS 구축을 위한 공간정보의 종류와 효과적인 구축방안 (25점) (25점) / 무인항공사진측량 (25점) (25점) (25점) (25점) (25점) (25점) (25점) (25점) (25점) / 드론길 (10점) / SfM (10점) / SIFT · SfM (25점) / 항공사진측량과 드론사진측량의 비교 (25점) / 드론 영상 DSM 자동제작 (25점)	논술/용어	56, 74, 89, 90, 107, 113회 93, 101회 96회 99, 104, 107, 110, 113, 114, 116, 122, 123, 125, 126, 128회
	LiDAR에 의한 대상물 측량 (25점) (10점) (25점) (10점) (25점) (10점) (25점) (25점) (25점) (25점) (25점) (10점) / LiDAR 거리측량 원리 (25점) / LiDAR 측량 시 GNSS, IMU, 레이저의 상호역할 (25점) LiDAR 측량을 이용한 지적공부등록 방안 (25점) / LiDAR 점군자료처리에 대한 설명 (25점) / LiDAR 측량의 Calibration (25점) (25점) (25점) LiDAR에 의한 DEM 제작 방법 (25점) (25점) (25점) 항공 LiDAR 측량자료의 자동 필터링 기법 (25점) 항공디지털카메라와 LiDAR를 이용한 해안선 추출제반 공정 (25점) RADAR영상에 의한 3차원 위치결정 (25점) / 레이저 사진측량 (10점) / 드론 (25점) Airbone Laser Scanner System(ALS)에 대하여 설명 (25점) / LiDAR (10점) (25점) (25점) (25점) / LiDAR/3D Scanner (10점)	논술/용어	61, 64, 68, 73, 74 78, 80, 84, 87, 98, 107, 111, 119, 125회 89, 93, 96, 104, 114회 93, 117, 123회 96회 90회 61, 77, 111회 63, 64, 75, 80, 90, 116, 117회
	DTM (25점) (10점) / DTM(수치지형모형 모델)의 자료취득 및 활용/자료입력 및 보간방법 (30점) (25점) / 크리깅(Kriging) 보간법 (25점) (10점) / 공간보간법 (10점) 수치표고모형(DEM)의 생성방법 및 활용에 대하여 기술 (50점) (25점) (25점) (25점) (25점) / DEM(TIN) (10점) / DEM에 대해 기술, DEM과 DTM을 비교 설명 (25점) (10점) / 수치표고모델 (10점) (10점) (10점) / DEM · DSM (25점) (10점) (10점) (10점) (10점) / 수치표고모델을 구축하기 위한 보간방법 및 필터링 (25점) (25점) DEM의 자료추출방법을 나열하고 방법별 차이점을 설명 (25점) (25점) / 항공레이저 측량에 의한 DEM 작성 (25점) 들로네 삼각(Delaunay)의 의의와 특징 (10점) (25점) 수치표고모델에서 격자구조와 TIN 구조를 비교 설명 (25점) (25점) / TIN(불규칙 삼각망) (10점) (10점) (10점) DEM활용도를 인공위성영상과 연계하여 기술 (25점) / 우리나라 수치표고자료의 구축현황과 활용방안 (25점)	논술/용어	49, 52, 53, 73, 96, 114, 117회 54, 56, 58, 59, 66, 68, 72, 74, 77, 78, 81, 84, 89, 93, 101, 116, 119, 128회 60, 64, 90회 57, 95회 67, 72, 90, 105, 128회 61, 110회
	항공사진에 의한 수계 판독 (30점) (25점) 사진판독의 요소와 순서 (25점) (10점) (25점) (10점) (25점) (25점) (25점) 사진판독의 기본 요소인 모양, 색조 또는 농담, 질감, 위치, 주변과의 관계에 대한 개념을 설명하고 구체적인 예를 들어보시오. (25점) (10점)	논술/용어	48, 72회 52, 53, 61, 72, 99, 111, 125회 67, 83회
원격탐측	Spot 탑재기 (10점) / 원탐에 이용되는 파장 (10점) / 파장별 특성 (25점) LANDSAT의 TM 센서 (10점) / R.S 영상자료의 특성 (10점) 아리랑 1호 (10점) / 아리랑 2호 (10점) / ECO 영상(아리랑 1호) (10점) / 아리랑 3호 (10점) / 아리랑 5호 · 3A (25점) (10점) (10점) (25점) (25점) 현재 사용 중이거나 계획 중인 지구관측 인공위성에 대한 설명 (25점) (25점) (10점) (25점) (25점) (25점) (25점) (25점) (10점) (25점) 이코노스 (10점) / 아리랑 2호 (25점) LANDSAT의 MSS와 TM을 비교 설명 (25점) / 휘스크브룸 방식과 푸시브룸 방식 (25점) (25점) (10점)	용어/논술	52, 107, 125회 52, 80회 60, 63, 84, 98, 105, 108, 116, 125, 128회 60, 64, 68, 70, 73, 75, 77, 81, 84, 89회 62, 80회 66, 102, 123, 125회
	LOD (10점) (10점) Albedo (10점) / NDVI (10점) (10점) (10점) / 태슬드 캡 변환 (10점) / 방사(복사)강도 (10점) (25점) / 식생지수 (10점) (10점) / 분광 반사율 (10점) (25점) / 절대방사보정 (10점) / 흑체복사 (10점) (10점) / 대기의 창 (10점) 공간해상력(Spatial Resolution) (10점) / Digital Number (10점) / IFOV(순간시야각) (10점) / GSD (10점) 위성영상을 설명하는 4가지 해상도에 대한 기술 (25점)(10점)(25점)(10점)(25점) / 디지털 영상자료의 포맷의 종류 (10점)	용어/논술	83, 108회 70, 75, 81, 86, 87, 98, 101, 104, 105, 113, 116, 125, 126회 62, 75, 86, 123회 83, 93, 104, 110, 117, 120회
	스페클 잡음(Speckle Noise) (10점) DIP(Digital Image Processing) (10점) / 히스토그램 평활화 (10점) / 공간 필터링 (10점) / Kappa 분석(계수) (10점)	용어	93회 72, 90, 92, 98회

측량 및 지형공간정보기술사 단원별 출제경향 분석(48~128회)

INFORMATION

구분 \ 내용	출제문제	출제유형	회차
원격탐측	원격탐사를 위한 수치화상 처리절차/응용 (50점) (25점) (25점) (25점) (25점) / 영상강조 (25점) 원격탐사(Remote Sensing)의 영상처리기법에 대해 설명 (25점) (25점) (25점) (25점) (25점) (25점) (25점) (25점) (25점) (25점) 위성영상의 특성과 측량분야에의 응용방안을 항공사진측량과의 차이점을 들어 설명 (25점) / 위성영상자료의 특징, 처리과정, 활용분야 (25점) 고해상도 흑백영상과 저해상도 칼라 영상의 합성과정에 관한 기술 (25점) (25점) / 주성분 분석 (10점) 고해상도 근적외선 정사영상의 특성과 제작 절차, 활용방안 (25점) 초분광영상의 개념과 활용분야 (25점) (10점) (10점) (10점) / 초분광영상을 이용한 정보추출의 일반적 단계 (25점) (25점) (25점) / 농작물 현황 측량 (25점) Direct Georeferencing (10점) (25점) (25점) (10점) / 감독분류 및 무감독분류 (25점) / 영상분류기법 중 Sub-pixel 분류기법 (25점) / 변화탐지를 수행하기 위한 원격탐사 시스템의 고려사항 (25점)	논술/용어	52, 53, 61, 64, 71, 73, 75, 78, 87, 92, 99, 101, 104, 123, 126회 60, 96회 83, 119회 114회 95, 101, 110, 113, 114, 122, 128회 72, 86, 89, 93, 96, 110, 120회
	LANDSAT 위성영상을 이용한 토지이용현황분석을 위해 수행되는 자료처리과정 (50점) (25점) 토지피복 분류도 제작 (25점) (25점) 항공사진과 연속 DB를 이용한 신속변화 및 세부변화탐지방법 (25점) / 화산활동을 감지하기 위한 측지학적 방법 (25점) Ikonos영상 등 고해상도 위성영상을 사용한 대축척지형도제작에 대해 논하시오. (25점) (25점) 텍스처 매핑(Texture Mapping) (10점)	논술/용어	56, 86회 80, 107회 98, 108회 63, 87회 96회
	레이더 매핑시스템, SLAR, SAR 등을 설명하고 연직하방주사가 아닌 경사주사를 하는 이유를 설명 (25점) / SAR 영상의 특성 (10점) (25점) (10점) (10점) / In SAR (10점) / SAR 영상의 Coherence (10점) / SAR의 원리 및 조사빔의 스캔방법 (25점) (25점) / 항공 LiDAR측량과 레이더 영상탐측학 비교 (25점) / 레이더 원격탐측과 하이퍼스펙트럴 원격탐측의 비교 (25점) / SAR 영상의 왜곡 (25점) / SAR에 의한 변화탐지 (25점) / SAR를 이용한 지반 모니터링 방안 (25점) / SAR 영상을 활용한 철도인프라의 효율적인 관리방안 (25점)	논술/용어	63, 64, 68, 69, 78, 90, 96, 101, 104, 116, 119, 120, 122, 126회
	R.S를 이용한 GSIS 구축과 환경자원보존 관리방안 및 대책에 대하여 쓰시오. (25점) GIS와 원격탐사에 의한 유역조사 항목 (25점) 산업용 사진측량의 공학적 적용과 활용효과에 대하여 기술 (25점) (25점) 지상사진측량의 이용방법에 대한 기술 (25점) (10점)	논술/용어	62회 73회 56, 77회 61, 111회
	다차원 공간정보 (10점) (25점) (25점) 다차원 정보사업구축 3차원 공간정보 구축사업에 필요성 (25점) (25점) 공간영상정보체계(Spatial Imagery Information System)에 대해서 기술 (25점) (25점) / 국토변화 포털서비스 (25점) 입체영상자료의 3차원 모델 방법(RFM)에 관한 기술 (25점) / RPC (10점) (25점) / 3차원 공간정보구축을 위한 수치도화 방법 (25점)	용어/논술	80, 83회 83, 86회 63, 77, 108회 74, 87, 113, 120회

6. 지도제작(Mapping)

내용 / 구분	출제문제	출제유형	회차
지도 제작	지성선(지세선) (15점) (10점) (10점) (10점) (10점) / 지형표현방법 (25점) / 지형음영(Hill Shading) (10점)	용어/논술	48, 50, 57, 68, 89, 95, 102회
	난외주기 (10점) / 도엽번호 (10점) / 지도도식 (10점) / 지명 (10명)		51, 80, 87, 110회
	1/5,000 기본도 등고선 종류 및 간격 (10점) / 등고선의 종류 (10점) / 등고선 활용 (25점)		52, 71, 80회
	지형도 작성방법 및 활용 (50점) (25점) / 표현방법 (10점) (25점) (25점)		48, 52, 53, 54, 69회
	주제도 (10점) / 해면지형(Sea Surface Topography) (10점) / 지형류 (10점) / 해도 (10점)		58, 75, 87, 90회
	지도의 일반적 정의와 필요성을 나열하고 도식규정의 기준요소에 대해 설명 (25점)		67회
	가우스이중투영법과 가우스-크뤼거투영법에 대해 비교 설명 (30점) (10점) (50점) (10점) (25점) (10점) (25점) (25점) (10점) (10점) (10점) / 가우스-슈라이버투영법 (10점)	논술/용어	50, 53, 57, 58, 62, 73, 81, 89, 92, 95, 116, 119회
	TM투영법과 UTM좌표계에 대해 설명 (25점) / TM의 투영원리 및 특성 (25점) (25점) / TM투영 (10점) / 횡원통도법 (10점) (25점) (25점)		62, 67, 71, 98, 108, 120, 125회
	등각도법과 등적도법에 대하여 설명 (25점) (10점) / 지구의 도법 (25점) / 지구의의 특성 (10점) / 다원추도법 · 다면체도법 (10점)		67, 80, 93, 105, 111회
	지도의 일반적 특성 (10점) / 지도의 종류를 분류하고 설명 (25점) (25점) / 지도 등의 성과심사 (10점)	용어/논술	59, 66, 70, 78회
	지형도와 국토기본도 (10점) / 국토기본도의 요건 (10점)		61, 95회
	국토 기본의 의의 및 종별(육지, 바다)에 대하여 기술 (50점) (10점) (25점) (25점) (10점) (10점) (25점)		48, 52, 53, 57, 68, 73, 87회
	국토 기본도의 수정 작업 시 품질검사의 정의/내용에 관한 기술 (25점)		83회
	수치지형도제작 및 유통체계 선진화 (25점) / 국가기본도 고도화 추진계획 (25점) / 지형도와 지적도 불부합 (25점)		98, 104, 107회
	수치지도 입력 방식/정의 (5점) (5점) (10점)	논술/용어	48, 49, 53회
	지형공간 정보체계에서 이용되는 수치지도(Digital map)의 작업공정 및 활용 (40점)		49회
	표준코드 (10점) (10점) (25점) / Map API (10점)		51, 60, 117, 123회
	정위치 편집 (10점) (25점) / Rubber Sheeting (10점) / 구조화 편집 (10점)		51, 75, 83, 92회
	수치지도 제작과정을 실례를 들어 설명 (50점) (25점)		51, 61회
	우리나라 국토기본도의 수치지도 제작과정 설명 (50점) (10점) (25점) / 수정 · 갱신방안 (25점) (25점) (25점) (25점) (25점) (25점) (25점) / 검수항목 (10점) / 3차원 공간정보 수정 및 갱신방안 (25점)		52, 54, 57, 74, 76, 77, 86, 90, 92, 93, 107, 108회
	수치지도의 Layer (10점) / 수치지도의 도엽체계 (10점) (25점) / 전국통합연속수치지도 DB구축 (25점) (10점)		59, 76, 87, 92, 108회
	NGIS에서 구축 중인 수치지형도에 포함되는 레이어(대분류)의 종류와 수치지형도의 축척에 대하여 기술 (25점)		59회
	수치지도 축척 1/500, 1/1,000, 1/5,000의 수평 및 수직오차의 정밀도 (10점)		58회
	Digtizing과 Scanning 에러 (25점)		59회
	우리나라 수치지도(지형도, 주제도) 제작 현황과 문제점에 대해서 설명 (25점) (25점)		63, 70회
	수치지도 데이터베이스(D/B)의 실시간 갱신을 위한 제도적 · 기술적 방안을 논하시오. (25점)		71회
	수치지도 ver 1.0과 ver 2.0과의 비교에 관한 기술 (25점)		74회
	수치지형도 제작과정에서 지리조사의 정의/원칙/조사요령 (25점)		83회
	1/2,500 수치지형도 필요성 및 제작방안 (25점) (25점) / 수치지형도 데이터 모델의 문제점 및 개선방안 (25점)		90, 98, 102회
	항공사진측량법에 의하여 지형도(1/1,000) 작성방법에 대해서 실례를 들어 설명 (50점)	논술	53회
	지상측량에 의해 지형도(1/1,000) 작성방법에 대해서 실례를 들어 설명 (50점) (25점)		53, 73회
	Total Station을 이용한 수치 지형측량방법 (50점) (25점)		53, 73회
	Total Station에 의한 3차원 자료들과 분석 적용에 대하여 예를 들어 기술 (50점) (25점)		59, 78회
	실시설계용 현황도제작 방법에 대해서 설명 (25점)		60회
	정사영상을 이용한 연속지적도 편집의 신뢰도 향상 방안 (25점)		86회
	지형도 작성을 위한 지상측량, 사진측량, 수치 및 고해상도 위성측량에 대해 측량방법을 기술 (25점)		65회
	지난 3년간 심각한 수해가 발생한 임진강 수계의 수해 복구용 1/1,000 지도제작 방안에 대해 설명 (25점) (25점)	논술/용어	63, 68회
	연천, 파주 등 접적지역에서의 1 : 5,000 지형도 제작방법을 제시 (25점)		72회
	접근 불능지역 지리정보 구축의 목적, 구축방안, 활용에 관한 기술 (25점) (25점) / 연안해역 기본조사 및 연안해역 기본도 제작 (25점) / 독도의 지도제작현황 (10점)		81, 86, 104, 126회
	홍수위험지도 제작과정 (25점) / 점자지도 (10점) / 햇빛지도 (25점)		89, 107, 113회
	재해지도의 활용과 특징 (25점) (25점) (25점) / 화산재해 위험지도 제작방법 (25점) / 지하공간통합지도 (25점) (25점) (25점) (25점) (25점) / 디지털 활성단층지도 제작 (25점)		90, 93, 102, 107, 113, 114, 116, 120, 122, 126회
	무인항공기(UAV)를 이용한 지도제작 분야의 적용 분야 (25점)		98회
	자율주행차 지원 등을 위한 정밀도로지도 제작 (25점) (25점) (25점) (25점) (10점) (25점)		110, 114, 116, 117, 120, 125회
	미래지도에 대한 발전방향에 대한 기술 (25점) / 연속수치지도 (10점)	논술/용어	92, 99회
	저개발 국가에 대한 1/25,000 지도제작 시 공정별로 고려할 내용 (25점) / 커뮤니티 매핑 (10점) / 온맵(On Map) (10점) (10점) (10점) / 국가관심지점정보 (10점) (25점)		96, 99, 101, 113, 116, 120회
	신국가기본도 체계의 추진배경과 필요성 (25점)		114회

7. 공간정보(GSIS)

구분 \ 내용	출제문제	출제유형	회차
공간 정보 (GSIS) 구축 및 활용	UIS (10점) / UPIS (10점) (10점) (10점) / FM시설물관리 (25점) / KLIS (10점)	용어/논술	52, 74, 75, 83, 92, 104회
	GSIS의 필요성과 이용분야 (25점)		52회
	지형공간정보체계(GSIS, GIS, UIS, LIS…) 정의, 필요성, 활용, 특징 (50점) (25점) (25점) (25점)		54, 69, 72, 76회
	지리정보시스템(GIS)의 구성체계 자료입력처리 출력 활용방안 (50점) / 구성요소 (25점) (25점)		53, 105, 116회
	GSIS 소체계 중 지능형 교통체계 ITS 구성에 대해 기술 (25점)		65회
	지형공간 정보체계(GSIS) 자료 취득 (10점) (10점) (25점) (25점) / 공간 데이터 최신 획득방법 (25점)	용어/논술	48, 55, 74, 92, 126회
	GIS 구축함에 데이터 취득 방법 및 장단점 (50점) (25점) (25점)		51, 62, 77회
	GIS Data Base 구축과 입력방법을 설명 (50점) (25점)		55, 64회
	GSIS 자료기반(Database) 생성에서 발생하는 오차에 대하여 기술 (50점) (25점) (25점) (25점) (25점)		57, 64, 77, 99, 105회
	GSIS에서 자료생성방법을 편리성, 정확도, 유용성을 중심으로 비교 설명 (25점)		67회
	GSIS 자료 입력 시 부호화 방법 (5점) (50점)	용어/논술	49, 57회
	GIS 위치 자료와 특성 자료 (10점) / 시공간(Space−time) 자료모델 (25점)		56, 75회
	벡터 데이터 특성 (25점) / 벡터자료와 래스터자료 (25점) (10점) (25점) (10점) (25점) (25점) / 벡터자료 파일형식 (25점)		51, 59, 72, 78, 111, 119, 122, 123회
	벡터 구조 제작 방식 (10점) (10점) / 공간데이터 압축방법 (25점)		59, 108, 114회
	GSIS의 기본 구성요소 (10점) (25점)	용어/논술	59, 64회
	중첩 (10점) / 중첩분석 (10점) / 버퍼링기능 (10점) / 래스터 데이터 중첩방법 (25점)		59, 66, 95회
	커버리지 (10점) / GML (10점) (10점) (10점) (10점) / City GML과 Indoor GML 장단점 비교 (25점)		62, 92, 98, 105, 110, 120회
	KML(Keyhole Markup Language) 자료 형식 (10점)		96회
	신경망(Neural Network) (10점) / 지오코딩 (10점)	용어/논술	93, 114회
	인공지능 (10점) (25점)		93, 111회
	가상현실(Virtual Reality)과 증강현실(Augmented Reality) (10점) (25점)		96, 111회
	논리연산자(Logical Operator) (10점)		72회
	Manhattan Distance (10점) / 마할라노비스의 거리 (10점) (10점) / 공간데이터 간의 거리 (10점)		72, 75, 90, 95회
	공간 데이터베이스 (10점) / Database의 최근 발전현황 (25점) (25점) (25점) / 데이터베이스관리시스템 (25점)	용어/논술	59, 64, 70, 77, 87회
	메타 데이터에 대하여 설명 (10점) (10점) (10점) (10점) (10점) (25점) (10점) (25점) (25점) (10점) (10점)		51, 59, 64, 68, 72, 73, 77, 78, 104, 105, 122회
	GIS 최신 기술발전 동향을 개괄하고 Web−based GIS에 대하여 설명 (25점) (25점) (25점)		64, 65, 70, 77회
	GSIS 소체계 중 GIS 자료 운용기술의 발전 동향 5가지만 들어 설명 (25점)		
	지형공간 정보체계에서 위치 자료 취득 시 Vector 방식과 Raster 방식 (10점) / 벡터데이터 위상구조 (10점)		65, 66, 83, 89회
	GIS의 데이터 구조(래스터, 벡터)에 대하여 기술 (25점) / 3차원 GIS Data 획득방법 (25점)		
	지형공간정보체계의 자료기반관리체계의 R−DBMS, OO−DBMS, OR−DBMS, H−DBMS에 대해 기술 (25점) / GIS의 자료 처리 방식에서 파일처리 방식과 DBMS방식을 설명하고 장단점을 설명 (25점)		65, 67회
	공간 분석기능 중 네트워크의 기능 (10점) (10점) (25점) (25점) / 벡터 데이터의 공간 분석기능 (25점) / 공간자료와 속성자료의 통합분석기능 (25점) (25점)	용어/논술	59, 70, 73, 77, 81, 95, 123회
	3차원 지형모델링 기법 (25점) / 시공간 자료모델 (25점) (25점) / 3차원 모델링의 LOD (10점) (10점) / 3차원 공간정보 구축 (25점)		81, 92, 108, 119, 122, 128회
	공간정보 표현기법에 대하여 설명 (25점) / 도형정보, 속성정보, 레이어 구조와 상호연계성 (25점) (25점) (25점)		62, 76, 87, 89회
	GIS 또는 영상처리 관련 소프트웨어 중 두 가지만 제시하고 그 이름과 간단한 기능을 쓰시오. (10점)		65회
	지형공간정보체계(GSIS)에 관련된 자료교환의 표준형식 중 다음을 약술 (SDTS, DXF) (10점) (10점) (10점)	논술/용어	57, 59, 83회
	개방형 GIS(OGIS)에 대하여 기술 (25점) (10점) (10점) (10점) (10점) (25점) / mobile GIS (10점) (25점) / 클라우드 컴퓨팅 (10점) / Dynamic GIS (25점) / 기본공간정보 (10점)		59, 64, 69, 70, 77, 81, 89, 114, 119, 126회
	ISO TC211 (10점) (25점) / 오픈 소스 GIS (25점) (25점) / KS X ISO 19157 지리정보 데이터 품질요소 (10점)		68, 78, 116, 117, 126회
	지리정보표준화 (10점) / 지형지물 전자식별자(UFID) (10점) (10점) (10점) / 품질관리요소 (10점)		72, 93, 102, 108, 113회
	NGIS (10점) / 우리나라의 국가지리정보체계(NGIS)의 구축사업 (30점) (25점)	용어/논술	52, 54, 77회
	NGIS 구축계획에 의하여 제작된 축적별 수치지도의 제작방법, 문제점 개선방안에 대해 설명 (25점)		60회
	NGIS의 기본 지리 정보 (10점) (10점) (10점) / 3차원 공간정보 구축 (25점)		64, 74, 76, 108회
	디지털 국토 실현을 위한 제 2차 NGIS 기본계획에 대하여 설명 (25점)		64회
	NGIS상의 국토 공간 모니터링 시스템에 대하여 설명 (25점) (25점) (25점)		64, 72, 74회
	GIS 국가 표준화에 대한 필요성, 추진방향과 기대효과에 대하여 기술 (25점) (25점) (25점)		66, 68, 73회
	KSDI 표준 개념, 목적 (25점) / 국가공간정보 인프라(NSDI) 구축 (25점)		114, 126회
	우리나라 NGIS 사업에 대한 귀하의 의견은? (25점) (25점)		66, 69회
	최근에 통합시행하고 있는 "도로 및 지하시설물도 제작"의 국가지리정보체계(NGIS) 구축사업에 대하여 설명 (25점) (25점)		71, 80회
	2차 국가지리정보 구축 사업의 특징과 문제점을 제시하고 3차 사업의 방향을 제시 (25점)		72회

구분＼내용	출제문제	출제유형	회차
공간정보(GSIS) 구축 및 활용	GSIS와 수치 정사투영 사진과의 결합에 있어 축척과 상관성의 갱신에 관해 기술 (50점) GIS를 이용한 산사태 예측 방안 (25점) / GIS를 이용한 최적노선 선정 (25점) (25점) 토지적성평가 (10점) / GIS－BIM (25점) 지형도와 지적도의 중첩에 대한 문제점과 대책에 대하여 기술 (25점) (25점) R.S와 GIS 연계에 있어서 이에 대한 방안에 대해서 기술 (25점)	논술/용어	58회 73, 75, 123회 80, 101회 59, 77회 59회
	유비쿼터스 (10점) (10점) / 유비쿼터스 생태도시 (10점) / 유비쿼터스 시대 3D 도시모델 제작 방법 (25점) (25점) / USN (10점) / 매시업 (10점) 스마트 시티에서 디지털 트윈의 활용방안 (25점) (25점) (25점) (25점) (10점) (25점) (10점) / Geo－IoT (25점) (10점) / 사이버 물리시스템 (10점) / SLAM (25점) (10점) (10점)	용어/논술	72, 83, 84, 86, 87, 89, 102회 114, 116, 117, 120, 122, 123, 128회
	기본지리정보의 정의, 해외현황, 구축 및 활용에 대하여 논하시오. (25점) (10점) (10점) / NSDI 개념과 구성요소 (10점) 국가지리정보의 보안관리를 위한 등급별 분류기분과 사례에 관한 기술 (25점) 공간정보 관점에서 측량성과의 품질요소 (25점) / 공간정보 유통체계 구축 (25점) 지리적 객체의 정의와 파라미터 및 표현방법 (25점) 인터넷을 통하여 지리정보를 서비스하기 위한 OGC 표준프로토콜 4가지 (25점) / 사물인터넷 (25점) / 국가공간정보포털 (10점) / 국토정보 플랫폼 (25점) / 브이월드 (10점) GIS 기술을 이용한 해안지대의 대피소 결정방법 (25점) / 탄소권 확보를 위한 공간정보 활용방안 (25점) / 햇빛지도 제작 (25점) 공간 빅데이터 (10점) (25점) (25점) / 빅데이터를 활용한 마이닝기법과 공간정보 연계 활용방안 (25점) (25점) / 실내공간정보구축 (25점) (25점) (10점) (25점) / POI 통합관리체계 (25점) / 취약계층의 공간정보를 사용할 때 애로사항 (25점) / 화재진압 및 예방 (25점) / 3차원 공간정보 구축 (25점) / 재난 대비 지능형 시설물 모니터링 체계 구축 (25점)	논술/용어	72, 81, 119, 126회 74회 90, 111회 92회 95, 105, 110, 116, 126회 99, 101, 113회 110, 102, 105, 107, 113, 117, 119, 120, 122, 123, 126, 128회

8. 응용측량(Application Surveying)

구분＼내용	출제문제	출제유형	회차
응용측량	노선측량의 순서, 방법, 클로소이드 설치법 (40점) (30점) (10점) (10점) (10점) (10점) (25점) (25점) (25점) (25점) (10점) (10점) (25점) (10점) (10점) (25점) (25점) (25점) (25점) (25점) (25점) (10점) / Clothoid 매개변수 (10점) (10점) (10점) / 확인측량 (10점) / 종단측량 (10점) / 도로 건설 시 실시설계측량 (25점) (25점) / 시공측량 (25점) / 유지관리측량 (25점)	논술/용어	48, 49, 51, 52, 53, 54, 55, 56, 57, 60, 68, 69, 70, 78, 80, 84, 86, 93, 107, 113, 117, 119, 120, 122, 126, 128회
	편각법에 의한 원곡선 설치 (25점)		119회
	편경사(cant) (10점) / 확폭, 편경사 (10점) (10점) (10점) (10점) (10점) (10점)		50, 51, 55, 77, 84, 90, 125회
	고속도로 설계를 위한 측량 방법 및 순서 (25점) / 도로설계의 시거 (10점)		51, 78회
	고속도로 건설에 필요한 측량 및 조사에 따른 과업지시서를 작성(연장 : 40km, 폭 : 왕복 4차선, 항공사진측량, 현황도는 "갑"이 제공함) (50점) (50점)		55, 57회
	도로, 철도, 상하수도, 노선측량의 작업계획을 수립 (50점) (25점) / 도로건설을 위한 시공측량의 중요성과 측량계획 수립 (25점) / 공사측량현황 및 정확도 (25점) / 준공측량 (25점) (25점) / 공사측량에서 수급인 준수사항 (25점)		57, 95, 101, 105, 110, 114회
	사업별(고속도로, 고속철도, 일반철도, 시가지전철)로 일반적으로 쓰이는 완화곡선에 대해 설명 (25점)		57회
	GPS-RTK 및 T.S를 이용한 철도 복선화 공사의 노선측량 작업과정 (25점)		90회
	도로측량에서 Cant, Slack, 측량에 관해 기술 (10점) (25점) (10점)		58, 74, 95회
	원곡선 설치방법에 대하여 설명 (25점) (25점) / 노선변경법 (25점) / 복곡선 · 반향곡선 (10점)		62, 76, 120, 128회
	완화곡선 (10점) (25점) (10점) (10점) (25점) / 건설공사 준공측량의 절차 및 방법 (25점) / 렘니스케이트 곡선 (10점) / 종단곡선 (10점)		63, 76, 86, 98, 99, 104, 111회
	도로설계에 필요한 측량에 대해 설명 (25점) / 인조점 설치 방법과 비탈면 규준틀 설치기법 (25점) / 철도 건설에서 측량시방서 및 지침내용 (25점)		63, 74, 98회
	토량계산 중 단면법, 점고법, 등고선법, DTM 중 2가지 방법을 선택하여 설명 (25점) (25점) (25점) (10점) (25점) (25점)	논술/용어	50, 55, 84, 119, 120, 123회
	유토곡선 (10점) (10점) (25점) (10점) (10점) (10점) (25점) (25점) (10점) (10점)		52, 69, 72, 75, 80, 89, 95, 99, 117, 126회
	위아래 면이 각각 반경 100m, 200m인 원이고 높이가 200m인 잘린 원뿔형의 체적을 구하라. 양단면 평균법, 중앙단면법, Simpson 제1법칙을 적용하여 체적을 구하고 대비하라. (25점)		63회
	DGPS와 Echo Sounder를 이용한 준설 토량 산출을 위한 해상측량 방법 (25점) / Bar Check (10점)		73, 98회
	토지, 하천, 바다의 높이 표시방법 (25점)	논술/용어	51회
	하천측량의 순서, 범위 및 방법에 대하여 기술 (25점) (25점) (10점) (25점) (25점) / 유속관측 (15점) (25점) (25점) (25점) (25점) (25점) / 유량측정 (25점) (25점)		48, 50, 54, 58, 62, 89, 95, 96, 117, 119, 120, 123회
	해도 제작을 위한 수로측량에 대하여 설명 (25점) (10점) / 해도 (25점) / 전자해도(ENC) (25점) (10점) / e-Navigation (10점) (25점) / 국가해양기본도 (10점) (25점) / 일조부등 (10점) / 해안선 (10점) / 기본 수준면 (10점)		64, 107, 111, 113, 114, 117, 119, 120, 125, 126회
	수심측량의 작업과정에 대하여 기술 (25점) (25점) (25점) (25점) (25점) (25점) (25점) / 항공 LiDAR 수심측량 원리 및 도입의 필요성 (25점) (25점) (25점) (10점) / 멀티빔장비의 캘리브레이션 (25점) (25점) (25점) / 음파 후방산란 (10점) / 수심의 수직불확실도 (10점) / 음향측심기 (10점) (10점) / 간섭계 소나 (10점)		67, 76, 80, 93, 98, 101, 104, 105, 113, 114, 119, 120, 123, 126, 128회
	저수지의 준설을 위한 하상측량방법 (25점) / 해안 침식 모니터링 기술 (25점) / 하상 변동조사 공정 (25점)		99, 108, 120회
	하천대장 작성을 위한 하천조사 측량에 대하여 설명 (25점) (25점) (25점) / 해저면 영상조사 (10점) (10점) / 음파지층탐사 (10점) (25점) / 하천정비 설계측량 (10점) (25점)		71, 78, 104, 105, 107, 110, 111, 114, 123회
	수로측량의 정의, 기준, 분류, 조사분야에 대한 기술 (25점) (25점) (25점) / 수로기준점 (10점) / 수로측량의 원도(Cell) 번호체계 (10점) / 범용수로국제표준(S-100) (25점) / 연안해역기본도 (25점) / IHO S-44 표준에 따른 4가지 등급 (25점)		90, 98, 102, 105, 114, 123, 126, 128회
	터널측량 순서와 터널 변형 측량 기술 (50점) (25점)	논술	48, 120회
	터널 곡선 설치방법 (25점) / 장대터널 측량방법의 실례 (25점) / 갱내외 연결측량 (25점) (25점) / 초장대터널의 정밀측량방법 (25점) / 대심도 터널내의 위치결정방법 (25점) (25점) / 터널시공을 위한 선형관리 측량 (25점) / 수직구를 통한 기준점 · 중심선 설치 (25점) / 도심지 터널측량 (25점) / 시공관리를 중심선 측량 및 내공변위측량방법 (25점) / 지상레이저측량을 이용한 단면확인측량 (25점)		52, 73, 87, 95, 99, 102, 105, 111, 114, 116, 126, 128회
	터널 내에서 측점을 시준할 때 주의사항 (25점)		55회
	내륙과 도서지역을 3km 이상으로 장대교량이나 터널로 연결할 경우 표고차(30cm 이상)가 발생할 경우 3~5cm 이내로 확보할 방안 (25점)		75회
	해상 장대교량 건설공사의 착공부터 준공까지 측량계획 수립 (25점)		95회
	지하철(개착식공법)공사현장에서 설치되는 계측기의 종류, 각각의 목적 계측 시의 이용방법에 대해 설명 (25점)		60회
	가설 중인 교량 구조물 및 교량 구조물의 안전관리 측면에서 측량의 역할 (30점) (25점)	논술	48, 50회
	해상에서 건설되는 교량공사의 수평위치를 측량하는 여러 가지 방법을 설명 (25점)		60회
	콘크리트 교량의 정밀안전진단을 위한 조사측량의 내용과 방법을 설명 (25점) (25점)		60, 104회
	교량 측량의 하부구조 및 상부구조물을 중심으로 기술 (25점) / 교량의 지간측량 (25점)		66, 96회

구분＼내용	출제문제	출제유형	회차
응용측량	댐측량의 계획, 실시설계측량, 안전관리에 대해 기술 (25점) (30점) (25점) (25점) 양수발전소의 상부지 댐의 변형을 측정하는 방법을 기술 (50점) 다목적 댐건설에 따른 측량조사결과 보고서를 기술－세부목차까지 쓰시오. (50점)	논술	48, 49, 54, 90회 55회 55회
	비행장 측량의 계획, 순서, 방법에 대해 기술 (50점) / 측량 시 입지선정 고려사항 (25점) 신공항 건설측량에 대해 기술 (20점)	논술	48, 61회 55회
	GIS를 이용한 지하시설물 관리체계 구축에 대하여 기술 (25점) (25점) (25점) 도로시설물 관리에 GIS레이어 유형과 작업절차에 대하여 기술 (50점) 지하시설 자료취득 및 분석방법을 설명 (50점) / 지하시설물 탐사오차의 허용범위 (10점) / 지하지반정보 (10점) 지하시설물측량 현황 및 문제점에 대해서 기술 (25점) (25점) (25점) (25점) (25점) (25점) (25점) / GPR 탐사 (10섬) 지하시설물도 (10점) / 지하시설물 통합시스템 구축 (25점) (25점) (25점) (25점) (25점) 지하시설물 및 도로관리 범용프로그램 (10점) (25점) / 도로 및 지하시설물 DB 구축 사업 (25점)	논술/용어	51, 55, 56회 59회 59, 63, 68, 73, 76, 77, 78, 86, 89, 122, 125회 64, 70, 72, 74, 80, 81, 84, 116, 125회
	지하수 측량 방법 및 수맥도 작성 (10점) / 지하 매설물 측량 탐사방법 및 불탐구간 최소화 방안 (25점) / 지하시설물 탐사기법 (25점) (25점) / GPR 탐사기술의 활용성 증대를 위한 개선사항 (25점) 시설물 변형 측량에 있어서 변형측량의 의의, 변형측량방법(댐, 건축물인 경우) 및 안전진단관측에 관하여 기술 (40점) (25점) (25점) (25점) (25점) (25점) (25점) (25점) (25점) / 지하시설물관리시스템 (25점) 고속철도 주변의 지표면 변화를 효과적으로 계측할 수 있는 방법 (25점) (25점) 지상 LiDAR와 토털 스테이션 및 GPS를 이용한 지하공간 내의 3차원 위치 결정방법 (25점) 지하시설물 관리 품질 등급제 (25점)	용어/논술	49, 101, 104, 120, 122회 49, 57, 66, 74, 78, 102, 108, 117, 123, 128회 99, 108회 89회 125회
	건축물 측량의 의의, 부지 및 시설물 측설 및 마무리 공사측량에 대해 기술 (25점) / 건축물 대장 측량 (10점) / 지적측량 (10점) / 도해지적 (25점) 건축물 시공, 완공 후 검사에 필요한 측량에 대해 기술 (25점) / 첨단장비를 이용한 초고층 건물의 수직도결정측량 (25점) (25점) 도시건축물 인허가 시에 급경사 구간의 경사도 분석방법 (25점)	논술/용어	58, 71, 76, 111회 65, 89, 107회 108회
	상수도(취수, 송수, 정수) 측량 방법 (25점) 광역상수도 건설에 따른 측량조사 결과보고서 작성에 대해 기술 (50점)	논술	50회 57회
	대단지를 매립하여 조성한 곳에 공장(예 : 제철소)을 건설하는 데 있어서 시공 및 관리측량에 대해 기술 (50점) 택지조성측량에 대해 기술 (25점) (25점) (25점) (25점) / 토지구획정리측량 (25점) (25점) 2km×2km 규모의 공단조성을 위한 공단입지조건과 부대시설에 대해 설명 (25점) 지형 조사측량에 대해 간척지 측량의 중요성을 설명 (25점)	논술	52회 57, 92, 113, 117, 122, 128회 57회 66회
	문화재 측량의 작업과정을 기술 (25점) (25점) / 문화재 보존을 위한 3차원 정밀 측정 (25점) 도시계획 입지 선정 시 풍수지리설에 의한 선정조건을 기술 (25점)	논술	56, 76, 84회 59회
	경관측량에서 경관도의 정량화에 대해 기술 (25점) (30점) (25점) (10점) (10점) (25점) (25점) (25점)	논술/용어	54, 54, 57, 58, 64, 68회
	용역사업 수행능력 평가서 작성(기술제안서 작성) (25점)	논술	107회
	일반측량 작업규정 제정 (25점) / I－construction (10점)	논술/용어	107, 114회
	무인 비행장치의 지적재조사 활용방안 (25점) / 스마트건설에서 측량의 역할 (25점) / 스마트건설에서 단계별 3차원 공간정보구축 (25점) (25점)	논술	119, 122, 126, 128회

이 책의 차례

CONTENTS

PART 04 2022년 측량 및 지형공간정보기술사 출제경향 분석 및 문제해설

APPENDIX 부록

2016~2017년 측량 및 지형공간정보기술사 출제경향 분석 및 문제해설

NOTICE

본 기출문제 해설은 예문사 출간 《포인트 측량 및 지형공간정보기술사》를 기본으로 집필하였습니다. 기출문제 중 상기 서적의 내용과 유사한 문제는 참고 편으로 표시하였으며, 유사하지 않은 문제는 추가로 모범답안을 제시하였음을 알려드립니다. 또한, 본서의 모범답안은 출제 당시 자료와 법령을 기준으로 작성하였으며, 출제자의 의도에 최대한 접근하기 위해 집필진은 많은 노력을 하였으나 출제자의 의도와 정확히 일치되지 않을 수도 있음을 알려드립니다.

제 1 장 출제경향 분석

1 ATTENTION

본 기출문제 해설은 예문사 출간 《포인트 측량 및 지형공간정보기술사》를 기본으로 집필하였습니다. 기출문제 중 상기 서적의 내용과 유사한 문제는 참고 편으로 표시하였으며, 유사하지 않은 문제는 추가로 모범답안을 제시하였음을 알려드립니다. 또한, 본서의 모범답안은 출제 당시 자료와 법령을 기준으로 작성하였으며, 출제자의 의도에 최대한 접근하기 위해 집필진은 많은 노력을 하였으나 출제자의 의도와 정확히 일치되지 않을 수도 있음을 알려드립니다.

2 출제경향

2016년부터 2017년까지 시행된 측량 및 지형공간정보기술사는 기존에 시행된 출제문제와 유사한 형태로 출제되었다. 다만 이전과 비교하여 GSIS(공간정보 구축 및 활용) PART의 출제비율이 늘고, 응용측량 PART의 출제비율이 줄었다.
세부적으로 살펴보면 사진측량 및 R.S(22.6%), 응용측량(21.8%), GSIS(14.5%)를 중심으로 집중 출제되었으며, 관측값 해석 및 지상측량 PART의 경우 상대적으로 적은 출제빈도를 보였다.

3 PART별 출제문제 빈도표(108~113회)

PART	총론 및 시사성	측지학	관측값 해석	지상 측량	GNSS 측량	사진측량 및 R.S	GSIS (공간정보 구축 및 활용)	응용 측량	계
점유율 (%)	12.9	8.1	3.2	4.8	12.1	22.6	14.5	21.8	100

4 그림으로 보는 PART별 점유율

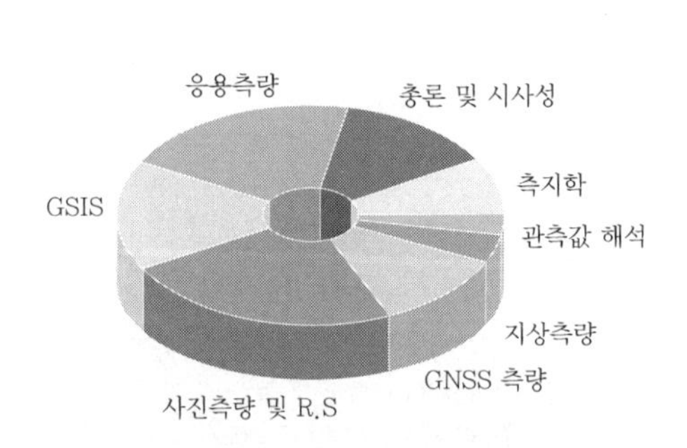

[108~113회 단원별 점유율]

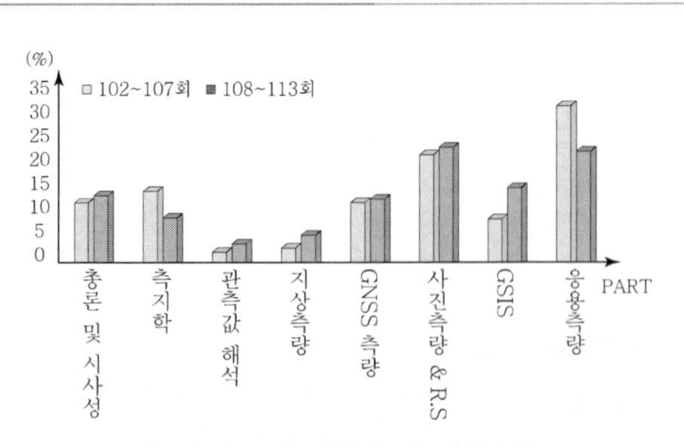

[102~113회 단원별 비교 분석표]

108회 측량 및 지형공간정보기술사 문제 및 해설

2016년 1월 31일 시행

분야	건설	자격 종목	측량 및 지형공간정보기술사	수험 번호		성명	

구분	문제	참고문헌
1 교시	※ 다음 문제 중 10문제를 선택하여 설명하시오. (각 10점)	
	1. 자오선 곡률반경에 대하여 설명하시오.	**1. 모범답안**
	2. 중력이상과 그 종류 및 활용분야에 대하여 설명하시오.	2. 포인트 2편 참고
	3. 수직선 편차와 지오이드 결정 방법을 설명하시오.	**3. 모범답안**
	4. Bauditch법(컴퍼스법칙)에 대하여 설명하시오.	4. 포인트 4편 참고
	5. 관성항법시스템(INS)에 대하여 설명하시오.	5. 포인트 5편 참고
	6. 공간정보의 품질요소에 대하여 설명하시오.	**6. 모범답안**
	7. 내부표정에 대하여 설명하시오.	7. 포인트 6편 참고
	8. 연속수치지도에 대하여 설명하시오.	**8. 모범답안**
	9. LoD(Level of Detail)에 대하여 설명하시오.	9. 포인트 6편, 8편 참고
	10. ITRF2008의 정의와 특성을 설명하시오.	**10. 모범답안**
	11. 오차의 3법칙과 Gauss오차곡선에 대하여 설명하시오.	11. 포인트 3편 참고
	12. 벡터데이터의 구조에 대하여 설명하시오.	12. 포인트 8편 참고
	13. 우리나라 다목적 실용위성의 종류와 특징을 설명하시오.	13. 포인트 6편 참고
2 교시	※ 다음 문제 중 4문제를 선택하여 설명하시오. (각 25점)	
	1. 우리나라 수직기준의 현황과 통일대비 북한지역의 긴급 인프라 구축을 위한 수직위치 결정방안을 설명하시오.	**1. 모범답안**
	2. 수평위치와 수직위치를 결정하기 위한 방법에 대하여 설명하시오.	**2. 모범답안**
	3. 국토변화정보 포털서비스에 대하여 설명하시오.	**3. 모범답안**
	4. 항공사진 및 위성영상을 이용한 수치도화의 작업공정을 설명하시오.	4. 포인트 6편 참고
	5. 도시 건축물 인허가 시에 급경사 구간의 경사도 분석 방법에 대하여 설명하시오.	**5. 모범답안**
	6. 정부에서 구축하고 있는 국토영상정보체계의 목표, 현황, 문제점 및 고도화 방안에 대하여 설명하시오.	6. 포인트 6편 참고
3 교시	※ 다음 문제 중 4문제를 선택하여 설명하시오. (각 25점)	
	1. TM투영법의 종류와 투영식 및 투영체계에 대하여 설명하시오.	1. 포인트 7편 참고
	2. GPS측량의 반송파측정법에서 불확정정수(Integer Ambiguity)를 결정하는 방법에 대하여 설명하시오.	2. 포인트 5편 참고
	3. 해안침식 모니터링에 적합한 기술에 대하여 설명하시오.	**3. 모범답안**
	4. 항공사진 및 위성영상의 영상매칭 방법을 설명하시오.	4. 포인트 6편 참고
	5. GIS데이터 구축을 위한 시공간데이터 모델의 종류에 대하여 설명하시오.	5. 포인트 8편 참고
	6. 3차원 국토공간정보를 고품질로 제작하기 위해 시설물별 고려해야 하는 사항과 서비스 고도화 방안에 대하여 설명하시오.	**6. 모범답안**
4 교시	※ 다음 문제 중 4문제를 선택하여 설명하시오. (각 25점)	
	1. 고속철도와 같은 장거리 SOC의 지반침하를 관측하기 위한 방법을 설명하시오.	**1. 모범답안**
	2. 화산활동을 감지하기 위한 측지학적 방법을 설명하시오.	**2. 모범답안**
	3. 건설공사 현장에서 가설 구조물의 실시간 변위 모니터링 방법을 설명하시오.	3. 포인트 9편 참고
	4. 측량장비 검정 방법과 문제점에 대하여 설명하시오.	**4. 모범답안**
	5. 대축척 수치지도의 수시갱신을 위한 방법과 장 · 단점을 설명하시오.	**5. 모범답안**
	6. 예산절감, 중복방지, 정확도 확보 등의 효과를 얻기 위한 대표적인 공공측량 사업을 설명하시오.	6. 포인트 1편 참고

NOTICE 본 측량 및 지형공간정보기술사 문제 및 해설 중 참고문헌의 《포인트》는 예문사 출간 《포인트 측량 및 지형공간정보기술사》임을 알려드립니다.

01 자오선 곡률반경에 대하여 설명하시오.

1교시 1번 10점

1. 개요

곡률반경(Radius of Curvature)은 곡면이나 곡선의 각 점에 있어서 만곡의 정도를 표시하는 값으로, 곡률반경이 클수록 만곡은 완만하다. 회전타원체상에서 지구의 위도와 경도의 길이를 구하려면 자오선 곡률반경과 묘유선(횡) 곡률반경을 알아야 한다. 자오선 곡률반경은 타원인 자오선의 곡률반경으로서 적도상에서는 장반경의 길이와 같으나 위도가 높아질수록 그 값도 커지며, 묘유선(횡) 곡률반경은 위도권의 접선에 수직하는 법선의 반경을 말하며, 위도가 높아질수록 커져 극에서는 자오선 곡률반경과 같아진다.

2. 자오선 곡률반경(Radius of Curvature of the Meridian)

자오선은 타원이므로 어떤 지점의 곡률반경(M)은 위도(ϕ)에 따라 다르며, 다음 식으로 구한다.

$$M=\frac{a(1-e^2)}{W^3},\quad W=\sqrt{(1-e^2\sin^2\phi)}$$

여기서, a : 지구의 장반경, e : 이심률

3. 묘유선(횡) 곡률반경(Radius of Curvature of the Prime Vertical)

평행권은 적도면에 평행한 평면으로 지구를 자른 자리의 소원이다. 이 평행권상의 2점 P, P'에서 지구 타원체 내의 법선을 그으면 2법선은 지축상의 1점 K에서 만난다. 이 2법선에 대하여 P'점을 P점에 가까이 해서 P점과 P'가 겹쳤을 때 PK의 길이를 묘유선 곡률반경이라 한다. 묘유선 곡률반경(N)은 위도(ϕ)에 의해서 그 값이 다르며, 다음 식과 같이 된다.

$$N=\frac{a}{W}=\frac{a}{\sqrt{(1-e^2\sin^2\phi)}}$$

여기서, a : 지구의 장반경, e : 이심률

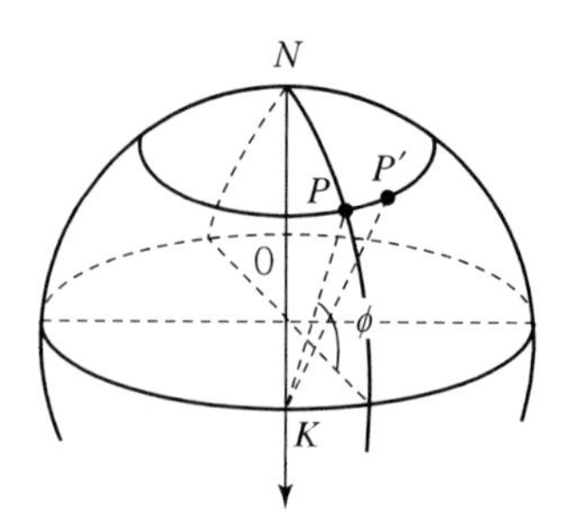

[그림] 묘유선 곡률반경

4. 평균 곡률반경(Mean Radius of Curvature)

평균 곡률반경(R)은 타원체면상에서 자오선 곡률반경(M)과 묘유선 곡률반경(N)의 기하학적 평균을 말한다.

$$평균곡률반경(R) = \sqrt{MN}$$

5. 자오선 곡률반경과 묘유선 곡률반경의 이용

(1) 타원체의 평균 곡률반경 산정에 이용

(2) 타원체상에서 위도와 경도의 길이 산정에 이용

(3) 경 · 위도 및 높이 좌표계 ↔ 3차원 직각좌표계로 변환에 이용

(4) GNSS에 의한 기준점측량 시 기선거리 및 고저 계산에 이용

02 수직선 편차와 지오이드 결정 방법을 설명하시오.

1교시 3번 10점

1. 개요

중력퍼텐셜이 일정한 값을 갖는 등퍼텐셜면 중 지구의 형상과 가까운 것을 지오이드라 하며, 이들 등퍼텐셜면에 직교하는 방향을 중력방향으로 연직선이라 하고 지구의 질량 분포에 관계없이 매끈한 곡선을 이루는 지구타원체의 법선을 수직선이라 한다. 일반적으로 연직선과 수직선은 지구타원체와 지오이드의 차이로 인해 일치하지 않으며 그 편차를 지오이드 기준 시 수직선 편차, 타원체 기준 시 연직선 편차라 하는데, 그 차이는 미소하다.

2. 수직선 편차와 연직선 편차

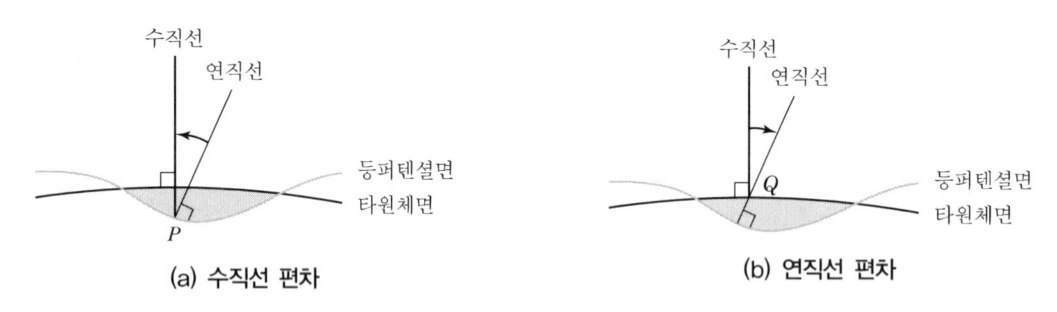

[그림] 수직선 편차와 연직선 편차

(1) 수직선 편차(Deflection of Vertical)

지오이드상의 점 P에 대한 연직선과 이를 통과하는 수직선 사이의 각

(2) 연직선 편차(Plumb Line Deviation)

지구타원체상의 점 Q에 대한 수직선과 이를 통과하는 연직선 사이의 각

3. 수직선 편차의 특징

(1) 지구상 어느 한 점에서 타원체 법선과 지오이드 법선의 차이

(2) 일반 삼각점에서 수직선 편차를 관측하면 그 점에서 지오이드면과 준거타원체의 경사를 알 수 있어 지오이드 기복 결정 가능

4. 지오이드(Geoid)

지구 표면의 대부분은 바다가 점유하고 있는데, 평균해수면(Mean Sea Level)을 육지까지 연장하여 지구 전체를 둘러쌌다고 가상한 곡면을 지오이드라 한다.

5. 지오이드고 결정 방법

(1) 천문측량 자료에 의한 방법

연직선 편차는 천문측량에 의한 경 · 위도와 측지 경 · 위도의 차로 구할 수 있으며, 이 연직선 편차를 거리에 대해 적분하면 지오이드고의 변화를 구할 수 있다.

(2) 중력측정 자료에 의한 방법

측정된 중력자료로부터 프리에어 중력이상을 구하고, 이로부터 지오이드고를 구하는 방법이다.

(3) 지구중력모델을 이용하는 방법

지구중력모델(Global Geopotential Model)이란 각종 중력 자료원을 이용하여 위도 및 경도 간격이 일정한 중력퍼텐셜을 계산한 뒤 이를 구조화 분석(Spherical Harmonic Analysis)하여 구면조화계수로 나타낸 것으로, 이를 이용하면 중력이상과 지오이드고, 연직선 편차 등을 비교적 정밀하면서도 간단히 계산할 수 있다.

(4) GNSS/Leveling에 의한 방법

인공위성 측위방식인 GNSS 측량에 의해 측점에 대한 타원체고를 직접 계산할 수 있다. 따라서 표고를 정확히 아는 점에서 GNSS 측량을 실시하면 직접 지오이드고를 계산할 수 있다.

(5) 위성의 해면고도 자료에 의한 방법

해면고도의 관측은 인공위성에서 해면에 수직방향으로 레이더를 발사하여 해면으로부터 반사되어 오는 시간을 측정함으로써 해면과 위성 간의 거리를 구하며, 이와 함께 인공위성의 궤도 정보에 의해 지구타원체면으로부터 위성까지의 거리를 결정함으로써 해면고도를 구할 수 있다.

03 공간정보의 품질요소에 대하여 설명하시오.

1교시 6번 10점

1. 개요

공간정보의 품질관리란 각종 구축기준에 적합하게 제작될 수 있도록 작업기관이 공정별로 관리 · 통제하고, 품질을 검사하는 것을 말한다. 품질검사를 위한 품질요소에는 완전성, 논리적 일관성, 위치 정확성, 속성(주제) 정확성 등이 있다.

2. 위치 정확성(Positional Accuracy)

지표면에서 참값의 위치로부터의 변이를 나타내며, 공간상에 객체의 올바른 위치를 확인하는 데 가장 기본적이고 중요한 항목이다.

(1) 특성

① 일반적으로 대축척일수록 구축되는 위치자료의 정확도는 높아지고, 소축척일수록 정확도는 낮아진다.

② 정보의 유형에 따라 달라진다. 토양이나 식생단위의 경계선은 모호하기 때문에 조사자에 따라서 정확도가 많은 영향을 받게 된다. 이에 비해 지형정보는 정밀하게 조사되는 편이다.

③ 디지타이징을 통하여 수치지도를 제작하는 경우에는 점의 밀도와 관계가 있다. 좌표의 독취 간격이 작을수록 자료의 양이 많아지며 일반화의 영향이 적어 일반적으로 높은 위치 정확도를 지니게 된다.

(2) 위치 정확도의 계산

위치 정확도의 평가에는 여러 가지 방법이 있는데, 보통 평균제곱근오차(RMSE : Root Mean Square Error)가 사용된다.

$$RMSE = \sqrt{\frac{\sum_{i=1}^{n} X_i^2}{n}}$$

여기서, X_i : 위치 i에서의 변이
n : 샘플링 수

3. 속성(주제) 정확성(Attribute Accuracy)

속성값의 참값에 대한 근접 정도를 말한다.

(1) 속성 정확도의 특성

속성오차의 형태에는 분류상의 오차, 기록상의 오차, 판독오차, 기계오차 등이 있으며, 토지 이용, 식물 유형, 행정구역 등과 같이 불연속적인 속성값과 온도, 고도, 가격 등과 같이 연속적인 속성값이 있다.

(2) 속성 정확도의 계산

① 오차 행렬(Error Matrix/Confusion Matrix) 사용

수치지도상(또는 영상분류결과)의 임의 위치에서 지도에 기입된 속성값을 확인하고, 현장 검사에 의한 참값을 파악하여 오차 행렬을 구성한다.

② 누락 오차(Omission Error)

실제로 존재하는 자료가 분류 결과에서는 누락되었을 경우 발생하는 오차를 말한다.

(예 : 도시지역 토지이용현황의 분류 결과 도로구역의 실제 총면적이 100km^{2}인데 분류결과는 94km^{2}로 나왔을 경우 6%의 누락오차가 발생한다.)

③ 중복 오차(Commission Error)

자료가 분류되었으나, 그것이 실제로 지상에서는 없는 경우 발생하는 오차를 말한다.

(예 : 도시지역 토지이용현황의 분류 결과 도로구역의 실제총면적이 100km^{2}인데 분류결과가 115km^{2}으로 나왔을 경우 15%의 중복오차가 발생한다.)

④ Kappa 계수

오차행렬에 의하여 사용자 정확도(User Accuracy)와 제작자 정확도(Producer Accuracy), 전체 정확도(Overall Accuracy) 등을 계산할 수 있는데 이 경우 실제로는 우연에 의해 옳게 분류될 확률이 내재되어 있다. 이와 같이 우연에 의해 옳게 분류될 경우의 수를 제거하여 정확도를 계산하는 것을 Kappa 계수라 한다.

$$K=\frac{D-q}{N-q}$$

여기서, K : Kappa 계수

D : 대각선상의 폴리곤 수

q : 중복오차와 누락오차에 해당되는 폴리곤 수

N : 전체 폴리곤 수

4. 논리적 일관성(Logical Consistency)

논리적 일관성이란 자료요소 사이에 논리적 관계가 잘 유지되는 정도를 말한다.

(예 : 산림지역의 경계는 도로의 가장자리와 인접하는 것이 논리적으로 타당하다.)

5. 완결성(Completeness)

(1) 완결성은 하나의 자료기반 내에서 일정 지역에 관한 모든 정보를 제공할 수 있도록 자료가 완전하게 구축되어 있다는 것을 의미한다.

(2) 자원의 상태와 같은 정보가 필요할 때에는 최신의 정보가 중요할 수 있고, 어떤 경우에는 과거의 정보일지라도 전체 지역에 대한 동일한 시점의 정보를 얻는 것이 더 중요할 수도 있다.

04 연속수치지도에 대하여 설명하시오.

1교시 8번 10점

1. 개요

연속수치지도(Seamless Digital Map)란 단순히 수치지도의 도엽을 붙여 놓은 것이 아닌 도엽 간의 시스템체계를 일원화하여 도로, 건물 등의 객체가 연계된 데이터베이스로서, 이용자는 사용자 목적에 맞게 행정구역, 도로, 하천, 건물 등 객체 단위로 활용이 가능하게 되어 각종 GIS 시스템 등에 별도의 편집 없이 직접 사용 가능한 지도를 말한다.

2. 기존의 수치지도

(1) 전 지역이 '도엽'이라는 직사각형 모양의 단위로 나뉘어 있음
(2) 동일한 지형에 대한 속성정보가 도엽별로 분리되어 있음
(3) 사용자가 원하는 지역과 원하는 용도에 맞춰 활용하는 데 많은 제약이 있음

3. 연속수치지도 제작 현황

(1) 도엽단위 지도제작 체계에서 발생하게 되는 정보단절의 문제를 해결하기 위하여 국토지리정보원에서는 2010년부터 연속수치지도를 제작하기 시작
(2) 연속수치지도는 1/5,000과 1/25,000의 두 가지 축척으로 제작되며, 수치지도 2.0과 동일한 SHP 파일 혹은 NGI 파일로 제공

4. 연속수치지도의 특징

(1) 단순히 기존 수치지도의 도엽들을 붙여만 놓은 것이 아님
(2) 도엽 간의 시스템 체계를 일원화하여 객체화된 데이터베이스를 구현
(3) 레이어별로 속성 체계가 일치되어, 각종 GIS 시스템 등에 별도의 편집 없이 직접 사용이 가능
(4) 사용자는 원하는 레이어를 영역(도곽) 제한 없이 자유롭게 선택하여 주문이 가능
(5) 사용 목적에 맞게 행정구역, 도로, 하천, 건물 등 객체 단위로 활용이 가능
(예 : 산, 도로, 문화재 등 원하는 레이어를 선택하면 각각 등산지도, 도로지도, 관광지도와 같은 특수한 용도에 맞춘 형태로 활용할 수 있음)
(6) 2년 주기로 갱신되는 국가기본도 주기수정 내용과 1개월 단위로 갱신되는 수시수정 내용을 즉시 반영
(7) 지형과 지도상의 불일치로 발생하는 다양한 문제를 해결

5. 세부 사양 및 주요 데이터 제공 현황

(1) 세부 사양

구분	내용
데이터 포맷	SHP, NGI
레이어	83개(1/5,000 기준)
사용 환경	Pentium 4 이상, RAM 1GB 이상
총 데이터 용량	50GB(1/5,000 기준)
주요 속성	UFID, 명칭, 구분, 종류, 재질, 용도, 층수, 법정동 코드, 통합코드, 제작연도 등

(2) 주요 데이터 제공 현황

① 국토교통부(공간객체등록번호 부여사업, 공간정보오픈플랫폼 구축)

② 국립농산물 품질관리원(중금속 통합관리시스템)

③ 국립해양조사원(연안해역 정밀조사)

6. 기대효과

전국 연속수치지도는 사용자의 다양한 요구를 파악하여 공간정보와 속성정보를 연계한 고부가 가치정보 구축으로 국민이 원하는 맞춤형 정보를 제공하게 되며, 더 나아가 대한민국의 국가 역량을 강화하고 행정 생산성을 향상하는 데 이바지하게 될 것이다.

05 ITRF2008의 정의와 특성을 설명하시오.

1교시 10번 10점

1. 개요

국제지구회전관측연구부(IERS)에서 설정한 국제지구기준좌표계(ITRF)는 International Terrestrial Reference Frame의 약자로 국제지구회전관측연구부라는 국제기관이 제정한 3차원 국제지심직교좌표계이다. 세계 각국의 VLBI, GPS, SLR, DORIS 등의 관측자료를 종합해서 해석한 결과에 의거하고 있다.

2. ITRF 좌표계 변천 및 구성

(1) ITRF의 변천

ITRF 좌표는 ITRF 88, 90, 91, 92, 93, 94, 96, 97, 00, 05, 08, … 등이 지속적으로 발표되고 있으며, 상호 간에 cm 수준으로 변환할 수 있도록 변환요소를 제공하고 있다.

(2) ITRF 좌표계 구성

① ITRF 좌표계는 지구의 질량중심에 위치한 좌표 원점과 X, Y, Z축으로 정의되는 좌표계이다.
② Z축은 국제시보국(BIH)에서 채택한 지구 자전축과 평행하다.
③ X축은 BIH에서 정의한 본초 자오선과 평행한 평면이 지구적도선과 교차하는 선이다.
④ Y축은 X축과 Z축이 이루는 평면에 동쪽으로 수직인 방향으로 정의된다.

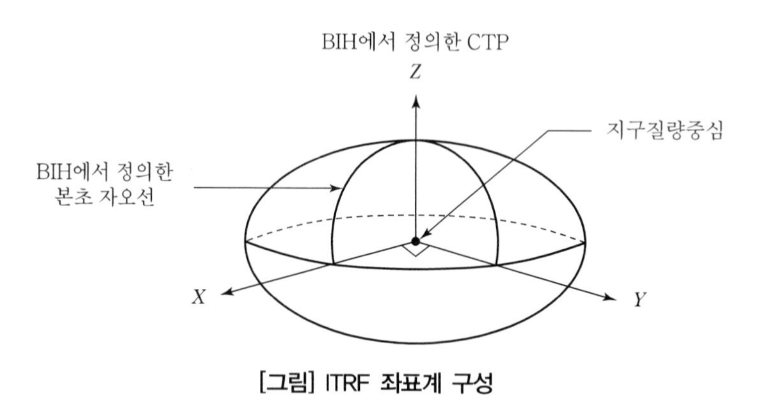

[그림] ITRF 좌표계 구성

3. ITRF2008의 특징

(1) ITRF2008은 4개의 우주측지 기술인 VLBI(29년), SLR(26년), GPS(12.5년) 및 DORIS(16년)의 관측자료를 재가공하여 개선하였다.
(2) ITRF2008 정밀화를 위해 주별 위성위치 및 일별 VLBI 데이터와 일별 지구회전 파라미터를 사용하였다.
(3) ITRF2008과 ITRF2005는 $\Delta X = -2.0\text{mm}$, $\Delta Y = -0.9\text{mm}$, $\Delta Z = -4.7\text{mm}$의 차이가 발생한다.
(4) ITRF2008의 축척 정확성은 적도에서 8mm이다.
(5) ITRF2008의 정확성은 ITRF2005보다 높은 것으로 증명되었지만, 향후 ITRF 개선은 콜로케이션 지역의 지역관계 및 우주측지 관측값(예상값)의 일관성 있는 개선이 필수적이다.

06 우리나라 수직기준의 현황과 통일대비 북한지역의 긴급 인프라 구축을 위한 수직위치 결정방안을 설명하시오.

2교시 1번 25점

1. 개요

(1) 우리나라는 측지측량, 수로측량, 지적측량 등에 있어 각 분야별로 그 위치측량의 기준이 서로 다른 문제점을 갖고 있다. 또한 측지측량과 수로측량은 높이 기준이 상이함에 따라 각종 건설사업 및 GIS 구축, 활용에 있어 일반인들에게 혼란을 주고 있어 이에 대한 통합 또는 연계성 확립 등의 명확한 규정이 필요하다.

(2) 통일 한반도의 측량은 남북 간 측량의 기준을 통일하고 지도를 통합하는 등의 기본적인 요건을 갖춤과 동시에 한반도 전체의 효율적인 국토관리를 위한 국토 모니터링체계의 기초자료를 지속적으로 제공해야 한다는 관점에서 통일대비 국토개발을 위한 한반도 측량기준체계 확립 및 전략에 대한 연구가 국토교통부를 중심으로 활발히 이루어지고 있다.

2. 우리나라 수직기준 현황

수직기준

- 측량 : 평균해수면으로부터의 높이(중등조위면, MSL : Mean Sea Level)
- 수로조사 : 간출지의 높이와 수심은 기본 수준면
  (일정기간 조석을 관측하여 분석한 결과 가장 낮은 해수면)
- 해안선 : 약 최고고조면
  (일정기간 조석을 관측하여 분석한 결과 가장 높은 해수면)
- 토지와 접한 항만 구조물의 높이 기준 : 평균해수면에 근거한 국가수준점 표고
- 수로 등의 해양구조물의 높이 기준 : 약 최저저조면을 기준으로 하는 수로용 수준점
- 선박의 안전 통항을 위한 교량 및 가공선의 높이 : 약 최고고조면

3. 통일대비 남 · 북한 통합 위치기준체계 추진 배경 및 필요성

(1) 통일 이후 사회간접자본 연결 계획을 수립하는 데 남북 간 측량기준 불일치 등의 문제가 존재함

(2) 남 · 북한 측량기준 불일치 문제 해결과 통일대비 북한지역 측량기준체계 확립을 위한 전략 수립 필요

(3) 국토개발, SOC 건설 및 공간정보 등 북한정보를 활용하는 국가정책의 수립 시행 지원

(4) 백두산 화산 모니터링 등 인도적 차원의 남북 과학기술 협력

4. 남 · 북한 측량의 기준 비교

구분	남한		북한
	구측지계	신측지계	
측지기준계	동경측지계	세계측지계(ITRF)	도플러관측점(평양천문대) 및 국가측지 도플러 관측원점
지구의 형상	베셀타원체	GRS80 타원체 a : 6,378,137.000m f : 1/298.257222101	Krasovsky 타원체
평면위치 기준	수평면	타원체면	수평면
수직위치	평균해면(인천만)	평균해면(인천만)	평균해면(원산만)

구분	남한		북한
	구측지계	신측지계	
위치표현	경도, 위도, 직각좌표, 극좌표, 표고	3차원 직교좌표, 경도, 위도, 직각좌표, 극좌표, 표고	측지좌표계는 UTM 좌표계, 지역좌표는 1984탐사지리표체계
경위도원점	천문측량 실시, 경도, 위도	VLBI 실시, 경도, 위도	
평면투영원점	3개 평면직각좌표원점 (서부, 중부, 동부)	4개 평면직각좌표원점 (서부, 중부, 동부, 동해)	

5. 통일시대 한반도 국가 측지망 구상

	현재		향후
①	**(남한)** 국가기준위치기준체계 확립 • 통합기준점(7,000점) 설치 및 측량기준점 일원화	➡	**(단기)** 기존 북한 측지계 · 기준점 통일 • 수평 : 측지계에 따른 좌표변환 • 높이 : 인천 평균해수면 기준의 Offset 결정
②	**(연결 기준점)** 남북 연결용 측량기준점을 DMZ지역에 설치 (250점)		**(장기)** 기준점을 10년 이내 전면 신규 설치 • 위성기준점(65점) → 통합기준점(6,500여 점)
③	**(제도)** 기술적 · 제도적 남북 통합전략 수립		**(수시)** SOC 개발지역에 긴급 설치 (VRS 등 Network-RTK 이용)

6. 남 · 북한 측량기준체계 일원화를 위한 단계별 전략

(1) 임시적 변환 방법에 의한 측량성과 일원화

① 북한 좌표체계 분석을 통한 변환계수 도출, 좌표변환 실시
② 개발여건 및 환경의 부재 등으로 인한 임시적 대처방안
③ 통일 이후 초기 혼란에 대한 완충역할 수행

(2) 부분적 변환 방법에 의한 측량성과 일원화

① 변환계수의 도출과 좌표변환을 통한 남한의 측량성과와 일치화 작업 수행
② 남한 측량기준체계를 활용한 북한 측량성과 산출방안

(3) 전면 신규설치에 의한 측량성과 재생산

① 전면적인 측량성과 재생산을 통한 신규제작 실시
② 북한이 보유한 측량성과의 기술적 낙후성에 따른 품질 정확도 저하에 대비한 전략 구축

7. 북한지역의 긴급 인프라 구축을 위한 수직위치 결정방안

통일된 측지계를 기준으로 전지역에 신규 설치를 원칙으로 하되, SOC 개발 등 긴급 지역은 북한의 기존 기준점 성과를 변환하여 활용한다. 즉, 수직위치는 인천 평균해수면과 원산 평균해수면의 높이차(Offset)를 결정하여 변환 모델링을 통해 북한지역의 수직위치를 남한 수직위치에 통일하여 사용한다.

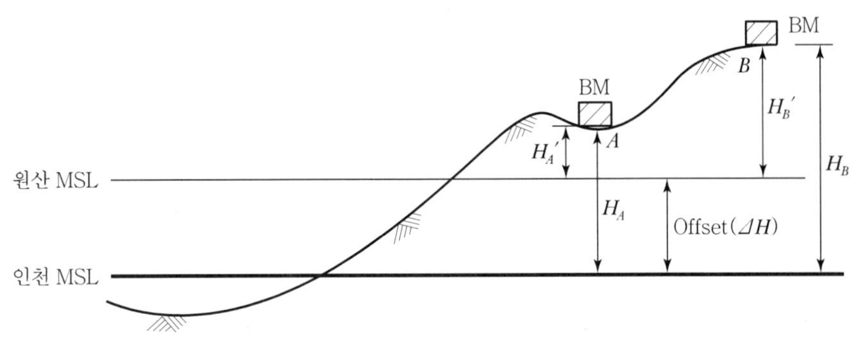

$$H_A = H_A' + \Delta H,\quad H_B = H_B' + \Delta H$$

여기서, H_A : 인천 M.S.L 기준의 표고
H_A' : 원산 M.S.L 기준의 표고
H_B : 인천 M.S.L 기준의 표고
H_B' : 원산 M.S.L 기준의 표고
ΔH : 인천 평균해수면과 원산 평균해수면의 높이 차(Offset)

[그림] 인천 MSL 기준으로 표고 환산 방법(예)

8. 결론

국토개발에 있어 측량 및 공간정보는 가장 핵심이 되는 자료이나 현행 국가의 지원 규모는 너무도 미미한 수준에 머물고 있다. 남북통일이 되면 북한지역의 국토개발이 대대적으로 이루어질 것이므로, 과거 무계획적인 난개발과 극심한 불균형을 초래한 남한의 경우를 되풀이하지 않기 위하여 통일 초기에 측지사업을 단기간에 수행하여야 하므로 이에 대한 충분한 예산과 효율적인 중장기 전략 및 이에 대한 연구가 시급히 이루어져야 할 것으로 판단된다.

07 수평위치와 수직위치를 결정하기 위한 방법에 대하여 설명하시오.

2교시 2번 25점

1. 개요

일반적으로 측량(Surveying)은 지표면, 지하, 수중 및 우주공간에 존재하는 어떤 점의 관계위치를 결정하는 과학과 기술을 말한다. 어떤 점의 위치결정에는 1차원(x 또는 z), 2차원$(x,\ y)$, 3차원$(x,\ y,\ z)$ 및 4차원$(x,\ y,\ z,\ t)$으로 구분된다.

2. 위치결정 방법의 분류

위치결정 방법
- 수평위치결정 방법 : 천문측량, 삼각측량, 삼변측량, 다각측량
- 수직위치결정 방법 : 수준(고저)측량, 수심측량, 지하깊이측량
- 3차원 및 4차원 위치결정 방법 : 관성측량, GNSS측량, 사진측량

3. 수평위치 결정 방법

(1) 천문측량(Astronomical Surveying)

어떤 지점에서 천체의 고도, 방위각 및 시각 등을 관측함으로써 그 점의 경도, 위도, 방위각 등을 구하는 측량을 말한다. 측량의 방법이나 기계는 그 정도에 따라 여러 가지가 있다.

(2) 삼각측량(Triangulation)

지상에서 서로 바라보이는 삼각점을 정하여 그 1변과 각을 측정하여 다른 2변을 계산으로써 구하고, 또 1변의 방향각을 구하여 다른 점의 수평위치를 결정하는 측량을 말한다.

(3) 삼변측량(Trilateration)

각을 측정하지 않고 변의 길이를 측정하여 미지점의 수평위치를 결정하는 측량방식이다. 삼변측량은 코사인 제2법칙, 반각공식을 이용하여 변으로부터 각을 구하고 구한 각과 변에 의하여 수평위치를 구하는 방법을 말한다.

(4) 다각측량(Traversing)

일련의 기준점을 연결한 각 측선의 거리와 그 측선들이 만나서 이루는 수평각을 관측하고 이를 여러 계산과정을 거쳐 최종적으로 각 관측점의 좌표를 구함으로써 세부측량의 기준이 되는 기준점의 수평위치를 구하는 작업이다.

4. 수직위치 결정 방법

(1) 수준측량(Leveling)

지상의 여러 점에 대한 고저나 표고를 결정하기 위한 측량으로, 일반적으로 레벨과 표척을 이용해서 측점의 높이를 구한다.

(2) 수심측량(Bathymetric Surveying)

하천이나 해양에서 수심을 측정하는 작업이다. 해양에서의 수심측량은 원칙적으로 음향측심기를 사용한다.

(3) 지하깊이측량(Surveying of Underground Depth)

지하깊이측량은 터널 및 광산 등에서 지표면으로부터 밑으로 지하터널을 통하여 지하깊이를 측량하는 것과 지하매설물 측량에 주로 이용되는 전기탐사 및 탄성파측량, 지자기에 의한 방법 등이 있고 그 외 보링(Boring)에 의한 방법이 있다.

5. 3차원 및 4차원 위치결정 방법

(1) 관성측량(Inertial Positioning)

관성항법장치(또는 관성유도장치)가 동서, 남북, 상하의 3축방향으로 각각 설치된 가속도계와 평형기 및 시계로 구성되어 이동체의 가속도에 따라 무게추가 편위되는 양을 전기적으로 검출하여 각 축방향의 가속도 성분을 검출하고, 평형기는 가속도계를 정확하게 구하기만 하면 되는 장치로 대양을 항해하는 선박이나 항공기에 널리 사용되는 위치를 결정하는 측량을 말한다.

(2) GNSS측량(Global Navigation Satellite System)

인공위성을 이용하여 항법 및 위치결정에 활용되는 시스템들을 통칭하며, 여기에는 GPS, Galileo, GLONASS, Beidou 등이 이에 속한다.

(3) 사진측량(Photogrammetry)

사진을 이용하여 대상물을 관측하고 해석하여 대상물의 위치와 형상, 성질에 관한 정보를 얻는 기술을 말한다. 유인 또는 무인항공기, 인공위성, 지상에서 촬영된 사진을 사용하며, 과거에는 필름카메라를 사용하였으나 현재는 주로 디지털카메라를 사용한다.

6. 결론

측량은 지구 및 우주공간상에 존재하는 대상의 위치결정과 그 특성을 해석하는 것으로서 측량할 지역, 정확도 및 비용 등을 고려하여 최적의 측량이 되도록 해야 할 것이다.

08 국토변화정보 포털서비스에 대하여 설명하시오.

2교시 3번 25점

1. 개요

국토지리정보원은 국민 참여 기반의 국토변화정보 수집을 통한 국가기본도의 최신성 확보를 위하여 국토변화정보 포털서비스를 구축하고 2015년 3월부터 서비스를 시작하였다. 한 해에 변화되는 정보는 약 8,000여 건으로, 이러한 변화정보를 효과적으로 수집 조사하고 신속한 지도갱신 성과를 다양한 분야에 제공하기 위하여 실시하게 되었다. 국토변화정보 포털서비스는 http://map.ngii.go.kr/ms/map/nlipLandMap.do에서 사용할 수 있다.

2. 국토변화정보 포털서비스의 특징

(1) 일반 국민이 프로슈머*로 참여하여 국민에 의해 수집, 갱신된 정보를 원천자료와 함께 제공 · 배포

* 프로슈머(Prosumer) : 소비자가 소비는 물론 제품 개발과 유통과정에도 직접 참여하는 생산적 소비자로 거듭난다는 뜻이다.

(2) 전문지식이 없는 일반인도 누구나 지도갱신에 참여할 수 있도록 사용자 환경 개선

(3) 그래프, 통계지도 등 다양한 방식으로 우리국토의 변화정보를 확인 가능

(4) 변화정보에는 주기(註記)가 있어 상호의 변경 등을 확인 가능

(5) 지도화면 클릭만으로 주소정보를 자동 입력해주는 등 신고 과정의 자동화(과거 주소를 확인하여 신고하여야 하는 불편 해소)

(6) 신고된 정보는 국가기본도 수정업무에 활용

(7) 신고내용의 단계별 처리현황이나 우리국토의 변화현황을 요약하여 이메일로 제공

3. 국토변화정보포털에서 제공되는 서비스

(1) 지형 · 지물변동관리

지도의 변동에 관련된 내용을 사용자들이 색인화하여 이용 가능하게 관리

(2) 알림서비스

지도에 반영된 변화정보의 고시에 대한 자동화 알림서비스

(3) API 제공

다른 시스템에서 연계가 가능하도록 변화정보에 대한 API 제공

(4) 세움터, 새주소

세움터, 새주소의 변화정보를 조회하여 확인할 수 있는 서비스

4. 변경신고

자신의 주변에서 지도에 반영되어야 할 일들이 생겼을 때 직접 신고하는 서비스

(1) 변화현황에 대한 신고 또는 조회 가능한 지형 · 지물

14개 분야 : 도로, 택지, 하천, 철도, 산업, 항만, 수자원, 공항, 매립, 관광, 특정, 체육, 폐기물, 주기

(2) 변경신고 방법

위치검색을 통한 이동이나 직접 지도컨트롤을 통하여 신고할 위치로 이동을 하여 신고가 되어있는지 범례에 따른 표기로 확인이 가능하다.

(3) 변경신고 등록

신고의 제목과 위치를 입력한 후 주소 검색 또는 지도상의 위치를 찍어 이미지를 첨부하여 신고한다.

5. 기대효과

(1) 국토변화정보 수집 활성화

공간정보 산업의 핵심 인프라인 최신지도 수요증가에 따라 국가기본도 수시수정을 위한 변화정보 수집을 자동화하고 보다 편리한 변동신고 환경도입을 통한 이용 활성화

(2) 국토변화정보 관리환경 개선

변화정보의 추출 및 반영체계를 신속 · 정확하게 개선하고 첨단 GIS 기술을 기반으로 우리국토의 변화를 모니터링할 수 있도록 관리환경의 체계화, 과학화

(3) 효율적인 국토변화정보 수집 및 활용환경 개선

수집, 반영된 국토변화 정보를 유관기관 및 일반국민에게 신속하고 효율적으로 제공함으로써 다양한 응용 · 활용 환경 마련 및 대국민 서비스 향상

(4) 사용자 환경변화에 따른 능동적 대응

최근 주요 정보접근 수단으로 자리잡은 모바일 기반의 사용자 환경에 대응하기 위해 이용환경에 최적화된 모바일기반 국토변화 정보수집 및 활용서비스 구축

6. 결론

최근 공간정보산업의 시장 동향은 전체적 공간에서 개별적 공간으로, 생산자 중심에서 소비자 중심으로 급속하게 변화하고 있다. 이런 추세에 일반 국민이 프로슈머로 참여하는 국토변화정보 포털서비스는 최근 공간정보의 변화 경향과 일치하므로 민 · 산 · 학 · 연 · 관이 유기적인 협력체계를 구축하여 신속하고 효율적인 서비스가 되도록 노력해야 할 때라 판단된다.

09 도시 건축물 인허가 시에 급경사 구간의 경사도 분석 방법에 대하여 설명하시오.

2교시 5번 25점

1. 개요

급경사 구간에 건축물 등을 설치하는 경우 각 지자체에서는 안정성 확보, 재해 및 경관훼손 방지 등을 목적으로 도시계획 조례를 통해 건축물 등의 허가를 위한 토지의 경사도를 규정하고 있으나, 경사도 산정에 있어 숙련 여부, 산지의 형태, 등고선의 방향 등 여러 조건에 따라 경사도 산정치가 각각 다르게 나올 뿐만 아니라 과대하게 산정이 되므로 재량권의 행사 여부에 따라 인허가 비리가 크게 발생될 우려가 있다.

2. 경사도 산출 규정

(1) 산지관리법

① 수치지형도 이용

② 격자 단위를 10m×10m로 설정하여 경사도 측정

(2) 도시계획조례

① 경사도 측정을 위한 단면은 등고선에 직각이 되게 설정

② 경사도 측정기준점(최저점, 최고점 등)은 대상 토지 안에 설정

3. 경사도 분석 방법 및 비교

(1) 산지관리법

① 10m×10m인 격자를 구획한 후 격자 내에 포함된 등고선 수를 계산하여 산출

② 격자별 경사도(%) 계산

$$\text{경사도}(\%) = \text{지도상 등고선 간격}(\text{m}) \times \frac{\text{격자 내 등고선 수}}{\text{격자 한 변의 길이}}$$

③ 평균 경사도(%) 계산

$$\text{평균 경사도}(\%) = \frac{\Sigma\text{격자별 경사도}(\%)}{\text{격자 수}}$$

(2) 소프트웨어를 이용한 경사도 산출 방법

① 수치지형도에서 등고선을 추출한 후 수치고도모델(TIN)을 생성하여 경사도를 산출

② TIN 생성방식은 델로니삼각법을 이용

(3) 도시계획조례에 의한 산출 방법

① 일반적인 경우

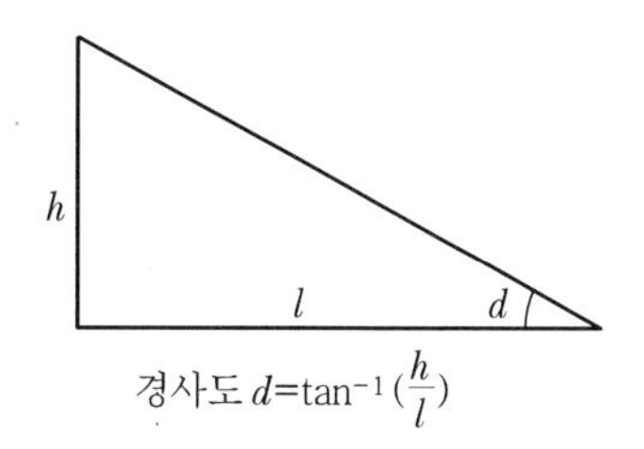

[그림 1] 일반적인 경우 경사도 측정 방법

② 지형이 구간에 따라 변화되는 경우

대상토지를 지형의 굴곡에 따라 적정구간으로 나누어 각 구간의 경사도를 측정한 후, 각 구간별 평면거리에 대한 가중평균으로 산정한다.

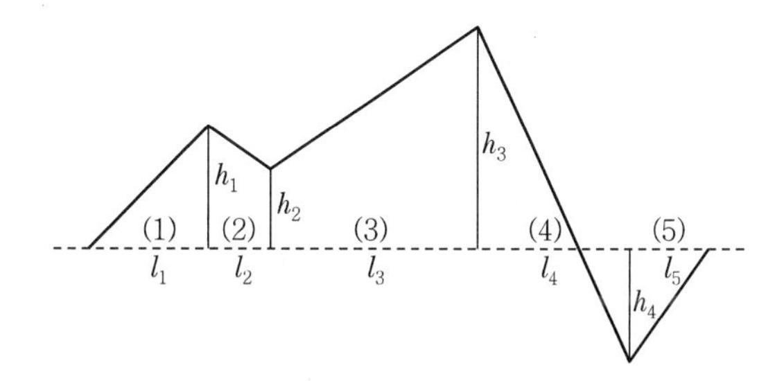

구간	평면거리	고저차	구간별 경사도	경사도 가중치
(1)	l_1	h_1	$d_1=\tan^{-1}\frac{h_1}{l_1}$	$d_1 l_1$
(2)	l_2	h_1-h_2	$d_2=\tan^{-1}\frac{h_1-h_2}{l_2}$	$d_2 l_2$
(3)	l_3	h_3-h_2	$d_3=\tan^{-1}\frac{h_3-h_2}{l_3}$	$d_3 l_3$
(4)	l_4	h_3+h_4	$d_4=\tan^{-1}\frac{h_3+h_4}{l_4}$	$d_4 l_4$
(5)	l_5	h_4	$d_5=\tan^{-1}\frac{h_4}{l_5}$	$d_5 l_5$

전체 경사도 $d=\frac{d_1l_1+d_2l_2+d_3l_3+d_4l_4+d_5l_5}{l_1+l_2+l_3+l_4+l_5}=\frac{\Sigma d_i l_i}{\Sigma l_i}$

여기서, d_i : i 구간 경사도, l_i : i 구간 평면거리

[그림 2] 지형의 구간이 변화되는 경우 경사도 측정 방법

③ 지형이 평면적으로 변화되는 경우

평면적으로 경사가 일정하지 않은 토지는 지형에 따라 수개의 적정단면(A, B, C)을 설정하며 위 ②의 방법에 의하여 각 단면의 경사도를 산정한다. 이때 산정된 각각의 경사도 중 최대 경사도를 전체 토지의 경사도로 한다.

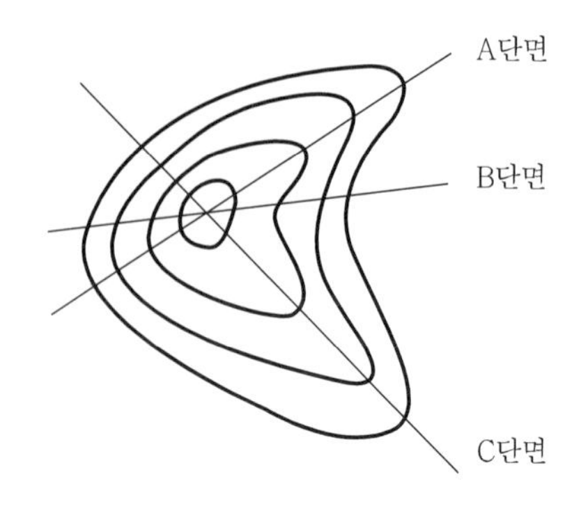

전체 경사도 $d = \text{Max}(d_A,\ d_B,\ d_C,\ \cdots\cdots)$

• A단면 경사도 $d_A = \dfrac{\Sigma d_{Ai}\, l_{Ai}}{\Sigma l_{Ai}}$

• B단면 경사도 $d_B = \dfrac{\Sigma d_{Bi}\, l_{Bi}}{\Sigma l_{Bi}}$

여기서, d_{Ai} : A단면의 i 구간 경사도
d_{Bi} : B단면의 i 구간 경사도
l_{Ai} : A단면의 i 구간 평면거리
l_{Bi} : B단면의 i 구간 평면거리

[그림 3] 지형이 평면적으로 변화되는 경우 경사도 측정 방법

4. 평균경사도 산출 방법의 문제점 및 개선방향

(1) 산지관리법

등고선의 간격 및 격자방향에 따라 경사도 차이 발생

(2) 도시계획조례

① 10m×10m 격자의 거리를 10m로 고정에 따른 문제

② 작업자의 숙련 여부에 따라 오차 발생

(3) 개선방향

소프트웨어를 이용한 방법으로 통일

5. 결론

경사도 산정 시 숙련 여부, 산지의 형태, 등고선의 방향, 격자의 방향 등 여러 조건에 따라 경사도 산정치가 각각 다르게 나올 뿐만 아니라 과대하게 산정이 되므로 재량권의 행사 여부에 따라 인허가 비리가 크게 발생될 우려가 있으므로 소프트웨어를 이용한 분석 방법에 대한 명확한 규정이 수립되어야 할 때라 판단된다.

10 해안침식 모니터링에 적합한 기술에 대하여 설명하시오.

3교시 3번 25점

1. 개요

해안지형은 너울성 파도로 인해 서서히 침식되므로 해안도로, 철로 및 옹벽 등 각종 해안 시설물의 안전에 심각한 영향을 미칠 수 있다. 따라서 주기적인 지형측량을 통하여 해안의 침식상태를 모니터링하고 그 대응방안을 마련하여야 한다.

2. 해안의 지형측량 방법

(1) 항공레이저측량에 의한 방법
(2) 지상라이다측량에 의한 방법
(3) 무인항공사진측량에 의한 방법

3. 항공레이저측량 방법

(1) 장점

넓은 지형을 신속하게 관측하므로 경제적

(2) 단점

① 해안절벽 하부에서 안쪽으로 침식된 부분 등은 측정 불가
② 간조 시간대에 맞추어 자유로운 비행이 어려움
③ 비행고도가 높아 측점 밀도가 낮아지므로 정밀한 지형자료의 취득이 어려움

(3) 판단

해안침식상태의 정밀한 모니터링에는 부적합

4. 지상라이다측량 방법

(1) 장점

① 해안선 근접측량이 가능하므로 정밀한 지형측량 수행
② 육상, 선박 등 관측이 가능한 지점에 지상라이다를 용이하게 설치

(2) 단점

① 간출암이 많은 바다에서는 선박운행이 불가하므로 근접 레이저측량이 어려움
② 높이가 높은 지점의 절벽 등의 관측 시에는 정확도와 측점밀도가 현저하게 떨어짐
③ 시준선이 확보되지 않는 지점에서는 음영현상에 의해 결측되는 부분이 발생됨
④ 물기가 많은 대상물은 레이저 관측이 불가한 경우 발생

(3) 판단

대체적으로 적용 가능하나 부분적으로 부적합한 경우가 있음

5. 무인항공사진측량 방법

(1) 장점

① 해안선에 대한 수직 및 수평사진(해안절벽 등) 촬영 가능
② 150m 이내의 저고도 근접촬영으로 수 cm 이내의 높은 해상도로 정사 영상 취득
③ 간출암이 많은 복잡한 해안지형의 공간정보 취득에 유리
④ 간조 또는 만조시간대에 맞추어 시기적절하게 촬영 가능
⑤ 항공사진과 근접 지상사진측량을 병행하여 전체 지형에 대한 3차원 모델링 가능
⑥ 시간과 비용측면에서 매우 경제적

(2) 단점

① 바람에 취약(10m/s 이하의 풍속에서 비행 가능)
② 지상기준점이 많이 필요함(최소 10점/km^2 이상)
③ 렌즈왜곡 영향의 최소화를 위해 높은 중복도로 촬영 필요(80% 이상)

(3) 판단

성과의 품질과 가격 면에서 가장 적합함

6. 결론

해안침식 모니터링을 정확하게 수행하기 위해서는 해안선에 대한 지형측량을 빈도 높게 수행하여 지형의 변화 상태를 분석해야 한다. 따라서 이를 위해서는 신속하고 정확한 측량이 가능한 무인항공사진측량과 지상라이다측량을 병행하는 것이 가장 효율적이라고 판단된다.

11 3차원 국토공간정보를 고품질로 제작하기 위해 시설물별 고려해야 하는 사항과 서비스 고도화 방안에 대하여 설명하시오.

3교시 6번 25점

1. 개요

3차원 국토공간정보란 지형 · 지물의 위치 · 기하정보를 3차원 좌표로 나타내고, 속성정보, 가시화 정보 및 각종 부가정보 등을 추가한 디지털 형태의 정보로, 이를 구축하기 위한 작업 방법 및 기준 등을 정하여 규격을 통일하고 품질을 확보해야 한다. 본문에서는 3차원 국토공간정보를 고품질로 제작하기 위한 시설물별 고려사항 및 서비스 고도화 방안을 중심으로 기술하고자 한다.

2. 3차원 국토공간정보 제작을 위한 작업순서

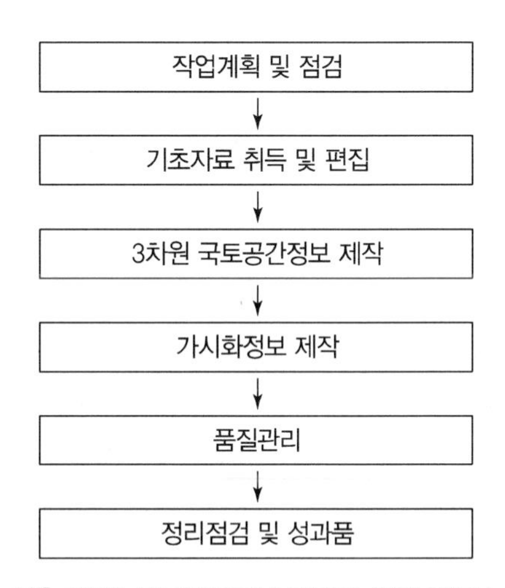

[그림] 3차원 국토공간정보 제작을 위한 작업순서

3. 3차원 국토공간정보 제작

(1) 3차원 교통데이터 제작 방법

1) 단위도로면

① 단위철도면과 같이 서로 다른 면형의 지형 · 지물과 교차하는 경우에는 항상 우선한다.

② 동일 단면에서 동일한 높이값을 가진 평면으로 제작하여야 한다.

③ 차도면과 인도면으로 구성되며, 인도면은 차도면보다 높게 제작하여 차도면과 인도면을 구별하여야 한다.

④ 차도면에는 차선, 도로중심선 및 횡단보도가 표현되어야 한다. 차선 및 도로중심선은 선형으로, 횡단보도는 면형으로 차도면 위에 제작하여야 한다.

⑤ 세밀도에 따라 선형, 3차원 면형 또는 3차원 실사모델을 실폭(면)으로 제작하여야 한다.

2) 도로교차면

① 단위철도면과 같이 서로 다른 면형의 지형 · 지물과 교차하는 경우에는 항상 우선한다.

② 도로와 도로가 만나는 교차 지점을 말하며, 세밀도에 따라 선형, 3차원 면형 또는 3차원 실사모델을 실폭(면)으로 제작하여야 하며, 인접 단위도로면의 높이와 동일하여야 한다.

③ 제작 방법은 단위도로면과 동일하다. 다만, 차선 및 횡단보도는 제작하지 않는다.

3) 단위철도면

① 단위철도면과 도로의 교차 시 도로가 우선한다.

② 세밀도에 따라 3차원 면형, 3차원 심벌 또는 3차원 실사모델로 제작하여야 한다.

4) 교통시설물

① 도로 및 철도에 관련된 입체적 시설물을 말한다.

② 교량은 일반교량, 철도교량, 고가도로 및 입체교차부(램프)를 말하며, 터널은 일반터널, 지하차도, 도로교통시설물은 육교를 말한다.

③ 도로면과 접하도록 방향성을 고려하여 제작하여야 한다.

④ 교량에 표현되는 차선 및 도로중심선은 단위도로면과 동일하다.

⑤ 교량의 교각을 제작하는 경우에는 실제 개수로 제작하여야 한다.

⑥ 교량은 세밀도에 따라 3차원 면형, 3차원 심벌 또는 3차원 실사모델로 제작하여야 한다.

⑦ 터널은 터널 양쪽 출입구 및 내부구간을 제작하여야 한다.

⑧ 터널 내부구간의 도로 및 철도는 단위도로면 및 단위철도면과 동일한 방법으로 제작하여야 한다.

⑨ 터널은 세밀도에 따라 3차원 심벌 또는 3차원 실사모델로 제작하여야 한다.

⑩ 도로교통시설물은 세밀도에 따라 3차원 심벌 또는 3차원 실사모델로 제작하여야 한다.

⑪ 신호등, 가로등, 가로수, 송전탑, 안전 · 도로 표지판 등과 같은 도로교통시설물은 추가로 제작이 가능하며, 3차원 심벌 또는 3차원 실사모델로 제작하여야 한다.

(2) 3차원 건물데이터 제작 방법

① 3차원 면형(블록) 또는 연합블록(높이가 다른 블록의 조합)의 형태로 제작하여야 한다.

② 연합블록을 구성하는 개별 블록마다 높이정보 및 속성을 입력하여야 한다.

③ 세밀도에 따라 지붕의 구조, 수직적 · 수평적 돌출부 및 함몰부를 제작하여야 한다.

④ 3차원 면형(블록) 및 연합블록은 외곽점 정보를 가져야 한다. 외곽점은 건물의 정면, 좌측면, 뒷면, 우측면, 지붕면 순서로 입력한다.

⑤ 공동주택의 출입구, 환기구와 같이 건물의 부속적인 기능을 수행하며 독립적으로 존재하지 않는 기타시설은 3차원 심벌로 제작하여야 한다.

⑥ 버스 · 택시 정류장과 같은 시설물 용도의 무벽건물은 3차원 심벌로 제작하여야 한다.

(3) 3차원 수자원데이터 제작 방법

1) 하천부속물(댐, 보)

① 하천부속물(댐, 보)이 도로 또는 교량과 교차하는 경우 도로와 교량이 우선한다.

② 하천부속물(댐, 보)과 인접하는 3차원 지형데이터 또는 제방과 일치하도록 제작하여야 한다.

③ 세밀도에 따라 3차원 면형, 3차원 심벌 또는 3차원 실사모델로 제작하여야 한다.

2) 호안, 제방

① 호안, 제방은 제방부의 천단에서부터 고수부를 포함한 하천면의 경계까지를 말한다.

② 호안, 제방은 인접하는 도로, 철도 및 교량과 일치하도록 제작하여야 한다.

③ 호안, 제방은 경사를 표현하여 제작하여야 한다. 다만, 발주처의 데이터 활용 목적에 따라 고수부는 호안, 제방에서 제외할 수 있다.

④ 우수구와 하수구는 제작하지 않고, 제방의 경계를 연장하여 처리한다.

⑤ 세밀도에 따라 3차원 면형 또는 3차원 실사모델로 제작하여야 한다.

3) 하천면

① 하천의 평수위를 높이로 하는 3차원 면형으로 제작하여야 한다.

② 하천부속물, 교량과 일치하도록 제작하여야 한다.

(4) 3차원 지형데이터 편집 방법

① 「항공레이저측량 작업규정」에 따라 제작된 수치표고모델을 사용하는 것을 원칙으로 한다.

② 수치지도 축척에 따른 수치표고자료의 격자간격은 다음 표와 같다.

수치지도 축척	1/1,000	1/2,500	1/5,000
수치표고자료 격자간격	1m×1m	2m×2m	5m×5m

③ 도로, 철도, 교통시설물, 호안, 제방 및 건물 등의 바닥면이 지형과 일치하도록 1/1,000 수치지도 또는 정사영상 등에서 불연속선(Breakline)을 추출하여 수정 및 편집을 수행하여야 한다.

4. 서비스 고도화 방안

(1) 이용자가 3차원 공간정보를 단순히 확인하는 데서 그치는 것이 아니라 이를 응용해 직접 프로그램이나 서비스를 개발할 수 있도록 정보를 공개하는 Open API 등으로 서비스를 해야 한다.

(2) 공간정보 갱신에 소요될 비용과 시간을 절감하기 위해 항공사진 기반의 3D 모델링 자동화 기술 도입, 드론 촬영 영상 활용, 민간포털과 3차원 공간정보 공동 활용 등 다각적인 방안을 수립해야 한다.

(3) 향후 모바일을 통해서도 다양한 융 · 복합 서비스를 제공해 언제 어디서나 3차원 공간정보 서비스를 활용할 수 있도록 해야 한다.

5. 주요 활용 분야

(1) 건축 관련 입면도, 차폐율, 용적률에 따른 입지 분석

(2) 스카이라인, 경관 및 조망권 분석

(3) 대형 건축물 입주 시 주변 지역 일조권 시뮬레이션 제작

(4) 고정밀 수치표고모델을 활용한 침수 시뮬레이션 제작

(5) 도시계획상 지구단위계획에 의한 주요 건축물 및 시설물 사전 배치 등

6. 결론

전 국토의 고품질 3차원 국토공간정보가 제작되고 서비스가 고도화되면 각종 도시계획과 도시개발, 주택, 건축분야 정책심의와 의사결정에 필요한 정보를 제공하게 될 것이고, 토지관리 · 건축행정 · 토지이용규제 등의 국토정보를 GIS와 결합하여 개발 · 보전지 분석, 도심 재정비 구역 탐색 등의 공간계획 업무 등에 효율적으로 활용할 수 있을 것으로 기대된다.

12 고속철도와 같은 장거리 SOC의 지반침하를 관측하기 위한 방법을 설명하시오.

4교시 1번 25점

1. 개요

연약지반에서의 지반침하 관측은 공사 중 시행하는 단기적 관측과 준공 후 유지관리를 위한 장기적 관측으로 구분할 수 있으며, 고속철도의 지반침하는 교량 등 콘크리트 구조물보다 평야지대를 가로지르는 성토구간에서 발생하므로 토공사 구간의 지반침하의 특성을 이해하고 이에 맞는 관측 방법을 선택하여 관리하여야 한다.

2. 고속철도 성토구간 침하 및 계측 종류

(1) 고속철도 성토구간 주요 침하

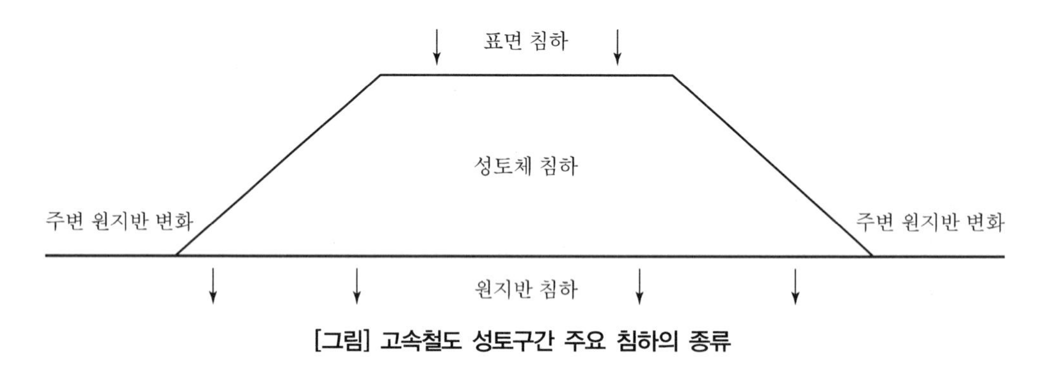

[그림] 고속철도 성토구간 주요 침하의 종류

① 표면 침하
② 성토체 침하
③ 성토체 하중으로 인한 원지반 침하 및 주변 원지반 변화

(2) 지반침하 관측 종류

① 센서에 의한 방법
② 측량기(TS 및 Level)에 의한 방법
③ RTK-GNSS에 의한 방법
④ InSAR에 의한 방법

3. 지반침하 계측 방법

(1) 센서에 의한 방법

① 변형량은 매우 정밀하게 측정할 수 있으나 방향을 측정할 수 없으므로 절대변화량, 절대좌표로의 관측이 불가
② 센서의 설치 및 유지관리가 어려움
③ 관측대상물의 변위량이 매우 미세한 순간 동적 계측에 적합
④ 경사계, 간극수압계 등

(2) 측량기(TS 및 Level)에 의한 방법

1) Level

① 직접수준측량

② 1mm 관측 가능

③ 공사 중 관측에 적합하며, 층별 침하계, 지표침하판, 표면침하판, 변위말뚝의 수직위치 관측에 적용

2) TS

① 수동(직접) 및 자동측량

② 1mm 관측 가능

③ 공사 중 관측에 수동(직접) 방법이 적합하고, 준공 후 장기적 관측에는 자동관측 방법이 효율적임

④ 변위말뚝의 수평변위 관측에 적용

(3) RTK-GNSS에 의한 방법

① 수동(직접) 및 자동측량

② 1cm 이내의 순간 측정 및 1mm 수준의 장기 측정 가능

③ 정적, 준정적 측정에 적합

④ 공사 중 관측은 수동(직접) 방법이 적합하고, 준공 후 장기적 관측에는 자동관측 방법이 효율적임

⑤ 변위말뚝의 수평변위 관측에 적용

(4) InSAR에 의한 방법

1) InSAR는 두 개의 SAR 데이터 위성을 간섭시켜 지형의 변화와 변화 운동에 관한 정보를 추출해 내는 기법

2) InSAR의 특징

① 기후의 영향 없이 상시관측 가능

② 영상의 대응점 필요 없음

③ 지각변동 포착

4. 고속철도 장거리 SOC 지반침하 관측 적용방안

(1) 고속철도 장거리 SOC 지반의 특성

① 고속철도는 산악 지역은 터널, 평야 지대는 교량 및 성토구간으로 이루어져 있으며 지반침하 발생이 예상되는 구간은 평야 지대의 성토구간으로, 이 구간에서 예상되는 침하를 효율적으로 관측할 수 있는 방법을 선택하여야 함

② 고속철도의 주변은 대부분 농경지 등으로 접근이 어려움

③ 주변은 수풀 등 장애물로 관측이 어려움

④ 계측은 장기간에 걸쳐 시행되므로 센서 등의 유지관리가 힘듦

⑤ 직접적 방법보다 간접적 방법이 필요

(2) 계측 방법별 적용방안

구분	센서	측량기	GNSS	InSAR
정밀도	매우 높다.	높다	높다	높다
절대변화	불가	가능	가능	가능
적용범위	초국소지역	국소지역	보통지역	광대지역
거리	짧다.	보통	장거리	초장거리
적용	가능	가능	가능	연구 중
유지관리	어렵다.	–	–	–

① 센서의 방법은 장거리 광대한 지역에 관측에 비효율적
② 측량기에 의한 방법은 보통지역의 관측에 효율적
③ GNSS에 의한 방법은 장거리 보통지역의 관측에 효율적
④ InSAR에 의한 방법은 초장거리 광대지역의 관측에 효율적

5. 결론

InSAR에 의한 관측 방법은 고속철도의 평야지대 지반침하 발생이 예상되는 장거리 구간의 지반침하를 관측하는 최신 기술이다. InSAR에 의한 지반침하 관측은 수도권 매립지 및 호남고속철도 구간에서 연구한 사례가 있으며, 인공위성의 영상을 이용하여야 하므로 이 부분에 대한 국가적 차원의 지원이 필요하다. 현재의 가장 경제적인 지반침하 관측 방법은 RTK-GNSS에 의한 방법이라 할 수 있다.

13 화산활동을 감지하기 위한 측지학적 방법을 설명하시오.

4교시 2번 25점

1. 개요

최근 아이슬란드 에이야프얄라요쿨 화산폭발 및 백두산 화산활동의 가능성이 제기됨에 따라 대규모의 화산폭발, 활동유무 등을 사전에 예측하여 발생할 수 있는 피해를 예방 및 최소화하는 방안에 대한 관심이 국내 및 세계적으로 급증하고 있다. 화산활동 시에는 지표변동, 지하수 수온변동, 지자기변동, 중력변동 등과 같은 이상징후가 발생하므로 이를 정밀하게 관측할 수 있다면 화산활동의 예측이 가능하다.

2. 화산활동을 감지하기 위한 관련 기술

(1) SAR영상을 이용한 정밀관측기술

① SAR 정의 및 개요

합성개구레이더(SAR : Synthetic Aperture Radar) : 합성개구레이더는 공중에서 지상 및 해양을 관찰하는 레이더로서 지상 및 해양에 대해 공중에서 레이더파를 순차적으로 발사한 후 레이더파가 굴곡면에 반사되어 돌아오는 미세한 시간차를 선착순으로 합성해 영상을 취득하는 레이더 시스템이다. 주/야간 및 악천후에서도 관측이 가능하여 1960년대부터 군용 정찰장비로 개발되기 시작했으며, 현재에는 SAR센서를 인공위성에 장착하여 영상을 취득하고 있다. SAR 기술은 위성이 지표면에 신호를 쏘아 반사된 신호로 동작하고 대형 화산지역의 초기활동을 감지하는 데 활용 가능하며, 특히 눈에 띄지 않게 활동 중인 화산을 알아내는 데 유용한 기술이다.

② SAR를 이용한 변위관측방식

InSAR(SAR Interferometric) 방식 : InSAR는 SAR영상에서 얻는 위상(Phase)을 분석, 간섭현상의 원리를 이용하여 DEM을 추출하는 기법으로, 위성의 경우 5~10m의 고정확도를 확보할 수 있다.

D-InSAR(Differential SAR Interferometry) 방식은 InSAR를 이용해 지표 변위를 탐측하는 기법으로 지형 기복에 의한 위상을 제거하는 방법에 따라 2-pass, 3-pass, 4-pass 방법으로 나누어진다. 이 중 2-Pass D-InSAR는 한 쌍의 SAR 영상자료로부터 생성된 간섭도와 기존의 DEM으로부터 생성된 모의간섭도(Simulated Interferogram)를 차분시켜 변위도를 생성하는 방법이며, 3-Pass 또는 4-Pass 방법보다 정확도 면에서 뛰어나기 때문에 현재 가장 많이 사용되고 있는 기술이다. D-InSAR는 특히 지진이나 산사태 등의 자연재해로 인한 지표변위를 감지하는 데 매우 효과적이며, 지난 20여 년 동안 지표의 고도정보 추출 및 지진, 화산, 빙하, 지반침하 등에 의한 표면 산란체의 미세한 변위변화 등에 사용되고 있다.

(2) GNSS 관측과 경사계를 이용한 정밀관측기술

GNSS 시스템은 화산의 분출 전과 분출과정에서의 지표변화를 측정하기 위하여 사용한다. 우선 화산지역에 수신기를 설치한 후 상시적으로 GNSS 위성 시그널을 수신하여 정밀 데이터 처리를 실시하면, 화산활동에 의한 지표의 수평 및 수직운동을 측정할 수 있다. 또한 최신의 RTK-GNSS 방식에 의한 실시간 측정을 통해 매초마다 지표변화량을 cm 수준의 오차로 파악하는 것이 가능하여, 일정주기 단위(약 1개월)로 정밀해석(GIPSY/OASIS, GAMIT/GLOBK 소프트웨어 사용)을 수행하여 수 mm 수준의 지표변화량을 모니터링할 수 있다.

하지만, GNSS를 통해 보다 정확한 화산활동 예측을 수행하기 위해서는 다수의 GNSS 상시관측점이 필요하다. 현재 미국 세이트헬레나 화산활동 감시의 경우 12개소의 GNSS 상시관측소를 이용하고 있으며, 몇몇 사례를 추가 조사하여 화산지역의 범위를 기준으로 상시관측점 설치수량을 결정할 수 있다. 경사계는 인위적 또는 자연적인 영향에 의한 지표면 및 구조물의 부등침하 및 상승으로 인한 기울기 측정에 사용하며, 0.00006Degree 정도의 측정정밀도로 측정할 수 있는 계측장비이다.

경사계는 화산 분화구의 경사면의 경사각을 측정하며, 화산에 어떤 변화가 발생하기 전에 정상 밑부분의 저유지에서 마그마의 외향압력과 마그마 저유지상의 암석의 Downward Weight 간에 균형이 이루어져 있기 때문에 경사량은 일정하게 관측된다. 하지만 화산활동 시 마그마가 누적됨으로써 상층과 주변의 암석에 압력이 가해지며, 압력은 마그마가 더 많이 저장되도록 화산의 정상을 상부로 밀어 올려 화산의 분화구 측면경사량이 더 증가되어 관측된다. 특히 급속한 정상 수축은 분화구분출의 전조이므로 모니터링의 매우 유용한 정보를 제공할 수 있다.

(3) 절대중력계(Gravimeter), 자기측정기, 지진계를 이용한 정밀측정기술

지하 마그마가 상승할 경우 매우 근소하게 중력이 감소해 그 변화를 분석함으로써 마그마 변동의 측정이 가능하다. 특히 이상징후에 매우 민감한 절대중력계를 이용하여 GNSS와 경사계 등에 의해 감지되지 않는 미소한 마그마 운동을 포착하는 것이 가능하다. 지표부근 중력이 약 10억 분의 3 정도 감소되면, 마그마는 수직방향으로 1cm 정도 팽창한 것으로 환산될 수 있으며, 화산분화 2~3시간 전에는 중력이 급속히 감소하는 변화가 발생하므로 정밀한 중력관측을 통해 화산활동을 예측하는 것이 가능하다.

자기측정기는 지구의 자장을 측정하여 화산활동으로 인한 지자기장(Geomagnetic Field)의 변화를 측정하는 장비이다. 자기장은 태양과 태양풍, 우주에너지와 지구내부의 충격파 등에 의하여 변화가 발생한다. 따라서 이러한 변화의 원인에 따른 자기장 변화의 패턴을 분석하여 화산활동 예측에 활용할 수 있다.

지진계는 지반의 흔들리는 정도를 측정하는 센서로서 종류에 따라서 지반의 변위를 측정하거나 지반의 속도, 지반의 가속도를 측정할 수 있다. 지진계를 통한 지진발생분포 분석을 통해 마그마의 이동경로와 화산구조에 대한 정보 취득이 가능하다.

(4) 열팽창계수측정기(Dilatometer)와 가스측정기를 이용한 정밀관측기술

미세 변형을 갖는 고체, 액체, 분말 및 액상 시료의 온도변화에 따른 부피변화를 측정하여 고정밀 분석을 할 수 있는 수평형 팽창계수 측정장비이다. 화산활동지역의 온도 및 부피 변화를 모니터링하여 화산의 활동상태를 파악할 수 있다.

코스펙(COSPEC : Correlation Spectrometer, 상관분광계)를 이용한 정밀관측기술로 화산활동 시 발생되는 아황산가스(Sulfur-dioxide Gases)를 원격으로 측정할 수 있는 장비를 사용하여 가스 누출 밀도와 범위를 측정하여 화산활동의 상태를 파악할 수 있다.

3. 결론

화산활동에 대한 정확한 예측을 위해서는 영상, 위성측위, 중력측정과 같은 첨단기술의 활용이 절실히 요구되고 있다. 그러므로 학술적 연구를 위해 정부차원의 집중적인 지원이 요구되는 시점이라 판단된다.

14 측량장비 검정 방법과 문제점에 대하여 설명하시오.

4교시 4번 25점

1. 개요

공간정보의 구축 및 관리 등에 관한 법률에 따라 측량기기는 매 3년마다 성능검사를 받아야 한다. 성능검사를 받아야 하는 장비에는 데오드라이트, 레벨, 거리측정기, 토털스테이션, GPS, 금속관로탐지기 등이 있다.

2. 성능검사 방법

(1) 데오드라이트(트랜싯)

① 콜리메이터(Collimator, 작은 각도를 측정하는 망원경)를 이용하여 수평각과 연직각의 정확도를 검사(실내검사)

② 수평각 : 0°, 90°, 180° 방향에 대한 오차량 측정

③ 연직각 : +30°, 0°, −30° 방향에 대한 오차량 측정

(2) 레벨

① 검사시설 2점에 표척과 중앙에 레벨을 설치하고 레벨을 다르게 하여 10회 측정, 표척을 교환하여 다시 10회 측정하여 2점의 교차 확인

② 검사시설의 2점 간 거리 : 60~100m

③ 경사계를 이용하여 보상판(Compensator)의 기능 범위 검사

(3) 거리측정기

1) 기계정수의 검사

① 50m 간격으로 설치된 기선장을 측정하여 기계정수 검사

② 기계정수는 반사경 정수 포함

2) 실외 측정 검사

① 최소 5점 이상의 기선장에서 각 기선의 거리를 10회 측정하고 온도, 기압 및 습도 보정

② 평균값, 표준편차 및 기계상수 결정

③ 기선장의 거리와 비교하여 그 차가 15mm 이하, 표준편차가 ±3mm 이하이면 정상

(4) 토털스테이션

① 각도측정부 : 데오드라이트 검사 방법과 동일

② 거리측정부 : 거리측정기 검사 방법과 동일

(5) GPS

1) GPS 수신기 검기선 성과의 산출 및 유지관리

① GPS 수신기 검사를 위한 측정은 지역별 GPS 검기선 중 1점과 검기선 인접 GPS 상시관측소 2점을 이용

② GPS 수신기 검기선의 각 기선별 기선장과 3차원 직교좌표계의 값은 국가기준좌표계상에서 GPS 정밀해석 소프트웨어(GIPSY, GAMIT, Bernese 등)를 이용하여 GPS 상시관측소의 성과(좌표 등)를 기준으로 산출

③ GPS 수신기 검기선의 이용이 곤란할 경우 GPS 수신기 검기선장을 설치하여 이용

2) GPS 수신기 검기선의 설치

① GPS 수신기 검기선의 설치는 지반침하가 없는 견고한 지점에 금속표 또는 화강석으로 2점 이상 견고하게 설치

② 검기선 2점 간의 간격은 최소 100m 이상

③ 설치한 검기선의 성과는 상기 1)과 동일하게 산출

3) 실외측정을 통한 GPS 수신기 검사 방법

① 측정은 정적 상대측위방식으로 실시

② GPS 수신기는 국토지리정보원장에 의해 인증된 GPS 수신기 검기선장에서만 측정

③ GPS 신호 취득간격은 30초로 하고 3시간 이상 연속적인 동시관측

④ GPS 위성의 최저관측 고도각은 15° 이상으로 동시에 4개 이상의 위성 사용

⑤ 기선벡터의 해석에 사용하는 GPS 위성의 궤도요소는 정밀력으로서 사이클 슬립(Cycle Slip)은 자동편집을 원칙으로 하며, GPS 해석프로그램은 성능이 인정된 프로그램 사용

⑥ 단위 삼각망의 환폐합차 허용범위가 다음 표의 범위 내에 있는지 검사

폐합차	허용범위	비고
기선해석에 의한 ΔX, ΔY, ΔZ, 각 성분의 폐합차	10km 이상 : 1PPM × $\sum D$	D : 사거리(km)
	10km 미만 : 2PPM × $\sum D$	

(6) 금속관로탐지기

① 금속관로탐지기를 검사하기 위해서는 지하시설물 탐사장비 검사장을 구축

② 검사 방법은 관로탐지기의 종류에 따라 전자유도방식, 음향탐사, 전기탐사, 전자탐사, 자기탐사 등 방법에 따라 평면위치 및 깊이에 대한 검사

③ 금속관로탐지기의 송신기, 수신기, 시그널 크램프, 공관로 탐사용 탐침, 접지선 및 접지봉의 외형 상태를 검사

④ 관로의 종류에 따라 평면위치 및 깊이에 대하여 각각 10회씩 관측

⑤ 종합검사의 판정

측량기기	성능	비고
금속관로탐지기	평면위치 : ±20cm 깊이 : ±30cm	관경 100mm 이상, 깊이 3m 이내의 관로 대상

3. 성능검사의 문제점 및 대책

(1) 해양측량용 수심측정기, DGPS, 지층탐사기 등은 측량에 많이 사용되고 있음에도 불구하고 성능검사 규정에 명시되어 있지 않으므로 검사가 면제되고 있음

→ 대책 : 해양측량용 장비에 대해서도 성능검사를 적용할 수 있도록 규정 마련 시급

(2) GPS는 정지측량용으로만 성능검사를 받도록 규정되어 있어 RTK GPS와 네트워크 RTK GPS 수신기 등과 같이 실시간으로 관측되는 성과에 대해서는 사실상 성능검사가 이루어지지 않고 있음

→ 대책 : GPS 기선장에서 RTK 및 네트워크 RTK GPS 측량장비의 실시간 좌표 관측 성능에 대한 성능검사가 이루어지도록 제도 개선

(3) 모든 측량업체가 보유한 장비의 성능검사를 받고 있음에도 불구하고 한국국토정보공사만은 성능검사를 받지 않고 자체 검정에 의해 장비를 사용할 수 있도록 한 규정은 지나친 특혜

→ 대책 : 한국국토정보공사도 보유하고 있는 모든 측량장비에 대하여 성능검사를 받도록 법 규정을 개정해야 함

(4) 성능검사에만 의존하여 장비의 정확도를 유지하기 위한 자체 검사나 수리 등 유지관리에 소홀한 경우가 많음

→ 대책 : 성능검사와 관계없이 상시검사를 통해 장비의 정확도가 유지될 수 있도록 자체적인 노력이 필요함

4. 결론

성능검사의 근본적인 취지는 측량의 정확도를 확보하기 위해 실시하는 것이므로 법에서 정한 규정 외에도 측량업체 스스로가 상시검사를 통해 장비가 최상의 상태를 유지하도록 노력해야 할 것으로 판단된다.

15 대축척 수치지도의 수시갱신을 위한 방법과 장 · 단점을 설명하시오.

4교시 5번 25점

1. 개요

도로 및 지하시설물 관리, 도시계획 수립 지원을 위해 지자체 행정시스템에 탑재되는 기본지도의 갱신주기가 5~10년으로 도시변화정보를 지도에 빠르게 반영하지 못하는 한계점을 가지고 있었다. 이를 극복하기 1/1,000 전자지도 표현항목 중 변화주기가 짧고 활용도가 높은 도심지의 도로, 도시시설물 공사 및 건물 등으로 인한 지형변화 정보만 선택해 수정함으로써 지도의 수정주기를 단축하려고 한다. 이에 따라 본문에서는 항공사진측량, MMS 등 다양한 측량 및 지도제작 방법을 이용하여 변화지역의 수시갱신 방법을 중심으로 설명하고자 한다.

2. 대축척 수치지도의 수시갱신 작업순서

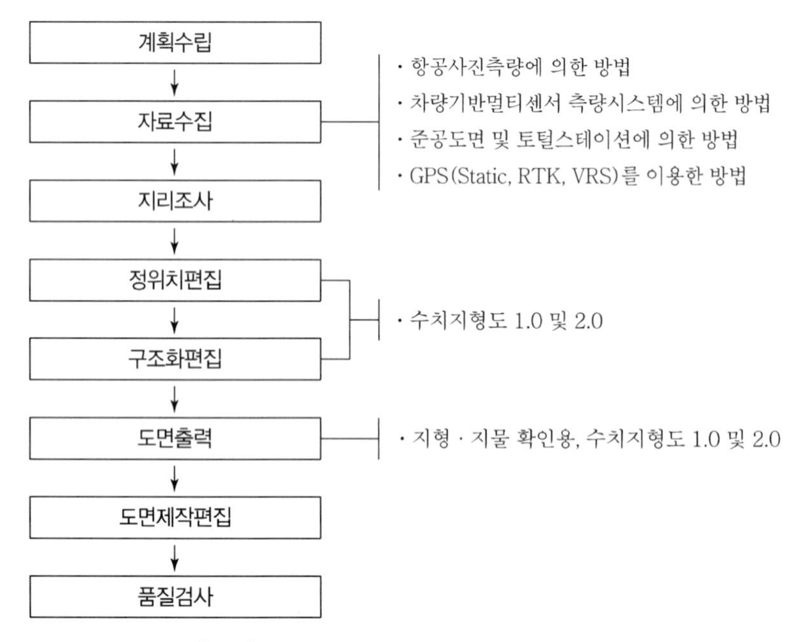

[그림] 수치지도 수시갱신의 일반적 흐름도

(1) 지리조사

① 기존 지리조사 야장에 변화가 발생한 지역을 현장에서 확인 및 조사하여 수정사항을 반영하는 작업을 말한다.

② 지리조사는 정위치편집 및 구조화편집 사항을 고려하여야 하며 「수치지형도 작성 작업규정」의 "수치지형도 2.0 지형 · 지물 속성목록"을 기준으로 하여 조사한다.

(2) 수치지형도 1.0 및 2.0

1/1,000 수치지형도 Ver 1.0, Ver 2.0은 항공사진측량, MMS, 준공도면, 지형보완측량 등으로 얻은 데이터로 수정한다.

3. 대축척 수치지도의 수시갱신 방법

(1) 항공사진측량에 의한 방법

① 수시수정 지역을 대상으로 변화가 있는 지형 · 지물에 대해서는 기존 정기수정 방법(수치수정도화, 지리조사, 정위치, 구조화 편집)에 따라 제작한다.

② 정기수정 이외의 지역에서 추가적인 지형 · 지물의 변동을 확인하였을 경우 발주처 또는 지자체담당자와 협의 후 수시수정 성과에 반영한다.

(2) 차량기반멀티센서 측량시스템(MMS)을 이용한 데이터 취득 방법(도로구간)

① 수시수정 데이터 취득을 위한 MMS에는 디지털카메라, 레이저스캐너, GPS/INS가 탑재되어 있어야 한다.

② MMS 방법은 도로 및 주변 시설물을 대상으로 데이터를 취득하고 이를 이용하여 1/1,000 수치지형도 수정을 실시한다.

(3) 준공도면을 이용한 방법(건물)

1) 지형자료 추출

① 수집된 자료는 형식(전산파일, 도면)과 좌표계(유무)를 반드시 확인하여 1/1,000 수치지형도에 입력한다.

② 지자체에서 수집된 준공도면은 종이도면이나 전산도면을 확인하고 실제 좌표를 적용할 수 있는 기준점 성과의 유무를 확인하여야 한다.

③ 종이도면은 지자체에 전산도면 유무를 반드시 확인하여 전산도면이 없는 경우에만 지형자료 추출을 실시하고 스캔할 경우는 준공도면의 구겨짐, 얼룩짐, 긁힘 등이 없는 깨끗한 상태를 유지하여야 한다.

④ 지형자료 추출 시 레이어는 1/1,000 수치지형도 표준레이어 코드를 준용하여야 한다.

⑤ 실형건물 중 직선건물은 각 코너에 하나씩의 점 데이터만 있어야 하며, 반드시 폐합되어야 한다(단, 도면 간의 인접부분은 2도엽을 정확히 접합시킨 후 개방하여야 한다).

⑥ 곡선데이터의 점간 입력간격은 1m(축척 1/1,000), 중간점을 생략할 수 있는 각도는 직선진행방향을 기준으로 6°로 하는 것을 원칙으로 한다.

⑦ 좌표변환은 기준점측량에서 실시한 측량성과 X, Y를 이용하여 사용하되 정확히 일치되어야 하며, 준공도면상에 배치한 4개 이상의 모서리 지점은 작업이 완료된 후에도 삭제하여서는 안 된다.

2) 현지점검측량

① 기준점측량은 4급 기준점측량 방법을 준용한다.

② 지형자료 추출 시 좌표가 없는 준공도면 등에 좌표변환이 필요할 경우에는 특이점을 측량하여 좌표변환 할 수 있도록 한다.

3) 지형보완측량

준공도면에서 추출된 데이터와 기존 지도와 인접 및 연결성을 위한 보완측량 및 지형 · 지물 변동 등에 따른 지도수정을 위한 측량을 말한다.

(4) GPS 측량기를 이용한 방법

① GPS 측량기를 사용하여 지형 · 지물의 좌표를 관측하여 그 값을 수시수정 데이터로 제작한다.

② RTK－GPS를 이용하여 세부측량을 실시하고 필요시 발주처와 협의하여 Static 등 다양한 GPS 기법을 이용하도록 한다.

4. 대축척 수치지도의 수시갱신 방법의 장 · 단점

구분	장점	단점
항공사진측량에 의한 방법	정확도 균일성 유지	최신 항공사진을 입수하지 못하면 수시갱신 누락 발생
차량기반멀티센서 측량시스템에 의한 방법	• 정확도 균일성 유지 • 공간정보와 속성정보를 같이 취득 • 외업의 최소화 • 도로 및 도로기반시설물 자료 수집 용이	• 고가의 장비 • 도로 및 도로기반시설물 외 변화정보 수집이 어려움
준공도면 및 토털스테이션에 의한 방법	• 건물 등 변화정보 파악에 용이 • 자료수집에 시간 · 비용 절감	• 표준화된 도면이 필요 • 기준점 성과 유무에 따라 공정 추가 • 도면 보관상태에 정확도 좌우
GPS(Static, RTK, VRS)를 이용한 방법	높은 정확도 데이터 취득	• 인력 및 시간이 많이 소요 • 작업능력에 정확도 좌우

5. 기대효과

(1) 수치지도 최신성 확보로 각종 GIS 응용도의 활용도 향상
(2) 수치지도의 정확도 확보로 각종 행정업무의 신뢰성 향상
(3) 최신의 수치지도 제공으로 대시민 서비스 수준 향상
(4) 최신의 정확한 지도정보 유지관리로 향후 모바일, LBS, 유비쿼터스 등 신기술 기반 조성

6. 결론

대축척 수치지도의 수시갱신은 항공사진측량, MMS, 준공도면, GPS를 이용한 방법을 변화지역에 따라 사용하는 것이 효율적일 것이라 판단되며, 주요 지형 · 지물 변화지역 위주의 부분갱신체계로 계속 시행되면 미갱신 지역이 누적되어 수치지도의 정확도 및 신뢰성이 떨어질 수 있으므로 권역별 전면갱신과 부분갱신의 병행을 고려하여야 한다.

110회 측량 및 지형공간정보기술사 문제 및 해설

2016년 7월 30일 시행

분야	건설	자격 종목	측량 및 지형공간정보기술사	수험 번호		성명	

구분	문제	참고문헌
1교시	※ 다음 문제 중 10문제를 선택하여 설명하시오. (각 10점)	
	1. 공간빅데이터	1. 포인트 8편 참고
	2. 공간정보의 구축 및 관리 등에 관한 법률과 동법 시행령상 측량기준점	2. 포인트 1편 참고
	3. GPS 재밍(Jamming)과 기만(Spoofing)	**3. 모범답안**
	4. 한국형 e-Navigation	**4. 모범답안**
	5. 국가공간정보 포털	**5. 모범답안**
	6. PPP-RTK	**6. 모범답안**
	7. 외부표정요소 직접결정(Direct Georeferencing)	7. 포인트 6편 참고
	8. 지명(Geographical name)	**8. 모범답안**
	9. 음파지층탐사(Sonic Sub-bottom Profiling)	**9. 모범답안**
	10. GPS 시각동기(GPS Time Synchronization)	**10. 모범답안**
	11. 항공사진을 이용한 수치지도 제작에서 지상기준점측량	**11. 모범답안**
	12. 정밀도(Precision)와 정확도(Accuracy)	12. 포인트 3편 참고
	13. 드론길	13. 포인트 6편 참고
2교시	※ 다음 문제 중 4문제를 선택하여 설명하시오. (각 25점)	
	1. 무인항공기(UAV) 사진측량의 작업절차(공종)와 방법에 대하여 설명하시오.	**1. 모범답안**
	2. 위성영상의 4가지 해상도 종류와 해상도 간의 관계에 대하여 설명하시오.	2. 포인트 6편 참고
	3. 실내공간정보구축에 있어 City GML과 Indoor GML의 장 · 단점을 비교하여 설명하시오.	**3. 모범답안**
	4. 우리나라 국가기준점의 종류별 현황에 대하여 설명하시오.	4. 포인트 1편 참고
	5. 철도노반 및 기타 공사측량에서 수급인이 준수하여야 할 사항에 대하여 설명하시오.	**5. 모범답안**
	6. GNSS 측량의 위성 배치에 따른 오차에 대하여 설명하시오.	6. 포인트 5편 참고
3교시	※ 다음 문제 중 4문제를 선택하여 설명하시오. (각 25점)	
	1. 신산업 및 일자리 창출을 위한 GNSS 인프라 고도화 방안에 대하여 설명하시오.	**1. 모범답안**
	2. 측량의 정밀도 표현 방법과 오차전파에 대하여 설명하시오.	2. 포인트 3편 참고
	3. 자율주행차 지원 등을 위한 MMS(Mobile Mapping System) 기반 정밀도로지도 제작절차에 대하여 설명하시오.	3. 포인트 7편 참고
	4. 측량기준점(기본, 지적, 공공) 일원화를 시행할 때 문제점 및 법 · 제도 개선방안에 대하여 설명하시오.	**4. 모범답안**
	5. 기본측량에서 도하수준측량의 틸팅나사법과 데오드라이트법에 대하여 설명하시오.	5. 포인트 4편 참고
	6. 항공사진 촬영을 위한 검정장의 조건 및 검정 방법에 대하여 설명하시오.	**6. 모범답안**
4교시	※ 다음 문제 중 4문제를 선택하여 설명하시오. (각 25점)	
	1. 차세대 도로교통용 정밀위성항법기술에 대하여 설명하시오.	**1. 모범답안**
	2. 초분광영상을 이용한 정보추출의 일반적인 단계에 대하여 설명하시오.	**2. 모범답안**
	3. 제1차 국가측량 기본계획의 추진목표와 중점 추진과제에 대하여 설명하시오.	**3. 모범답안**
	4. 국토지리정보원이 추진하고 있는 수치표고자료의 구축현황과 활용방안에 대하여 설명하시오.	**4. 모범답안**
	5. 우리나라 측지계 원점(경 · 위도, 수준)현황과 재확립을 위한 개선방안에 대하여 설명하시오.	5. 포인트 1편 참고
	6. 하천측량에서 유속 측정 방법에 대하여 설명하시오.	6. 포인트 9편 참고

NOTICE 본 측량 및 지형공간정보기술사 문제 및 해설 중 참고문헌의 《포인트》는 예문사 출간 《포인트 측량 및 지형공간정보기술사》임을 알려드립니다.

01 GPS 재밍(Jamming)과 기만(Spoofing)

1교시 3번 10점

1. 개요

GPS는 사용자에게 정확한 PVT(Position, Velocity, Time) 정보를 전달하기 위한 목적으로 운용 중인 전파항법시스템이다. GPS 시스템 기능을 방해하기 위한 고의적 방해요소로 재밍(Jamming), 블로킹(Blocking), 신호기만(Spoofing), 시간차 전송(Meaconing) 등이 있다.

2. 위성항법신호의 취약성

(1) 매우 낮은 신호전력을 사용(휴대전화 최소 수신세기의 1/300 수준)
(2) 민간용으로 단일주파수 사용(1,575.42MHz)
(3) 위성항법시스템 구조가 일반인에게 공개되어 전파혼선 장치 제작 용이
(4) 전 세계 군 무기체계가 GPS에 의존한다는 점에서 외부 신호에 취약

3. GPS 재밍(Jamming)

GPS 재밍은 GPS 신호가 사용하는 주파수 대역에서 GPS 수신기 세기보다 높은 신호를 송출하는 전파교란 형태를 말한다. 블로킹이나 재밍의 목적은 타깃 수신기의 획득 및 추적기능을 방해하여 수신기가 PVT 정보를 서비스 받지 못하도록 하는 것이다.

(1) GPS 재밍에 의한 국내의 피해 사례(국내 GPS 전파 교란 사례)

구분	발생시기	피해지역	피해사례
1차 전파교란	2010년 8월 23일~26일 (4일간)	인천공항 등 경기 서북부	기지국, 선박, 항공기 GPS 수신 장애
2차 전파교란	2011년 3월 4일~14일 (11일간)	인천공항 등 경기 서북부	기지국, 선박, 항공기 GPS 수신 장애
3차 전파교란	2012년 4월 28일~5월 13일 (16일간)	인천공항 등 경기 서북부	기지국, 선박, 항공기 GPS 수신 장애

(2) GPS 재밍에 의한 외국의 피해 사례

① 2003년 이라크 전쟁 당시 GPS에 의한 유도탄 항법 장치의 오작동으로 낙하지점을 크게 벗어나는 사례 발생
② 2007년 샌디에이고 항구 지역에서 항공기 및 선박의 항법시스템 오작동과 휴대폰 오작동 사례 발생

(3) GPS 재밍의 대처방안

① GNSS 송신위성 신호 개량 : L_1, L_2 신호세기 강화, L_2C · L_5 신호 추가, 군암호화 코드 활용
② GNSS 체계의 효율적 활용 : GPS+GLONASS+Galileo+CNSS+QZSS 혼합 사용
③ GNSS 수신 안테나 개량 : 수신기 안테나 조합 운용(수 개 안테나 조합 운용)

④ 교란파를 필터링할 수 있는 기법 활용
⑤ 지상전파항법(e-로란) 및 INS 활용

4. 기만(Spoofing)

GPS 기만과 미코닝은 타깃 수신기가 거짓된 정보를 실제 GPS 신호라 판단하고 신뢰하여 사용하도록 하므로 사용환경에 따라 치명적인 영향을 미칠 수 있다. 신호 기만과 미코닝은 사용자가 정확한 PVT 정보를 서비스 받지 못하도록 거짓된 정보를 전달하는 것을 목적으로 한다.

(1) 기만의 대처방안

① 스푸핑 기술탐지는 수신기가 다양한 수신정보를 공유함으로써 가능하지만 현재까지 실제로 설치된 적은 없는 것으로 알려졌다. 암호화만이 유일한 수단인 만큼 앞으로 대응 기술이 필요하다.
② 항공기에 달려 있는 GPS 수신기로 스푸핑을 하기 위해서는 항공기의 속도 · 위치 · 가속도 등 움직임에 관한 모든 정보를 알아야 하기 때문에 일반적 의미의 스푸핑은 사실상 불가능하나 이에 대한 대응책에도 다양한 연구가 필요하다.
③ 신호 기만의 위험성 및 기만 대응의 필요성에 대한 인식이 확산되는 상황에서, 기만 대응연구에 앞서 기만 신호의 특성 및 기만 신호가 GPS 수신기에 미치는 영향에 대한 연구가 선행되어야 할 것이다.

02 한국형 e-Navigation

1교시 4번 10점

1. 개요

한국형 e-Navigation 프로젝트는 바다에서도 휴대폰 통화와 인터넷 접속이 가능하도록 디지털 인프라를 구축하고, 선박에서 전자해도 화면상 내비게이션 기능을 이용하여 빠르고 안전한 항로를 탐색하며, 조류와 기상 등 실시간 해양정보를 이용할 수 있도록 항해안전을 지원하는 핵심기술을 개발하는 사업이다.

2. 도입배경

유엔 산하 국제해사기구(IMO)에서 전 세계적인 e-내비게이션의 이행('19년)을 위하여 관련 기술논의를 추진함에 따라, 해양수산부에서는 해양사고 감소와 새로운 국제표준을 선점하기 위해 2013년부터 '한국형 e-내비게이션 프로젝트'를 준비해왔으며, 2014년 11월에는 예비타당성 조사를 통과시키고 사업계획을 확정하였다.

3. 한국형 e-Navigation 주요 내용

(1) 한국형 e-Navigation 서비스를 위한 핵심기술 연구개발(R&D)

① 소형 선박 및 어선 등 연안선박에 대한 항법지원서비스 개발

② 여객선, 위험물운반선 및 대형선 등의 운항모니터링 서비스 개발

(2) e-Navigation 운영시스템 및 디지털인프라 확충

① 정보수집 및 데이터분석을 통한 e-Navigation 서비스 제공을 위해 (육상)데이터센터 및 e-Navigation 운영시스템 구축

② 해상에서 무선데이터통신 및 인터넷 접속이 가능하도록 초고속 무선해상통신망(LTE-M) 구축 및 기존 통신망(GMDSS) 디지털화

(3) 국제표준 선도기술 개발(R&D)

① 항법장치표준모드(S-Mode), 해사데이터교환 표준, 사이버보안, 해사 클라우드(Maritime Cloud) 등 기술표준 개발

② 기존 아날로그 방식의 해상통신체계(GMDSS) 디지털화 기술 개발

4. e-Navigation의 선박운항 서비스

(1) 최적항해계획 수립 지원

해양안전 빅데이터를 활용한 선박의 최단시간, 최소 유류 소비 항로의 선정을 지원

(2) 일괄보고지원(싱글 윈도)

입·출항 시 필요한 서류들을 일괄 취합·분배하여 선박과 육상의 행정업무 간소화 지원

(3) 선박운항 상태 모니터링

선박의 각종 센서정보의 취합 및 선박운항 상태 모니터링으로 해양사고 예방

(4) 충돌/좌초 경고

충돌이나 좌초 등의 위험 상황을 자동으로 인식하여 미리 위험을 경고

(5) 사고 초기대응

해양사고 및 위험상황 발생 시 주변 선박과 구조 지원세력에 신속한 사고 상황 전파

(6) 선박 맞춤형 서비스 제공

실시간 기상정보, 계절별 통항 집중해역 정보 등 선박 맞춤형 서비스 제공

(7) 입항지원

선석운영, 도선, 하역작업 등 항만운영 정보제공을 통한 선박운항, 항만운영 효율성 제고

03 국가공간정보 포털

1교시 5번 10점

1. 개요

제4차 산업혁명이라 불리는 '데이터 산업의 시대'가 본 궤도에 오르면서 21세기 원유라 불리는 '데이터'는 고갈되지 않는 자원으로 석유와 석탄으로 산업혁명을 일으켰던 18세기 산업혁명과는 차원이 다르며, 특히 공간정보는 다른 정보들과 융·복합하며 새로운 정보로 거듭나는 특성 때문에 데이터 산업의 미래에 중요한 자원이 아닐 수 없다. 국가공간정보 포털이란 국가가 국가·공공·민간에서 생산한 공간정보를 한곳에서, 한 번에, 누구나 쉽게 활용할 수 있도록 구축한 포털서비스를 말한다.

2. 목표 및 실행방안

(1) 목표

① 공간정보 활성화로 미래성장동력 확보 및 경쟁력 강화
② 국가·공공기관·민간의 통합 공간정보 허브 구축
③ 생태계 조성을 통한 글로벌 마켓 성장
④ 쉽고 편한 공간정보로 일자리 창출

(2) 실행방안

① 데이터셋 개방
② 민간 필요 정보 공유
③ 정부, 공공, 민간 소통
④ 산·학·연 상호 협력

3. 기대효과

(1) 다양한 공간정보와 기술이 융합되어 새로운 부가가치에 의한 일자리 창출로 창조경제의 신성장 동력 확보
(2) 국가공간정보 포털이 다양한 공간정보의 접근성 및 활용성을 제고함으로써 공간정보에 대한 국민과 국가의 거버넌스 역할 수행
(3) 국가 및 민간에서 생산된 정보를 융·복합하여 유통하는 선순환 체계의 장(場) 마련으로 공간정보 산업 활성화
(4) 공공서비스의 시의성 및 정확성 향상으로 행정업무 효율성 증대와 고유기능이 강화된 맞춤형 대국민 서비스 강화

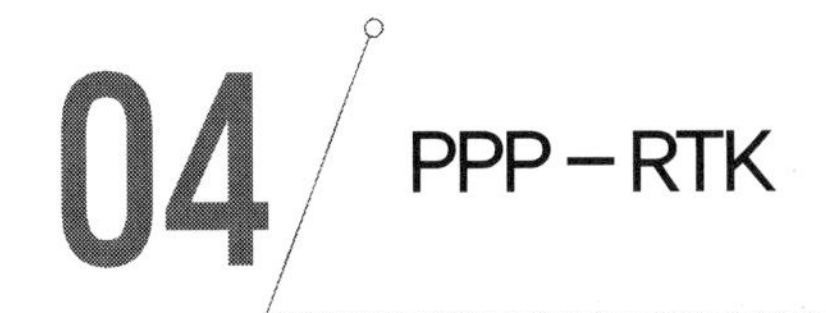

04 PPP-RTK

1교시 6번 10점

1. 개요

PPP-RTK(Precise Point Positioning-Real Time Kinematic)란 중앙제어국에서 기준국 네트워크의 관측자료를 이용하여 GNSS 위성 관련 오차와 전리층 및 대류권 오차 등의 각 오차 성분을 계산한 후 사용자에게 전달하면 RTK 기준국을 별도로 설치할 필요 없이 정밀측위가 가능하도록 하는 시스템이다.

2. OSR과 SSR의 개념

(1) 관측공간보정방식(Observation Space Representation)은 각 오차요인을 모두 더하여 기준국, 위성, 주파수, 신호별로 사용자에게 제공한다. FKP와 MAC는 이론적으로 단방향 통신이 가능하지만 기준국의 수에 따라 대역폭에 문제가 있을 수 있다.

(2) 상태공간보정방식(State Space Representation)은 각 오차요인을 분리하여 각각의 보정정보를 계산하여 사용자에게 제공하는 방식이다. 대역폭과 전송간격을 조정해 대역폭을 현격히 줄일 수 있다. 국내에 적용할 경우 20개 기준국으로 cm급 서비스가 가능하다.

3. PPP-RTK 시스템 구성

구성	내용
인프라	• 기준국 네트워크
중앙제어국	• 기준국 네트워크 자료처리 • 각 오차요인별 SSR 보정정보 생성 • 사용자에게 SSR 메시지 전송
사용자	• SSR 메시지 수신 • 사용자 위치 GNSS 자료와 SSR 메시지 이용 자료 처리

4. 네트워크 RTK 시스템과의 비교

(1) 기존의 네트워크 RTK 시스템에서 제공되는 보정정보는 OSR 기반 보정정보이고, PPP-RTK 시스템에서 제공되는 보정정보는 SSR 기반 보정정보이다.

(2) 네트워크 RTK 보정정보를 OSR로 표현하기 위해서는 일반적인 RTK 솔루션에서와 마찬가지로 실제 기준국의 GNSS 관측자료를 이용해야 한다.

(3) 반면에 SSR은 관측자료를 기반으로 오차 보정량을 산출하는 것이 아니라 각 오차요소를 분리하고 모델링하여 파라미터를 제공하기 때문에 사용자가 이를 수신하여 자신의 위치에 맞는 보정정보를 산출하여 좌표산출에 활용할 수 있다.

(4) OSR 기법은 단일기준국 기반의 RTK에 비해서는 기준국과의 기선거리에 의한 영향을 줄이긴 했으나, 여전히 일정 수준 이상의 기선거리는 확보되어야 한다.

(5) 반면 SSR 기법은 OSR에 비해 기준국의 기하학적 배치 및 기선거리의 제약이 최소화된 기술이다. 또한 OSR 기법은 사용자 인근의 몇몇 기준국 자료를 기반으로 오차가 보정되는 형태이지만, SSR 기법은 전체 네트워크 기반으로 오차를 세분화하여 각 오차성분별로 보정정보를 생성하기 때문에 오차 모델링의 성능이 훨씬 높다. 더욱이 SSR 기법의 보정정

보 데이터양이 적기 때문에 단방향 통신으로 방송하기에 가장 효과적이라는 장점 등이 있다.

(6) 이 밖에도 SSR은 기준국에 종속적인 오차요인들을 OSR에 비해 최소화할 수 있으며, 이중주파수 수신기로 제한되지 않고 L_1 단일주파수 수신기에도 적용이 가능하다는 장점이 있다. 무엇보다 가장 큰 장점은 서비스 커버리지나 사용자 수에 제한 없이 서비스가 가능하다는 점이라고 볼 수 있다.

05 지명(Geographical name)

1교시 8번 10점

1. 개요

사람에게 인명이 있는 것과 같이 토지에는 지명이 있다. 이는 토지에 지명을 정하여 붙여 놓는 것이 사회를 구성하여 모여 사는 인간생활에 도움을 주고 편리하기 때문이다. 유엔지명위원회는 '땅이름(지명)'을 Geographical Name으로 통일하였으며, "하나 또는 그 이상의 단어로서 이루어지고 있는 개개의 지리적 실재물(Geographic Entity)을 호칭하기 위하여 사용되는 고유명사"로 정의하고 있다.

2. 분류

일반적으로 지명은 다음과 같이 단순지명, 자연지명, 법제지명, 경제지명, 문화지명 등으로 분류한다.

(1) 단순지명

뜻이 있던 지명이나 별다른 뜻이 없던 지명이 그대로 유지되어 내려온 지명을 말한다. 우리나라의 지명 가운데 그 수가 가장 많다.

(2) 자연지명

자연물체지명, 위치지명, 형상 · 성질지명, 지형지명 등으로 나누어진다.

(3) 법제지명

토지 · 세제지명, 경계 · 군사지명, 관아 · 행정지명 등으로 나누어진다.

(4) 경제지명

산업지명과 교역지명으로 나누어진다.

(5) 문화지명

인물 · 인사지명과 어문에 관한 지명으로 나누어진다.

3. 우리나라 지명의 문제점

(1) 우리나라의 지명이 혼란을 겪고 있는 가장 큰 원인은 지명과 직접 관계되는 법이 너무 많아 제대로 통제를 하지 못하기 때문이다.
(2) 우리나라 지명은 심하게 합성, 변조, 감소되고 있다.
(3) 기타 요인으로는 쉬운 우리말 지명을 어려운 한자 지명으로 바꾸려는 생각, 풍수지리설에 얽매인 고정관념, 유교사상으로 미화시키려는 충동, 유지들의 고집 등이 있다.

4. 지명 관리방안

(1) 현재 쓰이고 있는 지형도상의 지명이 정확하게 조사되었다고 할지라도 제도과정 또는 교정과정에서 지명을 충분히 검토하는 것이 바람직하다.

(2) 지명은 쓰는 사람 개개인의 의사에 맡길 것이 아니라 어느 정도는 통제가 이루어져야 한다. 그러기 위해서는 모든 지명을 총괄하는 국토지리정보원의 중앙지명위원회에서 지명의 조사 · 제정 · 통일 · 표기 · 연구가 이루어지도록 각 부처 간에 분산된 지명에 관한 업무가 국토교통부에서 통괄되어야 한다.

06 음파지층탐사(Sonic Sub-bottom Profiling)

1교시 9번 10점

1. 개요

음파지층탐사는 인공적으로 발생시킨 음파가 해저면 지층내부에서 반사되어 돌아온 신호를 수신 · 분석하여 해저면 하부의 지층구조를 영상화 조사하는 탐사 방법이다.
광파 혹은 전자파는 물에서 전달에너지의 감쇠가 심하여 수중 층을 통과하는 데 한계가 있지만 음파의 경우 매우 좋은 전달 매체로 작용한다. 따라서 수중 또는 해저탐사에 사용되는 대부분의 탐사장비와 기술들은 음파를 이용하는 방법을 채택하고 있다.

2. 음파 특성의 적용

(1) 음파의 주파수 영역은 음향측심기의 경우 천해용은 200kHz이고 심해용은 12~34kHz 대역이다.
(2) Side Scan Sonar의 주파수 대역은 100~500kHz 정도이다.
(3) 주파수 대역이 10kHz 이하로 낮아지면 점차적으로 해상력보다는 투과력이 우세해지면서 해저면 하부의 지층을 투과하게 되며, 탐사대상 목표가 수중과 해저면에서 그 하부로 옮겨지게 된다.
(4) 주파수 대역이 수십~수백 Hz 정도로 낮아지면 지하 수 km까지의 지층단면을 조사하는 석유탐사 분야에 해당된다.
(5) 주파수 대역이 수 Hz 이하로 더 낮아지면 지진파의 범주에 속하며 지구의 내부구조를 밝히는 데 이용된다.

3. 조사 방법과 장비

해저조사에 적용되는 음파탐사 방법은 해저지형을 조사하는 음향측심(Echo Sounding), 해저면을 평면적 영상으로 표현하는 측면주사음향탐사(Side Scan Sonar) 그리고 지층구조와 퇴적층의 형태를 조사하는 지층탐사(Sub-bottom Profiling) 세 가지가 있다.

(1) 음향측심(Echo Sounding)

① 음파(약 200kHz)를 바다 밑으로 쏘아 보낸 뒤, 해저면에서 반사되어 되돌아올 때까지 왕복시간으로 바다의 깊이를 측정한다.
② 수중에서 음파 속도는 약 1,500m/s이다.
③ 수심은 음파의 해저까지 왕복한 시간에 음속을 곱하고 2로 나누어 계산한다.
④ 단빔(Single Beam)과 다중빔(Multi Beam)으로 구분한다.

(2) 측면주사음향탐사(Side Scan Sonar)

① Side Scan Sonar는 해저를 평면적 개념에서 음향학적으로 영상화하는 탐사장비이다.
② 조사선의 항로를 중심으로 좌 · 우측(Side)의 해저면을 음파(Sonar)로 훑어(Scan) 나가면서 해저의 형태를 영상으로 표현하게 된다.
③ 측면주사음향탐사는 해저면을 평면영상으로 나타낸다.

(3) 지층탐사(Sub-bottom Profiling)

① 지층탐사는 해저퇴적층을 투과하는 음향주파수를 사용한다.
② 음향측심에 비해 낮은 음향주파수를 사용한다.
③ 지층탐사는 투과심도에 따라서 천부지층탐사와 심부지층탐사로 구분한다.
④ 지층탐사는 해저의 하부를 수직단면(Vertical Section Profile)으로 나타낸다.

4. 해양 조사대상과 장비

구분	SBES	MBES	SSS	SBP
탐사대상	해저면	해저면	해저면	해저 지층
탐사목적	해저 수심, 지형도	해저 수심, 지형도	해저면 영상	퇴적물 두께, 지질구조
주파수	고주파	고주파	고주파	저주파
주파수대역	100~300kHz	200~400kHz	200~400kHz	2~7kHz

5. 지층 탐사의 응용 분야

(1) 천부의 지질구조를 정확히 영상화
(2) 골재자원 탐사
(3) 해상 구조물 부지조사

07 GPS 시각동기(GPS Time Synchronization)

1교시 10번 10점

1. 개요

GPS 수신기에 탑재된 시계는 오차가 크므로 3차원 좌표 외에도 시각오차를 미지수로 정해 4개의 위성신호로 생성되는 4차 방정식을 풀어 수신기의 시각오차를 정확하게 결정한다. 이는 GPS 측위의 부산물로, 다양한 분야에서 시각을 동기화하는 데 유용하게 사용된다.

2. GPS 시각동기화

(1) GPS에 수신되는 4개의 위성신호 중 3개의 위성신호로 수신기의 좌표를 먼저 결정하고, 다시 1개 위성신호를 추가하여 좌표 계산 수행

(2) 상기 두 좌표 간의 차이로부터 위성의 원자시계와 수신기 시계의 시각을 동기화하는 단일보정인수를 결정하여 두 좌푯값을 일치시킴

(3) 그 결과 수신기의 시각과 위성의 시각을 동기화(일치시킴)

3. 다수의 GPS 수신기에 의한 시각동기화 장치

(1) 단일 수신기(마스터 수신기)의 시각정보를 기반으로 다수의 수신기(슬레이브 수신기)에 대한 시각을 동기화하여 다양한 분야에서 활용하도록 하는 기술

(2) 시각동기화 흐름도

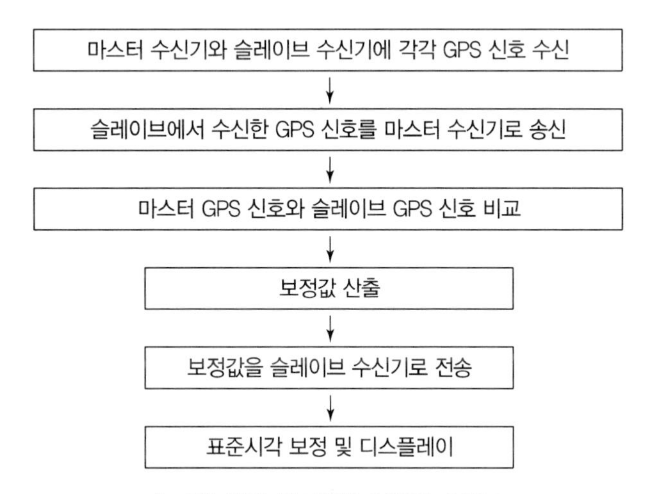

[그림] 시각 동기화의 일반적 흐름도

4. 시각동기화 활용

(1) 세계 표준시에 입각한 정확한 시각 제공
(2) 해킹의 경로를 원천적으로 봉쇄
(3) 여러 시스템의 연계 작업 시 정확한 기준 시각 제공
(4) 이벤트 발생의 정확한 작성 시점 관리
(5) 시간 설정 및 시간 오차 자동 보정
(6) 금융, 교통, 예매, 수강신청, 보안관리, 컴퓨터 클라우딩 및 모바일 단말기 운영 등에 활용

08 항공사진을 이용한 수치지도 제작에서 지상기준점측량

1교시 11번 10점

1. 개요

수치지도란 지표면 · 지하 · 수중 및 공간의 위치와 지형 · 지물 등의 각종 지형공간정보를 전산시스템을 이용하여 일정한 축척에 의하여 디지털 형태로 나타낸 지도를 말한다. 수치지도 제작 방법에는 종래의 지형도 작성 방법으로 완성된 지도를 디지타이저 또는 스캐너 등을 이용하여 수치화하는 방법, 항공사진의 도화 작업 시 도화기를 이용하여 수치지도를 제작하는 방법이 있다.

2. 수치지도 제작의 작업공정

(1) 수치도화의 공정별 작업순서

계획/준비 → 대공표지 설치 → 항공사진 촬영 → 지상기준점측량 → 사진기준점측량 → 지리조사/현지보완측량 → 도화 → 정위치 편집 → 구조화 편집 → 도면제작 편집 → 원도 작성 → 수치지도 관리대상 작성

(2) 지도 입력의 공정별 작업순서

계획/준비 → 지리조사/현지보완측량 → 지도 Data 입력 → 벡터 변환 → 정위치 편집 → 구조화 편집 → 도면제작 편집 → 원도 작성

3. 지상기준점측량

수치지도를 제작하기 위한 항공삼각측량 및 세부도화 작업에 필요한 기준점의 성과를 얻기 위하여 현지에서 실시하는 지상측량을 말한다.

(1) 지상기준점측량의 구분

① 평면기준점측량 : 삼변, 삼각, 다각, GNSS측량
② 표고기준점측량 : 직접수준측량
③ 불가피한 경우에는 다른 방법으로 측량할 수 있음

(2) 선점

1) 모든 지상기준점은 가급적 인접모델에서 상호 사용할 수 있도록 하고 사진상에서 명확히 분별될 수 있는 지점으로 천정부터 45° 이상의 시계로 한다.
2) 선점의 위치는 반영구 또는 영구적이며 경사변화가 없도록 한다.
3) 지형 · 지물을 이용한 평면기준점은 선상 교차점이 적합하며 가상적인 표시는 피하여야 한다.
4) 표고기준점은 항공사진상에서 1mm 이상의 크기로 나타나는 평탄한 위치이며 사진상의 색조가 적절하여야 하며 순백색 또는 흑색 등의 단일색조를 가진 곳은 가급적 피하여야 한다.
5) 평면기준점의 배치는 전면기준점측량(FG) 방식에서는 모델당 4점, 항공삼각측량(AT) 방식에서는 블록(Block) 외곽에 촬영 진행방향으로는 2모델마다 1점씩 모델 중복부분에 촬영방향과 직각방향으로는 코스 중복부분마다 1점씩 배치하는 것을 원칙으로 하고 항공삼각측량의 정확도 향상을 위해 블록의 크기, 모양에 따라 20% 범위 내에서 증가

시킬 수 있다.

① GNSS/INS 외부표정 요소 값을 이용할 경우에는 블록의 외곽에 우선적으로 배치하되 촬영 진행방향으로 6모델마다 1점, 촬영 직각방향으로 코스 중복부분마다 1점씩 배치하도록 한다.

② GNSS/INS 외부표정 요소 값을 이용하는 디지털항공사진 카메라의 영상인 경우에는 동일 축척의 항공사진카메라의 6모델에 해당되는 기선장의 거리에 따라 평면기준점을 1점씩 배치하고 촬영 직각방향으로 촬영코스 중복부분마다 1점씩 배치하는 것을 원칙으로 하되 촬영 횡중복도가 40%가 넘는 경우에는 촬영 2코스당 1점씩 배치할 수 있다.

6) 표고기준점의 배치는 전면기준점측량(FG) 방식에서는 모델당 6점, 항공삼각측량(AT) 방식에서는 모델당 4모서리에 4점을 배치하는 것을 원칙으로 한다. 단, 필요할 경우 수준노선을 따라 사진상 3~5cm마다 정확한 지점에 표고를 산출할 수 있다.

① GNSS/INS 외부표정 요소 값을 이용할 경우에는 블록의 외곽을 우선적으로 배치하되 각 촬영 진행방향으로 4모델 간격으로 1점, 촬영 직각방향으로 코스 중복부분마다 1점씩 배치하도록 한다.

② GNSS/INS 외부표정 요소 값을 이용하는 디지털항공사진 카메라의 영상인 경우에는 동일 축척의 항공사진카메라의 4모델에 해당되는 기선장의 거리에 따라 1점, 촬영코스 중복부분마다 1점씩 배치하는 것을 원칙으로 하되 횡중복도가 40%가 넘는 경우에는 촬영 2코스당 1점씩 배치할 수 있다.

7) 항공삼각측량(AT) 방식 중 독립모델법(Independent Model Triangulation)에 의한 성과계산의 기준이 되는 블록(Block)의 크기는 코스당 모델수 30모델 이내, 코스수는 7코스 이내로 전체 200모델을 표준으로 하며 블록의 형상은 사각형을 원칙으로 하며 광속조정법(Bundle Adjustment)의 경우는 모델수의 제한을 두지 않는다.

(3) 관측망의 구성

① 관측망은 기지변에서 기지변에 폐합 또는 결합시킨다.

② 모든 삼각형의 내각의 20~120° 범위이어야 한다.

(4) 계산

① 평면직각좌표 : 0.001m

② 경위도 : 0.001초

③ 표고 : 0.001m

④ 각 : 1초

⑤ 변장 : 0.001m

(5) 수준망의 구성

수준노선은 기본수준점에 결합시키는 것을 원칙으로 한다. 다만, 부득이한 경우에는 기본수준점에 폐합시킬 수 있다.

(6) 관측

① 레벨은 2지점에 세운 표척의 중앙에 정치함을 원칙으로 한다.

② 관측거리는 70m를 표준으로 한다.

③ 표척은 2개를 1조로 하고 출발점에 세운 표척은 반드시 도착점에 세워야 한다.

④ 표척의 읽음은 mm로 한다.

⑤ 관측오차는 3급 수준측량의 허용범위인 15mm $\sqrt{S}$ 이내이어야 하며 초과하였을 경우에는 재관측을 하여야 한다.

(7) 계산

수준측량의 계산은 고차식을 표준으로 한다.

09 무인항공기(UAV) 사진측량의 작업절차(공종)와 방법에 대하여 설명하시오.

2교시 1번 25점

1. 개요

무인항공사진측량에서는 렌즈왜곡이 큰 일반 카메라와 정밀도가 낮은 IMU 센서를 사용하므로 기존의 항공사진측량 방법으로는 영상을 처리하기 어렵다. 따라서 컴퓨터 비전 분야의 SfM 기술을 바탕으로 영상을 3차원으로 재구성하여 3D 포인트 클라우드를 생성한 다음, 지상기준점 성과를 기준으로 이를 절대좌표로 변환하여 DEM과 정사영상을 생성한다.

2. 무인항공사진측량의 특징

(1) 렌즈왜곡이 큰 일반 카메라 사용

① 렌즈 전체 면에 걸쳐 왜곡이 과다하므로 렌즈 캘리브레이션이 무의미함

② 따라서 왜곡이 거의 없는 중심부 영상만 사용(실사용 영상면적 : 전체 촬영영상의 3~4%)

③ 그러므로 중심부 영상을 충분히 확보하기 위하여 80% 이상의 중복도로 촬영

(2) 정밀도가 떨어지는 저가의 MEMS(미세전자기계시스템) IMU 사용

① IMU에 의해 취득되는 외부표정요소는 정밀도가 떨어져 직접 사용이 어려움

② 따라서 SIFT와 SfM 방법으로 영상을 정합하고 3D 포인트 클라우드를 생성함

③ 지상기준점을 이용하여 포인트 클라우드를 절대좌표로 변환하고 DEM과 정사영상을 생성

④ MEMS IMU는 비행 시 무인기의 비행자세를 유지하는 목적으로 사용함

⑤ 향후 입체시 등을 위한 정확한 외부표정요소는 지상기준점을 이용하여 공선조건식으로 결정함

3. 무인항공사진측량의 일반적 작업절차

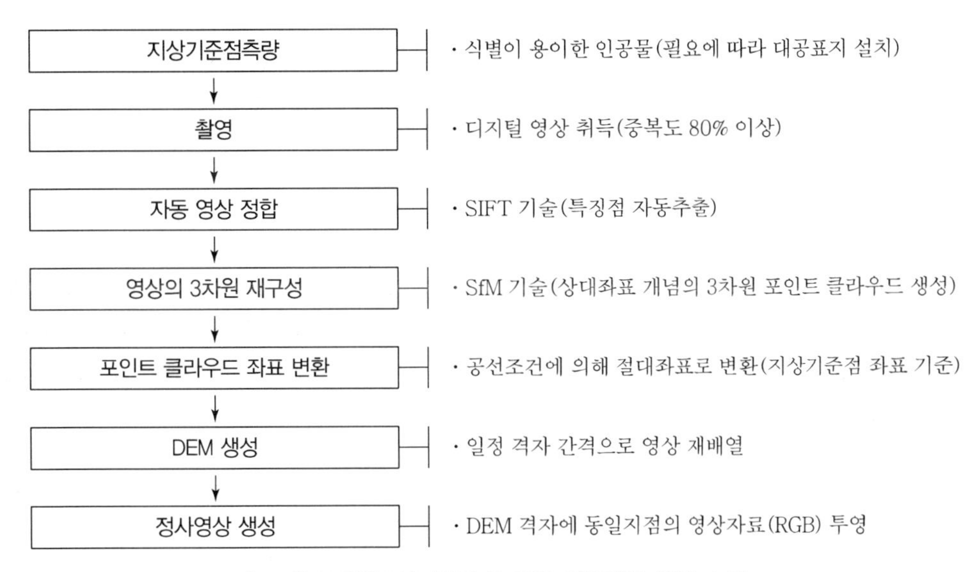

[그림] 무인항공사진측량에 의한 정사영상 생성 순서

4. SIFT(Scale Invariant Feature Transform) 기술

(1) 회전, 축척, 명암, 카메라 위치 등에 관계없이 영상데이터를 특징점으로 변환하여 영상정합을 자동으로 수행

(2) SIFT 처리

① 영상을 $\sqrt{2}$ 의 순차로 블러링하여 구축한 영상 피라미드 방식의 스케일 공간에서 명암비가 극값(최대 또는 최소)인 특징점 검출

② 명암비가 낮거나 모서리에 위치한 특징점 제거

③ 필터링된 특징점의 방위를 할당하고, 그 크기와 방향을 나타내는 서술자(Descriptor) 생성

(3) 두 영상의 동일한 서술자를 이용하여 고속으로 영상정합

5. SfM(Structure from Motion) 기술

(1) 다양한 각도로 촬영된 다수의 영상에서 매칭된 각 특징점의 3차원 좌표와 카메라 위치를 추정하여 3차원으로 영상기하를 재구성

(2) SfM 처리

① SIFT로 정합된 영상을 고차 번들조정하여 3D 장면을 재구성함으로써 초기 포인트 클라우드 생성

② 초기 포인트 클라우드는 점밀도가 현저히 떨어지므로 영상을 분해하여 보간함으로써 고밀도의 3D 포인트 클라우드로 구조화

6. DEM 및 정사영상 생성

(1) SfM에 의한 3차원 포인트 클라우드는 대상물과 영상 간의 상대좌표 체계이므로 지상기준점 좌표를 기준으로 공선조건에 의해 절대좌표로 변환

(2) 포인트 클라우드는 불규칙적으로 분포하므로 보간을 통해 일정 격자 간격의 DEM으로 변환

(3) DEM 위치에 상응하는 정사투영 면에 RGB 영상데이터를 투영하여 정사영상 생성

7. 결론

무인항공사진측량에서는 렌즈왜곡이 큰 일반 카메라와 정밀도가 낮은 IMU 센서를 사용하므로 기존의 항공사진측량 방법으로는 영상을 처리하기 어렵다. 또한 저가의 MEMS IMU에 의해 외부표정요소가 취득되므로 Direct Georeferencing을 수행할 경우 성과의 정확도가 떨어진다. 따라서 지상기준점 측량을 반드시 실시하여 공선조건식으로 외부표정요소를 정확히 결정해야 정확도가 높은 DEM과 정사영상을 생성할 수 있다.

10 실내공간정보구축에 있어 City GML과 Indoor GML의 장 · 단점을 비교하여 설명하시오.

2교시 3번 25점

1. 개요

실내공간정보의 중요성이 증대됨에 따라 여러 가지 실내공간정보를 위한 국제표준이 최근에 만들어졌으며 그 대표적인 것이 OGC에서 표준으로 만든 City GML과 Indoor GML이다. 그러나 이 두 가지 표준의 단점과 장점에 대한 이해가 정확하지 않아, 어떻게 통합하여 사용할 것인지에 대한 분명한 기준이 마련되어 있지 않다. 즉, 이 두 가지 표준을 효과적으로 결합하여 사용하려면 먼저 각각의 특징에 대한 분석이 선행되어야 한다.

2. 실내공간정보 구축 및 실내공간의 특성

(1) 실내공간정보 구축

실내공간정보는 건물 또는 지하공간의 내부를 정확한 측량을 통해 3차원 또는 2차원 형태로 제작한 실내지도를 말하며 실내공간정보 구축 방법은 다음과 같다.

① 기준점 측량
정확한 좌표취득을 위한 기준점 선정

② 측량위치 선정
측정범위를 고려한 측량위치 선정

③ 레이저 측량 실시
고품질의 정확한 데이터를 습득하기 위한 지상레이저 측량 수행

④ 실내 모델링
획득한 측량 데이터를 기반으로 객체모델링 작업 수행

⑤ 실내 실사 촬영
텍스처 매핑을 위한 현지 사진 촬영

⑥ 실내 이미지 매핑
모델링된 데이터에 실사 이미지를 매핑

(2) 실내공간의 특성

① 실내공간은 실외공간과 달리 일종의 제약공간(Constrained Space)이다.
두 점 사이의 거리가 직선거리로 정의되는 유클리디언 공간과 달리, 벽이나 계단 등으로 제한되어 있는 실내공간은 두 점 사이의 거리가 직선거리로 정의되지 않는다. 그러므로 실내공간정보 표현의 가장 기본적인 사항은 실내의 제약을 어떻게 표현하는가이다.

② 실내공간은 일종의 기호적 공간(Symbolic Space)이다.
기호적 공간은 위치를 지정하는 것이 좌표가 아니라 방 번호나 번지수와 같은 기호로 되는 공간을 말한다.

3. City GML과 Indoor GML

실내공간정보 구축 시 기하 및 위치데이터 취득 후 실내 이미지 매핑(Mapping)에서 실내공간정보의 표준정보가 제공되도록 OGC(Open Geospatial Consortium)에서는 City GML과 Indoor GML을 만들었다. City GML은 주로 건축물이나 실내공간에 존재하는 객체를 서술하는 정보를 표현하는 데 주목적이 있다면, Indoor GML은 실내에 벽이나 문, 계단통로 등으로 만들어지는 공간을 표현하는 것이 주목적이다.

(1) City GML

City GML은 2D 및 3D 형태로 빌딩, 다리, 시설물, 도로 등과 같은 도시공간의 객체를 모델링하기 위한 표준으로서 표현하고자 하는 대상 객체의 세밀도(LoD : Level of Detail)를 여러 단계로 구분하여, 서비스에 맞는 수준의 모델을 활용할 수 있도록 하고 있다. City GML은 5가지의 세밀도를 정의하고 있으며, LoD 4는 실내공간을 대상으로 한다. 하지만 모든 모듈이 LoD 4를 가지고 있는 것은 아니다.

구분	세밀도 내용
LoD 0	지표모델에 해당한 것
LoD 1	지형지물을 단순한 상자형태로 확장한 3차원 기하객체로 표현한 것
LoD 2	지붕과 벽면에 대해 단순한 기하 특성으로 표현한 것
LoD 3	창문과 같은 세부적인 벽면정보와 실제 텍스처를 표현한 것
LoD 4	실내공간을 대상으로 한 것

City GML에서 실내공간 요소는 주로 방, 가구, 실내설치물, 문, 창문, 천장, 벽, 및 바닥으로 구별하여 표현한다. City GML은 단순한 공간모델링과 가시화를 위해서는 훌륭한 표준이지만 몇 가지 단점을 가지고 있다.

① 실내공간을 모델링하는 것이 아니라, 실내공간의 객체를 모델링하는 것이다. 따라서 실내공간의 객체가 속한 공간을 탐색하는 기능이 매우 떨어진다.

② City GML로 공간을 표현하는 유일한 방법은 Room을 이용하는 것인데, Room의 기하가 닫힌 다면체인 gml : Solid가 아닌 gml : MultiSurface로도 표현이 가능하여 실내공간분석에 부적절하다.

③ City GML에서는 위상적 연결성의 표현이 제한되어 있다.

④ 다양한 관점에서 실내공간의 해석이 불가능하다.

(2) Indoor GML

Indoor GML은 City GML 등 이전의 실내공간정보 표준이 가지고 있는 단점을 보완하기 위하여 정의된 표준이다. Indoor GML은 멀티 레이어 및 노드링크 개념을 이용하여 실내공간을 다양한 의미의 관점에서 모델링할 수 있도록 한다. Indoor GML은 City GML과 달리 실내공간의 객체를 표현하기 위한 것이 아니라, 셀공간모델(Cellular Space Model)을 기반으로 정의된 것으로, 셀의 기하, 셀의 의미, 셀 사이의 위상 정보 및 다중 레이어 공간모델 이 네 가지의 특성을 통하여 실내공간을 모델링할 수 있도록 한다.

4. 실내공간정보 구축을 통한 표준 비교

구분	City GML	Indoor GML
단위공간의 폐합 여부-계단의 표현	단위공간을 별도로 정의하지 않고, 단순히 방(Room)을 통해서만 표현이 가능하다. 계단을 건물 내부 설치물로 표현한다.	계단이 위치한 공간은 셀의 기하로 3차원 다면체 또는 2차원 다각형으로 표현되어 폐합된 공간이 된다.
벽과 문의 경계면 표현	벽면이나 문의 경계면은 표현이 되지만 벽이나 문 자체는 표현하지 않는다.	벽이나 문도 두께 있는 벽 모델(Thick-Wall Model)로 표현할 경우 하나의 셀로 표현되므로, 3차원 또는 2차원적 기하요소가 포함되어야 한다. 따라서 바닥이나 천장의 면이 함께 표현된다.
방안의 방	커다란 방은 안의 작은 방의 기하요소가 가지는 공간으로 포함하여 기하를 정의하게 된다.	셀이 중첩되면 안된다는 셀의 조건 때문에 바깥의 방은 안의 방의 공간을 제외한 구멍이 있는 다면체로 표현되어야 하며, 안의 방은 별도의 셀로 표현되어야 한다.
셀의 분할	별도로 방으로 이 공간을 표현하지 않는 이상, 셀의 분할과 같은 작업은 필요하지 않다.	공간이 하나의 셀로 정의되기에는 너무 크며 무의미하다면 의미가 있는 여러 개의 작은 셀로 구별한다.
가상 벽의 표현	동일한 객체에 대하여 양면의 방향을 가지는 면을 표현한다.	종이벽 모델(Paper Door Model)을 적용하여야 하므로, 하나의 셀 경계면(Cell Boundary)으로 표현된다.
이동 불가능 지역의 표현	벽과 같은 이동 불가능 지역을 별도의 객체로 표현하지 않는다.	이동 가능한 지역뿐만 아니라, 이동 불가능한 공간도 셀로 표현이 가능하다.
벽의 텍스처와 재질의 표현	가시화를 위한 텍스처 또는 실사사진을 붙일 수 있다.	벽면은 단순히 두 셀의 경계면으로만 존재하기 때문에 방향성의 정의가 불가능하므로 가시화를 위한 텍스처나 재질에 대한 속성을 정의할 수 없다.

5. 결론

최근 실내공간정보 중요성이 증대됨에 따라 여러 가지 실내공간정보를 위한 국제표준이 만들어지고 있다. OGC 표준인 City GML과 Indoor GML은 서로 다른 목적과 특성을 가지고 있어, 이 두 가지 표준을 효과적으로 결합하여 사용하려면 먼저 각각의 특징에 대한 분석이 선행되어야 효율적인 실내공간정보가 구축될 수 있다고 판단된다.

11 철도노반 및 기타 공사측량에서 수급인이 준수하여야 할 사항에 대하여 설명하시오.

2교시 5번 25점

1. 개요

건설공사측량은 설계, 시공, 준공, 유지관리 등의 모든 단계에서 수행되는 가장 기초가 되는 중요한 요소로, 건설공사의 설계, 시공, 준공 및 유지관리에 수반되는 측량에 대한 기준, 방법, 절차 등을 구체적으로 정하여 철도건설공사측량의 정확도를 향상하고 시설물 안전성을 확보하여 국민의 생명과 안전을 도모하고자 한국철도시설공단에서는 철도건설공사 전문시방서(노반편)를 제정하여 단계별로 발주자, 감리원, 수습자가 수행하여야 할 업무에 대하여 규정하고 준수할 것을 요구하고 있다.

2. 측량시방서 및 규정

(1) 일반측량 작업 규정

① 국토교통부에서 2013년 12월 제정

② 규정의 강제성 없음

③ 발주자, 감리원, 수급자(시공사)가 이행을 하지 않음

(2) 한국고속도로공사, 한국수자원공사, 한국농어촌공사 등

측량에 대한 전문시방서를 준비하지 않고 있음

(3) 한국철도시설공단

① 철도설계지침 및 편람(측량부문) 제정

② 철도건설공사 전문시방서(노반편) 제정

3. 시공사(수급인)의 기본 업무

(1) 시공측량계획서 작성

1) 감독자에게 제출하여 승인

2) 주요 내용

① 측량 방법

② 투입인원 및 장비

(2) 공정관리

측량기술자를 포함한 인원 배치

(3) 측량성과 제출

측량기술자가 서명한 측량성과 제출

4. 수급자의 준수사항

(1) 설계확인측량(시공 전 측량)
(2) 시공 중 측량
(3) 유지관리 기준점 설치
(4) 준공측량

5. 단계별 측량 내용

(1) 설계확인측량(시공 전 측량)

1) 공사 착공 후 60일 이내에 설계확인측량을 실시
2) 설계도서 등과 상이한 점이 있는지 확인 및 결과 보고

3) 설계확인측량 내용
① 철도기준점
② 노선측량 : 중심선, 종단, 횡단, 토공량
③ 설계구조물의 현장 부합 여부
④ 용지경계 등

4) 설계확인측량 시 준수사항
① 측량기술자가 서명 날인한 측량 성과품 작성
② 측량 성과품에 대한 측량 및 지형공간정보기술사의 검토서

(2) 공사 중 측량

1) 임시표지 기준점의 관리
① 임시표지 기준점은 2년 이상 사용할 수 없음
② 재확인 측량을 실시하여 감독자/감리원이 승인하는 경우 계속 사용

2) 중간점 설치 유지 관리

3) 각 시공 단계별 측량
① 측량기술자가 서명한 측량성과 제출
② 감독자의 검사 받기

(3) 유지관리 기준점의 설치 및 이용

1) 유지관리 기준점의 이용
① 준공측량
② 궤도공사
③ 시설물 배치공사
④ 시설물 유지관리

2) 유지관리 기준점의 설치 기준

① 시통이 양호한 용지내 300m 간격

② 규정에 따른 규격 및 재질

(4) 준공측량

1) 유지관리기준점을 기준으로 준공검사를 수행

2) 「공간정보의 구축 및 관리 등에 관한 법률」에 따라 측량업에 등록한 측량업자가 수행

3) 준공측량 시 도식 규정 등

① 철도분야 전자도면 작성표준 적용

② 수치지형도로 작성

4) 준공측량 시 준수사항

① 측량기술자가 서명 날인한 성과품 작성

② 측량결과에 대한 측량 및 지형공간정보기술사의 검토서 제출

6. 결론

건설현장의 품질관리는 크게 측량(정위치, 정규격)부문과 시험(자재, 재료)부문으로 대별할 수 있는데, 시험부문은 성수대교 붕괴 등 여러 사고를 거치면서 법적으로 구속력을 갖게 되어 자재의 불량으로 인한 문제점은 해소되었다. 그러나 정위치, 정규격을 관리하는 측량부문은 발주처의 인식부족, 비전문감리원의 교육부족, 시공사의 무관심 등에 따른 공사 중 측량(정위치, 정규격) 소홀로 붕괴, 전도 등 안전사고가 줄어들지 않고 있다. 그러므로 발주처의 인식전환, 공사측량 교육의 의무화 및 시방서 개정을 통하여 안전한 건설현장이 되도록 측량인 모두가 노력하여야 할 때라 판단된다.

12 신산업 및 일자리 창출을 위한 GNSS 인프라 고도화 방안에 대하여 설명하시오.

3교시 1번 25점

1. 개요

최근 차량, 모바일 분야 신기술 · 서비스의 개발과 측위기술의 중요도 급증으로 인해 핵심 측위 기술인 GNSS 기술의 고도화가 필요하고, 새로운 GNSS 측위기술 및 정보기술 환경에 적합한 인프라의 구축과 개선이 필수적이다. 또한 수년 내 상용화될 예정인 자율주행차량기술을 대비하여 각 기관별로 개별 운행되는 국가 GNSS 위성기준점의 데이터 통합적인 서비스와 활용체계의 효율적인 개선이 대두되고 있다.

2. 연구배경

국토지리정보원에서 운영 중인 GNSS 위성기준점의 경우 약 20년 전('95년부터 설치되어 운영 중) 환경을 기준으로 설치 · 운영 중에 있으며, 이에 따라 위성기준점의 운영 및 활용 환경은 다양한 위치정보서비스를 필요로 하는 현재 환경에 부적절한 것으로 판단되어 이에 대한 대응이 필요하다. 또한 현재 GNSS 위성기준점 운영은 단순 유지보수만을 시행하여 새로운 위치서비스 적용 및 확대를 위한 적합성 분석과 체계적인 개선방안 도출이 필요한 상황이다.

3. 연구 내용 및 범위

GNSS 위성기준점 데이터를 활용한 다양한 위치정보 수요의 증가에 효율적으로 대응하기 위해서는 먼저 현재 운영 중인 위성기준점 및 중앙국에 대한 명확한 환경 진단이 필요하다. 또한 국토지리정보원은 2014년 이후 추진되어 온 각 기관별 위성기준점의 통합에 따라 총괄 기관으로서 국내 GNSS 위성기준점의 역할 증대를 위해 현재 문제점을 진단하고, 장기적이고, 체계적인 개선방안을 도출할 필요가 있다.

(1) 국내 · 외 GNSS의 여건변화 조사 및 이에 대한 대응전략 분석

1) 국내 · 외 GNSS 환경변화 진단
   ① Multi-GNSS 도입을 위한 기술검토 등 준비사항 조사 및 분석
   ② 동적측위 및 정적측위 등 GNSS 측위 분야에 대한 기술현황 분석
   ③ GNSS 상시관측소 인프라에 대한 세부사양 등 실태분석
   ④ GNSS 상시관측소 관련 법 · 제도, 표준 등의 현황 분석
   ⑤ GNSS 상시관측소의 실시간(RTCM) 및 후처리(RINEX) 활용현황 분석
   ⑥ GNSS 상시관측소의 Jamming 관련 기술개발 및 대응현황 분석

2) GNSS 여건변화에 따른 국내 · 외 기관의 인프라, 제도, 활용 별 대응전략 분석
   ① GNSS 관련 인프라, 제도, 활용별 대응전략 진단 및 분석
   ② GNSS 관련 인프라, 제도, 활용별 분석에 따른 시사점 도출

(2) GNSS 인프라/제도/활용별 정밀진단 항목 도출

1) GNSS 인프라(상시관측소 및 중앙국) 진단을 위한 세부 진단항목 도출
   기술여건 변화 등의 분석을 통한 GNSS 상시관측소 및 GNSS 중앙국의 H/W, S/W 및 Network 등 세부 진단항목 마련

2) GNSS 관련 제도 및 표준의 진단을 위한 세부 진단항목 도출

국내 · 외 기술여건 변화 등의 분석을 통해 GNSS 데이터 표준, GNSS 상시관측소 및 GNSS 중앙국 운영 · 관리규정의 세부 진단항목 마련

3) GNSS 인프라의 활용성 진단을 위한 세부 진단항목 도출

국내 · 외 기술여건 변화 등의 분석을 통해 국토지리정보원 GNSS 서비스 및 활용모델의 세부 진단항목 마련

(3) GNSS의 글로벌 환경변화 및 신수요 대응을 위한 GNSS 인프라 정밀진단

1) GNSS 인프라, 법 · 제도, 서비스의 정밀 진단

① 현장 방문을 통한 GNSS 상시관측소 및 중앙국 등의 인프라 진단 및 점검

② 전문가 자문 및 기작성된 법 · 제도의 분석을 통한 GNSS 상시관측소 및 GNSS 중앙국 관련 법 · 제도 등의 진단 및 점검

③ 현 운용 중인 GNSS 관련 서비스의 운용 및 GNSS 데이터 등의 분석을 통한 GNSS 활용 관련 진단 및 점검

(4) GNSS 인프라 개선전략 및 로드맵 수립

1) GNSS 인프라, 제도, 서비스 개선방안 도출

① GNSS 활용수요, Multi-GNSS 기술변화 대응 및 자연재해에 의한 전원차단과 전파방해 등을 고려한 지속 가능한 형태의 GNSS 인프라 개선방안 제시

② 다양한 분야에 서비스 제공을 위한 GNSS 중앙국 개선방안 제시

③ GNSS 상시관측소의 효율적인 총괄 관리를 위한 GNSS 인프라 관련 법 · 제도 및 표준 개선방안 제시

2) GNSS 인프라의 고도화를 위한 중 · 장기 로드맵 수립

GNSS 상시관측소 및 GNSS 중앙국의 고도화를 위한 중 · 장기 로드맵 수립

4. 기대효과

(1) GNSS 위성기준점 데이터의 활용도 증가

고밀도 · 무결성의 데이터 제공으로 측량분야뿐만 아니라 기타 분야에서도 가용성이 높아질 것으로 예상되며, 특히 실시간 보강서비스 부분에서 총 165개의 상시관측소를 활용하여 보정신호 생성 및 측위서비스를 수행할 수 있어 획기적인 측위정밀도 향상이 기대된다.

(2) 산업분야 지원으로 인한 관련 기술 향상

보다 폭넓은 GNSS 데이터를 무료로 제공하여, 각 관련 산업별로 GNSS 측위서비스 및 보강서비스 기술개발이 활성화되어 민간 분야에서 선의의 경쟁이 기대된다.

(3) GNSS 측위서비스의 신뢰도 증가

GNSS 위성기준점의 배점밀도 향상으로 측위정확도를 향상할 수 있을 뿐만 아니라, 특정 GNSS 상시관측소 오류 시 주변 위성기준점이 백업 역할을 수행할 수 있어, 특히 항법 및 교통 분야 활용에서 GNSS 측위서비스의 안정성 향상에 기여할 수 있다.

(4) 재밍 등 신호교란 대응

최근 GNSS 전파교란으로 항공분야, 해양분야, 이동통신분야 및 군에서 상당한 장애 및 피해가 발생했다. 그러나 새로운 GNSS 위성항법시스템 신호를 수신 가능하게 되면 특정 시스템 교란 시 타 시스템 대체를 통해 이러한 문제가 해결될 것으로 예상되며, 특히 항법 및 군사분야 등에서 상당한 피해를 저감하는 것이 가능할 것으로 기대된다.

(5) 신산업 분야 발전 및 강화

ADAS, 무인자동차 분야 등에 실시간 정밀측위를 적극적으로 지원할 수 있으며, 실내측위용 기준성과 제공, 성범죄자 위치추적서비스, 총기관리용 위치추적서비스, 치매노인 위치추적서비스 등 공간정보 위치서비스와 관련한 다양한 서비스 제공기반을 마련하여 국가 정밀위치정보를 타 분야에 적극 활용할 수 있게 함으로써 신산업 발전 및 일자리 창출에 기여할 것으로 기대된다.

(6) 국내 GNSS 기술체계의 발전

GNSS 위성기준점 체계의 정의, 유지, 관리와 더불어 분야별 연계 및 합리적 활용방안 제시로 국가공간정보 신뢰성을 확보할 수 있으며, 측량분야를 포함한 상시관측소의 다양한 분야에서의 활용방안과 장기적 발전전략을 확보하고, 과학적인 제도개선 및 적용방안을 마련하는 것이 가능하다.

5. 결론

다가올 미래의 GNSS 관련 신산업 활성화를 위하여 국토지리정보원 GNSS 위성기준점 인프라의 다목적 활용방안을 수립하고, 2014년 이후 진행되고 있는 범부처 간 GNSS 통합활용에 따른 효율적 총괄관리 및 글로벌 GNSS 환경대응을 위해서 현 GNSS 인프라의 활용성을 정밀 진단하고, 이에 따라 기술, 제도, 표준, 운영 등을 종합적으로 아우르는 개선방안을 수립하는 것이 무엇보다 중요하다고 판단된다.

13 측량기준점(기본, 지적, 공공) 일원화를 시행할 때 문제점 및 법·제도 개선방안에 대하여 설명하시오.

3교시 4번 25점

1. 개요

측량기준점은 측량을 포함한 지형공간정보의 생산 및 구축과정에 있어서 기본이 되는 매우 중요한 지형공간정보이다. 하지만 측량기준점에 대한 일관된 형식 또는 표준이 정의되지 않아 측량기준점에서 제공되는 기본적인 정보가 상이하고, 측량기준점 간의 연계, 통합 활용 및 관리, 운영이 어려운 실정이었다. 따라서 측량기준점의 효율적인 생산, 관리, 운영, 유통을 위한 표준의 제정이 필요하다.

2. 측량기준점 현황

(1) 국가기준점

1) 기본측량, 수로측량을 통해 설치된 측량기준점으로 측량용 사진의 촬영, 지도의 제작 및 각종 건설 사업에서 요구하는 도면작성 등에 활용되는 측량기준점

2) 관리 주체 및 내용

① 국토교통부 : 위성기준점, 수준점, 중력점, 통합기준점, 삼각점, 지자기점

② 해양수산부 : 수로기준점, 영해기준점 등

(2) 지적기준점

1) 국가기관 및 공공기관, 지방자치단체에서 지적측량을 목적으로 설치한 기준점

2) 관리 주체 및 내용

① 관리 주체 : 국가기관 및 공공기관, 지방자치단체

② 지적삼각점, 지적삼각보조점 및 지적도근점 등

(3) 공공기준점

1) 국가기관 및 공공기관, 지방자치단체에서 공공측량을 목적으로 설치한 기준점

2) 관리 주체 및 내용

① 관리 주체 : 국가기관 및 공공기관, 지방자치단체

② 공공수준점, 공공삼각점 등

3. 측량기준점 서비스 현황

(1) 국가기준점

① 국토지리정보원 성과발급시스템 : GNSS 기준점, 통합기준점, 수준점 등

② 해양조사원 성과발급시스템 : 수로기준점

(2) 지적기준점

지방자치단체 홈페이지를 통하여 제공 : 지적삼각점, 지적삼각보조점 및 지적도근점 등

(3) 공공기준점

① 관리 주체 홈페이지를 통하여 제공
② 전화 통신을 통한 팩스 서비스

4. 기준점(기본, 지적, 공공) 일원화 시 문제점

(1) 운영기관 상이

① 국가기준점 : 국토지리정보원, 국립해양조사원에서 설치 및 운영 · 관리
② 지적기준점 : 한국토정보공사, 지방자치단체에서 설치 및 운영 · 관리
③ 공공기준점 : 지방자치단체, 공공기관, 건설사업체 등에서 설치 및 운영 · 관리

(2) 관리시스템 상이

① 국가기준점 : 국토지리정보원 관리시스템으로 운영 관리
② 지적기준점 : 소관청에서 관리시스템으로 운영 관리
③ 공공기준점 : 일부 지방자치단체를 제외하고 관리시스템 미구축

(3) 서비스시스템 상이

① 국가기준점, 지적기준점 : 기준점 서비스시스템으로 대외적 활용
② 지적기준점 : 관리시스템 미구축으로 점의조서 형태의 전자 파일로 관리
③ 공공기준점 : 일부 지방자치단체를 제외하고 관리시스템 미구축

(4) 기관별 상이한 기준점

① 기관별 상이한 성과
② 기관별 상이한 표석 및 동판
③ 기관별 상이한 정밀도

5. 기준점(기본, 지적, 공공) 일원화를 위한 개선 방안

(1) 관련 규정 개정

1) 법령, 규정, 지침 등에 대한 개정 필요
   ① 공간정보관리법
   ② 통합기준점측량작업규정, 수준측량작업규정, 공공측량작업규정 등

(2) 용어 정립

① 법률, 규정, 기관에 따라 다른 용어
② 사용목적과 활용에 적합한 국문, 영문 용어 통일

(3) 기준점의 생산, 관리, 유통의 통일

① 성과 생산의 통일 : 구축 방법, 정밀도
② 성과 관리의 통일 : 동일한 관리시스템 적용
③ 성과 유통의 통일 : 사용자 편리

6. 기준점(기본, 지적, 공공) 일원화를 통한 기대효과

(1) 단일화된 측량기준점의 생산, 관리, 유통
(2) 측량기준점 표준 준용의 활성화
(3) 성과관리의 일원화

7. 결론

우리나라의 측량기준점은 종류와 운영주체가 다르게 운영되어, 국가적 혼란과 공간정보 구축에 많은 어려움을 초래하였다. 이에 국토지리정보원은 시급히 기관 표준, 표준 항목 및 관리 데이터 모델 등을 제정하고 이를 일반화하여 측량기준점의 효율적 생산, 관리, 운영 및 유통이 되도록 노력해야 할 때라 판단된다.

14 항공사진 촬영을 위한 검정장의 조건 및 검정 방법에 대하여 설명하시오.

3교시 6번 25점

1. 개요

항공사진측량에서 사용되는 디지털카메라는 유효면적이 넓으므로 촬영성과의 품질을 확보하기 위해서는 카메라의 성능을 최적화해야 한다. 따라서 촬영 전 자체적으로 렌즈 캘리브레이션을 수행하는 것 외에도 정기적인 검정장 검사를 통하여 그 성능을 점검해야 한다.

2. 항공사진측량용 카메라의 성능 기준

(1) 렌즈 왜곡수차는 0.01mm 이하이며, 초점거리는 0.01mm 단위까지 명확하여야 함
(2) 컬러항공사진을 사용하는 항공사진측량용 카메라는 색수차가 보정된 것을 사용해야 함
(3) 항공기의 속도로 인한 영상의 흘림을 보정하는 장치 등을 갖추거나 실제적인 영상보정이 가능한 촬영방식을 이용하여 영상의 품질을 확보할 수 있어야 함
(4) 디지털항공사진 카메라는 필요한 면적과 소정의 각 화소(Pixel)가 나타내는 X, Y 지상거리를 확보할 수 있어야 함
(5) 렌즈의 교환 없이 컬러, 흑백 및 적외선 영상의 동시 취득이 가능하여야 함
(6) 디지털항공사진 카메라는 8bit 이상의 방사해상도를 취득할 수 있어야 함
(7) 촬영 작업기관은 디지털항공사진 카메라의 적정 성능유지를 위하여 정기적으로 점검을 받아야 함

3. 검정장의 조건

(1) 검정장은 항공 카메라의 위치정확도와 공간해상도의 검정이 가능한 장소이어야 함
(2) 검정장은 평탄한 곳을 선정하되 규격은 3km×3km 이상이어야 함
(3) 항공카메라 검정을 위한 촬영 시 동서방향을 원칙으로 하며 보정값 산출을 위하여 남북방향으로 최소 2코스 이상 촬영을 실시해야 함
(4) 위치정확도 검정을 위하여 평면 · 표고 측량이 가능한 명확한 검사점이 있어야 하며, 스트립당 최소 2점 이상 존재해야 함
(5) 공간해상도 검정을 위하여 아래의 규격에 맞는 분석도형이 3개 이상 설치되어 있어야 함

기준	직경	내부 흑백선쌍 개수
GSD 10cm 초과	4m	16개
GSD 10cm 이하	2m	16개

(6) 촬영작업기관은 검정장에 대한 항공사진촬영 전 촬영계획기관과 사전협의를 거쳐 항공촬영을 실시하여야 함

4. 검정 방법

(1) 검정은 검정장을 이용하여 항공카메라의 위치정확도와 공간해상도의 평가 및 이상 유무를 검사하는 것을 말한다.

(2) 위치정확도 검정은 검정장의 기준점과 검사점에 대한 항공삼각측량 후 위치정확도를 검정하는 것이며, 검사점의 위치정확도는 다음과 같다.

도화축척	표준편차(m)	최댓값(m)
1/500~1/600	0.14	0.28
1/1,000~1/1,200	0.20	0.40
1/2,500~1/3,000	0.36	0.72
1/5,000	0.72	1.44
1/10,000	0.90	1.80
1/25,000	1.00	2.00

(3) 공간해상도 검정은 항공사진에 촬영된 분석도형의 시각적 해상도(l)와 영상의 선명도(c)를 검정하는 것을 말하며 각각 아래의 식으로 계산한다.

① 시각적 해상도(l)

$$l = \frac{\pi \times \text{직경비}\left(= \dfrac{\text{내부직경}(d)}{\text{외부직경}(D)}\right)}{\text{흑백선수}} \times \text{실제 외부직경}$$

② 영상의 선명도(c)

$$c = \frac{\text{시각적해상도}(l)}{\text{지상표본거리}(GSD)}$$

(4) 검정데이터의 유효기간은 1년 이내이다. 다만, 이 기간 중 카메라를 비행기 본체에서 탈부착하거나 부착상태에서 변위가 발생하는 충격을 받았을 경우, 촬영계획기관에 보고하고 재검정을 실시한다.

5. 결론

항공사진측량에서 사용되는 디지털카메라는 유효면적이 일반 카메라에 비해 넓으므로 촬영성과의 품질을 확보하기 위해서는 카메라 성능을 최적화해야 한다. 촬영영상의 품질은 카메라의 성능과 직결되므로 검정장에서의 정기점검을 통해 카메라의 위치정확도와 공간해상도를 정량적으로 검정하여 최상의 상태를 유지하여야 한다.

15 차세대 도로교통용 정밀위성항법기술에 대하여 설명하시오.

4교시 1번 25점

1. 개요

현재 자동차 내비게이션이나 스마트폰 등에서 사용하는 위성항법(GNSS : Global Navigation Satellite System)은 오차가 약 15~30m 수준으로서 차로의 구분이 필요한 자율주행자동차, 차세대 지능형 교통체계(C-ITS) 등에서는 사용할 수 없다. 그러나 우리나라는 세계 최초로 자율주행자동차 등에 사용할 수 있는 차로의 구분이 가능한 차세대 도로교통용 정밀 위성항법기술의 개발을 완료하였다. 이러한 관점에서 본 답안은 차세대 교통 측위기술의 연구내용과 현황 및 상용화 추진 로드맵을 중심으로 기술하고자 한다.

2. 현재의 교통 측위기술 현황

(1) 오차가 약 15~30m 수준

(2) 차로 구분이 필요한 자율주행자동차, 차세대 지능형 교통체계(C-ITS) 등에서는 사용할 수 없음

(3) 도로를 벗어나 달려도 본선을 달리는 것으로 맵 매칭 기술을 통하여 지도상에 표시하는 수준

(4) GNSS 등 인공위성을 이용한 항공, 해상 및 측지용 위치결정 시스템이 이미 개발되어 있으나, 도로항법용으로는 부적합

(5) 정확도, 동적운행에 따른 신뢰성, 높은 단말기 가격문제 등으로 실제 적용이 어려운 실정

3. 주요 연구내용

(1) GNSS 반송파(Carrier) 사용

① 차로 구분 수준의 위치결정을 위하여 주기가 짧고 정확도가 높은 GNSS 반송파를 사용(L_1 반송파 기본 정확도 : 0.1~0.3m)

② 반송파 사용을 위해서는 정확한 파장수, 오차 등에 대한 고도의 복잡한 계산이 필요하며, 이를 위해 알고리즘 및 시스템 개발

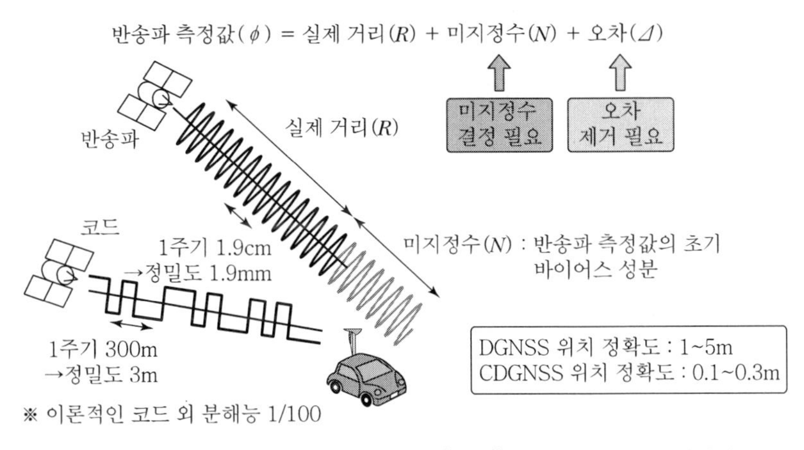

사용 신호	방법	정확도
Code	Stand-Alone	15m
	DGNSS	5m
Carrier	Stand-Alone	-
	DGNSS	0.3m

[그림] GNSS 반송파 전달과정

(2) 보급형 칩과 단말기 사용

1) 저가 사용칩

다수 도로교통 사용자가 폭넓게 사용하기 위하여 저가의 칩을 활용하여 정밀 위치결정

2) 동적 실시간 정밀 위치정보

① 차량 동역학을 고려하여 위치결정 정보를 실시간으로 연속 제공

② 고층 건물 등과 같은 장애물이 있는 위성신호 불량지역에서 보조센서(관성, 영상 등)를 활용하여 위치결정

3) 보정신호 송출

① 불특정 다수의 사용자가 사용하기 위하여 단방향 통신망을 사용

② 접속 시 승인(계정확인) 없이 사용 가능

4. 기대효과

(1) GNSS 반송파(Carrier)를 사용하여 위치오차를 대폭 개선

(2) 이동 중인 상황에서도 실시간으로 정밀 위치정보를 파악

(3) 가격면에서 현재와 큰 차이가 없어서 상용화 및 보급이 빠를 것으로 예상됨

5. 연구개발 현황 및 상용화 추진 로드맵

(1) 도로용 정밀 GNSS 연구개발 현황

① 1단계 기술개발 : 2009. 11. 6~2015. 10. 11(6년), 191억 원, 항공우주연구원

보급형 GPS칩을 활용한 정밀 측위 알고리즘+신호보정 시스템 구축

② 2단계 실용화 사업 : 2016~2018년(3년), 총사업비 60억 원

2016년에 예산 5억 원을 확보하고, 연구사업자 선정절차 중

(2) 상용화 일정

① 사용화 R&D(2단계) 발주 및 사업자 선정 : 2016년 3~4월

② 수도권 GNSS 보정신호 시범송출 및 안정화 : 2016년 5~12월

③ 수도권 보정신호 송출(DMB 및 LTE) 및 관련 단말기 개발 : 2017년

④ 도로교통 정밀 GNSS 기술 국제표준 추진 : 2016~2020년

⑤ GNSS 수신국 전국 확대 및 산업화 추진 : 2018~2020년

⑥ 전국 서비스 안정화 및 관련 기술 해외 진출 : 2019~2020년

6. 활용 분야

(1) 자율주행자동차

① 자율주행자동차 업계에서 시급히 요구하는 사항으로 도로정밀 위성항법의 기반 기술

② 정밀 GNSS를 탑재한 자율차가 상용화되면 세계 표준으로 채택될 가능성이 높고, 관련 사업을 주도 가능

(2) 상업용 드론

① 목적지를 찾아가는 상업용 드론은 정확한 착륙지점, 장애물 회피, 정확한 고도 계산이 필수적(정밀 GNSS가 필수 요소)

② SBAS로도 가능하나, 고층건물이 있는 도시지역 비행, 고가의 단말기 가격, 상용화 시점(2020년)을 감안 시 도로정밀 GNSS 활용이 유리

(3) 고기능 스마트폰

① 삼성/LG전자 등 스마트폰 단말기 업체가 GNSS 칩을 소형화하여 스마트폰에 탑재할 경우, 산업 전반으로 기술개발 효과 파급(골프 캐디, 스마트폰용 정밀 내비게이션, 거리 측정, 길 안내 등)

② 국내 스마트폰 제조사의 글로벌 경쟁에도 큰 도움

(4) 차세대 지능형 교통체계(C-ITS)

① 선행 차량의 위험상황 정보 교환, 도로-차량 간 정보교환에는 차량의 정확한 위치가 필수

② 향후 관련 시장 확대 예상

(5) 기타

① 고기능 내비게이션(차로 이탈 경고 등)

② 시각장애인 안내(골목길, 횡단보도 GNSS 안내 등)

③ 골프 스마트 캐디

7. 결론

차세대 도로교통 정밀측위 기술은 자율주행자동차 이외에도 차세대 지능형 교통체계(C-ITS), 상업용 드론, 고기능, 스마트폰, 조밀한 골목길 및 시각장애인 보행 안내, 골프 스마트 캐디 등에 다양하게 이용될 수 있어서 위치정보산업의 경쟁력 향상은 물론, 수조 원의 사회경제적 효과가 있을 것으로 전망된다. 또한 아직 상용 서비스를 제공하는 국가가 없고 항공(ICAO)이나 해양(IMO)과는 달리 국제표준도 없는 실정이므로 정밀 위치정보산업의 시장주도를 위하여 국제표준을 제안하는 등 국제 표준화 활동도 적극 추진해 나가야 할 것으로 판단된다.

16 초분광영상을 이용한 정보추출의 일반적인 단계에 대하여 설명하시오.

4교시 2번 25점

1. 개요

초분광영상은 일반 카메라 영상과 달리 가시광선 영역과 근적외선 영역 파장대를 수백 개의 구역(밴드)으로 세분하여 촬영함으로써 미세한 분광특성을 분석하여 토지피복, 식생, 수질, 갯벌 특성 등의 식별에 이용된다. 이러한 수백 개 밴드의 초분광영상에서 각 화소 위치의 분광특성을 추출하기 위해서는 대기보정과 같은 전처리 과정이 매우 중요하며, 특정 목표물을 추출하거나 영상을 분류하는 기법 또한 다중분광영상에서 적용되던 처리기법과는 다른 기법이 요구된다.

2. 초분광영상(Hyperspectral Imagery)

(1) 초분광영상의 획득 원리

물체의 세로정보가 광학계의 슬릿(Slit)을 통과 후, 분광소자를 거치면서 이차원으로 변화된 정보가 화상소자(Charge Coupled Device) 검출기에 기록된다. 그 다음 이차원 객체에 대해 스캔과정을 거치게 되면 초분광영상을 획득하게 된다.

(2) 초분광영상의 구조

초분광영상의 이미지는 공간 좌표(Spatial Domain)로 구성되고, 폭으로는 분광밴드(Spectral Domain)로 구성된 형태로서, 각 밴드를 기준으로 센서의 FOV(Field Of View)에 의해 촬영된 각 화소의 공간좌표를 가진 영상이 만들어지고 각 영상의 화소를 기준으로 화소 이내의 물질을 특징짓는 스펙트럼 값을 갖는다.

(3) 초분광영상의 특징

초분광영상은 분광밴드가 많고(Many), 연속적이고(Continuous), 파장폭이 좁은(Narrow) 세 가지 특징으로 정의될 수 있으며 기존의 다중분광영상에 비해 자료량이 상대적으로 크다. 또한 초분광영상자료는 좁은 파장폭 때문에 기존의 다중분광자료보다 영상의 질이 떨어져서 상대적으로 낮은 SNR(신호대잡음비)을 가지고 있는 것으로 알려져 있다.

3. 초분광영상을 이용한 정보추출의 일반적인 단계

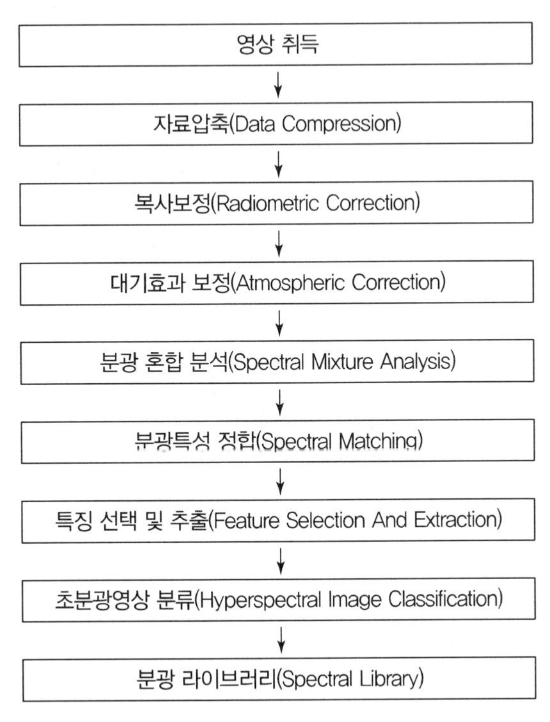

[그림] 초분광영상의 일반적 처리순서

(1) 자료 압축

① 자료량을 줄이는 데 중점을 두는 압축 기법/DPCM(Differential Pulse Code Modulation)

인접 밴드 간 상관관계가 높은 초분광영상에서 압축효과가 높은 방법으로 정보의 손실이 거의 없는 기법

② 정보손실을 감수하는 압축 기법/VQ(Vector Quantization)

초분광영상에서 각 밴드별 화솟값인 반사율을 파장에 대한 함수의 형태인 벡터로 표현하여 적용한 기법

(2) 복사보정

① 초분광영상의 상대적 SNR의 추정

영상의 기본 통계값(평균, 표준편차)을 이용하는 방법과 Semivariogram을 이용하는 방법

② 복사보정

각 센서별 광학적 특성과 연관된 복사보정 처리 기법으로 밴드별 분광 반응도(Spectral Responsivity) 측정, 밴드별 유효 파장폭 결정 등이 있으며 복사보정 처리가 미흡하여 영상의 질이 상대적으로 떨어지는 영상에서는 광학적 왜곡현상을 보정하기 위한 처리 기법이 사용

(3) 대기효과 보정

MODTRAN과 S6 모델과 같은 대기복사전달모델에 의하여 대기입자에 의한 산란 및 흡수량을 추정하여 센서에서 감지된 복사량으로부터 직접 가감하는 절대적 대기보정 방법을 주로 사용

(4) 분광 혼합 분석

촬영된 지표면이 두 가지 이상의 물질로 구성된 혼합체인 경우 지표물의 반사에너지가 정량적으로 혼합된 결과로 나타나는데 혼합화소를 분석하기 위해 분광혼합분석 개념이 제시되었다. 각 화소에 포함되어 있는 여러 지표물의 고유한

분광반사특성을 이용하여 각 화소를 구성하는 여러 지표물의 점유비율(Fraction)을 해석하는 기법을 사용하며 이때 각 화소를 이루고 있는 단일의 순수한 지표물을 Endmember라 하고, 각 화소는 여러 Endmember의 구성비율(Fraction)의 합으로 나타낼 수 있다. 초분광영상에 적용되는 분광혼합 분석기법의 처리과정은 크게 세 단계로 구분할 수 있다.

① 보다 효과적인 영상처리와 영상의 노이즈를 제거하기 위해 초분광영상의 수많은 분광정보를 줄이는 과정으로, 대표적으로 주성분분석(PCA)과 MNF 변환 기법들이 있다.

② 영상의 혼합화소에 포함되는 Endmember의 종류와 각 Endmember의 분광신호를 정의하는 과정으로, 분광화소기법에서 매우 중요한 과정이다.

③ 혼합화소에 대한 각 Endmember의 구성비율을 추정하는 분광분해(Spectral Unmixing) 과정이다.

(5) 분광특성 정합

기존에 알려져 있는 대상물체의 기준 분광반사값을 이용하여 초분광영상에서 얻는 반사값과의 분광특성 유사성을 분석하여, 초분광영상의 각 화소에 대한 대상물체의 종류 및 함유량 등을 정의한다.

(6) 특징 선택 및 추출(Feature Selection and Extraction)

① 밴드 선택(Band Selection)

수백 개의 분광밴드 중 목적에 맞는 밴드만을 선택하거나, 특정 분광 변환기법을 통해 원하는 분광정보만을 나타내는 변환된 분광밴드들을 제작하는 과정

② 특징 선택(Feature Selection)

밴드 선택 과정을 포함하는 보다 광범위한 개념으로 영상으로부터 패턴인식기에 사용될 분광특징 및 자료를 추출하는 과정

(7) 초분광영상 분류

초분광영상 분류는 영상의 모든 영역을 정해진 등급으로 분류(Classification)하는 의미뿐만 아니라, 특정 대상물만을 탐지(Target Detection)하거나 인식(Material Identification)하는 개념까지 확장되고 있다.

초분광영상에서는 일반적으로 분류 전에 모든 분광밴드를 사용하기보다는 이를 변환하여 차원 감소시킨 후 분류기법에 적용시킨다.

① 기존의 분류기법들을 그대로 적용하는 기법 : 최소거리법(Minimum Distance), 최대우도법(Maximum Likelihood), 인공신경망(Neural Network)기법 등

② 초분광영상에만 적용 가능한 기법 : 분광각도분류(Spectral Angle Mapper)기법, MTMF 기법을 포함한 분광화소분석기법을 이용한 분류기법 등

(8) 분광 라이브러리

초분광영상에서 얻는 각 화소단위의 분광반사특성을 이용하여 각 화소에 해당하는 지표물의 분류, 인식, 탐지를 위한 방법의 하나로 실험실이나 야외에서 측정된 다양한 종류의 지표물의 분광반사값을 보유하여 분광반사특성 곡선을 데이터베이스화한 분광 라이브러리(Spectral Library)를 구축한다.

4. 초분광영상의 활용

(1) 해양 분야

해안선재질분류, 조간대 염생식물 탐지, 자연해안관리, 해상이용 현황 및 불법 양식장 탐지

(2) 수질환경 분야

수질분석 적용, 기름유출, 녹조현상 등을 탐지

(3) 산림 분야

산림의 수종 분류, 엽록소의 함량, 수분함량, 광합성지수 등을 분석하며, 이를 통해 종합적인 산림건강지수 산출

(4) 농업 분야

농작물의 종류, 건강, 활성도, 특정 엽록소의 함량, 엽면적 지수 등 분석

(5) 도시 분야

도시피복물의 종류의 분류

5. 결론

최근 초분광영상은 초기의 암석 및 광물탐사 분야에서 식물의 물리학적 정보 추출, 수질, 군용 목표물 탐지 등 다양한 분야에서 활용되고 있다. 또한 초분광영상 자료는 기존의 다중분광영상 자료와 달리 수많은 분광밴드를 가지고 있기 때문에 기존 영상처리 기법과는 다른 새로운 형태의 영상처리 기술 개발이 활발히 진행되고 있다. 그러므로 국내에서도 이에 대한 교육과 연구 및 지원사업이 적극적으로 필요할 때라 판단된다.

17 제1차 국가측량 기본계획의 추진목표와 중점 추진과제에 대하여 설명하시오.

4교시 3번 25점

1. 개요

국토교통부는 21세기 사회환경과 기술변화에 대응하고 선진복지국가로서의 발전에 초석이 되며, 국민 · 사회 · 경제에 이바지하는 2016~2020년까지의 국가 측량 기본계획을 수립하였다. 이 기본계획은 향후 5년간 우리나라의 국가 측량 발전목표와 정책방향을 설정하고, 이를 달성하기 위한 종합적인 범정부적 정책과제를 제시하고 있다.

2. 추진목표

(1) 신산업을 창출하는 측량
(2) 국토 안전에 초석이 되는 측량
(3) 국민 생활을 편리하게 하는 측량
(4) 온 국민이 신뢰하는 반듯한 지적

3. 추진방향

(1) 기관별 공간정보 구축 및 관리 ⇒ 통합적 공간정보 구축 및 관리
(2) 공급자 중심의 측량정책 ⇒ 수요자 중심의 측량정책
(3) 국토관리에 집중한 측량 분야 ⇒ SOC를 포함한 사회 분야로 확대
(4) 정부 주도 측량정책 ⇒ 민간-정부 협업 측량행정

4. 중점 추진과제

(1) 신산업을 창출하는 측량

1) 지속가능한 발전을 위한 기본공간정보 유지 갱신
① 수치지도 3.0으로의 국가기본도 체계 개편
② 공공측량 데이터 관리 강화
③ 국토정보 갱신체계 구축 정비

2) 융복합산업 활성화를 위한 공간정보 구축 및 제공
① 자율주행 자동차를 위한 정밀도로정보 구축
② 융복합형 3차원 공간정보 구축
③ 무인항공기를 활용한 공간정보 구축 및 갱신

3) 측량산업 활성화를 위한 제도 개선
① 국제활동 지원체계 강화
② 측량산업 육성을 위한 환경정비
③ 초고층 빌딩 등 시설물관리를 위한 측량 분야 역할 수립
④ 측량기술자 역량 강화

(2) 국토 안전에 초석이 되는 측량

1) 기후 변화 대응을 위한 기준체계 일원화
   ① 국가높이체계의 기준 정립
   ② 측량기준점체계의 단일화

2) 자연재해 대응력 강화를 위한 공간정보 구축 및 관리
   ① 재해예방지도 제작
   ② 실시간 재해 복구지도 제작

3) 통일을 대비한 북한지역 기본공간정보 구축
   ① 북한지역의 측량기준점 구축
   ② 북한지역 공간정보 구축

(3) 국민 생활을 편리하게 하는 측량

1) 손쉬운 고정밀 위치정보 제공을 위한 최신기준점 서비스
   ① 한걸음 위치 결정을 위한 기준점체계 정비
   ② 한걸음 위치 결정을 위한 일원화된 기준점 정보 제공
   ③ 이용자 편의제고를 위한 위성·통합기준점 골격의 측량기준점 운영

2) 생활밀착형 공간정보 제공
   ① 다목적 지도 제작
   ② 사회적 약자를 위한 고정밀 보행지도 서비스
   ③ 국토조사 기반 주제정보 생성 및 활용체계 구축

3) 측량기술 고도화
   ① 측량기술 개발
   ② 신기술 활용을 위한 작업규정체계 수립

(4) 온 국민이 신뢰하는 반듯한 지적

1) 도해지적의 수치화 촉진
   ① 지적측량 기준망 정비
   ② 도해지역의 경계점좌표 등록
   ③ 지적확정측량 대상 확대

2) 지적측량수행자 업무수행 지원
   ① 지적측량업자의 교육이수제도 도입
   ② 한국국토정보공사의 공적 기능 강화
   ③ 지적측량수행자 상생환경 조성

3) 지적측량 성과의 공신력 확보
   ① 지적측량성과 검사체계 강화
   ② 지적측량성과 공유체계 구축
   ③ 지적측량성과검사 환경 개선

4) 지적관리체계의 개편

① 지적제도 운영에 관한 법령 정비

② 지적업무 영역의 전문성 제고

③ 지상경계점등록부의 확대 및 관리시스템 구축

5. 기대효과

(1) 지속가능한 발전의 동력 확보

① 지속가능한 발전을 위한 기본공간정보의 확보 및 이를 통한 국가경쟁력의 강화

② 측량 분야를 기반으로 하는 신산업의 창출을 위한 공간정보의 구축 및 해당 분야의 지원을 위한 제도의 선제적 확보

(2) 국토안전 관련 정보의 구축 및 활용체계 구축으로 안전한 사회의 건설

① 국토 · 국민안전과 관련된 측량기술 및 서비스 구축

② 재난/재해에 실시간으로 대응할 수 있는 모니터링 체계를 구축하여 사회안전에 기여

(3) 국민생활에 편의를 줄 수 있는 사용자 중심의 측량산업 기틀 마련

① 손쉬운 고정밀 측량서비스 제공을 통한 국민생활의 편의성 증대

② 측량기술의 고도화를 통한 생활밀착형 측량의 실현

6. 결론

정부는 21세기 사회환경과 기술 변화에 대응하고 선진복지국가로서의 발전에 초석이 되며 국민 · 사회 · 경제에 이바지하기 위해 2016년에 국가측량 기본계획을 발표하였다. 이 기본계획을 실현하기 위하여 고정밀 국가통합체계 구축 및 건전한 측량산업 육성 등을 기반으로 국민행복 창조를 위해 측량인들이 모두 노력해야 될 때라 판단된다.

18 국토지리정보원이 추진하고 있는 수치표고자료의 구축현황과 활용방안에 대하여 설명하시오.

4교시 4번 25점

1. 개요

수치표고모델(DEM : Digital Elevation Model)은 국토를 일정한 격자 간격으로 구분하고 각 격자에 해당하는 평균 높이(표고)를 표시한 것으로 격자의 크기가 작을수록 세밀한 지형 표현이 가능한 것이 특징이다. 국토지리정보원은 우리나라를 2005년부터 최근까지 다양한 해상도의 전국 또는 일부 지역의 수치표고모델을 제작하여 국토공간영상정보 시스템에서 연대별로 서비스하고 있다.

2. 수치표고자료 제작을 위한 공종별 작업순서

수치표고자료는 취득한 샘플 데이터를 이용하여 보간법을 이용해 수치표고자료를 제작하며, 격자자료는 사용 목적 및 정밀도를 고려하여 불규칙 삼각망(TIN), 크리깅(Kriging) 보간 또는 공삼차 보간 등 정확도를 확보할 수 있는 보간 방법으로 제작한다. 공종별 작업순서는 다음과 같다.

(1) 작업계획 및 준비
(2) 종단측량 및 특이점 측량
(3) 지형자료의 획득
(4) 지형자료의 편집
(5) 지형자료의 처리
(6) 수치표고자료 생성 및 구축
(7) 도엽단위 파일 작성
(8) 정리점검 및 성과표 작성

3. 작업 방법

(1) 작업계획 및 준비

1) 작업시행 계획서 작성
① 사용장비 및 소프트웨어에 대한 제작사, 품명, 규격, 수량, 성능
② 작업예정 공정표
③ 작업지역 색인도
④ 품질관리 계획서
⑤ 보안 계획서

2) 점검
① 기본 자료인 원시자료가 사용하고자 하는 장비와 소프트웨어에서 오류 없이 운용 가능한지 점검한다.
② 장비를 운용할 수 있는 환경조건(온도, 습도, 강우, 풍속 등)을 점검한다.

(2) 종단측량 및 특이점 측량

수치표고자료 구축 시 위치보정을 위하여 종단측량 및 특이점 측량을 실시한다.

(3) 지형자료 취득 및 추출

① 수치지도의 표고자료는 등고선과 표고값을 추출한다.

② 도화기를 이용한 자료취득은 "항공사진측량 작업내규"와 "수치지도 작성 작업규칙 및 내규"를 준용한다.

③ 레이저 측량에 의한 원시자료는 작업규정을 준수한다.

④ 측량기기(GPS, TS, 레벨 등)를 이용하여 지형에 대한 표고자료를 직접 취득할 수 있으며, 측량계획기관의 별도의 지시가 있을 때에는 영상자료를 이용하여 간접 취득할 수 있다.

(4) 지형자료의 편집

① 선, 면 형태의 지형자료를 구분하여 편집한다.

② 각 유형의 지형자료에 입력된 표고값을 확인하고, 표고값은 지형자료 유형별로 화면에서 육안으로 검사한다.

(5) 수치표고자료 제작

① 보간된 점을 이용하여 수치표고자료를 생성하여야 하며, 수치표고자료의 격자크기 및 정확도는 격자간격 5×5m인 경우 표준편차 ±1.0m 이내, 최대 ±1.5m 이내로 하고, 격자간격 10×10m인 경우 표준편차 ±2.0m, 최대 ±3.0m 이내로 한다.

② 수치표고자료의 표고값은 m 단위로 표시한다.

(6) 도엽단위 파일 작성

① 생성된 수치표고자료는 당해 축척별 수치지도의 도엽을 기준으로 설정하는 것을 원칙으로 한다.

② 수치표고자료의 최종 성과품은 모든 시스템에서 호환되도록 ASCII 파일과 DXF 파일 등의 형식으로 한다.

(7) 정리점검 및 성과품

4. 구축현황

수치표고 데이터는 2005년부터 2009년까지 35개 지역 구축데이터 6,401매를 서비스하고 있으며, 국토지리정보원에서 추가 구축되는 수치표고 데이터를 시스템 환경에 맞게 수치표고 DB 및 속성 DB데이터를 적용하여 국토공간 영상정보 시스템에서 연대별로 서비스되도록 하고 있다.(2014년 12월 31일부터 90m 격자단위수치로 표현한 한반도 전역의 수치표고모델 서비스 실시)

5. 활용방안

(1) 국토공간영상정보 시스템에서 연대별 서비스를 통해 국토변화정보 제공

(2) 토목, 환경, 방재 등을 위한 기초자료로 활용

(3) 수자원 분석 및 확보 · 관리, 도로, 댐 등 건설공사를 위한 기초자료, 지형변화 분석 등에 활용

(4) 입체모형제작이나 가시권 분석, 일조량 분석 등 국토 높이가 필요한 다양한 분야에서 활용

(5) 3차원 시각화 : 비행, 전투 시뮬레이션, 경관 시뮬레이션 등

(6) 지형분석 : 경사(Slope), 향(Aspect), 음영기복(Hillshade), 가시권(Viewshed) 분석 등

(7) 수문분석 : 유역분석 등

6. 결론

수치표고자료는 소요지점의 3차원 좌표를 구하여 지형 기복의 변화에 대한 기하학적 관계를 격자형으로 구조화한 것으로, 전국적으로 해상도가 좋은 수치표고자료를 구축하면 국토변화정보, 건설, 환경, 방재 등 다양한 분야에서 효율적으로 활용되어 국민 안전과 일자리 창출에 기여할 것이라 판단된다.

제4장 111회 측량 및 지형공간정보기술사 문제 및 해설

2017년 1월 22일 시행

분야	건설	자격 종목	측량 및 지형공간정보기술사	수험 번호		성명	

구분	문제	참고문헌
1교시	※ 다음 문제 중 10문제를 선택하여 설명하시오. (각 10점)	
	1. 구면삼각형	1. 포인트 2편 참고
	2. 수직선 편차와 연직선 편차	2. 포인트 2편 참고
	3. 지구중심좌표계	**3. 모범답안**
	4. SLR(Satellite Laser Ranging)	4. 포인트 2편 참고
	5. 등적투영과 등각투영	**5. 모범답안**
	6. 영해기점(領海基點)	6. 포인트 10편 참고
	7. 도로의 종단곡선	**7. 모범답안**
	8. 과고감(過高感)	8. 포인트 6편 참고
	9. 지상사진측량	9. 포인트 9편 참고
	10. 벡터데이터(Vector Data)와 래스터데이터(Raster Data)	10. 포인트 8편 참고
	11. 위치기반서비스(LBS : Location Based Service)	11. 포인트 8편 참고
	12. 국가공간정보통합체계	**12. 모범답안**
	13. 해도(海圖)	13. 포인트 10편 참고
2교시	※ 다음 문제 중 4문제를 선택하여 설명하시오. (각 25점)	
	1. 평면측량과 측지측량을 비교하여 설명하시오.	1. 포인트 1편 참고
	2. 제5차 국가공간정보정책 기본계획의 7대 추진전략 및 추진과제에 대하여 설명하시오.	**2. 모범답안**
	3. 우리나라 측량기기 성능검사제도의 현황과 개선해야 할 점에 대하여 설명하시오.	**3. 모범답안**
	4. 해안선 조사의 개념과 내용 및 해안선 결정 방법을 설명하시오.	4. 포인트 10편 참고
	5. 해저 지진 발생 원인인 단층을 확인하기 위하여 지층탐사를 실시하려고 할 때, 해상에서 실시하는 지층탐사 방법에 대하여 설명하시오.	5. 포인트 10편 참고
	6. 라이다(LiDAR) 센서기술현황 및 응용 분야에 대하여 설명하시오.	**6. 모범답안**
3교시	※ 다음 문제 중 4문제를 선택하여 설명하시오. (각 25점)	
	1. 캔트(Cant)와 완화곡선(Transition Curve)과의 관계에 대하여 설명하시오.	1. 포인트 9편 참고
	2. 직접수준측량의 방법으로 종단측량(Profile Leveling)을 실시할 경우 관측오차를 줄일 수 있는 방법에 대하여 설명하시오.	**2. 모범답안**
	3. 광파거리측량기의 원리, 관측오차종류 및 오차보정에 대하여 설명하시오.	3. 포인트 4편 참고
	4. 드론을 이용하여 DEM(Digital Elevation Model)을 제작하기 위한 SfM(Structure from Motion)기술과 SfM의 수행과정에 대하여 설명하시오.	4. 포인트 6편 참고
	5. 도해지적의 문제점을 설명하고 이에 대한 대책으로 도해지적을 수치화하는 방법에 대하여 설명하시오.	**5. 모범답안**
	6. 가상현실(Virtual Reality), 증강현실(Augmented Reality), 융합현실(Merged Reality)을 비교 설명하고 위치정보와의 관계에 대하여 설명하시오.	**6. 모범답안**
4교시	※ 다음 문제 중 4문제를 선택하여 설명하시오. (각 25점)	
	1. 공간정보 유통체계 구축을 위해 고려해야 할 사항을 제시하고, 공간정보의 활용도를 높이기 위한 방안에 대하여 설명하시오.	**1. 모범답안**
	2. 사진판독의 방법 및 판독요소에 대하여 설명하시오.	2. 포인트 6편 참고
	3. 도시권역의 지하철 건설을 위한 터널측량의 절차와 정확도 향상 방법을 설명하시오.	**3. 모범답안**
	4. 우리나라의 영해기선 설정방식과 관리의 문제점 및 개선방안에 대하여 설명하시오.	4. 포인트 10편 참고
	5. 위성신호를 수신할 수 없는 실내공간에서 와이파이(Wi-Fi)를 이용하여 3차원 위치정보 플랫폼을 구축하는 방안에 대하여 설명하시오.	5. 포인트 8편 참고
	6. 인공지능의 지식기반 추론 기법을 원격탐사 및 공간정보 분석에 활용하는 방안을 설명하시오.	**6. 모범답안**

NOTICE 본 측량 및 지형공간정보기술사 문제 및 해설 중 참고문헌의 《포인트》는 예문사 출간 《포인트 측량 및 지형공간정보기술사》임을 알려드립니다.

01 지구중심좌표계

1교시 3번 10점

1. 개요

최근 공간정보 분야는 위성측지계의 보급에 따라 측지분야, 지적 및 지형공간정보체계의 데이터베이스 관리분야에서 그 활용성이 커지고 있으나, 기존 좌표체계로는 새로운 위성측지 기술 및 장비 사용에 부적합하여 전 세계는 세계 단일의 지구중심좌표계로 전환하고 있다.

2. 지구중심좌표계(Geocentric Coordinate System)

여러 가지 관측장비를 가지고 전 세계적으로 관측해 온 지구의 중력장과 지구모양을 근거로 하여 만들어진 3차원 좌표계이며, 좌표원점은 질량중심을 사용하고 지구의 자전축을 Z로 할 때 이를 일반적으로 지구중심좌표계라 한다.

3. 지구중심좌표계의 구성

(1) 원점(0, 0, 0)은 지구의 질량 중심
(2) 북축(Z축)은 BIH방향
(3) X축은 적도면과 그리니치 자오선이 교차하는 방향
(4) Y축은 X축과 Z축이 이루는 평면에 동쪽으로 수직인 방향

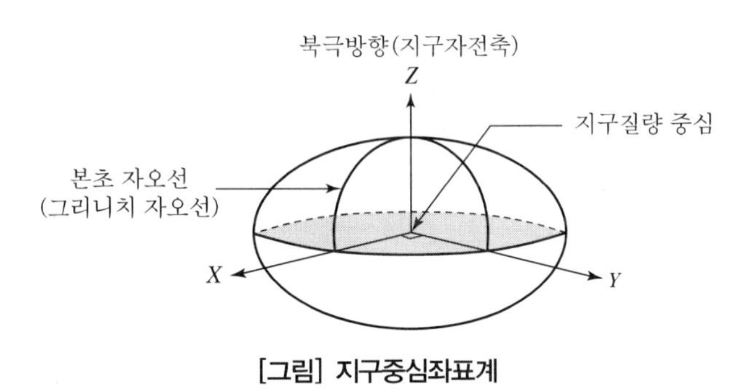

[그림] 지구중심좌표계

4. 지구중심좌표계의 종류

(1) WGS(World Geodetic System)
(2) ITRF(International Terrestrial Reference Frame)
(3) NAD(North American Datum)
(4) GTRF(Galileo Terrestrial Reference Frame)

02 등적투영과 등각투영

1교시 5번 10점

1. 개요

투영법은 모든 지점이 어떤 성질을 갖느냐에 따라 등각도법(Conformal Projection), 등적도법(Equal-Area or Equivalent Projection), 경선을 따라 거리가 정확히 나타나는 등거리도법(Equidistance Projection)으로 나누어진다. 대원이 직선으로 표시되는 대원도법도 여기에 포함하기도 한다.

2. 지도투영법의 분류

지도투영법은 지도제작 방법에 따른 도법, 지도에 표현된 지점들이 어떤 성질을 갖는가에 따른 투영성질에 따른 도법, 어떠한 면에 투영하여 지도를 만드는가 하는 투영면 형태에 따른 도법 그리고 투영축에 따른 도법 등으로 구분된다.

투영 방법	투영식	투영 형태	투영축	투영 성질
투시도법	직각좌표	원통도법	정축법	등각도법
		원추도법	사축법	등적도법
비투시도법	극좌표			등거리도법
		방위도법	횡축법	대원도법

3. 등각도법

등각도법(Conformal Projection)이란 지구 위의 두 선이 교차하는 각이 지도 위에 동일하게 나타나도록 고안한 지도투영법을 말한다. 지구에서 경선과 위선은 항상 직각으로 교차하므로, 등각도법으로 만든 지도에서 경선과 위선은 직각으로 교차한다. 우리나라 지형도와 지적도는 등각도법을 채택하고 있다.

4. 등적도법

등적도법(Equivalent Projection)이란 지구상의 면적과 지도상의 면적이 동일하게 유지되도록 하는 투영법이다. 등적성을 유지하기 위해서는 경선과 위선을 따라 지도의 축척을 조정해야 한다. 즉, 경선과 위선이 직각으로 교차하지 않고 형상의 왜곡이 발생하는데, 왜곡도는 지도의 주변부로 갈수록 심화된다. 통계지도나 지도첩을 제작할 때 적합한 투영법이다.

5. 등거리도법

등거리도법(Equidistance Projection)이란 지구타원체상에서와 같은 거리 관계를 지도상에서도 그대로 유지하도록 하는 투영법으로, 등거리 방향은 투영의 중심에서만 방사상으로 나타난다.

03 도로의 종단곡선

1교시 7번 10점

1. 개요

노선의 종단계획은 오르막 경사, 수평, 내리막 경사가 설계기준에 따라 조합되어 연속되는바, 그 경사변환점에 종단방향으로 설치하는 곡선이다. 보통 2차 포물선이 적용되며, 종곡선(Vertical Curve)이라고도 한다.

2. 종단곡선의 주요 내용

(1) 노선의 경사가 변하는 곳에서 차량이 원활하게 달릴 수 있고 운전자의 시야를 넓히기 위하여 종단곡선을 설치한다. 종단곡선은 일반적으로 원곡선 또는 2차 포물선이 이용된다.

(2) 종단곡선을 설치하기 위해서는 노선의 상향기울기 및 하향기울기에 따른 종단곡선의 길이가 먼저 결정되어야 하며, 종단경사도의 최댓값은 도로 2~9%, 철도 10~35‰로 한다.

3. 종단곡선 설치

(1) 원곡선에 의한 종단곡선 설치

① 종곡선의 길이

$$l_1 = \frac{R}{2}(m \pm n)$$

$$l = l_1 + l_2 = R(m \pm n)$$

여기서, l_1 : 교점에서 곡선의 시점까지의 거리

l : 종곡선의 길이

② 곡선 시점에서 x만큼 떨어진 곳의 종거

$$y = \frac{x^2}{2R}$$

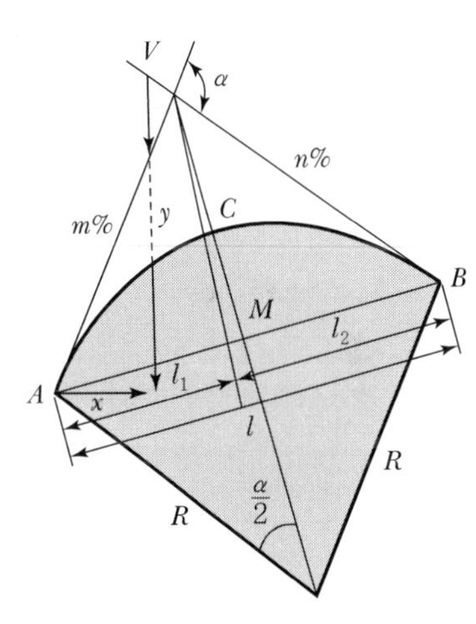

[그림 1] 원곡선에 의한 종곡선 설치

(2) 2차 포물선에 의한 종단곡선

$$L = \frac{(m-n)}{360}V^2$$

여기서, V : 최고제한속도(km/hr)

$$H_D = H_A + \frac{mx}{100}$$

$$H_D' = H_D - y_D$$

$$y_D = \frac{|m \pm n|}{2L}x^2$$

여기서, y : 종거, H_D' : 계획고

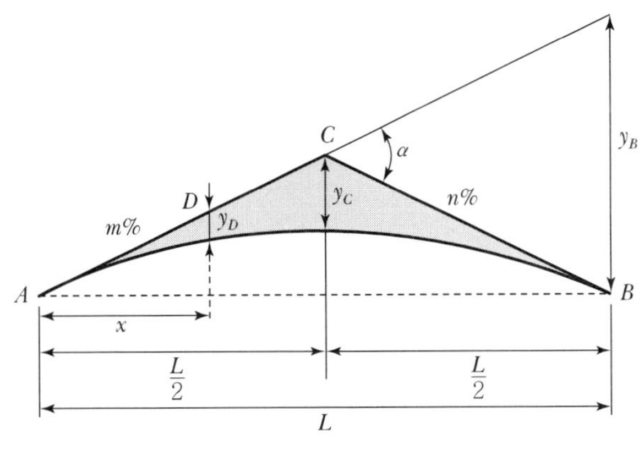

[그림 2] 2차 포물선에 의한 종곡선 설치

4. 횡단곡선(횡곡선) 설치

도로, 광장 등의 횡단면 형상에 배수를 위하여 경사를 설치하고 있으며, 이 경사의 종류에는 직선, 포물선, 쌍곡선 등이 있고 포물선, 쌍곡선과 같이 직선 형상이 아닌 것을 횡단면에 설치할 때 횡단곡선이라 한다.

$$y = ax^2$$

여기서, y : 포물선의 종거

x : 포물선의 중앙까지 거리

a : 상수

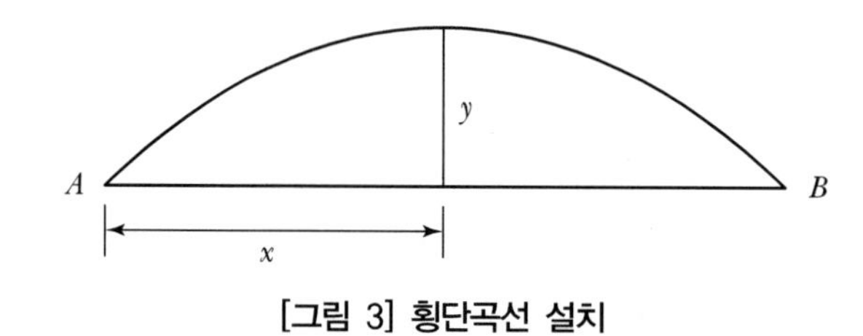

[그림 3] 횡단곡선 설치

04 국가공간정보통합체계

1교시 12번 10점

1. 개요

국가공간정보통합체계는 대한민국 정부에서 추진하는 사업으로서, 다양한 기관에서 공통으로 활용되는 공간정보의 범정부적 통합관리 및 공동활용의 필요성이 대두되면서 시작되었다. 「국가공간정보 기본법」 제2조 제6호에서 국가공간정보통합체계를 '기본공간정보데이터베이스를 기반으로 중앙행정기관, 지방자치단체, 공공기관 등에서 구축한 국가공간정보체계를 통합 또는 연계하여 국토교통부장관이 구축 · 운용하는 공간정보체계'라고 정의하고 있다. 이러한 국가공간정보통합체계는 공간정보의 중복구축 및 갱신비용을 절감하고, 각 부처의 토지 이용 및 규제 정보 등 다양한 토지 관련 정보를 다양한 사용자가 일목요연하게 볼 수 있도록 하여, 대민서비스의 개선과 과학적이고 합리적인 정책수립을 지원하고 있다.

2. 추진현황

(1) 국가공간정보 공동 활용의 컨트롤타워 역할 강화를 위해 중앙부처 공간정보시스템 연계 지속 추진(25개 기관, 76개 시스템 연계 완료)

(2) 246개(광역 17, 기초 229) 지방자치단체 확산을 통하여 국가공간정보통합체계 정착 완료

(3) 국가공간정보 연계/공유/활용한 기반시스템 개발

(4) 국가공간정보통합체계를 확장하여 공간빅데이터 체계 구축

(5) 부동산, 교통, 안전, 복지 등 구체적인 행정분야에 공간빅데이터 플랫폼을 적용하여 다양한 서비스 개발 · 제공

3. 공간서비스 현황

(1) 현재 국가공간정보센터를 통해 행정정보, 수자원/해양, 환경, 산림, 보전지역, 토지정보, 지형, 지질, 관광/문화 등 9개 분야 31종의 정보가 공개(유 · 무상)되어 있으며, 2008년부터 2012년 말까지 민간에 제공된 정보는 31종 약 30만 건에 달함

(2) 국토교통부는 국가가 보유한 공간정보를 활용하여 새로운 부가가치와 융 · 복합 사업을 창출할 수 있도록 지원하기 위해 16종의 공간정보를 추가로 개방

① 이번에 개방하는 공간정보는 범정부적으로 공동 활용하고 있는 국가공간정보통합체계의 정보 중에서 민간에서 활용 수요가 많은 정보

② 택지정보, 도시계획정보, 등산로정보, 사업지구정보, 국가지명, 해안선정보, 국가지명, 교통CCTV, 국가교통정보 등

③ 이 정보들은 포털, 통신사, 내비게이션회사 등이 영업점 설치, 부동산개발 지원, 길안내 및 지도서비스의 갱신이나 최신 정보 구축에 활용될 전망

05 제5차 국가공간정보정책 기본계획의 7대 추진전략 및 추진과제에 대하여 설명하시오.

2교시 2번 25점

1. 개요

국가공간정보정책 기본계획은 1995년부터 시작하여 5년마다 4차례에 걸쳐 수립되었고 이를 통해 국가공간정보기반을 지속적으로 구축하고 공간정보의 활용을 확대해 왔다. 2013년에 국토교통부는 2013~2017년까지 적용되는 제5차 국가공간정보정책 기본계획을 수립하였고 기본계획의 7대 추진전략과 주요 내용은 다음과 같다.

2. 국가공간정보정책 발전과정

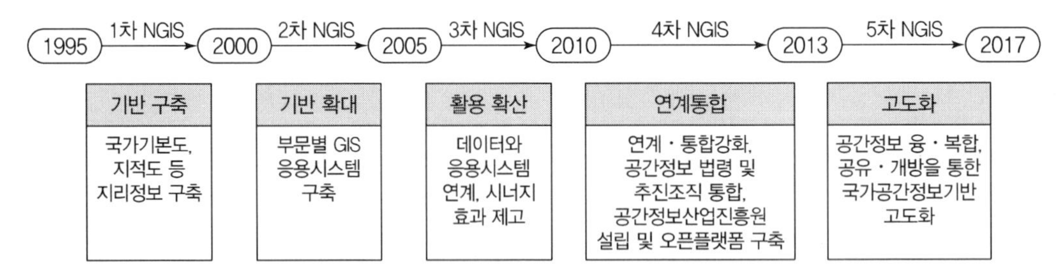

[그림] 국가공간정보정책 발전과정

3. 추진 배경

(1) 스마트폰과 같은 ICT 융합기술이 급속하게 발전하였고, 창조경제와 정부 3.0으로의 국정운영 패러다임 전환으로 인해 이에 대응하기 위한 새로운 계획이 필요하게 되었다.

(2) 공간정보는 아이디어와 과학기술을 접목하여 새로운 부가가치를 창출하는 성장동력이므로 공간정보의 활성화는 필수이다.

4. 목표

(1) 국가공간정보 기반의 고도화

(2) 공간정보 융 · 복합을 통한 창조경제 활성화

(3) 공간정보의 공유 개방을 통한 정부 3.0 실현

5. 주요 내용(7대 추진전략)

(1) 고품질 공간정보 구축 및 개방확대

정밀도 및 활용성이 높은 고품질 공간정보를 생산하고 누구나 쉽게 공간정보를 활용할 수 있도록 적극 개방하여 선진 표준체계를 확립한다. 지적경계와 실제경계의 불일치에 따른 국민 불편 사항을 해소하고 낙후된 지적도를 세계적 수준으로 고도화하는 지적재조사사업을 실시한다.

(2) 공간정보 융 · 복합산업 활성화

공간정보를 활용한 창업 및 사업역량 강화를 지원하고 공간정보 융 · 복합을 활성화하여 공간정보기업의 해외진출을 확대한다.

(3) 공간빅데이터 기반 플랫폼 서비스 강화

과학행정 구현 및 맞춤형 서비스 제공을 위해 공간정보 융 · 복합을 활성화하며 공간정보의 해외진출을 확대한다.

(4) 공간정보 융합기술 R&D 추진

산업현장의 수요에 부응하고, 국민의 안전과 편리를 도모하며 신성장동력을 창출할 수 있는 공간정보기술 개발을 추진한다.

(5) 협력적 공간정보체계 고도화 및 활용 확대

개별적으로 구축 · 운영되는 공간정보체계를 연계 · 통합하여 공동으로 활용하는 클라우드 체계로 전환하고, 공간정보 활용분야를 확대한다.

(6) 공간정보 창의인재 양성

교육생애주기 및 직무수준별 맞춤형 교육을 실시하고 산업현장에서 필요로 하는 기술교육을 강화하며 참여형 공간정보 교육 플랫폼을 구축한다.

(7) 융복합 공간정보정책 추진체계 확립

공간정보정책을 효과적으로 추진하기 위하여 기관 간 협력체계를 구축하고 정책조정기능을 강화하며 정책수행체계를 정비한다.

6. 결론

정부는 공간정보 융 · 복합 산업 활성화 및 정부 3.0을 지원하기 위해 2013년에 제5차 국가공간정보정책 기본계획을 수립하였다. 이 기본계획을 실현하기 위해 고정밀 국가 통합체계 구축, 신속 · 정확한 공간정보 및 서비스, 국토정보 활용기반 구축, 건전한 측량산업 육성 등을 기반으로 글로벌 공간정보 리더로 도약하는 계기가 되도록 측량인들이 모두 노력해야 될 때라 판단된다.

06 우리나라 측량기기 성능검사제도의 현황과 개선해야 할 점에 대하여 설명하시오.

2교시 3번 25점

1. 개요

성능검사(Performance Test)란 일반적으로 설계, 제품, 서비스 및 공정에 대하여 특정요건에 대한 적합성 판정을 말하는 것으로, 측량 산업분야는 장비의 신규 개발과 IT 기술의 발전으로 각종 정밀 측량장비는 측정 정확도가 매우 높고 사용하기 편리하며 복합기능을 가지고 있다. 이처럼 측량장비의 고도화와 함께 이들 장비를 이용한 공간정보 취득 및 서비스를 위해서는 무엇보다도 고도화된 측량장비에 대한 법 · 제도적 개선이 필요하고 기존장비와 함께 신규장비에 대한 제도적 뒷받침을 위해 검사기준 및 방안에 대한 규정의 개선이 필요하다.

2. 측량기기 성능검사제도

(1) 성능검사

① 측량기기 성능검사 규정에 따라 검사

② 외관검사 : 깨짐, 흠집, 부식, 구부러짐, 도금 및 도장 부분의 손상, 형식 및 제조번호 이상 유무, 눈금선 및 디지털 표시부 등의 손상

③ 구조, 기능검사 및 측정검사 : 측량기기별로 필요 항목 설정

(2) 관련 법규

① 공간정보의 구축 및 관리 등에 관한 법률 및 시행규칙

② 한국국토정보공사 및 국가교정업무 전담기관의 교정검사를 제외한 측량기기

③ 검교정 대상은 트랜싯, 레벨, 거리측정기, 토털스테이션, GPS 수신기, 금속관로탐지기

④ 5년 범위에서 3년 주기로 성능검사 실시

⑤ 국토지리정보원에서 주관

3. 측량기기 성능검사제도의 문제점

(1) 트랜싯, 레벨, 거리측정기, 토털스테이션, GPS 수신기, 금속관로탐지기 등 6종으로 한정

(2) 부속 측량기기 규정 없음

① 거리측정기의 반사경

② 인바스타프 등

(3) 새로운 측량기기 규정 없음

3D Scanner, MMS 등

(4) 사용목적, 사용빈도에 대한 규정 없음

4. 측량기기 성능검사제도의 개선방향

(1) 측량기기 대상 확대

① 6종 외 신규 측량기기

② 거리측정기의 반사경

③ 디지털 레벨의 인바스타프

④ 3D Scanner, MMS, 음향측심기 등

(2) 교정주기 및 대상의 설정 개선

① 기기의 정확도에 따라 개선

② 사용목적에 따라 개선

③ 사용빈도에 따라 개선

(3) 국제표준화기구(ISO) 적용

5. 결론

측량기기의 성능검사는 공간정보의 정확한 취득을 위하여 관련 법으로 규정하여 관리하고 있다. 측량장비는 신규 개발과 IT 기술의 발전으로 측정 정확도가 매우 높고 사용하기 편리하며 복합기능으로 변천하고 있으나 관련 규정은 과거의 수준에 머물러 있으므로 측량기기의 사용 환경, 빈도, 목적 그리고 새로운 측량기기로 대상을 확대하여 성능검사를 실시하여야 정확하고 오류가 없는 공간정보의 취득이 가능하므로 관련 기관 학계 측량인의 연구가 필요하다.

07 라이다(LiDAR) 센서기술현황 및 응용 분야에 대하여 설명하시오.

2교시 6번 25점

1. 개요

라이다(LiDAR : Light Detection And Ranging)란 레이저를 이용하여 거리를 측정하는 기술로서 3차원 GIS(Geographic Information System) 정보구축을 위한 지형 데이터를 구축하고, 이를 가시화하는 형태로 발전되어 건설, 국방 등의 분야에 응용되었고, 최근 들어 자율주행자동차 및 이동로봇 등에 적용되면서 핵심 기술로 주목을 받고 있다. 본문에서는 라이다의 센서기술현황 및 응용분야를 중심으로 기술하고자 한다.

2. LiDAR의 원리 및 관련 기술

(1) LiDAR의 원리

① 라이다 기술은 1960년대 레이저의 발명 및 거리 측정기술과 함께 발전되어 1970년대에 항공지도제작 등에 활용되었다. 1970년대 이후 레이저 기술의 발전과 함께 다양한 분야에 응용 가능한 라이다 센서 기술들이 개발되었으며, 선박설계 및 제작, 우주선 및 탐사로봇에도 장착되는 등 응용범위를 넓히고 있다.

② 라이다 센서는 마이크로웨이브 기기에 비해 측정 가능거리 및 공간 분해능(Spacial Resolution)이 매우 높은 편이다. 아울러 실시간 관측으로 2차원 및 3차원 공간 분포 측정이 가능한 장점이 있다.

③ 라이다 시스템은 레이저 송수신 모듈 및 신호처리 모듈로 구성되며, 레이저 신호의 변조 방법에 따라 TOF(Time Of Flight) 방식과 PS(Phase Shift) 방식으로 구분될 수 있다.

④ TOF 방식은 레이저 펄스 신호가 측정범위 내의 물체에서 반사되어 수신기에 도착하는 시간을 측정함으로써 거리를 측정하는 원리이며, PS 방식은 특정 주파수를 가지고 연속적으로 변조되는 레이저 빔을 방출하고, 물체로부터 반사되어 오는 레이저 신호의 위상 변화량을 측정하여 거리를 측정하는 방식이다.

(2) LiDAR 관련 기술

라이다 기술은 기상관측 및 거리 측정을 목적으로 연구되었으며, 최근에는 무인로봇 센서, 자율주행차량용 센서 및 3차원 영상 모델링을 위한 다양한 기술로 발전하고 있다.

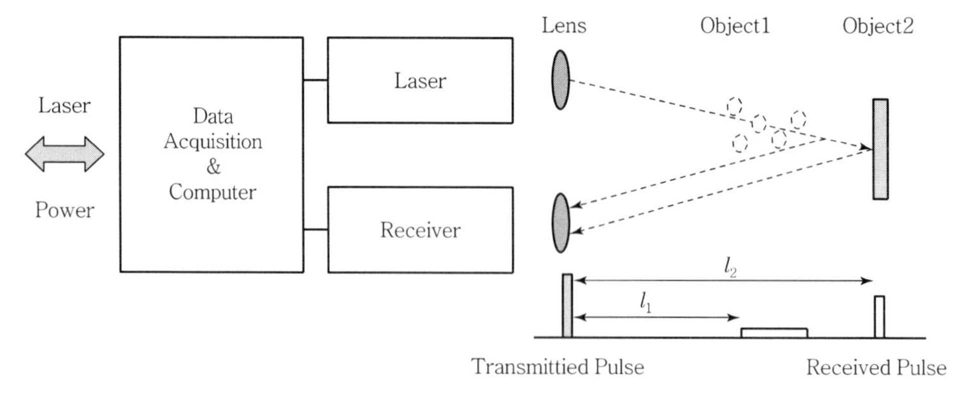

[그림] 라이다 시스템 기본 구성 및 동작 원리

3. LiDAR 기술현황 및 응용 분야

(1) 항공측량 및 재난방재

① 레이저 펄스의 지상 도달시간을 측정함으로써 반사지점의 공간위치 좌표를 계산하여 3차원의 정보를 추출하는 측량 기법을 이용할 경우 대상물의 특성에 따라 반사되는 시간이 모두 다르기 때문에 건물 및 지형 · 지물의 정확한 수치 표고모델 생성이 가능하다. 또한 고해상도 영상과 융합되어 건물 레이어의 자동구축, 광학영상에서 획득이 어려운 정보의 획득, 취득된 고정밀 수치표고모델을 이용하여 지형과 건물 및 구조물을 구분하여 정보를 생성함으로써 신속하고 효율적으로 3차원 모델을 생성할 수 있는 장점이 있다.

② 정밀한 3차원 지형정보 측정은 국토방재 측면에서 중요한 정보를 제공한다. 라이다의 활용은 홍수위험 지도제작을 위한 데이터 취득에 소요되는 시간이나 비용측면에서도 기존의 측량 방법보다 훨씬 뛰어난 것으로 알려져 있으며, 우리나라에서도 2001년부터 하천지도전산화 사업의 일환으로 추진되고 있는 홍수지도 시범제작에 라이다 기술을 적용하고 있다.

③ 아울러 접근하기 어려운 재난지역의 신속한 자료 획득과 처리가 가능한 장점을 이용하여 광범위한 재난지역에 대한 대처방안을 마련하기 위한 정확한 데이터를 제공할 수 있다.

④ 항공측량기술과 유사한 개념인 Mobile Laser Scanning System은 차량에 Laser Scanner, GPS 등을 장착하여 도로 경계선, 도로시설물 등의 3차원 공간정보를 추출하는 시스템으로 라이다에서 구축하지 못한 도심지역의 정밀 데이터 취득에 효율적으로 활용 가능하다. 이러한 정보를 활용하여 최근에는 재난, 재해, 토목, 건설공사 등으로 쓰임새가 넓어지고 있으며, 터널과 도로의 균열, 차선의 도색 상태, 건물 노후화 측정 등과 같은 실생활과 밀접하게 연관되는 정보까지 획득할 수 있는 장점이 있다. 기존 수 미터에 달하던 오차율을 수 센티미터로 줄여 현실에 가까운 위치정보를 취득할 수 있다.

(2) 대기 원격탐사 및 기상 측정

① 라이다 기술은 레이저를 대기 중에 조사한 후 되돌아오는 광신호를 원격으로 분석하여 대기 중에 존재하는 오염물질의 농도를 거리별로 측정할 수 있으므로, 대기오염 측정 및 감시에서 시공간적 제약을 극복하는 대기오염 측정 기술로 활용할 수 있다.

② 특히, 자동차에 탑재한 측정장비는 감시대상 지역을 순회하면서 의심이 가는 곳을 집중적으로 관측할 수 있기 때문에 오염감시에 매우 효율적이다.

③ 대기 중 물질을 측정하는 방식은 특정 물질에서 흡수가 크게 일어나는 파장과 흡수가 일어나지 않는 두 개의 파장을 동시에 대기 중으로 조사하여 산란 특성을 조사함으로써 대기 중에 존재하는 특정 물질을 검출하는 DIAL(Differential Absorption LiDAR) 기술을 이용한다. 이 방식은 검출한계가 매우 낮고, 원거리까지 측정할 수 있으므로 가장 많이 사용하고 있는 기술이다.

(3) 고속 지상 레이저 스캐닝

① 3차원 스캐너를 이용하여 레이저를 대상물에 투사하고 대상물의 형상정보를 취득하여 디지털 정보로 전환할 수 있으며, 이러한 3차원 스캐닝기술을 이용하면 볼트와 너트를 비롯한 초소형 대상물을 비롯해 항공기, 선박 심지어는 빌딩이나 다리 혹은 지형 같은 초대형 대상물의 형상정보를 손쉽게 취득할 수 있다.

② 3차원 스캐너로 얻은 형상 정보는 다양한 산업군에 필요한 역설계(Reverse Engineering)나 선박 등 제작, 제품의 세부 측량을 통해 설계대비 제작 결과물의 품질관리(Quality Inspection) 분야에 적극적으로 활용되고 있다.

(4) 자율주행자동차

① 차량 주행과 관련된 주변 정보를 빠르게 수집하고 이를 해석하여 의사결정을 빠르고 정확하게 실행하기 위해 자동차용 센서가 자율주행자동차의 핵심기술로 인식되고 있다.

② 과거에는 차량의 작동상태나 주행상황 등을 측정하기 위한 목적으로 사용된 센서가 최근에는 차량, 신호등 및 차선, 장애물 등 주행 외부환경에 대한 데이터를 수집하는 역할로 진화하였다. 이에 따라 완성차 및 부품업체뿐만 아니라 IT 업체들까지 첨단운전지원시스템(ADAS) 개발에 주력하고 있는 것으로 나타났다.

③ 현재 물체 판독기능이 가능한 카메라와 야간환경을 위한 적외선 카메라, 원거리의 악천후 상황에서도 객체 검출이 가능한 레이더(Radar), 측정각도가 넓고 주변을 3차원으로 인지할 수 있는 라이다 또한 감지 거리가 짧지만 레이더 시스템이나 광학 시스템에 비해 가격이 저렴한 초음파센서 등이 핵심 분야로 자리 잡고 있다.

4. 결론

라이다 모듈은 지구과학 및 우주탐사를 목적으로 지속적으로 발전해 왔으며, 최근 자동차의 안전 및 자율주행을 위한 핵심요소로 수요가 급증하는 추세이며, 이에 따른 연구 개발도 활발하게 진행 중이다. 현재 국내에서는 라이다 센서 관련 핵심기술의 확보를 위한 기술 개발이 진행 중이나 확보된 기술의 상대적인 수준이 미흡한 수준이다. 선진국과의 기술 격차를 좁히고 전기자동차의 등장 및 자율주행자동차 시장과 더불어 급성장하고 있는 센서 시장의 선점을 위해 적극적인 관심과 연구개발을 위한 투자가 필요한 시기이며 빠른 기간 내에 기술 확보가 필요할 것으로 판단된다.

08 직접수준측량의 방법으로 종단측량(Profile Leveling)을 실시할 경우 관측오차를 줄일 수 있는 방법에 대하여 설명하시오.

3교시 2번 25점

1. 개요

종단측량이란 중심선을 따라 종단면도를 작성하기 위한 측량을 말하나, 실제 업무에서는 하천, 도로, 철도공사의 설계측량 및 시공측량 등에 이용된다. 설계 시 종단오차는 설계계획고의 오류로 교량 등 구조물의 현지 지형과 불일치를 초래하며, 공사측량에서 종단오차는 교량 상판의 불일치 및 터널의 관통오류(수직방향) 그리고 공구별 접속불량을 초래로 준공 후 도로 및 철도의 승차감 불량, 유지보수 비용 증가 등 많은 문제를 발생시키는 부분이다. 따라서 종단측량은 매우 엄격히 수행되어야 하는 측량이다.

2. 종단측량의 종류

(1) 기본측량

① 1등 수준측량 : 국도변 4km마다

② 2등 수준측량 : 국도변 2km마다

(2) 일반(공사)측량, 항공 LiDAR 측량

① 하천 측량 : 50~100m 간격

② 철도, 도로 : 20m 간격

③ 항공 LiDAR : 5~10m 간격

3. 관측오차를 줄이는 직접수준측량 방법

(1) 양차가 발생하지 않는 수준측량

① 수준측량의 양차

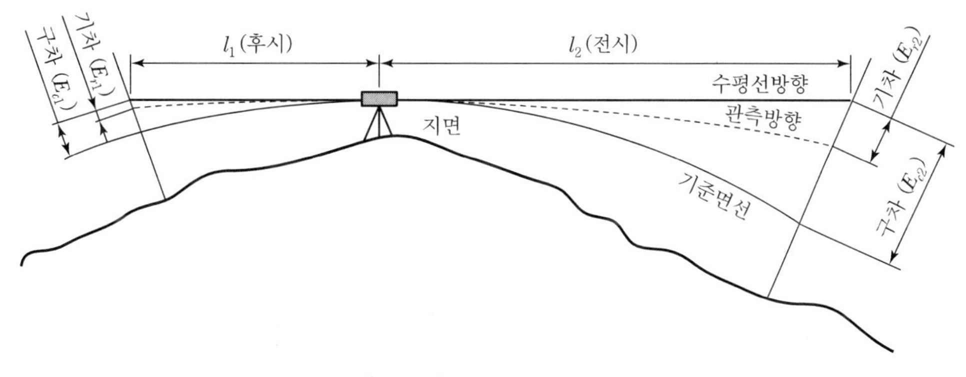

[그림 1] 수준측량의 양차

② 수준측량에서 시준거리(후시, 전시)에 따른 양차

시준거리	구차	기차	비고
$l_1 = l_2$	$E_{c1} = E_{c2}$	$E_{r1} = E_{r2}$	양차 미발생
$l_1 < l_2$	$E_{c1} < E_{c2}$	$E_{r1} < E_{r2}$	양차 발생

③ l_1(후시), l_2(전시)의 거리가 같으면 양차가 발생하지 않는다.

(2) 기본측량

1) 측량장비

① 법에 따른 성능 이상의 전자레벨 및 인바스타프

② 성능검사를 필한 장비

2) 관측 방법

① 관측은 왕복관측으로 한다.

② 표척은 2개를 한 조로 하여 Ⅰ호, Ⅱ호의 번호를 부여하고 왕과 복의 관측에서는 Ⅰ호, Ⅱ호를 바꾸어 관측하여야 한다. 그리고 수준점 간의 편도관측의 측점수는 짝수로 한다.

③ 후시 및 전시 거리는 같게 하고, 시준거리 및 읽음단위는 다음과 같다.

- 시준거리 : 1등 50m, 2등 60m
- 읽음단위 : 1등 0.1mm, 2등 1mm

④ 표척의 읽음 방법

- 1등 수준측량 : 후시 → 전시 → 전시 → 후시
- 2등 수준측량 : 후시 → 후시 → 전시 → 전시

3) 관측의 허용범위

구분	1등 수준측량	2등 수준측량	비고
왕복관측 값의 교차	2.5mm $\sqrt{S}$ 이하	5.0mm $\sqrt{S}$ 이하	여기서, S : 관측거리 (편도, 단위 : km)
검측의 경우 전회의 관측고저차와의 교차	〃	〃	
재설 및 신설의 경우 기지점 간의 폐합차	15mm $\sqrt{S}$ 이하	15mm $\sqrt{S}$ 이하	

(3) 공사측량(철도종단측량 위주로 설명)

1) 공사기준점(CP : Control Point) 설치 및 측량

① 당해 공사의 설계, 건설, 유지관리의 위치기준이 되는 기준점을 말한다.

② CP는 노선을 따라 500m 간격으로 설치한다.

③ 측량오차를 최소화하기 위하여 당해 노선전체를 기준으로 기준점을 구성하여야 한다.

④ 2급 공공수준측량을 기준으로 측량을 실시한다.

2) 중간점(TP : Temporary Point) 설치 및 측량

① 측량작업의 신속성을 위하여 공사기준점 사이에 설치하는 기준점을 말한다.

② TP는 CP의 사이에 교량 등 구조물이 설치되는 위치에 설치한다.

③ 3급 공공수준측량을 기준으로 측량을 실시한다.

3) 관측제한 및 허용범위

구분	기지점 종류	왕복관측값의 교차	기지점 간 폐합차	환폐합차
2급 공공수준점측량	1, 2등 수준점 1, 2급 공공수준점	5mm $\sqrt{S}$ 이하	15mm $\sqrt{S}$ 이하	5mm $\sqrt{S}$ 이하
3급 공공수준점측량	1, 2등 수준점 1~3급 공공수준점	10mm $\sqrt{S}$ 이하	15mm $\sqrt{S}$ 이하	10mm $\sqrt{S}$ 이하
4급 공공수준점측량	1, 2등 수준점 1~4급 공공수준점	20mm $\sqrt{S}$ 이하	25mm $\sqrt{S}$ 이하	20mm $\sqrt{S}$ 이하

여기서, S : 관측거리(편도, 단위 : km)

4) 측량장비

구분	내용	비고
Control Point	전자레벨, 인바스타프	검교정 장비
Temporary Point	Auto 레벨	검교정 장비

5) 측량 방법

① Control Point

- 국가수준점(BM)을 기준으로 관측실시
- 당해 노선 시점 근처의 국가수준점(1등 혹은 2등 수준점)에서 출발하여
- 노선을 따라 500m 간격으로 설치한 CP를 경유하여
- 노선 중간부분의 국가수준점을 경유하고
- 당해 노선의 종점을 지나 국가수준점까지 왕복측량을 실시하여 TP의 성과 결정

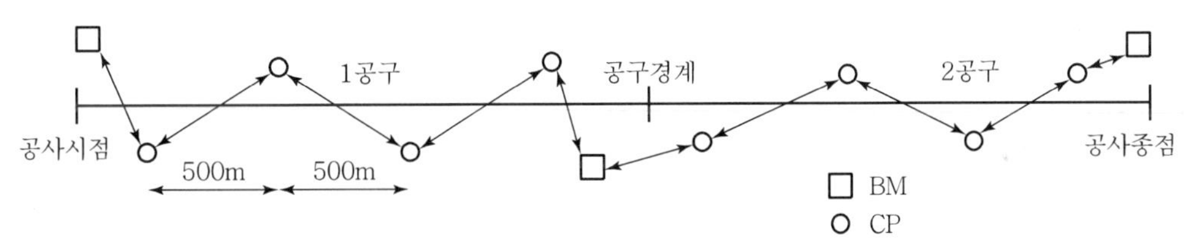

[그림 2] CP 측량 방법

② Temporary Point

- 설치된 Control Point를 기준으로 관측실시
- CP에서 시작하여 TP를 경유하여
- 다음 CP까지 왕복측량으로 TP의 성과 결정

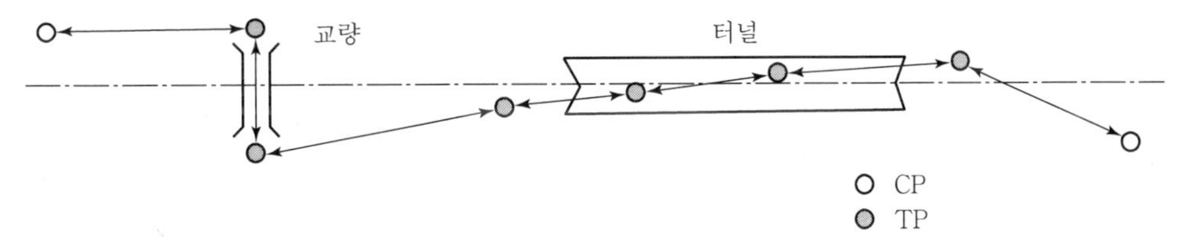

[그림 3] TP 측량 방법

4. 종단측량(Profile Leveling)의 관련 규정 및 오류 시 문제점

(1) 관련 규정

① 기본측량 : 수준측량작업규정
② 공공측량작업규정 : 수준측량에 대한 방법, 관측 명시
③ 일반측량작업규정 : CP, TP의 선점, 관측 등의 내용 없음
④ 시방서 : CP, TP의 선점, 관측 등의 내용 없음

(2) 관측 오류 시 발생하는 문제점

① 도로, 철도 등 설계 시 현지 지형과 괴리 발생
② 시공 오류로 교량 상판 불일치
③ 터널 관통 오류
④ 마감 층 부실시공으로 인한 승차감 불량
⑤ 하수관 역류
⑥ 부실시공으로 인한 국가 예산 낭비

5. 개선방향

(1) 법, 규정 정비 및 강화

① 일반측량작업규정 : CP, TP의 선점, 관측 등의 내용 정비 강화
② 시방서 : CP, TP의 선점, 관측 등의 내용 정비 강화

(2) 기술자 등

1) 수급인(측량기술자)
① 수준측량에 대한 교육
② 건설공사에 대한 교육

2) 감독자(감리원 등)
① 비전문 감리원의 현장배치 금지
② 측량자격을 갖춘 감리원 양성

6. 결론

종단측량 소홀은 설계와 현장이 부합하지 않는 괴리를 발생시키고, 시공 시 설계변경, 민원발생 등 많은 문제점이 일어난다. 시공 중의 종단측량 오류는 교량 상판의 불일치, 터널 관통 오류, 고속도로 포장면의 평탄성 저하, 하수관의 역류 등으로 나타나며 이는 국민의 안전과 세금낭비 그리고 국민이용의 불편을 초래한다. 종단측량의 오류를 사전에 방지하기 위하여 일반측량작업규정 및 관련 시방서 강화, 건설현장의 비전문 감리원을 측량전문가로 교체, 측량기술자의 공사에 대한 교육이 필요하다.

09 도해지적의 문제점을 설명하고 이에 대한 대책으로 도해지적을 수치화하는 방법에 대하여 설명하시오.

3교시 5번 25점

1. 개요

도해지적은 100여 년 전 만들어진 종이도면에 경계점의 위치를 도형으로 그려 제작하였기에, 토지소유 범위를 결정짓는 경계의 위치정확도가 현저히 낮다. 이러한 지적도는 신축, 마모 등으로 인해 도면에 등록된 토지경계와 실제 이용현황이 불일치한 경우가 많아 지적불부합지 발생과 토지소유자 간 경계분쟁의 원인이 되어 왔다. 2012년부터 토지경계가 실제와 달라 재산권 행사에 불편을 초래하고 있는 지적불부합지를 대상으로 지적재조사사업을 추진하고 있으며, 원활한 사업추진을 위하여 경계점좌표등록지역은 좌표변환 방법으로 세계측지계 변환 사업을 실시하고 있다.

2. 도해지적과 수치지적

(1) 도해지적이란 토지의 각 필지 경계점을 측량하여 지적도 및 임야도에 일정한 축척의 그림으로 묘화하는 것으로서 토지 경계의 효력을 도면에 등록된 경계에 의존하는 제도이다.

(2) 수치지적이란 토지의 각 필지 경계점을 그림으로 묘화하지 않고 수학적인 평면직각 종횡선 수치(X · Y좌표)의 형태로 표시하는 것으로서 도해지적보다 훨씬 정밀하게 경계를 등록할 수 있다.

(3) 우리나라의 지적

구분	도해지적	수치지적
공부비율	3,570만 필지(93.9%)	233만 필지(6.1%)
측량기준	지적도, 임야도	경계점좌표등록부
도면축척	1/1,200, 1/2,400, 1/3,000, 1/6,000	없음
오차한계	36~180cm(도면축척별 상이)	10cm
측량수행	한국국토정보공사 전담	민간에 개방(2004년~)
시장규모	3,654억 원(79%)	969억 원(21%)
성과	지적도면	경계점좌표등록부

3. 도해지적의 문제점

(1) 지적도면은 구축당시(1910년대) 경계를 좌푯값 없이 종이에 도형형태로 작성 도면의 신축, 마모 등에 따른 문제 발생으로 정확한 지적측량이 어려움

(2) 이러한 지적도는 신축, 마모 등으로 인해 도면에 등록된 토지경계와 실제 이용현황이 불일치한 경우가 많음

(3) 종이도면의 한계를 극복하기 위해 도면전산화사업을 완료(2005년)하여 지적측량에 사용하고 있으나 탑재된 좌표는 실제의 기하학적 좌표가 아닌 임의 좌표에 불과하여 그 자체만으로 현장경계의 수치화 불가

(4) 지적불부합지 발생과 토지소유자 간 경계분쟁의 원인이 되어 왔음

(5) 획일적인 측량성과 제공이 필요

4. 도해지적의 수치화 필요성

(1) 「공간정보의 구축 및 관리 등에 관한 법률」의 측량기준의 경과조치

① 지역측지계는 2020년 12월 31일까지 사용하고

② 이후에는 세계측지계를 기준으로 수행하도록 규정

(2) 지적도의 신축, 마모 등으로 인해 도면에 등록된 토지경계와 실제 현황이 불일치

(3) 지적불부합지 발생과 토지소유자 간 경계분쟁

(4) 측량성과의 일관성 확보

(5) 국민 재산권 보호와 민간 시장 확대

5. 도해지적의 수치화(세계측지계변환) 사업 종류

(1) 지적확정측량

① 「공간정보의 구축 및 관리 등에 관한 법률」 제86조 도시개발사업 등 시행지역의 토지이동 신청에 관한 특례

② 실제 세계측지계로 측량을 통하여 수치지적으로 등록

(2) 지적재조사사업

① 「지적재조사에 관한 특별법」의 시행 지역

② 실제 세계측지계로 측량을 통하여 수치지적으로 등록

(3) 도해지역 수치화사업

① 경계점좌표등록지역

② 좌표변환 등의 방법으로 실시

6. 도해지적의 수치화 방법(경계점좌표등록지역의 세계측지계 변환)

(1) 세계측지계 변환 절차

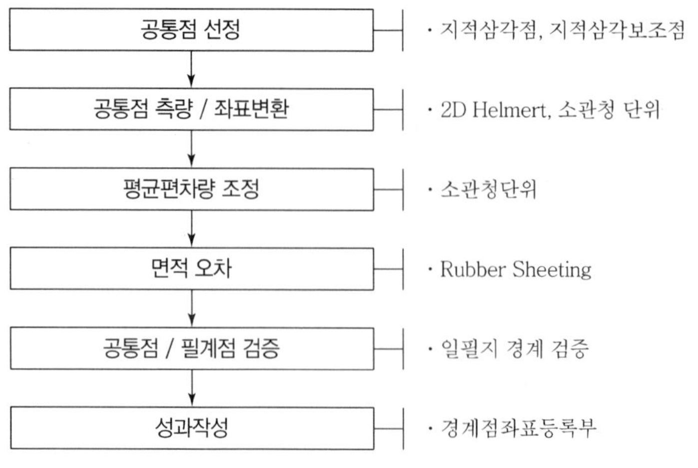

[그림 1] 세계측지계 변환 절차

(2) 공통점 선정

구분	변환계수	평균편차	경계점
공통점 선정	15점 이상	10점 이상	동서남북 중앙 5점
공통점 결정	0.1m 이내 양호한 점	지적측량시행규칙	지적측량시행규칙
검증 방법	–	공통점 이외 5점	10점 이상 실측

(3) 공통점 측량

측량 방법	기지점과의 거리	측정시간	데이터 수신간격
GNSS 측량	10km 이상	120분 이상	30초
	10km 미만	60분 이상	30초
	5km 미만	30분 이상	30초
	2km 미만	10분 이상	15초

(4) 지적도 좌표변환

① 2D Helmert

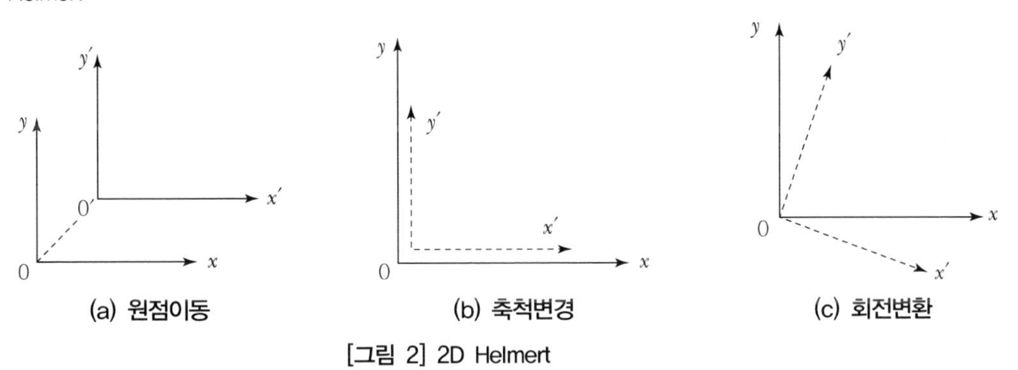

[그림 2] 2D Helmert

$$\begin{bmatrix} x' \\ y' \end{bmatrix} = s \begin{bmatrix} \cos\theta & \sin\theta \\ -\sin\theta & \cos\theta \end{bmatrix} \begin{bmatrix} x \\ y \end{bmatrix} + \begin{bmatrix} x_0 \\ y_0 \end{bmatrix}$$

② 평균편차변환

$$\Delta_X = \frac{\Sigma(X_{CO} - X_{CT})}{C_{CO}}, \quad \Delta_Y = \frac{\Sigma(Y_{CO} - Y_{CT})}{C_{CO}}$$

여기서, X_{CO}, Y_{CO} : 공통점 관측치

X_{CT}, Y_{CT} : 공통점 기본변환 성과

C_{CO} : 공통점 점수

7. 지적재조사 사업과 도해지적 수치화 사업의 비교

(1) 사업의 성격

① 재조사사업과의 공통점 : 지적측량을 수반하며, 지적도면에 등록된 경계를 수치좌표로 지적공부에 새로이 등록

② 재조사사업과의 차별성 : 지적재조사는 지적공부의 등록사항이 실제토지와 다른 지적불부합지(전 국토의 14.8%)를 대상으로 하나, 수치지적 전환은 지적불부합지를 제외한 도해지역 토지(전 국토의 79.1%)를 대상으로 측량성과의

일관성 확보를 위해 추진

③ 지적재조사는 현실경계 위주로 도상경계를 새로이 설정하나, 수치지적 전환은 도상경계의 변동 없이 수치좌표만 지적공부에 등록

(2) 사업별 특성 비교

구분	지적재조사	수치지적 전환
사업대상	지적불부합지	불부합지 외 도해지역
사업비	예산사업(총 1조 3,000억 원)	비예산 사업
성과결정	지적측량 수반	지적측량 수반
지적공부	수치좌표	수치좌표
경계조정	가능	불가능
면적등록	새로이 면적 산출	기존 토지대장 면적 유지
면적정산	조정금	없음

8. 도해지적 수치화에 따른 기대 효과

(1) 토지 경계 분쟁 해소

(2) 국민재산권 보호에 기여

(3) 공적장부의 공신력과 활용가치가 높아짐

(4) 공간정보 등 관련 산업의 활성화

9. 결론

현재의 지적제도는 경계점의 위치를 100여 년 전 만들어진 종이도면에 도형으로 그려 제작한 도해지적을 기반으로 운영되고 있다. 따라서, 토지소유권의 한계를 결정하는 지적측량의 정확도가 낮고 타 공간정보와 융·복합 활용도가 곤란하며, 일반 국민이 지적측량 없이 토지의 경계를 확인하기 어려운 실정이다. 이에 국토교통부는 온 국민이 신뢰하는 반듯한 지적을 비전으로 삼고 도해지적의 수치화 촉진, 토지경계 관리의 효율성 제고, 지적산업의 발전 환경 조성, 국민 중심의 지적행정 서비스 실현을 4대 지적제도 개선 계획(2016~2020년)으로 마련하여 시행하고 있다.

10 가상현실(Virtual Reality), 증강현실(Augmented Reality), 융합현실(Merged Reality)을 비교 설명하고 위치정보와의 관계에 대하여 설명하시오.

3교시 6번 25점

1. 개요

가상현실(VR)기술은 일상적으로 경험하기 어려운 환경을 직접 체험하지 않고서도 실제 주변 상황과 상호작용을 하는 것처럼 만들어 주는 과학기술로서 현재 게임 및 미디어 콘텐츠 산업에 주로 활용되고 있지만 향후 의료나 쇼핑 등 다양한 산업에 융합될 수 있는 잠재력이 있다. 가상현실과 증강현실 기술은 공간정보 기술과 결합을 통해 우리가 살아가는 공간(Space) 속으로 들어와 날로 진화하고 있다.

2. 가상현실(Virtual Reality)

가상현실(VR)은 컴퓨터 등을 사용한 인공적인 기술로 만들어낸 실제와 유사하지만 실제가 아닌 어떤 특정 환경이나 상황 혹은 그 기술 자체를 의미한다. 과거에는 '가상현실'이라는 큰 개념 안에 증강현실, 대체현실이 포함되었지만 현재는 의미를 좁혀 VR기기를 통해 볼 수 있는 3차원 또는 360도 영상을 일컫는 용어로 쓰이고 있다.

(1) VR의 적용 사례

① 1960년대 이반 서덜랜드 교수의 3D 컴퓨팅을 이용한 상호작용 연구에서 시작하여 비행기나 우주선의 조정을 위한 시뮬레이션 기술을 거쳐 발달

② 〈매트릭스〉나 〈아바타〉와 같은 영화를 통해 가상현실의 개념이 대중화된 이래 2010년대 이후 HMD*기술 개발이 상용화되면서 의학 · 생명과학 · 로봇공학 · 우주과학 · 교육학 등 다양한 분야에서 활용

* HMD(Head Mounted Display) : 사용자의 머리에 헬멧 또는 보안경 형태로 장착되어 영상 디스플레이가 가능한 장치

(2) VR에 공간정보 기술 적용

① GNSS/INS 정보를 이용하여 사용자의 움직임에 따른 영상 출력

② 기존 수치지도 및 LiDAR 구축 데이터를 이용하여 3차원 가상공간 구축

③ HMD에서 양쪽 눈에 서로 다른 영상을 제공하여 입체영상 제공

(3) VR과 위치정보의 관계

가상의 세계를 구축하기 위해서는 현실세계의 위치정보(X, Y, Z)를 기반으로 가상세계의 위치정보(x, y, z)를 만들어야 한다. 현실세계에서 장비를 착용한 사용자의 위치정보와 회전인자는 영상출력 시 기준이 된다.

(4) VR의 장 · 단점

① 가상의 현실에서 실제현실과 유사한 정보를 제공함으로써 사용자가 가상현실에서 다양한 경험을 체험

② 장시간 사용 시 멀미와 두통을 유발하여 전용기기가 있어야만 함

3. 증강현실(Augmented Reality)

증강현실(AR)은 실제 환경에서 가상 사물이나 정보를 합성해 원래 환경에 존재하는 사물처럼 보이도록 하는 컴퓨터 그래픽 기법이다. 현실의 정보를 수집하며(위치정보 – GNSS, 기울기나 속도 – INS) 가상의 이미지 때문에 현실감이 높고, VR기기를 착용했을 때 느끼는 어지러움을 줄여준다.

(1) AR의 적용 사례

① 1990년 Tom Caudell이 보잉 사의 작업자들에게 항공기의 전선을 조립하는 것을 돕기 위한 과정에서 증강현실이란 용어가 탄생

② 미래의 증강현실은 구글 글래스처럼 가벼운 선글라스에 정보 표시를 추가하거나 개인식별 태그정보를 추가하는 형태로 발전될 전망

③ 2016년에는 닌텐도가 증강현실 기술을 적용한 게임인 '포켓몬 고'를 출시하여 큰 인기를 얻음

(2) AR에 공간정보 기술 적용

① GNSS/INS 정보를 이용하여 사용자의 위치정보 제공

② 위치기반 LBS 정보를 이용하여 위치 관련 서비스 제공

③ 3차원 가상 이미지를 구축하여 현실과 융합

(3) AR과 위치정보와의 관계

증강현실을 이용하기 위해서는 실제 현실세계의 위치정보와 속성정보가 필요하다. 가상의 이미지가 스마트폰을 통해 융합이 될 때에 실제 지형의 위치정보에 알맞게 덧입혀야 효율적으로 정보를 제공할 수 있다.

(4) AR의 장 · 단점

① 스마트폰, 태블릿, 노트북 등 사용자가 구하기 쉬운 장비를 사용하여 현실세계에 사용자가 필요한 정보를 융합하여 효과적으로 전달할 수 있음

② 가상현실에 비교하여 몰입감이 떨어짐

4. 융합현실(Merged Reality)

VR과 AR은 모두 해당기기가 있어야 볼 수 있으며, 여러 명이 함께 볼 수 없고 현실감이 떨어진다는 한계가 있다. 융합현실(Merged Reality) 혹은 혼합현실(Mixed Reality)은 이러한 한계를 보완하려는 기술로, 실시간으로 현실과 가상에 존재하는 것 사이에서 실시간으로 상호 작용할 수 있는 것을 말한다. 다시 말해 MR이란 AR과 VR을 결합한 기술이다.

(1) MR의 적용 사례

① 1994년 토론토 대학 폴 밀그램 교수가 융합현실의 개념을 최초로 정의

② 2015년 마이크로소프트가 마인크래프트의 MR 버전을 출시

③ 2017년부터 인텔은 알로이 VR의 세부사양을 공개하고, 개발자들이 자유롭게 관련 콘텐츠를 만들 수 있도록 API를 오픈 소스화할 예정

(2) MR에 공간정보 기술 적용

① GNSS/INS 정보를 이용하여 사용자의 위치정보 제공

② 마이크로소프트에서 개발한 동작인식장비 키넥트는 움직이는 사람에게 적외선을 쏜 뒤 반사시간을 분석해 두 명 이상의 사람에게 동일한 위치에 3차원 가상 이미지를 출력

(3) MR과 위치정보의 관계

융합현실 또한 HMD를 이용하기 때문에 사용자의 위치정보와 회전인자가 영상출력의 기준이 된다. 가상의 물체를 이동시키거나 축소, 확대시키기 위해서도 물체의 위치정보(X, Y, Z)가 가상의 공간(x, y, z)에 구축되어야 한다.

(4) MR의 장 · 단점

① 사용자가 3차원 가상이미지와의 상호작용을 함으로써 두 명 이상의 이용자를 만나지 않고도 시각정보를 공유할 수 있음

② 상용화 MR 데이터가 없는 상태

5. 가상현실, 증강현실 및 융합현실의 비교

구분	가상현실	증강현실	융합현실
특징	• 현실차단 • 가상현실 제공	• 현실배경 • 가상이미지 • 융합영상 제공	• 현실배경 • 가상이미지 • 상호 작용
기기	• HMD	• 스마트폰, 태블릿, 노트북	• 홀로렌즈
위치기반기술	• GNSS, INS, LIDAR, 수치지도, 입체시	• GNSS, INS, LBS, 3차원 이미지 융합	• GNSS, INS, LBS, 키넥트(적외선) 3차원 물체와 상호 작용
효과	• 가상현실 제공	• 효과적 정보전달	• 상호 작용을 통해 사용자의 편의성 향상
사례	• 3D 버츄얼 보이	• 공군 헬멧 • 포켓몬 GO	• 홀로포테이션 • 매직리프

6. VR, AR, MR의 발전을 위한 공간정보 분야의 역할

(1) 다양한 공간정보 맵 플랫폼 구축, 유통 및 활용 지원

3차원 공간정보, 실내공간정보, 정사영상 등 국가기본공간정보 구축

(2) 지속적인 위치 정밀도 향상방안에 관한 연구

실내 측위를 위한 WPAN, RFID, WiFi 등 복합 측위를 통한 측위 정밀도 향상방안 연구

(3) 최신의 신뢰성 있는 공간정보 구축 및 관리

드론, 차량기반 MMS 등 최첨단 장비를 사용하여 최신의 성과가 반영될 수 있는 환경조성 마련

7. 결론

(1) AR과 VR은 기술적 지향점이 다르다. AR은 사용자의 시선이 향하는 방향에 가상영상을 적절한 크기로 적절한 위치에 표시하는 디스플레이 기술이 필요한 반면 VR은 사용자의 시야각 범위 전체에 가상화면이 표현되도록 하는 디스플레이 기술이 필요하다.

(2) 향후 가상현실 및 증강현실은 단순히 게임 정도가 아닌 다양한 분야에 활용될 것이므로 공간정보의 발전이 더 이상 물리적 공간에만 머물러서는 안 될 것으로 판단되며, 공간정보 분야에서는 최신의 신뢰성 있는 기본공간정보를 구축 · 제공해야 하고, 위치 정밀도를 높일 수 있는 방안에 대한 연구가 필요하다고 판단된다.

11 공간정보 유통체계 구축을 위해 고려해야 할 사항을 제시하고, 공간정보의 활용도를 높이기 위한 방안에 대하여 설명하시오.

4교시 1번 25점

NOTICE 공간정보유통시스템은 공간정보의 조회, 활용, 서비스 일원화에 따라 2016년 11월 15일부터 국가공간정보통합포털의 오픈마켓을 통해 서비스하고 있음을 알려드립니다.

1. 개요

국가공간정보유통센터(www.nsic.go.kr)에서는 국가 · 공공 · 민간기관 등에서 생산하는 수치지형도, 해양예보, 전자해도정보 등 31종의 지도정보가 유 · 무상으로 유통되고 있다. 데이터목록(메타데이터)과 미리보기를 통해서 구매할 지도를 선택하고, 바로 결제를 한 뒤 지도파일을 다운로드하는 원스톱방식으로 서비스를 제공하고 있다. 그동안 국토지리정보원과 8개 지자체에서 나눠 운영되던 '지도정보 온라인 유통시스템'이 하나의 시스템으로 일원화되었다.

2. 개념 및 목표

(1) 개념

① 권역별로 분산 운영되었던 유통망을 국가공간정보유통시스템으로 통합하여 단일 운영 · 관리 시스템 구축

② 공공과 민간이 다 함께 참여할 수 있도록 서비스를 확대 개편하여 공간정보 관련 산업 활성화에 기여

③ 공간정보 관련 시스템 간의 공유와 신개념 서비스 창출을 위한 공통 플랫폼 확산(Open-API)

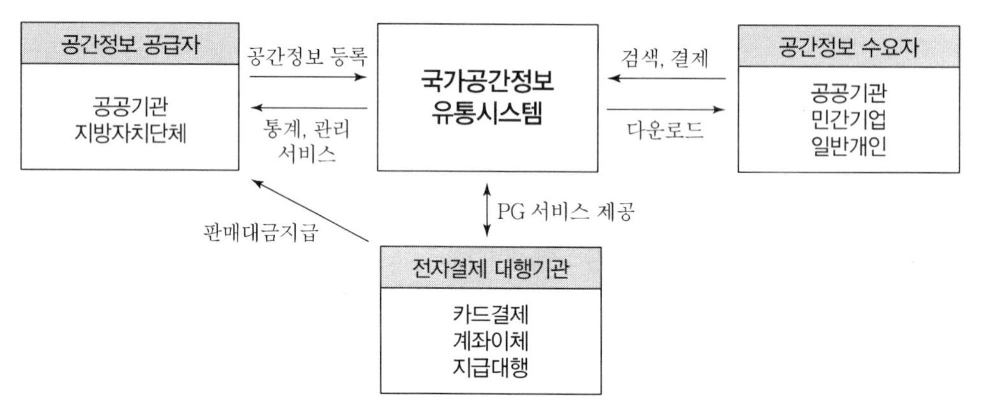

[그림] 국가공간정보유통체계의 서비스 개념도

(2) 목표

법률에서 정한 공간정보센터의 역할인 공간정보의 수집 · 가공 · 제공에 관한 업무를 효율적으로 수행하여 국가공간정보정책 실현

3. 구성요소 및 역할

(1) 구성요소

공간정보 수요자, 관리자, 결제대행기관, 공간정보 공급자

(2) 구성요소별 역할

① 공간정보 수요자 : 공공기관, 민간기업, 일반개인
유통정보검색, 공간정보목록 검색, 결제 및 구매이력관리, 공간정보 다운로드, Open-API 활용

② 관리자 : 시스템관리자, 시도관리자, 기관관리자
사용자 권한관리, 등록정보 승인관리, 코드 및 정보관리, 통계 및 보고

③ 결제대행기관 : 카드결제, 계좌이체, 지급대행
매칭펀드 분할대행, 판매대금 정산요청, 결제 수수료 정산, 계좌정보 실시간 수정

④ 공간정보 공급자 : 정부기관, 유관기관, 민간공급자
정보등록 및 관리, 등록/유통현황 통계, 정산내역 확인, 공간정보목록 갱신

4. 공간정보의 활용도를 높이기 위한 방안

(1) 공간 DB 융합시스템 구축

① 서민 · 소상공인 지원 빅데이터 응용플랫폼 개발
② 플랫폼 기반용 베이스맵과 관심지점정보 구축 및 갱신 기술 개발
③ 사용자 참여로 축적되는 실시간 현지정보를 지표상의 공간분석과 접목하기 위한 위치기반 데이터 축적 및 분석 기술 개발
④ 소셜네트워크 서비스 연계를 통한 현장성 및 실시간성 강화
⑤ 비정형 빅데이터 DB 실시간 처리를 위한 최고급 솔루션 개발
⑥ 글로벌 韓마당 공간정보 플랫폼 구축 및 고급 기능개발, 정보의 다양한 활용성 확보
⑦ 5대 도시 한인 비즈니스 등 정보 구축
⑧ 국가공간정보유통체계 구축
⑨ 지자체 고유 공간정보유통 확대를 위해 수치지형도(DXF, NGI)와 일반 공간정보(SHP, 영상)의 조회, 인쇄 등 기본적인 기능을 제공하는 공개 GIS SW 개발
⑩ 좌표를 가지는 속성정보를 공간정보에 매핑하여 새로운 공간정보 생성 가능
⑪ 공간정보의 원점변화, 영상 매핑, 버퍼링 등 공간연산 기능 제공

(2) 민간 분야의 다양한 형태 공간정보를 유통하기 위한 맞춤 서비스

① 이미지, GeoPDF 등 다양한 공간정보 형식을 지원하기 위한 공간정보 유통기능을 개선
② 메인 지도화면에서 민간에서 제공한 공간정보와 속성정보를 검색 및 Open API로 제공하고 이에 대한 판매 금액을 부과
③ 서비스 유통을 위한 소액결제(카드, 휴대폰 등) 및 정액제 과금정책을 수립하고 기간별(주, 월 등) 정산기능을 제공

(3) 국가공간정보유통시스템 운영 및 유지보수

국가공간정보유통시스템 장비의 노후화에 의해 교체계획에 따라 DB와 응용소프트웨어의 이관작업 및 시스템 유지보수

5. 기대효과

(1) 개인별 맞춤 공간정보 생성이 가능하도록 하여 공간정보의 유통 활성화 및 민간개방 촉진
(2) 보행자의 다양한 요구가 반영된 경로 탐색 및 안내 기술의 개발로 보행자 친화적 내비게이션 서비스 확대
(3) 소셜네트워크 서비스를 연계하는 방안을 마련하여 서비스 접근 채널 강화 및 홍보수단 확보

(4) 베이스맵과 관심지점의 최신성 및 정확성을 확보할 수 있는 기술을 개발함으로써 고품질의 플랫폼 서비스 제공 및 신뢰도 향상

6. 결론

공간정보는 창조경제의 핵심자원이자 신성장동력으로 앞으로 공간정보 개방이 확대되면 민간의 사업 활성화로 공간정보산업의 발전과 일자리 창출에 크게 기여할 것이다. 따라서 국토교통부는 관련 법령에 의해 비공개로 분류된 정보를 제외한 모든 공간정보를 공개하고 민간이 보유한 정보도 수집하여 공개하기 위한 체계적인 정책을 수립해야 할 것으로 판단된다.

12 도시권역의 지하철 건설을 위한 터널측량의 절차와 정확도 향상 방법을 설명하시오.

4교시 3번 25점

1. 개요

도심 인구 집중에 따른 통행량 해소를 위하여 도심지에 건설되고 있는 지하철은 상부의 고층건물 등 지상 지장물과 상하수도관, 가스관 등의 지중 지장물과 간섭될 가능성이 있고 기존에 시공된 도로, 지하차도 등에 영향을 줄이기 위하여 대심도 터널로 건설되고 있으며, 사유지 침범의 최소화, 원활한 교통을 위한 공간 확보의 어려움으로 최소 크기의 수직구를 통한 시공이 이루어진다. 본문에서는 수직구를 통한 도심지 터널측량의 정확도 향상 방법에 대하여 기술하고자 한다.

2. 지하철 터널의 특징

(1) 대심도(50~100m) 터널로 설계
(2) 터널 시공 및 측량에 필요한 작업구는 정거장구간, 환기구 등 수직구로 구성됨
(3) 수직구는 직경 10m의 협소한 구조

3. 터널측량의 절차

(1) 터널측량 순서

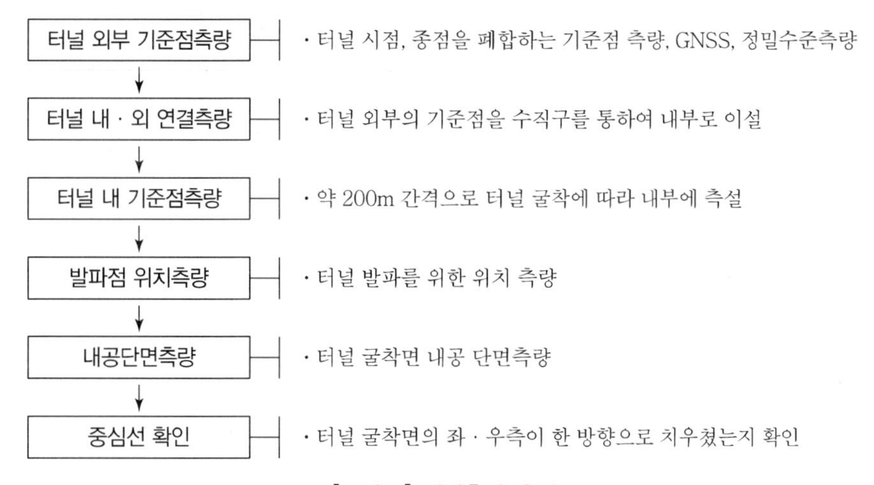

[그림 1] 터널측량 순서

(2) 터널 외부 기준점측량

① GNSS 및 정밀 수준측량
② 터널 시점과 종점을 폐합하는 측량 실시

(3) 터널 내 · 외 연결측량

① 터널 외부에 설치된 기준점의 성과를 수직구를 통하여 터널 내부로 이설하는 절차
② TS 및 수준측량
③ 터널 내부 측량의 기준으로 매우 중요

(4) 터널 내 기준점측량

① 터널의 굴착에 따라 내부로 기준점 설치 및 측량

② TS 및 수준측량

③ 개방 트래버스

④ 열악한 작업 조건 : 습기, 먼지, 진동, 발파로 인한 지반의 약화 등

(5) 내공단면측량 및 중심선 확인

① 굴착면의 내부 형상 측량

② TS 및 Scanner 측량

③ 굴착면의 여굴, 미굴 확인

4. 터널 내 · 외 연결측량(수직구측량)

(1) 작업 조건

① 대심도

② 짧은 기선

③ 연직측량

(2) 강선법에 의한 수직구측량

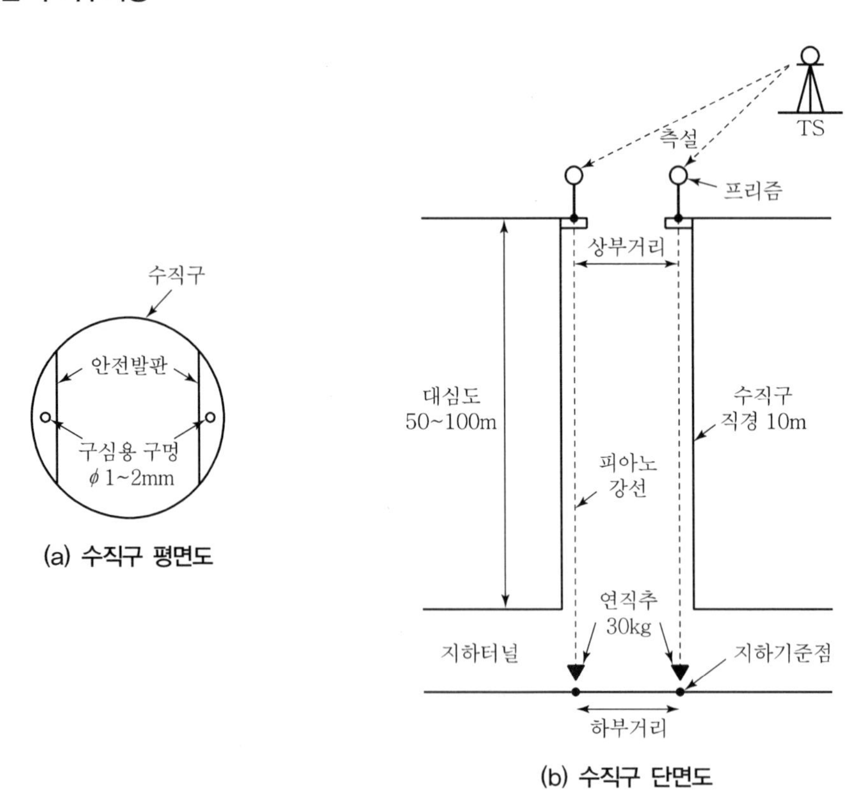

[그림 2] 강선법에 의한 수직구측량

① 수직구 안전발판에 구심용 구멍을 설치 후 프리즘 거치
② 기지점에서 프리즘 측설(상부 기준점 측설)
③ 피아노 강선과 연직추를 이용하여 상부 기준점을 직접 지하로 이설
④ 연직추의 무게는 30kg으로 실시
⑤ 지하로 이설한 하부기준점 두 점 간의 거리는 상부기준점 두 점 간의 거리를 기준하여 2mm 이내로 측설하여야 함
⑥ 이설되는 기준점 간 거리는 10m 이하로 매우 짧은 기선임

(3) 터널 내 기준점측량

① 수직구 측량을 통한 매우 짧은 기선
② 개방 트래버스
③ 측량 조건 열악 : 조명, 습기, 진동, 발파로 인한 지반의 약화 등
④ 측량점 설치 위치 불량 : 중장비 작업 차량으로 측량점 설치 어려움

5. 터널측량의 정확도 향상 방법

(1) 터널 외부 기준점과 터널 내부 기준점의 주기적 연결 확인
(2) 대심도 수직구 측량 시 강선법 실시 : 연직기 배제
(3) 개방트래버스의 반복 측량으로 정밀도 향상
(4) 정밀 측량기 배치(1″ 독 TS 및 정준 프리즘)
(5) 숙련기술인 배치
(6) 자이로 측량기를 이용한 검측
(7) 터널 관통 후 기준점 확인
① 터널 관통 전까지는 개방트래버스 측량임
② 터널 관통 후 터널 시점의 기준점과 터널 종점의 기준점을 연결하는 결합트래버스 측량 실시
③ 터널 내부 기준점 성과 조정

6. 결론

도심권역에 건설되는 지하철은 대심도 터널로 설계되어 협소한 수직구를 통하여 모든 작업이 이루어지므로 터널측량도 수직구를 통하여 실시하여야 한다. 수직구를 통한 터널 내외 연결측량은 매우 짧은 기선이 설치되고 짧은 기선을 기준으로 터널 내부 측량이 실시되어 측량의 오류가 발생할 확률이 매우 높다. 따라서 숙련된 기술인과 정밀측량장비를 배치하고 반복적 측량 및 자이로 측량기를 통한 검측을 실시하여야 한다.

13 인공지능의 지식기반 추론 기법을 원격탐사 및 공간정보 분석에 활용하는 방안을 설명하시오.

4교시 6번 25점

1. 개요

인공지능(Artificial Intelligence)은 인간의 지능으로 할 수 있는 사고, 학습 및 자기계발 등을 컴퓨터가 할 수 있도록 하는 방법을 연구하는 컴퓨터공학 및 정보기술의 한 분야로서 최근 공간정보 분야에서도 널리 이용되고 있다.

2. 인공지능의 적용순서

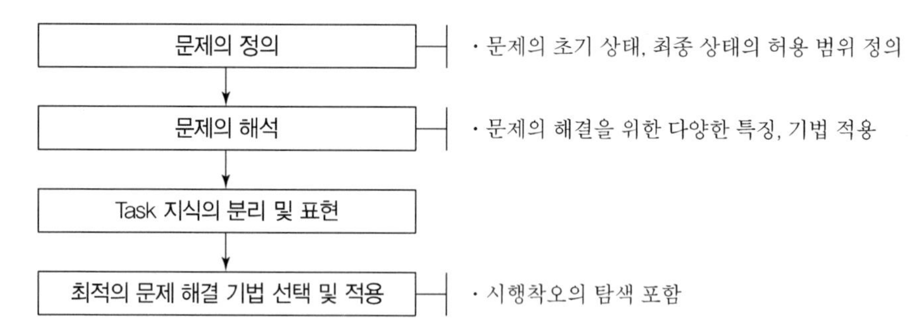

[그림] 인공지능의 적용 순서

3. 인공지능기법

(1) 탐색(Search)

문제의 답이 될 수 있는 것들의 집합을 공간(Space)으로 간주하고, 문제에 대한 최적의 해를 찾기 위해 공간을 체계적으로 찾아보는 것

(2) 지식 표현(Knowledge Representation)

문제 해결에 이용하거나 심층적 추론을 할 수 있도록 지식을 효과적으로 표현하는 방법

(3) 추론(Inference)

① 가정이나 전제로부터 결론을 이끌어 내는 것
② 관심 대상의 확률 또는 확률 분포를 결정하는 것

(4) 기계 학습(Machine Learning)

① 경험을 통해서 나중에 유사하거나 같은 일(Task)을 더 효율적으로 처리할 수 있도록 시스템의 구조나 파라미터를 바꾸는 것
② 알고 있는 것으로부터 모르는 것을 추론하기 위한 알고리즘을 만드는 것

(5) 계획 수립(Planning)

① 현재 상태에서 목표하는 상태에 도달하기 위해 수행해야 할 일련의 행동 순서를 결정하는 것
② 작업 수행 절차 계획
③ 로봇의 움직임 계획

(6) 에이전트(Agent)

사용자로부터 위임받은 일을 자율적으로 수행하는 시스템

4. 인공지능의 응용 분야

(1) 지식기반시스템(Knowledge-based System)

1) 지식을 축적하고 이를 이용하여 서비스를 제공하는 시스템

2) 전문가시스템(Expert System)

① 특정 문제 영역에 대해 전문가 수준의 해법을 제공하는 것
② 간단한 제어시스템에서부터 복잡한 계산과 추론을 요구하는 의료진단, 고장진단, 추천시스템 등

(2) 자연어 처리(Natural Language Processing)

① 사람이 사용하는 일반 언어로 작성된 문서를 처리하고 이해하는 분야
② 형태소 분석, 구문 분석, 품사 태깅, 의미 분석
③ 언어 모델, 주제어 추출, 객체명 인식
④ 문서 요약, 기계 번역
⑤ 질의 응답

(3) 데이터 마이닝(Data Mining)

① 실제 대규모 데이터에서 암묵적인, 이전에 알려지지 않은, 잠재적으로 유용할 것 같은 정보를 추출하는 체계적 과정
② 연관 규칙, 분류 패턴, 군집화 패턴, 텍스트 마이닝, 그래프 마이닝, 추천, 시각화(Visualization)

(4) 음성지식

사람의 음성 언어를 컴퓨터가 해석해 그 내용을 문자 데이터로 전환하는 처리

(5) 컴퓨터 비전(Computer Vision)

컴퓨터를 이용하여 시각 기능을 갖는 기계장치를 만들려는 분야

(6) 지능형 로봇(Intelligent Robots)

인공지능 기술을 활용하는 기술

5. 인공지능의 원격탐사 및 공간정보 분석에 활용하는 방안

(1) 수치사진측량

① 인간의 시각과 인식과정을 묘사하여 항공사진 및 위성영상 등의 데이터에서 자동으로 사물을 인식하고 추출하는 데 활용

② 위성영상의 영상정합 시 신경망 방법에 의한 자동화 실현에 활용

(2) GNSS 측량 및 지도 제작

① 데이터 처리 전문가 시스템으로 이용하여 프로그램에 의한 측량, 데이터처리 등의 전문지식을 부여하여 컴퓨터가 자동으로 정밀한 위치를 결정하는 데 활용

② 지도에서 지형 · 지물의 간략화 자동 수행에 활용

(3) 원격탐사

① 신경망 및 퍼지 방법을 이용하여 위성영상 분류, 클러스터링, 패턴인식 등에 활용

② 신경망 분석을 이용하여 토양분석, 수계분석 및 수질예측, 환경 및 기상예측분석 등에 활용

(4) 공간정보 분석

① 신경망 분석을 이용하여 토지의 적합성 및 토지이용 계획에 활용

② 신경망 및 퍼지분석을 이용하여 수계분석, 수질예측, 환경 및 기상예측분석 등에 활용

(5) 기타

① 운전자 보조시스템(ADAS)

② 자율주행 자동차(Driverless Car)

③ 사이버 물리 시스템 CPS(Cyber Physical System)

6. 결론

인공지능이란 사고나 학습 등 인간이 가진 지적능력을 컴퓨터로 구현하는 기법으로 지식기반 추론 기법 및 이미지 인식 기술 등을 활용하여 공간정보 분야의 데이터마이닝, 클러스터링, 영상분류 등 다양하게 적용되고 있다. 그러므로 AI에 대한 심도 있는 연구 및 교육훈련으로 공간정보 분야에 효율적으로 적용될 수 있도록 노력해야 할 때라 판단된다.

113회 측량 및 지형공간정보기술사 문제 및 해설

2017년 8월 12일 시행

분야	건설	자격 종목	측량 및 지형공간정보기술사	수험 번호		성명	

구분	문제	참고문헌
1 교시	※ 다음 문제 중 10문제를 선택하여 설명하시오. (각 10점)	
	1. MMS(Mobile Mapping System)	**1. 모범답안**
	2. 수준측량의 양차(兩差)	2. 포인트 4편 참고
	3. 정밀도저하율(DOP : Dilution Of Precision)	**3. 모범답안**
	4. 정표고, 타원체고, 지오이드고	4. 포인트 1편 참고
	5. 국가관심지점정보(National Interesting Point Information)	**5. 모범답안**
	6. 멀티빔 음향측심기(Multibeam Echosounder)	6. 포인트 9, 10편 참고
	7. RPC(Rational Polynomial Coefficient)	**7. 모범답안**
	8. 클로소이드(Clothoid) 곡선의 매개변수	**8. 모범답안**
	9. 측지측량(Geodetic Surveying)	9. 포인트 1편 참고
	10. 지형지물 전자식별자(UFID : Unique Feature Identifier)	10. 포인트 8편 참고
	11. 경중률(Weight)	**11. 모범답안**
	12. 대기의 창(Atmospheric Window)	**12. 모범답안**
	13. 평면각 단위의 종류별 정의 및 상호 관계	**13. 모범답안**
2 교시	※ 다음 문제 중 4문제를 선택하여 설명하시오. (각 25점)	
	1. 무인항공기(UAV)를 이용한 항공사진측량에서 3차원 점군자료(Point Cloud Data)를 제작하기 위한 작업과정에 대하여 설명하시오.	1. 포인트 6편 참고
	2. GNSS 수신기의 낮은 수신 감도로 인한 재밍(Jamming) 공격에 대비한 항재밍(Anti-Jamming) 방안에 대하여 설명하시오.	**2. 모범답안**
	3. 국토지리정보원에서 추진하고 있는 "차세대 국가위치기준체계 구축 계획(2017년)"에 대하여 설명하시오.	3. 포인트 1편 참고
	4. Network-RTK 방법으로 사용되고 있는 VRS(Virtual Reference Station) 측위와 FKP(Flächen Korrektur Parameter) 측위를 비교 설명하시오.	4. 포인트 5편 참고
	5. 초분광영상카메라(Hyper Spectral Camera)의 특징과 처리기법, 활용 분야에 대하여 설명하시오.	5. 포인트 6편 참고
	6. 측지좌표계(지리좌표계)와 지심좌표계(3차원 직교좌표계)를 각각 정의하고, 각각의 특징 및 용도, 상호 변환을 위한 조건을 설명하시오.	**6. 모범답안**
3 교시	※ 다음 문제 중 4문제를 선택하여 설명하시오. (각 25점)	
	1. 토목시공 현장에서 주로 사용하고 있는 토털스테이션(Total-station)의 오차 종류 및 보정 방법에 대하여 설명하시오.	**1. 모범답안**
	2. 공간정보를 활용한 햇빛지도(태양광 에너지자원 지도)의 제작 방법 및 활용에 대하여 설명하시오.	**2. 모범답안**
	3. 한국형 SBAS(Satellite Based Augmentation System) 개발에 따른 국제적 상호운용성 확보를 위한 협력 방안에 대하여 설명하시오.	**3. 모범답안**
	4. 해석적 내부표정에 사용되는 등각사상변환(Helmert 변환)과 부등각사상변환(Affine 변환)에 대하여 비교 설명하시오.	4. 포인트 6편 참고
	5. 도시지역에서 빈번히 발생하는 땅꺼짐(싱크홀) 현상 등의 안전 제고를 위한 지하공간 통합지도 구축에 대하여 설명하시오.	5. 포인트 7편 참고
	6. GNSS(Global Navigation Satellite System) 측량의 오차 요인과 이를 감소시키기 위한 방법에 대하여 설명하시오.	6. 포인트 5편 참고
4 교시	※ 다음 문제 중 4문제를 선택하여 설명하시오. (각 25점)	
	1. 택지조성측량 작업과정에 대하여 설명하시오.	1. 포인트 9편 참고
	2. 지표의 구성물질인 식물, 토양, 물의 대표적 분광반사특성을 그림과 함께 설명하고, 각각의 분광반사율에 영향을 미치는 요소에 대하여 설명하시오.	**2. 모범답안**
	3. 육상과 해상으로 이원화된 우리나라 국가수직기준체계의 문제점과 연계방안에 대하여 설명하시오.	3. 포인트 1편 참고
	4. 해양 선박사고 예방 및 해상교통 관리를 위해 개발 중인 "e-Navigation"에 대하여 설명하시오.	4. 포인트 10편 참고
	5. GNSS(Global Navigation Satellite System)와 RNSS(Regional Navigation Satellite System)의 현황 및 전망에 대하여 설명하시오.	5. 포인트 5편 참고
	6. 공간빅데이터체계의 구성요소와 체계 구축을 위한 추진 전략에 대하여 설명하시오.	6. 포인트 8편 참고

NOTICE 본 측량 및 지형공간정보기술사 문제 및 해설 중 참고문헌의 《포인트》는 예문사 출간 《포인트 측량 및 지형공간정보기술사》임을 알려드립니다.

01 MMS(Mobile Mapping System)

1교시 1번 10점

1. 개요

최근 GNSS와 관성항법장치(INS)의 사용이 보편화되고 센서 통합기술이 발달함에 따라 모바일 매핑기술(MMT)이 급속도로 발전하고 있다. 모바일 매핑시스템(MMS)은 차량에 GNSS, IMU, CCD Camera, Laser Scanner 등의 장비를 탑재하고 도로 및 주변 지역의 영상을 획득하여 수치지도제작 및 갱신, 도로시설물 유지관리를 위한 시스템이다. 이 시스템은 국가의 지형정보와 국가의 시설물 정보의 DB를 구축하고 유지 · 관리하기 위해 필요로 하는 측량 방법 중 비용 및 시간 면에서 효율적이고 향후 활용성이 높은 첨단정보시스템이다.

2. MMS의 구성과 원리

(1) 구성

차량 MMS는 차량의 위치와 자세를 결정하는 GNSS와 INS, 주행거리계(DMI), 디지털 방위계 장치와 매핑을 하여 지형 · 지물의 형상과 관련된 정보를 수집하기 위한 CCD 카메라, LiDAR 등으로 구성되어 있다.

(2) 원리

① 차량 등의 이동체에 디지털카메라, 레이저 스캐너, GNSS, INS, DMI 등과 같은 다양한 센서들을 조합한다.
② 위치측정센서(GNSS/INS)와 지형 · 지물 측량센서(디지털카메라, 레이저 스캐너)를 사용하여 각종 정보를 획득한다.
③ GNSS/INS 통합기술을 이용하여 차량에 탑재한 지형 · 지물 측량센서들의 위치와 자세를 수 밀리초(ms) 수준의 간격으로 결정한다.
④ 위치와 자세정보, 영상정보(지상영상, LiDAR)를 이용하여 차량 주변에 위치한 지형 · 지물들의 위치정보와 형상정보 및 속성정보를 획득하여 매핑한다.

3. 활용

(1) 국가기본도 제작에서 현지조사 및 현지보완측량
(2) 수치지형도 제작 및 수시 갱신
(3) 도로관리정보시스템 구축
(4) 시설물 유지관리시스템 구축
(5) 공사측량 및 각종 측량
(6) 자동지도제작 및 공간정보 자료 취득(3차원 자료 취득)
(7) 지능형 교통운송체계(ITS) 구현
(8) 공간영상 분야 및 항법시스템 분야
(9) 3차원 지적정보 구축

02 정밀도저하율(DOP : Dilution Of Precision)

1교시 3번 10점

1. 개요

측위에 사용되는 위성의 기하학적 배치나 분포가 측위 정확도에 영향을 미치는 현상을 DOP라 하는데, 이는 삼각측량 또는 삼변측량에서 도형의 강도에 따라 정확도가 달라지는 것과 같은 원리이다. 일반적으로 위성의 개수가 증가하면 DOP 수치가 양호해지는 위성들의 선별적 사용이 가능하여 보다 정확한 GNSS 측위를 수행할 수 있다.

2. 정밀도 저하율(DOP)

(1) 위성들의 상대적인 기하학이 위치결정에 미치는 오차를 표시하는 무차원의 수로, 상공에 있는 GNSS 위성의 배치에 따라 단독위치결정과 상대위치결정에서 위치결정 정밀도는 영향을 받는다.

(2) 작은 정밀도 저하율은 위성의 기하학적인 배치상태가 양호하여 위치결정 정밀도가 높다는 것을 나타낸다. 반면에 큰 정밀도 저하율은 위성의 기하학적 배치상태가 불량하여 위치정밀도가 낮다는 것을 나타낸다.

(3) GNSS 관측 중 DOP가 수신기 화면에 나타나므로 관측점의 위치와 높이의 정밀도를 점검할 수 있다.

(4) 위성의 기하학적 분포 상태는 의사거리에 의한 단독측위의 선형화된 관측방정식을 구성하고 정규방정식의 역행렬을 활용하면 판단할 수 있다.

3. DOP의 종류

(1) GDOP : 기하학적 정밀도 저하율

(2) PDOP : 위치 정밀도 저하율(3차원 위치), 3~5 정도가 적당

(3) HDOP : 수평 정밀도 저하율(수평 위치), 2.5 이하가 적당

(4) VDOP : 수직 정밀도 저하율(높이)

(5) RDOP : 상대 정밀도 저하율

(6) TDOP : 시간 정밀도 저하율

4. DOP의 특징

(1) 수치가 작을수록 정확하다.

(2) 지표에서 가장 좋은 배치 상태일 때를 1로 한다.

(3) 5까지는 실용상 지장이 없으나, 10 이상인 경우는 좋은 조건이 아니다.

(4) 수신기를 가운데 두고 4개의 위성이 정사면체를 이룰 때, 즉 최대체적일 때 GDOP, PDOP 등이 최소가 된다.

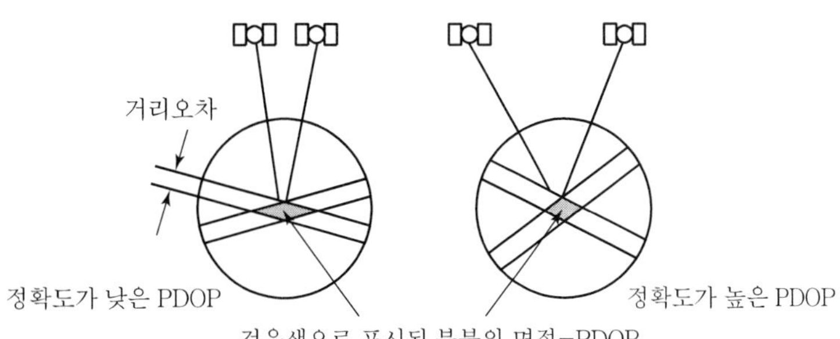

[그림] PDOP

03 국가관심지점정보(National Interesting Point Information)

1교시 5번 10점

1. 개요

국토지리정보원에서는 각종 공공정보를 수집 및 정제하고 다양한 분야에서 활용하기 쉬운 형태로 가공하여 별도의 가공작업 없이 누구나 바로 활용할 수 있도록 국가관심지점정보 및 국가인터넷 지도를 구축하였다.

2. 국가관심지점정보

국가기본도의 정보(지명, 지형 · 지물 등)와 정부에서 구축한 각종 공공정보(주소, 복지, 안전 등)를 추가 수집, 정제하여 다양한 분야에서 활용하기 쉬운 형태(명칭+위치정보+분류체계+속성)로 가공한 위치 정보이다.

(1) 국가 고유업무 수행으로 축적된 각종 DB(주소정보 포함)를 위치기반 서비스 목적으로 통합 · 가공하여 POI 형태로 구축한 데이터

(2) 전자지도 위에 지리정보와 함께 좌표 등으로 표시되는 주요 시설물, 역, 공항, 터미널, 호텔, 백화점 등을 표현하는 데이터로 Land Mark 또는 Way Point라고도 함

3. 국가인터넷지도

(1) 국가기본도에 각종 공간정보를 융 · 복합하여 인터넷 환경에서 이용할 수 있도록 가공한 지도

(2) 국가관심지점정보 제공

4. 관심지점(POI : Point Of Interest) 데이터 모델

(1) 관심지점 표준

본 표준은 공간적 관심지점에 대한 피처 모델로, 공간적 위치(Location 클래스)와 이를 사용자에게 표현하는 관심지점(POI 클래스), 그리고 저작자 정보(POIAuthor 클래스) 간의 관계를 통해 표현되는 피처모델로 구성된다.

① 위치(Location)

식별 가능한 지리적 장소 보기 : 에펠 타워, 마드리드, 캘리포니아[KS X ISO 19112]

② 관심지점(POI)

사람에 의해 생성된 위치 표현 방법으로 특정 장소에 대한 이름, 제품 또는 서비스를 기술[W3C POI core]

(2) POI 데이터 모델의 특징

① 자료구조가 단순하여 확장이 용이함

② 파일용량이 가벼워 유통이 용이함

③ 텍스트 기반으로 환경에 독립적임

04 RPC(Rational Polynomial Coefficient)

1교시 7번 10점

1. 개요

위성영상의 지상좌표화(Georeferencing)는 영상의 임의 점과 대응되는 대상공간과의 상사관계를 규명하는 것이다. 지상좌표화를 위해서 대상공간의 기준점(GCP) 좌표취득, 공선조건의 선형화, 후방 및 전방교선법, Sensor 모형화 등에 관한 해석을 하여야 한다. 센서에 대한 물리적 자료는 궤도요소, 센서 검정자료, 센서 탑재기 자료 등을 제공하는 물리적 센서 모형과 물리적 자료를 제공하지 않는 일반화된 센서 모형이 있다.

2. 일반화된 센서 모형(Generalized Sensor Model)

최근 상업용 위성인 IKONOS 영상의 경우 물리적 센서 모형을 비공개하고 있다. 이와 같이 물리적 자료를 제공하지 않는 일반화된 센서모형에서는 대상물과 영상 간의 변화관계는 물리적인 영상처리 과정을 모형화할 필요가 없는 어떤 함수로 표시된다. 일반화된 센서 모형의 특징은 다음과 같다.

(1) 일회성 센서 모형의 함수는 다항식과 같은 서로 다른 형태로 표현될 수 있으며, 센서의 상태를 몰라도 되기 때문에 서로 다른 형태의 센서에 적용이 가능하다.

(2) 물리적 센서 모형을 알 수 없거나 실시간 처리가 필요할 때 사용된다.

3. 다항식 비례모형을 이용한 일반화된 센서모형화

(1) 다항식 비례모형(RFM : Rational Function Model)은 사용자에게 센서모형에 대한 자세한 내용은 공개하지 않으면서 사용자가 이해하기 쉽고 사용하기 쉽기 때문에 많은 사람들에게 고해상도 영상의 이용을 촉진시킬 수 있다.

(2) 최근에는 1m급 고해상도 과학영상은 대부분 RFM을 위한 RPC를 제공하고 있다. RFM은 지상좌표와 영상좌표 간의 기하관계를 단순하고도 정확하게 묘사할 수 있는 추상적 모델의 한 종류로서, 과거 복잡한 처리과정을 요구했던 물리적 센서 모델의 대안으로 활발하게 이용되고 있다.

4. RPC(Rational Polynomial Coefficient) 기법

(1) RPC 모델은 영상과 지상좌표 간의 3차 방정식의 비율로 표현되는 수학적 모델이다. RPC 모델은 카메라 모델을 대체하기 위해 제작되었으며, 미국의 민간회사인 SPACE Imaging 사에서 개발되었다.

(2) RPC 모델의 장점은 물리적 센서모델을 대체할 수 있는 모델링 방식으로 정확도 손실이 거의 없으며, 기존 물리적 모델에 비해 사용하기 쉽다.

(3) 향후 대부분의 고해상도 위성영상에서 RPC 파일이 제공될 것으로 예상된다. 특히, 위성의 종류가 다양해지고 각각의 위성마다 서로 다른 기하모델을 제공하는 시점에서 RPC는 다양한 위성센서 모델을 동일한 형태의 다항식으로 표현 가능하다는 장점이 있다.

(4) RPC 파일이란 쉽게 말하자면 사진측량에서 내부표정요소 및 외부표정요소에 대한 정보이다. 즉, 위성영상촬영 당시의 경도, 위도, 높이의 3차원 요소를 위성영상에서의 Line과 Sample의 관계식으로 해석한 것이다. 기복변위가 수정된 정사영상을 만들기 위해서는 내부표정요소와 외부표정요소 등이 필요한데 RPC 파일은 이러한 표정요소에 필요한 정보를 담고 있다.

(5) 내부표정을 하려면 센서 모형, 계수 및 카메라 검정자료 등에 대한 정보가 필요한데 고해상도 위성카메라는 이러한 요소들이 기존 위성과 달리 극히 복잡한 메커니즘으로 구성되어 있고, 기업의 중요한 기술적 정보를 담고 있기 때문에 일반에게는 공개하지 않는 것이 원칙이다. 따라서, 일반인들에게 이러한 정보를 제공하지 않고 정사영상제작 및 DEM 제작을 위해 촬영 당시의 표정요소 등에 관한 RPC 파일에 담아 제공한다.

(6) RPC 파일은 R.S S/W에서 정사영상을 제작, 입체영상을 이용한 DEM 제작 및 3D 수치지도제작, SAR 위성영상에서 DEM 제작 등에 사용된다.

05 클로소이드(Clothoid) 곡선의 매개변수

1교시 8번 10점

1. 개요

클로소이드 일반식, 즉 $R \cdot L = K$(일정)에서 $K = A^2$으로 할 때 A(단위 : m)를 클로소이드 변수라 하고, 이 A는 클로소이드의 확대율로서 A가 커지면 곡선장 L에 대하여 클로소이드 곡선이 완만해지며, 클로소이드 전체의 크기도 커진다. 즉, 클로소이드 곡선의 매개변수는 클로소이드 크기를 결정하는 계수이다.

2. 클로소이드(Clothoid) 곡선의 매개변수

곡률이 곡선의 길이에 비례하는 곡선을 클로소이드 곡선이라고 하며, 차가 일정 속도로 달리고 그 앞바퀴의 회전속도를 일정하게 유지할 경우 이 차가 그리는 운동궤적은 클로소이드가 된다.

$$\frac{1}{\rho} = \frac{C}{R \cdot L} = \alpha \cdot C$$

이며,

$$\rho \cdot C = R \cdot L = \frac{1}{\alpha}(\text{일정})$$

여기서, 양변의 차원을 일치시키기 위하여 $\frac{1}{\alpha}$ 대신에 A^2이라 놓으면 하나의 클로소이드상의 모든 점에서 다음 항등식이 성립한다.

$$A^2 = R \cdot L = \frac{L^2}{2\tau} = 2\tau R^2,\ A = \sqrt{R \cdot L} = l \cdot R = L \cdot r = \frac{L}{\sqrt{2\tau}} = \sqrt{2}\,\tau R$$

이 A를 클로소이드의 매개변수라 하며, A는 길이의 단위를 가진다. 원에서 R이 정해지면 원의 크기가 정해지는 것과 같이, 클로소이드에서 A가 정해지면 클로소이드의 크기가 정해진다. 하나의 클로소이드상의 각 점에서의 반경 R과 곡선길이 L은 클로소이드상의 위치에 따라 전부 다르지만 R과 L의 곱은 언제라도 일정한 값인 A^2이어야 한다. 그러므로 R, L, A 중 두 가지를 알면 다른 하나는 정확하게 구해진다.

3. 단위 클로소이드

(1) $A = 1$의 클로소이드를 단위 클로소이드라 부르고, 매개변수 A의 클로소이드의 각 요소는 단위 클로소이드 각 요소에 A를 곱함으로써 구할 수 있다.

(2) 매개변수 $A = 1$, 즉 $R \cdot L = 1$의 관계에 있는 클로소이드를 단위 클로소이드라 한다. 단위 클로소이드의 요소에는 알파벳의 소문자를 사용하면 $r \cdot l = 1$ 또는 $R \cdot L = A^2$의 양변을 A^2으로 나누면 $\frac{R}{A} \cdot \frac{L}{A} = 1$이 된다. 그러므로 $\frac{R}{A} = r$, $\frac{L}{A} = l$이라 놓으면 $r \cdot l = 1$이 된다.

(3) 이것에서 $R = A \cdot r$, $L = A \cdot l$이므로 매개변수 A인 클로소이드의 요소 중 길이의 단위를 가진 것(R, L, X, Y, X_M, T_L 등)은 전부 단위 클로소이드의 요소(r, l, x, y, x_M, t_L 등)는 A배 하며, 단위가 없는 요소(τ, σ, $\frac{\Delta r}{r}$ 등)는 그대로 계산한다.

(4) 단위 클로소이드의 여러 요소를 계산한 것은 단위 클로소이드 표로 작성되어 있다.

06 경중률(Weight)

1교시 11번 10점

1. 개요

미지의 관측에서 개개 관측값의 정밀도가 동일하지 않을 경우에는 어떤 계수를 곱하여 개개 관측값 간에 균형을 이루게 한 후 최확값을 구한다. 이때 이 계수를 경중률이라 하는데, 개개 관측값들의 신뢰도를 나타내는 값으로 주관적 결정 방법과 객관적 결정 방법이 있다.

2. 경중률 결정 방법

(1) 주관적 방법

측량자의 기능, 기계의 성능, 관측 시의 기상조건 등에 따라 주관적으로 결정한다.

(2) 객관적 방법

관측반복횟수에 비례, 정밀도의 제곱에 비례, 표준오차의 제곱에 반비례, 확률오차의 제곱에 반비례, 관측거리에 반비례한다.

3. 개개 관측값들의 신뢰도에 따른 경중률과의 관계

(1) 경중률은 관측횟수(N)에 비례한다.

$$W_1 : W_2 : W_3 = N_1 : N_2 : N_3$$

(2) 경중률은 노선거리(S)에 반비례한다.

$$W_1 : W_2 : W_3 = \frac{1}{S_1} : \frac{1}{S_2} : \frac{1}{S_3}$$

(3) 경중률은 표준오차(E) 및 확률오차(r)의 제곱에 반비례한다.

$$W_1 : W_2 : W_3 = \frac{1}{{E_1}^2} : \frac{1}{{E_2}^2} : \frac{1}{{E_3}^2}$$

(4) 경중률은 정밀도(m)의 제곱에 비례한다.

$$W_1 : W_2 : W_3 = {m_1}^2 : {m_2}^2 : {m_3}^2$$

4. 최확값과 경중률의 관계

(1) 최확값은 어떤 관측값에서 가장 높은 확률을 가지는 값이다.
(2) 관측값들의 경중률이 다르면 최확값을 구할 때 경중률을 고려하여야 한다.

07 대기의 창(Atmospheric Window)

1교시 12번 10점

1. 개요

지구에는 모든 파장 영역의 복사 에너지가 도달하지만 지구 대기를 거쳐 지상에 도달하는 전자기파는 가시광선과 전파, 일부 적외선 영역에 해당되는 복사 에너지뿐이고, 나머지 파장 영역의 전자기파들은 지구 대기에 흡수된다. 따라서, 지상의 관측자는 몇 개 영역의 전자기파를 통해서만 우주를 관측할 수 있으며, 이러한 파장 영역을 대기의 창이라고 부른다.
이 파장 영역은 대기에 의한 소산효과가 작아서 구름관측을 위한 위성탑재센서에서 많이 이용된다. 또한 수증기영상과 같이 수증기에 의한 에너지의 흡수가 잘 일어나는 파장대를 관측하면 대기 중 수증기량의 분포를 파악할 수 있다.

2. 대기의 창

(1) 광학적 창

대기의 창 중 파장 영역이 0.4~0.7μm인 가시광선에 해당하는 부분은 광학 망원경을 통해 별을 관찰할 수 있는 영역이므로 광학적 창이라고도 한다.

(2) 전파의 창

파장이 수 mm에서 20m 정도인 전파 영역을 전파의 창이라고 한다. 전파 망원경은 안테나와 동일한 구조이며, 전파의 창을 통하여 들어오는 빛으로 영상을 만들어 낸다.

(3) 적외선의 창

① 전자기파 중 파장이 8~13μm인 영역은 지구상에 적외선이 들어오는 통로로 이용될 수 있지만, 동시에 지구가 우주로 방출하는 지구 복사에너지의 통로로도 이용될 수 있다. 지구의 평균 온도는 약 288K이므로 지구를 흑체라 가정했을 때 최대 에너지를 방출하는 파장은 약 10μm가 되고, 이는 적외선 영역의 대기의 창과 일치한다.

② 따라서, 적외선 영역의 대기의 창을 이용하여 달이나 지구를 도는 인공위성에서 지표면이 방출하는 지구 복사에너지를 촬영하면 햇빛이 비치지 않는 밤에도 지구의 영상을 얻을 수 있다. 적외선 영상은 해수의 온도와 구름의 온도를 알 수 있게 해주며, 중위도에서 해수의 흐름 · 전선 · 권운의 범위를 찾는 데도 이용된다.

3. 지표에서 방출된 복사에너지 특징

지표에서 방출된 장파의 빛은 연직방향으로 전파해 갈 때 대기 중의 온실기체가 특정 파장의 빛을 흡수한다. 예를 들어 9.6μm (1,041cm^{-1}) 부근의 빛은 대기 중의 오존에, 15μm(667cm^{-1}) 부근의 빛은 이산화탄소에 흡수된다. 그러나 9.6μm 부근의 오존에 의한 흡수를 제외한 8~13μm(1,250~800cm^{-1})의 빛은 거의 흡수되지 않고 대기를 통과한다. 따라서 우주(인공위성)에서 이 파장 범위의 빛을 측정하면 지표에서 방출된 양과 거의 동일한 값이 된다. 이는 마치 사람이 유리창을 통하여 사물을 볼 수 있듯이 대기의 창을 통하여 지표를 볼 수 있음을 의미한다.

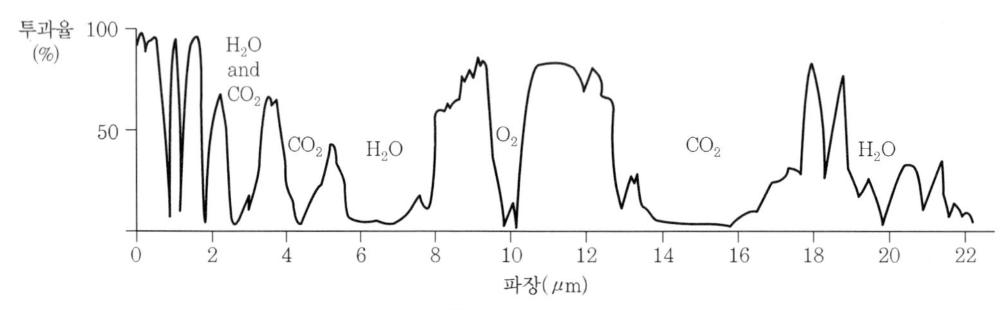

[그림] 대기 투과율

08 평면각 단위의 종류별 정의 및 상호 관계

1교시 13번 10점

1. 개요

각은 호와 반경의 비율로 표현되는 평면각과 구면 또는 타원체면상의 성질을 나타내는 곡면각, 넓이와 길이의 제곱과의 비율로 표현되는 공간각으로 나눈다. 각의 단위는 무차원이므로 순수한 수처럼 취급할 수 있으나 방정식의 의미를 분명하게 하거나 위치결정, 벡터해석, 광도 관측 등에서 중요한 역할을 한다.

2. 평면각 단위의 종류별 정의 및 상호 관계

(1) 평면각 단위의 종류별 정의

① 60진법 : 원주를 360등분할 때 그 한 호에 대한 중심각을 1도라 하며, 도, 분, 초로 나타낸다.

② 100진법 : 원주를 400등분할 때 그 한 호에 대한 중심각을 1그레이드(Grade)로 정하여, 그레이드, 센티그레이드, 센티센티그레이드로 나타낸다.

③ 호도법 : 원의 반경과 같은 호에 대한 중심각을 1라디안(Radian)으로 표시한다.

(2) 각의 상호 관계

① 도와 그레이드

$\alpha^\circ : \beta^g = 90 : 100$이므로 $\alpha^\circ = \frac{9}{10}\beta^g$ 또는 $\beta^g = \frac{10}{9}\alpha^\circ$

그러므로, $1^g = 0.900^\circ$, $1^c = 0.540'$, $1^{cc} = 0.324''$, $1^g = 0.9^\circ = 54' = 3{,}240''$이다.

② 호도와 각도

1개의 원에서 중심각과 그것에 대한 호의 길이는 서로 비례하므로 반경 R과 같은 길이의 호 $\widehat{AB}$를 잡고 이것에 대한 중심각을 ρ로 잡으면

$$\frac{R}{2\pi R} = \frac{\rho^\circ}{360^\circ}$$

$$\rho^\circ = \frac{180^\circ}{\pi} = 57.29578^\circ$$

$$\rho' = 60 \times \rho^\circ = 3{,}437.7468'$$

$$\rho'' = 60 \times \rho' = 206{,}264.806''$$

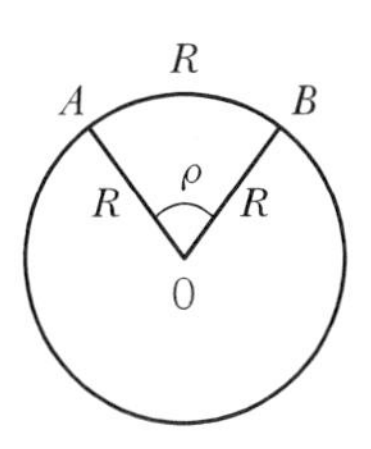

[그림 1] 호도법

반경 R인 원에 있어서 호의 길이 L에 대한 중심각 θ는

$\theta = \frac{L}{R}(\text{Radian})$을 도, 분, 초로 고치면 $\theta^\circ = \frac{L}{R}\rho^\circ$, $\theta' = \frac{L}{R}\rho'$, $\theta'' = \frac{L}{R}\rho''$

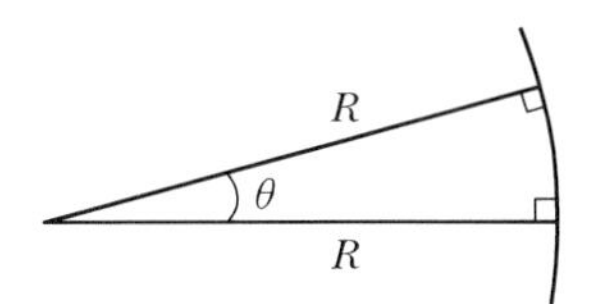

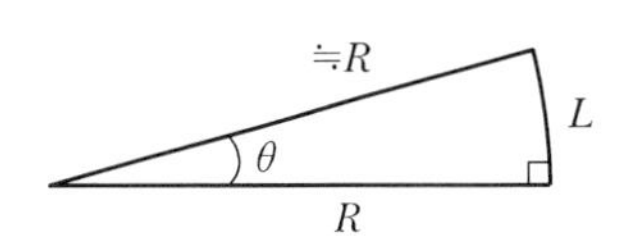

[그림 2] 호도와 각도

09 GNSS 수신기의 낮은 수신 감도로 인한 재밍(Jamming) 공격에 대비한 항재밍(Anti-Jamming) 방안에 대하여 설명하시오.

2교시 2번 25점

1. 개요

GPS는 사용자에게 정확한 PVT(Position, Velocity, Time) 정보를 전달하기 위한 목적으로 운용 중인 전파항법시스템이다. GPS 시스템의 기능을 방해하기 위한 고의적 방해요소로 재밍(Jamming), 블로킹(Blocking), 신호 기만(Spoofing), 시간차 전송(Meaconing) 등이 있다.
재밍이란 전파가 강한 주파수를 쏴서 기계가 기존 주파수를 버리고 강한 전파의 주파수를 수신하도록 해 오작동을 일으키게 하는 전파교란 기술이다. 항재밍(Anti-Jamming)은 재밍을 방해하는 기술로, 전파교란 신호를 상쇄하도록 그 신호와 반대되는 신호를 보내는 기술을 말한다.

2. GPS 재밍(Jamming)

GPS 재밍은 GPS 신호가 사용하는 주파수 대역에서 GPS 수신기 세기보다 높은 신호를 송출하는 전파교란 형태를 말한다. 블로킹이나 재밍의 목적은 타깃 수신기의 획득 및 추적기능을 방해하여 수신기가 PVT 정보를 서비스 받지 못하도록 하는 것이다.

(1) GPS 재밍에 의한 국내의 피해 사례(국내 GPS 전파 교란 사례)

구분	발생시기	피해지역	피해사례
1차 전파교란	2010년 8월 23일~26일 (4일간)	인천공항 등 경기 서북부	기지국, 선박, 항공기 GPS 수신 장애
2차 전파교란	2011년 3월 4일~14일 (11일간)	인천공항 등 경기 서북부	기지국, 선박, 항공기 GPS 수신 장애
3차 전파교란	2012년 4월 28일~5월 13일 (16일간)	인천공항 등 경기 서북부	기지국, 선박, 항공기 GPS 수신 장애

(2) GPS 재밍에 의한 외국의 피해 사례

① 2003년 이라크 전쟁 당시 GPS에 의한 유도탄 항법 장치의 오작동으로 낙하지점을 크게 벗어나는 사례 발생
② 2007년 샌디에이고 항구 지역에서 항공기 및 선박의 항법시스템 오작동과 휴대폰 오작동 사례 발생

(3) GPS 재밍의 대처방안

① GNSS 송신위성 신호 개량 : $L_1 \cdot L_2$ 신호세기 강화, $L_2C \cdot L_5$ 신호 추가, 군암호화 코드 활용
② GNSS 체계의 효율적 활용 : GPS+GLONASS+Galileo+CNSS+QZSS 혼합 사용
③ GNSS 수신 안테나 개량 : 수신기 안테나 조합 운용(수 개 안테나 조합 운용)
④ 교란파를 필터링할 수 있는 기법 활용
⑤ 지상전파항법(e-로란) 및 INS 활용

3. 재밍(Jamming) 공격에 대비한 항재밍 방안

(1) 기존의 GPS 재밍 대응장치는 몇 가지 문제점이 있다. 기존 장치는 단순한 잡음형 기만 등 단순한 재밍에만 대응할 수 있었고, 적이 지향성 고출력 재머를 사용하게 될 경우 이러한 방법조차 무력화될 수 있었다.

(2) 항재밍은 재밍을 방해하는 기술로 전파교란 신호를 상쇄하도록 그 신호와 반대되는 신호를 보내는 기술을 말한다. GPS 항재밍 솔루션은 재머를 사용한 적의 교란이나 서비스 거부 공격에 현대식 항법, 통신, 정보수집, 전자전 체계 등이 노출되지 않도록 방어해 주는데, 오늘날 GPS 전파교란과 같은 위협에 대응해 내장형 GPS INS 체계에 첨단 항재밍 능력을 결합하는 것이 필수적이다.

(3) 하지만, 이 항재밍 기술은 설치비용 등에 대한 부담이 커 민간기업이나 기관들 사이에서는 설치가 어려워 핵심 국가기관 시설 같은 일부의 인프라에만 설치되어 있다.

(4) 항재밍이 능동적 방법이지만 신호를 100% 차단하는 것이 아니므로 수신기에 항재밍 기능을 높이고 위성 송신 신호를 높이는 게 북한의 GPS 교란에 효과적으로 대처하는 방법이다.

(5) 이러한 문제를 해결하기 위해 국방과학연구소에서는 2014년부터 2017년까지 GPS 복합재밍 능동대응 기술을 개발하기로 하였다. 이 재밍기술은 최소 7채널의 다중채널(안테나)를 통해 기존의 GPS 항재밍 장치(4채널)보다 더욱 정밀하게 방해신호와 항법신호를 구분해 낼 수 있으며, 다수의 복합재밍에 대해 능동적으로 대응한다.

4. 결론

현재 북한이 최초 교란 전파 발생 이후 전파 교란과 중지를 반복하고 있는데, 이는 항공기와 선박, 군장비 등에 심각한 위협이 될 수도 있다고 판단된다. 또한 북한은 GPS 교란뿐만 아니라 강력한 전자기파로 전자기기를 무력화하는 기술을 보유할 가능성이 있어 전자전에 대비한 대응책 마련도 필요하다고 판단된다.

10 측지좌표계(지리좌표계)와 지심좌표계(3차원 직교좌표계)를 각각 정의하고, 각각의 특징 및 용도, 상호 변환을 위한 조건을 설명하시오.

2교시 6번 25점

1. 개요

최근 측량은 위성측지계의 보급에 따라 측지분야, 지적 및 지형공간정보체계의 데이터베이스 관리분야에서 그 활용성이 커지고 있으나, 기존 지역좌표계로는 새로운 위성측지기술 및 장비 사용에 부적합하여 2003년부터 세계 단일의 지구중심좌표계로 전환하였다. 그러나 측지좌표계와 지심좌표계는 두 좌표계 간의 차이가 크게 발생하므로 측량기술자는 이러한 차이를 잘 이해하여 올바르게 좌표변환을 하여야 한다.

2. 측지좌표계 및 지구중심좌표계의 정의

(1) 측지좌표계(Geodetic Coordinate System)

지표면상의 위치를 측지경도, 측지위도 및 높이로 나타낸 좌표계이다.

(2) 지구중심좌표계(Geocentric Coordinate System)

지구의 질량 중심을 원점(0, 0, 0)으로 하고, 그리니치 자오선과 적도면이 교차하는 방향을 X축, 자전축을 Z축, 오른손 법칙에 따라 적도면에서 X축에 90°인 방향을 Y축으로 하는 좌표계를 말한다.

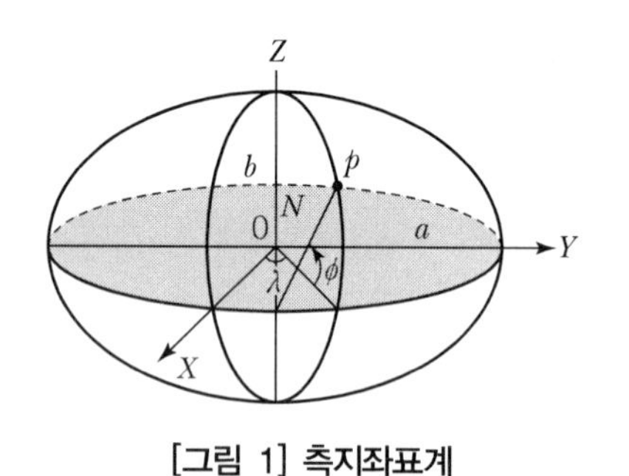

[그림 1] 측지좌표계

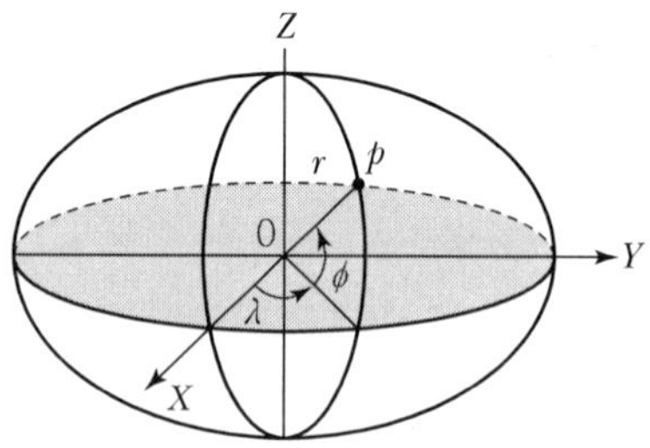

[그림 2] 지구중심좌표계

3. 측지좌표계와 지심좌표계의 특징 및 용도

(1) 측지좌표계

① 좌표계는 본질적으로 무수히 많은 방법이 있으나, 지표 부근에 있는 물체의 3차원 위치를 표시하는 방법으로는 경도 · 위도 · 높이 등 3요소를 이용하는 측지좌표계가 가장 널리 이용된다.

② 측지좌표계는 장반경 a, 단반경 b인 타원체인 것으로 가정하고 경도 및 위도를 사용하여 위치를 표시하는 좌표계이다.

③ 경도는 그리니치 자오선으로부터 관측한 각이며, 위도(ϕ)는 적도면과 회전타원체의 법선이 이루는 각이다.

④ 지구의 형상을 나타내는 장반경 a와 단반경 b는 국가에 따라 채용하는 값이 다르며, 종래 우리나라에서는 1841년 관측된 베셀(Bessel)의 값을 채용하였다.

(2) 지심좌표계

① 인공위성은 지구를 중심으로 회전하므로 그 운동을 기술하려면 지구중심을 기준으로 한 좌표계가 편리하다.

② 지구중심좌표계는 지구중심을 원점으로 하며, 지구에 고정된 지구의 자전과 동시에 회전하는 좌표계이다.

③ 경도(λ)는 측지좌표계와 마찬가지로 그리니치 자오선으로부터의 각이다.

④ 위도(ϕ)는 지구중심과 구점을 연결하는 선과 적도면이 이루는 각이다.

4. 측지좌표계와 지심좌표계의 상호 변환

(1) 측지좌표로부터 직각좌표로 변환

$$X=(N+h)\cos\phi\cos\lambda$$
$$Y=(N+h)\cos\phi\sin\lambda$$
$$Z=(N(1-e^2)+h)\sin\phi$$

여기서, X, Y, Z : 3차원 직교좌표

λ, ϕ : 경도, 위도

h : 타원체고

N : 묘유선 곡률반경

e : 이심률

(2) 측지좌표계와 지심좌표계의 상호 변환

2개의 3차원 직각좌표계의 기하학적인 관계는 원점을 중심으로 하는 좌표축 회전, 원점의 평행이동, 축척변화량 등 총 7개의 파라미터를 사용하여 수학적으로 표현할 수 있다. 좌표계1(측지좌표) 3차원 직각좌표를(X_1, Y_1, Z_1), 좌표계 2(지심좌표)의 3차원 직각좌표를(X_2, Y_2, Z_2)라고 하면, 이 두 가지 좌표는 다음과 같은 관계가 있다.

$$\begin{vmatrix} X_2 \\ Y_2 \\ Z_2 \end{vmatrix} = \begin{vmatrix} \Delta X \\ \Delta Y \\ \Delta Z \end{vmatrix} + (1+\Delta)R_2(\omega_z)R_y(\omega_y)R_x(\omega_x)\begin{vmatrix} X_1 \\ Y_1 \\ Z_1 \end{vmatrix}$$

여기서, ΔX, ΔY, ΔZ : 원점의 평행이동

ω_x, ω_y, ω_z : 각 축 둘레의 회전(라디안)

Δ : 축척 변화량

또한 회전행렬은 다음과 같다.

$$R_x(\omega_x) = \begin{vmatrix} 1 & 0 & 0 \\ 0 & \cos\omega_x & \sin\omega_x \\ 0 & -\sin\omega_x & \cos\omega_x \end{vmatrix}$$

$$R_y(\omega_y) = \begin{vmatrix} \cos\omega_y & 0 & -\sin\omega_y \\ 0 & 1 & 0 \\ \sin\omega_y & 0 & \cos\omega_y \end{vmatrix}$$

$$R_z(\omega_z) = \begin{vmatrix} \cos\omega_z & \sin\omega_z & 0 \\ -\sin\omega_z & \cos\omega_z & 0 \\ 0 & 0 & 1 \end{vmatrix}$$

이 회전행렬에서, 일반적인 좌표변환에서는 ω가 매우 작으므로, 다음과 같이 근사값을 사용할 수 있다.

$$\sin\omega=\omega,\ \cos\omega=1$$

이러한 근사값을 사용하여 회전행렬을 계산한 후, 2차항 이상을 무시하면 다음과 같은 결과를 얻을 수 있다.

$$R_z(\omega_z)R_y(\omega_y)R_x(\omega_x) = \begin{vmatrix} 1 & \omega_z & -\omega_y \\ -\omega_z & 1 & \omega_x \\ \omega_y & -\omega_x & 1 \end{vmatrix}$$

5. 결론

측량학은 지구 및 우주공간상의 제 점 간의 위치결정 및 특성을 해석하는 학문으로 위치결정의 핵심사항인 좌표계 및 원점 설정, 좌표변환은 측량자의 중요한 임무이다. 그러므로 대학교 및 기타 교육 시 철저한 이론 및 프로그래밍에 대한 집중적인 교육훈련이 요구된다.

11 토목시공 현장에서 주로 사용하고 있는 토털스테이션(Total Station)의 오차 종류 및 보정 방법에 대하여 설명하시오.

3교시 1번 25점

1. 개요

Total Station이란 전자데오드라이트(수평각, 연직각 측정)와 EDM(거리 측정)을 결합한 측량장비를 말한다. 공간의 위치를 결정하기 위한 수평각, 연직각 그리고 사거리를 동시에 관측하며 지형도 제작 및 현장 측설 등을 할 수 있는 측량장비이다. TS의 오차는 수평각 · 연직각을 측정하는 측각부 각오차와, 거리를 관측하는 EDM부 오차로 구분되며, 측각부 오차는 장비의 제작과 관련이 있고, EDM부 오차는 지구곡률, 기상조건, 작업환경과 영향이 있으므로 EDM 부분을 중심으로 설명하고자 한다.

2. Total Station의 구성, 원리, 특징

(1) 토털스테이션의 구성

1) 토털스테이션 본체

① 수평각, 연직각을 측정하는 전자데오드라이트

② 거리(사거리)를 관측하는 EDM

③ 내부 컴퓨터와 메인 표시부로 구성

2) 반사경

① 정밀프리즘 : 트래버스측량

② 폴프리즘 : 현황측량

③ 시트프리즘 : 계측

(2) 토털스테이션의 특징 및 원리

1) 특징

① TS에서 발사한 적외선이 반사경(프리즘)에 반사되어 돌아오는 반사파와 발사파의 위상차를 측정하여 거리 관측

② 기상조건(온도, 고도 등)의 영향을 받음

2) 원리

$D = \frac{1}{2}(n\lambda + p)$, $P = \frac{\Delta\phi°}{360°}\lambda$

여기서, D : 관측거리

λ : 적외선 파장

$\Delta\phi°$: 적외선 파장의 위상차

n : 적외선 파장 개수

P : 파장의 마지막 부분

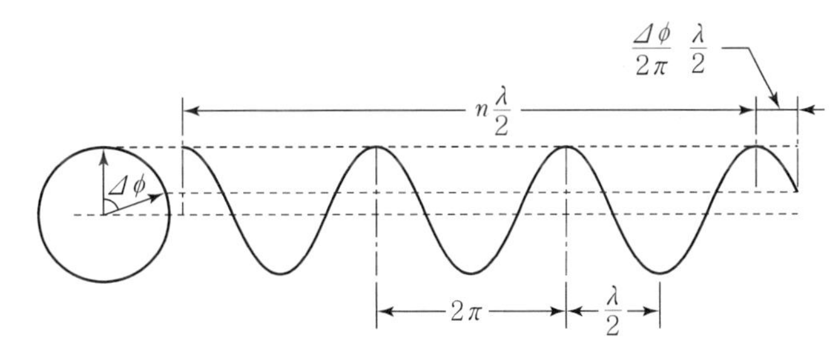

[그림 1] TS의 원리

3. TS 측량 시 오차의 종류

(1) 기계적 오차

① EDM의 오차=거리에 비례하지 않는 오차(2mm)+거리에 비례하는 오차(2mm×D)
여기서, D : km

② 거리에 비례하지 않는 오차 : 2mm

③ 거리에 비례하는 오차 : 2mm×D

(2) 측지학적 오차

① 양차

② 투영오차

4. TS 측량 시 오차의 보정 방법(측지학적 오차 보정방법)

(1) EDM의 오차 보정 방법

구분	원인	보정 방법	비고
1. 거리에 비례하는 오차			
1) 광속도 오차	장비의 정밀도	고정밀 장비 사용	
2) 광변조 주파수 오차	장비의 정밀도	고정밀 장비 사용	
3) 굴절률 오차	기상상태	기상보정(기압, 습도, 온도)	매뉴얼 준수
2. 거리에 비례하지 않는 오차			
1) 위상차 관측 오차	장비의 해상력	고정밀 장비 사용	

(2) 사용자 장비 조작미숙으로 인한 오차 보정 방법

구분	원인	보정 방법	비고
1. 영점 오차	• 낮은 기술력 • 매뉴얼 미숙지	• 기술력 향상 • 매뉴얼 숙지 • 기상보정(기압, 습도, 온도)	
2. 편심 오차			
3. 틀린 데이터 입력			
4. 기상보정 미실시			
5. 시준오차			

(3) 측지원리 미숙지로 인한 오차 보정 방법

1) 구차, 기차 보정

수평거리, 고저차 측정에서 지구의 구면과 빛의 굴절의 영향이 매우 크므로 측량 시 발생되는 구차와 기차를 산정하여 보정하는 것은 측량의 정밀도 향상에 매우 중요한 사항이다.

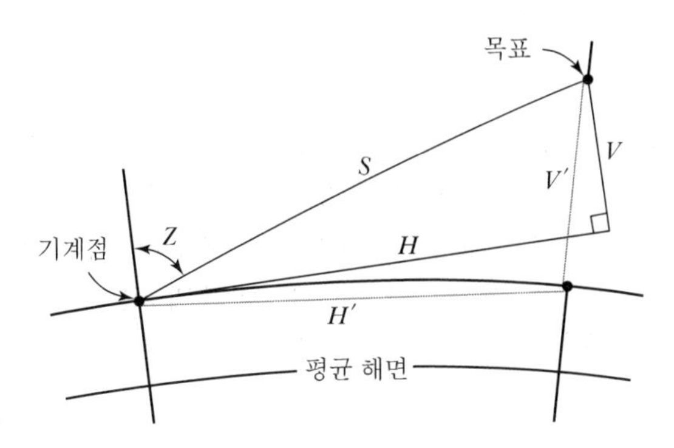

여기서, S : 사거리(기상보정후의 값)
Z : 천정각
K : 대기의 굴절 계수
R : 지구의 반경($6,372 \times 10^6$)

[그림 2] 구차 · 기차 보정

① 보정하지 않을 때
- 수평거리 : $H = S \times \sin Z$
- 고저차 : $V = S \times \cos Z$

② 보정할 때
- 수평거리 : $H' = S \times \sin Z - \dfrac{1-\dfrac{K}{2}}{R} \times S^2 \times \sin Z \times \cos Z$
- 고저차 : $V' = S \times \cos Z + \dfrac{1-K}{2R} \times S^2 \times \sin^2 Z$

2) 투영 보정

Total Station으로 최초 관측된 거리는 지표면상의 경사거리로 이를 기준면상에 투영한 수평거리로 환산하여 사용함을 원칙으로 하며, 직각좌표로 표시하기까지의 환산절차는 관측된 경사거리를 평균해수면의 표고기준면이나 관측지역의 평균표고, 수준면상의 거리로 환산 후 도법을 고려하여 평면, 원통에 투영하여 지도상의 거리로 나타낸다.

① 거리의 환산순서

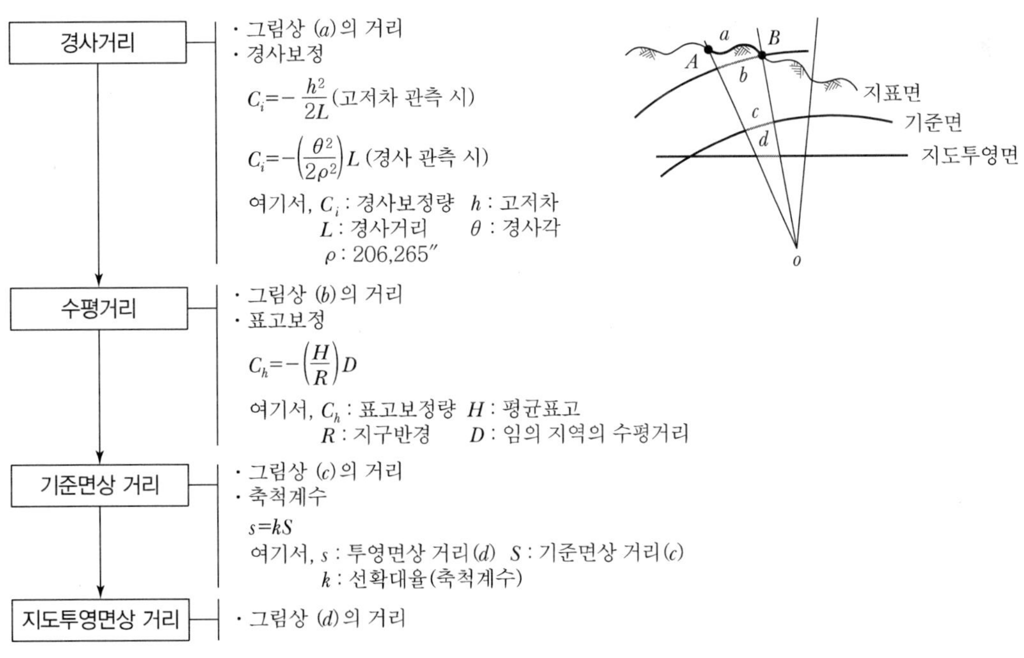

[그림 3] 거리의 환산 순서

5. 결론

Total Station은 3차원 위치결정이 가능한 측량장비이다. TS에서 관측된 거리는 지표면상의 거리이므로 각 설계도서에 명시한 지도투영면상의 거리로 환산하여 사용하여야 한다. 터널 현장의 트래버스측량은 거리의 관측부터 환산까지 정밀하게 실시하여야 그 오차를 줄일 수 있다. 또한 시방서 및 규정의 측량 방법을 준수하여 측량을 실시하여야 관측오차를 최소로 할 수 있으므로 관련 규정을 철저히 숙지하여야 한다. 현장에서 근무하는 감리원 및 대다수의 기술자가 거리의 환산절차를 숙지하지 않아 부실공사로 이어지고 있으므로 이 부분에 대한 철저한 교육이 필요하다.

12 공간정보를 활용한 햇빛지도(태양광 에너지자원 지도)의 제작 방법 및 활용에 대하여 설명하시오.

3교시 2번 25점

1. 개요

태양광 자원지도는 지표면에 도달하는 태양광 강도를 시공간에 대하여 통계 분석하여 표출된 자료를 말하며 이 지도는 태양광 및 태양열 발전을 위하여 중요한 자료로 사용된다. 서울시에서 "햇빛도시"를 추진함에 따라 햇빛지도를 구축하고, 태양광정보시스템을 구축하였다. 햇빛지도는 주변 건물 간의 영향을 고려하여 건물의 지붕 및 옥상에 입사되는 태양광 입사에너지를 지도상에 표출한 것으로, 시민들에게 태양광발전과 관련된 정책을 알리고 태양광발전설비 설치에 자발적인 참여를 기대하고 있다.

2. 도입배경

서울시는 안전하고 지속 가능한 에너지를 확보하고, 기후변화에 대응하여 2030년 저탄소 사회실현의 도시브랜드 선점을 위해 에너지절감과 신재생에너지 확대보급을 통한 '원전 하나 줄이기 종합대책'을 발표하였다. 이 대책의 핵심사업 중 하나로 2020년까지 도시 전력자급률 20%를 목표로 서울시내 주요 건물의 옥상 및 지붕에 태양광 발전소를 설치하는 "햇빛도시"를 추진하고 있다. 이와 관련하여 시민들에게 태양광발전과 관련한 정책을 알리고, 태양광발전설비 설치에 따른 비용적/환경적 절감정보를 제공하여 태양광발전설비 설치에 자발적인 참여를 이끌어 내어 전력자급 목표 달성을 기대하고 있다.

3. 태양광에너지 산출 및 햇빛지도 제작 방법

(1) 태양광에너지 산출

1) 일사량 계산 알고리즘(ArcGIS® Solar Radiation Tool 사용 시)

특정 지점에서 하늘을 관찰하였을 때 보이거나 가려지는 시야를 계산하여 천구의 모습을 Raster(격자형 이미지)로 나타내는 방법을 이용한다.

[그림 1] Solar Radiation Tool의 일사량 계산 알고리즘

① 직사광 : 지표에 아무런 장애 없이 직접 도달하는 태양광
② 산란광 : 대기 중의 불순물, 수증기, 구름 등에 의해 다양한 파장대의 빛으로 분리된 태양광
③ 반사광 : 지표, 수면, 시설물 등에 의해 반사된 태양광

2) 태양광 Screening Logic(서울시형)

기상청에서 제공하고 있는 2000~2011년간 평균 직달 일사량 데이터를 기준으로 태양의 고도 및 방위각을 분석하고, 방위별, 설치각도별로 일사량을 계산하여, 태양광 발전설비 설치에 따른 일사량 변화를 계산한다.

① 태양광 발전설비의 설치방향, 설치각도에 따른 계절별 일사효율

계절별, 시간별 일사량 관측자료를 기준으로 태양광 어레이의 방위별, 설치각도별 일사율의 변화를 분석한다. 일반적으로 그 지역의 위도와 동일한 각도로 태양광 어레이를 설치하였을 경우 최대 효율을 기대할 수 있다.

② 주변 건물 및 태양광 시설 간의 음영에 따른 태양광시설 설치 조건 분석

태양광 어레이 설치면과 주변 건물의 높이차가 1m일 때를 기준으로 동지 시 태양고도와 방위각의 변화에 따른 음영의 영향을 받지 않는 최소 확보거리를 계산하면, 시간의 경과에 따라 태양의 고도가 낮아짐으로써 요구되는 최소 확보 거리는 증가하게 된다. 어레이의 방위가 동~서 방향으로 48도 이상 이르게 되면 인접 건물과의 높이 차의 5배에 이르는 거리 확보가 필요하다.

3) 햇빛지도 제작 이용 Tool

ESRI 사의 ArcGIS® Solar Radiation Tool을 이용하는데 ArcGIS Solar Radiation Tool은 전 세계에서 사용 가능한 태양광에너지 산출 알고리즘을 프로그램화한 솔루션으로, 지표면에 도달하는 태양광 중 영향이 제일 작은 반사광을 제외한 직사광과 산란광을 고려하여 일사량(Wh/m^2)을 계산하고 있다.

(2) 햇빛지도의 제작 방법

기본도를 활용하여 건물단위당 일사량 및 일조권 정보를 구축한 주제도를 작성하고, 대상 건물과 주변 건물의 배치, 방향, 높이 등의 조건과 지형조건을 고려하여 개별 건물에 대한 햇빛음영분석도를 제작한다. 햇빛음영분석도는 지방자치단체별 햇빛알고리즘을 활용하여 건물 옥상면적 기준의 주제도를 제작한다.

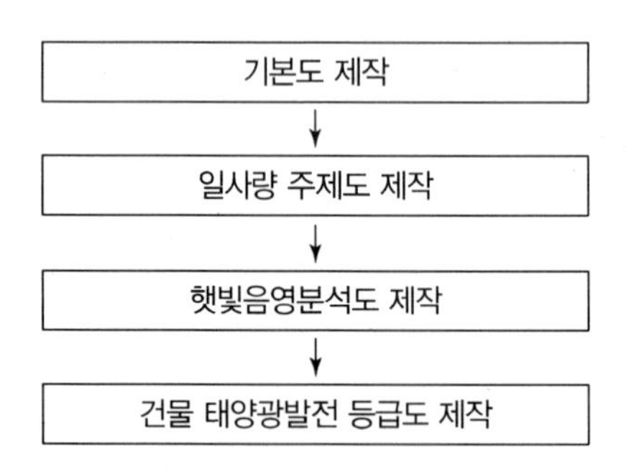

[그림 2] 햇빛지도의 제작 방법

1) 기본도 제작

기본도 제작 시 다음의 2가지 모델이 사용된다.

구분	수치지도 기반 DBEM(DEM+새주소건물)	항공라이다 측량 기반 DBEM
취득 표면 형태	(지붕 및 옥상 표면이 평평한 상태로 취득)	(지붕 및 옥상 표면정보를 유지한 상태로 취득)
데이터 최신성	높음	낮음
정확도	낮음(층수×평균층고)	높음(1m 격자기준 성과)
세밀도	낮음 (박스형태, 옥상 형태 구분 불가)	보통 (건축물 형태 표현, 옥상 형태 일부 구분)
데이터 구축 제한 여부	없음	보안지역 데이터 구축 불가

① DEM(Digital Elevation Model) : 지형(건축물, 식생 등 제외)만의 높이 값을 표현한 수치모델

② DBEM(Digital Building Elevation Model) : 건물(지형포함/미포함 선택사항) 높이 값을 표현한 수치모델

③ DSM(Digital Surface Model) : 지형 · 지물 모두의 높이값을 표현한 수치모델

2) 태양광에너지 음영도, 건물 태양광에너지 등급도 제작

건물에 입사되는 태양광에너지는 직사광, 산란광, 반사광으로 이루어져 있으며, 서울햇빛지도 구축 시에는 직사광과 산란광을 고려하여 구축한다.

① 태양광에너지 음영도

태양광에너지 음영도는 1m×1m 단위의 격자에 입사되는 태양광에너지를 계산하여 구축하며, 주변 건물과의 영향에 따라 태양광에너지의 음영을 확인할 수 있다.

② 건물 태양광에너지 등급도

건물 태양광에너지 등급도는 태양광에너지 음영도를 기반으로 각 건물의 평균 태양광 입사에너지를 계산하여 등급별로 표시한 주제도이다.

4. 햇빛지도 사용

(1) 태양광 발전 시뮬레이션

사용자가 선택한 건물 및 건물 옥상의 임의의 면적을 지정하여 태양광 입사량, 연간 전기생산량, 이산화탄소 감소량, 비용절감액 및 월별 전기생산량을 시뮬레이션

(2) 햇빛주제도 조회

사용자가 건물 태양광에너지 등급도와 태양광에너지 분포도를 월별/분기별로 조회

(3) 우리집 태양광 발전설비 등록

태양광 발전설비의 위치 및 설치내역을 등록 후 정보공개를 신청 · 등록하여 민간 태양광 발전설비 현황을 공유

(4) 태양광 발전설비 A/S 신청

지방자치단체의 지원을 받아 설치한 주택 태양광 발전설비에 대해 A/S를 신청

5. 활용방안

(1) 태양광 발전시설 설치를 위한 입지 분석
(2) 태양광 발전설비의 효율적인 운영 · 관리
(3) 태양에너지에 대한 정책수립 및 결정을 위한 정보 제공
(4) 태양에너지 잠재성이 높은 지역에 대한 사업투자

6. 결론

현재 창원시, 서울시가 햇빛지도를 구축하였으며, 민간기업에서 전국적으로 태양광설치 수익성 분석을 위한 햇빛지도가 제공되고 있으나, 단순히 전기요금 절감분석에 그쳐 그 활용은 미비하다 하겠다. 따라서 다른 지방자치단체들의 햇빛지도 구축을 유도하고 표준화하여 전국적인 통합 태양광 정보시스템을 구축한다면 건설, 환경, 기상 등 다양한 분야에서 효율적으로 활용될 것이라 판단된다.

13 한국형 SBAS(Satellite Based Augmentation System) 개발에 따른 국제적 상호운용성 확보를 위한 협력방안에 대하여 설명하시오.

3교시 3번 25점

1. 개요

GNSS 위치보강시스템은 위치보정신호의 생성 및 제공방식에 따라 크게 SBAS와 GBAS로 구분된다. 다수의 지상기준국 망으로부터 생성된 위치보정신호를 정지위성 또는 극궤도위성을 통해 방송하는 시스템을 SBAS라 하며, 1~2개의 지상기준국 망에서 직접 위치보정신호를 방송하는 시스템을 GBAS라 한다. 국토교통부는 2017년에 국제민간항공기구(ICAO)의 국제표준 위성항법시스템(SBAS : Satellite Based Augmentation System)으로써 개발 중인 '대한민국 초정밀 GPS 보정시스템(KASS : Korean Augmentation Satellite System)'에 대하여 유럽항공안전청(EASA : European Aviation Safety Agency)과 함께 인증을 진행해 나가기로 하는 계약을 체결하였다.

2. 대한민국 초정밀 GPS 보정시스템(KASS) 개발구축사업 개요

(1) 추진배경

① 해외 미국, 유럽, 인도, 일본은 국가 위치정보산업의 중요성을 인식, GPS 위치정보를 보정하는 SBAS를 개발하여 정밀위치정보 제공

② ICAO는 SBAS를 국제적으로 항공분야에 적용할 수 있는 표준시스템으로 지정하고 전 세계 운영을 목표로 추진

③ 우리나라는 국토교통부 주관으로 관계부처와 협업을 통한 SBAS 개발구축 기술성평가(기획재정부) 및 예타를 완료하고 국무회의 보고

(2) 사업개요

① 사업기간/사업비는 2014. 10~2022. 10(8년), 1,280억 원(국토부 1,212억 원, 해수부 68억 원)

② 부처협업은 국토부(주관), 해수부 · 미래부 협업으로 연구개발

③ 사업내용은 기준국(7), 중앙처리 · 통합운영국(2), 위성통신국(2), 정지궤도 위성 탑재체(2) 구축

(3) 시스템 구성

① 기준국 : GPS 신호를 실시간 수신하여 중앙처리국으로 송신

② 중앙처리국 : 기준국 신호를 수신하여 오차를 보정, 위성통신국 전송

③ 위성통신국 : 보정정보를 정지궤도위성으로 송신

④ 정지궤도위성 : 사용자(공중, 육상, 해상)에 위치보정신호 송신

⑤ 통합운영국 : 전체 시스템을 총괄하여 운영상태를 감시 제어

3. 국제적 상호 운용성 확보를 위한 협력방안

(1) 국토교통부는 2022년까지 KASS 성능 인증검사 수행을 위해 국내 항공안전기술원(원장 정연석)을 책임 검사기관으로 지정하였고(2017. 2), 유럽항공안전청을 인증 협력기관으로 참여시켰다.

(2) 국토교통부와 유럽항공안전청은 지난 2016년 10월 KASS 인증협력 의향서를 체결했으며, 구체적인 업무사항을 협의하고 이번 계약을 체결하였다.

(3) 유럽항공안전청은 유럽 내 초정밀위성보정시스템(EGNOS)의 성능을 인증한 경험이 있어 앞으로 이를 바탕으로 국내 검사기관과 인증협력 및 국내 인증전문가 양성을 위한 기술교육을 제공할 예정이다.
(4) 유럽항공안전청은 국내 검사기관과 함께 KASS의 인증산출물을 검토하고 유럽의 기준과도 성능이 부합되는지 검토하여 유럽기준 적합성확인서(SoC : Statement of Compliance)를 발급할 예정이다.
(5) 국토교통부는 우리나라의 항법시스템 KASS가 국제적인 기준을 충족하는 것임을 대내외에 알리고 KASS 시스템의 신뢰성도 확보할 수 있도록 노력하겠다는 방침이다.
(6) 인증전문가 기술교육은 6~7월경 국내에서 이론교육을 실시 후 유럽 현지에서 현장교육을 실시할 예정이며 유럽의 인증 표준 · 법령 및 인증 방법 등의 전문교육이 이루어질 계획이다.

4. 기대효과

(1) KASS는 GPS 오차를 실시간으로 보정하므로 위치정보의 정확성을 크게 높일 것으로 기대된다. 이는 항공기뿐만 아니라 일반 생활 분야에도 확대 적용되어 초정밀 위치정보를 제공할 수 있다.
(2) 특히, 자율주행자동차와 같은 지능형 교통시스템과 드론 무인기 정밀자동항법, 토지 · 해양측량, 스마트시티, 재난안전, 증강현실 게임, 노약자 보호, 미아 찾기 등에 활용되어 정확한 위치를 제공해주므로 일반 생활 전반 서비스가 한 차원 높아질 것으로 기대된다.

5. 결론

유럽항공안전청과 이번 계약을 통해 국토교통부가 2022년에 대국민 초정밀 위치정보서비스를 제공하여 항법시스템에 대한 국제적인 신뢰도를 높일 뿐만 아니라 국내 위성항법시스템 인증 능력을 고도화하여, 향후 위성기반 차세대 항공교통시스템 구축과 해외수출에도 크게 기여할 것이라 판단된다.

14 지표의 구성물질인 식물, 토양, 물의 대표적 분광반사특성을 그림과 함께 설명하고, 각각의 분광반사율에 영향을 미치는 요소에 대하여 설명하시오.

4교시 2번 25점

1. 개요

위성영상의 영상소(Pixel) 값이 갖는 분광특성은 토지피복분류 특성에 따라 다양한 연구분야에 활용되고 있다. 반사율(Reflectance)이란 어떤 면으로 입사하는 광속에 대한 반사 광속의 비율이다. 또한 빛(전자기파)의 파장별 반사율을 분광반사율(Spectral Reflectance) 또는 반사스펙트럼이라고 하고, Albedo는 태양광을 입사광으로 생각한 경우의 반사율이다. 물체의 분광반사율은 물체의 종류에 따라 다르다. 물체의 분광복사휘도는 분광반사율의 영향을 받기 때문에, 분광복사휘도를 관측하여 멀리서도 물체를 식별할 수 있다.

2. 분광반사율(Spectral Reflectance)

빛(전자기파)의 파장별 반사율을 분광반사율 또는 반사스펙트럼이라고 하고, 분광반사율 곡선으로 표현하는 경우가 많다. 또한 각각의 파장에 따라 대상물체의 분광반사율은 다르게 나타나므로 이러한 특성이 다양한 분야에서 적용되고 있다.

[분광반사율의 수학적 정의]

대상물체의 반사특성들은 반사된 입사에너지의 비율을 측정하여 수치화할 수 있는데, 이를 분광반사율이라고 한다. 이러한 수치들은 파장에 따라 측정값이 바뀌며 수학적으로 다음과 같이 정의한다.

$$\rho_\lambda(\text{분광반사율}) = \frac{E_R(\lambda)}{E_I(\lambda)} = \frac{\text{대상물체에서 반사된 파장 }\lambda\text{의 에너지}}{\text{대상물체로 입사한 파장 }\lambda\text{의 에너지}}$$

$$E_I(\lambda) = E_R(\lambda) + E_A(\lambda) + E_T(\lambda)$$

$$E_R(\lambda) = E_I(\lambda) - [E_A(\lambda) + E_T(\lambda)]$$

여기서, E_I : 입사에너지, E_R : 반사에너지

E_A : 흡수된 에너지, E_T : 투과된 에너지

3. 식물, 토양, 물의 대표적 분광반사 특성

[그림 1]과 같이 식물은 근적외 영역에서 강하게 반사되고 흙은 식물과 달리 가시역과 단파장 적외역에서 반사가 강하다. 그리고 물은 적외역에서는 거의 반사되지 않는다.

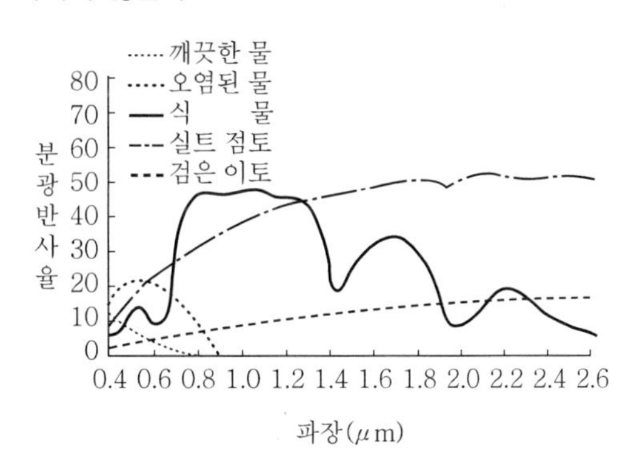

[그림 1] 식물, 흙, 물의 분광반사율

4. 각각의 분광반사율에 영향을 미치는 요소(인자)

(1) 식물 잎의 분광반사율에 미치는 요소(그림 2, 3 참조)

① 잎의 색소, 내부구조, 수분함량 등이 잎의 반사 및 투과에 영향을 미치는 인자이다.

② 잎에 포함되어 있는 클로로필이라는 색소는 0.45μm 부근과 0.67μm 부근의 전자기파를 강하게 흡수하므로, 결과적으로 가시역에서는 0.5~0.6μm(녹색)의 반사율이 높다. 이 때문에 식물의 잎은 녹색으로 보인다.

③ 0.74~1.3μm의 근적외역에서 반사율이 매우 높은데, 이것은 잎의 세포구조에 기인한 것이다.

④ 가시 · 근적외 영역이 식생조사에 이용되는 것은 적색밴드의 강한 흡수와 근적외 밴드의 강한 반사라는 특성이 있기 때문이다.

⑤ 그리고 장파장 쪽에서는 물에 의한 흡수 밴드인 약 1.5μm와 1.9μm 부근에서 명백한 반사율 저하가 보인다. 반사율 저하 비율은 잎의 수분함량에 따라 달라진다.

⑥ [그림 3]은 식생의 종류에 따른 분광반사율의 차이를 나타낸 것으로 근적외에서의 큰 차이는 잎의 세포구조 차이에 의한 것이다.

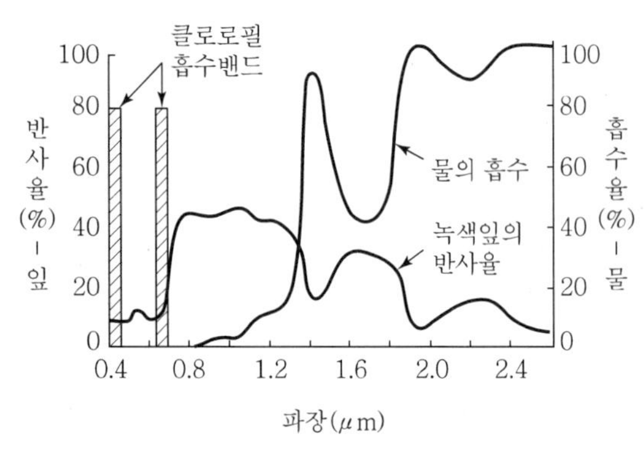

[그림 2] 나뭇잎의 분광반사율

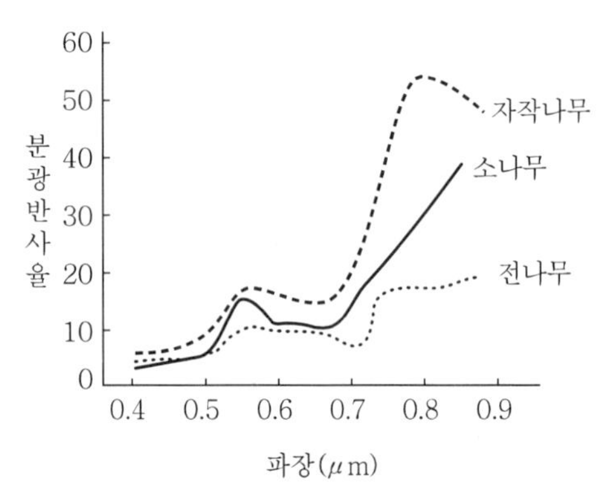

[그림 3] 식물 종류에 따른 분광반사율

(2) 흙의 분광반사율에 미치는 요소

흙의 반사곡선에 영향을 미치는 주요 원인은 토양의 색, 수분함량, 탄산염의 존재 여부, 산화철의 함량 등이다.

(3) 물의 분광반사율에 미치는 요소

물의 원격탐측을 수행하는데 있어 우선 순수한 물의 경우, 물에 입사된 광을 어떻게 흡수 및 산란시키는지를 이해하는 것이 필요하다. 그 다음에 유기 및 무기물질을 함유한 물에 대한 입사광의 효과를 고려하는 것이 바람직하다.

(4) 암석의 종류에 따른 분광반사율

암석의 식별에는 1.3~3.0μm의 단파장 적외역이 이용된다. 이와 같은 미묘한 분광반사율 특성을 조사하려면, 좁은 파장폭으로 세분화된 다파장 센서(이미지 분광계 : Imaging Spectrometer)가 필요하다.

5. 결론

원격탐측 기술의 가장 큰 장점은 빠른 시간 내에 보다 적은 비용과 인력을 투입하여 관련 분야의 제반정보를 효율적으로 수집하여 제작하고 공간자료의 가공 및 분석기능을 통하여 원하는 정보를 경제적이고 효과적으로 획득할 수 있다는 점이다. 원격탐측 기술은 정보화 시대에 필수적으로 갖추어야 할 사회기반산업으로 중요한 위치를 차지하고 있으므로 국가적 차원의 정책 및 기초 연구들이 진행되어야 할 중요한 시점이라 판단된다.

2018~2019년 측량 및 지형공간정보기술사 출제경향 분석 및 문제해설

NOTICE

본 기출문제 해설은 예문사 출간 《포인트 측량 및 지형공간정보기술사》를 기본으로 집필하였습니다. 기출문제 중 상기 서적의 내용과 유사한 문제는 참고 편으로 표시하였으며, 유사하지 않은 문제는 추가로 모범답안을 제시하였음을 알려드립니다. 또한, 본서의 모범답안은 출제 당시 자료와 법령을 기준으로 작성하였으며, 출제자의 의도에 최대한 접근하기 위해 집필진은 많은 노력을 하였으나 출제자의 의도와 정확히 일치되지 않을 수도 있음을 알려드립니다.

제 1 장 출제경향 분석

1 ATTENTION

본 기출문제 해설은 예문사 출간 《포인트 측량 및 지형공간정보기술사》를 기본으로 집필하였습니다. 기출문제 중 상기 서적의 내용과 유사한 문제는 참고 편으로 표시하였으며, 유사하지 않은 문제는 추가로 모범답안을 제시하였음을 알려드립니다. 또한, 본서의 모범답안은 출제 당시 자료와 법령을 기준으로 작성하였으며, 출제자의 의도에 최대한 접근하기 위해 집필진은 많은 노력을 하였으나 출제자의 의도와 정확히 일치되지 않을 수도 있음을 알려드립니다.

2 출제경향

2018년부터 2019년까지 시행된 측량 및 지형공간정보기술사는 기존에 시행된 출제문제와 유사한 형태로 출제되었다. 또한 이전과 비교하여 총론 및 시사성, 응용측량 PART는 출제비율이 조금 높아졌다. 세부적으로 살펴보면 응용측량(25.8%), 사진측량 및 R.S(25%), GSIS(16.1%)을 중심으로 집중 출제되었으며, 관측값 해석 및 지상측량 PART의 경우 상대적으로 적은 출제 빈도를 보였다.

3 PART별 출제문제 빈도표(114~119회)

PART	총론 및 시사성	측지학	관측값 해석	지상 측량	GNSS 측량	사진측량 및 R.S	GSIS (공간정보 구축 및 활용)	응용 측량	계
점유율 (%)	8.9	8.1	2.4	1.6	12.1	25.0	16.1	25.8	100

4 그림으로 보는 PART별 점유율

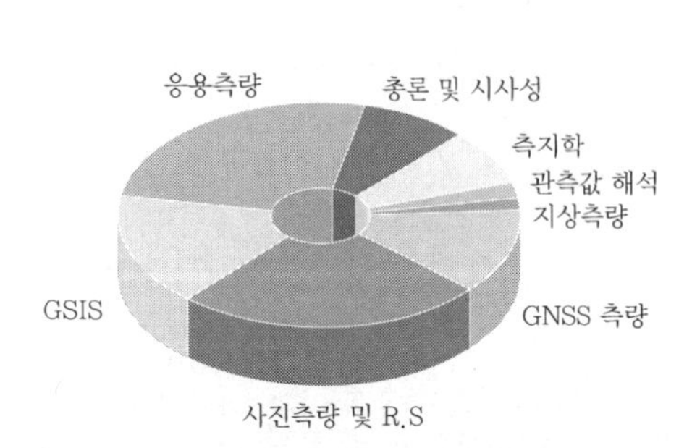

[114~119회 단원별 점유율]

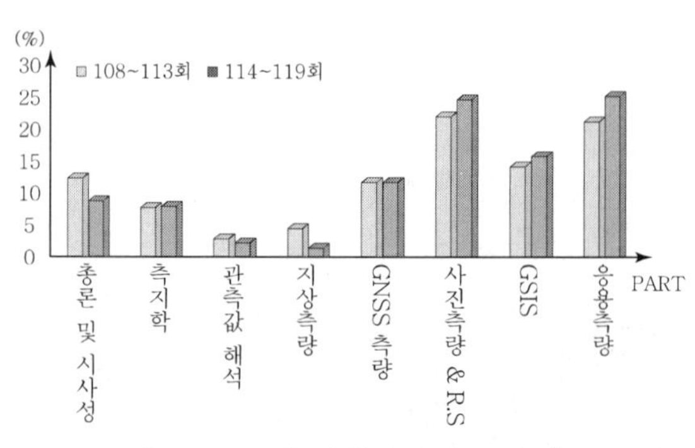

[108~119회 단원별 비교 분석표]

제2장 114회 측량 및 지형공간정보기술사 문제 및 해설

2018년 2월 4일 시행

분야	건설	자격종목	측량 및 지형공간정보기술사	수험번호		성명	

구분	문제	참고문헌
1교시	※ 다음 문제 중 10문제를 선택하여 설명하시오. (각 10점)	
	1. 지오코딩(Geocoding)	**1. 모범답안**
	2. 단방향 위치보정정보 송출시스템(FKP)	2. 포인트 5편 참고
	3. 실감정사영상(True Ortho Image)	**3. 모범답안**
	4. 합성지오이드모델(Hybrid Geoid Model)	4. 포인트 2편 참고
	5. 초분광센서영상(Hyperspectral Sensor Imagery)	5. 포인트 6편 참고
	6. 사진측량의 표정요소	**6. 모범답안**
	7. 공간보간법(Spatial Interpolation)	**7. 모범답안**
	8. 전자해도시스템(ECDIS : Electronic Chart Display and Information System)	**8. 모범답안**
	9. i-Construction	**9. 모범답안**
	10. 반송파 위상차	10. 포인트 5편 참고
	11. 스푸핑(Spoofing)	**11. 모범답안**
	12. 클라우드 컴퓨팅(Cloud Computing)	12. 포인트 8편 참고
	13. 음향측심기(Echo Sounder)	13. 포인트 9, 10편 참고
2교시	※ 다음 문제 중 4문제를 선택하여 설명하시오. (각 25점)	
	1. 스마트시티(Smart City)에서 디지털 트윈(Digital Twin)의 활용방안에 대하여 설명하시오.	**1. 모범답안**
	2. 디지털항공카메라와 항공라이다에 대한 각각의 검정 방법과 특성에 대하여 설명하시오.	**2. 모범답안**
	3. 해양공간정보구축을 위한 수로측량의 종류와 측량 방법을 설명하시오.	3. 포인트 10편 참고
	4. 자율주행차량용 3차원 정밀도로지도 제작 방법과 정밀도로지도 유지관리 방안에 대하여 설명하시오.	4. 포인트 7편 참고
	5. 공공의 목적으로 시행하는 공공측량의 정의, 절차, 공공측량으로 지정될 수 있는 대상에 대하여 설명하시오.	**5. 모범답안**
	6. 도로, 상하수도, 하천 등 실시설계를 위한 측량계획에 대하여 설명하시오.	**6. 모범답안**
3교시	※ 다음 문제 중 4문제를 선택하여 설명하시오. (각 25점)	
	1. 항공사진 기반의 고해상도 근적외선 정사영상의 특성과 제작 절차, 활용방안에 대하여 설명하시오.	**1. 모범답안**
	2. 항공영상과 항공라이다를 이용한 지진위험지역(활성단층)의 디지털활성단층지도 제작 방법과 활용 방법에 대하여 설명하시오.	**2. 모범답안**
	3. 공간정보 간의 교환과 상호 활용을 위한 KSDI(Korea Spatial Data Infra-structure) 표준의 개념, 목적과 선순환 체계 수립에 관하여 설명하시오.	3. 포인트 8편 참고
	4. Dynamic GIS 구축 방법과 활용방안에 대하여 설명하시오.	**4. 모범답안**
	5. 도로, 철도, 단지 및 하천공사 등의 건설공사 후 시설물 유지관리를 위한 준공측량에 대하여 설명하시오.	5. 포인트 9편 참고
	6. 공간데이터의 압축 방법에 대하여 설명하시오.	6. 포인트 8편 참고
4교시	※ 다음 문제 중 4문제를 선택하여 설명하시오. (각 25점)	
	1. 드론(UAV)을 이용한 수치지도 제작공정과 자료처리 과정에 대하여 설명하시오.	1. 포인트 6편 참고
	2. 국토지리정보원에서 추진하는 '신국가기본도 체계'의 추진배경과 필요성, 추진방향에 대하여 설명하시오.	**2. 모범답안**
	3. 사진측량의 상호표정(Relative Orientation)과 절대표정(Absolute Orientation)에 대하여 설명하시오.	3. 포인트 6편 참고
	4. 터널측량에서 효율적인 시공관리를 위한 정밀중심선측량과 3차원 내공변위측량 방법을 설명하시오.	**4. 모범답안**
	5. 지오이드 모델의 필요성과 우리나라 지오이드 모델의 구축 현황에 대하여 설명하시오.	5. 포인트 2편 참고
	6. 국가측량정책방향의 기틀인 제1차 국가측량기본계획(2016~2020)의 주요 내용에 대하여 설명하시오.	6. 포인트 1편 참고

NOTICE 본 측량 및 지형공간정보기술사 문제 및 해설 중 참고문헌의 《포인트》는 예문사 출간 《포인트 측량 및 지형공간정보기술사》임을 알려드립니다.

01 지오코딩(Geocoding)

1교시 1번 10점

1. 개요

지오코딩이란 지리좌표를 지리정보체계에서 사용 가능하도록 디지털 형태로 만드는 과정으로 도로명(새주소)을 이용하여 경위도 또는 X, Y 등과 같은 지리적인 좌표로 기록하는 것을 말하며 '좌표부여(Geocoding)'라고도 한다.

2. 지오코딩

(1) 데이터 소스의 변수

주소 철자 및 표기 오기, 나라 또는 도시마다 주소 표기 방법 다양

(2) 변환 시 좌표계, 타원체, 투영법 등 확인 필요

(예) EPSG : 5186(GRS80, TM 중부원점)
EPSG : 5179(GRS80, UTM－K)
EPSG : 3857(WGS84, 구글지도)

(3) 도구

① 도로명주소 안내시스템 Open API : 좌표 제공 API
② 스마트 서울맵 Open API : 주소/좌표변환 서비스
③ 기타 : X－ray Map 지오코딩, Geocoder－Xr 등

(4) 지오코딩을 이용한 매핑

① 주소자료에서 좌푯값 얻기
② 타원체 및 투영법 정의
③ 좌푯값을 이용하여 도형데이터 만들기
④ 동일한 좌표체계의 지도에 매핑

3. 관련 용어

(1) 역지오코딩(Reverse Geocoding)

지리적인 좌표를 사람이 읽을 수 있는 주소로 변환하는 과정

(2) 지상좌표화(Georeferencing)

영상이나 일반적인 데이터베이스 정보에 좌표를 부여하는 과정

02 실감정사영상(True Ortho Image)

1교시 3번 10점

1. 개요

실감(實感)영상이란 LiDAR 장비에 일체형으로 탑재된 디지털카메라를 통해 취득한 영상을 외부표정요소, LiDAR, DEM 등과 함께 이용하여 제작한 정사영상으로 사진 및 카메라의 왜곡과 지형의 정사보정을 통하여 제작된 정사영상과 동일한 데이터이다.

2. 특징

(1) 디지털 항공영상은 항공기에 디지털 사진기를 LiDAR 시스템과 동시 장착하여 항공LiDAR 데이터와 동시에 동일 대상지역을 촬영한다.

(2) 영상은 그 자체로만으로도 지형지물의 표현을 직관적으로 알 수 있는 장점이 있으며, 특히 디지털 영상은 컬러 영상뿐 아니라 적외선 영상까지 제작 가능하여 기존의 항공사진보다 더 많은 정보를 제공할 수 있다.

(3) LiDAR 결과물인 3차원 포인트 데이터의 정밀도가 좋지 않은 곳의 대상물 식별이나 정성적 특성파악을 위해 사용된다.

3. 정사(실감)영상 제작 방법

(1) 항공 디지털카메라

① 항공레이저측량장비와 일체형으로 제작, 운영되어 동시성을 확보하도록 할 것

② GNSS/INS시스템과 일체형으로 통합되어 있어 외부표정요소 취득이 용이할 것

③ 영상은 컬러 및 적외선 영상의 촬영이 가능하며, 디지털 방식으로 빠르고 간편하게 결과물 확인이 가능할 것

④ 작업지역에 대한 영상촬영이 공백 없이 진행되도록 충분한 노출간격이 확보되어야 함

⑤ 디지털카메라의 픽셀 및 주점거리가 고정되어 있기 때문에 고도가 높아질수록 지상해상도는 떨어지며 고도가 낮을수록 지상해상도가 좋아짐

(2) 비행설계 및 촬영

① 비행 중 미리 작성된 비행설계를 바탕으로 디지털카메라는 자동으로 데이터를 취득하게 되며 작업자는 모니터링용 컴퓨터에서 실시간으로 이를 확인함

② 촬영된 데이터는 외장하드디스크에 저장되며, 작업용 컴퓨터에서 간단히 변환과정을 거쳐 영상을 얻음

(3) 데이터 처리

디지털영상과 항공레이저측량에서 생성된 수치표고자료를 이용하여 단계별로 후처리하여 정사영상을 제작하며 이를 통해 전체적인 모자이크 영상을 제작한다.

1) 초기 외부표정요소 취득

① GNSS/INS 데이터, 이격거리, Boresight값 등의 보정정보, 투영정보 등을 이용하여 취득

② Boresight(회전량 보정) : 카메라 좌표축과 INS 센서의 축이 서로 불일치하는 직각좌표계의 X, Y, Z축의 회전량, 한번 설정된 보정값은 일정시간, 촬영지역 변경 시 그 양이 변화되므로 보정값 갱신이 필요

2) 항공삼각측량 수행

① GNSS/INS에 의한 외부표정요소가 얻어지면 영상과 초기 외부표정요소(EO)값을 바탕으로 항공삼각측량 수행 정밀 외부표정요소 취득

② 각 카메라 노출 순간에 대한 시간과 촬영된 사진번호에 대한 연관성을 이용하여 정확한 각 카메라 노출시각의 위치 및 자세 정보를 얻음

3) 각 사진별 정사 영상을 제작

각 영상의 외부표정요소를 바탕으로 항공 LiDAR 측량의 지형데이터 위에 적절한 영상을 위치시킴으로써 각 사진별 정사 영상을 제작

4) 중복도를 고려한 접합선(Seam Line)을 설정하고 각 부분에 적합한 영상을 지정하여 여러 장의 정사영상으로 전체적인 하나의 모자이크 영상을 제작함

5) 색보정 및 위장처리

전체적인 사진의 색보정 및 영상 검열지역에 대한 위장처리가 동시에 작업되며, 최종적으로 영상 재단과 출력의 과정을 거치면 영상정보구축이 완료

03 사진측량의 표정요소

1교시 6번 10점

1. 개요

사진측량의 표정이란 사진을 촬영 당시의 기하학 조건으로 재현하는 것을 말한다. 내부표정, 상호표정, 접합표정, 절대표정 등이 있으며, 이것을 수행하기 위해서는 내부표정요소와 외부표정요소가 필요하다.

2. 내부표정요소(Interior Orientation Parameters)

카메라 내부에서 투영중심점으로부터 사진상의 점까지 광선 경로에 영향을 주는 요소들을 말한다. 영상좌표계에서의 주점의 위치, 초점거리 또는 주점거리, 부가 매개변수가 있다.

(1) 주점(Principal Point)의 위치

지표축 X, Y에 대한 주점의 지표좌표

(2) 초점거리(Focal Length) : 렌즈의 중심과 초점 사이의 거리

① EFL(Equivalent Focal Length) : 렌즈 중심부에 유효한 초점길이

② CFL(Calibrated Focal Length) : 방사상의 렌즈왜곡수차를 평균 배분한 초점길이

3. 외부표정요소(Exterior Orientation Parameters)

영상촬영 당시 촬영점의 3차원 좌표(X_0, Y_0, Z_0)와 회전요소(κ, φ, ω)를 말한다. 촬영점의 위치와 경사를 구하는 방법에는 직접표정과 간접표정 방법이 있다.

(1) 직접표정(DO : Direct Orientation)

영상의 위치와 자세를 GNSS, INS 센서의 조합에 의하여 지상기준점을 이용하지 않고 실시간으로 최확값을 구하는 과정을 직접표정이라 한다. 지상기준점 수를 줄이거나 사용하지 않으므로 시간과 비용 면에서 효율을 기할 수 있어 지상기준점이 적거나 설치하기 힘든 지역에도 적용할 수 있다.

(2) 간접표정(IO : Indirect Orientation)

간접표정은 지상기준점을 이용하여 외부표정요소를 구하여 최확값을 구한다.

04 공간보간법(Spatial Interpolation)

1교시 7번 10점

1. 개요

보간법이란 구하고자 하는 지점의 높이 값을, 관측을 통해 얻어진 주변지점의 관측값으로부터 보간함수를 적용하여 추정하는 것을 말한다. 공간보간법은 크게 전역적 보간법(Global Interpolation)과 국지적 보간법(Local Interpolation)으로 나눌 수 있으며, 대표적인 국지적 보간법에는 크리깅(Kriging), 스플라인(Spline), 이동평균/역거리 가중치(Moving Average/Inverse Distance Weighting) 보간법 등이 있다.

2. 전역적 보간법 및 국지적 보간법

전역적(Global) 보간법	국지적(Local) 보간법
• 모든 기준점을 하나의 연속함수로 표현 • 한 지점의 입력값이 변하는 경우 전체 함수에도 영향을 끼침 • 지형의 기복이 완만한 표면을 생성하는 데 적합 • 근사치적 보간법(Approximate Interpolation) • 종류 : 경향분석	• 대상지역 전체를 작은 도면이나 한 구획으로 분할하여 각각의 세분화된 구획별로 부합되는 함수를 산출하는 방법 • 한 지점의 입력값의 변화는 추정하는 반경 또는 참조창 내에만 영향을 미침 • 표본지점들의 고도값에 의해서만 영향받기 때문에 지형의 연속성이나 전 지역에 대한 기복적인 특징을 나타내지 못함 • 종류 : 정밀보간법(Exact Interpolation) – 크리깅(Kriging), 스플라인, 이동평균/역거리 가중치(Moving Average/Inverse Distance Weighting) 보간법

3. 대표적인 공간보간법

(1) 가중 평균 보간법(Weight Average Interpolation)

보간할 점을 중심으로 6~8점의 관측값이 반경 $d_{\max}$인 원속으로 들어오도록 원을 그린다. 이때 보간값(Z)은 다음 가중 평균 방법으로 구할 수 있다. 거리에 반비례해서 표고값에 가중값을 주는 보간법을 역거리 가중법(IDW)이라고도 한다.

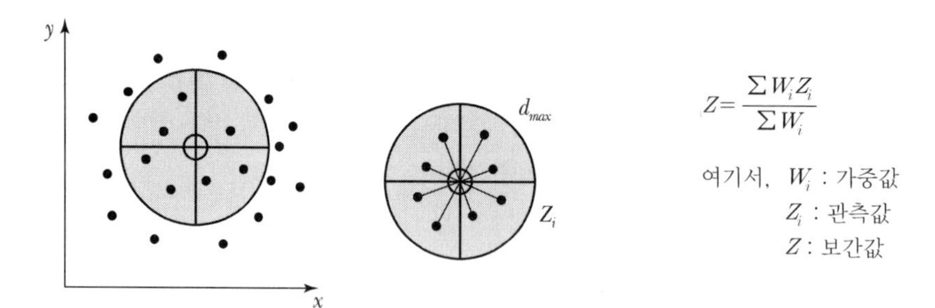

[그림 1] 가중 평균 보간법

(2) 3차 곡선법(스플라인 보간법)

2개의 인접한 관측점에서 곡선의 1차 미분 및 2차 미분이 연속이라는 조건으로 3차 곡선을 접합한다. 이러한 곡선을 스플라인이라고 한다.

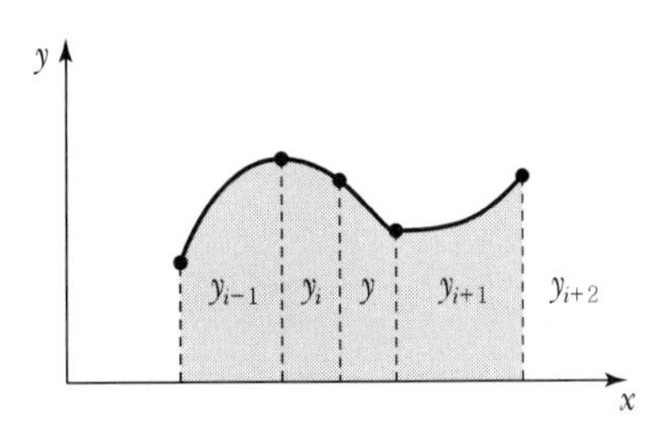

[그림 2] 스플라인 보간법

(3) 크리깅(Kriging) 보간법

크리깅 보간법은 주위의 실측값들을 선형으로 조합하며, 통계학적인 방법을 이용하여 값을 추정한다. 즉, 값을 추정할 때 실측값과의 거리뿐만 아니라 주변에 이웃한 값 사이의 상관강도를 반영한다. 크리깅 보간법은 매우 정확하다는 특징이 있으나, 새로운 점에서 보간을 수행할 때마다 새로운 가중값을 계산하여야 하므로 많은 양의 계산이 필요하다는 단점이 있다.

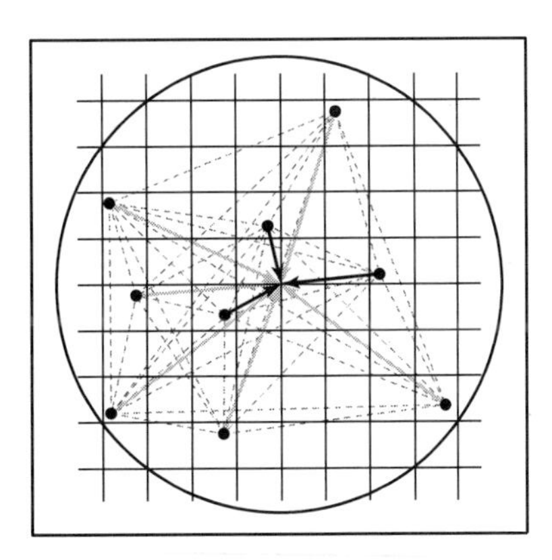

[그림 3] 크리깅 보간법

05 전자해도시스템(ECDIS : Electronic Chart Display and Information System)

1교시 8번 10점

1. 개요

전자해도(ENC : Electronic Navigational Chart)란 전자해도표시시스템(ECDIS)에서 사용하기 위해 종이해도상에 나타나는 해안선, 등심선, 수심, 항로표지(등대, 등부표), 위험물, 항로 등 선박의 항해와 관련된 모든 해도정보를 국제수로기구(IHO)의 표준규격(S-57)에 따라 제작된 디지털해도를 말한다. ECDIS(Electronic Chart Display & Information System)는 전자해도를 보여주는 장비로서 국제해사기구(IMO)와 국제수로기구(IHO)에 의해 정해준 표준사양서(S-52)에 따라 제작된 것만을 ECDIS라 한다.

2. 개발 배경

20세기 후반 국제 물동량 증가와 항해기술의 발달로 선박은 대형화 · 고속화되었으며, 이로 인한 대형 해난사고가 빈번하게 발생됨에 따라 북부 유럽의 해운국가를 중심으로 1980년대 중반부터 항해안전을 향상시킬 수 있는 전자해도에 대한 연구를 시작하였다. 우리나라는 1995년 남해안 소리도 부근에서 발생한 유조선 씨프린스 호의 해난사고를 계기로 새로운 항해안전 시스템의 필요성이 대두되면서 본격적으로 전자해도 개발에 착수하게 되었다.

3. 전자해도표시시스템

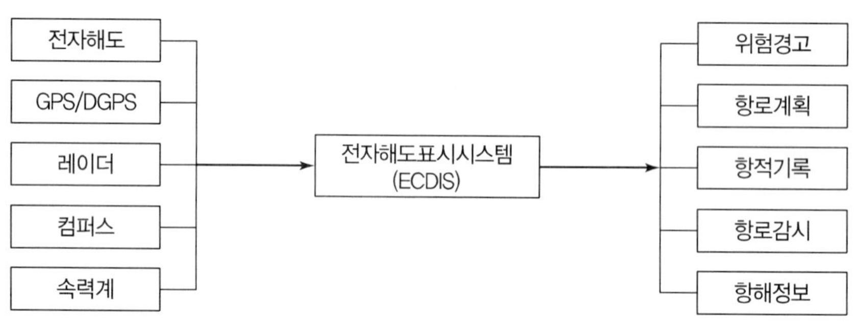

[그림] 전자해도표시시스템

4. 주요 제공 정보

(1) 선박의 좌초 · 충돌에 관한 위험상황을 항해자에게 미리 경고
(2) 항로설계 및 계획을 통하여 최적항로 선정
(3) 자동항적기록을 통해 사고 발생 시 원인 규명 가능
(4) 항해 관련 정보들을 수록하여 항해자에게 제공

06 i－Construction

1교시 9번 10점

1. 개요

i－Construction이란 건설현장의 생산성 향상을 위해 측량 · 설계부터 시공, 검사 부분에서 ICT(Intelligence & Communication Technology)를 활용하는 것을 말한다. 측량은 건축, 토목을 위해 사전적으로 조사되어야 하는 필수적인 프로세스로 종류와 목적에 따라 다양한 측량방식이 존재한다. 그러나 과거에는 측량 담당자가 작업 진행상황을 실시간으로 확인할 수 없었으며, 누락된 자료를 즉석에서 취득할 수 없었다. 현재 측량기술의 발달로 측량 데이터를 취합하고 관리하는 기술에 대한 이해 및 연구가 이루어지고 있다.

2. i－Construction 개념

i－Construction이란 건설현장의 생산성 향상을 위해 측량 · 설계부터 시공, 검사부분까지 ICT기술을 활용하는 것을 말한다. i－Construction과 기존 방법과의 측량, 설계 · 시공계획, 시공 및 검사기법을 비교하면 다음과 같다.

구분	측량	설계 · 시공계획	시공	검사
i－Construction	• 드론 등에 의한 3차원 측량	• 3차원 측량 데이터에 의한 설계 · 시공계획	• ICT 건설기기에 의한 시공 (중장비 사용 대비 시공량 1.5배, 작업 필요 인력 1/3)	• 검사의 간소화
기존 방법	• 기존 방법에 의한 측량 실시	• 기존 방법에 의한 3차원 데이터 작성 • 설계도에서 토공량을 계산	• 설계도에 맞게 말뚝 설치 • 말뚝에 맞춰 시공 • 검측을 반복하여 수정	• 기존 방법에 의한 2차원 데이터 작성 • 서류에 의한 검사

3. i－Construction 등장 배경 및 필요성

(1) 오랜 저출산으로 인해 노동인구 감소

(2) 늘어나는 투자 규모 대비 신규 노동력 부족으로 노하우의 전수가 제대로 이루어지지 못함

(3) 우리나라는 고령화 사회 및 저출산 등의 문제점을 보이고 있어 향후 건설산업에서의 생산성 향상을 위해 i－Construction 기술을 준비하고, 이에 대응할 필요가 있음

4. 향후 대응방안

(1) 민 · 관 · 연의 협의체 구성으로 문제점 발굴 및 제도 개선 프로세스 마련

(2) 사전연구를 통해 새로운 제도 마련의 기반 설립

(3) 연구 결과물을 시범 적용하고 피드백을 통해 수정 · 보완

07 스푸핑(Spoofing)

1교시 11번 10점

1. 개요

위성항법시스템의 위성들은 지구상으로부터 약 2만km 떨어진 위치에서 신호를 송신하므로 수신감도가 매우 미약하며, 간섭(Interference)에 매우 취약한 특징을 가진다. 악의적 공격자는 이러한 위성항법신호의 취약성을 이용하여 위성항법신호 수신을 방해하기 위해 다음과 같은 교란기법을 이용한다.

2. GPS 교란기법

(1) GPS Spoofing

일반에게 공개된 상용 GPS 신호 구조(Signal Frame)를 모방하여 거짓 신호 정보가 담긴 고출력 위성항법신호를 발생시켜 위성항법 수신기가 잘못된 위치를 인식하도록 하는 스푸핑(Spoofing, 전파기만)기법

(2) GPS Jamming

위성항법신호가 사용되는 주파수 대역에 강한 전력의 동일 주파수 신호를 인가하여 위성항법 수신을 방해하는 재밍(Jamming, 전파방해)기법

(3) GPS Meaconing

교란용 송신기가 의도적으로 위성항법신호를 수신하고 저장하였다가 이를 시차를 두고 재방송하여 수신기에 항로 혼란을 갖게 하는 미코닝(Meaconing, 항법방해)기법

3. GPS Spoofing

(1) 위성항법신호와 동일한 가짜 신호를 생성한 후 GPS 실제신호보다 다소 높게 전송하여 수신기로 하여금 잘못된 위치 및 시각정보를 산출하도록 하는 방법

(2) GPS Jamming과 달리 GPS 신호를 복제 위조하기 때문에 공격 탐지 자체가 어렵고 군용 GPS 주파수를 사용하는 드론 등에도 효과적인 공격이 가능함

4. GPS Jamming

(1) GPS 신호는 송출신호가 매우 낮고, 단일 주파수 및 개방된 신호구조를 사용

① GPS 위성의 송출 신호는 25W 수준으로 휴대전화 수신 전력의 1/300 수준

② 주파수 : 민간용 L1(1,575MHz)

(2) GPS 신호와 같은 주파수 대역의 큰 신호 전력을 송신하는 재머(Jammer)를 이용하여 정상적인 GPS 신호 수신을 방해

5. Anti-GPS Jamming & Anti-GPS Spoofing

재밍기법은 저렴한 비용과 간단한 기술로 손쉽게 재머(Jammer, 전파방해장치)를 제작하여 공격을 전개할 수 있기 때문에 세계적으로 재밍 공격에 대처하기 위한 다양한 항재밍(Anti-jamming) 위성항법시스템 기술에 관심이 집중되고 있으며, 위성항법 수신기로 유입되는 간섭 및 재밍신호를 효율적으로 제거 또는 억압하기 위하여 다양한 항재밍 기술들이 연구되고 있다.

(1) 안테나 기술

① 적응형 안테나 어레이(Adaptive Array Antenna)를 사용하는 기술
② 도착 방향을 구분하기 위해 안테나 사용

(2) 필터링 기술

① WAAS(Wide Area Augmentation System) 인증 메시지 사용
② 수신기에 강하게 유입되는 재밍 전력을 차단하는 기술

(3) 디지털 항재밍 신호처리기술

위성항법 수신신호가 복제되기 전에 디지털화된 신호 샘플들을 이용하여 재밍 및 간섭신호를 제거하는 기술

(4) 코드/반송파 추적 루프 기술

외부의 관성항법장치(INS) 등의 속도 정보 등을 활용하는 기술

08 스마트시티(Smart City)에서 디지털 트윈(Digital Twin)의 활용방안에 대하여 설명하시오.

2교시 1번 25점

1. 개요

제4차 산업혁명이 논의되면서 스마트시티는 제4차 산업혁명과 관련된 기술들을 담는 그릇으로 작용하고 또한 제4차 산업혁명이 구현되는 실체로서 그 중요성이 커지고 있다. 스마트시티에 있어서 가장 중요한 변화가 가상공간과 물리적 공간의 통합 및 연계가 된다는 점이며 이와 관련하여 가장 중요한 개념이 디지털 트윈이다.

2. 스마트시티(Smart City)

(1) 개념

스마트도시란 도시공간에 정보통신 융합기술과 친환경기술 등을 적용하여 행정 · 교통 · 물류 · 방범 · 방재 · 에너지 · 환경 · 물관리 · 주거 · 복지 등의 도시기능을 효율화하고 도시문제를 해결하는 도시를 말한다.

국내에서는 2003년 「유비쿼터스도시의 건설 등에 관한 법률」(약칭 : 유비쿼터스도시법)에 의거 지능화된 도시기반시설 등을 통하여 언제 어디서나 유비쿼터스도시서비스를 제공하는 U-City로 등장하였으며 국토교통부를 중심으로 「유비쿼터스도시법」에 따른 기반시설 구축 위주로 진행되었다.

(2) 기존 도시와 스마트시티의 문제해결방식

도시문제 발생 시 기존 도시계획은 장기적인 대규모 자원을 투자하여 인력 확대 및 물리적 기반시설 등을 추가 건설하는 방식인 반면 스마트도시는 필요한 곳에 정보를 제공하는 방식으로 투자 대비 효율성을 극대화하는 문제해결방식을 활용한다.

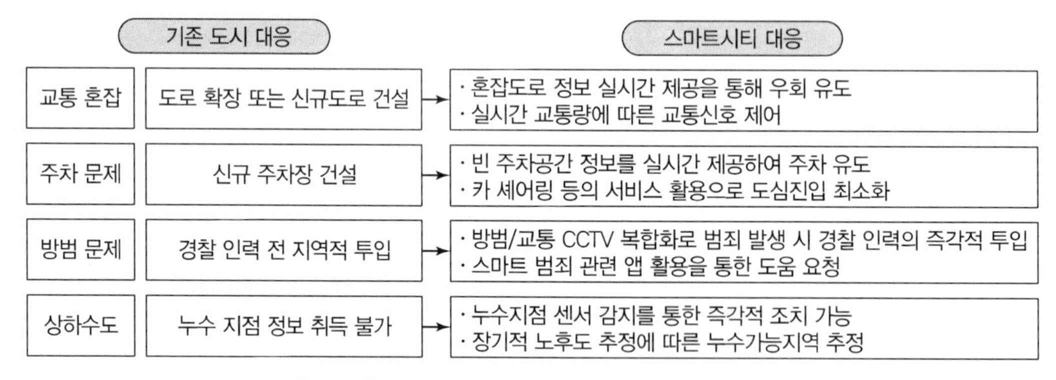

[그림 1] 기존 도시와 스마트시티의 문제해결방식

3. 디지털 트윈(Digital Twin)

(1) 개념

① 디지털로 만든 실제 제품의 쌍둥이가 가상 환경(컴퓨터 안)에서 미리 동작을 해 시행착오를 겪어보게 하는 기술을 말하며 디지털 트윈을 통하여 실제 제품을 만들어 테스트 해봄으로써 시간과 비용을 줄일 수 있다.

② 실제공간의 데이터를 공간정보와 연계해 가상화한 것으로 CPS기반의 스마트시티를 구현하여 재난 대응 · 시설물 관리 등에 활용할 수 있다.

(2) CPS 기반의 스마트시티 구현

1) 현실공간과 가상공간을 구분

① 현실공간의 대상은 공간을 구성하는 객체와 객체 간의 상호 관계로 표현되어야 함

② 가상공간은 현실공간과 유사 또는 동일하게 객체와 객체 간 상호 관계를 표현할 수 있어야 함

③ 현실공간과 가상공간은, 현실공간에서 취득되는 데이터와 가상공간에서 분석되는 결과의 피드백으로 연결되어야 하며 피드백은 현실객체에 대한 제어로 연결되어야 함

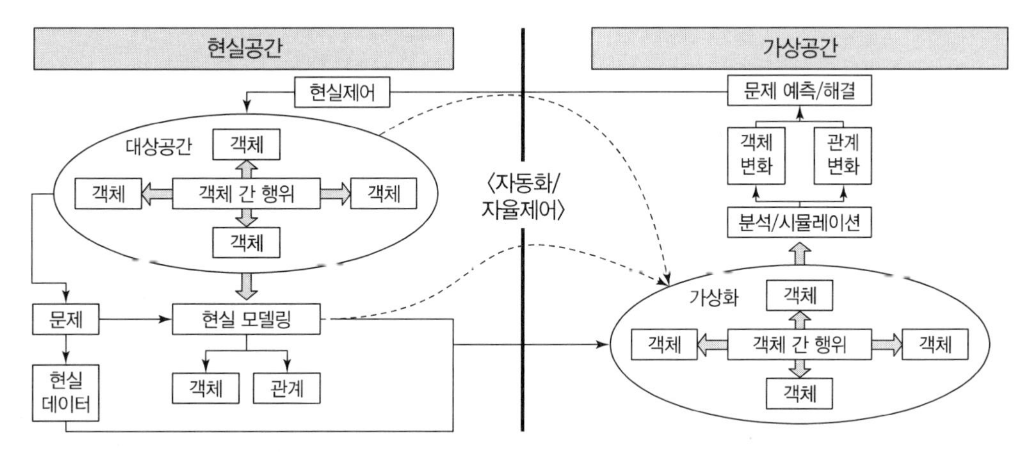

[그림 2] 현실공간과 가상공간의 연결

2) CPS(Cyber Physical System, 사이버물리시스템)

물리적 공간이 디지털화되고, 네트워크로 연결되어 물리적 세계와 사이버세계가 결합되고 이를 분석 · 활용 · 제어할 수 있는 시스템

4. 활용방안

(1) 교통 분야

① BIS : 버스 위치, 운행 정보 등을 실시간으로 안내해 대중교통의 이용을 확대하고, 수집된 정보를 공개해 새로운 서비스 창출 유도

② ITS : 과적단속에 빅데이터를 활용해 도로관리의 효율성을 높이고, 사고 정보, 공사 일정 등 공공 데이터를 민간과 적극적으로 공유－신호체계 관련, 주요 시간대 교통량, 이동방향 등을 분석하여 최적 신호주기를 운영할 수 있도록 지방자치단체 신호시설 개선

(2) 에너지 분야

① 자가용 태양광 : 베란다, 옥상 등 건물형태에 적합한 방식의 태양광 패널 설치 지원을 통해 요금 절감 및 에너지 전환 선도

② 스마트미터 : 실시간 전력 소비 데이터 수집 분석, 전기 요금 절감 컨설팅 제공 등이 가능하도록 AMI* 구축

* AMI(Advanced Metering Infrastructure, 지능형 원격검침 인프라) : 유무선 통신을 이용하여 원격에서 에너지 사용량을 실시간으로 검침하여 에너지 사용량을 효율적으로 관리하기 위한 인프라

③ 데이터 플랫폼 : AMI 데이터 활용을 위한 '빅데이터 플랫폼' 구축 · 운영을 통해 요금절감 컨설팅 등 다양한 비즈니스모델 창출

④ 전력중개 : 소규모 잉여 · 절약 전기를 모집하여 전력시장, 수요자원 거래시장에 판매, 수익 창출 및 낭비 최소화

(3) 환경 분야

① 수자원 : LID* 적용 물순환 선도도시를 시범조성(광주광역시 등 5개 도시)하고, ICT를 활용한 스마트 상하수도 관리사업을 전국으로 확대

* LID(Low Impact Development)기법 : 빗물을 유출시키지 않고 땅으로 침투 · 여과 · 저류하는 친환경 분산식 관리기법으로 수질 개선, 지하수 함양, 강우 유출량 저감 등 효과

② 미세먼지 : 공공 통신 인프라 활용, 국가측정망 사각지대에 간이측정기 보급, IoT 기반 미세먼지 모니터링 정보 제공 추진

(4) 도시행정 · 주거 분야

① 통합 플랫폼 : 교통 · 방범 · 방재 등 단절된 개별 도시정보시스템을 상호 연계한 '도시운영 통합 플랫폼'을 지방자치단체에 확대 보급

② 데이터 개방 : 전자정부, 공공데이터 활용 성과에 힘입어 스마트시티 분야 공공데이터 개방을 확대하고, 우수 서비스도 확대 보급

5. 결론

국내의 경우 최근 스마트시티 인프라 구축 단계에서 관리 및 운영 단계로 빠르게 진화하고 있으며 디지털 트윈은 관리 및 운영에 있어서 중요한 기술로 그 중요성이 급격히 증가할 것이다.

09 디지털항공카메라와 항공라이다에 대한 각각의 검정 방법과 특성에 대하여 설명하시오.

2교시 2번 25점

1. 개요

항공사진측량에서 사용되는 디지털카메라는 유효면적이 넓으므로 촬영성과의 품질을 확보하기 위해서는 카메라의 성능을 최적화해야 한다. 따라서 촬영 전 자체적으로 렌즈 캘리브레이션을 수행하는 것 외에도 정기적인 검정장 검사를 통하여 그 성능을 점검해야 한다. 또한 LiDAR 시스템의 검정(Calibration)은 시스템이 가지고 있는 자체 오차를 판별, 보정하여 정확한 지형의 3차원 위치 좌푯값을 계산하기 위한 것이다.

2. 디지털 항공카메라의 검정장 조건

(1) 검정장은 항공카메라의 위치정확도와 공간해상도의 검정이 가능한 장소이어야 함

(2) 검정장은 평탄한 곳을 선정하되 규격은 3km×3km 이상이어야 함

(3) 항공카메라 검정을 위한 촬영 시 동서방향을 원칙으로 하며 보정값 산출을 위하여 남북방향으로 최소 2코스 이상 촬영을 실시해야 함

(4) 위치정확도 검정을 위하여 평면 · 표고측량이 가능하고 명확한 검사점이 있어야 하며, 스트립당 최소 2점 이상 존재해야 함

(5) 공간해상도 검정을 위하여 아래의 규격에 맞는 분석도형이 3개 이상 설치되어 있어야 함

[공간해상도 검정을 위한 분석도형 규격]

기준	직경	내부 흑백선쌍 개수
GSD 10cm 초과	4m	16개
GSD 10cm 이하	2m	16개

(6) 촬영작업기관은 검정장에 대한 항공사진촬영 전 촬영계획기관과 사전협의를 거쳐 항공촬영을 실시

3. 디지털 항공카메라의 검정 방법

(1) 검정은 검정장을 이용하여 항공카메라의 위치정확도와 공간해상도의 평가 및 이상 유무를 검사하는 것이다.

(2) 위치정확도 검정은 검정장의 기준점과 검사점에 대한 항공삼각측량 후 위치정확도를 검정하는 것이다.

(3) 공간해상도 검정은 항공사진에 촬영된 분석도형의 시각적 해상도(l)와 영상의 선명도(c)를 검정하는 것을 말하며 각각 아래의 식으로 계산한다.

① 시각적 해상도(l)

$$l = \frac{\pi \times \text{직경비}\left(= \dfrac{\text{내부직경}(d)}{\text{외부직경}(D)}\right)}{\text{흑백선 수}} \times \text{실제 외부 직경}$$

② 영상의 선명도(c)

$$c = \frac{\text{시각적 해상도}(l)}{\text{지상표본거리}(GSD)}$$

(4) 검정데이터의 유효기간은 1년 이내로 한다. 다만, 이 기간 중 카메라를 비행기 본체에서 탈부착하거나 부착상태에서 변위가 발생하는 충격을 받았을 경우, 촬영계획기관에 보고하고 재검정을 실시한다.

4. 항공라이다 시스템 검정 방법

일반적으로 LiDAR 시스템 검정은 지상 및 비행을 통해 이루어진다.

(1) 지상 : 항공LiDAR 측량기, GNSS 수신기, INS장비 상호 간의 이격거리 측정

(2) 비행 : 기 설치된 검정장 일대에 대한 실제 비행을 통해 보정계수 산출

5. Pitch, Roll, Scale 및 Offset 보정

(1) LiDAR 시스템의 Pitch의 보정(Y축 회전량 오차를 보정하는 것)

비행방향으로 실제 건물을 측량한 건물 외곽과 레이저 측량을 통해 얻어진 점들과의 차이를 알아내어 Pitch 보정량을 구한다.

(2) Roll의 보정(X축 회전량 오차를 보정하는 것)

건물의 종방향으로 비행하면서 횡방향으로 데이터를 취득하며, 실제 건물을 측량한 건물 최외곽 지점과 레이저 측량을 통해 얻어진 건물 최외곽 지점의 높이 차이를 계산하여 X축 회전량을 보정한다.

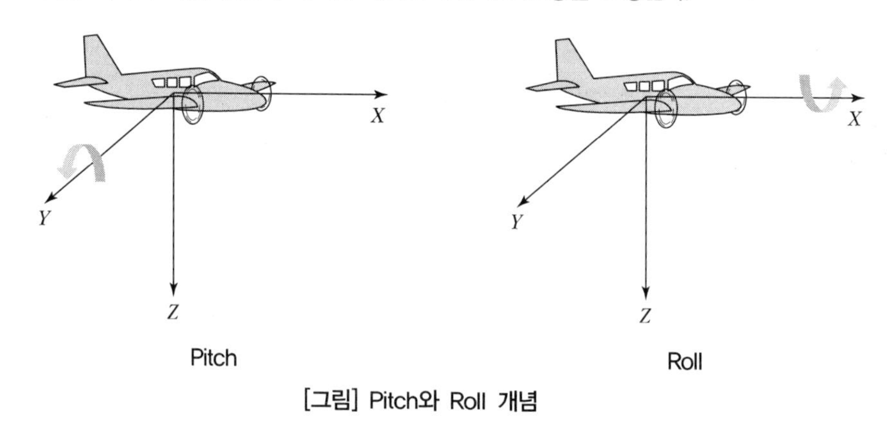

[그림] Pitch와 Roll 개념

(3) Scale 보정(거리측정의 Scale을 보정하는 것)

넓고 평평한 대지에 직교방향으로 여러 차례 항공LiDAR 측량을 실시하여 레이저 스캐너 주사폭의 양쪽 가장자리로 가면서 레이저 점 데이터의 오차를 제거한다.

(4) Offset 보정(지상기준점과 LiDAR 데이터와의 일정한 높이값의 차이를 보정하는 것)

지상기준점 배치를 따라 비행하여 취득된 모든 레이저 데이터가 지상기준점과 동일한 높이값을 갖도록 조정한다.

6. 결론

항공사진측량에서 사용되는 디지털카메라는 유효면적이 일반카메라에 비해 넓으므로 촬영성과의 품질을 확보하기 위해서는 카메라 성능을 최적화해야 한다. 촬영영상의 품질은 카메라의 성능과 직결되므로 검정장에서의 정기점검을 통해 카메라의 위치정확도와 공간해상도를 정량적으로 검정하여 최상의 상태를 유지하여야 한다. 또한 정확한 항공라이다측량을 수행하기 위하여 측량 전 주변 검정장을 이용하여 각종 오차 산출 및 보정하여 최적의 상태를 유지해야 한다.

10 공공의 목적으로 시행하는 공공측량의 정의, 절차, 공공측량으로 지정될 수 있는 대상에 대하여 설명하시오.

2교시 5번 25점

1. 개요

공공측량은 기본측량 이외의 측량 중 국가, 지방자치단체 또는 정부투자기관에서 공공의 목적으로 실시하는 측량으로서 공공측량 심사를 통하여 측량의 정확성을 확보하고 각 기관별로 실시한 측량성과를 서로 활용함으로써 중복 투자를 방지하기 위해 실시되는 제도이다.

2. 정의

(1) 국가, 지방자치단체, 그 밖에 공공기관 등이 관계법령에 따른 사업 등을 시행하기 위하여 기본측량을 기초로 실시하는 측량

(2) 공공의 이해 및 안전과 밀접한 관련이 있어 국토교통부장관이 공공측량으로 지정하여 고시하는 측량

3. 목적

(1) 국민 안전 및 공공시설 관리 등을 위하여 측량성과의 정확성을 담보할 수 있도록 측량의 기준, 절차 및 작업 방법 관리

(2) 기존에 구축된 측량성과를 다른 측량의 기초로 활용할 수 있도록 관리하여 측량의 효율성 제고 및 관련 비용을 절감

4. 절차

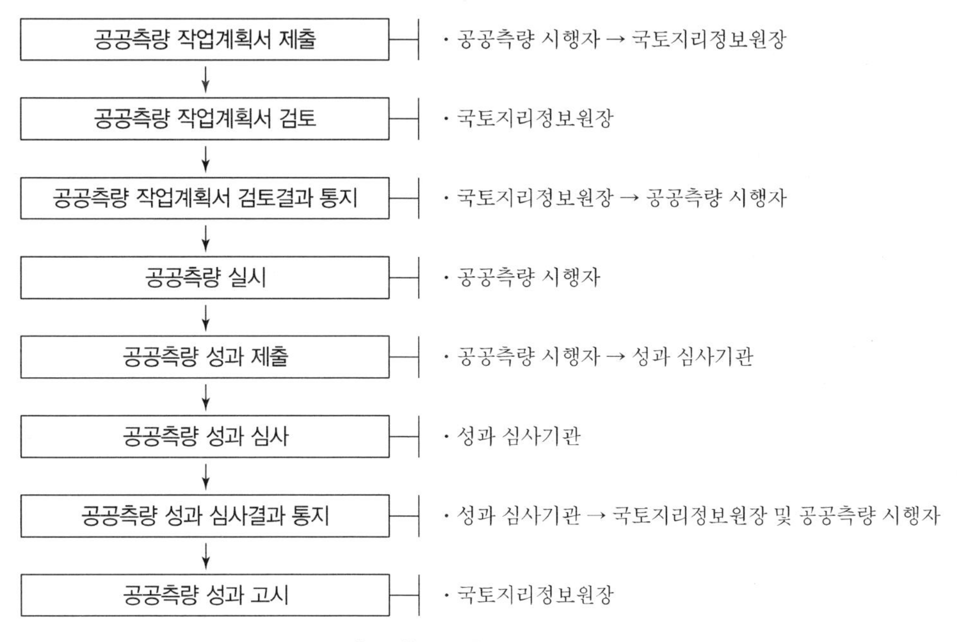

[그림] 공공측량 주요 절차

5. 공공측량으로 지정될 수 있는 대상

「공간정보의 구축 및 관리 등에 관한 법률 시행령」 제3조(공공측량) 법 제2조 제3호 나목에서 "대통령령으로 정하는 측량"이란 다음 각 호의 측량 중 국토교통부장관이 지정하여 고시하는 측량을 말한다.

(1) 측량실시지역의 면적이 1km^2 이상인 기준점측량, 지형측량 및 평판측량

(2) 측량노선의 길이가 10km 이상인 기준점측량

(3) 국토교통부장관이 발행하는 지도의 축척과 같은 축척의 지도 제작

(4) 촬영지역의 면적이 1km^2 이상인 측량용 사진의 촬영

(5) 지하시설물측량

(6) 인공위성 등에서 취득한 영상정보에 좌표를 부여하기 위한 2차원 또는 3차원의 좌표측량

(7) 그 밖에 공공의 이해에 특히 관계가 있다고 인정되는 사설철도 부설, 간척 및 매립사업 등에 수반되는 측량

6. 공공측량 절차를 적용받지 아니하는 측량

(1) 제1조(국지적 측량)

① 채광 및 지질조사측량, 송수관 · 송전선로 · 송전탑 · 광산시설의 보수 측량

② 지하시설물 중 길이 50m 미만의 실수요자용 시설(관로 중 본관 또는 지관에서 분기하여 수요자에게 직접 연결되는 관로 및 부속시설물)에 대한 측량. 다만 공공측량 시행자가 공공의 안전 등을 위해 필요하다고 판단하여 실시하는 실수요자용 시설에 대한 측량은 「공간정보의 구축 및 관리 등에 관한 법률」을 적용한다.

(2) 제2조(고도의 정확도가 필요하지 않은 측량)

① 항공사진측량용 카메라가 아닌 카메라로 촬영한 사진

※ 항공사진측량용 카메라라 함은 항공기에 설치가 가능하고, 렌즈 왜곡수차가 0.01mm 이하인 것을 말한다.

② 국가기본도(수치지형도 및 지형도) 등 기 제작된 지도를 사용하지 않고 거리, 방향, 축척의 개념이 없는 지도의 제작

③ 기타 공공측량 및 일반측량으로서 활용가치가 없다고 인정되는 측량

(3) 제3조(순수 학술연구나 군사 활동을 위한 측량)

① 교육법에 의한 각종 초 · 중 · 고등학교, 전문대학, 대학교, 대학원 또는 양성기관에서 시행하는 실습측량

② 연구개발 보고서 작성 등을 목적으로 실시하는 측량

③ 군용목적을 위하여 군 기관에서 실시하는 측량 및 지도 제작

(4) 제4조(적용 예외)

제1조에서 제3조까지의 규정에도 불구하고, 관계법령의 규정에 의하여 허가 · 인가 · 면허 · 등록 또는 승인 등의 신청서에 첨부하여야 할 측량 도서(건축법 시행규칙 [별표 2]에 따른 건축허가 시 제출도서는 제외)를 작성하기 위하여 실시되는 측량은 이 고시를 적용하지 아니한다.

7. 결론

공공측량제도는 중복측량 방지의 목적도 있지만 측량의 정확도 확보가 더 중요하다고 볼 수 있는 만큼 불확실성이 높은 실내 검사보다는 현지 검사 위주로 전환되어 보다 합리적인 제도가 되어야 할 것으로 판단된다.

11 도로, 상하수도, 하천 등 실시설계를 위한 측량계획에 대하여 설명하시오.

2교시 6번 25점

1. 개요

"실시설계"라 함은 기본설계의 결과를 토대로 시설물의 규모, 배치, 형태, 공사 방법과 기간, 공사비, 유지관리 등에 관하여 세부조사 및 분석, 비교 · 검토를 통하여 최적안을 선정하여 시공 및 유지관리에 필요한 설계도서, 도면, 시방서, 내역서, 구조 및 수리계산서 등을 작성하는 것이며, 실시설계를 위한 측량은 실시설계에서 시설물 설치를 위하여 지리 · 지형 · 지장물 등에 관한 정보를 측정하는 일련의 행위로 "설계공모, 기본설계 등의 시행 및 설계의 경제성 등 검토에 관한 지침" 제44조 공종별 측량항목 및 기준에 따라 실시하여야 한다.

2. 도로, 상하수도, 하천 등의 설계측량

"설계측량"이란 공사 예정지에 대한 기준점측량, 수준측량, 지형현황측량, 종 · 횡단측량, 용지경계측량 및 지장물조사 등의 세부측량을 실시하여 건설공사의 설계에 필요한 지형도, 종 · 횡단면도 및 지장물도 등을 작성하는 측량을 말한다.

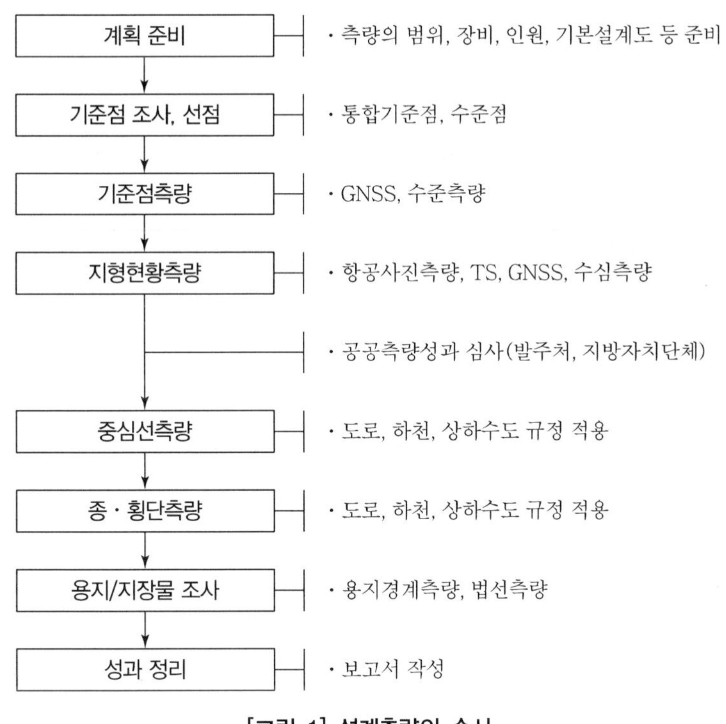

[그림 1] 설계측량의 순서

3. 기준점측량

설계기준점은 X, Y, Z의 3차원 좌표로 설치함을 원칙으로 하며, 기준점측량은 통합기준점, 수준점을 기준으로 GNSS측량 및 수준측량을 실시한다. 측량장비는 「공간정보의 구축 및 관리 등에 관한 법률」의 규정의 장비를 사용하여야 한다.

(1) 기준점의 측량 방법 및 설치간격

구분	기준점		수준점		규정
	측량 방법	설치간격	측량 방법	설치간격	
도로	GNSS	500m 간격	직접수준	500m 간격	공공측량 작업규정
상하수도	GNSS	500m 간격	직접수준	500m 간격	〃
하천	GNSS	500m 간격 양안 교대	직접수준	좌 · 우안 환폐합 방식	〃

(2) 도로 및 상하수도

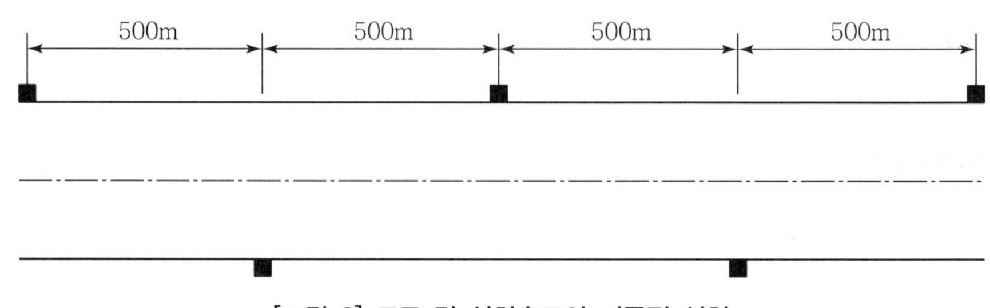

[그림 2] 도로 및 상하수도의 기준점 설치

(3) 하천

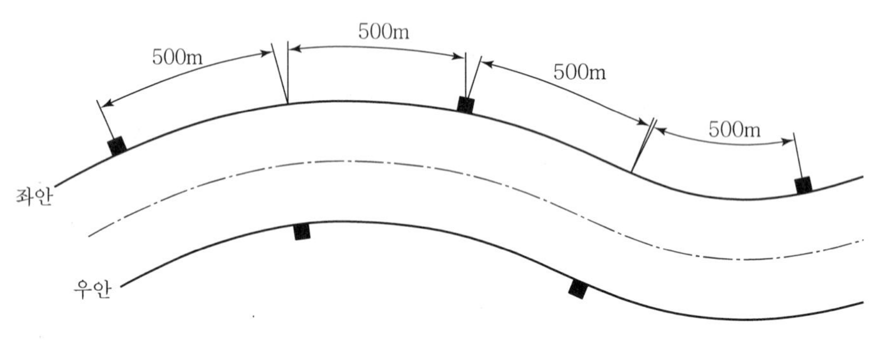

[그림 3] 하천의 기준점 설치

4. 지형현황측량

설치한 기준점을 사용하여 지형현황측량의 범위는 용지경계로부터 10m를 더한 구역을 표준으로 하고, 폭 내부의 지형 및 지장물과 1m 간격의 등고선을 측정하여 수치지형도를 작성한다. 항공사진측량에 의해 수행할 때에는 항공사진측량 작업규정을 따르고 소규모지역에서 TS 등에 의한 현황측량을 실시할 경우에도 동등 이상의 정확도를 확보하여야 하며, 일반적인 설계도면의 폭은 다음과 같다.

구분	측량 방법	설계도면 폭	규정
도로	항공사진측량	좌, 우 200m	항공측량 작업규정
상하수도	TS 측량	좌, 우 50m	공공측량 작업규정
하천	항공사진측량	제내지 300m	항공측량 작업규정

5. 노선측량

노선측량에는 중심선측량, 종단측량, 횡단측량으로 구분하여 시행하며, 기준점측량에서 설치한 기준점을 수준점으로 실시한다.

구분	중심선측량		종단측량		횡단측량		비고
	측량 방법	간격	측량 방법	간격	측량 방법	범위	
도로	GNSS TS	20m	GNSS, TS수준측량	20m	GNSS, TS수준측량	설계 폭 이상	
상하수도	GNSS TS	50m	GNSS, TS수준측량	20m	GNSS, TS수준측량	설계 폭 이상	
하천	GNSS TS	50~500m	GNSS, TS수준측량	50~500m	GNSS, TS수준측량	설계 폭 이상	

(1) 중심선측량

중심선 설치간격은 20m(하천은 50~500m)로 하며, 지형상 종 · 횡단 변화가 심한 지점, 기타 주요 지점에는 중간점을 설치한다.

(2) 종단측량

종단측량은 중심 말뚝 등의 표고를 정하고 종단면도를 작성하는 작업이다.

(3) 횡단측량

횡단측량은 중심점에서 중심선의 접선에 대한 직각방향의 선상에 있는 종단 변화점 및 지물에 대하여 중심점으로부터의 거리 및 지반고를 정하고, 그 결과에 따라 횡단면도를 작성한다.

6. 용지경계측량

(1) 용지폭 말뚝 설치측량은 용지의 수용 등에 관련된 용지의 범위를 나타내기 위하여 정해진 위치에 용지폭 말뚝을 설치하고, 용지도를 작성하는 작업이다.

(2) 횡단면 설계에 의하여 결정되는 용지의 경계지점에 용지경계말뚝을 설치하고, 토지의 분할측량은 지적측량수행자가 실시한다.

7. 용지도 및 지장물도 작성

(1) 용지도 및 용지조서 작성

① 용지 실측도 원도 등의 작성이란 경계측량의 결과 등에 따라 용지 실측도 원도 및 용지 평면도를 작성하는 작업을 말한다.

② 토지조서는 작성된 용지도를 참조하여 보상의 대상이 되는 토지에 대하여 등기부등본, 지적도 및 연속지적도 등을 해당 시 · 군 · 구에서 발부받아 토지에 대한 일반사항 및 권리관계 등을 조사하여 작성한다.

(2) 지장물도 작성

① 지장물도 및 지장물조서는 용지 내의 손실보상 및 이전대상이 되는 지장물건을 조사하여 작성한다. 다만, 지하시설물에 대하여는 해당 시설물의 관리기관에서 제공하는 지하시설물 도면을 기초로 작성한다.

② 지장물조사의 대상은 용지의 경계선 내에 존재하는 건축물, 묘지, 농작물, 조경물, 전주, 가로등, 지하시설물 등 사유재산과 관련된 인공물을 포함한다.

8. 결론

설계측량은 실시설계에서 시설물 설치를 위하여 지리 · 지형 · 지장물 등에 관한 정보를 측정하는 일련의 행위로 지형지물 그리고 지장물 등이 정확히 측정되어야 한다. 설계측량의 오류는 설계의 오류로 이어지고 설계의 오류는 부실공사 및 설계변경에 따른 국민혈세가 낭비되는 현상이 발생되므로 정확한 측량이 이루어져야 한다. 따라서 관계 기관의 관심과 측량기술자들의 기술향상이 필요하다.

12 항공사진 기반의 고해상도 근적외선 정사영상의 특성과 제작 절차, 활용방안에 대하여 설명하시오.

3교시 1번 25점

1. 개요

우리나라 항공사진측량 분야는 디지털 항공사진촬영이 도입된 2010년부터 공간해상도 25cm급 촬영 시 컬러(R.G.B) 밴드와 근적외선(NIR) 밴드를 동시에 취득하여 취득된 영상밴드 간 조합을 통해 컬러 항공사진과 근적외 항공사진(CIR)으로 제작하여 원격탐사 및 다양한 분야에 효율적으로 활용되고 있다.

2. 특성

(1) 파장밴드(Band)는 반사된 에너지의 평균을 측정하는 전자기 분광대역의 일정한 한 구간(폭)이다. 몇 개의 구분된 파장밴드로 나누어 측정하는 이유는 각각의 밴드가 특정한 지표면의 성질과 연계되기 때문이다.

(2) 예를 들면, 청색광 영역의 반사 특성은 광물 함유량과 관계가 깊으며, 근적외선 영역의 반사 특성은 식물의 종류 및 활력도 판정에 사용될 수 있다.

(3) 근적외선은 식물에 포함된 엽록소(클로로필)에 매우 잘 반응하기 때문에 식물의 활성 조사에 이용되며, 0.7~0.9μm의 전자기 분광대 영역으로 이 분광대에서 취득된 영상이 근적외선 영상이다.

3. 제작 절차

근적외선 항공사진은 촬영단위로 분할되어 광범위한 지역의 정보 제공에 제약이 많아 정밀좌표 부여(항공삼각측량)와 지형기복을 소거하고 영상처리(영상집성, 색상보정 등) 과정을 거쳐 정사영상 형태로 제작하여 활용한다.

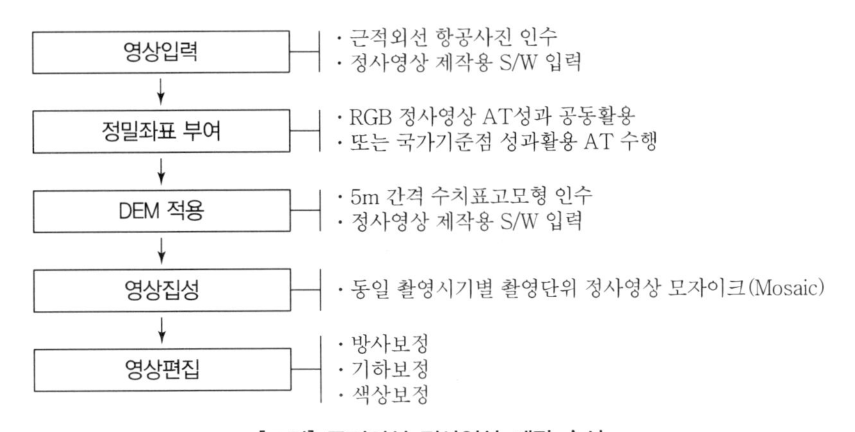

[그림] 근적외선 정사영상 제작 순서

(1) 영상입력 · 정밀좌표 부여 · DEM 적용

① 근적외선 항공사진과 RGB 정사영상을 제작하는 데 활용될 외부표정요소(EO) 및 수치고도모형(DEM)을 정사영상용 S/W에 입력하고 촬영단위 근적외선 정사영상을 생성한다.

② 촬영단위 근적외선 정사영상 생성

근적외선 항공사진 입력 → 외부표정요소 입력 → 수치표고모델 입력 → 촬영단위 정사영상 생성

(2) 영상집성

제작된 촬영단위 근적외선 정사영상에 대하여 동일 시기 영상을 분류하고 영상집성(Mosaic) 한다.

(3) 영상편집

1) 촬영시기별 집성된 정사영상에 대하여 방사 및 기하보정 작업을 통해 인접 영상 간 단절감 없는 연속적인 정사영상 형태로 영상을 편집한다.

2) 방사보정과 기하보정

① 방사보정 : 촬영 당시 발생한 채색과 명암의 차이를 보정하는 과정

② 기하보정 : 수치표고모형(DEM) 최신성 등으로 발생되는 지형의 뒤틀림 및 단절현상을 보정하는 과정

4. 활용방안

기존 원격탐사(위성영상) 기반 각종 분석업무를 수행하는 기관을 중심으로 높은 공간해상도와 주기적 갱신이 수행되는 항공영상 기반 근적외선 정사영상의 높은 활용성이 예상된다.

(1) 농업 : 작황분석, 작목 구분 및 분류, 특정작물 재배치 추출
(2) 산림 : 식생분포 및 병해충 탐지, 불법 벌채지 탐지
(3) 환경 : 지수맵(NDVI, NDWI) 제작을 통한 환경 변화 탐지
(4) 지질 : 식생분포 및 식생활력도 정보 파악
(5) 해양 : 연안 모니터링, 연안 녹지/갯벌의 식생 파악
(6) 안전 : 지수맵(NDVI, NDWI) 제작을 통한 자연재해 파악
(7) 생태 : 식생 경계 및 속성분류, 하천 분석
(8) 기상 : 위성정보(MODIS)의 검증을 위한 지표

5. 결론

디지털 항공사진측량이 도입된 2010년부터 종래 흑백사진 위주의 측량에서 새로운 고해상도 컬러와 근적외선 영상을 동시에 취득하여 원격탐사를 수행하는 기관을 중심으로 높은 활용도가 예상된다. 그러므로 최신성 확보 및 다양한 측량기법을 통하여 최적의 고해상도 근적외선 영상을 제작할 수 있도록 노력해야 할 시점이라 판단된다.

13 항공영상과 항공라이다를 이용한 지진위험지역(활성단층)의 디지털활성단층지도 제작 방법과 활용 방법에 대하여 설명하시오.

3교시 2번 25점

1. 개요

최근 포항과 경주에 규모 5.0 이상의 지진이 발생하여 한반도가 더 이상 지진안전지대라는 믿음이 깨졌다. 이를 계기로 지진재해 예방 및 대비를 위한 국가 차원의 정책 수립 및 시행 노력이 필요하므로 국가 차원의 활성단층지도 및 지진재해위험도 확보가 무엇보다도 필요한 시점이라 하겠다.

2. 국내 지진 · 단층조사 및 연구동향

(1) 경주 지진 이전까지 국내 지진 · 단층 조사 및 연구는 주로 특수 목적사업(예 : 원전부지 안정성 평가 등)을 중심으로 지엽적 · 단속적으로 수행되었음

(2) 국가 차원의 장기적 · 체계적인 지진 · 단층 조사 및 연구는 수행되지 않고 있으며, 활성단층지도, 지진재해위험도 등 지진재해 예방 및 대응에 필수적인 지질정보가 확보되지 않고 있음

(3) 경주 지진 이전까지 단층활동과 연계된 지진재해 발생위험에 대한 인식이 부족하여 국내 활성단층 조사 및 연구 기술수준이 선진국에 비해 낙후되어 있으며, 관련 인프라 및 연구인력이 부족한 현실

(4) 경주 지진을 계기로 관련 정부부처를 중심으로 '다부처 지진 · 단층 조사사업'이 추진 중에 있어, 향후 국내 지진 · 단층 연구의 활성화 및 연구기술수준이 향상될 것으로 기대

3. 선진 단층조사기법 도입을 통한 한국형 단층연구기술 개발

(1) LiDAR 기반 단층대 탐지기술 개발

(2) 물리탐사기법을 적용한 단층대 탐지

(3) 단층대 기하특성 및 분절화 기술 개발

(4) 단층대 트렌치 단면 입체분석 기술 개발

(5) 단층암 및 제4기 지질연대 측정법 개발 및 고도화

4. 디지털 활성단층지도 제작

(1) 활성단층의 정의

활성(Active)단층은 약 100,000년 이내에 움직인 단층이며, 혹은 역사지진과 관련된 단층을 말한다. 그 이외의 단층은 잠재적 단층으로 분류하며, 잠재성 단층은 고잠재성 단층과 저잠재성 단층으로 세분화하고 있다. 홀로세(10,000년부터 현재까지) 동안 활동한 단층을 고잠재성 활성단층, 그리고 플라이스토세(1,000,000년 이내) 동안 움직인 단층을 저잠재성 활성단층으로 정의하고 있다. 활성단층지도는 원자력 분야뿐만 아니라 타 산업시설물 등 다양한 분야에서 활용되고 있으므로 포괄적인 의미를 갖는 학문적 의미의 활성단층을 대상으로 하는 것이 타당하다.

(2) 외국의 활성단층지도 제작 사례

활성단층지도는 일본에서 1982년, 미국에서 1975년에 각각 발간되었으며, 일본의 경우는 1992년 수정본 2판이 수정 발간되었고, 미국에서도 1994년에 수정판이 발간되었다. 이와 함께 2005년부터 일본은 활성단층지도와 관련 정보를

영어판으로 제공하고 있다. 미국의 경우는 2010년부터 활성단층지도와 활성단층정보를 제공하고 있다. 미국과 일본은 활성단층에 대한 웹사이트를 운영하면서 활성단층 정보를 전 세계에 제공하고 있다.

(3) 제작 방법

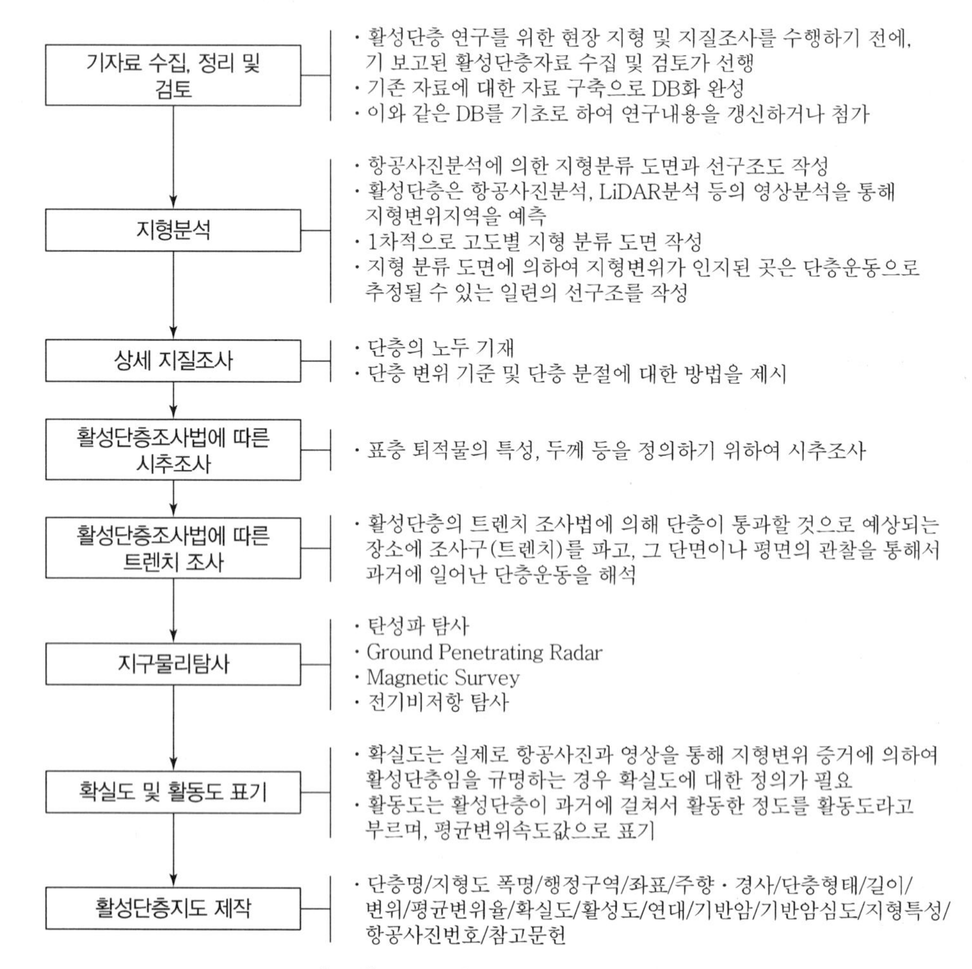

[그림] 디지털 활성단층지도 제작순서

5. 활성단층지도 및 지진재해위험도의 활용

(1) 활성단층지도의 활용

① 단층운동 재현주기의 확률론적 분석을 통한 지진 발생 가능성이 있는 활성단층에 대해 장기 지진 발생 가능성 평가

② 지진재해위험도 작성을 위한 기초자료

(2) 지진재해위험도의 활용

① 지진재해 관련 조사 및 관측을 위한 중점 연구지역 선정

② 지진재해 위험지역 거주 지역주민에 대한 지진재해 인식 고지

③ 국토이용계획, 기간시설 및 구조물에 대한 내진설계 등에 활용

④ 중요시설물, 신규 산업시설 위치선정 및 보험률 산정 등을 위한 지진위험 평가에 활용

6. 결론

최근 경주와 포항의 지진으로 한반도가 더 이상 지진안전지대가 아니라는 사실이 확인되면서 지진재해에 대한 국민적 불안감이 증폭됨은 물론 지진이 발생하는 원인에 대한 사회적 관심이 매우 높아졌다. 이에 정부에서는 지진에 대한 대책으로 지진단층조사, 단층의 지도화, 재난 대응에 대한 인적투자 확대 등 지진방재대책을 마련하고 있으며, 이 대책에 필수적 방법으로 최신 측량기법이 요구되고 있다. 이에 측량 분야에서도 적극적인 참여 및 연구개발로 재난 · 재해 분야에 공간정보 분야의 우수성 및 첨단성을 널리 알려야 할 때라 판단된다.

14 Dynamic GIS 구축 방법과 활용방안에 대하여 설명하시오.

3교시 4번 25점

1. 개요

실세계는 정적인 공간정보 외에 동적인 공간정보를 포함하여 수집하고 저장하여 이를 활용하여야 한다. 기존의 GIS는 정적인 공간정보를 기반으로 2차원 또는 3차원의 형태로 활용하고 있으나 대부분이 2차원의 형태이며 시계열 정보 구축이 미비하고 구름, 스모그 등 비정형화된 공간정보를 표현하는 데 기호, 문자, 점 · 선 · 면 등의 형태로 표현하여 공간분석 및 의사결정에 한계를 가지고 있다. 따라서 실세계의 동적인 공간현상들을 수집하고 분석 · 처리하여 활용하기 위한 Dynamic GIS 구축 방법과 활용방안이 요구되고 있다.

2. Dynamic GIS 개념

(1) 기존 GIS 한계

① 동적인 공간현상의 정적인 공간정보 처리

② 공간정보의 2차원적 시각화

(2) Dynamic GIS 개념

① 동적인 공간현상

지구상에 존재하는 지형지물이 시간의 변이에 따라 공간정보가 변화하는 공간현상

② Dynamic GIS

시간의 변이에 따라 공간정보가 변화하는 동적인 공간현상들을 시간적 위상과 통합 및 연계하여 처리 · 저장하고 이를 다시 다른 정보 및 지식과 함께 통합하여 다차원적으로 시각화하는 일련의 과정

특성	기존 GIS	Dynamic GIS
Data Retrieval	실시간 처리하지 않음	빠름
Operation	필요시 사용자 입력	대부분 자동화
Computation	상호작용 처리, 플랫폼 의존적	매우 빠른 알고리즘, 고도의 분산처리
위상관계	공간적인 위상 중심	공간적 위상, 시간적 위상
공간정보 관리	기존 자료 삭제, 겹쳐쓰기 자료 이력관리 부족	기존 자료 보관, 현재 자료 저장 – 버전관리, 자료 이력관리
공간정보 질의	What, Where 중심의 질의, 검색	When, What, Where 질의, 검색
공간정보 분석	현재 상태, 특정 시점의 조작/분석	시 · 공간변화 분석
공간정보 시각화	2차원 공간위상	3차원 공간위상

3. Dynamic GIS 구축 방법

(1) Dynamic GIS의 특성

① 실세계의 동적인 공간정보는 시간정보와 연동되어 공간객체가 저장되어야 한다.

② 시계열적 공간변화분석이 가능해야 한다.

③ 다양하고 다차원인 시각화를 고려해야 한다.

④ 분산 환경에서의 동적인 공간정보 처리가 가능해야 한다.

(2) Dynamic GIS 기술 모델

Dynamic GIS의 특성을 고려하여 동적인 공간현상을 처리하고 저장할 수 있는 기술 모델은 다음과 같다.

처리저장	시계열 공간분석	시각화	분산환경처리
• 모델링 및 색인기술 • 질의기술 및 연산기술 • 제약기반 처리기술	• 데이터 마이닝 기술 • 클러스터링 및 연관성 추출기술 • 시공간 추론기술 • 상황정보 추출기술 • 병렬다차원 데이터 검색기술	• 위상/기하 연산기술 • 동적정보 Evolution 분석기술 • 인터렉티브 가시화 기술	• 대규모 네트워크 통신기술 • 대용량 동적 데이터 및 참여자들의 분석처리기술 • 동적 고유상태 관리기술 • 데이터 그리드 처리기술

(3) Dynamic GIS 구축

① 동적인 공간정보의 획득(Real-time)

실시간 데이터를 획득하여 사용자의 개입 없이 그 데이터를 사용하여 응답 · 처리되어야 한다.

② 시계열 공간분석(Temporal GIS)

Temporal GIS는 지리현상의 공간적 분석에서 시간적 개념을 도입하여 시간의 변화에 따른 공간변화를 이해하기 위한 방법으로 시간에 따라 변화하는 정보를 시 · 공간 데이터베이스로 저장, 관리하여 지리사상의 시 · 공간적인 변화 패턴을 분석하고, 추후의 변화를 예측할 수 있다.

③ 공간현상의 시각화(Virtual GIS)

2차원 GIS를 거쳐 3차원 GIS는 지형을 단순히 3차원으로 가시화하는 기능 위주였지만, 최근에는 3차원 지형분석 및 3차원 시설물과 3차원 도시 등의 모델링, 분석이 가능한 단계로 Dynamic GIS를 위해서는 현실감 있는 가상현실(Virtual Reality) 기능이 강조된 3차원 시각화 기술이 필요하다.

4. 활용

(1) 지하자원의 시간에 따른 패턴을 분석하고 그 보유량 등을 예측하고 관리
(2) 지리적 환경에 따른 질병 통계의 연관성을 규명하고 시간변이에 따른 질병 변화분석 및 예측
(3) 시간매핑-공간적 위치와 시간적 변화에 따른 속성을 입력하여 매핑(예 : 역사유적지의 시 · 공간 변화 파악)
(4) 도시지역, 교통, 농업 및 산림지역, 인구밀집 등 공간적 패턴과 도시화에 영향을 미치는 사회경제적 변수 등의 시간적 변화를 통해 도시지역 변천 및 도시확산 분석
(5) 전시상황에서 이동객체와 연관된 불확실성 예측
(6) 스모그, 토양오염 등 환경적 영향의 공간적 분포 분석
(7) 산의 경관 및 생태학적 상태를 시간별로 구축하고 자연적 · 인위적 교란(산불이나 벌목)을 시뮬레이션
(8) 구름이나 기압과 같은 기후에 대한 공간현상에 대한 시각적인 분석

5. 결론

기존 GIS에서 기술적인 한계로 수집 및 분석되기 힘들었던 공간현상들, 즉 시간의 변이에 따라 공간정보가 변화하는 동적인 공간현상을 시간적 위상과 통합 및 연계하여 처리 · 저장하고 이를 다시 다른 정보 및 지식과 함께 통합하여 시계열적 분석을 하여 다차원적으로 시각화하는 일련의 과정을 Dynamic GIS라 한다. 최근 제4차 산업혁명시대를 맞이하여 Dynamic GIS는 웹상에서 활용될 뿐만 아니라 다양한 분야에서 활용될 수 있는 기법으로 전문적인 연구 및 개발이 뒤따라야 할 것으로 판단된다.

15 국토지리정보원에서 추진하는 '신국가기본도 체계'의 추진배경과 필요성, 추진방향에 대하여 설명하시오.

4교시 2번 25점

1. 개요

현재 국가기본도는 도엽단위 생산에 따른 객체별 이력관리 불가, 생산품에 대한 현재성 부족, 간행물의 개별적 업무프로세스로 인한 제공 정보의 상이 및 품질의 일관성 부족 등으로 인해 관련 산업의 요구사항을 충족시키지 못하고 활용에 한계를 가지고 있다. 제4차 산업혁명시대의 핵심 인프라로 자리매김하기 위해서는 기존 국토지리정보원에서 생산되는 제품과 이를 생산하기 위한 업무프로세스의 변화가 필요한 시점이다. 따라서 국토지리정보원에서는 국가기본도 체계의 문제점과 개선사항들을 분석하고 이를 기반으로 신국가기본도 체계의 방향성과 체계전환에 따른 필요요소들을 제시하였다.

2. 추진배경과 필요성

(1) 공간정보산업은 독립적인 산업 영역을 벗어나 타 분야와의 융 · 복합산업으로 발전하고 있으며, 시 · 공간적인 경계를 허물고 다양한 인문사회 분야와 결합하여 사용자 중심의 맞춤형 서비스로 진화하고 있다.

(2) 이러한 시대적 요구사항을 만족하기 위해서는 정확한 공간정보를 생산하고 관리하여 실시간으로 제공함으로써, 다양한 정보와 기술이 융합되어 새로운 가치를 만들 수 있는 환경이 조성되어야 한다.

(3) 이처럼 급변하는 공간정보 분야에서 다양한 정보와 융 · 복합이 가능하게 하는 기반 자료 역할을 하는 것이 국토지리정보원에서 생산 · 관리하는 국가기본도이다. 이러한 국가기본도는 국토의 효율적 관리, 도시계획 수립, 환경 및 재난관리 등 다양한 분야의 기초자료로 활용되고 있다.

(4) 하지만 국가기본도는 도엽단위 생산에 따른 객체별 이력관리 불가, 생산품에 대한 현재성 부족, 간행물의 개별적 업무프로세스로 인한 제공 정보의 상이 및 품질의 일관성 부족 등으로 인해 관련 산업의 요구사항을 충족시키지 못하고 활용에 한계를 가지고 있다.

(5) 하나의 원천 DB 중심의 생산 · 관리체계, 다양한 방법(시스템 연계, MMS, 드론 등)을 이용하여 국토변화 정보의 최신성(현재성)의 확보, 제품별 일관된 품질의 확보 및 객체별 이력관리, 대량맞춤 체계 지원을 위한 자동생산 등과 같이 현재 국가기본도 체계를 혁신하기 위한 패러다임이 필요하다.

3. 목적

(1) 목표

① 요소 중심의 공간정보 생산, 관리방안

② 고객의 요구 상품을 가공하여 제공하는 방안

③ 다양한 공간정보를 자동생산할 수 있는 기술 및 제도 마련

(2) 신국가기본도 DB

① 신국가기본도 DB는 논리적으로 핵심 데이터와 기타 데이터로 구성

② 핵심 데이터는 국토정보를 8개(경계, 교통, 건물, 수계, 시설, 식생, 지형, 명칭)의 주제로 구분하고, 정기/수시 수정을 통해 생산되는 정보

③ 기타 데이터는 핵심 데이터와 외부 데이터를 재가공하여 대량맞춤 자동생산과 지도학적 품질지원을 위해 생산되는 정보

4. 추진방향

(1) 국가기본공간정보 데이터 모델 연구 및 시범 DB구축에서 정의된 5개 주제의 데이터 모델과 국토지리정보원 공간정보 표준화 지침에 따라 2015년 국토지리정보원에서 공고한 기관표준을 참조하여 신국가기본도 8가지 핵심 데이터 모델을 정의하였고, 다양한 수요를 충족하기 위해 사용자가 요구하는 상품을 자동생산할 수 있는 기술제도를 마련하였으며, 1/50,000 3도엽에 시범 적용하여 연구내용을 검증하였다.

(2) 시범제작된 DB는 파일럿 시스템에 업로딩하여 온맵(1/5,000), 인터넷지도의 자동생산을 검토하였다.

(3) 신국가기본도 체계 실현을 위한 기술 · 제도 기반 마련과 시범 DB구축 및 파일럿 시스템 개발을 그 범위로 한다.

(4) 신국가기본도 체계의 실현을 위한 고려사항

① 생산 · 관리 · 유통을 위한 객체 중심의 DB
② 국토 변화정보의 이력관리를 위한 고정형 객체관리
③ 생산에서부터 제품까지 일관된 품질 확보
④ 다양한 방법으로 실시간 국토 변화정보를 신속하게 반영하여 최신성 확보
⑤ 객체 중심의 DB를 이용하여 기존 간행물의 대량맞춤 자동생산
⑥ 주제 중심의 사용자 맞춤형으로 정보 제공

(5) 세부 추진내용

① One Source
신국가기본도 DB를 생산하기 위해 데이터 모델의 설계가 우선되어야 한다.
② One Model
신국가기본도 DB의 기초가 되는 데이터 모델의 설계부분이다.
③ Multi Service
신국가기본도 DB를 기반으로 간행물들의 생산 및 유지 · 관리방안 마련을 위한 부분이다.

5. 결론

국가기본도는 국토의 효율적 관리, 도시계획 수립, 환경 및 재난관리 등 다양한 분야의 기초자료로 활용되고 있다. 하지만 국가기본도는 도엽단위 생산에 따른 객체별 이력관리 불가, 생산품에 대한 현재성 부족, 간행물의 개별적 업무프로세스로 인한 제공 정보의 상이 및 품질의 일관성 부족 등으로 인해 관련 산업의 요구사항을 충족시키지 못하고 활용에 한계를 가지고 있다. 그러므로 현재 추진 중인 신국가기본도 체계 실현을 위한 예산, 법 · 제도, 기술수준 등의 단계별 추진계획과 세부사업 추진으로 합리적인 사업이 되도록 노력해야 할 시점이라 판단된다.

16 터널측량에서 효율적인 시공관리를 위한 정밀중심선측량과 3차원 내공변위측량 방법을 설명하시오.

4교시 4번 25점

1. 개요

터널공사의 측량은 지하에 공간(터널)을 만드는 과정으로 설계도서에 명시된 정확한 위치를 구현하여야 한다. 터널측량은 땅속(지하)에서 이루어지므로 GNSS 등의 측량기법은 이용될 수 없고 TS, Level 등의 장비가 사용되며 지하에 새로운 공간을 만드는 과정이므로 정확한 위치의 굴착이 이루어져야 하고, 굴착면은 변위가 발생하고 굴착면의 변위는 붕괴로 이어지므로 이에 대한 철저한 관리가 필요하다. 본문에서는 터널의 내공단면측량과 내공변위측량을 중심으로 기술하고자 한다.

2. 터널 내공단면측량

(1) 1세대(트랜싯, 데오드라이트) 측량

1) 트랜싯, 데오드라이트의 특징 : 각관측 장비, 거리측정 불가, 2차원 측량

2) 이용장비

① 거치대

② 검측봉 : 대나무, 낚싯대를 이용하여 소요길이만큼 연결 사용

3) 측량 방법

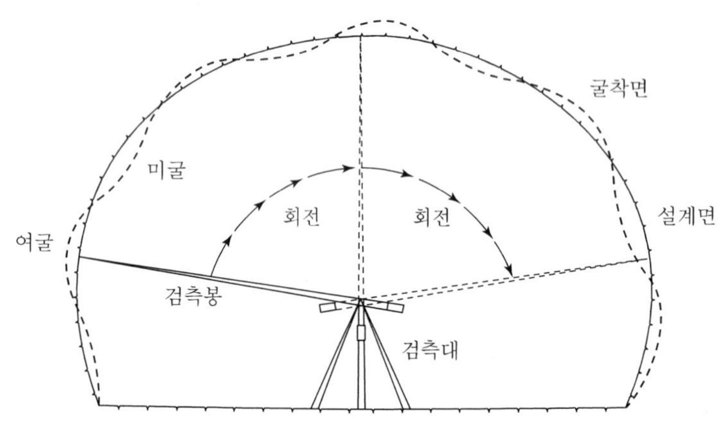

[그림 1] 낚싯대를 이용한 내공단면 측정

① 검측대를 터널 중심에 설치

② 검측대에 검측봉을 조립하여 굴착면까지 거리(터널 반지름)를 측정

③ 검측봉을 회전하면서 측정

④ 검측봉에 닿는 부분은 미굴착(미굴) 부분임

⑤ 현장에서 직접 확인 가능

⑥ 소구경 터널에 적합

⑦ 매 단면 측정마다 검측대를 설치하는 번거로움

(2) 2세대(TS) 측량

1) TS 특징 : 각관측, 거리관측 장비, 프리즘을 이용한 거리측정, 3차원 측량

2) 이용장비

① TS

② 폴 : 5m 이상 연장이 가능한 폴

③ 프리즘

3) 측량 방법

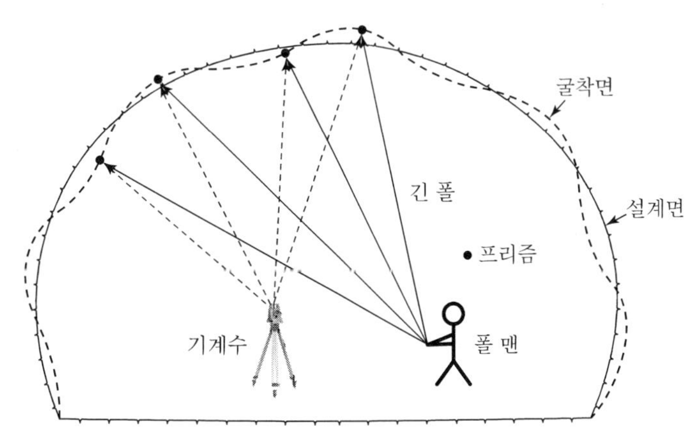

[그림 2] TS를 이용한 내공단면 측정

① 기계수, 폴맨을 구성

② TS를 터널 내 CP(기준점)에 설치

③ 폴맨은 긴 폴대에 설치한 프리즘으로 굴착면에 접촉

④ 기계수가 프리즘을 시준 관측

⑤ 소구경 터널에 적합

⑥ 3차원 측정

⑦ 정확한 단면 위치의 측정이 어려움

⑧ 많은 단면 측정에 어려움

(3) 3세대(자동형 무타깃 TS) 측량

1) 자동형 무타깃 TS 특징 : 각, 거리 동시관측, 프리즘 없이 거리측정, 3차원 측량

2) 이용장비 : 자동형 무타깃 TS

3) 측량 방법

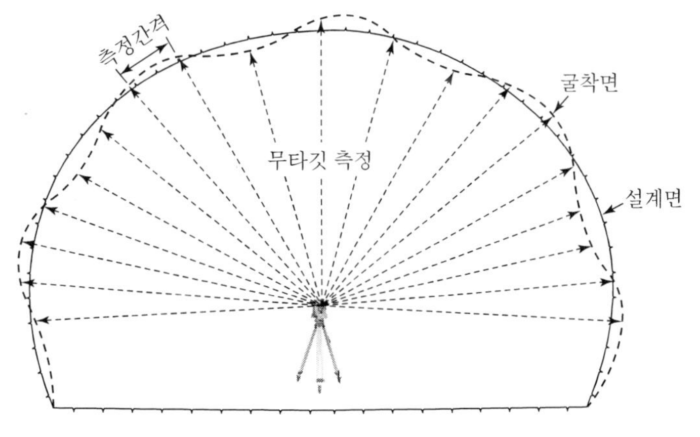

[그림 3] 무타깃 TS를 이용한 내공단면 측정

① 노선 재원 : 중심선선형, 종단선형, 터널재원, 측정간격 등을 TS에 입력
② 자동형 무타깃 TS를 터널 내 CP(절대위치 X, Y, H)에 설치하여 측정
③ 측정된 성과와 설계재원을 비교하여 여굴, 미굴 판단
④ 측정간격 50cm로 3차원 측량
⑤ 여러 단면 측정 가능
⑥ 굴착면의 요철 뒷면은 측정 불가(장비의 한계)

(4) 4세대(지상라이다) 측량

1) 지상라이다 특징 : 굴착면 전체를 3차원 측량
2) 이용장비 : 3D Scanner
3) 측량 방법

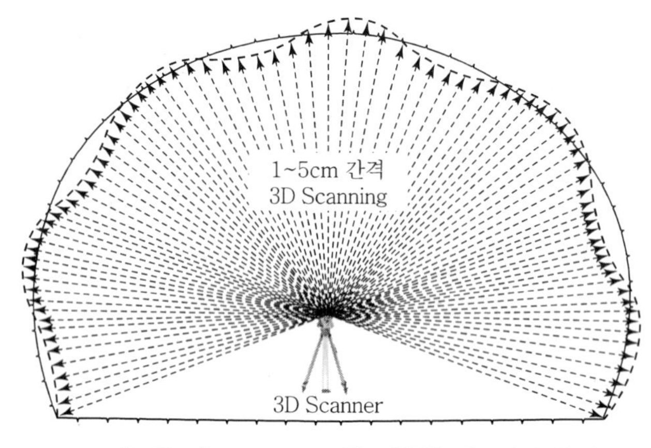

[그림 4] 3D Scanner를 이용한 내공단면 측정

① 노선 재원 : 중심선선형, 종단선형, 터널재원, 측정간격 등을 3D Scanner에 입력
② 3D Scanner를 터널 내 CP(절대위치 X, Y, H)에 설치하여 측정
③ 측정된 성과와 설계재원을 비교하여 여굴, 미굴 판단
④ 측정간격 1~5cm로 3차원 측량 굴착면 전체를 메시형으로 측정
⑤ 여러 단면 측정 가능
⑥ 굴착면의 요철 뒷면은 다음 CP에서 측정
⑦ 측량기의 발달로 작업시간 단축

3. 터널 내공변위측량

(1) 1세대(육안관측) 측량

1) 육안 관측
2) 이용장비 : 감독자, 작업자

3) 측량 방법

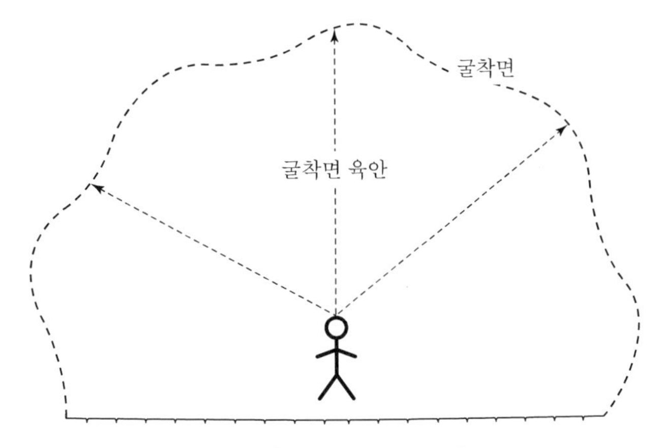

[그림 5] 내공변위 육안관측

① 감독자, 작업자가 터널 굴착면을 주기적으로 관찰
② 용수, 크랙 등 발생 확인
③ 많은 경험 필요
④ 미세한 변위 조사 불가
⑤ 최신 측량장비를 이용한 내공변위 측정 방법에도 반드시 해야 할 항목

(2) 2세대(상대위치 측정) 측량

1) 고정점 선정 관측
2) 이용장비 : Steel Tape

3) 측량 방법

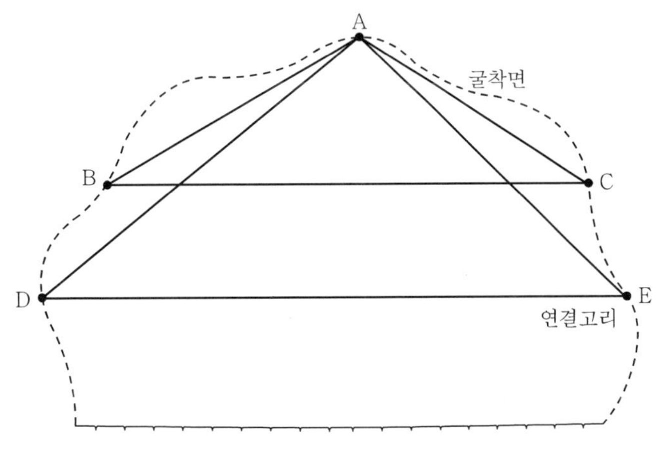

[그림 6] Steel Tape를 이용한 내공변위 측정

① 터널 굴착면 A, B, C, D, E에 Steel Tape를 연결할 수 있는 고리 설치
② △ABC에서 각 변의 길이 $\overline{AB}$, $\overline{AC}$, $\overline{BC}$의 최초 길이 측정
③ △ADE에서 각 변의 길이 $\overline{AD}$, $\overline{AE}$, $\overline{DE}$의 최초 길이 측정
④ 주기적으로 각 변의 길이($\overline{AB}$, $\overline{AC}$, $\overline{BC}$, $\overline{AD}$, $\overline{AE}$, $\overline{DE}$)를 측정
⑤ 최초 측정 길이와의 차이 조사
⑥ A점의 위치가 침하될 경우 $\overline{AB}$, $\overline{AC}$, $\overline{AD}$, $\overline{AE}$의 측정 길이가 짧아짐

⑦ 점 A, B, C, D, E가 같은 값으로 침하할 경우 각변 $\overline{AB}$, $\overline{AC}$, $\overline{BC}$, $\overline{AD}$, $\overline{AE}$, $\overline{DE}$의 값의 변화가 없음

⑧ 3차원(X, Y, H) 변위 측정이 아님

(3) 2-1세대(TS를 이용한 상대측정) 측량

1) 고정점 선정 관측

2) 이용장비 : TS, 프리즘

3) 측량 방법

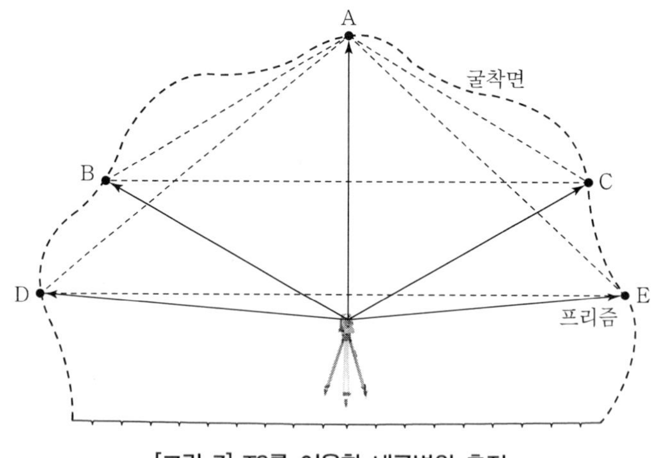

[그림 7] TS를 이용한 내공변위 측정

① 터널 굴착면 A, B, C, D, E에 프리즘(Sheet 타깃) 고정 설치

② TS를 이용하여 A, B, C, D, E의 위치 측정(절대위치 아님)

③ 측정된 A, B, C, D, E의 성과를 이용하여

- △ABC 각 변($\overline{AB}$, $\overline{AC}$, $\overline{BC}$)의 최초 길이 계산
- △ADE 각 변($\overline{AD}$, $\overline{AE}$, $\overline{DE}$)의 최초 길이 계산

④ 주기적으로 A, B, C, D, E의 위치 측정

⑤ 각 변($\overline{AB}$, $\overline{AC}$, $\overline{BC}$, $\overline{AD}$, $\overline{AE}$, $\overline{DE}$)의 길이를 계산

⑥ 최초 계산 길이와의 차이 조사

⑦ A점의 위치가 침하될 경우 $\overline{AB}$, $\overline{AC}$, $\overline{AD}$, $\overline{AE}$의 측정 길이가 짧아짐

⑧ 점 A, B, C, D, E가 같은 값으로 침하할 경우 각변 $\overline{AB}$, $\overline{AC}$, $\overline{BC}$, $\overline{AD}$, $\overline{AE}$, $\overline{DE}$의 값의 변화가 없음

⑨ 이 방법은 줄자를 이용한 방법의 계선된 방법으로 이 방법도 3차원(X, Y, H) 변위 측정이 아님

(4) 3세대(TS를 이용한 3차원 절대측정) 측량

1) 고정점 선정 관측

2) 이용장비 : TS, 프리즘

3) 측량 방법

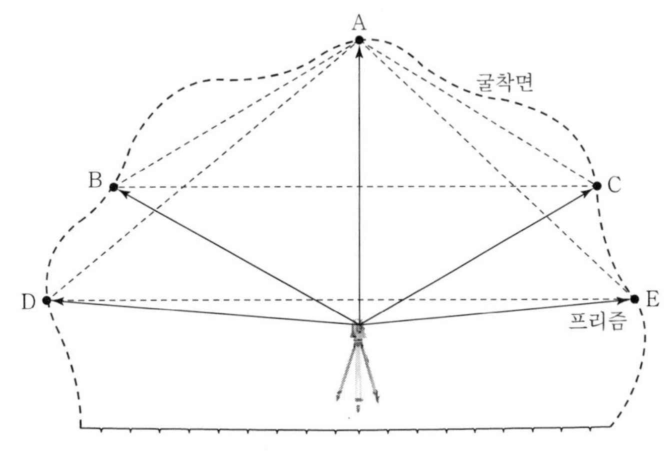

[그림 8] TS를 이용한 내공변위 측정(절대측정)

① 터널 내 CP(X, Y, H)의 측량(절대위치)
② 터널 굴착면 A, B, C, D, E에 프리즘(Sheet 타깃) 고정 설치
③ TS를 CP(절대위치)에 설치하여 A, B, C, D, E의 위치 측정(X, Y, H 절대위치)
④ 측정된 A, B, C, D, E 프리즘의 최초 좌표(X, Y, H) 성과 계산
⑤ 주기적으로 A, B, C, D, E의 절대위치 측정
⑥ 측정된 A, B, C, D, E의 절대위치와 최초 성과와의 차이 계산
⑦ 각 측점의 변위량 계산
⑧ 각각의 변화량 측정 가능
⑨ 3차원 변위 측정

(5) 4세대(지상라이다를 이용한 3차원 절대측정) 측량

1) 굴착면 직접 관측
2) 이용장비 : 3D Scanner

3) 측량 방법

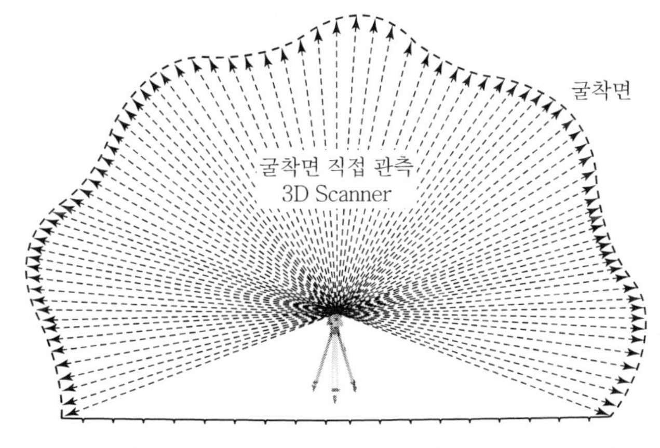

[그림 9] 3D Scanner를 이용한 내공변위 측정(절대측정)

① 터널 내 CP(X, Y, H)의 측량(절대위치)
② 3D Scanner를 CP(절대위치)에 설치하여 굴착면을 1~5cm 간격으로 측정함으로써 초기 성과(포인트 성과가 아닌 면단위 성과)를 냄
③ 주기적으로 3D Scanner를 CP(절대위치)에 설치하여 굴착면을 1~5cm 간격으로 측정하여 초기 성과와 비교
④ 미세한 부분의 변위 측정 가능
⑤ 3차원 변위 측정

(6) 측정 방법별 비교

구분	차원	내용
육안	2차원	• 많은 경험 필요
줄자	2차원	• 대부분의 터널에서 시행 • 작업대차 필요 • 측량기준점 미이용
TS(상대위치)	2차원	• 줄자측정의 번거로움 개선 • 작업대차 필요 없음 • 측량기준점 미이용 • 상대위치 측정 • 측점과 측점 사이 측정 불가
TS(절대위치)	3차원	• 측량기준점 이용 • 절대위치(X, Y, H) 측정 • 측점과 측점 사이 측정 불가
지상라이다	3차원	• 측량기준점 이용 • 절대위치(X, Y, H) 측정 • 측점과 측점 사이 측정(면측정)

4. 결론

터널현장의 붕괴는 대형 안전사고, 인사사고를 동반한다. 따라서 터널의 내공변위측량은 변위측정을 정밀하게 할 기술을 보유하고 있는 공간정보의 한 분야이다. 그러나 우리나라 건설현장의 잘못된 관행 및 선배 측량기술자들의 무관심으로 인하여 토질기술자들에 의해 내공변위측량이 수행되고 있는 것이 현실이다. 측량의 기술이 없는 토질 분야에서 수행한 결과 줄자, 변칙된 TS 방법으로 내공변위가 측정됨으로써 터널의 붕괴사고 등 안전사고가 줄어들지 않고 있다. 따라서 터널의 내공변위측량은 반드시 공간정보기술자가 수행하여야 하고 새로운 3차원 측정 방법으로 실시하여 붕괴사고 예방, 국민안전, 국민혈세 낭비를 방지하도록 하며, 관련 법 개정, 관계기관의 관심, 학계의 연구, 그리고 공간정보기술자들의 노력이 필요하다.

116회 측량 및 지형공간정보기술사 문제 및 해설

2018년 8월 11일 시행

분야	건설	자격 종목	측량 및 지형공간정보기술사	수험 번호		성명	

구분	문제	참고문헌
1 교시	※ 다음 문제 중 10문제를 선택하여 설명하시오. (각 10점)	
	1. 위치기반서비스(Location Based Service)	1. 포인트 5, 8편 참고
	2. 수치표면모델(Digital Surface Model)	2. 포인트 6편 참고
	3. 온맵(On-map)	3. 포인트 7편 참고
	4. 착오(Mistake)와 참값(True Value)	**4. 모범답안**
	5. 다목적실용 위성(아리랑) 5호	5. 포인트 6편 참고
	6. 사진의 특수 3점	6. 포인트 6편 참고
	7. 에피폴라 기하(Epipolar Geometry)	7. 포인트 6편 참고
	8. 탄성파 측량(Seismic Surveying)	8. 포인트 2편 참고
	9. 조석관측(Tidal Observation)	9. 포인트 2편 참고
	10. 가상기지국(VRS)	**10. 모범답안**
	11. GPS의 궤도정보(Ephemeris)	11. 포인트 5편 참고
	12. 지도투영(Map Projection)	12. 포인트 7편 참고
	13. A-GNSS(Assisted GNSS)	**13. 모범답안**
2 교시	※ 다음 문제 중 4문제를 선택하여 설명하시오. (각 25점)	
	1. 드론 라이다측량시스템에 대하여 설명하시오.	1. 포인트 6편 참고
	2. 터널측량에서 갱외측량과 갱내측량을 구분하여 설명하시오.	2. 포인트 9편 참고
	3. GIS(Geographic Information System) 구성요소에 대하여 설명하시오.	3. 포인트 8편 참고
	4. 남북한 국가기준점 통합구축방안에 대하여 설명하시오.	**4. 모범답안**
	5. 제6차 국가공간정보정책 기본계획의 비전, 4대 추진전략과 중점 추진과제에 대하여 설명하시오.	**5. 모범답안**
	6. 지하공간안전지도 구축 방법 중 지하공간통합지도 제작기준, 3차원 지하시설물 데이터 및 지하구조물 데이터 제작 방법에 대하여 설명하시오.	**6. 모범답안**
3 교시	※ 다음 문제 중 4문제를 선택하여 설명하시오. (각 25점)	
	1. SAR(Synthetic Aperture Radar) 위성영상에서 발생하는 왜곡에 대하여 설명하시오.	1. 포인트 6편 참고
	2. 국토교통부의 예산 지원으로 지방자치단체가 추진하는 도로 및 지하시설물 DB 구축사업에서 시설물의 종류, 특징, 문제점, 개선방안에 대하여 기술하시오.	**2. 모범답안**
	3. 「공간정보의 구축 및 관리 등에 관한 법률」을 적용받지 아니하는 측량에 대하여 설명하시오.	**3. 모범답안**
	4. MMS(Mobile Mapping System) 장비를 이용하여 구축한 정밀도로지도의 유지관리를 위해 도입 가능한 기술 분야에 대하여 기술하고, 대상기술별 특성을 비교 설명하시오.	**4. 모범답안**
	5. 오픈 소스(Open Source) GIS의 특징, 장점, 활용 및 장애요인과 해결방안에 대하여 설명하시오.	**5. 모범답안**
	6. 현재 국토정보플랫폼에서 제공하고 있는 측량기준점 정보의 현황과 과거 측량역사 기준점과의 연계방안에 대하여 설명하시오.	**6. 모범답안**
4 교시	※ 다음 문제 중 4문제를 선택하여 설명하시오. (각 25점)	
	1. 무인비행장치를 이용한 공공측량 작업 절차와 작업지침의 주요 내용에 대하여 설명하시오.	**1. 모범답안**
	2. POI(국가관심지점정보) 통합관리체계의 구축배경, 구축 방법, 구축대상 및 이용 분야에 대하여 설명하시오.	**2. 모범답안**
	3. 원격탐사 분야의 대기에서 에너지 상호작용인 흡수, 투과, 산란에 대하여 설명하시오.	**3. 모범답안**
	4. 지능정보사회에서 미래공간정보의 발전 전망과 차세대 국가공간정보 발전 모델인 디지털 트윈(Digital Twin) 공간의 개념 구상에 대하여 설명하시오.	4. 포인트 8편 참고
	5. Geo-IoT의 구성요소와 향후 과제에 대하여 설명하시오.	5. 포인트 8편 참고
	6. SLAM(Simultaneous Localization And Map-Building, Simultaneous Localization And Mapping)의 개념, 기존 공간정보 취득방식과의 차이점, 처리 절차에 대하여 설명하시오.	**6. 모범답안**

NOTICE 본 측량 및 지형공간정보기술사 문제 및 해설 중 참고문헌의 《포인트》는 예문사 출간 《포인트 측량 및 지형공간정보기술사》임을 알려드립니다.

01 착오(Mistake)와 참값(True Value)

1교시 4번 10점

1. 개요

오차란 참값과 관측값과의 차를 말한다. 측량에 있어서 요구되는 정확도를 미리 정하고 관측값이 허용오차 범위 내에 있음을 확인하는 것이 매우 중요한 일이다.

2. 오차의 종류

(1) 관측값과 기준값과의 차에 의한 종류

① 참오차
② 잔차
③ 편의
④ 평균오차
⑤ 상대오차
⑥ 평균제곱근오차
⑦ 평균제곱오차
⑧ 표준편차
⑨ 표준오차
⑩ 확률오차

(2) 오차의 성질에 따른 종류

① 착오(과실, Blunders 또는 Mistake)
② 정오차(계통오차, Constant 또는 Systematic Errors)
③ 부정오차(우연오차, Random 또는 Accidental Errors)

3. 착오와 참값

(1) 착오(Mistake)

관측자의 미숙과 부주의에 의해 일어나는 오차이다. 눈금 읽기나 야장기입을 잘못한 경우도 포함되며, 주의하면 방지할 수 있다. 일반적으로 관측한 값에 큰 오차가 있을 때는 반드시 착오가 있음을 알 수 있다.

(2) 참값(True Value)

대상물의 길이, 무게, 부피 등 여러 가지 모양의 진값을 말한다. 참값은 알 수 없으므로 일반적으로 통계학적, 확률론적으로 추정한 최확값을 참값으로 사용한다. 관측값과 참값의 차를 참오차라고 한다.

02 가상기지국(VRS)

1교시 10번 10점

1. 개요

VRS 방식은 가상기준점 방식의 새로운 실시간 GNSS측량법으로서, 기지국 GNSS를 설치하지 않고 이동국 GNSS만을 이용하여 VRS서비스센터에서 제공하는 위치보정 데이터를 휴대전화로 수신함으로써 RTK 또는 DGNSS 측량을 수행할 수 있는 방법이다.

2. VRS 방식의 원리

(1) VRS서비스센터에서 상시관측소의 GNSS관측데이터와 측량지역에 설치한 이동국 수신기의 GNSS 관측데이터를 수신하여 가상기준점 생성

(2) 상시관측소와 가상기준점의 데이터를 이용, 정적간섭측위 방식으로 순간 처리하여 가상기준점의 위치보정데이터를 생성하고 이를 휴대전화 또는 무선인터넷 모뎀으로 이동국 GNSS 사용자에게 송신

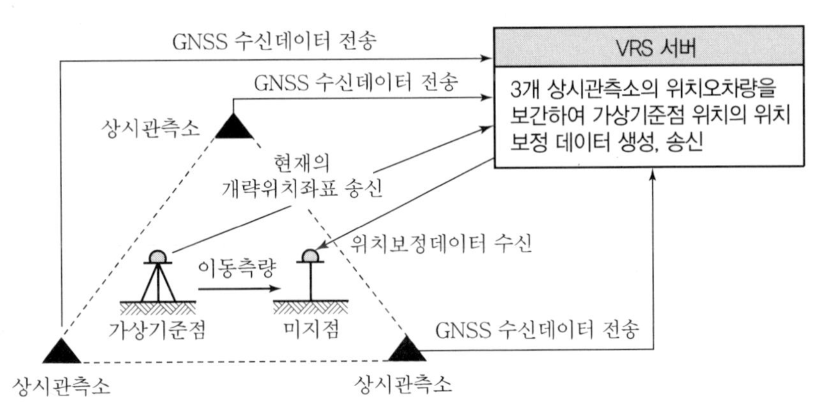

[그림] VRS 방식의 개념도

3. VRS 측위의 조건

(1) 국가의 측지기준점 체계가 완벽히 갖추어져야 함

(2) 상시관측소가 최소 30~50km 간격으로 균등하게 배치되어야 함

(3) 위치보정데이터를 순간 생성할 수 있는 GNSS 기선해석 및 망조정 기술능력이 확보되어야 함

(4) 제공되는 위치보정데이터에 대하여 측지 성과로서의 공신력이 확보되어야 함

(5) 위치보정데이터의 통신 매체인 휴대전화나 인터넷모뎀 등의 통신품질이 확보되어야 함

(6) 이동국 GNSS 사용자의 GNSS측량에 대한 기초지식이 필요함

4. VRS 측위의 장점

(1) 종래의 RTK 또는 DGNSS측위 시의 제반 문제점을 해결할 수 있음(별도의 기준국, 통신장치, 거리의 제한 등)
(2) 기준국 GNSS가 필요 없음(경제적임)
(3) 위치보정데이터 송수신을 위한 무선모뎀장치가 필요 없음
(4) 휴대전화의 사용으로 통신거리에 제약이 없음
(5) 실시간 측량을 위한 장비의 초기화가 필요 없음
(6) 다양한 종류의 GNSS측위서비스를 제공할 수 있음
(7) 스태틱 VRS인 경우 기지점에 GNSS 수신기를 설치할 필요 없이 상시관측소 간의 기선을 세션 관측 시 그대로 이용하므로 적은 GNSS 장비로 다수의 측점에 대해 측량이 가능

5. VRS 측위의 단점

(1) GNSS 상시관측망에 근거한 VRS망, 외부 지역에서는 측위 불가능
(2) 휴대전화 가청 범위로 측위 제한
(3) 휴대전화 요금의 문제
(4) 상시관측소 설치, VRS서비스센터 구축, 휴대전화 기지국 망의 확충 및 통화품질 등 전체적인 VRS 시스템 구축에 막대한 비용 소요

6. 활용 분야

(1) 댐 계측 분야 활용
(2) 교량, 사면 계측 분야 활용
(3) 지능형 교통시스템 분야 활용
(4) 지적 분야
(5) 건축물 변위 및 측량 분야 활용
(6) 항만 물류 분야 활용
(7) 농업 및 특수차량 분야 활용

03 A-GNSS(Assisted GNSS)

1교시 13번 10점

1. 개요

기존의 독립형 GPS 수신기(Stand-alone GPS)의 경우 초기 동기 획득시간(TTFF : Time To First Fix)이 40초~수 분까지 소요되며 고층 빌딩이 많은 도심지나 실내에서는 위성 신호가 미약하여 탐지되지 않는 경우가 발생한다. A-GNSS는 GNSS 신호를 이용한 측위를 할 때, 이동통신망이나 무선인터넷망으로 연결된 보조서버(Assistance Server)를 사용하여 다양한 보조정보를 제공받아 보다 신속하고 정확한 위치파악이 가능하도록 하는 시스템이다.

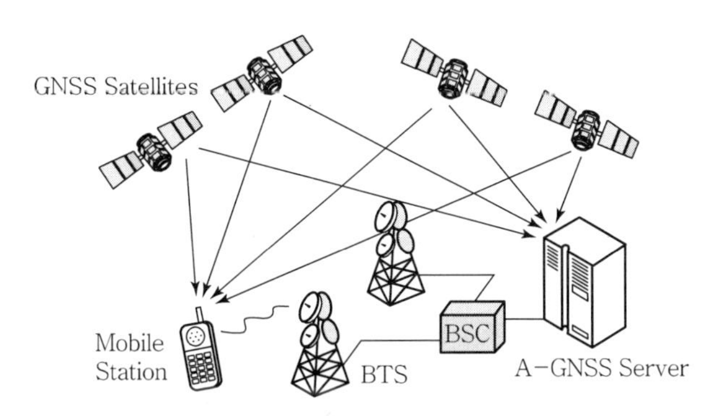

[그림] A-GNSS의 개념

2. A-GNSS 보조 정보

구분	내용
획득 보조 정보 (Acquisition Assistance)	A-GNSS 단말기가 각 GNSS 신호를 신속히 탐색하도록 보다 정확한 코드 위상 가설 영역 및 도플러 주파수 가설 영역을 제공
감도 보조 정보 (Sensitivity Assistance)	현재 GNSS 신호에 담겨 있는 항법메시지 비트(Navigation Message Bit) 값 및 현재 측정되고 있는 신호의 비트 에포크(Epoch)에 대한 정보 등을 포함하고, 단말기가 비트 천이(Bit Transition)를 예측할 수 있음
기타 보조 정보	기지국의 측위 관련 기능, 위치 계산을 위한 기준 정보(시각 및 위치), 정확도 향상을 위한 D-GNSS 정보(이온층 및 대류권 보정 정보 등), 그리고 무결성(Integrity) 검증에 관한 정보(위성시계오차, 궤도오차 등)를 단말기로 제공

3. A-GNSS 기능에 추가된 새로운 기능

(1) 반송파 위상 측정을 포함한 다중 주파수 측정(Multi-frequency Measurement) 지원

(2) 궤도력 확대(Ephemeris Extension) 정보 제공

(3) 기존 GPS 외에도 현대화 GPS(Modernized GPS), Galileo나 Glonass 같은 새로운 위성 시스템, 그리고 SBAS(WAAS, EGNOS, MSAS, GAGAN, QZSS) 등의 광역 D-GNSS 보강 시스템으로 지원 범위 확대

(4) 위치 응답(Location Response) 제공

(5) 정밀 측위를 위한 General, Extended 보조 정보 제공

04 남북한 국가기준점 통합구축방안에 대하여 설명하시오.

2교시 4번 25점

1. 개요

통일 한반도의 측량은 남북 간 측량의 기준을 통일시키고 지도를 통합하는 등의 기본적인 요건을 갖춤과 동시에 한반도 전체의 효율적인 국토관리를 위한 국토 모니터링 체계의 기초 자료를 지속적으로 제공해야 한다는 관점에서 한반도 국가기준점 통합구축방안 수립을 통한 공간정보 인프라 분야 통일기반조성에 대한 연구가 국토교통부를 중심으로 활발히 이루어지고 있다.

2. 추진배경 및 세부계획

(1) 추진배경

① 남 · 북한 화해협력시대에 국토개발사업 추진에 필요한 북한지역 측량지원방안 마련
② 한반도 단일 공간정보체계 구축 · 운영을 위한 국가기준점체계 구축계획 및 준비사항 도출

(2) 세부계획

① 북한지역 국가기준점 일시적 활용 및 설치계획
② 한반도 통일 국가기준점체계 단계적 구축계획
③ 한반도 국가기준점 통합을 위한 기술/제도적 준비계획

3. 남 · 북한 국가기준점체계 현황

남한	북한
• 세계측지계의 성공적 도입 및 지속적 기준점 정비사업 추진으로 국제적 수준의 국가기준점체계 운영 • 사용자 요구를 반영한 다양한 형태의 기준점과 응용서비스 제공	• (구)소련 Pulvoko1942 수평측지계와 원산 원점(수준) • 한국전쟁 이후 기준점 정비사업을 추진한 것으로 조사되었으나 전국토에 대한 고밀도 기준점망 구축 여부는 확인 불가능(현재)

4. 남북한 국가기준점 통합구축방향

국제표준과 호환 가능하고 한반도 전역에서 균질한 성과에 대해 다양한 접근방법을 통해
활용 가능한 사용자 중심 국가위치기준체계 구축

기본 추진방향

· 단일측지계에 대해 신규설치를 원칙으로 하나 통일 직후 SOC 건설사업 등이 필요한 긴급지역에 대해서는 북한지역의 기설치 기준점 일시적 활용
· 위성측량(GNSS) 기술을 적극 활용하기 위해 위성기준점 조기 설치완료(Y+3년)
· 국토지리정보원의 "국가위치기준체계(안)" 와 연계한 구축방안 마련

통일 직후 성과통일	북한지역 신규설치	제도 등 준비사항
기 설치 북한지역 기준점의 남한(국토원)기준 성과 통일	통일이후 10년 이내 설치 완료	북한지역 기준점 설치/공공측량 지원 제도(법/작업기준) 마련
임시기준점 설치(수평/수직)	위성기준점 : 25~60km 약 65점	기술자/장비 현황분석/대처방안
거점지역 GNSS-RTK 서비스	통합기준점 : 3~5km 약 7,200점	북한지역 인프라 활용 준비
SOC 건설지원 공공측량 제도	2단계에 걸친 성과고시/활용	작업규정 및 용어 등 통일방안

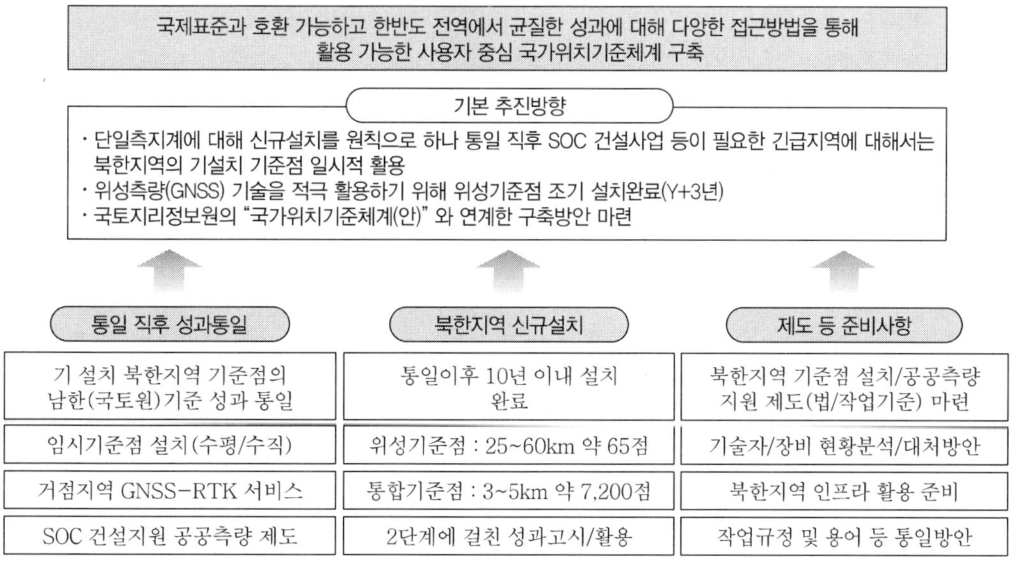

[그림] 남북한 국가기준점 통합구축방향

5. 단계별 구축방향

구분			단기적(Y+3년)	중기적(Y+5년)	장기적(Y+10년)
측지 기준계	KGD2002& 인천	• 수평 : 남한측지계(KGD2002) • 수직 : Offset 결정, 인천/원산 병용		• 수평 : 남한측지계 (KGD2002) • 수직 : 인천원점	• 수평 : 통일 측지기준계 • 수직 : 통일 높이체계
기준점 설치	접경지역 통합기준점 설치 및 측량	북한성과 변환 (공통점 측량, 좌표 변환, 수준 Offset, 임시성과계산)	• 핵심거점 프로젝트 지역 - 위성기준점 65개소 설치 완료 - 통합기준점 1,653점 설치 - 6개 수준환 구성 678점 추가	• 핵심가교 프로젝트 지역 - 통합기준점 428점 설치 (2단계) - 통합기준점 1,200점 설치(3단계)	• 나머지 지역 - 통합기준점 3,962점 설치
기준점 측량			• GNSS 측량 - 통합기준점측량 - 공통점 측량(북한 삼각점) • 중력측량 • 수준측량 - 접경지역 연결측량(왕복측량) - 통합기준점(수준환 노선 1~4 포함)	• GNSS 측량 - 통합기준점측량 - 정밀성과 계산(1차) • 중력측량 • 수준측량 - 통합기준점 측량 - 통합기준점(수준환 5~6 포함) - 정밀성과 계산(1차)	• GNSS 측량 - 통합기준점측량 - 최종 정밀성과 통합 계산 • 중력측량 • 수준측량 - 통합기준점 측량(수준환 기준) • 최종정밀성과 통합계산
통합 성과 제공	-	-	• 위성기준점성과산정 제공 : Y+4년 • 1차 정밀성과계산(통합기준점 2,041점) : 2D+1D(타원체고/정표고 계산) : Y+5년 • 핵심거점지역 및 가교지역에 대해 KGD2002 및 인천수준원점에 대한 성과 제공		• Y+10년 한반도 통합성과 산정 완료
위성 기준점 서비스	-	-	• 후처리 관측데이터 제공 • Single Reference-RTK 이용	• 북한전역 N-RTX 서비스 제공 : N+4년 • 북한전역 온라인처리 서비스 : N+5년	• 해석 Products 제공 • 고도화된 GNSS 응용서비스 제공

구분			단기적(Y+3년)	중기적(Y+5년)	장기적(Y+10년)
법/제도	작업규정, 용어 등 통일	북한지역 기준점 측량지원을 위한 공간정보 관련 법 및 내규 개정	• 공간정보 관련 법 및 내규(작업규정) 적용 실시		• 한반도 통일 공간정보 작업 규정 제정 추진

6. 기대효과

한반도의 일원화된 측량기준체계 전략 및 구축 연구에 따른 기대효과는 다음과 같다.

(1) 과학적 · 기술적 파급효과

① 남북한 통합공간정보 인프라 국가정책 마련

② 통일부 및 통일준비위원회 등 관련 기관과 협력관계 유지 및 환경 변화에 따른 계획 수정

(2) 경제적 · 사회적 파급효과

① 한반도 국가 측지망 효율적 설계 ⇒ 국가 재정 낭비 방지

② 백두산 분화에 대한 공간정보 측면의 국가정책 제시

(3) 연구성과 적용성 증대효과

① 북한의 측량 위치기준체계 연계를 위한 정보 공유 및 교류의 장 마련

② 통일 대비 북한지역 측량기준점 개선, 설치계획 마련

③ 북한지역 측량기준점 구축 및 유지관리 중장기계획 제시

(4) 기술개발 역량 증대 효과

① 남북한 화산 모니터링 시스템 공동 구축을 위한 전략적 로드맵 구축

② 국내 운영 중인 관측장비를 활용한 백두산 화산 모니터링 시스템 구축 지원

7. 결론

국토개발에 있어 측량 및 공간정보는 가장 핵심이 되는 자료이나 현행 국가의 지원 규모는 너무도 미미한 수준에 머물고 있다. 남북통일이 되면 북한지역의 국토개발이 대대적으로 이루어질 것이므로, 과거 무계획적인 난개발과 극심한 불균형을 초래한 남한의 경우를 되풀이하지 않기 위하여 통일 초기에 측지사업을 단기간에 수행하여야 하므로 이에 대한 충분한 예산과 효율적인 중장기 전략 및 이에 대한 연구가 시급히 이루어져야 할 것으로 판단된다.

05 제6차 국가공간정보정책 기본계획의 비전, 4대 추진전략과 중점 추진과제에 대하여 설명하시오.

2교시 5번 25점

1. 개요

국가공간정보정책 기본계획은 1995년부터 시작하여 5년마다 6차례에 걸쳐 수립되었고 이를 통해 국가공간정보기반을 지속적으로 구축하고 공간정보의 활용을 확대해왔다. 최근 국토교통부는 2018~2022년까지 적용되는 제6차 국가공간정보정책 기본계획을 수립하였다.

2. 국가공간정보정책 발전과정

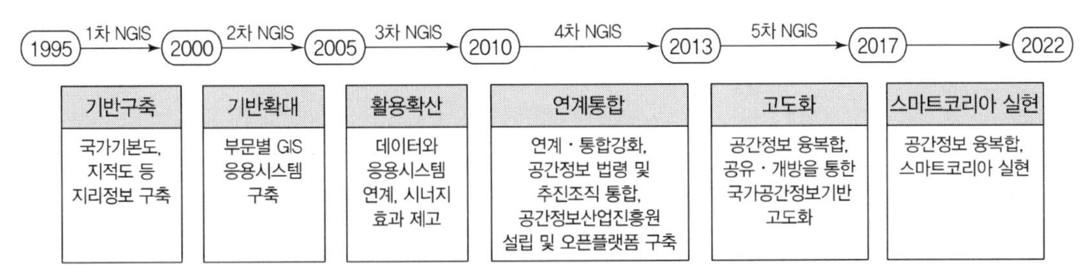

[그림] 국가공간정보정책 발전과정

3. 추진 배경

(1) 국가공간정보정책 기본계획은 5년마다 수립하는 법정계획으로서, 이번 제6차 계획은 초연결성, 초지능화로 대변되는 제4차 산업혁명 시대의 도래로 미래사회의 획기적 변화가 예상되는 시점에서 공간정보가 미래사회의 사이버 인프라로 기능하기 위한 국가 차원의 정책방향을 제시하였다.

(2) 특히, 공간정보가 현실과 가상을 연결하는 매개체이자 융 · 복합의 핵심으로서 스마트시티, 증강현실, 디지털트윈(Digital Twin)의 구현과 자율주행차, 드론 등의 신산업 발전을 위한 기반으로 대두된 것을 감안하여 범부처 차원의 계획을 마련하였다.

4. 비전

공간정보 융 · 복합 르네상스로 살기 좋고 풍요로운 스마트코리아 실현

5. 목표

(1) 데이터 활용 : 국민 누구나 편리하게 사용 가능한 공간정보 생산과 개방
(2) 신산업 육성 : 개방형 공간정보 융합 생태계 조성으로 양질의 일자리 창출
(3) 국가경영 혁신 : 공간정보가 융합된 정책결정으로 스마트한 국가경영 실현

6. 추진전략 및 중점 추진과제

추진전략	중점 추진과제
[전략 1. 기반전략] 가치를 창출하는 공간정보 생산	• 공간정보 생산체계 혁신 • 고품질 공간정보 생산기반 마련 • 지적정보의 정확성 및 신뢰성 제고
[전략 2. 융합전략] 혁신을 공유하는 공간정보 플랫폼 활성화	• 수요자 중심의 공간정보 전면 개방 • 양방향 소통하는 공간정보 공유 및 관리 효율화 추진 • 공간정보의 적극적 활용을 통한 공공부문 정책 혁신 견인
[전략 3. 성장전략] 일자리 중심 공간정보산업 육성	• 인적자원 개발 및 일자리 매칭기능 강화 • 창업지원 및 대 · 중소기업 상생을 통한 공간정보산업 육성 • 4차 산업혁명시대의 혁신성장 지원 및 기반기술 개발 • 공간정보기업의 해외진출 지원
[전략 4. 협력전략] 참여하여 상생하는 정책환경 조성	• 공간정보 혁신성장을 위한 제도기반 정비 • 협력적 공간정보 거버넌스 체계 구축

7. 결론

정부는 공간정보 융 · 복합 르네상스로 살기 좋고 풍요로운 스마트코리아 실현을 위해 2018년에 제6차 국가공간정보정책 기본계획을 수립하였다. 이 기본계획을 실현하기 위해 가치를 창출하는 공간정보 생산, 혁신을 공유하는 플랫폼 활성화, 일자리 중심 공간정보산업 육성 및 참여하여 상생하는 정책환경조성으로 글로벌 공간정보 리더로 도약하는 계기가 되도록 측량인들이 모두 노력해야 될 때라 판단된다.

06 지하공간안전지도 구축 방법 중 지하공간통합지도 제작기준, 3차원 지하시설물 데이터 및 지하구조물 데이터 제작 방법에 대하여 설명하시오.

2교시 6번 25점

1. 개요

무분별 굴착, 지하수 개발로 도로함몰, 지반침하, 싱크홀 등 지하공간에 대한 안전사고가 빈번히 발생하면서 국민들의 불안이 가중되고 지하공간의 개발에 따른 이용 증가로 노후화가 급속히 진행되고 있어 지하시설물, 지하구조물, 지반정보 등의 지하공간정보를 기반으로 한 3D 지하공간통합지도를 구축하고 있다.

2. 지하공간통합지도 구축에 이용되는 정보

(1) 지하시설물 정보

상수도, 하수도, 전력시설물, 전기통신설비, 가스공급시설 등 관로형 지하시설물

(2) 지하구조물 정보

공동구, 지하차도, 지하철 등 구조물형 지하시설물

(3) 지반 정보

① 시추기계나 기구 등을 사용하여 채취한 지반시료를 조사함으로써 생산되는 시추정보
② 암석의 종류, 성질, 분포상태 및 지질구도 등을 조사하여 생산된 지질정보
③ 지하수조사로 획득한 관정정보

(4) 지상 정보

지형, 항공사진, 건물

(5) 관련주제도

수맥도, 광산지질도, 토양도, 지진발생위치도, 발굴조사구역도, 수문지질도, 진도분포도, 급경사지분포도, 싱크홀발생위치도, 국가주조물위치도, 산사태위험지도, 동굴위치도

3. 지하공간통합지도 제작기준

(1) 지하시설물(관로형) 정보

지하시설물의 경우에는 기존에 구축된 2차원 지도의 위치정보와 깊이값, 관 지름 등 속성정보를 이용하여 3차원 형태의 관로지도를 작성

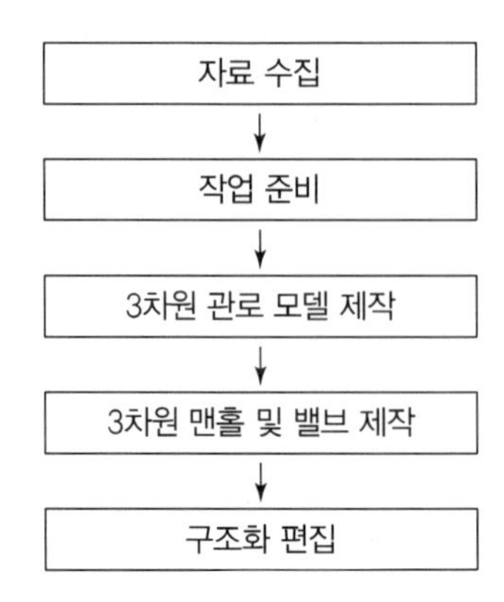

[그림 1] 지하시설물(관로형) 정보 구축 순서

(2) 지하구조물 정보

지하구조물은 구조물 준공도면을 이용하여 3차원 모델링을 수행하고 현지 측량을 통해 취득한 좌푯값을 모델링 정보에 부여하여 3차원 구조물 지도를 구축

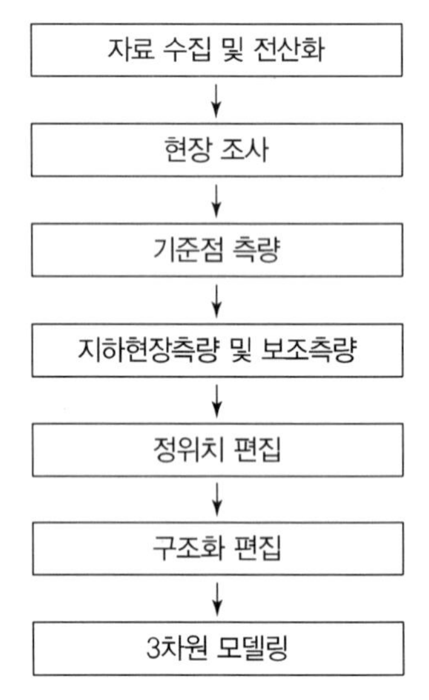

[그림 2] 지하구조물 정보 구축 순서

(3) 지반 정보

지반 정보는 기존 시추공에서 포함하고 있는 개별 지층정보와 인접 시추공 동일 지층을 연결하여 3차원 지층구조를 생성

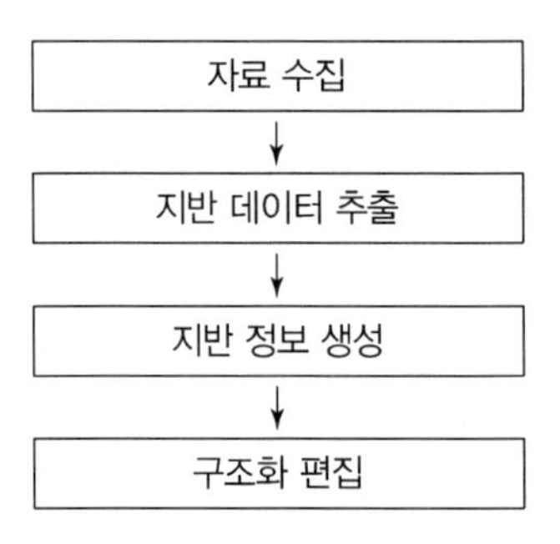

[그림 3] 지반 정보 구축 순서

4. 3차원 지하시설물 데이터 제작 방법

(1) 3차원 관로 모델 제작

지하시설물(관로형) 정보에 대한 관로 심도, 종류 및 형태 등 관로정보를 입력하고 다음 기준을 적용하여 3차원 관로 모델을 제작한다.

① 관로의 심도값은 심도레이어 심도값, 관로레이어 심도값, 인접시설물 심도값, 시설물별 법적 기준심도값 순으로 우선순위를 정하여 심도값을 결정한 후 해당 심도값을 입력하고 관로의 양단과 변곡점에 심도값을 부여하여 3차원 관로로 모델링한다.

② 관로의 외관은 탐사, 심도 및 관경정보를 구분하여 표현할 수 있도록 관로 표면에 문자와 색상으로 표현하여 모델링 한다.

(2) 3차원 맨홀 및 밸브 제작

3차원 맨홀 및 밸브는 대표 심벌을 적용하여 제작하고 심도 적용 기준은 다음 기준을 적용하여 제작한다.

① 3차원 맨홀 심도는 맨홀 반경 20cm 이내의 관로 끝점 혹은 변곡점에 대한 관로 심도값에 관경 두께값과 관로가 보이지 않을 정도의 여분심도를 더한 값으로 제작한다.

② 3차원 밸브 심도는 밸브 반경 20cm 이내의 관로 끝점 혹은 변곡점에 대한 관로 심도값으로 제작한다.

5. 3차원 지하구조물 데이터 제작 방법

(1) 3차원 모델링

점 형태의 측량결과를 3차원 면 형태의 데이터 구조로 변환하는 작업

(2) 3차원 모델링 구축 순서

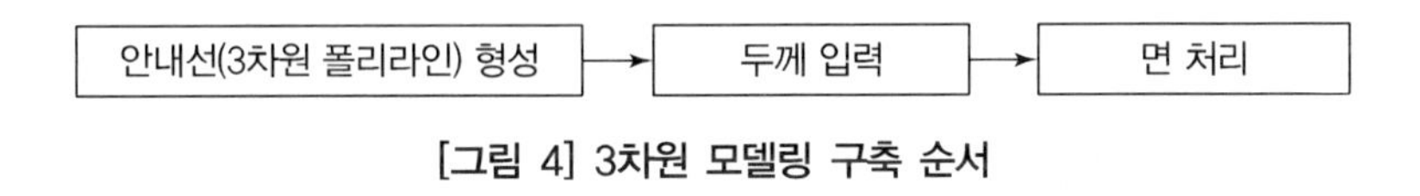

[그림 4] 3차원 모델링 구축 순서

6. 결론

지하공간통합지도는 공공 및 민간 분야의 기존 지반지하시설물 안전관리, 상시계측, 안전점검, 지하개발 인허가, 설계 등 지하개발의 안정성, 지반 및 시설물의 안전관리에 활용하는 지하공간안전지도 제작에 이용된다. 부정확한 지도의 구축은 국민의 안전을 저해하고 예산을 낭비하므로 정확한 지도의 구축을 위하여 관련 규정을 준수하여 철저히 구축하여야 한다.

07 국토교통부의 예산 지원으로 지방자치단체가 추진하는 도로 및 지하시설물 DB 구축사업에서 시설물의 종류, 특징, 문제점, 개선방안에 대하여 기술하시오.

3교시 2번 25점

1. 개요

도로 및 지하시설물 DB구축사업은 GIS DB의 효율성 및 활용성을 증대하고, 정확도를 확보하기 위하여 도로기반시설을 체계적이고 효율적으로 신속 · 정확하게 관리하며, 도로기반시설물 관리에 소요되는 예산절감, 효율적인 투자효과, 각종 사고 및 재난 발생 시 신속한 대응 등 시민생활의 안전을 도모하여 시민에게 질 높은 행정서비스를 제공하기 위한 사업이다.

2. 도로 및 지하시설물 DB 구축의 필요성

(1) 국가기반시설

① 국가발전의 근간(상하수도, 전기, 가스, 통신)

② 도시, 국가의 발전 및 경제성장의 에너지원

(2) 국민생활과 밀접

① 사고 발생 시 단전, 단수, 교통혼잡 등 시민불편 초래

② 인명사고 및 재산피해

(3) 과학적 관리가 필요한 도시시설물

① 급격한 도시화로 지하시설물 양적 증가

② 시설물 노후화에 따른 자원낭비 증가(누수, 누유 등)

3. 도로 및 지하시설물 DB 구축 시설물의 종류 및 특징

(1) 시설물의 종류

① 도로 : 차도, 보도, 자전거도로, 측도, 터널, 교량, 육교 등

② 기타 도로부속물 : 도로이용 지원시설(주차장, 버스정류시설, 휴게시설, 도로안전시설 등)

③ 지하시설물 : 상수관로, 하수관로, 가스관로, 통신관로, 전력관로, 송유관로, 난방열관로

(2) 지방자치단체가 관리하는 시설물

1) 도로 및 부속물

가드레일, 가로등, 가로수, 가판대, 과속방지턱, 교량, 도로표지판 등

2) 지하시설물

① 전체 지하시설물 : 상수관로, 하수관로, 가스관로, 통신관로, 전력관로, 송유관로, 난방열관로

② 관리시설물 : 하수관로, 상수관로(광역상수도 제외)

(3) 시설물의 특징

1) 지하에 매설되어 있기 때문에 위치정보구축에 많은 시간과 비용 필요

2) 시설물의 노후화 : 도시 생성과 함께 구축된 시설물

3) 시설물 문제 시 시민 불편

① 상수관로 : 단수

② 하수관로 : 막힘

4) 개인 시설물 DB구축 어려움 : 관리구간의 끝은 개인 시설물

5) 도시시설물 통합관리시스템과의 연계 어려움

4. 지방자치단체가 추진하는 도로 및 지하시설물 DB 구축사업의 문제점

(1) 기술적인 문제

1) 기존 관로는 탐사 방법으로 실시하여 정확도 저하

2) 불탐구간 발생으로 정확도 저하

3) 외국산 고가의 소프트웨어 사용

① 현재 전국 모든 지방자치단체에서 외국산 고가의 소프트웨어로 DB구축

② 대부분 지하시설물 업체에서 사용 어려움(불법 복제품 사용)

(2) 지하시설물 통합관리시스템과의 연계 문제

1) 국토교통부에서 구축한 지하시설물 통합관리시스템 중에서 일부만 관리

2) 지하시설물 통합관리시스템에서 관리하는 시설물

① 도로 및 부속물 : 가드레일, 가로등, 가로수, 가판대, 과속방지턱, 교량, 도로표지판 등

② 지하시설물 : 상수관로, 하수관로, 가스관로, 통신관로, 전력관로, 송유관로, 난방열관로 등 전체

3) 지방자치단체에서 관리하는 시설물

① 도로 및 부속물 : 가드레일, 가로등, 가로수, 가판대, 과속방지턱, 교량, 도로표지판 등

② 지하시설물 : 상수관로, 하수관로

(3) 사유 구간의 DB 구축 불가에 따른 문제

① 사유지 출입의 어려움

② 관련 도면 부재

(4) 측량 대가의 문제

1) 구축 방법과 측량 대가 산출 방법이 현실에 맞지 않음

2) 측량의 대가는 완공된 시설물을 탐사 방법으로 구축하는 대가임

3) 구축 방법은 실시간 구축을 원칙으로 함

①「공공측량작업규정」 제134조(지하시설물도 작성시기)

시설물 관리기관은 시설물을 설치 변경한 때에는 공사가 완료되기 전 시설물이 노출된 상태에서 측량을 실시하여 시설물도를 작성하여야 하며, 폐기 등의 사유가 발생한 때에는 시설물도를 수정하여야 한다.

② 공공측량성과심사

공간정보산업협회에서 실시간(「공공측량작업규정」 제134조) 방법으로 구축된 성과만 심사하고, 탐사 방법으로 구축된 성과는 미심사

5. 지방자치단체가 추진하는 도로 및 지하시설물 DB 구축사업의 개선방안

(1) 측량의 대가 및 구축 방법

1) 적정 대가 산출 방법 변경

① 공공측량 용역비 산출 배제

② 건설사업관리기술자(감리) 방법으로 대가 산출

2) 구축 방법

① 건설사업관리기술자(감리) 방법으로 측량기술자 현장 파견 DB 구축업무 수행

② 현행 출장 방법 배제

(2) 사유 구간의 DB 구축

① 사유구간도 포함하는 관련 법 개정

② 대국민 홍보

(3) 지하시설물 통합관리시스템과의 연계

각 기관에서 분산되어 관리하는 시스템을 통합관리 시스템으로 관리

(4) 기술적인 부분

① 실시간 측량 방법 준수

② 불탐구간(기 구축구간) 탐사기술 개발

③ 측량기술자 기술교육 실시

④ 한국형 소프트웨어 개발

6. 결론

도로 및 지하시설물 DB 구축사업은 각종 사고 및 재난 발생 시 신속한 대응 등 시민생활의 안전을 도모하며 시민에게 질 높은 행정서비스를 제공하기 위한 사업이다. 현재 실시하는 방법은 과거의 방법으로 실시하고 있어 측량의 대가가 현실에 맞지 않고 구축에 사용되는 소프트웨어 또한 고가의 외국산을 사용하고 있어 이 또한 한국형 소프트웨어로 대체하여야 한다. 따라서 관련 기관 기술자들의 노력이 필요하다.

08 「공간정보의 구축 및 관리 등에 관한 법률」을 적용받지 아니하는 측량에 대하여 설명하시오.

3교시 3번 25점

1. 개요

측량이란 공간상에 존재하는 일정한 점들의 위치를 측정하고 그 특성을 조사하여 도면 및 수치로 표현하거나 도면상의 위치를 현지에 재현하는 것으로 측량용 사진의 촬영, 지도의 제작 및 각종 건설사업에서 요구하는 도면작성 등을 포함하여 「공간정보의 구축 및 관리 등에 관한 법률」의 적용을 받고, 국지적 측량, 고도의 정확도가 필요하지 않은 측량, 순수학술연구나 군사 활동을 위한 측량은 동 법률의 적용을 받지 않는다.

2. 법률에 따른 측량의 구분

(1) 「공간정보의 구축 및 관리 등에 관한 법률」을 적용받는 측량

① 기본측량
② 공공측량
③ 지적측량
④ 수로측량
⑤ 일반측량

(2) 「공간정보의 구축 및 관리 등에 관한 법률」을 적용받지 아니하는 측량

① 국지적 측량
② 고도의 정확도가 필요하지 않은 측량
③ 순수학술연구나 군사 활동을 위한 측량

3. 「공간정보의 구축 및 관리 등에 관한 법률」을 적용받는 측량

(1) 기본측량

모든 측량의 기초가 되는 공간정보를 제공하기 위하여 국토교통부장관이 실시하는 측량

(2) 공공측량

① 국가, 지방자치단체, 그 밖에 대통령령으로 정하는 기관이 관계 법령에 따른 사업 등을 시행하기 위하여 기본측량을 기초로 실시하는 측량
② ① 외의 자가 시행하는 측량 중 공공의 이해 또는 안전과 밀접한 관련이 있는 측량으로서 대통령령으로 정하는 측량

(3) 지적측량

토지를 지적공부에 등록하거나 지적공부에 등록된 경계점을 지상에 복원하기 위하여 필지의 경계 또는 좌표와 면적을 정하는 측량을 말하며, 지적확정측량 및 지적재조사측량을 포함

(4) 수로측량

해양의 수심 · 지구자기 · 중력 · 지형 · 지질의 측량과 해안선 및 이에 딸린 토지의 측량

(5) 일반측량

기본측량, 공공측량, 지적측량 및 수로측량 외의 측량으로 건설현장의 공사측량이 여기에 해당

4. 「공간정보의 구축 및 관리 등에 관한 법률」을 적용받지 아니하는 측량

(1) 국지적 측량

① 채광 및 지질조사측량, 송수관 · 송전선로 · 송전탑 · 광산시설의 보수측량

② 지하시설물 중 길이 50m 미만의 실수요자용 시설(관로 중 본관 또는 지관에서 분기하여 수요자에게 직접 연결되는 관로 및 부속시설물)에 대한 측량

(2) 고도의 정확도가 필요하지 않은 측량

① 항공사진측량용 카메라가 아닌 카메라로 촬영된 사진

② 국가기본도(수치지형도 및 지형도) 등 기 제작된 지도를 사용하지 않고 거리, 방향, 축척의 개념이 없는 지도의 제작

③ 기타 공공측량 및 일반측량으로서 활용가치가 없다고 인정되는 측량

(3) 순수학술연구나 군사 활동을 위한 측량

① 교육법에 의한 각종 초 · 중 · 고등학교, 전문대학, 대학교, 대학원 또는 양성기관에서 시행하는 실습측량

② 연구개발 보고서 작성 등을 목적으로 실시하는 측량

③ 군용목적을 위하여 군 기관에서 실시하는 측량 및 지도 제작

5. 「공간정보의 구축 및 관리 등에 관한 법률」을 적용받지 아니하는 측량의 예외사항

(1) 공공측량시행자가 공공의 안전 등을 위해 필요하다고 판단하여 실시하는 실수요자용 시설에 대한 측량

(2) 공공측량시행자가 「무인비행장치 이용 공공측량 작업지침」에 따라 촬영한 무인항공사진측량

(3) 허가 · 인가 · 면허 · 등록 또는 승인 등의 신청서에 첨부하여야 할 측량 도서를 작성하기 위하여 실시되는 측량

6. 「공간정보의 구축 및 관리 등에 관한 법률」을 적용받지 아니하는 측량의 재검토 기한

(1) 기한 : 매 3년

(2) 내용 : 타당성을 검토하여 개선 등의 조치

7. 결론

측량은 「공간정보의 구축 및 관리 등에 관한 법률」에 의거하여 공공측량 작업규정에 따라 측량을 실시하고 있다. 관련 법률을 적용받지 않는 부분도 측량의 일관성을 위하여 공공측량작업규정에 따라 실시할 필요가 있으므로 이 부분에 대한 관계기관의 관심과 측량기술자들의 의식 변화가 필요하다.

09 MMS(Mobile Mapping System) 장비를 이용하여 구축한 정밀도로지도의 유지관리를 위해 도입 가능한 기술 분야에 대하여 기술하고, 대상기술별 특성을 비교 설명하시오.

3교시 4번 25점

1. 개요

자율주행자동차란 자동차 스스로 주변의 환경을 인식하여 위험을 판단하고 주행 경로를 계획하는 등 운전자 주행조작을 최소화하여 스스로 안전주행이 가능한 자동차를 말한다. 자율주행자동차의 상용화를 위해서는 센서, 연산제어 및 통신기술뿐만 아니라 3차원 좌표가 포함된 정밀도로정보가 필요하다. 이에 국토지리정보원에서는 2015년「자율주행차 지원을 위한 정밀도로지도 구축방안연구」 사업을 실시해 정밀도로지도의 효율적 구축방안, 기술기준, 표준 등을 마련하고, 정부기관과 민간기업의 꾸준한 투자로 정밀도로지도 구축사업이 활발히 진행되고 있다.

2. 정밀도로지도

(1) 정밀도로지도란?

자율주행에 필요한 차선(규제선, 도로경계선, 정지선, 차로중심선), 도로시설(중앙분리대, 터널, 교량, 지하차도), 표지시설(교통안전표지, 노면표시, 신호기) 정보를 정확도 25cm로 제작한 전자지도이다.

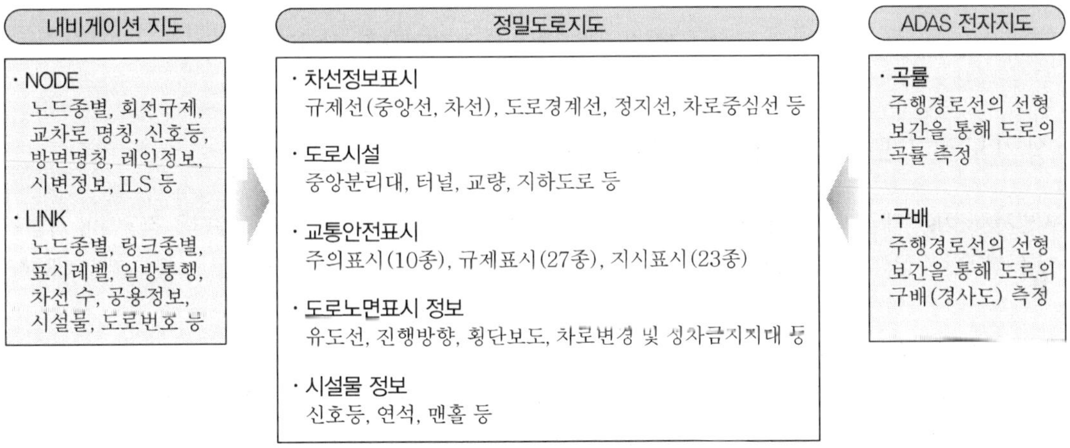

내비게이션 지도	정밀도로지도	ADAS 전자지도
· NODE 노드종별, 회전규제, 교차로 명칭, 신호등, 방면명칭, 레인정보, 시변정보, ILS 등 · LINK 노드종별, 링크종별, 표시레벨, 일방통행, 차선 수, 공용정보, 시설물, 도로번호 등	· 차선정보표시 규제선(중앙선, 차선), 도로경계선, 정지선, 차로중심선 등 · 도로시설 중앙분리대, 터널, 교량, 지하도로 등 · 교통안전표시 주의표시(10종), 규제표시(27종), 지시표시(23종) · 도로노면표시 정보 유도선, 진행방향, 횡단보도, 차로변경 및 정차금지지대 등 · 시설물 정보 신호등, 연석, 맨홀 등	· 곡률 주행경로선의 선형 보간을 통해 도로의 곡률 측정 · 구배 주행경로선의 선형 보간을 통해 도로의 구배(경사도) 측정

[그림 1] 기존 전자지도와 정밀도로지도의 비교

(2) 정밀도로지도의 역할

① 최근 자율주행차 기술이 센서 중심에서 지도기반, 센서 융·복합 추세로 발전됨에 따라 그 중요성이 크게 증가되고 있다.

② 정밀도로지도의 경우 자율주행차를 지원할 수 있는 수준의 지도로 기존 ADAS 지도의 정보 외에도 차선 정보, 표지판 정보, 도로시설물 정보 등이 포함되어 있다.

③ 정밀도로지도는 자율주행차량이 진행하는 차로를 계속하여 유지할 수 있도록 차선이나 지형·지물의 위치를 지원해 주는 역할을 한다.

3. 정밀도로지도 제작과정(MMS에 의한 방법)

전국 및 광범위한 지역을 대상으로 정밀도로지도를 제작하기 위해서는 빠르고 정밀하게 제작할 수 있는 차량기반 멀티센서 시스템(MMS : Mobile Mapping System) 방식이 활용성이 높다. 차량기반 MMS는 360° 스캔 및 촬영을 할 수 있는 레이저 스캐너, 디지털카메라와 위치정보를 확인하는 GNSS/INS, 관성측정장치(IMU)가 장착되어 있다.

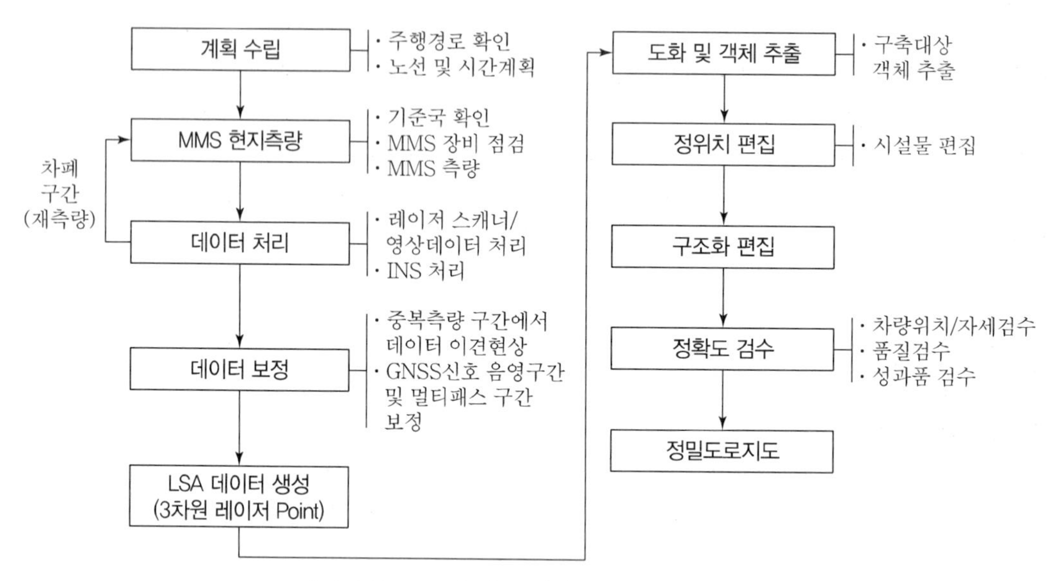

[그림 2] MMS에 의한 정밀도로지도 제작과정

4. 정밀도로지도의 유지관리(갱신)를 위한 기술

지방자치단체가 제공한 도로 변화정보, MMS 측량성과 판독, 기타 모니터링 등 다양한 수단을 강구하여 사업구간의 변화정보를 최대한 수집하고, 변화지역에 대한 표준자료 제작, 이미지 보안처리를 실시하여 점군 · 사진 · 벡터 데이터를 갱신한다.

(1) 도로 변화정보 파악

① MMS 측량을 1회 실시한 후, 기 구축데이터와 비교하여 모든 구간의 변화를 탐지한다.

② 신속한 갱신을 위해 노선 또는 지역별 변화탐지 계획(촬영 – 데이터 처리 – 변화탐지 등)을 수립한다.

③ 변화탐지를 위한 MMS 측량은 멀티채널 라이다를 탑재한 MMS 장비를 사용한다.

(2) MMS 측량 – 도로 변화구역에 대한 정밀도로지도 갱신

① 변화탐지 이후 갱신성과 제작을 위한 MMS 측량에는 단채널 라이다를 탑재한 MMS 장비를 사용하여야 한다.

② 도로 변화 내역 및 시점이 확인된 즉시 MMS 측량을 실시하고 가급적 변화탐지 시점으로부터 2주 이내로 갱신 성과를 제작한다.

③ 도로차단범위 또는 공사범위 전후의 정합에 필요한 기준점 또는 특징점이 포함되도록 촬영한다.

(3) 기타

① 객체 추출 및 묘사, 구조화의 수정량은 객체 신규/수정(속성 · 위치변경 포함)이 연속적으로 발생한 거리로 한다.

② 기 구축 성과의 위치정확도, 속성 등 품질을 전면 검토하여 오류사항 발견 시 수정하여야 한다.

5. 정밀도로지도의 유지관리를 위한 방안

(1) 정밀도로지도의 갱신에 대한 작업규정 및 업무 매뉴얼이 필요

국가 계획에 따른 도로변화에 따라 매년 도로의 총 연장길이는 증가하고 있으며 재난 · 재해 발생에 따른 도로변화 등으로 도로변화 정보의 수집 및 정밀도로지도의 신속하고 정확한 갱신이 필요하다. 또한, 향후 지속적인 갱신 · 관리는 도로별 관리기관에서 수행할 수도 있기 때문에 이를 위해서 정밀도로지도의 갱신에 대한 구체적이고 세부적인 사항이 정의된 작업규정이나 업무 매뉴얼이 필요하다.

(2) 도로종류별 도로관리기관과 긴밀한 정보공유와 직접적인 연계 필요

종류별 도로관리 기관이 다르기 때문에 국토지리정보원에서 독자적으로 정밀도로지도 구축 및 갱신을 수행하기엔 한계가 있기 때문에 정밀도로지도의 구축범위가 확대되면 전국의 모든 도로관리기관, 지방자치단체 등과 긴밀한 연계 및 활용체계를 통한 공사계획 등에 따른 정보 수집체계가 필요하다.

(3) 정밀도로지도 갱신체계 구축

도로정보변화가 발생한 지역만을 빠르게 탐색해서 해당 지역에 대해서 우선으로 재구축하는 갱신기술 개발과 업무협조체계 구축 등 실시간적인 정밀도로지도 갱신체계를 구축해야 한다.

(4) 통합 정밀도로지도 관리체계 구축

다양한 기관에서 생산한 데이터를 공유하고 활용하기 위한 통합된 관리체계가 필요하며, 이를 자동화하기 위한 플랫폼과 품질관리를 위한 검사체계, 제공 및 연계를 위한 플랫폼 형태의 시스템이 필요하다.

6. 결론

자율주행자동차의 상용화를 위해 구축되는 정밀도로정보는 자동차 위치정보를 통하여 주행정보를 제공하는 기술로 자율주행 구현에 필수요소이다. 자율주행자동차는 우리나라 산업의 새로운 성장동력이 될 것이며, 정밀도로정보의 구축을 통하여 우리 생활에 많은 변화가 있을 것으로 예상되며, 관련 산업의 활성화에 기여할 것으로 판단된다. 또한, 향후 정밀도로지도는 자율주행차와 다양한 활용 등에 있어 보다 안전과 편의를 도모하고 운영 및 이용 효율을 극대화할 수 있도록 유지 · 갱신방안에 대한 연구가 지속적으로 이루어져야 할 것으로 판단된다.

10 오픈 소스(Open Source) GIS의 특징, 장점, 활용 및 장애요인과 해결방안에 대하여 설명하시오.

3교시 5번 25점

1. 개요

품질, 보안성, 전개 용이성, 소스코드 접근 용이성 등을 이유로 오픈 소스 소프트웨어가 도입되었으며 그 시장은 공간정보 분야까지 확대되었다. 또한, 세계 최대 공간정보(GIS) 기반 오픈 소스 사업을 후원하는 비영리단체인 OSGeo(Open Source Geospatial)의 공식 한국어권 지부가 2009년 만들어져 전 세계 한국어 사용자의 오픈 소스 GIS, Open GeoData의 사용과 개발을 장려, 지원, 홍보하고 있다. OSGeo 한국어지부가 주최하는 국내 최대 오픈 소스 GIS 행사 'FOSS4G KOREA 2018'가 오는 10월 'Open Technology, Open Mind, Open Community'라는 슬로건으로 열릴 예정이다.

2. 오픈 소스(Open Source) GIS

(1) 오픈 소스 소프트웨어(Open Source Software)

무료이면서 소스코드를 개방한 상태로 실행 프로그램을 제공하는 동시에 소스코드를 누구나 자유롭게 개작 및 개작된 소프트웨어를 재배포할 수 있도록 허용된 소프트웨어로 공개소프트웨어(FOSS : Free & Open Source Software)라고도 한다.

① 특정 라이선스에 따라 소프트웨어의 소스코드가 공개

② FOSS의 Free는 '공짜'를 의미하는 것이 아니라, 사용자가 소스코드에 접근하고, 프로그램을 사용 · 수정 · 재배포할 수 있는 '자유'를 의미

(2) 오픈 소스(Open Source) GIS

공간정보 분야에서 개발, 사용되는 오픈 소스 소프트웨어

1) FOSS4G : Free Open Source Software for Geo-Spatial

2) GeoFOSS : Geo Free Open Source Software

3) 특징

① Linux, Apache, PHP 등의 일반 오픈 소스 소프트웨어들이 수평적(Horizontal) 소프트웨어인 데 비하여 GIS는 DB부터 Web에 이르는 수직적 아키텍쳐(Vertical Architecture) 기반

② 오픈 소스 GIS 소프트웨어의 표준 호환성 구현

③ 상업용 GIS 소프트웨어와 오픈 소스 GIS 간의 대체성 증가

(3) 장 · 단점

구분	장점	단점
GIS 소프트웨어	• 검증된 품질과 성능 • 사후관리 • 시장점유율	• 컴퓨터당 소프트웨어 라이선스 구매 • 소프트웨어의 공유 불가 • 소스코드 최적화 불가
일반 오픈 소스 소프트웨어	• 저비용 • 소프트웨어 의존성 • 수정과 배포 용이	• 너무 다양한 소프트웨어 • 사후관리 • GPL에 따른 상업적 이용 장애

구분	장점	단점
오픈 소스 GIS 소프트웨어	• 독점 GIS 대비 초저비용 • 표준 준수에 따른 시스템 독립성 확보 • GIS 응용의 자유로운 수정과 배포 • 효율적이며 다양한 기개발 GIS 응용	• 상업용 GIS 제품으로부터의 전환비용 • 오픈 소스 GIS 소프트웨어의 다양성에 따른 교육문제 • 국내 전문가 부족 • GIS 응용 코드 최적화

3. 오픈 소스(Open Source) GIS의 장애요인과 해결방안

장애요인	해결방안
• 공식적 지원의 부족 • 빠른 변화 속도 • 개발 청사진의 부재 • 기능적 차이 • 라이선스 문제 • 소프트웨어 보증 문제	• 전문적 지원과 서비스 제공 • 일정 주기에 맞춘 버그 개선과 성능 개선 • 최종 고객과 오픈 소스 소프트웨어 커뮤니티 간의 소통 증대 • 핵심 기능들 간의 차이는 점차적으로 줄어들고 있음 • 라이선스 이슈를 공급자가 책임짐 • 세계 표준 준수를 통한 보증

4. 활용

(1) 독점 소프트웨어의 대체

(2) 사용자 클라이언트로 OpenLayers를 수정하여 사용(OpenAPI)(예 : 브이월드)

(3) 기존 회사에서 FOSS4G 적극 활용
(예 : 구글어스, ESRI 등에서 오픈 소스 GIS라이브러리인 GDAL 사용)

(4) 국토교통부, 국토지리정보원, 지방자치단체, 연구원 등 오픈 소스 GIS소프트웨어를 사용하여 구축
(예 : PostGIS, GeoServer, OpenLayers, MapServer 등)

5. 결론

공간정보 분야에서의 오픈 소스(Open Source) 기술개발과 활용은 무르익고 있으나, 아직 관련된 정책은 미비한 상황이다. 제4차 산업혁명시대를 맞이하여 공간정보 오픈 소스의 확산을 위한 정책 마련을 더욱 강화해야 할 것이다.

11 현재 국토정보플랫폼에서 제공하고 있는 측량기준점 정보의 현황과 과거 측량역사 기준점과의 연계방안에 대하여 설명하시오.

3교시 6번 25점

1. 개요

국토지리정보원은 2018년부터 국토정보플랫폼을 통하여 국가기준점과 지적기준점 정보를 통합 제공하고 있다. 2017년까지 국가기준점은 국토지리정보원의 '국토정보플랫폼'에서, 지적기준점은 '일사편리 부동산정보조회 시스템'에서 제공되었지만, 이제는 국토정보플랫폼에서 이 두 가지 기준점 정보를 모두 확인할 수 있다.

2. 측량기준점의 구분

국가기준점	측량의 정확도를 확보하고 효율성을 높이기 위하여 국토교통부장관 및 해양수산부장관이 전 국토를 대상으로 주요 지점마다 정한 측량의 기본이 되는 측량기준점
지적기준점	특별시장, 광역시장, 특별자치시장, 시 · 도지사 또는 특별자치도지사나 지적소관청이 지적측량을 정확하고 효율적으로 시행하기 위하여 국가기준점을 기준으로 하여 따로 정하는 측량기준점
공공기준점	공공측량시행자가 공공측량을 정확하고 효율적으로 시행하기 위하여 국가기준점을 기준으로 하여 따로 정하는 측량기준점

3. 국토정보플랫폼 측량기준점 정보의 현황

(1) 국가기준점 성과조회
(2) 지적기준점 성과조회
(3) 지적기준점 성과정보

4. 과거 측량역사 기준점과 연계의 필요성

(1) 추진 배경

① 국토지리정보원에서는 역사성 및 보존가치성이 높은 측량 관련 자료를 영구 보존하기 위하여 DB화를 추진

② 2005년, 2015~2017년까지 DB구축 사업을 추진하여 측량기준점(삼각점 185,596점, 수준점 18,575점) 전체를 DB 구축 완료

2005년	미군 YUCCA(1945~1958년) 및 국립건설연구소(1961~1974년)
2015~2016년	조선총독부 토지조사사업(1910~1945년)
2017년	국토지리정보원 국가기준점 정비 성과(1974년~현재)

(2) 필요성

① 시기별 기준점 DB가 개별 구축되어 과거부터 현재까지의 이력현황을 한 번에 즉시 파악할 수 없어 활용 및 이력관리의 신뢰성 확보에 제한

② 민원 · 정보공개, 지적재조사사업 등 측량기준점 성과의 과거이력에 대한 조속한 대응 곤란과 "근대 → 현대 → 최신"의 이력정보가 연계되지 않아 시계열 정보 활용 및 제공 불가

⇒ 기준점 명칭이 시기에 따라 다르고(오기 포함), 재설, 이전 등으로 기준점의 위치도 변해서 일반인은 기준점 이력

현황을 파악할 수 없음

③ 측량기준점 통합체계의 완성과 국가기준점 정보의 활용 확대를 위하여 국가기준점의 시계열 연계가 필요

5. 과거 측량역사 기준점과의 연계방안

(1) 기준점 성과표 시계열 연계 구축

1) 현재의 삼각점에 대하여 시대별 성과를 대조하고 검증하여 시계열로 연계 구축

① 시대별 기준점 명칭 및 성과 등 이력정보를 하나씩 검토하고 오기 및 누락정보 등을 제거하여 무결성을 확보

② 기준점 관련 모든 성과정보 및 스캐닝 이미지 정보를 시계열 연계 구축

2) 현재의 국가기준점(삼각점) 이외의 시계열 연계가 가능한 측량역사 기준점 간 연계 구축

⇒ 현재 및 구 성과 이외에 국립건설연구소, 미군 YUCCA 사업, 조선총독부 등 과거 기준점 간 연계

3) 연계 이력과 특이사항 등을 정리하고, 이중점검 등 오류를 최소화하는 방안을 마련하여 연계 구축

(2) 시계열 성과의 활용확대를 위한 홍보 및 서비스 지원

① 국가기준점 연혁 및 시계열 서비스 관련 활용예시 발굴 및 홍보 팸플릿 이미지 제작 등 서비스 제고방안 마련

② 국토정보플랫폼 등 국토지리정보원 시스템을 통하여 서비스가 될 수 있도록 관련 제반사항 지원

6. 결론

국토지리정보원에서 제공하는 측량기준점 통합 서비스에서 전국의 국가기준점과 지적기준점의 설치 현황 및 성과 정보를 한눈에 확인할 수 있다. 따라서 측량기준점 사용자들의 이용 편의를 높이고 기준점이 중복적으로 설치되는 문제를 방지할 수 있을 것으로 기대된다. 향후 공공기준점도 해당 서비스에 통합하여 모든 측량기준점 정보를 한 곳에서 제공하고, 이를 통해 측량기준점 일원화가 조기에 이루어질 수 있도록 지속적으로 노력하여야 할 것이다.

12 무인비행장치를 이용한 공공측량 작업 절차와 작업지침의 주요 내용에 대하여 설명하시오.

4교시 1번 25점

1. 개요

국토지리정보원은 소규모 지역 측량에 기존 항공사진측량의 문제점(운항 신속성 · 경제성 · 편리성)을 보완하기 위해 무인비행장치 활용에 필요한 공공측량 작업 방법 · 절차 등 무인비행장치 이용 공공측량 작업지침을 제정하여 공공측량에 이용하도록 하였다. 이에 무인비행장치를 이용한 공공측량 작업 절차와 작업지침의 주요 내용을 설명하고자 한다.

2. 무인비행장치를 이용한 공공측량 작업 절차

(1) 공공측량의 정의

국가, 지방자치단체, 그 밖에 대통령령으로 정하는 기관이 관계법령에 따른 사업 등을 시행하기 위하여 기본측량을 기초로 실시하는 측량

(2) 공공측량 성과심사

공공측량의 정확도 확보를 위하여 측량성과를 심사하는 제도

(3) 공공측량 작업 절차

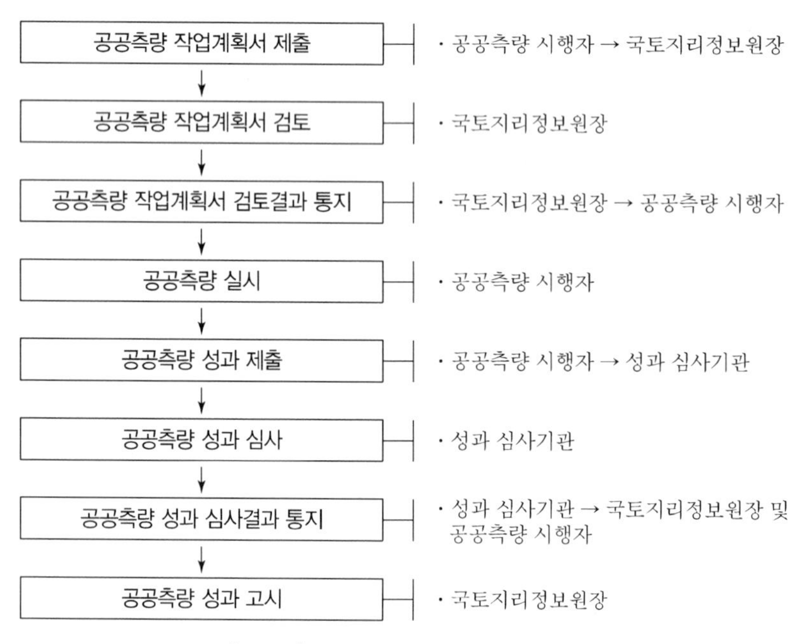

[그림 1] 공공측량 작업 절차 흐름도

3. 무인비행장치측량 작업지침의 주요 내용

(1) 무인비행장치를 이용한 공공측량 작업에 대한 정의

「공간정보의 구축 및 관리 등에 관한 법률」 제17조 및 같은 법 시행규칙 제21조에 따라 무인비행장치에 의한 공공측량 필요한 사항을 정의

① 제1조 : 목적
② 제2조 : 용어의 정의
③ 제3조 : 적용
④ 제6조 : 장비 및 성능
⑤ 제7조 : 작업순서

(2) 무인항공사진촬영 전 선행작업에 대한 작업 방법 명시

대공표지설치, 지상기준점측량 등 촬영 전 선행작업 방법 명시

① 제8조 : 대공표지
② 제9조 : 지상기준점의 배치
③ 제10조 : 지상기준점측량 방법
④ 제11조 : 검사점 측량 방법 및 관측의 선점 및 정확도

(3) 무인항공사진촬영 및 항공삼각측량의 정확도 확보

공간정보구축을 위한 무인항공사진촬영의 방법, 항공삼각측량 작업 방법 및 측량성과의 조정계산과 오차의 한계를 명시하여 정확도 확보

① 제13조 : 촬영계획
② 제14조 : 촬영비행 및 촬영
③ 제15조 : 재촬영
④ 제16조 : 성과 등
⑤ 제17조 : 항공삼각측량 작업 방법
⑥ 제18조 : 조정계산 및 오차의 한계

(4) 공간정보 구축을 위한 무인항공사진 처리 방법 제시

무인항공사진을 처리하여 수치표면자료, 수치표면모델, 정사영상, 수치지도 등 각종 공간정보를 제작하는 방법 제시

4. 무인비행장치측량 작업순서 및 장비 성능 기준

(1) 작업순서

① 작업계획 수립
② 대공표지의 설치 및 지상기준점측량
③ 무인항공사진촬영
④ 항공삼각측량
⑤ 수치표면모델(DSM) 생성 등
⑥ 정사영상 제작
⑦ 지형 · 지물의 묘사
⑧ 수치지형도 제작
⑨ 품질관리 및 정리 점검

(2) 장비 성능 기준

1) 무인비행장치는 계획한 노선에 따른 안전한 이 · 착륙과 자동운항 또는 반자동 운항이 가능
2) 무인비행장치는 기체의 이상 발생 등 사고의 위험이 있을 때 자동으로 귀환 가능
3) 무인비행장치는 운항 중 기체의 상태를 실시간으로 모니터링 가능

4) 무인비행장치에 탑재된 디지털카메라는 최소한 다음의 성능을 갖추어야 한다.

① 노출시간, 조리개 개방시간, ISO 감도를 촬영에 적합하도록 설정

② 초점거리 및 노출시간 등의 정보를 확인

③ 카메라의 이미지 센서 크기와 영상의 픽셀 수를 확인

④ 카메라의 렌즈는 단초점렌즈를 이용

⑤ 수치지형도 제작을 위한 디지털카메라는 별도의 카메라 왜곡보정(검정)을 수행한 것을 사용

5. 무인비행장치측량의 주요 측량 기준

(1) 지상기준점 배치

지상기준점의 수량은 1km^{2}당 9점 이상을 원칙으로 한다.

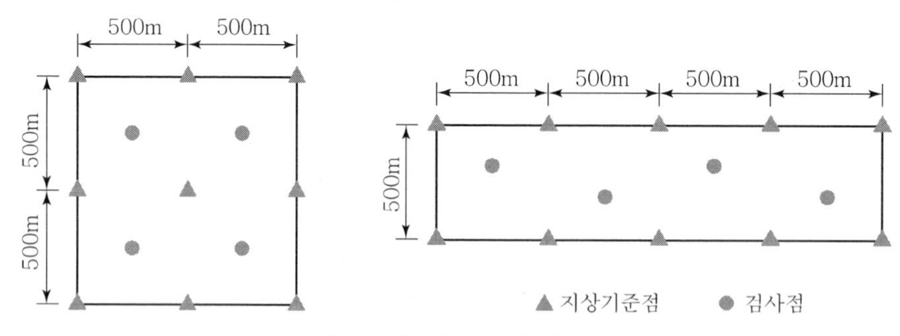

[그림 2] 지상기준점 배치

(2) 중복도

구분	평탄한 저지대 지역	매칭점이 부족하거나 높이차가 있는 지역	높이차가 크거나 고층 건물이 있는 지역
촬영 방향 중복도	65% 이상	75% 이상	85% 이상
인접 코스 중복도	60% 이상	70% 이상	80% 이상

(3) 기타 적용지침

항공사진측량 작업규정, 영상지도제작에 관한 작업규정, 항공레이저측량 작업규정, 수치지도 작성 작업규칙, 수치지형도 작성 작업규정, 공공측량 작업규정

6. 결론

항공 및 지상측량에 의한 방식으로 측량 품질 확보를 위하여 공간정보산업협회에서 성과 심사를 받아왔으나 그동안 드론에 의한 공공측량 작업지침과 성과 심사 기준이 없어 공공측량에 적용할 수 없었다. 제도 개선에 따라 드론을 이용한 측량 방법과 절차가 표준화되어 각종 공간정보 제작과 지형 · 시설물 측량에 효율적으로 활용할 수 있을 것으로 보인다. 정확한 공간정보의 구축을 위하여 측량기술자들의 노력이 필요하다.

13 POI(국가관심지점정보) 통합관리체계의 구축배경, 구축 방법, 구축대상 및 이용 분야에 대하여 설명하시오.

4교시 2번 25점

1. 개요

공공부문에서는 중앙부처, 산하기관 및 지방자치정부 등 대다수 공공기관에서 각종 공간정보서비스를 다양한 형태로 시민들에게 서비스하고 있으며 그 종류와 내용 등이 계속적으로 증가하고 있다. 하지만 정부 및 민간의 공공정보 사업은 분야간 불통으로 정보의 재생산 및 연계활용이 미흡하고 위치검색어를 활용하는 지도검색서비스 등은 상업적 서비스 편중으로 공공성 및 활용성이 부족한 실정이다. 이에 따라 각종 공공정보를 수집 및 정제하고 다양한 분야에서 활용하기 쉬운 형태로 가공하여 별도의 가공작업 없이 누구나 바로 활용할 수 있도록 국가관심지점정보 및 인터넷지도를 구축하였다.

2. POI(국가관심지점정보) 통합관리체계의 구축배경

최근 모바일 기기 대중화로 위치기반서비스 수요 및 국내 위치기반 산업은 급격한 성장과정에 있어 정부중심의 통합관리가 시급하고, 그간 공유 및 활용이 미흡했던 공공정보를 누구나 쉽게 활용할 수 있도록 통합 DB화하고 생산된 정보가 선순환될 수 있는 허브 마련이 필요하다.

(1) 필요성

1) 지도 및 위치정보 패러다임 변화
① 기존 종이지도에서 벗어나 웹이나 모바일 환경으로 패러다임 변화
② 인터넷, 내비게이션 등 IT 기반의 다양한 위치기반서비스 활발

2) 사용자 체감 만족도 개선
① 국가기본지도의 최신성과 활용성 제고에 관한 수요자 요구 증대
② 정부차원의 다양한 노력에도 불구하고 사용자 체감 만족도는 낮음

3) 사회 · 경제적 약자 산업진입장벽 제거
① 공공 및 민간에서 개별 구축, 고비용 및 중복투자 발생
② 전자지도 구축을 위한 과다한 초기비용이 요구되어 산업 활성화를 위한 높은 장벽으로 작용

4) 국내 외국인 급증에 따른 다국어 지도
① 국내 거주 외국인 및 외국인 관광객 수 급증
② 민간은 수익성 부족으로 미운영
③ 공공은 영문만 일부 운영하나 기능이 미흡

(2) 내용적 범위

① 국가관심지점정보 통합 DB구축
② 국가인터넷지도 데이터 셋 구축
③ 통합관리체계 기반조성

3. 통합관리체계

원천자료 수집 · 관리 · 가공 · 배포 기술 개발은 공공기관의 자료들을 수집하여 데이터를 가공 및 배포서비스를 제공한다. 아울러, 시스템의 원활한 운영 및 관리를 위한 관리자 기능을 제공한다.

(1) 국가관심지점정보(POI : Point Of Interest)

국가기본도의 정보(지명, 지형 · 지물 등)와 정부에서 구축된 각종 공공정보(주소, 복지, 안전 등)를 추가 수집, 정제하여 다양한 분야에서 활용하기 쉬운 형태(명칭+위치정보+분류체계+속성)로 가공한 위치정보

① 국가 고유업무 수행으로 축적된 각종 DB(주소정보 포함)를 위치기반서비스 목적으로 통합 · 가공하여 POI 형태로 구축한 데이터

② 전자지도 위에 지리정보와 함께 좌표 등으로 표시되는 주요 시설물, 역, 공항, 터미널, 호텔, 백화점 등을 표현하는 데이터(Land Mark 또는 Way Point)

(2) 국가인터넷지도

국가에서 지속적으로 갱신 관리가 되고 있는 연속수치지형도 데이터 및 도로명 주소 데이터 등의 최신 자료를 확보하여 기반 DB를 구축

4. POI(국가관심지점정보) 구축대상 및 구축 방법

(1) 기초관심지점정보

국토지리정보원의 연속수치지형도를 원천자료로 활용하여 가공, 정제, 명칭 추출, 정위치편집을 실시한다. 약 100만 건 이상의 기초관심지점정보 DB를 구축하였다. 공간형태(점 · 선 · 면), 지형 · 지물의 분류(교통, 건물, 지형 등) 등 데이터 사양 및 속성정보 분석을 실시하고, 연속수치지형도의 특성을 반영하여 중복주기를 제외한 기초관심지점정보를 구축한다.

① 구축대상

분류	지형지물
건물	건물
경계	행정경계(시도, 시군구, 읍면동), 수부지형경계
교통	육교, 교량, 교차부, 입체교차로, 인터체인지, 터널 도로중심선, 철도중심선, 나루
수계	호수/저수지, 하천중심선, 해안선, 폭포
시설	선착장, 야영지, 묘지계, 유적지, 주유소, 휴게소, 성, 우물/약수터, 양식장, 낚시터, 해수욕장, 등대, 광산, 채취장, 관측소, 문화재, 비석/기념비, 탑, 요금징수소
식생	목장, 독립수
주기	지명, 산/산맥
지형	동굴입구

② 구축 방법

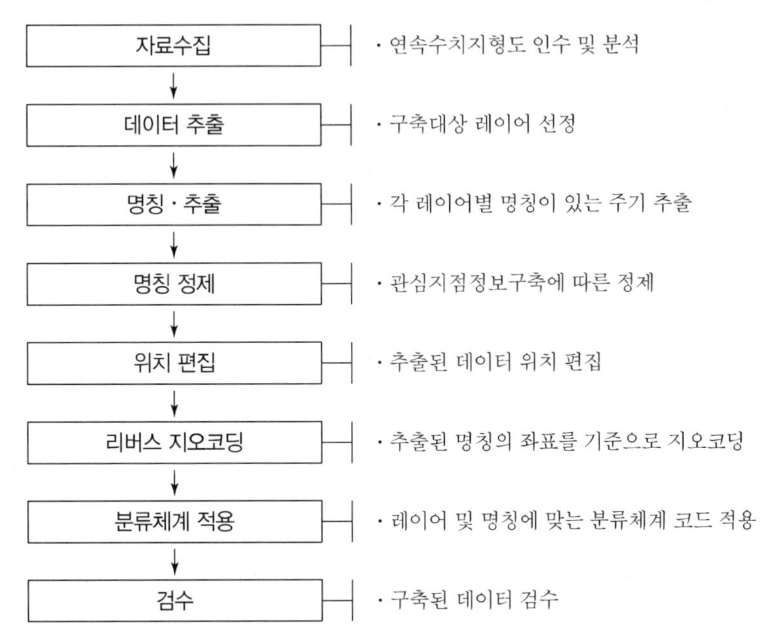

[그림] 국가관심지점정보 구축 방법

(2) 공공, 관광 및 실내관심지점정보 구축

국가의 중점적 관리대상인 공공분야 관심지점정보에 대하여 행정안전부, 보건복지부, 교육청, 소방방재청 등 다부처에서 유지 및 관리되는 공공 데이터를 대상으로 공공 관심지점정보를 구축한다.

5. 이용 분야

공공업무 지원, 공공 대민서비스, IT, 스타트업, 여행, 위치정보 서비스 등 지도 데이터가 필요한 분야에서 누구나 자유롭게 데이터를 수령하고 활용할 수 있다.

6. 결론

POI는 관심지점에 대한 정보 등을 좌표로 수치지도에 표시하는 데이터를 의미하므로 국가관심지점정보 통합관리체계 구축을 계기로 공공부문과 민간부문에서 유용하게 활용될 것으로 기대된다.

14 원격탐사 분야의 대기에서 에너지 상호작용인 흡수, 투과, 산란에 대하여 설명하시오.

4교시 3번 25점

1. 개요

원격탐사에서 가장 중요한 에너지원은 태양이다. 태양에너지가 지구표면에 닿기 전에 흡수(Absorption), 투과(Transmission), 산란(Scattering)이라는 세 가지 기본적인 상호작용이 일어난다. 이렇게 전달된 에너지는 지구표면물질에서 반사되거나 흡수된다.

2. 흡수와 투과

(1) 대기를 통과하는 전자기에너지는 여러 분자에 의해 일부 흡수된다. 대기 중에서 태양광을 제일 잘 흡수하는 것은 오존(O_3), 수증기(H_2O) 그리고 이산화탄소(CO_2)이다.

(2) 0~22μm 분광대역의 약 반 정도는 대기를 투과할 수 없기 때문에 지표면 원격탐사에는 쓸모없다. 대기의 주요 흡수대역(Main Absorption Band)을 벗어난 파장대역만이 원격탐사에 사용할 수 있다.

(3) 이 지역을 대기의 창(Atmospheric Transmission Window)이라 하며 주요 특징은 다음과 같다.

① 가시광선 및 근적외선 대역인 0.4~2μm 대역을 통해(Optical) 원격탐사가 이루어진다.

② 열적외선 지역의 3개의 윈도, 3~5μm 대역에 좁은 윈도가 2개 있으며, 8~14μm 대역에 상대적으로 넓은 세 번째 윈도가 있다.

(4) 대기 중 수증기의 영향으로 장파장 쪽으로는 흡수가 강하게 일어난다. 개략적으로 22μm에서 1mm까지의 대역에는 에너지가 거의 투과되지 않는다. 1mm 이상의 어느 정도 투과되는 지역은 극초단파대역에 해당한다.

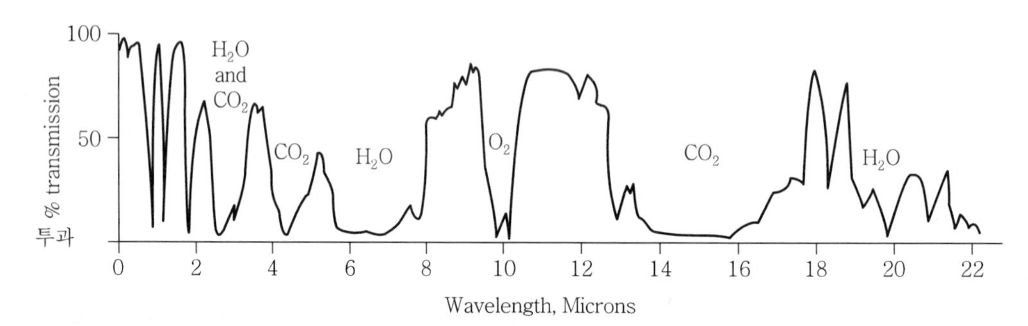

[그림] 백분율로 표시한 대기 투과율

3. 대기 산란

대기 산란은 작은 입자나 기체의 분자가 대기 중에 존재하여 전자기파를 원래의 경로에서 벗어나게 함으로써 발생한다. 산란의 양은 빛의 파장, 입자나 기체의 양, 공기 중 통과경로의 길이 등에 의해 영향을 받는다. 산란에는 레일레이(Rayleigh) 산란, 마이(Mie) 산란 그리고 무차별(Non-selective) 산란의 세 가지 종류가 있다.

(1) 레일레이(Rayleigh) 산란

① 레일레이 산란은 전자기파가 입사광의 파장보다 작은 입자와 상호작용을 할 때 나타난다. 이러한 입자에는 아주 작은 크기의 먼지, 이산화질소 분자, 산소 분자 등이 있다. 레일레이 산란의 효과는 파장에 반비례한다. 즉, 짧은

파장에서는 산란이 많이 일어난다.

② 입자와 산란이 없다면 하늘은 검게 보일 것이다. 낮에는 태양빛이 대기를 통해 최단거리로 들어오는데, 이러한 상황에서 Rayleigh 산란으로 맑은 하늘이 파랗게 보이게 된다. 파란색이 사람이 관측할 수 있는 가장 짧은 파장이기 때문이다.

③ 그러나 아침 또는 저녁에는 빛이 지구표면에 닿기 전에 긴 경로를 거쳐 들어오게 된다. 어느 정도 거리 이상에서는 짧은 파장은 모두 산란되어 버리고, 긴 파장만이 지구표면에 도달하게 된다. 따라서 하늘이 붉게 보이게 된다.

④ 위성원격탐사의 관점에서 볼 때 레일레이 산란은 가장 중요한 형태의 산란이다. 레일레이 산란으로 인하여 지상에서 측정할 때와 비교하여 반사된 빛의 분광특성이 왜곡된다. 즉, 짧은 파장대에서 과대평가가 이루어진다. 높은 고도에서 촬영된 컬러사진을 보면 사진에 파란색이 전반적으로 많이 나타난다. 일반적으로 레일레이 산란은 사진의 대비(Contrast)를 떨어뜨리므로 해석 가능성에 나쁜 효과를 미치게 된다.

(2) 마이(Mie) 산란

① 마이 산란은 입사광의 파장과 대기 물질의 크기가 비슷할 때 일어난다. 마이 산란의 가장 중요한 원인은 연무(Aerosol), 즉 여러 가지 기체의 혼합물, 수증기, 먼지 등이다.

② 마이 산란은 큰 입자가 많은 낮은 층의 대기에서 주로 일어나며, 흐린 구름이 있는 상태에서 두드러지게 나타난다. 마이 산란은 근자외선부터 근적외선까지 거의 모든 파장대역에 영향을 미친다.

(3) 무차별(Non－selective) 산란

① 무차별 산란은 입자의 크기가 입사광의 파장보다 훨씬 클 때 발생한다. 무차별 산란을 일으키는 전형적인 입자로는 물방울(구름입자)과 큰 먼지입자가 있다.

② 무차별 산란은 파장과는 무관하며, 모든 파장대역을 거의 동등하게 산란한다. 무차별 산란의 대표적인 예는 구름효과로, 모든 파장이 동등하게 산란되므로 구름이 하얗게 된다.

③ 광학 원격탐사에서는 구름을 투과하지 못한다. 구름은 또한 지표면에 구름의 그림자를 만들어 내는 부차적인 효과가 있다.

4. 결론

원격탐사 기술의 가장 큰 장점은 빠른 시간 내에 보다 적은 비용과 인력을 투입하여 관련 분야의 제반 정보를 효율적으로 수집하여 제작하고 공간자료의 가공 및 분석기능을 통하여 원하는 정보를 경제적이고 효과적으로 획득할 수 있다는 점이다. 원격탐사 기술은 정보화 시대에 필수적으로 갖추어야 할 사회기반산업으로 중요한 위치를 차지하고 있으므로 국가적 차원의 정책 및 기초 연구들이 진행되어야 할 중요한 시점이라 판단된다.

15 SLAM(Simultaneous Localization And Map－Building, Simultaneous Localization And Mapping)의 개념, 기존 공간정보 취득방식과의 차이점, 처리 절차에 대하여 설명하시오.

4교시 6번 25점

1. 개요

미지의 영역에서 작업을 수행하려는 이동로봇은 가용한 주변의 지도가 없을 뿐만 아니라 자신의 위치도 알 수 없다. 이러한 환경에서 주행을 위해 가장 많이 사용하는 방법은 동시 위치지정 및 지도 작성(SLAM : Simultaneous Localization And Mapping)으로, 이동로봇이 센서를 이용하여 자신의 위치를 추적하는 동안 미지의 주변 지역에 대한 지도를 제작하는 것이다. 정확한 지도는 로봇이 주행이나 위치지정(Localization) 등과 같은 특정 작업을 좀 더 빠르고 정확하게 수행할 수 있게 한다.

2. SLAM의 개념

(1) SLAM(Simultaneous Localization And Map－Building, Simultaneous Localization And Mapping)이란 "동시적 위치 추정 및 지도 작성"이라고 하며, 카메라와 같은 센서를 가진 로봇의 주변 환경을 3차원 모델로 복원함과 동시에 3차원 공간상에서 로봇의 위치를 추정하는 기술을 말한다.

(2) 정확한 3차원 환경의 맵과 로봇의 위치를 예측하는 것은 증강현실, 로보틱스, 자율주행과 같은 응용에서 필수적이다.

3. 기존 공간정보 취득방식과의 차이점

(1) SLAM 알고리즘

SLAM 알고리즘은 크게 전단부(Front－end)와 후단부(Back－end)로 나누어진다.

전단부	센서로부터 측정된 데이터를 3차원 점군으로 만들고 정합하는 과정 수행
후단부	루프 폐쇄 검출, 변형 처리, 환경 맵 최적화 등의 과정 수행

(2) 루프 폐쇄 검출(Loop Closure Detection)

① 로봇의 이동궤적상에서 현재의 위치가 이전에 방문했던 위치인지를 판단하기 위해 사용한다.

② 검출된 결과를 환경 맵 최적화 단계에서 제약조건으로 활용하도록 하여, SLAM 알고리즘의 로봇 표류 문제를 해결한다.

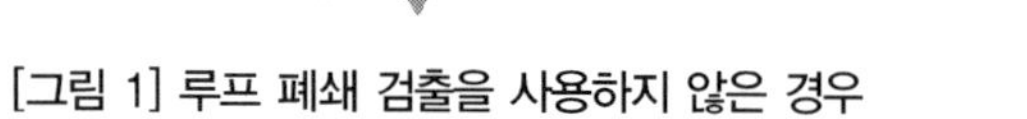
[그림 1] 루프 폐쇄 검출을 사용하지 않은 경우

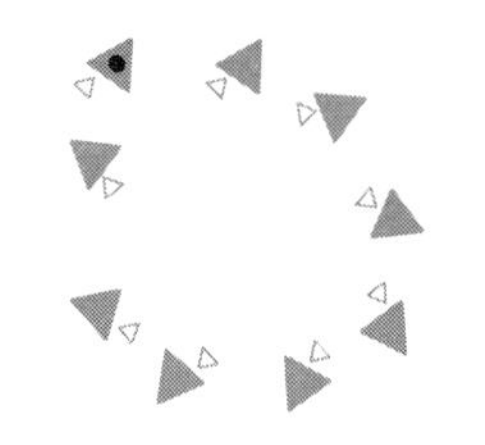
[그림 2] 루프 폐쇄 검출을 사용한 경우

③ 위의 그림과 같이 삼각형이 로봇 궤적이라고 가정하고 동그란 점이 실제로는 동일한 위치라고 하면, 루프 폐쇄 검출을 사용하지 않은 경우 누적된 궤적 오차 때문에 예측된 로봇의 궤적이 심하게 뒤틀리는 것을 확인할 수 있고, 이는 정확도에 직접적으로 영향을 미친다.

④ 반대로, 루프 폐쇄 검출을 사용한 경우 궤적이 제대로 수정되어 동시에 정확한 환경 맵을 획득할 수 있다.

구분	SLAM(Simultaneous Localization And Mapping)		Odometry		Ground Truth
	카메라	LiDAR	IMU	Encoder	GNSS
기술	• Visual – SLAM	• Particle Filter	• Inertia Based	• Accumulate Rotation Info	• Satellite Triangulation
장점	• 장애물 회피 • 맵 작성용 사진	• 정확한 거리 측위 • 지형도 작성용	• 부드러운 회전	• 주행정보 인식	• 전 지구 실외 위치 인식
단점	• 드리프트 문제 • 부정확한 거리 측위	• 비슷한 환경에 취약 • 변경 잦은 환경에 취약	• 드리프트 문제 • 위치 측위 불가	• 슬립으로 인한 오차 누적	• 실내 인식 불가

4. 처리 절차

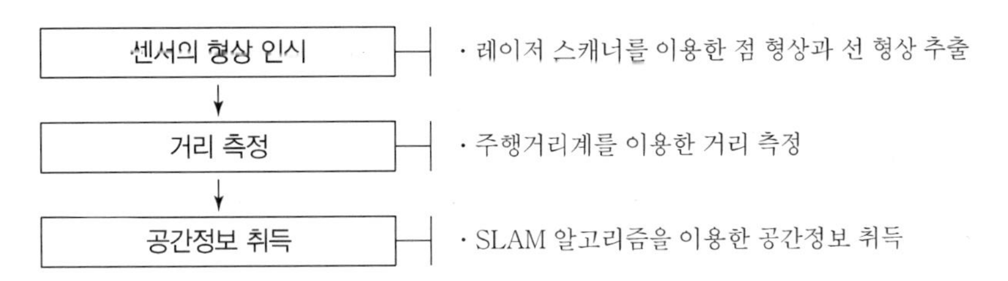

[그림 3] SLAM의 처리 절차

(1) 로봇은 지도 작성을 위해 레이저스캐너와 주행거리계를 이용하여 거리를 측정한다. 그러나 SLAM 과정에서 추측항법(Dead Reckoning : 로봇 자체에 설치된 거리 및 방위 센서에 의해 이동거리와 방위를 검출하여 현재 위치를 추측하는 자립항법에 의한 계산방식), 잡음이 존재하는 상황에서의 센서 측정, 데이터 처리 실패, 동적으로 변하는 환경 등과 같은 많은 문제가 발생할 수 있다.

(2) 이러한 문제를 해결하고 좀 더 정확한 지도를 만들기 위해서 다양한 알고리즘을 이용하거나 다중로봇팀이 함께 관심 지역을 탐사하는 방법을 시도한다.

(3) 또한 다중로봇팀이 각자 가진 지도를 하나의 전체 지도로 결합하는 지도 통합(Map Merging)을 위한 알고리즘이 개발되기도 한다.

5. 발전 및 활용 분야

(1) 로봇공학의 학계 및 관련 기업에서 다양한 알고리즘을 개발하고 있다.

(2) 컴퓨터 비전(Computer Vision) 및 딥러닝과 결합하고 카메라를 이용하여 3차원 공간상의 위치를 추정한다.

(3) 주변 정보를 취합한 지도를 가상공간에 만들어 내는 Visual SLAM(시각정보를 이용한 동시적 위치 추정 및 지도 작성 기술)으로 발전하고 있다.

(4) 로봇청소기, 무인자동차, 자동지게차, 무인항공기, 드론, 자율주행, 증강현실, 가상현실 등에서 활용한다.

6. 결론

사람은 SLAM 방식을 이용하여 낯선 장소에서 마음속의 지도를 쉽게 만들 수 있지만, 이동로봇이 SLAM을 수행하는 데는 많은 어려움과 긴 시간이 소요된다. 이러한 단점을 극복하기 위하여 익숙하지 않은 건물과 같은 복잡한 환경에서 로봇이 좀 더 빠르고 정확하게 주행할 수 있도록 연구가 이루어져야 할 것이다.

제4장 117회 측량 및 지형공간정보기술사 문제 및 해설

2019년 1월 27일 시행

분야	건설	자격 종목	측량 및 지형공간정보기술사	수험 번호		성명	

구분	문제	참고문헌
1 교시	※ 다음 문제 중 10문제를 선택하여 설명하시오. (각 10점)	
	1. GNSS 위치보강시스템	**1. 모범답안**
	2. 국가해양기본도	**2. 모범답안**
	3. 디지털트윈스페이스(DTS)와 사이버물리시스템(CPS)	**3. 모범답안**
	4. 정밀력(Precise Ephemeris)	4. 포인트 5편 참고
	5. 국가지오이드모델(KNGeoid 18)	**5. 모범답안**
	6. 중력이상(重力異常)과 종류	6. 포인트 2편 참고
	7. 구면삼각형과 구과량	7. 포인트 2편 참고
	8. VLBI(Very Long Base-line Interferometry)	8. 포인트 2편 참고
	9. 정오차와 부정오차	**9. 모범답안**
	10. 모호정수(Ambiguity)	10. 포인트 5편 참고
	11. 공간보간법의 역거리 가중법과 크리깅(Kriging) 보간법	11. 포인트 6편 참고
	12. 위성영상 해상도 종류	12. 포인트 6편 참고
	13. 유토곡선	13. 포인트 9편 참고
2 교시	※ 다음 문제 중 4문제를 선택하여 설명하시오. (각 25점)	
	1. 산업단지 및 택지 조성측량 작업과정에 대하여 설명하시오.	**1. 모범답안**
	2. 시설물 또는 지표면의 변동 및 변형 등을 주기적, 연속적으로 모니터링 할 수 있는 측량기술 및 계측방안에 대하여 설명하시오.	2. 포인트 9편 참고
	3. 3차원 실내공간정보 구축사업의 추진배경 및 구축과정을 설명하시오.	**3. 모범답안**
	4. 자율주행자동차 및 C-ITS에서 활용 가능한 정밀도로지도의 구축절차 및 활용방안에 대하여 설명하시오.	4. 포인트 7편 참고
	5. GNSS의 측위 방법 중 절대측위와 상대측위를 비교 설명하시오.	5. 포인트 5편 참고
	6. 수준점의 이전(移轉)에 대하여 설명하시오.	**6. 모범답안**
3 교시	※ 다음 문제 중 4문제를 선택하여 설명하시오. (각 25점)	
	1. 실시설계를 위한 측량 중 노선(도로, 철도)측량 작업과정에 대하여 설명하시오.	**1. 모범답안**
	2. 항공사진 촬영을 위한 검정장의 조건 및 검정 방법에 대하여 설명하시오.	2. 포인트 6편 참고
	3. 조석관측의 방법 및 조위관측소에 대하여 설명하시오.	3. 포인트 2편 참고
	4. 라이다(LiDAR)센서 기술 및 시장동향에 대하여 설명하시오.	**4. 모범답안**
	5. 수치지도의 각 축척(1/50,000, 1/10,000, 1/5,000, 1/1,000)에 따른 도엽코드 및 도곽의 크기를 설명하시오.	**5. 모범답안**
	6. 하천에 대한 종단측량과 횡단측량을 설명하시오.	6. 포인트 9편 참고
4 교시	※ 다음 문제 중 4문제를 선택하여 설명하시오. (각 25점)	
	1. 공공의 이해와 안전에 따른 공공측량 실시 목적, 공공측량 시행자, 공공측량 대상, 공공측량 성과심사 대상에 대하여 설명하시오.	**1. 모범답안**
	2. 국내외 공간정보 분야에서의 오픈 소스 활용사례 및 정책지원 동향에 대하여 설명하시오.	**2. 모범답안**
	3. GNSS 측량에서 오차의 종류와 전리층의 영향 및 보정 방법을 설명하시오.	**3. 모범답안**
	4. 스마트시티와 U-city의 특성에 대하여 설명하시오.	**4. 모범답안**
	5. 남·북간의 서로 다른 측지기준체계와 기준점 문제를 해소할 수 있는 방안에 대하여 설명하시오.	5. 포인트 1편 참고
	6. LiDAR에 의한 DEM/DSM 제작 방법에 대하여 설명하시오.	6. 포인트 6편 참고

NOTICE 본 측량 및 지형공간정보기술사 문제 및 해설 중 참고문헌의 《포인트》는 예문사 출간 《포인트 측량 및 지형공간정보기술사》임을 알려드립니다.

01 GNSS 위치보강시스템

1교시 1번 10점

1. 개요

GNSS 위치보강시스템은 위치보정신호의 생성 및 제공방식에 따라 크게 SBAS와 GBAS로 구분된다. 다수의 지상기준국 망으로부터 생성된 위치보정신호를 정지위성 또는 극궤도위성을 통해 방송하는 시스템을 SBAS라 하며, 1~2개의 지상기준국 망에서 직접 위치보정신호를 방송하는 시스템을 GBAS라 한다.

2. SBAS(Satellite Based Augmentation System)

(1) 위성기반의 위치보강시스템
(2) 다수의 지상기준국 망으로부터 오차 관련 데이터를 통합 처리하여 해당 지역 전체에 대한 위치보정데이터를 생성하고, 이를 정지위성 또는 극궤도위성을 통해 서비스 지역에 방송
(3) 서비스되는 신호의 종류에 따라 수 cm, 1m, 2~3m 정확도의 측위 가능
(4) 넓은 지역을 대상으로 하는 WADGPS(Wide Area DGPS) 개념
(5) SBAS 신호의 수신이 가능한 GNSS 안테나를 사용하면 누구나 자유롭게 이용 가능
(6) SBAS의 종류
① WAAS(아메리카), EGNOS(유럽 및 아프리카), MSAS(아시아 지역)
② 일본 : QZSS
③ 인도 : GAGAN
④ 러시아 : SDCM(System for Differential Correction and Monitoring)
⑤ 중국 : SNAS(Satellite Navigation Augmentation System)
⑥ 한국 : KASS(2020년 예정)
⑦ 전 세계 유료 서비스 : StarFire(John Deer 사), OmniStar(Fugro 사)

3. GBAS(Ground Based Augmentation System)

(1) 지상기반의 위치보강시스템으로 GBAS 또는 GRAS(Ground-based Regional Augmentation System)라고도 함
(2) 지상기준국에서 VHF 또는 UHF 전파를 통해 위치보정신호를 방송하므로 일반적으로 반경 20km 이내에서만 이용 가능
(3) 공항 등에서의 항공기 자동관제, 특정 기관 또는 회사에서 사용
(4) 단일 기준국 방식의 DGNSS 체계이므로 근거리에서는 측위정확도가 높은 반면, 장거리에서는 거리에 따라 오차 증가

02 국가해양기본도

1교시 2번 10점

1. 개요

국가해양기본도는 해저지형도, 중력이상도, 지자기전력도, 천부지층분포도 등 4개 도면을 1종으로 하는 도면으로 주변국과의 배타적경제수역(EEZ) 해양경계설정, 해상교통안전, 해양개발 및 해양정책 수립 등에 기초자료로 활용되며, 1/25만(16종 64도엽), 1/50만(4종 16도엽) 두 가지 축척으로 이루어져 있다.

2. 국가해양기본도

(1) 해저지형도(Bathymetric Chart)

① 다중 음향측심기(Multi-Beam Echo Sounder)로 해저의 수심을 측량하여 해저의 기복과 형상을 등심선으로 표시한 도면이다.

② 해저지형도는 실제와 같은 정밀한 해저 모습을 묘사하여 해상 교통안전지원은 물론 해저지형 연구와 교육에 활용된다.

(2) 중력이상도(Free-air Gravity Anomaly Chart)

① 해상중력계로 측정한 해저의 중력을 중력이상값으로 보정하여 등중력이상을 선으로 표시한 도면이다.

② 중력이상은 자료보정 단계에 따라 프리에어이상과 부게이상의 결과가 생산되며, 국가해양기본도에서는 프리에어이상을 도면으로 제작한다.

③ 중력값은 해저내부의 밀도분포에 따라 좌우되므로 이를 분석하여 지질구조연구, 해저자원탐사 등에 활용된다.

(3) 지자기전자력도(Total Magnetic Intensity Chart)

① 해상자력계로 측정한 해저의 자기성분을 분석하여 해저의 지자기전자력분포를 등자력선으로 표시한 도면이다.

② 지자기전자력은 지구 자기장에 의해 자화된 암석이 형성하는 2차 자기장을 말하며, 이는 암석의 종류(성분)에 따라 다르므로 지자기전자력의 상대적인 세기를 비교함으로써 해저 지하 구성 물질의 특징, 지질구조연구, 해저자원탐사 등에 활용된다.

(4) 천부지층분포도(Sub-bottom Echo Character Chart)

① 탄성파 탐사기로 조사한 해저지층단면도와 퇴적물 채집장비로 취득한 해저퇴적물 시료를 분석하여 해저 표층퇴적물의 형상 및 구조 등을 그 분포범위에 따라 표시한 도면이다.

② 천부지층분포도는 100m 이하 최상층 퇴적물의 퇴적과정을 간접적으로 해석할 수 있는 유용한 자료로서 지질구조연구나 해저자원탐사에 활용된다.

3. 국가해양기본도의 활용

국가해양기본도는 EEZ 경계 내의 광역 해양자료를 취득하여 이를 바탕으로 국가영해관리, 정밀지오이드 생산 및 국가의 기초적 정보생산에 이바지하고 있다.

03 디지털트윈스페이스(DTS)와 사이버물리시스템(CPS)

1교시 3번 10점

1. 개요

초연결(Hyper－Connected) 스마트시티에서 현실 공간과 사이버 공간을 연결하는 인터페이스와 빅데이터를 통합 · 활용하는 플랫폼으로서 공간정보의 유용성이 부각되고 있다. 스마트시티에서 가장 중요한 변화는 가상공간과 물리적 공간의 통합 및 연계가 된다는 점이며, 이와 관련하여 가장 중요한 개념이 디지털트윈이다.

2. 디지털트윈스페이스(DTS : Digital Twin Space)

(1) 디지털트윈(Digital Twin)

① 물리적 자산이나 프로세스를 디지털로 복제(Modeling)한 것

② 물리적 자산으로부터 생산되는 데이터와 상시 연계되어 있는 살아 있는 시스템

③ 항공기 엔진이나 발전소, 플랜트, 빌딩 등 복잡한 시설이나 장치를 효과적으로 모니터링하거나 생산성을 향상하는 데 활용

④ 최근 스마트시티의 플랫폼으로 각광받고 있음(세종시와 ETRI 협동 추진예정)

(2) 디지털트윈스페이스(DTS : Digital Twin Space)

① 3차원 모델링을 통하여 현실공간의 물리적 자산이나 객체, 프로세스 등을 디지털로 복제하는 것(위치, 모양, 움직임, 상태 등을 포함)

② 물리적 환경을 가상환경으로 구현하는 가장 효과적인 수단이자 현실세계와 가상세계를 연결하는 플랫폼

③ 실세계의 데이터를 활용하여 디지털트윈스페이스(DTS)에서 모니터링, 분석, 예측, 시뮬레이션 등을 통하여 얻은 정보를 현실세계에 반영하여 운영 최적화, 문제 해결, 사전 예방이 가능

3. 사이버물리시스템(CPS : Cyber Physical System)

(1) 실제 공간에 존재하는 물리적 환경과 컴퓨터상에 존재하는 사이버 환경이 사물인터넷, 클라우드, 빅데이터 등의 기술 발달에 힘입어 서로 연계되고 상호 작용하는 시스템

(2) 정보를 활용하여 물리적 환경에 대한 이해를 높여주고, 스스로 인지하고 반응하는 자율성을 기반으로 모니터링, 분석, 시뮬레이션을 통한 문제해결 및 최적화가 가능

(3) 물리적 세계와 사이버 세계의 융합을 추구하는 새로운 패러다임으로 생산성 향상은 물론 교통, 안전, 환경, 재난재해 등 사회의 각 분야에 적용하여 인간의 삶의 변화를 일으킬 수 있는 혁신적인 기술

4. 현실세계와 가상세계의 융합

현실세계의 물리적 자산에 부착된 센서 등을 통해서 수집되는 데이터를 가상환경에서 분석, 시뮬레이션, 예측 등을 통해 유용한 정보를 얻고, 이를 현실세계에 반영하여 운영을 최적화하거나 문제를 해결

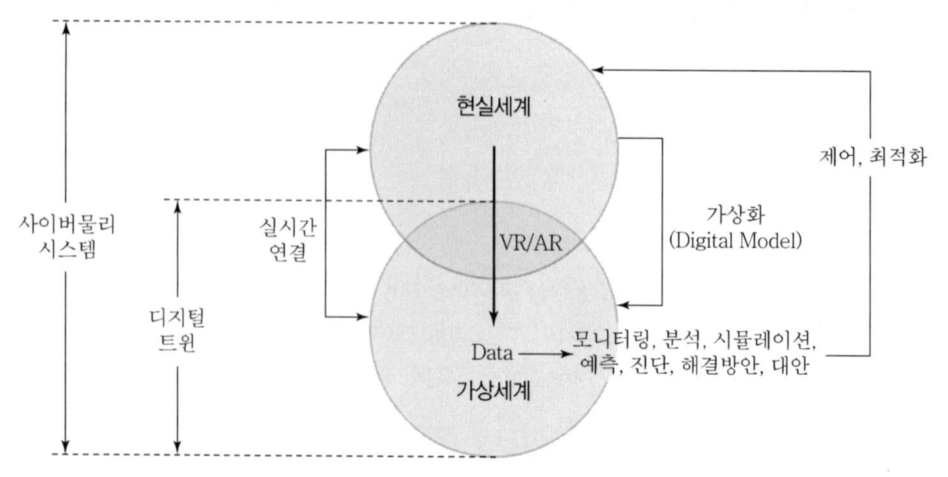

[그림] 현실세계와 가상세계의 융합 개념도

04 국가지오이드모델(KNGeoid 18)

1교시 5번 10점

1. 개요

지오이드모델은 불연속적인 지오이드고를 수학식으로 나타내거나 격자 간격의 모델로 구성한 것이다. 지오이드모델은 지구의 물리적 형상을 파악한다는 데 의미가 있으며, 측량 분야에서는 높이측량을 빠르고 효율적으로 수행할 수 있어 그 모델 구축이 중요하다. 최근 2018년에 KNGeoid 14 발표 이후 자료를 반영하여 개선된 KNGeoid 18이 발표되었다.

2. 우리나라 지오이드모델 구축 현황

(1) 베셀 지오이드모델(1996년 발표)
(2) KGEOID 99(1998년 발표)
(3) KGD 2002 지오이드(2002년 발표)
(4) GMK 09(2009년 발표)
(5) KNGeoid 14(2014년 발표)
(6) KNGeoid 18(2018년 발표)

3. KNGeoid 18

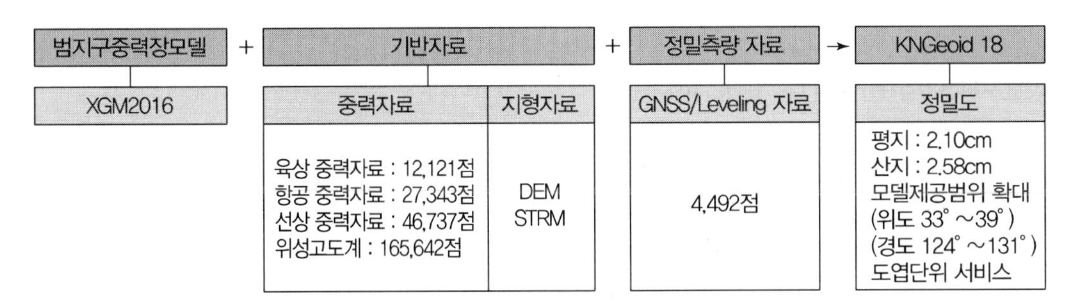

[그림] KNGeoid 18 주요 내용

4. KNGeoid 18의 특징

(1) 2014년 이후 자료를 반영하여 지오이드 개선
(2) GOCE 위성관측자료가 포함된 신규 범지구중력장 모델(XGM2016) 적용
(3) 삼각점 중력자료(2015~2016년) 및 2차 통합기준점 중력자료(2017년) 추가
(4) 1 · 2차 통합기준점 GNSS/Leveling 자료 이용
(5) 전체 정밀도 2.33cm, 평지 2.10cm, 산악 2.58cm

5. 활용

(1) GNSS 타원체고의 표고 전환에 활용
(2) 기준점측량 및 응용측량에 활용
(3) 무인자동차, 자율주행 및 드론에 활용
(4) 해수면 측정 및 수고 측정에 활용
(5) 홍수 예방 및 모니터링에 활용

05 정오차와 부정오차

1교시 9번 10점

1. 개요

오차란 참값과 관측값의 차를 말한다. 측량에서 요구 정확도를 미리 정하고 관측값의 오차가 허용오차 범위 내에 있음을 확인하는 것은 매우 중요한 일이다. 이러한 오차는 자연오차나 기계의 결함 또는 관측자의 습관과 부주의에 의해 일어난다. 측량값의 조정은 우선 과오를 제거하고, 정오차를 보정 후 우연오차를 무리하지 않게 조정하여 최종적으로 최확값을 얻는 과정을 거친다.

2. 과대오차(Blunders)

(1) 측량의 오차 중에서 주로 관측자의 미숙이나 부주의에 의해 발생하는 것으로 관측 시 주의를 기울이면 방지할 수 있는 오차이다.

(2) 일반적으로 반복 관측한 값에 큰 오차가 있을 때는 과오가 있다고 볼 수 있다.

(3) 과오는 이론적으로 보정할 수 없기 때문에 반복되어 관측된 값으로부터 이를 찾아내어 제거한다.

(4) 이 오차가 포함되면 최소제곱법의 대상이 되지 못한다.

3. 정오차(Systematic Error)

(1) 일정한 조건하에서 일련의 관측값에 항상 같은 크기로 발생하는 오차를 말한다.

(2) 관측 횟수에 따라 오차가 누적되므로 누차라고도 한다.

(3) 오차가 일정한 법칙에 따라 발생하므로 원인과 상태만 알면 오차를 제거할 수 있다.

4. 부정오차(Random Error)

(1) 관측값에 포함된 오차의 하나로 원인을 알 수 없고 그 크기와 부호가 불규칙하여 관측값에서 소거할 수 없는 작은 오차를 말한다.

(2) 동일 대상을 여러 번 관측한 관측값에서 착오를 소거하고 정오차를 보정하여도 관측값이 모두 같지 않은 이유는 관측값에 아직 이 오차가 포함되어 있기 때문이다.

(3) 우연오차(Accidental Error) 또는 여러 번 관측 시 이 오차의 크기와 부호가 불규칙적으로 발생하여 서로 상쇄되는 오차라 하여 상차(Compensating Error)라고도 한다.

(4) 부정오차는 정규분포를 이루므로 확률법칙에 의해 처리된다.

06 산업단지 및 택지 조성측량 작업과정에 대하여 설명하시오.

2교시 1번 25점

1. 개요

산업단지 및 택지 조성측량은 보통 1백만 평방미터 이상의 광대한 면적으로 조성되며, 산업단지 및 택지 등이 조성된 후에는 과거의 지적은 모두 삭제되고 새로운 지적공부로 작성된다. 따라서 지구계를 기준으로 외부의 도해지적과 내부의 수치지적이 공존하므로 지구계를 결정하는 측량이 매우 중요하다. 또한 산업단지 및 택지는 시민의 생활과 밀접하게 대부분 평지로 조성되므로 산업단지 및 택지 내부에 형성되는 도로 등은 대부분 완만한 구배로 이루어져 수준측량이 매우 중요하다. 본문에서는 산업단지 및 택지 조성측량을 설계단계, 착공 전 단계, 시공 중 단계, 준공단계로 구분하여 설명하고자 한다.

2. 산업단지 및 택지 조성측량(설계단계)

(1) 측량순서

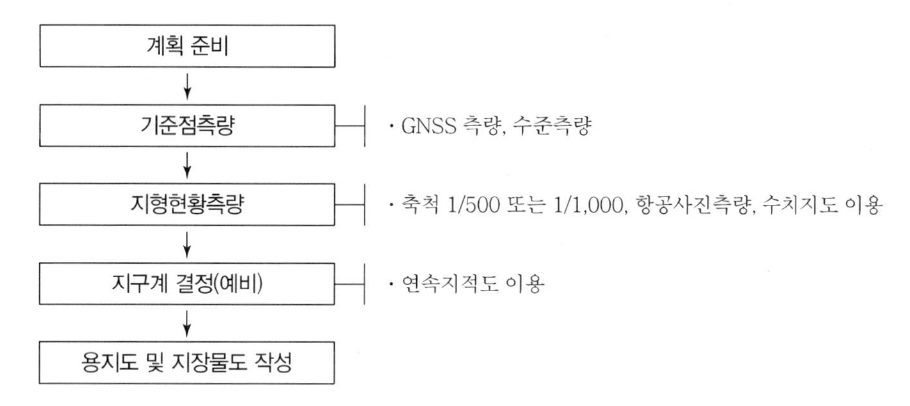

[그림 1] 단지측량순서(설계단계)

(2) 기준점측량

① 국가기준점 이용

② GNSS 측량, 직접 수준측량

(3) 지형현황측량

① 항공사진측량, 지상측량에 의한 방법 중 공사의 특성에 맞는 방법 선택

② 축척은 1/500을 표준으로 하며, 필요시 1/1,000으로 함

(4) 용지도 및 지장물도 작성

① 용지도 및 용지조서 작성

② 용지도의 축척은 1/1,000으로 작성

③ 지장물도 및 지장물조서 작성

(5) 예정지구계 결정

① 예정지구계 결정 방법

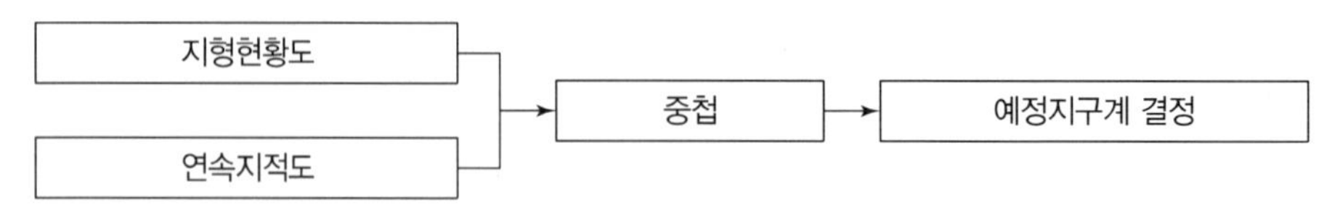

[그림 2] 예정지구계 결정 방법

② 예정지구계는 연속지적도를 이용하여 작성한 도면

③ 지적측량수행자가 확정측량을 수행한 도면이 아님

3. 산업단지 및 택지 조성측량(착공 전 단계)

(1) 측량순서

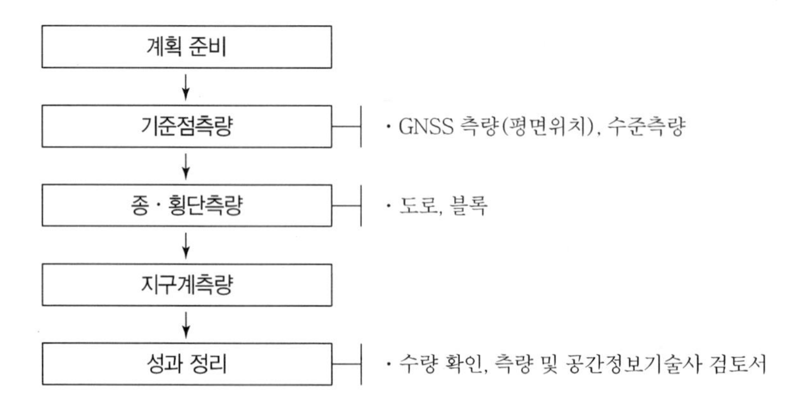

[그림 3] 단지측량순서(시공단계)

(2) 기준측량

① 국가기준점, 설계기준점(CP) 확인

② GNSS 측량, 직접 수준측량

(3) 지형현황측량

① 항공사진측량, UAV측량, 지상측량에 의한 방법 중 공사의 특성에 맞는 방법 선택

② 설계측량 시 누락된 부분이나 변형된 지형 확인

(4) 종 · 횡단측량

① 설계도서 검토

② 수량 확인

(5) 지구계 측량

① 지구계 측량(지구계 확정측량)

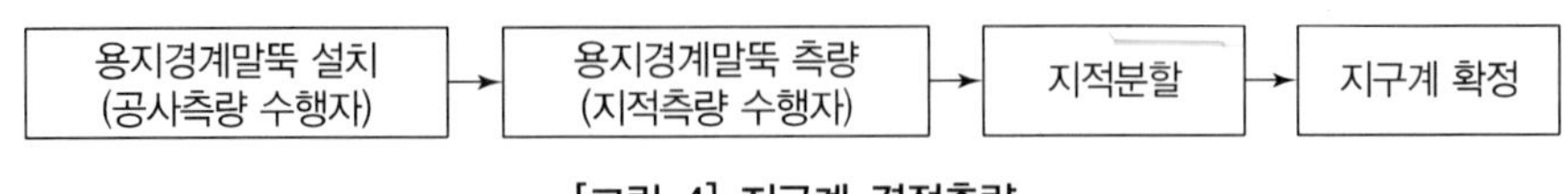

[그림 4] 지구계 결정측량

② 공사측량수행자는 설계도면에 표시된 사업부지 경계지점에 용지경계말뚝 설치

③ 지구계 분할측량은 지적측량수행자가 설치된 용지경계말뚝을 직접 측량하여 수행

4. 산업단지 및 택지 조성측량(시공 중 단계)

(1) 수행순서

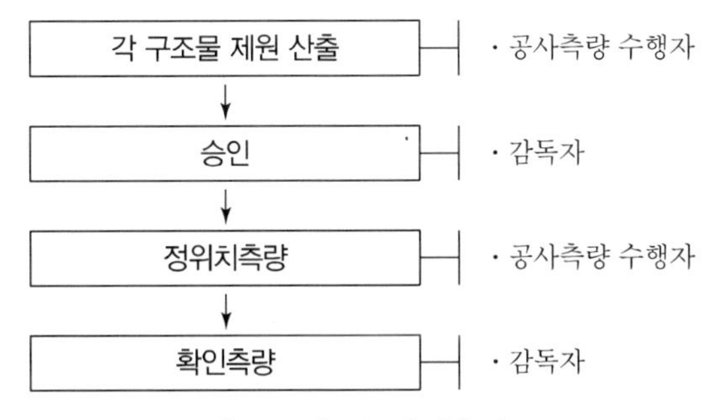

[그림 5] 시공측량순서

(2) 시공기준점 유지관리

① 시공기준점은 최소한 1년에 1회 이상 시공 전 측량과 동일한 방법으로 확인측량을 실시

② 시공기준점의 위치가 변동되었을 경우에는 좌표를 갱신하여 기준좌표로 사용

(3) 감독자 준수사항

① 감독자는 검측용 측량장비를 이용하여 검측을 실시

② 감독자는 측량 및 지형공간정보기사 또는 산업기사 이상의 자격증 보유자

③ 감독자가 해당 자격증을 보유하지 않을 경우 측량업 등록업자에게 검측업무를 대행

5. 산업단지 및 택지 조성측량(준공단계)

(1) 수행순서

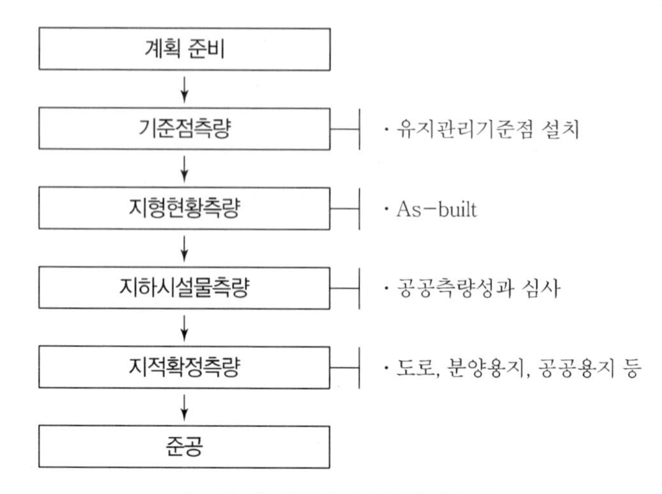

[그림 6] 산업단지 준공측량순서

(2) 기준점측량

① 유지관리 기준점 설치

② 유지관리에 이용

(3) 지하시설물측량

① 도로 및 공공시설용지에 설치된 관로, 케이블 등 모든 지하시설물은 검측을 완료한 위치자료 및 속성자료를 그대로 사용하여 지하시설물도 작성

② 시공 중 실시한 지하시설물측량 성과에 대해 공공측량 성과심사

(4) 준공측량도면 작성 제출

① 수치지도 수정용 건설공사준공도면 작성에 관한 지침에 따라 작성 및 제출

② 국가기본도 갱신자료로 이용

(5) 지적확정측량

① 세계측지계 측량

② 수치지적으로 확정 : 일반 지적측량업자 수행

6. 지구계 측량의 문제점 및 해결방안

(1) 예정지구계 결정

① 예정지구계 결정은 수치지형도와 연속지적도를 중첩하여 결정

② 예정지구계는 필지의 분할이 없이 지적경계를 따라 결정

③ 이용된 연속지적도는 측량에 사용할 수 없는 도면(「공간정보의 구축 및 관리 등에 관한 법률」 제2조 제19호의2)

(2) 지구계 측량 발주

① LH 등 주요 지방자치단체에서 발주
② 지구계 측량은 토지의 보상과 관계되므로 한국국토정보공사에서 수행

(3) 지구계 측량 방법

수치지형도(측지좌표계)로 설계된 지구계 위치를 지적좌표계로 도상 분할 실시

(4) 문제점

측지좌표계와 지적좌표계의 차이 그리고 도상분할로 인하여 지구계가 어느 한 방향으로 이동되어 분할되어 결정됨

(5) 해결방안

① 공공(일반)측량업자 : 예정지구계 용지말뚝 측설 실시
② 지적측량수행자(한국국토정보공사) : 설치된 말뚝을 직접 측량하여 분할(도상분할 금지)

7. 결론

산업단지 및 택지 조성측량은 조성 후 새로운 지적으로 만들어진다. 조성된 산업단지 및 택지 외부는 과거의 지적, 내부는 새로운 지적으로 바뀌게 되므로 경계부분에 불부합이 발생할 수 있다. 잘못된 지구계 결정으로 조성 면적의 차이가 발생하므로 지적분야에 대한 관리를 철저히 하여야 한다. 또한 산업단지 및 택지 조성공사는 대부분 도로 공공시설용지로 구성되므로 이 부분에 시공된 지하시설물에 대하여 철저한 시공관리와 공공측량성과심사를 받아 부실공사로 인한 사고가 발생하지 않도록 하여야 한다.

07 3차원 실내공간정보 구축사업의 추진배경 및 구축과정을 설명하시오.

2교시 3번 25점

1. 개요

실내공간정보 구축사업은 복잡화 · 대형화되고 있는 실내공간에서의 국민 안전과 복지 증진, 공간정보 분야 부가가치 창출이 가능한 신성장 동력 창출과 실내정보 산업의 지원을 위해 추진되는 사업이다. 스마트시티, 실내측위 및 실내 내비게이션, 각종 대민서비스, 재난 · 재해 대비 등 실내공간정보의 다양한 응용분야와 모바일 환경으로의 급속한 변화 및 융 · 복합에 적합한 실내공간정보의 특성을 고려했을 때, 실내공간정보 산업의 잠재력은 매우 크다고 볼 수 있다.

2. 추진배경

(1) 실내 활동의 증가 및 각종 재난, 재해로 인한 사회 안전정보 필요성 대두

(2) 재난 안전사고 수습 및 처리, 사회적 약자의 사전정보 습득 필요에 따른 실내공간의 정보를 요구

(3) 다양한 건축물 및 지하철 환승역 등에서 발생할 수 있는 요구를 수용하기 위한 정보그릇 역할 필요와 민간의 다양한 상업적 활용 가능

3. 구축과정

(1) 건축도면을 이용한 방법

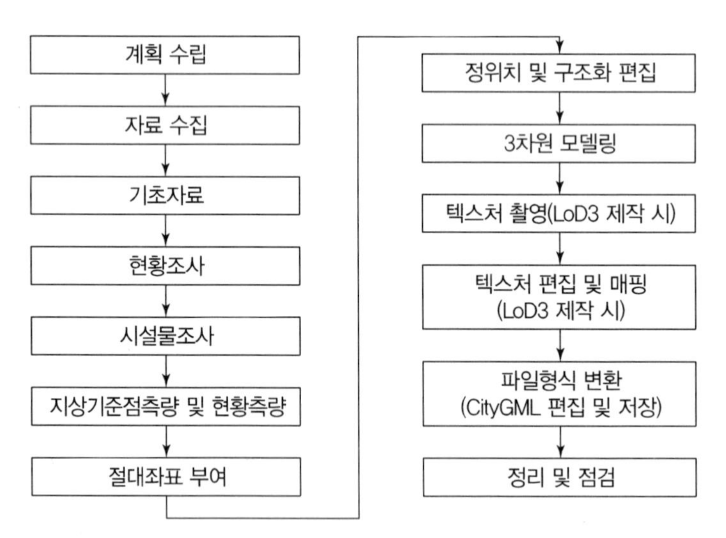

[그림 1] 건축도면을 이용한 실내공간정보 구축 흐름도

1) 계획 수립

구축대상의 범위, 작업 방법 및 전체 일정, 적용 장비에 대한 계획을 수립

2) 자료 수집

① 건축도면 중 공간 및 시설물에 대한 치수를 확인 가능한 전산화된 도면자료를 우선하여 수집

② 구조물(바닥, 벽, 기둥 등) 정보와 시설물(편의, 안전, 이동 시설물) 정보, 대상시설의 수치, 면적 및 세부 항목들을 확인

3) 기초자료

불필요한 치수, 명칭 등을 삭제하여 실내공간정보구축에 필요한 요소(바닥면, 벽체, 시설물 등)로 구성된 도면자료를 생성

4) 현황조사

① 수집된 자료를 활용하여 해당 시설물의 구조, 형상, 내부 시설물의 종류 및 위치 등을 확인

② 대상 시설을 방문하여 현장 상황을 확인하고, 시설물 조사, 기준점측량 및 현황측량에 필요한 사항(이동 동선, 특징점 선점 등)을 확인

5) 시설물조사

① 수집된 건축도면과 현장비교를 통하여 변화된 지역을 확인 후 야장작성을 실시하고, 시설물 현장 확인용 촬영을 실시

② 건축도면의 위치와 현장의 위치 기준이 되는 고정시설물(출입구 등)을 지정하여 현장 조사에서 발생할 수 있는 위치적 오류를 최소화

③ 변경지역에 대하여 시설물 변경이 확인될 경우 레이저거리측정기 등을 활용하여 수정 사항을 야장에 반영

④ 건축도면에 표기된 속성정보를 확인하여 수정

6) 지상기준점측량 및 현황측량

① 지상기준점측량의 작업 방법은 「공공측량 작업규정」을 준용

② 대상 시설물 또는 시설물군에 대하여 공공기준점(공공삼각점 4급, 공공수준점 4급) 4점 이상을 실시하고 그 공공기준점으로부터 대상 시설물 또는 시설물군에 대하여 현황측량을 실시

③ 현황측량 시 대상 시설물의 외부와 연계되는 출입구나 외벽의 특징점을 포함하여야 함

④ 선점은 공간상 고정되어 있는 바닥 중심의 시설물을 이용하고, 지형 · 지물을 이용한 기준점은 선상 교차점이 적합하며 가상적인 표시는 피하여야 한다. 배치는 실내공간상의 평면과 표고를 고려하여 한쪽으로 치우치지 않게 균형을 이루도록 함

7) 절대좌표 부여

① 기초자료 전처리, 현황조사가 반영된 도면자료에 절대좌표를 적용

② 활용목적에 따른 절대좌표 부여 방법

- 지상기준점측량 성과물을 이용하는 방법
- 수치지형도를 이용하는 방법

8) 정위치 및 구조화 편집 : 실내공간의 단위공간과 시설물을 객체화하고 속성정보를 입력하기 위한 공정

① LoD1 이상의 세밀도 적용 시 시설물 조사 결과를 도면자료에 반영

② 절대좌표가 부여된 파일을 "실내공간정보 레이어 분류체계" 및 "실내공간정보 레이어 명명규칙"에 따라 레이어를 분할 생성

③ 실내공간정보 속성테이블은 "실내공간정보 속성입력"의 정의서에 따라 속성정보를 입력하여 '내부시설 위치 및 속성정보' 파일을 생성

④ 면(Polygon), 선(Polyline), 점(Point) 형태로 구성된 성과를 제작

9) 3차원 모델링

① 단순 3차원 모델링 : LoD1 제작에 사용되며, LoD0 제작성과에 자동으로 높이 값을 부여하는 공정

- 건축도면의 수직구조물(기둥, 벽면 등)의 입면도, 단면도를 참고하여 구조물의 높이 값을 확인
- 3차원 저작도구를 이용하여 구조물의 높이 값을 일괄 적용
- 내부 시설물은 임의의 객체 높이 값을 일괄 적용

② 정밀 3차원 모델링 : LoD2 및 LoD3 제작에 사용되며 LoD0 제작성과에 정밀한 3차원 묘사를 실시

- 정위치 및 구조화 편집에서 생성된 2차원 지도와 건축도면 자료를 이용하여 각 층별 수평구조체(바닥면), 수직구조체(벽, 기둥)의 기초 모델링
- 건축도면의 계단 세부도 및 창호 단면도를 확인하여 구조물의 실제 치수에 맞게 모델링
- 건축도면의 시설물 상세도면에서 확인한 구조물의 형상, 위치정보 및 시설물 조사에서 확인된 형상, 위치정보에 따라 내부 시설물을 모델링
- LoD2는 벽면, 출입구 등 재질 및 용도를 구분하여 가상 텍스처 매핑을 실시
- 층별 모델링 자료를 수직구조물(계단, 에스컬레이터 등)과 연결하여 건축물 전체의 통합된 모델링을 완료

10) 텍스처 촬영(LoD3 제작 시)

① 구조물 및 시설물의 중심부를 맞추어 촬영하는 것을 기준으로 하며 카메라 렌즈의 왜곡보정을 감안하여 전체 이미지가 포함되도록 촬영

② 텍스처 촬영의 진행방향은 우측에서 좌측으로 진행하며, 영상정합이 가능하도록 10~15% 중복도로 촬영

③ 구조물 및 시설물의 전면부, 우측면, 좌측면을 촬영하며 작업의 혼선을 줄이기 위해 사진촬영 동선을 고려하여 순차적으로 실시

④ 사진촬영이 진행된 구역 또는 경로는 별도의 이력자료로 저장

⑤ 작업 범위가 넓을 경우 구역을 나누어 단계적으로 촬영

11) 텍스처 편집 및 매핑(LoD3 제작 시)

① 텍스처 촬영에서 획득한 이미지 자료를 이용하여 구축 대상 내부 시설물에 대해 연속성이 있도록 편집

② 이미지 크기는 대상 시설물의 특징을 식별할 수 있는 해상도 내에서 최대 압축

③ 매핑 작업 전 영상이 모델링 면의 측면 및 상단 등에 자동 적용되기 위하여 "실내공간정보 레이어 명명규칙"에 따라 매핑코드를 부여

④ 구축 대상의 내부 및 시설물에 대해 연속성 및 현실성이 있도록 텍스처 매핑 작업을 수행

12) 파일형식 변환(CityGML 편집 및 저장)

"실내공간정보 표준데이터 사양"에 따라 편집 및 CityGML 데이터를 저장

13) 정리 및 점검

최종 성과물에 대하여 과업지시 이행 여부와 구축 데이터에 대한 최종 포맷으로 변환, 저장 등에 대한 정리와 점검을 수행

(2) 지상레이저측량을 이용한 방법

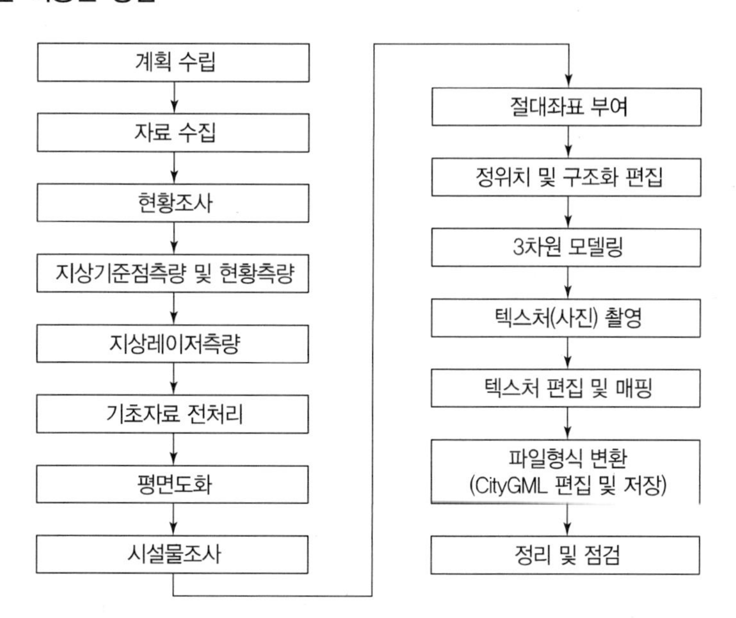

[그림 2] 지상레이저측량에 의한 실내공간정보 구축 흐름도

1) 계획 수립
   ① 구축대상의 범위, 작업 방법 및 전체 일정, 적용 장비에 대한 계획을 수립
   ② 대상지에 적합한 규모 및 요구정밀도에 따라 지상레이저측량 장비를 선정

2) 자료 수집
   건축도면을 이용한 방법의 자료 수집을 따름

3) 현황조사
   ① 수집된 자료를 활용하여 해당 시설물의 구조, 형상, 내부 시설물의 종류 및 위치 등을 확인
   ② 대상 시설을 방문하여 현장 상황을 확인하고, 시설물 조사, 기준점측량 및 현황측량에 필요한 사항(이동 동선, 특징점 선점 등)을 확인
   ③ 전체 지역을 대상으로 지상레이저측량 장비의 주사선이 구조물 등으로 인하여 직접 도달하지 않는 음영지역을 최소화하기 위해 지상레이저측량의 설치 및 이동 동선을 확인

4) 지상기준점측량 및 현황측량
   건축도면을 이용한 지상기준점측량 및 현황측량을 따름

5) 지상레이저측량
   ① 구축대상의 누락 및 음영지역을 최소화하기 위하여 측량지점을 선정하고 유효한 데이터를 확보할 수 있도록 범위를 지정
   ② 구축대상의 내부 공간 및 시설물에 대한 모든 정보를 얻기 위하여 측량지점을 이동하며 측량을 실시
   ③ 지상레이저측량 설치 지점은 대상으로부터 하부 $-45°$를 제외한 $360°$ 측량이 가능한 지점으로 위치시키며, 수평각을 맞춤
   ④ 유리면을 측량할 경우 포인트 데이터가 수집되지 않으므로 형태 파악이 용이하도록 유리면 주변을 측량
   ⑤ 평면 점밀도 기준 2,000점/m^2 이상이 되어야 하며, 연속된 개별 지상레이저측량 데이터의 중복도는 약 10~15%가 되어야 함

6) 기초자료 전처리

불필요한 데이터를 삭제하고, 개소별, 층별 또는 위치별로 취득된 개별 점군 데이터의 정합 등 기초자료를 정비하는 작업을 실시

7) 평면도화 : LoD0의 실내공간정보를 구축하기 위하여 평면도화를 실시

① 구역별로 분류

② 가독성이 높은 반사도(Intensity) 값 상태에서 작업을 실시

③ "실내공간정보 레이어 명명규칙"에서와 같이 구축 대상의 레이어별로 평면도화를 실시

④ 묘사하려는 대상물의 현장사진을 활용하여 불규칙한 점군자료에 가상의 기준면을 설정하여 실제 형상의 외곽선(직선 또는 곡선)에 최대한 가깝게 그려준다. 또한 평면도화 시 점군자료를 화면상에서 과도하게 확대하지 말고 육안상 선형으로 인식될 수준으로 조정하여 작업을 실시

⑤ 평면도화 시 바닥과 벽면의 경계를 정확히 확인하면서 작업을 실시

⑥ 구축 대상물은 폐합이 되도록 작업을 실시

⑦ 구역별로 분류 및 제작된 데이터를 하나의 레이어로 통합

8) 시설물조사

① 평면도화한 도면자료를 이용하여 시설물조사 야장을 준비

② 보안대상물의 조사 시에는 「국토교통부 국가공간정보 보안관리규정」을 준수함

③ 조사한 속성정보 및 수정사항을 야장에 반영하고, 현장 확인용 촬영을 실시

9) 절대좌표 부여

① 전처리된 점군자료에 절대좌표를 부여

② 활용목적에 따른 절대좌표 부여 방법

- 지상기준점측량 성과물을 이용하는 방법
- 수치지형도를 이용하는 방법

10) 정위치 및 구조화 편집

건축도면을 이용한 방법의 정위치 및 구조화 편집 방법을 따름

11) 3차원 모델링

① 단순 3차원 모델링 : LoD1 제작에 사용되며 LoD0 제작성과에 자동으로 높이 값을 부여하는 공정

- 현장에서 취득된 점군자료를 이용하여 수직구조물(기둥, 벽면 등)의 객체의 높이 값을 확인
- 3차원 저작도구를 이용하여 구조물의 높이 값을 일괄 적용
- 내부 시설물은 임의의 객체 높이 값을 일괄 적용

② 정밀 3차원 모델링 : LoD2 및 LoD3 제작에 사용되며 LoD0 제작성과에 정밀한 3차원 묘사를 실시

- 정위치 및 구조화 편집에서 생성된 2차원 지도와 지상레이저측량을 통해 얻은 3차원 점군자료를 이용하여 각 층별 수평구조체(바닥면), 수직구조체(벽, 기둥)의 객체면을 제작하는 작업을 수행
- 시설물조사에서 확인된 내부 시설물을 3차원 객체로 모델링을 수행하며, 점군자료 중 시설물 형상에 필요한 부분만 추출하여 작업
- LoD2는 벽면, 출입구 등 재질 및 용도를 구분하여 가상 텍스처 매핑을 실시
- 층별 모델링 자료를 수직구조물(계단, 에스컬레이터 등)과 연결하여 건축물 전체의 통합된 모델링을 완료
- 생성된 모델링 데이터를 "실내공간정보 레이어 명명규칙"에 의하여 분류

12) 텍스처(사진) 촬영

건축도면을 이용한 방법의 텍스처 촬영 방법과 동일하게 적용

13) 텍스처 편집 및 매핑

건축도면을 이용한 텍스처 편집 및 매핑 방법을 따름

14) 파일형식 변환(CityGML 편집 및 저장)

건축도면을 이용한 파일형식 변환 방법을 따름

15) 정리 및 점검

건축도면을 이용한 정리 및 점검 방법을 따름

4. 품질관리

(1) 완전성 검사

① 부재객체 입력 여부, 누락객체 입력 여부, 중복객체 입력 여부 등 객체입력의 완전성을 검사

② 실내공간정보 유통표준 데이터 스키마 무결성, ID 입력의 무결성(부재입력, 중복입력, 누락 여부), 분류코드 입력의 무결성에 대하여 검사하여 데이터의 완전성을 확인

(2) 논리일관성 검사

과업지시서 또는 이와 동등한 문서에 명시한 세밀도에 따른 표현대상 여부, 표준데이터 사양 준수 여부를 검사(데이터 스키마, 세밀도에 따른 표현의 적정성, 표준데이터 사양 준수 여부 등)

(3) 위치정확성 검사

위치의 기준, 위치정확도, 경계인접, 가시화정보 정합을 검사

(4) 주제정확성 검사

속성데이터 항목 입력의 정확성, 속성내용의 일치, 누락 등을 검사

(5) 누락 여부 확인

세밀도별 실내공간정보 성과품의 누락 여부를 확인

5. 결론

실내공간정보의 구축으로 국내 공간정보산업의 활성화 및 국제경쟁력 확보가 기대되며, 일반 국민들이 실내공간정보를 활용함으로써 남녀노소뿐만 아니라 장애인 등 범국민의 실내 생활 불편요소를 제거하여 보다 쾌적하고 윤택한 삶을 누릴 것으로 기대된다.

08 수준점의 이전(移轉)에 대하여 설명하시오.

2교시 6번 25점

1. 개요

수준점 이전(移轉)이란 수준원점으로부터 국도 또는 주요 지방도로를 따라 설치된 1등수준점, 2등수준점 또는 통합기준점의 위치가 보전 및 관리가 부적합하거나 법 제9조 제2항의 규정에 따라 표석의 위치를 변경 · 설치하는 작업을 말하며, 수준점 복구측량을 하여야 한다.

2. 수준점

(1) 수준원점

① 국토높이의 기준이 되는 점으로, 육지의 수준점 및 삼각점의 표고는 이 원점을 기준으로 하였으며, 측지학 및 지구물리학 연구의 기준으로 이용되고 있다.

② 우리나라는 높이의 기준면을 설정하기 위하여 1914년부터 1916년까지 인천항에서 조위측정을 시행하여 평균해수면을 산정하였고, 이 결과를 이용하여 1963년 12월에 수준원점을 인천광역시 남구 인하공업전문대학에 설치하였다.

③ 대한민국 수준원점의 표고는 26.6871m이다.

(2) 수준점(1등, 2등 수준점)

① 수준원점으로부터 높이를 정확히 구한 국가기준점으로, 수준측량의 기준이 되는 점이다.

② 우리나라는 국도 또는 주요 지방도로를 따라 약 4km마다 1등 수준점을, 이를 기준으로 다시 약 2km마다 2등 수준점을 설치하였으며 이들 수준점들에 대한 성과는 국토지리정보원에서 발행하고 있다.

3. 수준점 이전(복구) 측량

(1) 수준점 이전 절차

① 이전 30일 전까지 측량기준점표지를 설치한 국토지리정보원에 신청서 제출

② 국토지리정보원은 이전 경비 납부통지서를 신청인에게 통지

③ 이전 7일 전까지 이전 경비 납부

④ 관련 측량업 등록자가 이전 실시

(2) 수준점 이전(복구) 순서

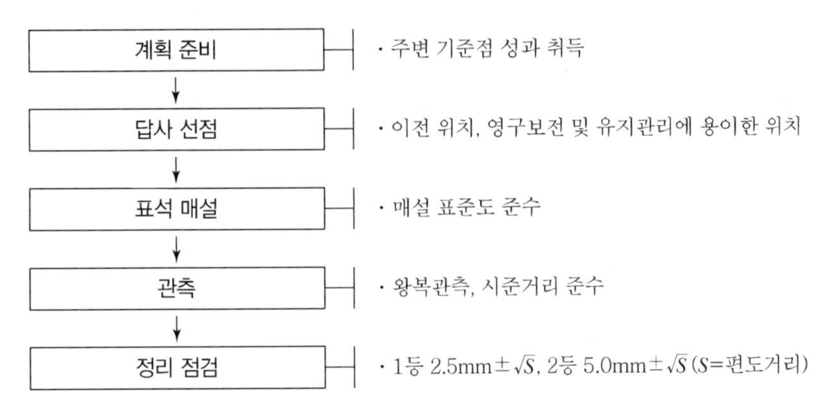

[그림 1] 수준점 이전 측량 흐름도

(3) 이전 거리가 500m 미만일 때 복구 방법

1) 3개 이상의 고정점을 설치한 후 이들 고정점의 표고를 결정한다.
2) 표석 등을 이전한 다음 이들 고정점으로부터 이전한 수준점 고저차의 평균값으로 표고를 결정한다.
3) 관측값이 제한을 초과하는 경우에는 그 원인을 조사한 후 교차값이 작은 2개의 평균값을 채용한다.

4) 이전거리가 짧을 경우 관측 방법
   ① 구위치의 표석과 각 고정점의 왕복관측을 실시한다.
   ② 구위치의 표석을 신위치에 이전 매설한다.
   ③ 고정점과 신위치의 표석 간의 왕복관측을 실시한다.

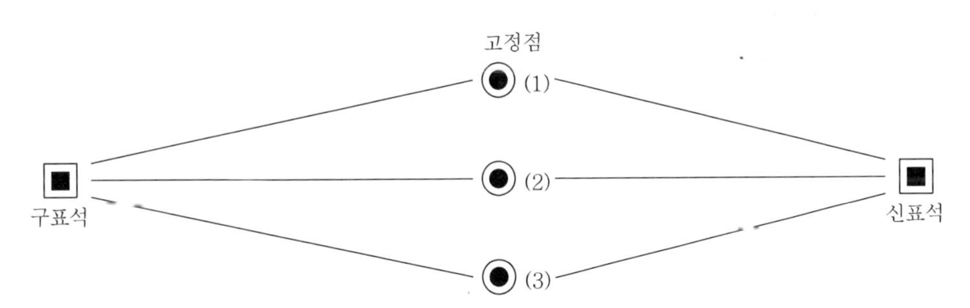

[그림 2] 수준점 이전 측량 방법(이전거리가 짧을 경우)

5) 이전거리가 먼 경우 관측 방법
   ① 구위치의 표석에서 고정점(A)까지 왕복관측을 실시한다.
   ② 고정점(A)와 고정점(1) · (2) · (3) 간의 왕복관측을 실시한다.
   ③ 구위치의 표석을 신위치에 이전 매설한다.
   ④ 고정점(1) · (2) · (3)에서 신위치의 표석 간의 왕복측량을 실시한다.

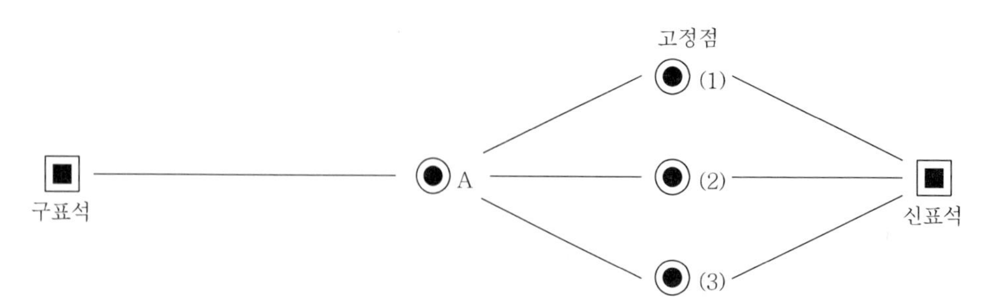

[그림 3] 수준점 이전 측량 방법(이전거리가 멀 경우)

(4) 이전 거리가 500m 이상일 때 복구 방법

① 완전하게 인접한 두 수준점에서 재설점 간의 왕복관측을 실시하고 폐합차를 거리에 따라 비례 배분하여 결정한다.

② 1 · 2등 수준교차점의 재설은 이들에 연결된 노선의 인접 수준점으로부터 왕복관측을 실시하고 거리의 역수를 중량으로 하는 중량평균계산에 의하여 결정한다.

(5) 관측

① 「공간정보의 구축 및 관리 등에 관한 법률」 제92조에 따른 측량기기 성능검사를 필한 장비 사용

② 시준거리 및 읽음 단위

구분	1등 수준측량	2등 수준측량
시준거리	최대 50m	최대 60m
읽음단위	0.1mm	1mm

③ 표척 읽음 방법

장비구분	측량등급	관측순서			
		1	2	3	4
기포관레벨	1등 수준측량	후시 좌측눈금	전시 좌측눈금	전시 우측눈금	후시 우측눈금
	2등 수준측량	후시 좌측눈금	전시 좌측눈금	전시 우측눈금	후시 우측눈금
전자레벨	1등 수준측량	후시	전시	전시	후시
	2등 수준측량	후시	후시	전시	전시

(6) 관측의 제한 및 허용범위

① 관측 값의 교차 및 폐합차

S : 관측거리(편도, km)

구분	1등 수준측량	2등 수준측량
왕복관측 값의 교차	$2.5\text{mm}\sqrt{S}$ 이하	$5.0\text{mm}\sqrt{S}$ 이하
재설 및 신설의 경우 기지점 간의 폐합차	$15\text{mm}\sqrt{S}$ 이하	$15\text{mm}\sqrt{S}$ 이하

(7) 계산 및 정리

1) 계산

① 수준점의 표고는 관측값에 표척보정, 타원보정 및 필요에 따라 변동보정 등을 하고 수준망 평균계산을 시행하여 표고를 구한다.

② 관측값 및 계산결과는 관측성과표, 변동량계산부 및 평균계산부로 구분하여 정리한다.

③ 최종성과는 1등수준점 0.1mm, 2등수준점 1.0mm 단위까지 구한다.

2) 정리

① 점의 조서를 작성한다.

② 수준차계산부와 총괄계산부로 구분하여 작성한다.

③ 수준점 성과표 및 수준점 대장을 작성한다.

4. 결론

수준점은 높이의 기준이 되는 국가기준점이므로 철저하게 관리하여야 하는데, 도로, 산업단지 등의 건설 시 절차에 따른 이전 없이 무단으로 훼손하는 경우가 있다. 따라서 수준점의 관리 및 이설에 대한 홍보를 하여 국가적 비용이 발생하지 않도록 하여야 한다.

09 실시설계를 위한 측량 중 노선(도로, 철도)측량 작업과정에 대하여 설명하시오.

3교시 1번 25점

1. 개요

노선측량(Route Surveying)은 도로, 철도, 수로, 관로 및 송전선로와 같이 폭이 좁고 길이가 긴 구역의 측량을 총칭하며, 도로나 철도의 경우는 현지 지형에 조화를 이루는 선형계획과 경제성 및 안정성을 고려한 최적의 곡선설치가 이루어져야 한다. 일반적으로 노선측량은 노선선정, 지형도 작성, 중심선측량, 종 · 횡단측량, 용지측량 및 공사비 산정의 순서로 진행된다.

2. 실시설계를 위한 노선(도로, 철도)측량의 작업과정

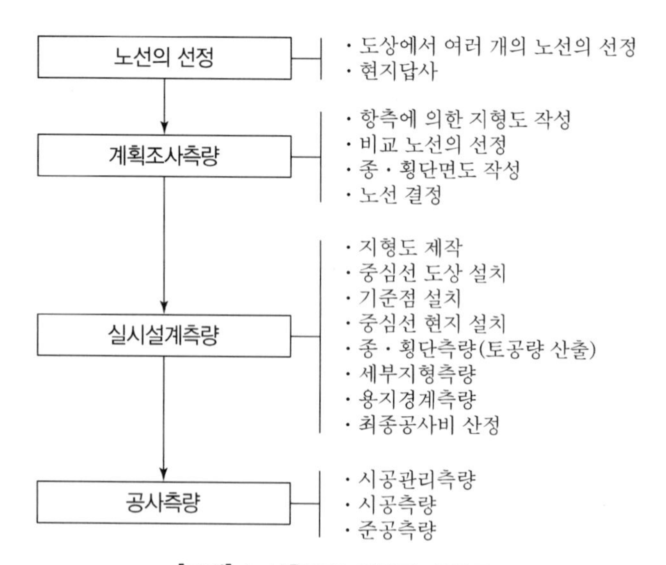

[그림] 노선측량의 일반적 흐름도

3. 세부내용

(1) 노선의 선정

일반적으로 1/50,000 수치지형도 및 항공영상(위성영상)을 이용하여 현지답사를 통해 개략 노선을 결정한다.

(2) 계획조사측량

항공사진측량에 의한 지형도 제작은 일반적으로 1/5,000 축척이며 계획선의 중심에서 500m 정도의 폭으로 작성하고 개략적인 공사비 산정 및 기술적 검토를 통해 최적 노선을 결정한다.

(3) 실시설계측량

1) 지형도 제작

1/1,000 축척으로 좌우 100~200m 폭만큼 항공사진을 도화한다.

2) 중심선측량

① 중심선 측량에는 RTK-GNSS, 네트워크 RTK 또는 TS(2급 이상)를 사용한다.

② 중심선 측량의 정확도는 ±3cm 이내로 한다.

3) 종단측량

① 종단측량은 RTK-GNSS, 네트워크 RTK 및 TS 등의 측량장비를 사용하며, 정밀한 종단측량 성과가 필요한 경우에는 레벨을 사용하여 직접 수준측량 방법으로 실시할 수 있다.

② GNSS 및 토털스테이션에 의한 일반 종단측량의 정확도는 ±5cm 이내이며, 레벨에 의한 정밀종단측량의 정확도는 ±1cm 이내로 한다.

4) 횡단측량

① 횡단측량은 RTK-GNSS, 네트워크 RTK 및 TS의 장비를 사용하여 3차원 좌표로 측정하며, 정밀한 횡단측량 성과가 필요한 경우에는 레벨과 TS를 사용하여 관측점의 표고 및 거리를 측정한다.

② GNSS 및 TS에 의한 일반 횡단측량의 정확도는 ±5cm 이내이며, 레벨에 의한 정밀횡단측량의 정확도는 ±1cm 이내로 한다.

5) 용지경계측량

① 횡단면 설계에 의하여 결정되는 용지의 경계지점에 용지경계말뚝을 설치한다.

② 용지경계측량의 정확도는 ±3cm 이내로 한다.

6) 용지도 및 지장물도 작성

① 용지도는 축척 1/1,000으로 작성한다.

② 지장물도 및 지장물조서는 용지 내의 손실보상 및 이전 대상이 되는 지장물건을 조사하여 작성한다.

③ 지장물조사의 대상은 용지의 경계선 내에 존재하는 건축물, 묘지, 농작물, 조경물, 전주, 가로등, 지하시설물 등 사유재산과 관련된 인공물을 포함한다.

(4) 공사측량

① 시공측량

모든 구조물을 설계도면에 명시된 위치와 규격에 따라 정확하게 시공하기 위하여 시공과정에서 실시하는 측량으로 정위치측량, 확인측량 및 검사측량 등을 말한다.

② 준공측량

설계도서에 따라 시공된 구조물 등의 현황을 정확히 조사하여 효율적으로 시설물을 유지관리하기 위하여 실시하는 측량을 말한다.

(5) 시설물 유지관리측량

시설물의 유지, 보수, 확장, 이전 등에 수반되는 측량 및 시설물의 변위량 확인을 위한 측량을 말한다.

4. 기본설계측량, 실시설계측량의 문제점 및 개선방안

(1) 문제점

① 단계별(기본설계, 실시설계) 측량에 대한 명확한 구분 없음

② 기본설계 단계에서 실시설계에 해당하는 측량을 요구하고 있음

③ 따라서 실시설계 측량의 유명무실화

(2) 개선방안

① 단계별(기본설계, 실시설계) 측량에 대하여 명문화

② 발주처의 추가적인 도서 및 측량 등에 대한 요구 금지

③ 단계별(기본설계, 실시설계) 측량에 대한 공공측량성과심사 의무화

5. 결론

설계는 기본설계, 실시설계로 구분하여 시행하고 있으나 발주처는 기본설계 단계에서 실시설계에 필요한 현장과 일치하는 도면 작성, 그리고 공사비 산출, 토지보상비 산출에 필요한 측량성과를 요구하고 있어 실제 실시설계 단계에는 측량이 유명무실하게 운영되고 있다. 따라서 각 단계에 맞는 측량의 명문화가 필요하다.

10 라이다(LiDAR)센서 기술 및 시장동향에 대하여 설명하시오.

3교시 4번 25점

1. 개요

라이다(LiDAR : Light Detection And Ranging)란 레이저를 이용하여 거리를 측정하는 기술로서 3차원 GIS(Geographic Information System) 정보구축을 위한 지형 데이터를 구축하고, 이를 가시화하는 형태로 발전되어 건설, 국방 등의 분야에 응용되었고, 최근 들어 자율주행자동차 및 이동로봇 등에 적용되면서 핵심 기술로 주목을 받고 있다. 본문에서는 라이다의 센서기술현황 및 응용 분야를 중심으로 기술하고자 한다.

2. LiDAR의 원리 및 관련 기술

(1) LiDAR의 원리

① 라이다 기술은 1960년대 레이저의 발명 및 거리 측정기술과 함께 발전되어 1970년대에 항공지도제작 등에 활용되었다. 1970년대 이후 레이저 기술의 발전과 함께 다양한 분야에 응용 가능한 라이다 센서기술들이 개발되었으며, 선박설계 및 제작, 우주선 및 탐사로봇에도 장착되는 등 응용범위가 넓어지고 있다.

② 라이다 센서는 마이크로웨이브 기기에 비해 측정 가능 거리 및 공간분해능(Spacial Resolution)이 매우 높은 편이다. 아울러 실시간 관측으로 2차원 및 3차원 공간 분포 측정이 가능한 장점이 있다.

③ 라이다시스템은 레이저 송수신 모듈 및 신호처리 모듈로 구성되며, 레이저 신호의 변조 방법에 따라 TOF(Time Of Flight) 방식과 PS(Phase Shift) 방식으로 구분될 수 있다.

- TOF 방식 : 레이저 펄스 신호가 측정범위 내의 물체에서 반사되어 수신기에 도착하는 시간을 측정함으로써 거리를 측정하는 방식이다.
- PS 방식 : 특정 주파수를 가지고 연속적으로 변조되는 레이저 빔을 방출하고, 물체로부터 반사되어 오는 레이저 신호의 위상 변화량을 측정하여 거리를 측정하는 방식이다.

(2) LiDAR 관련 기술

라이다 기술은 기상관측 및 거리 측정을 목적으로 연구되었으며, 최근에는 무인로봇 센서, 자율주행차량용 센서 및 3차원 영상 모델링을 위한 다양한 기술로 발전하고 있다.

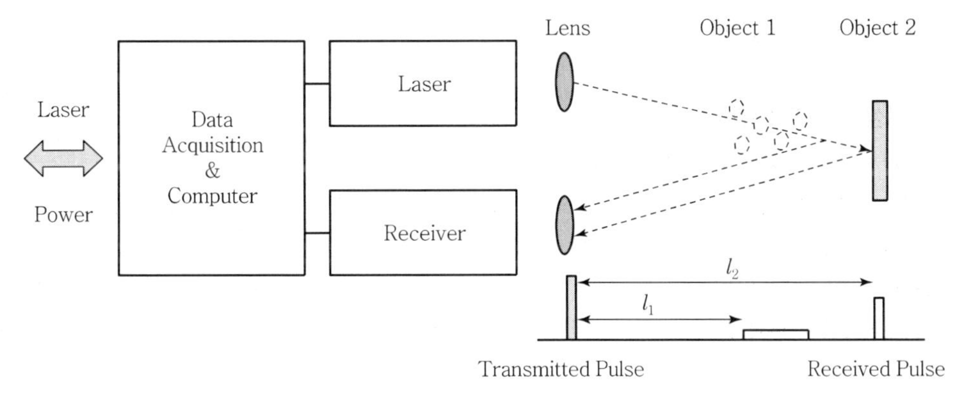

[그림] 라이다 시스템의 기본 구성 및 동작 원리

3. LiDAR 기술 현황 및 응용 분야

(1) 항공측량 및 재난방재

① 레이저 펄스의 지상 도달시간을 측정함으로써 반사지점의 공간위치 좌표를 계산하여 3차원의 정보를 추출하는 측량 기법을 이용할 경우 대상물의 특성에 따라 반사되는 시간이 모두 다르기 때문에 건물 및 지형 · 지물의 정확한 수치표고모델 생성이 가능하며, 고해상도 영상과 융합되어 건물 레이어의 자동구축, 광학영상에서 획득이 어려운 정보의 획득, 취득된 고정밀 수치표고모델을 이용하여 지형과 건물 및 구조물을 구분하여 정보를 생성함으로써 신속하고 효율적으로 3차원 모델을 생성할 수 있는 장점이 있다.

② 정밀한 3차원 지형정보 측정은 국토방재 측면에서 중요한 정보를 제공한다. 라이다의 활용은 홍수위험 지도제작을 위한 데이터 취득에 소요되는 시간이나 비용측면에서도 기존의 측량 방법보다 훨씬 뛰어난 것으로 알려져 있으며, 우리나라에서도 2001년부터 하천지도전산화 사업의 일환으로 추진되고 있는 홍수지도 시범제작에 라이다 기술을 적용하고 있다.

③ 아울러, 접근하기 어려운 재난지역의 신속한 자료 획득과 처리가 가능한 장점을 이용하여 광범위한 재난지역에 대한 대처방안을 마련하기 위한 정확한 데이터를 제공할 수 있다.

④ 항공측량기술과 유사한 개념인 Mobile Laser Scanning System은 차량에 Laser Scanner, GNSS 등을 정착하여 도로경계선, 도로시설물 등의 3차원 공간정보를 추출하는 시스템으로, 라이다에서 구축하지 못한 도심지역의 정밀 데이터 취득에 효율적으로 활용 가능하다. 이러한 정보를 활용하여 최근에는 재난, 재해, 토목, 건설공사 등으로 쓰임새가 넓어지고 있으며, 터널과 도로의 균열, 차선의 도색 상태, 건물 노후화 측정 등과 같은 실생활과 밀접하게 연관되는 정보까지 획득할 수 있는 장점이 있다. 기존 수 미터에 달하던 오차율을 수 센티미터로 줄여 현실에 가까운 위치정보를 취득할 수 있다.

(2) 대기 원격탐사 및 기상 측정

① 라이다 기술은 레이저를 대기 중에 조사한 후 되돌아오는 광신호를 원격으로 분석하여 대기 중에 존재하는 오염물질의 농도를 거리별로 측정할 수 있으므로, 대기오염 측정 및 감시에 시공간적 제약을 극복하는 대기오염 측정 기술로 활용할 수 있다.

② 특히, 자동차에 탑재한 측정장비는 감시대상 지역을 순회하면서 의심이 가는 곳을 집중적으로 관측할 수 있기 때문에 오염감시에 매우 효율적이다.

③ 대기 중 물질을 측정하는 방식은 특정 물질에서 흡수가 크게 일어나는 파장과 흡수가 일어나지 않는 두 개의 파장을 동시에 대기 중으로 조사하여 산란 특성을 조사함으로써 대기 중에 존재하는 특정 물질을 검출하는 DIAL(Differential Absorption LiDAR) 기술을 이용한다. 이 방식은 검출한계가 매우 낮고, 원거리까지 측정할 수 있으므로 가장 많이 사용하고 있는 기술이다.

(3) 고속 지상 레이저스캐닝

① 3차원 스캐너를 이용하여 레이저를 대상물에 투사하고 대상물의 형상정보를 취득하여 디지털 정보로 전환할 수 있으며, 이러한 3차원 스캐닝기술을 이용하면 볼트와 너트를 비롯한 초소형 대상물을 비롯해 항공기, 선박 심지어는 빌딩이나 다리 혹은 지형 같은 초대형 대상물의 형상정보를 손쉽게 취득할 수 있다.

② 3차원 스캐너로부터 얻은 형상정보는 다양한 산업군에 필요한 역설계(Reverse Engineering)나 선박 등 제작, 제품의 세부측량을 통해 설계대비 제작 결과물의 품질관리(Quality Inspection) 분야에 적극적으로 활용되고 있다.

(4) 자율주행자동차

① 차량 주행과 관련된 주변 정보를 빠르게 수집하고 이를 해석하여 의사결정을 빠르고 정확하게 실행하기 위해 자동차용 센서가 자율주행자동차의 핵심기술로 인식되고 있다.

② 과거에는 차량의 작동상태나 주행상황 등을 측정하기 위한 목적으로 사용된 센서가 최근에는 차량, 신호등 및 차선, 장애물 등 주행 외부환경에 대한 데이터를 수집하는 역할로 진화하였다. 완성차 및 부품업체뿐만 아니라 IT 업체들까지 첨단운전자지원시스템(ADAS) 개발에 주력하고 있는 것으로 나타났다.

③ 현재 물체 판독이 가능한 카메라와 야간환경을 위한 적외선 카메라, 원거리의 악천후 상황에서도 객체 검출이 가능한 레이더(RADAR), 측정 각도가 넓고 주변을 3차원으로 인지할 수 있는 라이다 및 감지거리가 짧지만 레이더 시스템이나 광학 시스템에 비해 가격이 저렴한 초음파센서 등이 핵심 분야로 자리 잡고 있다.

4. LiDAR 시장동향

(1) 2015년 2억 9,000만 달러 수준인 세계 라이다 시장은 2020년까지 17%의 연평균 성장률을 보이며 6억 2,000만 달러 규모로 확대될 것으로 전망된다.

(2) 아시아에서는 2015년 4,000만 달러에서 2020년에는 1억 3,000만 달러까지 매년 23% 성장률로 확대될 것으로 전망되고 있다.

(3) 최근 자율주행자동차 등으로 인해서 주목받고 있는 모바일 라이다 세계 시장규모는 2015년 6,800만 달러 수준에서 2020년 1억 8,000만 달러로 연간 20% 성장세를 보일 것으로 전망되며, 단점으로 지적되고 있는 높은 가격은 2015년 평균 4만 2,000달러에서 2020년에는 2만 4,000달러로 단가가 큰 폭으로 떨어질 것으로 보인다.

(4) 국내에서는 자율주행자동차의 다양한 ADAS(Advanced Driver Assistance System)의 상용화를 목표로 라이다 기술 연구가 진행 중이며, 아직 차량용 라이다 생산 및 제품화 단계까지는 진행되지 않은 상황이다.

(5) 국외에서는 자율주행자동차를 위한 소형, 저가형의 라이다 센서를 개발하는 단계에 있으며, 저가형의 경우 1,000달러 이하 제품도 출시하고 있다.

5. 결론

라이다 모듈은 지구과학 및 우주탐사를 목적으로 지속적으로 발전해 왔고 최근 자동차의 안전 및 자율주행을 위한 핵심요소로 수요가 급증하는 추세이며, 이에 따른 연구 개발도 활발하게 진행 중이다. 현재 국내에서는 라이다 센서 관련 핵심기술의 확부를 위한 기술 개발이 진행 중이지만 확보된 기술이 상대적으로 미흡한 수준이다. 선진국과의 기술 격차를 좁히고 전기자동차의 등장 및 자율주행자동차 시장과 더불어 급성장하고 있는 센서 시장의 선점을 위해 적극적인 관심과 연구 개발을 위한 투자가 필요한 시기이며 빠른 기간 내에 기술 확보가 필요할 것으로 판단된다.

11 수치지도의 각 축척(1/50,000, 1/10,000, 1/5,000, 1/1,000)에 따른 도엽코드 및 도곽의 크기를 설명하시오.

3교시 5번 25점

1. 개요

수치지도란 지표면 · 지하 · 수중 및 공간의 위치와 지형 · 지물 및 지명 등의 각종 지형공간정보를 전산시스템을 이용하여 일정한 축척에 따라 디지털 형태로 나타낸 것으로, 「수치지도 작성 작업규칙」은 수치지도 작성의 작업 방법 및 기준 등을 정하여 수치지도의 정확성과 호환성을 확보함을 목적으로 한다.

2. 수치지도 관련 용어

(1) 수치지도 작성

각종 지형공간정보를 취득하여 전산시스템에서 처리할 수 있는 형태로 제작하거나 변환하는 일련의 과정

(2) 좌표계

공간상에서 지형 · 지물의 위치와 기하학적 관계를 수학적으로 나타내기 위한 체계

(3) 좌표

좌표계상에서 지형 · 지물의 위치를 수학적으로 나타낸 값

(4) 속성

수치지도에 표현되는 각종 지형 · 지물의 종류, 성질, 특징 등을 나타내는 고유한 특성

(5) 도곽

일정한 크기에 따라 분할된 지도의 가장자리에 그려진 경계선

(6) 도엽코드

수치지도의 검색 · 관리 등을 위하여 축척별로 일정한 크기에 따라 분할된 지도에 부여한 일련번호

3. 좌표계 및 좌표의 기준

(1) 수치지도에 표현되는 지형 · 지물의 위치를 표시하기 위한 좌표의 종류 및 기준

「공간정보의 구축 및 관리 등에 관한 법률」 제6조 및 「공간정보의 구축 및 관리 등에 관한 법률 시행령」 제7조에 따른다.

(2) 수치지도의 작성에 사용되는 직각좌표의 기준

명칭	원점의 경 · 위도	투영원점의 가산(加算)수치	원점축척계수	적용 구역
서부좌표계	경도 : 동경 125°00′ 위도 : 북위 38°00′	X(N) 600,000m Y(E) 200,000m	1.0000	동경 124°~126°
중부좌표계	경도 : 동경 127°00′ 위도 : 북위 38°00′	X(N) 600,000m Y(E) 200,000m	1.0000	동경 126°~128°
동부좌표계	경도 : 동경 129°00′ 위도 : 북위 38°00′	X(N) 600,000m Y(E) 200,000m	1.0000	동경 128°~130°
동해좌표계	경도 : 동경 131°00′ 위도 : 북위 38°00′	X(N) 600,000m Y(E) 200,000m	1.0000	동경 130°~132°

각 좌표계에서의 직각좌표는 다음의 조건에 따라 TM(Transverse Mercator, 횡단 머케이터) 방법으로 표시하고, 원점의 좌표는 (X=0, Y=0)으로 한다.

① X축은 좌표계 원점의 자오선에 일치하여야 하고, 진북방향을 정(+)으로 표시하며, Y축은 X축에 직교하는 축으로서 진동방향을 정(+)으로 한다.

② 세계측지계에 따르지 아니하는 지적측량의 경우에는 가우스상사이중투영법으로 표시하되, 직각좌표계 투영원점의 가산수치를 각각 X(N) 500,000m(제주도지역 550,000m), Y(E) 200,000m로 하여 사용할 수 있다.

(3) 직각좌표계 원점의 좌표

직각좌표계 원점의 좌표는 (0, 0)으로 한다. 다만, 수치지도상에서의 표현 및 좌표계산의 편의 등을 위하여 원점에 일정한 수치를 더하여 원점수치로 사용할 수 있으며, 원점수치의 사용에 관한 세부적인 사항은 국토지리정보원장이 따로 정한다.

4. 수치지도의 축척에 따른 도엽코드 및 도곽의 크기

수치지도의 도엽코드 및 도곽의 크기는 수치지도의 위치검색, 다른 수치지도와의 접합 및 활용 등을 위하여 경 · 위도를 기준으로 분할된 일정한 형태와 체계로 구성하여야 한다.

축척	색인도	도엽코드 및 도곽의 크기
1/50,000	37° 01 02 03 04 05 06 07 08 09 10 11 12 36° 13 14 15 16 127° 128° 36715	• 도엽코드 : 경위도를 1° 간격으로 분할한 지역에 대하여 다시 15′씩 16등분하여 하단 위도 두 자리 숫자와 좌측경도의 끝자리 숫자를 합성한 뒤 해당 코드를 추가하여 구성한다. • 도곽의 크기 : 15′×15′
1/10,000	01 02 03 04 05 06 07 08 09 10 11 12 36715 14 15 16 17 18 19 20 21 22 23 24 25 3671523	• 도엽코드 : 1/50,000 도엽을 25등분하여 1/50,000 도엽코드 끝에 두 자리 코드를 추가하여 구성한다. • 도곽의 크기 : 3′×3′

축척	색인도	도엽코드 및 도곽의 크기
1/5,000	001 010 36715 091 098 100 36715098	• 도엽코드 : 1/50,000 도엽을 100등분하여 1/50,000 도엽코드 끝에 세 자리 코드를 추가하여 구성한다. • 도곽의 크기 : 1′30″×1′30″
1/1,000	01 02 03 04 05 06 07 08 09 10 11 21 31 3671523 80 90 98 99 100 367152398	• 도엽코드 : 1/10,000 도엽을 100등분하여 1/10,000 도엽코드 끝에 두 자리 코드를 추가하여 구성한다. • 도곽의 크기 : 18″×18″

5. 결론

최근 급속한 ICT 기술발전과 스마트폰의 이용이 증가하면서 다양한 형태의 수치지도 활용에 대한 요구가 증대되고 있다. 이에 따라 국토지리정보원은 수치지도 수정 · 갱신체계 단축, 국가인터넷지도 등 다양한 형태의 수치지도 공급과 활성화를 위하여 노력하고 있으며, 이러한 변화에 맞추어 수치지도 제작에 지속적인 연구와 기술개발이 뒤따를 수 있도록 모두 함께 노력해야 할 때라 판단된다.

12 공공의 이해와 안전에 따른 공공측량 실시 목적, 공공측량 시행자, 공공측량 대상, 공공측량 성과심사 대상에 대하여 설명하시오.

4교시 1번 25점

1. 개요

공공측량은 기본측량 이외의 측량 중 국가, 지방자치단체 또는 정부투자기관에서 공공의 목적으로 실시하는 측량으로서 공공측량 심사를 통하여 측량의 정확성을 확보하고 각 기관별로 실시한 측량성과를 서로 활용함으로써 중복 투자를 방지하기 위해 실시되는 제도이다.

2. 공공측량의 정의

(1) 국가, 지방자치단체, 그 밖에 공공기관 등이 관계법령에 따른 사업 등을 시행하기 위하여 기본측량을 기초로 실시하는 측량

(2) 공공의 이해 및 안전과 밀접한 관련이 있어 국토교통부장관이 공공측량으로 지정하여 고시하는 측량

3. 공공측량의 실시 목적

(1) 국민 안전 및 공공시설 관리 등을 위하여 측량성과의 정확성을 담보할 수 있도록 측량의 기준, 절차 및 작업 방법 관리

(2) 기존에 구축된 측량성과를 다른 측량의 기초로 활용할 수 있도록 관리하여 측량의 효율성 제고 및 관련 비용을 절감

4. 공공측량의 종류(국토지리정보원 고시 제2018－1077호)

공공측량 시행자가 실시하는 공공측량의 종류는 다음과 같다.

(1) 공공삼각점측량

국가기준점 또는 공공기준점에 기초하여 지상현황측량 및 그 밖의 각종 측량의 기초가 되는 공공삼각점의 위치를 정밀하게 결정하는 측량으로서 TS, GNSS 등으로 실시하는 측량을 말한다.

(2) 공공수준점측량

국가기준점 또는 공공기준점에 기초하여 결합노선 방식, 환폐합노선 방식 등으로 미지점인 공공수준점, 공공삼각점 또는 그 밖의 기준점의 표고를 구하는 측량을 말한다.

(3) 지상현황측량

국가삼각점, 공공삼각점을 기초로 측량구역 내에 있는 지형 · 지물의 위치를 측정하여 지형현황도를 제작하는 측량을 말한다.

(4) 항공사진측량

항공사진측량 방법으로 촬영한 항공사진 또는 위성영상자료를 이용하여 지상기준점측량을 통해 얻은 평면 또는 표고기준점 성과를 기초로 세부도화 또는 수치도화를 실시하여 도화원도를 제작하거나 수치데이터를 취득하는 측량을 말한다.

(5) 무인비행장치측량

무인비행장치로 촬영된 무인항공사진과 지상기준점 성과 등을 이용하여 수치표면모델, 정사영상 및 수치지형도 등을 제작하는 것을 말한다.

(6) 지도 제작

각종 목적에 따라 지도를 제작하기 위하여 규정된 작업 방법 및 도식에 따라 편집, 제도 등을 실시하여 지도를 제작하는 것을 말한다.

(7) 수치지도 제작

각종 지형공간정보를 취득하여 전산시스템에서 처리할 수 있는 지도의 형태로 제작하거나 변환하는 것을 말한다.

(8) 지하시설물측량

지하에 설치 · 매설된 시설물을 효율적이고 체계적으로 유지 · 관리하기 위한 지하시설물 위치측량 및 조사 · 탐사와 도면 제작 등을 말한다.

(9) 영상지도 제작

정사영상에 색조보정을 하여 지형 · 지물 및 지명, 각종 경계선 등을 표시한 지도를 제작하는 것을 말한다.

(10) 수치표고자료 제작

인공지물과 식생을 제외한 공간상 연속적인 실제 지형의 높낮이를 수치로 입력하여 표현한 것으로써 소요 지점의 3차원 좌표를 구하여 지형기복 변화에 대한 기하학적 관계를 격자형으로 구조화한 수치표고자료를 제작하는 것을 말한다.

(11) 좌표계 변환

지역측지계 기준으로 제작한 공공삼각점, 수치지형도 및 각종 주제도를 세계측지계 기준으로 변환하는 것을 말한다.

(12) 수심측량

하천, 저수지, 호수 또는 연안에 대한 수저부의 지형을 파악하기 위하여 수위와 조위, 수심 및 측심 위치를 측정하는 것을 말하며, 종 · 횡단면도 또는 수심도 작성 등을 포함한다.

(13) 도로시설물측량

도로에 설치한 시설물을 효율적이고 체계적으로 유지 · 관리하기 위한 도로 시설물에 대한 조사와 도면 제작을 위한 측량을 말한다.

(14) 수치주제도 제작

수치지형도 또는 항공사진, 위성영상 등을 이용하여 「공간정보의 구축 및 관리 등에 관한 법률 시행령」 제4조에 따른 수치주제도를 제작하는 것을 말한다.

(15) 3차원 공간정보구축

지형 · 지물의 위치 · 기하정보를 3차원 좌표 및 모델로 나타내고, 속성정보, 가시화정보 및 각종 부가정보 등을 추가한 디지털 형태의 정보를 구축하는 것을 말한다.

(16) 실내공간정보구축

실내공간 및 실내공간에 설치된 구조물에 대한 위치 · 기하정보를 3차원 좌표 및 모델로 나타내고 속성정보, 가시화정보 및 각종 부가정보 등을 추가한 디지털 형태의 정보를 구축하는 것을 말한다.

5. 공공측량 시행자

「공간정보의 구축 및 관리 등에 관한 법률」 제2조제3호가목에서 "대통령령으로 정하는 기관"이란 다음 각 호의 기관을 말한다.

(1) 「정부출연연구기관 등의 설립 · 운영 및 육성에 관한 법률」 제8조에 따른 정부출연연구기관 및 「과학기술 분야 정부출연연구기관 등의 설립 · 운영 및 육성에 관한 법률」에 따른 과학기술분야 정부출연연구기관

(2) 「공공기관의 운영에 관한 법률」에 따른 공공기관

(3) 「지방공기업법」에 따른 지방직영기업, 지방공사 및 지방공단

(4) 「지방자치단체 출자 · 출연 기관의 운영에 관한 법률」 제2조제1항에 따른 출자기관

(5) 「사회기반시설에 대한 민간투자법」 제2조제7호의 사업시행자

(6) 지하시설물 측량을 수행하는 「도시가스사업법」 제2조제2호의 도시가스사업자와 「전기통신사업법」 제6조의 기간통신사업자

6. 공공측량 실시 절차

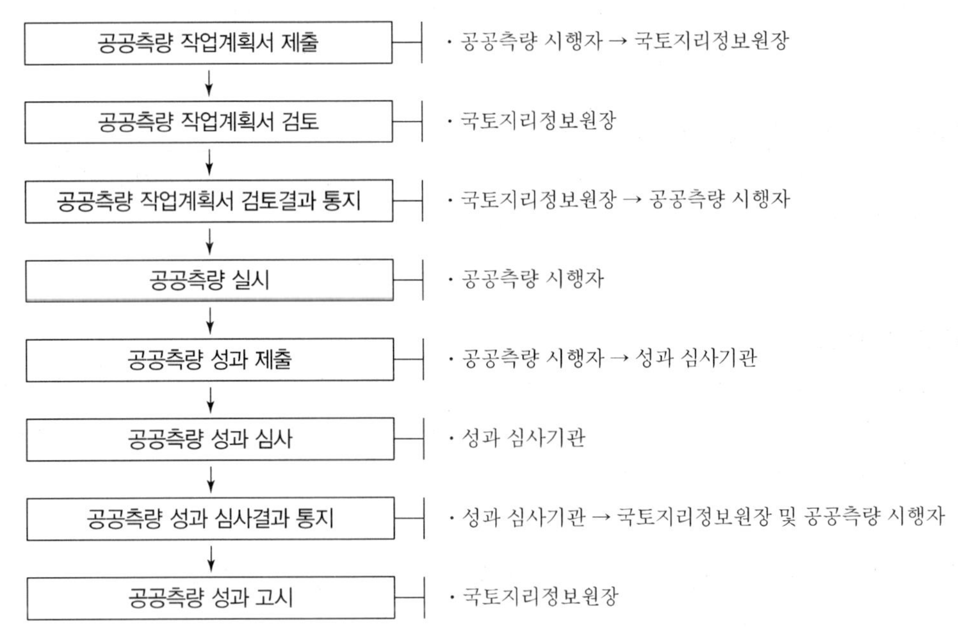

[그림 1] 공공측량 실시 주요 절차

7. 공공측량으로 지정될 수 있는 대상

「공간정보의 구축 및 관리 등에 관한 법률 시행령」 제3조(공공측량)

법 제2조제3호나목에서 "대통령령으로 정하는 측량"이란 다음 각 호의 측량 중 국토교통부장관이 지정하여 고시하는 측량을 말한다.

(1) 측량실시지역의 면적이 1제곱킬로미터 이상인 기준점측량, 지형측량 및 평판측량
(2) 측량노선의 길이가 10킬로미터 이상인 기준점 측량
(3) 국토교통부장관이 발행하는 지도의 축척과 같은 축척의 지도 제작
(4) 촬영지역의 면적이 1제곱킬로미터 이상인 측량용 사진의 촬영
(5) 지하시설물측량
(6) 인공위성 등에서 취득한 영상정보에 좌표를 부여하기 위한 2차원 또는 3차원의 좌표측량
(7) 그 밖에 공공의 이해에 특히 관계가 있다고 인정되는 사설철도 부설, 간척 및 매립사업 등에 수반되는 측량

8. 공공측량 절차를 적용받지 아니하는 측량(국토지리정보원 고시 제2018－1078호)

(1) 제1조(국지적 측량)

① 채광 및 지질조사측량, 송수관 · 송전선로 · 송전탑 · 광산시설의 보수 측량
② 지하시설물 중 길이 50m 미만의 실수요자용 시설(관로 중 본관 또는 지관에서 분기하여 수요자에게 직접 연결되는 관로 및 부속시설물)에 대한 측량. 다만, 공공측량 시행자가 공공의 안전 등을 위해 필요하다고 판단하여 실시하는 실수요자용 시설에 대한 측량은 「공간정보의 구축 및 관리 등에 관한 법률」을 적용한다.

(2) 제2조(고도의 정확도가 필요하지 않은 측량)

① 항공사진측량용 카메라가 아닌 카메라로 촬영한 사진
※ 항공사진측량용 카메라라 함은 항공기에 설치가 가능하고, 렌즈 왜곡수차가 0.01mm 이하인 것을 말한다.
② 국가기본도(수치지형도 및 지형도) 등 기제작된 지도를 사용하지 않고 거리, 방향, 축척의 개념이 없는 지도의 제작
③ 기타 공공측량 및 일반측량으로서 활용가치가 없다고 인정되는 측량

(3) 제3조(순수 학술연구나 군사 활동을 위한 측량)

① 교육법에 의한 각종 초 · 중 · 고등학교, 전문대학, 대학교, 대학원 또는 양성기관에서 시행하는 실습측량
② 연구개발 보고서 작성 등을 목적으로 실시하는 측량
③ 군용목적을 위하여 군 기관에서 실시하는 측량 및 지도제작

(4) 제4조(적용예외)

제1조에서 제3조까지의 규정에도 불구하고, 관계법령의 규정에 의하여 허가 · 인가 · 면허 · 등록 또는 승인 등의 신청서에 첨부하여야 할 측량 도서(건축법 시행규칙 [별표 2]에 따른 건축허가 시 제출도서는 제외)를 작성하기 위하여 실시되는 측량은 이 고시를 적용하지 아니한다.

9. 공공측량의 종류별 성과심사 대상(국토지리정보원 고시 제2018－1077호)

(1) 공공기준점측량

결합트래버스 방식, 폐합트래버스 방식, 삼각 또는 삼변측량(GNSS 및 T/S), 수준측량 등의 성과심사 항목에 필요한 관측야장, 계산부 및 성과표 일체

(2) 지형측량

지상현황측량, 항공사진측량, 지도수정측량, 지도제작, 수치지도 제작, 사진지도 및 영상지도 제작, 수치표고자료 제작 등의 성과심사 항목에 필요한 현지조사 자료, 실측원도, 지형현황도, 항공사진, 성과표, 도화원도, 편집원도, 정위치 편집파일, 구조화 편집파일, 도면제작 편집파일, 출력도면 등 그 밖의 성과 일체

(3) 응용측량

노선측량, 하천 및 연안측량, 용지측량, 토지구획정리측량, 지하시설물측량, 도로시설물측량 등의 성과심사 항목에 필요한 관측야장, 계산부, 측량원도, 정위치 편집파일, 구조화 편집파일, 출력도면 등 그 밖의 성과 일체

(4) 공간정보구축

3차원 공간정보, 실내공간정보

10. 결론

공공측량제도는 중복측량 방지의 목적도 있지만 측량의 정확도 확보가 더 중요하다고 볼 수 있는 만큼 불확실성이 높은 실내 검사보다는 현지 검사 위주로 전환되어 보다 합리적인 제도가 되어야 할 것으로 판단된다.

13 국내외 공간정보 분야에서의 오픈 소스 활용사례 및 정책지원 동향에 대하여 설명하시오.

4교시 2번 25점

1. 개요

제4차 산업혁명의 기술 환경이 '참여' 및 '공유'로 변화하면서, 공개된 기술자원으로서 오픈 소스(Open Source)의 중요성이 커지고 있다. 오픈 소스 소프트웨어는 라이선스에 따라 특별한 제한 없이 소프트웨어의 소스코드를 사용 · 복제 · 배포 · 수정할 수 있는 소프트웨어로, 정부 차원에서는 낮은 가격으로 고부가 가치의 산업을 발전시킬 수 있고, 기업 차원에서는 새로운 비즈니스 모델의 발굴을 통한 이윤 창출이 가능하기 때문에 이에 대한 관심이 증대하고 있다.

2. 공간정보 분야의 오픈 소스

(1) 오픈 소스 소프트웨어(Open Source Software)

1) 무료이면서 소스코드를 개방한 상태로 실행 프로그램을 제공하는 동시에 소스코드를 누구나 자유롭게 개작 및 개작된 소프트웨어를 재배포할 수 있도록 허용된 소프트웨어

2) 공개소프트웨어(FOSS : Free & Open Source Software)라고도 함

① 특정 라이선스에 따라 소프트웨어의 소스코드가 공개되어 있음

② FOSS의 Free는 '공짜'를 의미하는 것이 아니라, 사용자가 소스코드에 접근하고, 프로그램을 사용 · 수정 · 재배포할 수 있는 '자유'를 의미

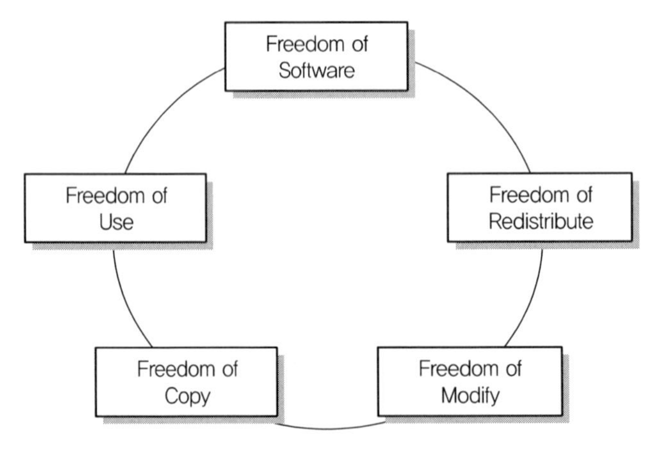

[그림] 오픈 소스 소프트웨어

(2) 오픈 소스(Open Source) GIS : 공간정보 분야에서 개발, 사용되는 오픈 소스 소프트웨어

1) FOSS4G : Free Open Source Software for Geo-Spatial

2) GeoFOSS : Geo Free Open Source Software

3) 특징

① Linux, Apache, PHP 등의 일반 오픈 소스 소프트웨어들이 수평적(Horizontal) 소프트웨어인 데 비하여 GIS는 DB부터 Web에 이르는 수직적 아키텍쳐(Vertical Architecture) 기반

② 오픈 소스 GIS 소프트웨어의 표준 호환성 구현

③ 상업용 GIS 소프트웨어와 오픈 소스 GIS 간의 대체성 증가

3. 국내외 공간정보 분야에서의 오픈 소스 활용사례

(1) 국내

1) 행정안전부(공공 빅데이터 표준분석모델)
   ① 오픈 소스 공간정보의 SW(QGIS, PostgreSQL, GeoServer)를 이용한 매뉴얼
   ② QGIS 실행화면으로 사용법 설명

2) 한국토지주택공사(공개 SW기반 공간정보 통합운용환경 구축) : 국산 상용 오픈 소스 KAOS-G 등 사용
3) 행정안전부(생활공감지도) : 오픈 소스 공간정보 OpenLayers 사용
4) 국토교통부(국가공간정보통합체계) : 오픈 소스 공간정보 OpenLayers 사용
5) 국토지리정보원(국토정보플랫폼) : 오픈 소스 공간정보 OpenLayers, PostGIS, GeoServer 사용
6) 한국항공우주연구원(아리랑위성영상) : 오픈 소스 공간정보 OpenLayers, GeoServer 사용
7) 기상청(지도기반날씨서비스) : 오픈 소스 공간정보 OpenLayers, GeoWebCache, GeoServer 사용

(2) 해외

세계에 65% 이상의 기업이 오픈 소스 SW를 활용하고 있으며, 글로벌 공간정보시장 주도기업으로 오픈 소스 공간정보 기업 등장했다.(CartoDB, Mapbox, Pitney Bowes)

1) UN : Open GIS

2) 미국
   ① NGA(National Geospatial-Intelligence Agency, 미국 국립지리정보국) : 군사, 치안 등의 임무 수행에 필요한 공간데이터, 분석도구, 애플리케이션, 컴퓨터 인프라를 클라우드 기반으로 통합 제공하는 GEOINT 서비스를 오픈 소스 기반으로 운영 중
   ② DoD(Department of Defense, 국방부) : GRASS, Geoshape, Delta3D 등

3) 유럽연합 : INSPIRE GeoPortal
4) 우즈베키스탄 : 토지정보화 및 국가공간정보인프라 구축사업을 통해 상용 SW 기반으로 추진하였으나 오픈 소스 기반으로 전환 추진방안 모색 중
5) 칠레 : GeoNode, Geoserver 등 오픈 소스 기반으로 국가공간정보포털 구축

4. 정책지원 동향

(1) 국내

① 공간정보법 및 전담 정부조직을 보유하고 있는 우리나라의 특수성을 고려하여 공간정보 관점에서 '오픈 소스 공간정보정책' 도입
② 국가 R&D 성과물의 공개전환 및 오픈 소스 R&D 비중 확대 등 오픈 소스 공간정보 기술개발 및 기술지원 정책추진
③ 오픈 소스 기술개발과 병행한 핵심인력(고급개발자 등) 양성
④ 공공부문 기술도입 시 오픈 소스 라이선스 준수 의무화

(2) 해외

1) 미국, 유럽 등 선진국들은 오픈 소스 기술을 선점 · 활용하고자 정부와 민간이 협력하여 다음 네 가지 정책을 추진해 옴
   ① 오픈 소스 기술개발(R&D) : 정부 주도의 연구과제를 통한 오픈 소스 소프트웨어와 관련 기술개발

② 자문/컨설팅(Advisory) : 각 부처 간 협력이나 호환성, 인증 등 기술적 문제를 자문/컨설팅
③ 선호/권고(Preference) : 오픈 소스 소프트웨어를 우선적으로 선택하도록 가이드라인 제시
④ 강제(Mandatory) : 정부가 오픈 소스 소프트웨어 도입과 라이선스 준수를 의무화

2) 선진국들은 오픈 소스 정책기조 아래서 정부사업이나 R&D 등을 오픈 소스 기반으로 추진하고, 그 성과물을 오픈 소스 커뮤니티와 공유하는 선순환 체계를 구축함

5. 결론

공간정보 분야에서의 오픈 소스(Open Source) 기술 개발과 활용은 무르익고 있으나, 아직 관련된 정책은 미비한 상황이다. 제4차 산업혁명 시대를 맞이하여 공간정보 오픈 소스의 확산을 위한 정책 마련을 더욱더 강화해야 할 때라 판단된다.

14 GNSS 측량에서 오차의 종류와 전리층의 영향 및 보정 방법을 설명하시오.

4교시 3번 25점

1. 개요

GNSS의 측위오차는 크게 나누어 구조적 요인에 의한 오차, 위성배치 상태에 따른 오차 등으로 구분되며 전리층 영향에 대한 오차는 대기권 전파지연오차에 해당된다. 전리층 영향오차는 위성궤도오차, 대류권오차와 더불어 VRS와 같은 실시간 측량의 정밀도에 크게 영향을 미친다.

2. GNSS 오차의 종류

GNSS측량의 오차는 위성궤도오차, 시긴오차, 전리층과 대류층 오차와 같은 구조적 오차와 위성배치에 따른 기하학적 오차인 DOP 및 지금은 해제된 SA와 같은 오차가 있다.

(1) 구조적 요인에 의한 오차(Bias)

GNSS에서 Bias는 체계화된 오차 형태를 말하며 일반적으로 구조적인 오차를 말한다.

1) Bias의 원인

① 인공위성 시간오차(위성시계 편의량)
② 위성궤도 편의량
③ 수신기시계 편의량
④ 전리층 전파지연
⑤ 대기권 전파지연
⑥ 수신초기의 위성과 수신기간 정수 Cycle 편기
⑦ 잡음(Noise)
⑧ 다중경로 오차

(2) 위성의 배치상태에 따른 오차

1) GNSS 관측 지역의 상공을 지나는 위성의 기하학적 배치상태에 따라 측위의 정확도가 달라지는데, 이를 DOP(Dilution Of Precision)라 함
2) 3차원 위치의 정확도는 PDOP에 따라 달라지는데 PDOP는 4개의 관측 위성들이 이루는 정사면체의 체적이 최대일 때 가장 정확도가 좋으며 이때는 관측자의 머리 위에 다른 세 개의 위성이 각각 120°를 이룰 때임
3) DOP(정밀도 저하율)는 값이 작을수록 정확한데 1이 가장 정확하고 5까지는 실용상 지장이 없음

4) DOP의 종류

① GDOP : 기하학적 정밀도 저하율
② PDOP : 위치 정밀도 저하율(3차원 위치)
③ HDOP : 수평 정밀도 저하율(수평위치)
④ VDOP : 수직 정밀도 저하율(높이)
⑤ RDOP : 상대 정밀도 저하율
⑥ TDOP : 시간 정밀도 저하율

(3) 오차의 소거 방법

1) 구조적 요인에 의한 오차 소거(차분법으로 소거)
   ① 위성시계오차와 전파지연량은 제어국에서 조정하여 최소화
   ② 두 대 이상의 GNSS 수신기를 이용하여 동일한 오차 성분을 동시에 소거하는 상대측위 방식을 통해 정확도를 높일 수 있음(전리층 지연오차는 L_1, L_2를 조합 사용)

2) 위성의 배치상태에 따른 오차
   소거 방법이 없으며 측량 지역 상공의 위성배치가 좋아질 때까지 기다려야 함

3) GNSS와 VLBI, 토털스테이션(Total Station), INS 결합 사용

3. 전리층(Ionospheric Layer)

(1) 전리층의 정의

① 대기의 상층부에서 태양으로부터 받은 자외선이나 우주선 등으로 기체 분자가 전리한 층으로, 위도나 계절, 시각 등에 따라서 변동됨
② 전자 밀도에 따라 전파를 반사, 흡수하며 전리층은 전파의 특성에 따라 D, E, F층으로 구분됨
③ D층은 지상 60~90km에 있으며 전파를 흡수하고, E층은 지상 약 100km, 두께 약 20km이며, 헤비사이드층이라고도 함. F층은 지상 200~400km에 있고, 주간에는 F_1, F_2층으로 분리되며 E_s층은 스포라딕 E층이며, 여름철 한낮에 돌발적으로 출현함

(2) 전리층의 종류

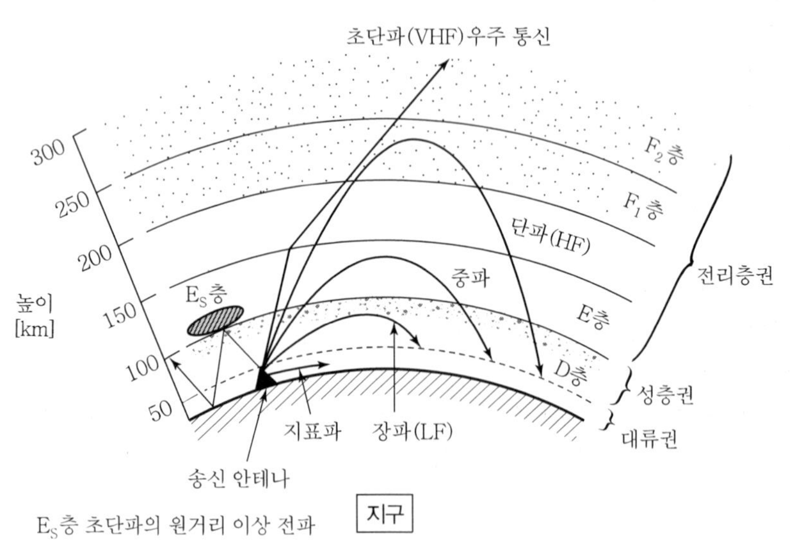

[그림] 전리층의 종류

4. GNSS측량의 전리층 영향 및 보정

(1) 전리층 영향

① 전리층과 대류권은 GNSS에서 송신된 신호의 속도에 영향을 미치며, 의사거리의 오차를 줄이는 데에는 대기권으로 인한 오차를 줄이는 것이 가장 효과적

② 전리층오차는 위성에서 송신된 신호가 전리층을 통과하면서 발생하는 전리층 지연오차

③ 전리층 지연의 크기는 전리층 활동이 심한 낮에는 20~30m, 밤에는 3~6m 정도의 오차를 나타내며 전리층 지연으로 발생하는 측위오차

④ 전리층 지연의 크기는 주파수에 반비례하므로 L_1, L_2의 두 개의 주파수를 수신하는 2주파 수신기를 사용하면 전리층 지연을 효과적으로 제거할 수 있음

(2) 전리층 영향 보정

① 전리층으로 인한 오차는 산란에 따른 것으로 신호의 주파수에 따라서 달라짐

② 2주파 GNSS 수신기는 L_1과 L_2 채널을 이용해 전리층 효과를 직접 보정 가능

③ L_1 채널 수신기는 항법메시지에 포함된 오차 보정계수를 사용해 전리층 효과를 보정

④ 전리층에 대한 전파경로를 최소로 하기 위해 수평선 위로 어느 각도 밑에 있는 인공위성으로부터 오는 신호는 무시하도록 Mask Angle을 설정

⑤ 이것의 단점은 Mask Angle이 너무 높게 입력된 경우에는 최소 필요한 4개의 위성에 미달될 수도 있으며 대부분 Mask Angle은 10~20도 정도로 유지

(3) 한반도 전리층 영향 모델링

① 실시간으로 수집된 국내 80개 GNSS 상시관측소 자료를 이용하여 우리나라 전리층의 시·공간 변화를 감시

② 전리층 관측기(Ionosonde)를 통해 높이에 따른 전리층 플라즈마의 전자밀도의 분포를 측정하는 것으로 전파를 수직 입사하여 전리층 내의 여러 전자층에 반사되어 오는 전파를 측정함으로써 전리층 내의 전자들의 분포를 높이에 따른 함수로 나타냄

③ TEC(Total Electron Content) 관측기는 전리층 전자밀도를 관측하는 시스템으로 다수의 GNSS 위성으로부터 신호를 수신하여 전리층 전자밀도와 신틸레이션(위성신호 페이딩 현상)을 실시간 측정하여 지구-위성 간 통신에 미치는 전리층 변화 현상 연구에 활용

5. 결론

GNSS의 대표적인 오차 요인으로는 위성궤도오차, 위성시계오차, 전리층 지연오차, 대류층 지연오차, 수신기 잡음오차가 있으며, 이러한 오차 요인들을 제거하기 위한 방법들이 지속적으로 개발되고 있다. 단일 주파수 사용자는 이 전리층 모델을 이용하여 전리층 지연오차를 보정하는데, 오차 보정 성능은 60% 정도이다. 이중주파수 사용자는 전리층 지연량이 파수의 제곱에 반비례함을 이용하여 L_1, L_2 주파수의 의사거리 측정치를 이용하여 정확히 전리층 지연오차를 추정할 수 있다.

15 스마트시티와 U-City의 특성에 대하여 설명하시오.

4교시 4번 25점

1. 개요

미래 도시는 현재 도시의 성장과 새로운 도전에 대한 바람직한 대응이 이루어지며, 미래의 지속가능한 발전을 선도할 수 있는 신성장동력이 충만하고 도시민의 삶의 질이 향상되어 정주하고 싶은 매력적인 도시이며, 창조적 신가치가 창출되어 국제적 경쟁력이 있는 도시를 말한다. 미래 도시의 대표적인 경우는 스마트시티와 U-City가 있다.

2. 스마트시티와 U-City의 개념

(1) 스마트시티(Smart City)

1) 스마트시티는 일반적으로 도시가 가지고 있는 현안을 스마트한 수단으로 해결하는 것으로 정의되므로 다양한 개념으로 정의가 가능
   ① 스마트도시법 : 도시의 경쟁력과 삶의 질 향상을 위하여 건설 · 정보통신기술 등을 융 · 복합하여 건설된 도시기반시설을 바탕으로 다양한 도시서비스를 제공하는 지속가능한 도시
   ② IT용어 : 사물 인터넷(IoT : Internet of Things), 사이버 물리 시스템(CPS : Cyber Physical Systems), 빅데이터 솔루션 등 최신 정보통신기술(ICT)을 적용한 스마트 플랫폼을 구축하여 도시의 자산을 효율적으로 운영하고 시민에게 안전하고 윤택한 삶을 제공하는 도시
   ③ 시사경제용어 : 텔레커뮤니케이션(Tele-communication)을 위한 기반시설이 인간의 신경망처럼 도시 구석구석까지 연결되어 있는 도시
   ④ 한경경제용어 : 교통, 주거, 보건, 치안 등 도시 인프라 각 분야에서 AI 시스템을 활용해 4차 산업혁명이 구현되는 도시

2) 공급자 중심이 아닌 수요자 중심으로 현안도출과 솔루션 제안이 이루어져야 하며, 스마트한 수단이 반드시 최첨단 · 최신기술의 적용이 아닌 현안을 해결하기 위한 적정한 기술이면 됨

(2) U-City(Ubiquitous City, 유비쿼터스 도시)

1) 도시 기능이 유비쿼터스화된 도시
2) U-City 서비스를 언제 어디서나 제공받을 수 있도록 첨단 정보통신 인프라와 유비쿼터스 서비스를 도시 공간에 융합하여, 도시의 제반 기능을 혁신시킨 미래형 첨단 도시

3) 특징
   ① U-City 추진은 국토교통부를 중심으로 유비쿼터스도시법*에 의거하여, 기반시설 구축 위주로 진행
   ② U-City의 기반시설은 통신망, 지능화된 기반시설, 도시통합운영센터로 법에 규정되어 있음
   ③ 신도시 개발 사업을 할 때 유비쿼터스도시법의 적용을 받게 됨
   ④ 개발이익을 통하여 U-City 기반시설을 구축

   * 2017년 「유비쿼터스도시의 건설 등에 관한 법률」(약칭 : 유비쿼터스도시법)에서 「스마트도시의 조성 및 산업진흥 등에 관한 법률」(약칭 : 스마트도시법)로 변경

3. 스마트시티와 U-City의 특성

구분	스마트시티	U-City
기반	• 기존 도시의 도심문제 해결	• 신도시 개발
개념 적용/운영	• 시스템의 시스템(시스템의 연계와 지능화) • 도시 전체가 플랫폼으로 연결 • 도시데이터 공유로 단절 없는 시민 맞춤형 서비스 제공	• 개별 시스템(첨단 ICT 기술을 각각 활용) • 도시 내에서 기능별로 분절적 운영 • 도시데이터 공유 불가 • 시민이 도시운영 체계에 적응해야 함
구축방향	• 시민의 Smart Living 관련 생활서비스 중심 • 시민, 기업, 정부 등 사용자 중심	• ICT 기반 인프라 구축 중심 • 관리자 중심
대상영역	• 환경, 근로, 고용, 교육, 행정, 교통 등 확대	• 교통, 방범, 방재 등 관리 기능
비유	• 새롭고 복합적인 서비스를 제공하는 스마트폰	• 장소와 시간의 제약으로부터 자유로워진 모바일폰
특성	• 기존 도시의 업그레이드	• 신도시를 생성하기 위한 개발
근거법률	• 스마트도시 조성 및 산업진흥 등에 관한 법률(2017년 9월 시행)	• 유비쿼터스도시법(2008~2017년)
해결방식	• 기존 인프라를 효율적으로 활용 (예 : 교통체증 → 신호시스템 조정)	• 도시문제 해결위해 신규 인프라 확대 (예 : 교통체증 → 도로건설)
추진주체	• 민간과 표준 기반의 Bottom-up 방식 • 정보의 공개와 공유 • 시민들도 도시운영에 적극 참여	• 중앙정부, 공기업 위주의 Top-down 방식 • 정보는 소수에 집중 • 시민과 기업은 도시정보 배제

4. 국내 스마트시티의 현황 및 개선사항

(1) 현황

① 협력적 거버넌스의 부재로 인프라의 기능적 연계가 어려움

② 공급자 중심의 획일적인 공공서비스 제공으로 낮은 시민체감도

③ 법 · 제도적 규제 장벽으로 인하여 융합 및 기술 적용에 한계

④ 스마트시티 해외진출 전략 부재

⑤ 개별 하드웨어 기술 개발에 초점

(2) 개선사항

① 일관된 스마트시티 사업 추진을 위한 컨트롤 타워 및 네트워크 구축

② 스마트시티의 표준 개발

③ 데이터 분석 및 활용능력, 소프트웨어 기술 개발의 병행 필요

④ 컨설팅 기술에 대한 경쟁력 확보 필요

⑤ 민간과 함께 하는 수요자 중심의 서비스 개발 체계가 필요

⑥ 서비스에 대한 시민들의 체감도를 평가하는 질적인 평가체계 필요

⑦ 스마트시티 해외진출 전략으로서 수요처(국가, 지역)의 지리적 특성뿐만 아니라 정치 · 경제 · 제도적인 잠재리스크를 고려하여 수요자 맞춤형 서비스와 이를 지원하는 기술 디자인 가이드 필요

5. 결론

스마트시티가 구축된 미래의 모습은 스마트 빌딩, 스마트 문화, 스마트 교통, 스마트 건강, 스마트 에너지관리, 스마트 산업지원 등 우리 생활 전반에서 ICT 활용을 통한 삶의 질 향상과 도시 운영방식의 혁신을 통한 도시경쟁력 확보에 있다. 다가오는 미래에 더 나은 삶과 도시 경쟁력 확보를 위하여 시민의 참여와 정책적 지원이 지속적으로 필요할 것이다.

119회 측량 및 지형공간정보기술사 문제 및 해설

2019년 8월 10일 시행

분야	건설	자격종목	측량 및 지형공간정보기술사	수험번호		성명	

구분	문제	참고문헌
1교시	※ 다음 문제 중 10문제를 선택하여 설명하시오. (각 10점)	
	1. 자오선수차	1. 포인트 4편 참고
	2. 국가공간정보인프라(NSDI)의 개념과 구성요소	**2. 모범답안**
	3. 지구중심지구고정좌표계(Earth Centered Earth Fixed Coordinate System)	**3. 모범답안**
	4. 주성분 분석(Principal Component Analysis)	**4. 모범답안**
	5. 3중 차분(3중차, Triple Difference)	5. 포인트 5편 참고
	6. 연직선 편차(Deflection of the Vertical)	6. 포인트 2편 참고
	7. 가우스상사 이중투영법(Gauss Conformal Projection)	**7. 모범답안**
	8. 점고법(點高法)	8. 포인트 9편 참고
	9. 일조부등(日潮不等)	**9. 모범답안**
	10. 사진측량용 도화기	**10. 모범답안**
	11. 레이저 사진측량	11. 포인트 6편 참고
	12. 3차원 모델링의 LOD(Level Of Detail)	**12. 모범답안**
	13. 「공간정보의 구축 및 관리 등에 관한 법률 시행령」에 의한 세계측지계의 요건	13. 포인트 1편 참고
2교시	※ 다음 문제 중 4문제를 선택하여 설명하시오. (각 25점)	
	1. 공간빅데이터체계의 구성요소와 체계구축을 위한 활용전략에 대하여 설명하시오.	1. 포인트 8편 참고
	2. 원곡선 설치 방법 중 편각설치법을 그림과 함께 설명하시오.	**2. 모범답안**
	3. 원격탐사에서 능동형센서와 수동형센서의 융합 필요성과 센서 융합 조건에 대하여 설명하시오.	3. 포인트 6편 참고
	4. 합성개구레이더(SAR : Synthetic Aperture Radar)의 기본원리 및 기하위치오차, 기하보정에 대하여 설명하시오.	4. 포인트 6편 참고
	5. 모바일 GIS(Geographic Information System)의 개념, 구성요소, 위치결정 방법을 설명하시오.	**5. 모범답안**
	6. 위성항법 보정정보의 표준화 필요성과 항공 분야, 해양 분야에서의 위성항법 보정정보 국제표준에 대하여 설명하시오.	**6. 모범답안**
3교시	※ 다음 문제 중 4문제를 선택하여 설명하시오. (각 25점)	
	1. 표고 기준면과 수심 기준면의 상관관계에 대하여 설명하시오.	**1. 모범답안**
	2. 조건방정식에 의한 최소제곱 조정 방법을 예를 들어서 설명하시오.	2. 포인트 3편 참고
	3. 우리나라 측지원점과 현행 기준점 체계에 대하여 설명하시오.	3. 포인트 1편 참고
	4. 하천측량에서 유량 측정 방법에 대하여 설명하시오.	4. 포인트 9편 참고
	5. DSM(Digital Surface Model)에서 수목, 건물 등 지형 · 지물을 추출하는 필터링 알고리즘에 대하여 설명하시오.	**5. 모범답안**
	6. 구글 등 해외기업이 요구하는 공간정보의 국외 개방에 대한 문제점 및 해결방안을 설명하시오.	**6. 모범답안**
4교시	※ 다음 문제 중 4문제를 선택하여 설명하시오. (각 25점)	
	1. 국토교통부에서 고시한 표준시방서(KCS 10 30 15)에 따른 수심측량 작업기준에 대하여 설명하시오.	**1. 모범답안**
	2. 노선측량의 순서 및 방법을 설명하시오.	**2. 모범답안**
	3. 무인비행장치(UAV : Unmanned Aerial Vehicle)의 지적재조사 활용방안에 대하여 설명하시오.	**3. 모범답안**
	4. 네트워크 RTK의 데이터 처리 순서를 설명하고 가상기준국의 보정정보 생성 방법을 종류별로 장 · 단점과 함께 자세히 설명하시오.	4. 포인트 5편 참고
	5. 사진측량에서 위치결정을 위한 기하학적 조건(공선조건, 공면조건, 에피폴라 기하)에 대하여 설명하시오.	5. 포인트 6편 참고
	6. 공간데이터 모델의 개념과 벡터, 래스터, 불규칙삼각망(TIN) 데이터 모델의 특징을 설명하시오.	6. 포인트 6, 8편 참고

NOTICE 본 측량 및 지형공간정보기술사 문제 및 해설 중 참고문헌의 《포인트》는 예문사 출간 《포인트 측량 및 지형공간정보기술사》임을 알려드립니다.

01 국가공간정보인프라(NSDI)의 개념과 구성요소

1교시 2번 10점

1. 개요

과거의 산업화 시대는 고속도로가, 정보화 시대는 초고속 정보통신망이 국가 경제를 견인하는 대표적인 HW 인프라였다. 지금의 지식정보화 시대는 고부가가치 창출의 원동력인 국가공간정보가 SW 인프라이다. 국가공간정보인프라(NSDI : National Spacial Data Infrastructure)란 국가적인 측면에서 공간정보를 취득, 처리, 저장, 배포하는 데 필요한 정책, 기술 및 인적자원 등에 대한 총체적인 개념을 말한다.

2. 국가공간정보인프라(NSDI)의 개념

(1) 전자지도에 지형, 건물, 도로, 지하시설물 등 모든 국토정보를 표준화하여 나타낸 것
(2) 국가적인 측면에서 공간정보를 취득, 처리, 저장, 배포하는 데 필요한 정책, 기술 및 인적자원 등에 대한 총체적인 개념
(3) 다양한 기관에서 구축하는 데이터와 시스템을 공동으로 활용하는 기반

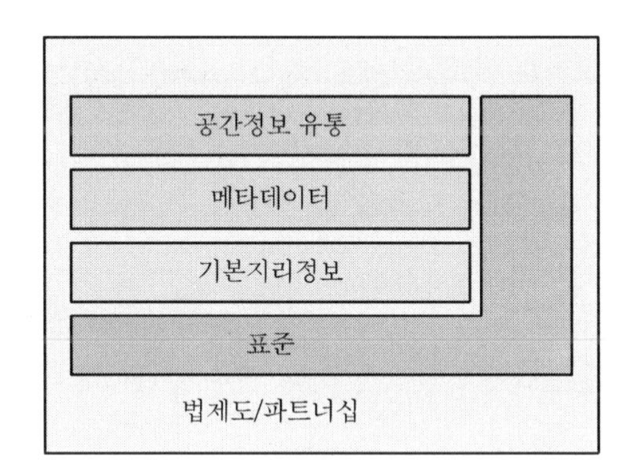

[그림 1] 국가공간정보인프라 구성요소

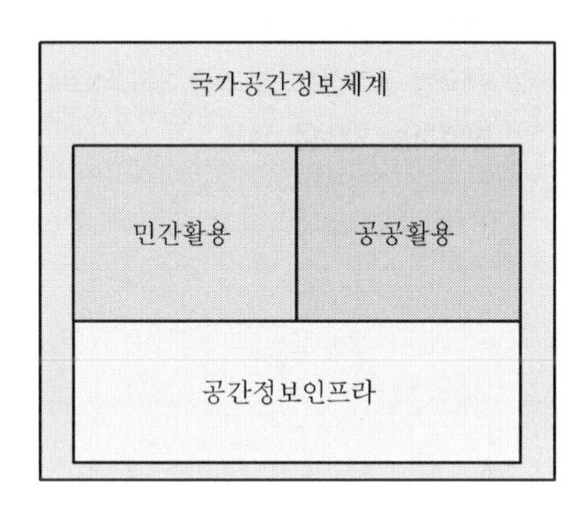

[그림 2] 국가공간정보체계 구성

3. 국가공간정보인프라(NSDI)의 구성요소

(1) 클리어링하우스(공간정보 유통)
(2) 메타데이터
(3) 프레임워크데이터
(4) 표준
(5) 법제도/파트너십

4. 한국형 공간정보인프라의 구성요소

(1) 기본공간정보 구축체계

다양한 분야에서 공통으로 사용되는 핵심자료로서 다른 자료의 위치기준 또는 참조자료가 되며, 다른 공간정보를 생산, 관리 활용하는 데 기준(바탕)이 되는 공간정보

(2) 공간정보 표준체계

① 인프라 구축의 궁극적인 목적은 공간정보를 누구나 공유하여 활용하도록 하기 위해 필요한 방법론을 의미

② 기본공간정보가 생산, 관리, 유통, 활용될 때 중복생산을 막고, 자료 간 중첩활용이 가능하도록 공통의 기준을 마련하는 것

(3) 공간정보 유통체계

공간정보를 공유할 수 있도록 공간정보를 취합하고 제공하는 활동과 활동의 결과와 활동을 위한 논리적 · 물리적 기반(Platform)의 구성체

(4) 구성요소 간 협력을 위한 추진체계

① 기본공간정보 구축체계, 공간정보 표준체계 및 유통체계를 운영 · 관리하는 행위주체에 관한 내용을 정리한 것

② 다양한 생산 · 관리 추진 주체들이 모여 실무작업반을 이루고, 권한을 가진 정부조직(담당자)을 중심으로 다양한 이해관계자가 모여 분과위원회를 구성

(5) 법제도

① 다른 구성요소인 기본공간정보, 표준체계, 유통체계, 추진체계 등이 효율적으로 이루어질 수 있도록 수직 · 수평적 체계로 정의한 가이드

② 한국형 공간정보인프라를 제도적으로 뒷받침하기 위해 현재 「국가공간정보 기본법」 체계를 바탕으로 관련 사항을 반영하는 방안을 제시

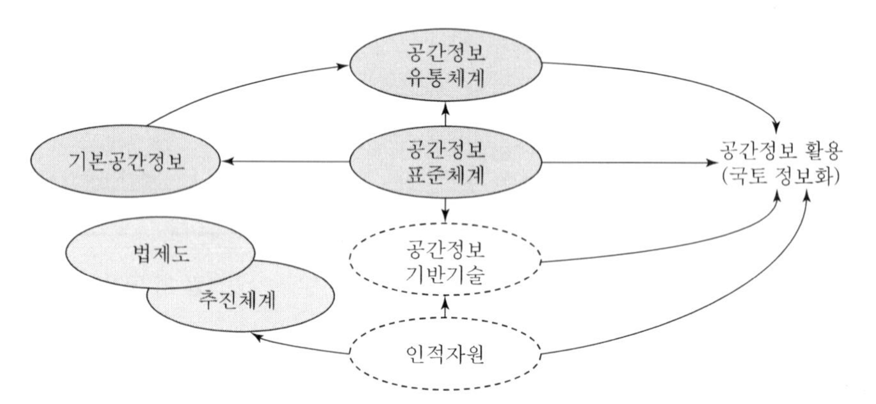

• 협의 구성요소 : 기본공간정보 구축체계, 공간정보 표준체계, 공간정보 유통체계
• 광의 구성요소 : 협의 구성요소+추진체계, 법제도
• 최광의 구성요소 : 광의 구성요소+기반기술, 인적자원

[그림 3] 한국형 공간정보인프라의 구성요소 간 상관관계

02 지구중심지구고정좌표계 (Earth Centered Earth Fixed Coordinate System)

1교시 3번 10점

1. 개요

최근 공간정보 분야는 위성측지계의 보급에 따라 측지분야, 지적 및 지형공간정보체계의 데이터베이스 관리 분야에서 그 활용성이 커지고 있으나, 기존 좌표체계로는 새로운 위성측지 기술 및 장비 사용에 부적합하여 전 세계는 세계 단일의 지구중심좌표계로의 전환을 하고 있다.

2. 지구중심좌표계(Geocentric Coordinate System)

여러 가지 관측장비를 가지고 전 세계적으로 관측해 온 지구의 중력장과 지구모양을 근거로 하여 만들어진 3차원 좌표계이며, 좌표원점은 질량중심을 사용하고 지구의 자전축을 Z로 할 때 이를 일반적으로 지구중심좌표계라 한다.

3. 지구중심좌표계의 구성

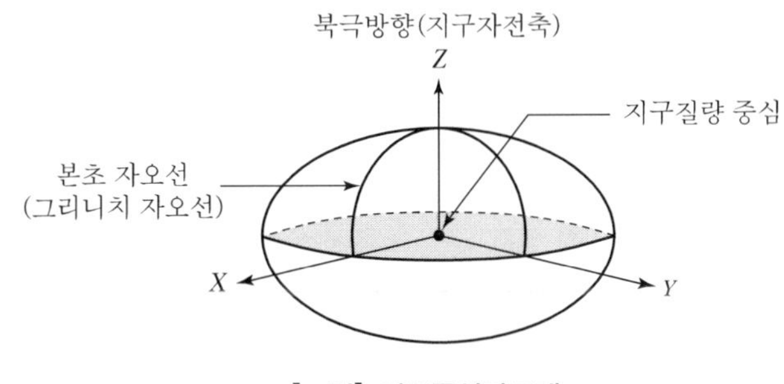

[그림] 지구중심좌표계

- 원점(0, 0, 0)은 지구의 질량 중심
- 북축(Z축)은 BIH 방향
- X축은 적도면과 그리니치 자오선이 교차하는 방향
- Y축은 X축과 Z축이 이루는 평면에 동쪽으로 수직인 방향

4. 지구중심좌표계의 종류

(1) WGS(World Geodetic System)
(2) ITRF(International Terrestrial Reference Frame)
(3) NAD(North American Datum)
(4) GTRF(Galileo Terrestrial Reference Frame)

03 주성분 분석(Principal Component Analysis)

1교시 4번 10점

1. 개요

영상융합은 고해상도의 전정색영상과 저해상도의 다중분광영상을 병합하여 공간해상도는 전정색영상의 공간해상도를, 분광학적 특성은 다중분광영상의 것을 따르게 하여 전정색영상의 시각적 성능과 다중분광영상의 분석적 성능을 모두 유지시켜 영상의 판독을 효과적으로 하기 위한 기법이다. 대표적인 영상융합(병합)기법에는 주성분 분석 변환(Principal Component Analysis Transform)이 있다.

2. 일반적인 영상융합(병합)기법

(1) 색상 공간 모델 변환(RGB ↔ IHS Transform)=Color Space Model Transform
(2) 주성분 분석 변환(Principal Component Analysis Transform)
(3) 최소 상관 변환(Decorrelation Stretching Transform)
(4) 태슬드 캡 변환(Tasseled Cap Transform)
(5) 브로비 변환(Brovey Transform)

3. 주성분 분석(Principal Component Analysis)

표본 수와 변수가 상당히 많으면, 이를 일목요연하게 파악하는 일은 쉽지 않다. n개의 조사자료는 평균 등으로 파악할 수 있으나, p개의 변수에 대해서는 적절한 대표 변수를 구성하기 쉽지 않다. 주성분분석은 1901년에 피어슨(Karl Pearson)이 역학의 주축정리와 유사하게 만들었으며, 1930년대에 해럴드 호텔링(Harold Hotelling)이 독자적으로 발전시켰다.

(1) 개념

① 고차원의 정보를 유지하면서 저차원으로 차원을 축소하는 다변량 데이터 처리 방법
② 다변량 데이터의 주성분에 해당하는 주축을 통계적인 방법으로 구하고, 이렇게 해서 얻은 특징벡터 x를 주축 방향으로 사영*시킴으로써 차원을 축소
* 사영(Projection) : 도형의 한 점과 면(또는 선)과의 대응을 의미하는 기하학 용어

(2) 주성분 분석의 주요 한계

① 단순히 변환된 축이 최대 분산 방향과 정렬되도록 좌표회전을 수행하는 것
② 특징벡터의 클래스 라벨을 고려하지 않기 때문에, 클래스들의 구분성은 고려하지 않음
③ 최대 분산 방향이 특징 구분을 좋게 한다는 보장은 없음
④ 비선형인 패턴에는 적용하기 곤란

(3) 활용

정보를 거의 상실하지 않고 자료 양을 줄일 수 있기 때문에 원격탐측의 영상자료의 변환, 융합 등에 활용

04 가우스상사 이중투영법(Gauss Conformal Projection)

1교시 7번 10점

1. 개요

원통도법은 적도에 지구와 원통을 접하여 투영하는 것으로 길이가 정확히 투영되는 곳은 적도 부근이며, 경선에 원통을 접하여 투영하는 방법을 총칭하여 횡원통도법이라 한다. 횡원통도법은 지형도, 그 이상의 대축척도 또는 측량좌표계용의 도법 등에 널리 쓰이고 있다. 횡원통도법에는 등거리횡원통도법, 등각횡원통도법, 가우스 이중투영법, 가우스－크뤼거도법, 국제 횡메르카토르도법 등이 있다.

2. 가우스 이중투영법(Gauss Conformal Double Projection)

(1) 타원체에서 구체로 등각투영하고, 이 구체로부터 평면으로 등각횡원통 투영하는 방법으로 2회 투영한다는 뜻에서 이중투영이라 불리게 되었다.

(2) 이와 같이 투영하면 회전타원체로부터 평면으로 투영되는 것과 같은 결과를 얻게 된다.

(3) 이 방법은 지구 전체를 구에 투영하는 경우와 일부를 구에 투영하는 경우가 있으며 전자는 소축척의 지도에, 후자는 대축척도와 측량의 경우에 이용된다.

(4) 우리나라 지적도 제작에 이용되었다.

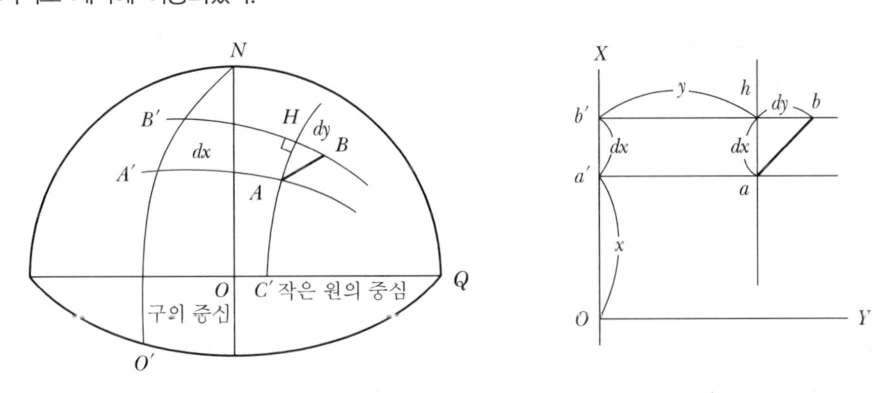

[그림] 가우스 이중투영법

3. 가우스－크뤼거도법(Gauss－Krüger's Projection or TM)

(1) 회전타원체로부터 직접 평면으로 횡축등각원통도법에 의해 투영하는 방법으로서 오늘날 횡메르카토르도법(TM : Transverse Mercator Projection)으로 불리고 있다.

(2) 1912년 크뤼거(Krüger)가 발표하였으나 이것은 가우스의 등각도법의 확장이므로 가우스－크뤼거도법이라고 이름이 붙게 되었다. 1929년 독일에서 채용한 이래 많은 나라에서 대 · 중축척의 지도와 측량좌표계용의 도법으로 쓰이고 있다.

(3) 이 도법은 원점을 적도상에 놓고 중앙경선을 y축, 적도를 x축으로 한 투영으로 축상에서는 지구상의 거리와 같다.

(4) 투영범위는 중앙경선으로부터 넓지 않은 범위에 한정하며, 넓은 지역에 대해서는 지역을 분할하여 지역 각각에 중앙경선을 설정하여 투영한다.

(5) 투영식은 타원체를 평면의 등각투영이론에 적용함으로써 구해진다.

05 일조부등(日潮不等)

1교시 9번 10점

1. 개요

해수면이 천체력(天體力, 달과 태양 등 천체의 인력)에 의해 비교적 규칙적으로 승강하는 현상을 조석이라 하며, 조석현상에서 1일 2회 있는 고조 및 저조가 같은 날이라도 조석의 높이가 서로 다른 것을 일조부등이라고 한다. 일조부등은 조류에도 적용되며, 매일 높이 차이가 다르고 장소에 따라서도 다르다.

2. 조석

(1) 조석의 원인

기조력은 달과 태양의 인력인데 그 인력이 지구상의 각 지점에서 서로 다르기 때문이며, 기조력은 달 및 태양의 질량에 비례하고 달 및 태양까지의 거리의 3승에 반비례함

(2) 조석의 일반적 성질

① 일주조 : 하루에 한 번 고조(High Water)와 저조(Low Water)가 있는 조석
② 반일주조 : 하루에 2번 고조(High Water)와 저조(Low Water)가 있는 조석
③ 조석의 주기 : 1일 2회조의 경우 평균 12시간 25분으로 조시는 1일에 약 50분씩 늦어지며, 이는 달이 그 지점의 자오선을 통과하는 시각이 매일 평균 50분만큼 늦어지기 때문임
④ 일조부등 : 조석이 1일 2회조에 두 번의 고조와 두 번의 저조가 있으나 이들의 조위와 주기가 각각 약간씩 다른 현상

3. 일조부등

(1) 일조부등

반일주조에서 연달은 2개의 고조(High Water) 및 2개의 저조(Low Water)가 같은 날일지라도 조위가 다른 것을 말한다. 이것은 조류(Tidal Current)에도 적용된다.

(2) 일조부등의 원인 및 크기

① 일조부등의 원인은 분조(Tidal Constituent) 중에서 반일주조 외에 일주조(Diurnal Tide)도 있기 때문이다.
② 일조부등의 크기는 달의 적위에 따라 변한다.
③ 영향은 적지만 태양의 적위에 따라서도 변한다.
④ 일조부등은 달의 적위가 작을 때, 즉 달이 적도 부근에 있을 때인 적도조에서 작고, 달의 적위가 클 때, 즉 달이 북 또는 남에 있을 때인 회귀조에서 크다.
⑤ 일조부등이 매우 클 경우에는 저고조 및 고저조가 거의 소멸되어 1일 1회의 고조와 저조가 있을 뿐이다.

4. 우리나라의 일조부등과 특징

(1) 동해안

① 조석이 매우 작아서 조차가 0.3m 내외에 불과

② 일조부등은 매우 현저하여 1일 1회의 만조와 간조밖에 일어나지 않을 때도 있음

(2) 남해안

① 대조차는 부산의 1.2m에서 서쪽으로 감에 따라 증가

② 일조부등이 매우 작고 하루 두 번 규칙적으로 간만차를 일으킴

(3) 서해안

① 일조부등은 작으나 조차가 크므로 다소 큰 조고의 부등현상이 있음

② 서해 남부에서 약 3.0m로 나타나지만 북쪽으로 감에 따라 증가하며 인천 부근은 9.3m에 달함

06 사진측량용 도화기

1교시 10번 10점

1. 개요

항공삼각측량을 통해 지상좌표로 변환된 항공사진에서 촬영된 지형 · 지물을 도화기라는 장비를 이용하여 지도화할 수 있으며, 이러한 도면화 작업을 도화라 한다. 즉, 중심투영으로 얻은 사진에서 정사투영도를 만들기 위한 장비로 그 기능과 원리에 따라 기계식, 해석식, 수치식 도화기로 구분된다.

2. 도화기의 종류

(1) 기계식 도화기

촬영된 실체 양화필름으로부터 종이 형태의 지도를 그려내는 도화기로 과거에는 많이 사용되었으나 지금은 사용하지 않고 있다.

(2) 해석식 도화기

촬영된 실체 양화필름으로부터 종이지도나 컴퓨터에서 사용 가능한 수치지도를 그려내는 도화기로 지금은 사용빈도가 점점 줄고 있다.

(3) 수치식 도화기

디지털카메라로 촬영된 원시영상을 디지털 형태로 변환된 실체시 정사사진으로부터 컴퓨터에서 활용이 가능한 수치지도를 그려내는 도화기를 말한다.

3. 항공사진측량 작업규정의 세부도화 및 도화기 관련 내용

(1) 사용도화기 : 사용하는 도화기는 요구되는 각종 축척 및 정확도를 유지할 수 있는 성능을 가진 장비이어야 한다(항공사진측량작업규정 제61조).

(2) 도화축척 : 도화축척은 원칙적으로 최종도면의 축척과 동일하게 하여야 한다(항공사진측량작업규정 제62조).

(3) 기준점입력 : 도화기에 연결된 컴퓨터에 좌푯값을 입력하는 것을 원칙으로 한다(항공사진측량작업규정 제64조).

07 3차원 모델링의 LoD(Level of Detail)

1교시 12번 10점

1. 개요

3차원 데이터 압축, 복원 기술은 데이터 용량이 최소화하면서 데이터 손실이 발생하지 않도록 하는 기술로, 데이터 전송과 가시화의 경우 효율성을 최대화한다. 또한 이 기술을 통해 대용량 데이터 관리와 처리의 효율성을 증대시킬 수 있다. 3차원 GIS 데이터를 보다 효율적이고 빠른 속도로 가시화하기 위해 LoD(Level of Detail) 기술을 적용한다. LoD 기술은 사용자 시점으로부터 거리에 따라 지형, 영상, 3차원 객체의 정밀도와 해상도를 단계적으로 표현하는 기술이다. 이로 인해 실제 데이터보다 작은 용량의 데이터를 가시화함으로써 데이터 가시화 속도를 향상시키고, 사용자의 하드웨어 사용을 최소화하도록 지원한다.

2. LoD(Level of Detail)

(1) "멀리 있는 물체는 잘 보이지 않는다"라는 생각을 바탕으로 개발된 모델

(2) 시점에 보이지 않는 것은 삭제하며, 멀리 있는 객체는 단순화하여 표출하고, 가까이 있는 물체는 그대로 표현하는 것

(3) LoD 알고리즘은 거리 기반, 크기 기반, 속도 기반, 편식률 기반, 깊이 영역 기반으로 분류할 수 있으며, 거리 기반방식을 가장 많이 사용

3. LoD 분류

LoD는 기여도를 나타내는 LoD 단계를 이용하여 렌더링될 이미지를 간략하게 표현하는데, 어떤 방법을 이용하여 LoD 단계 값을 구하는지에 따라 성능이나 속도에 차이가 발생한다.

(1) 데이터 저장방식에 따른 분류

1) 정적 LoD(Static LoD)

① Data Pool에 LoD 단계에 맞는 Subset Vertex Data를 미리 계산하여 저장해 두어 후에 렌더링 시 각 지형의 LoD 단계값에 해당하는 Subset Vertex Data를 처리하는 방법

② 프로세서의 부하량은 적으나 전처리의 모든 Vertex 데이터를 만들어 놓아야 하므로 큰 Data Pool이 필요하며 Popping* 처리 방법이 까다로움

* Popping : 어떤 객체의 LoD 단계가 변할 때 갑작스럽게 모양이 바뀌는 현상

③ 고성능 CPU에서는 데이터를 저장할 공간이 많으므로 이 방법을 주로 사용

2) 동적 LoD(Dynamic LoD)

① 각 지형의 LoD 단계값에 따르는 Vertex Data를 계산하여 동적으로 Device Data Pool에 채워서 렌더링하는 방법

② Popping을 적절하게 대처할 수 있고, 디테일한 컨트롤이 가능

(2) LoD 단계값 계산 방법에 따른 분류

1) 거리기반 LoD

① 시점위치와 객체의 거리값을 이용하여 LoD 단계값을 구하는 방법

② 구현이 간단하고 CPU 부하량이 적음

③ 필요 없는 부분이 세밀하게 보이거나, 세밀하게 보여야 하는 부분이 단순하게 보일 수 있는 방법

2) 면적기반 LoD

① 객체가 화면 혹은 바운딩 박스에 투영된 면적을 이용하여 LoD 단계값을 구하는 방법

② CPU 부하량이 크지만 LoD의 효율이 높음

4. 3차원 데이터 표출기법

(1) 절두체 컬링(Frustum Culling)

① 보이는 부분만 렌더링하는 기법

② Direct X에서 3차원 객체를 표현할 때 사용하는 기법

③ 카메라로 대상을 바라봤을 때 볼 수 있는 영역과 볼 수 없는 영역이 정해져 있으므로 시야에 들어오지 않는 객체는 렌더링할 필요가 없다는 논리

(2) 쿼드트리 및 옥트리

① 쿼드트리(Quadtree) : 하나의 자식노드가 4개인 트리구조, 지형과 같은 공간정보를 빠르게 검색 가능

② 옥트리(Octree) : 3차원 공간에서 오브젝트를 표현하기 위한 계층적 트리구조의 일종으로 자식노드가 8개인 트리

08 원곡선 설치 방법 중 편각설치법을 그림과 함께 설명하시오.

2교시 2번 25점

1. 개요

곡선설치는 도로, 철도와 같은 노선측량에서 설계된 계획 중심선을 현지에 측설하는 측량 방법이다. 편각설치법은 측량기가 발달하기 이전에 실시하던 측량으로, 각도는 데오드라이트 혹은 트랜싯, 거리는 줄자를 이용하는 측량 방법이며, 최근에는 Total Station, GNSS 등 측량기의 발달로 현장에서 편각설치법을 사용하지 않고 있다. 이론상 곡선설치 방법에는 편각법, 중앙종거법, 지거법, 접선편거법, 현편거법 등이 있으나 이 방법들 모두 과거의 측량 이론으로, 현재는 좌표에 의한 직접 측설법만 사용되고 있다.

2. 곡선의 종류 및 형상

(1) 수평곡선

① 원곡선 : 단곡선, 복심곡선, 반향곡선, 배향곡선

② 완화곡선 : Clothoid 곡선, Lemniscate 곡선, 3차 포물선, 반파장 Sine 체감곡선

(2) 수직곡선

① 종단곡선 : 원곡선, 2차 포물선

② 횡단곡선

(3) 노선의 평면형상

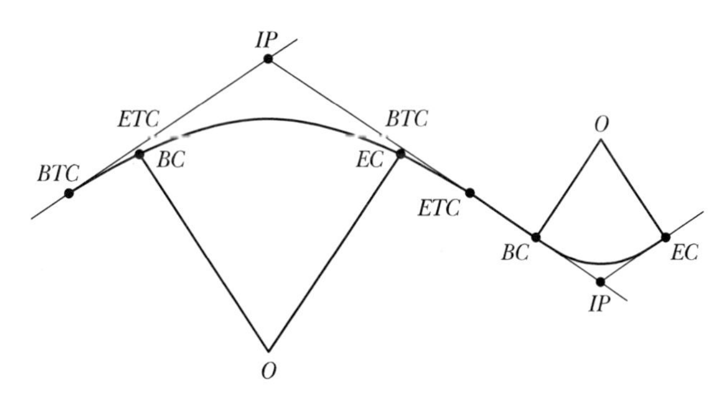

[그림 1] 노선의 평면형상

① BTC : 완화곡선의 시점

② ETC : 완화곡선의 종점

③ BC : 원곡선의 시점

④ EC : 원곡선의 종점

⑤ IP : 교점

⑥ O : 곡선의 중심

3. 원곡선(단곡선)의 기본 요소

(1) 원곡선의 명칭 및 관련 공식

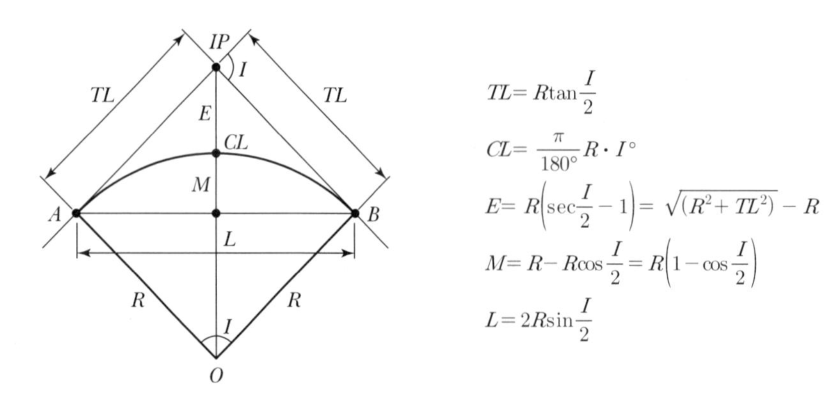

[그림 2] 원곡선의 명칭 및 관련 공식

① 단곡선의 설치는 데오드라이트(트랜싯)와 줄자를 이용하여 측설하므로 측량 이론의 라디안 단위는 현장에서 사용할 수 없으며, 모든 공식에 적용되는 단위는 각도(도, 분, 초) 단위로 계산되어야 한다.

② $TL = R\tan\frac{I}{2}$

③ $CL = \frac{\pi}{180°}R \cdot I° = 0.0174533R \cdot I°$

④ $E = R\left(\sec\frac{I}{2} - 1\right) = \sqrt{(R^2 + TL^2)} - R$

⑤ $M = R - R\cos\frac{I}{2} = R\left(1 - \cos\frac{I}{2}\right)$

⑥ $L = 2R\sin\frac{I}{2}$

(2) 원곡선의 설치 방법

① 편각법에 의한 설치 방법

② 중앙종거법에 의한 설치 방법

③ 접선에 대한 지거법

④ 접선편거법

⑤ 현편거법

4. 편각설치법에 의한 원곡선(단곡선) 설치 방법

(1) 기초 이론

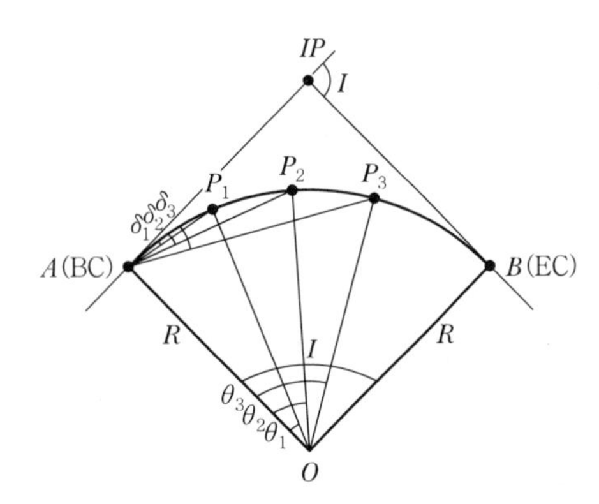

[그림 3] 편각법에 의한 단곡선 설치

1) 원곡선상의 어느 위치를 결정하기 위하여 그 위치까지의 방향은 데오드라이트(트랜싯), 거리는 줄자를 이용하여 측설하는 측량 방법이다.
2) 측량기(데오드라이트 혹은 트랜싯)는 반드시 곡선상에 위치하여야 한다.
3) 사용 측량기 및 측량인원
   ① 방향(각도) 측량 : 데오드라이트 혹은 트랜싯
   ② 거리 측량 : 줄자
   ③ 측량 인원 : 기계수 1명, 폴맨 1명, 줄자 2명

(2) 편각법에 의한 원곡선(단곡선) 측설

1) $\triangle AOP_1$, $\triangle AOP_2$, $\triangle AOP_3$에서
   ① 곡선 AP_1, AP_2, AP_3를 각각 L_1, L_2, L_3라 하고, 직선 AP_1, AP_2, AP_3를 각각 l_1, l_2, l_3라 하면
   ② 알고 있는 L_1, L_2, L_3를 이용하여 편각(δ_1, δ_2, δ_3)과 현장(l_1, l_2, l_3)을 다음 식으로 구할 수 있다.
   ③ $\theta_1 = \dfrac{\pi R}{180°} L_1$, $\theta_2 = \dfrac{\pi R}{180°} L_2$, $\theta_3 = \dfrac{\pi R}{180°} L_3$이므로
   ④ 편각 $\delta_1 = \dfrac{\theta_1}{2}$, $\delta_2 = \dfrac{\theta_2}{2}$, $\delta_3 = \dfrac{\theta_3}{2}$이고
   ⑤ $l_1 = 2\sin\dfrac{\theta_1}{2}$, $l_2 = 2\sin\dfrac{\theta_2}{2}$, $l_3 = 2\sin\dfrac{\theta_3}{2}$이다.
   ⑥ 즉, 측설하고자 하는 P_1, P_2, P_3점까지의 각도와 거리를 산출할 수 있다.

2) P_1점 측설하기
   ① 곡선 시점 $A(BC)$점에 데오드라이트(트랜싯)를 설치한다.
   ② $A(BC)$점에 설치한 데오드라이트(트랜싯)를 IP점을 정준하고, 각도는 0°로 맞춘다.
   ③ 위에서 산출한 편각 δ_1만큼 회전하여 구하고자 하는 P_1점의 방향을 결정한다.
   ④ $A(BC)$점에서 줄자로 위에서 산출한 l_1만큼 데오드라이트의 시준방향에 측정한다.

3) P_2점 측설하기
   P_1점 측설과 같은 방법으로 P_2점을 측설한다.

4) P_3점 측설하기

P_1점 측설과 같은 방법으로 P_3점을 측설한다.

5) 간단식에 의한 편각 계산

$1,718.87' \frac{l}{R}$(여기서, 결정된 값은 각도 단위 중 "분" 단위이다)

6) 노선측량에서 측점간격

① 노선측량의 측점간격은 20m이다.

② 곡선 시점(BC)에서 첫 측점까지 거리는 20m보다 짧다.

③ 곡선상 마지막 측점에서 곡선 종점(EC)까지 거리는 20m보다 짧다.

5. 현재 원곡선 측량과 비교

구분	편각법	현재(좌표법)
측량기	데오드라이트(트랜싯), 줄자	TS, GNSS
측량인원	기계수(1), 줄자(2), 폴맨(1)	TS(2), GNSS(1)
측량속도	느리다.	빠르다.
방법	이론적 방법	현실적 방법

6. 결론

노선측량에서 곡선설치는 필수적이고 매우 중요한 부분이다. 곡선에 대한 완벽한 이해가 있어야 설계 성과를 정확하게 현지(현실)에 구현이 가능하며, 잘못된 곡선설치는 편구배, 원심력 등에 영향을 주어 교통사고로 이어질 수 있다. 최근에는 Total Station, GNSS 등 측량기의 발달로 새로운 측량 방법이 개발되어 현장에서 실무에 적용하고 있으나 편각법과 같은 기초이론에 충실하여야 측량의 오류를 방지할 수 있다.

09 모바일 GIS(Geographic Information System)의 개념, 구성요소, 위치결정 방법을 설명하시오.

2교시 5번 25점

1. 개요

모바일(Mobile) GIS는 지형공간정보의 한 분야로서 별도의 시공간 제약 없이 지형 및 공간정보에 관련된 자료기반을 유선 및 무선 환경의 통신망을 이용하여 현재 위치 기반의 필요 정보를 제공할 수 있도록 구현된 시스템으로, 국내외 기술동향을 살펴보면 상업용 GPS 시장의 급성장과 무선통신 사용자의 증대로 인하여 교통, 의료, 문화 · 관광, 소방 · 방재, 시설물관리, 건설, 환경 등 모바일 GIS의 다양한 활용사례가 나타나고 있다.

2. 모바일 GIS(Geographic Information System)의 개념 및 구성요소

(1) 개념

① 지형공간정보의 한 분야로서 별도의 시공간 제약 없이 지형 및 공간정보에 관련된 자료기반을 유선 및 무선 환경의 통신망을 이용하여 현재 위치 기반의 필요 정보를 제공할 수 있도록 구현된 시스템

② 휴대폰, PDA 등 Mobile 단말기를 이용하여 언제 어디서나 공간과 관련된 자료를 수집, 저장, 분석, 출력할 수 있는 컴퓨터 응용시스템

(2) 구성요소

1) 소프트웨어

각종 공간정보의 운영 및 관리가 소프트웨어를 통하여 수행되고 클라이언트에 서비스를 수행하는 서버 소프트웨어 역할을 수행

2) 데이터베이스

① 공간데이터와 비공간데이터(속성데이터)로 구성

② 공간과 관련된 정보를 보관하고 운영하기 위하여 공간처리를 위한 각종 기능을 포함하고 있으며, 성능에 따라서 데이터베이스의 구축, 운영 형태가 달라짐

3) 하드웨어

입력장비, 처리장비, 출력장비

4) Mobile Network

① Mobile 서비스를 위해 고정된 위치가 아닌 이동 중에 무선으로 통신하는 것을 지원

② 구성요소

- 이동체와 무선으로 접속할 수 있도록 하는 기지국
- 고정 통신망과의 접속 및 기지국 간의 연결 및 통제를 담당하는 제어국
- 이동통신 기기를 이용하여 상대방과의 통신을 가능하게 하는 이동체

5) Mobile 단말기(휴대폰, PDA)

① 휴대용 단말기와 차량에 설치할 수 있는 차량탑재용 단말기 등으로 구분

② 구성품 : 제어 유닛, 송수신기, 안테나

3. 모바일 GIS의 위치결정 방법

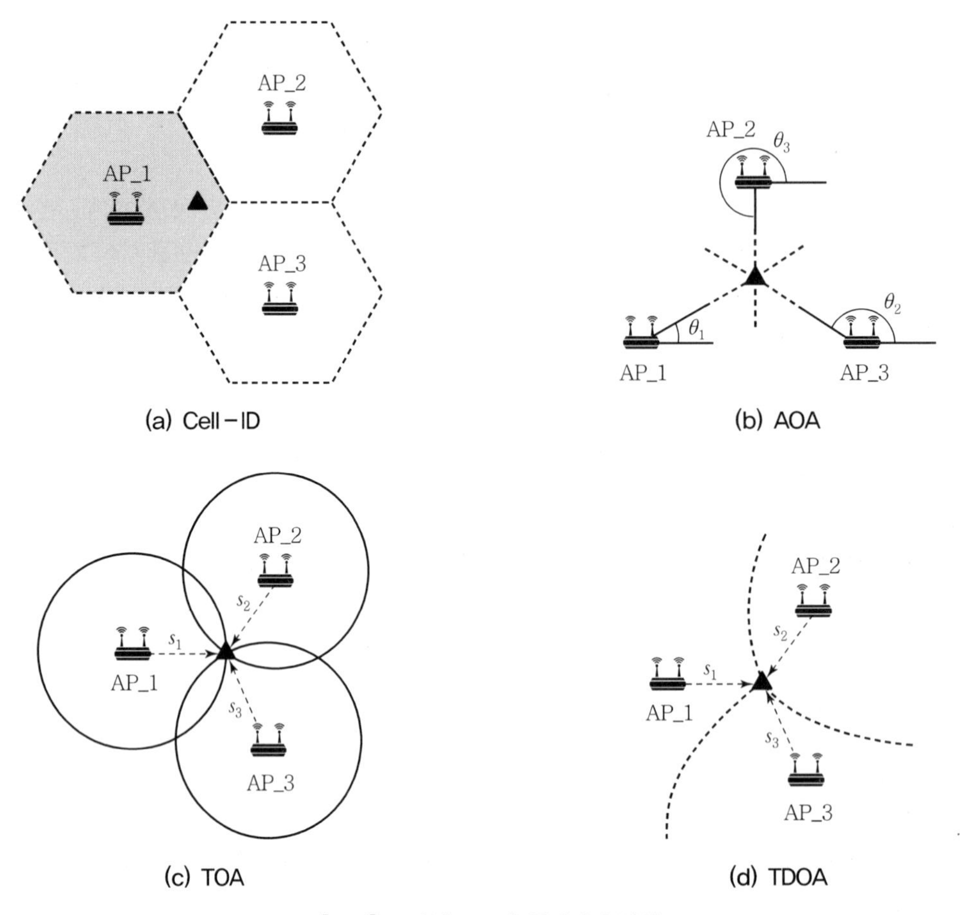

[그림] 모바일 GIS의 위치결정 방법

(1) Cell-ID

가장 단순한 기술로서 이용자가 현재 속해 있는 기지국의 서비스 Cell-ID를 통해 이용자의 위치를 결정하는 방식

(2) AOA(Angle Of Arrival)

이동단말기에서 보내는 신호를 기지국에서 수신하면서 방향각을 계산하여 위치를 결정하는 방식

(3) TOA(Time Of Arrival)

전파의 도달시간을 이용하는 방법으로 3개 이상의 기지국에서 발사한 전파의 도착시간으로 이동단말기의 위치를 결정하는 방식

(4) TDOA(Time Difference Of Arrival)

두 개의 기지국으로부터 전파 도달 시각의 상대적인 차를 이용하여 위치를 결정하는 것으로 이동단말기에서 3개의 기지국으로부터 수신한 파일럿 신호의 도착시간 차이를 측정하여 기지국 간의 거리차이를 계산하여 얻은 2개의 쌍곡선이 교차하는 지점을 이동단말기의 위치로 결정하는 방식

(5) GPS 방식(Wireless Assisted GPS)

단말기에 GPS를 부착하여 위치를 결정하는 것으로 정확도는 높으나 실내에서는 위성수신이 되지 않아 위치결정이 어려움

(6) 주파수 패턴 매칭 방식(Location Pattern Matching)

라디오 카메라를 이용하여 위치를 결정하는 방식

(7) 각종 모바일 GIS의 위치결정 방법의 특징

구분	장점	단점
AOA	• 구현이 용이 • 동기화가 필요하지 않음	• 방향성 안테나가 필요 • 다중경로에 의한 오차
TOA	• 노드의 속도와 방향 계산 가능 • 수신기가 많을수록 정확도가 향상 • 다중경로에 의한 오차가 적음	신호원과 수신기 사이의 정확한 동기화 필요
TDOA	• 신호원과 수신기 사이의 동기화가 필요하지 않음 • 다중경로에 의한 오차가 적음	수신기 사이의 동기화가 필요

4. 활용범위

(1) 도로/교통 : 차량항법체계, 버스정보시스템, 실시간 무선 화물추적 · 조회 등

(2) 건강/의료 : 병원회진지원서비스, 원격의료측정상담 등

(3) 문화/관광 : 관광/여행정보 서비스, 골프장 공략정보 서비스 등

(4) 시설물관리 : 시설물 위치정보서비스, 수도 검침서비스 등

(5) 건설/환경 : 지반정보 실시간 자료획득 시스템, 산불감시 GIS 모니터링 등

5. 결론

무선통신 사용자의 증대로 인하여 다양한 분야에서 Mobile GIS의 활용은 더욱 늘어날 것이며, 이로 인한 새로운 부가가치가 창출될 것으로 기대된다.

10 위성항법 보정정보의 표준화 필요성과 항공 분야, 해양 분야에서의 위성항법 보정정보 국제표준에 대하여 설명하시오.

2교시 6번 25점

1. 개요

위성항법시스템(GNSS : Global Navigation Satellite System)은 인공위성에 기반을 둔 전 지구적 무선항법시스템으로서, 위성에서 송출된 신호를 수신할 수 있는 사용자가 언제 어디서나 기상 상태와 관계없이 자신의 위치를 결정할 수 있는 시스템이다. 위성항법을 이용하여 높은 수준의 정확도 요구 조건을 달성하기 위해서는 위치를 결정하기에 앞서 관측치에 포함된 오차를 제거해야 하는데, 일반적으로 DGNSS(Differential GNSS)라 불리는 위성항법 보정시스템이 사용되고 있다.

2. 위성항법 보정시스템의 구성

(1) 위성항법 보정시스템의 구성

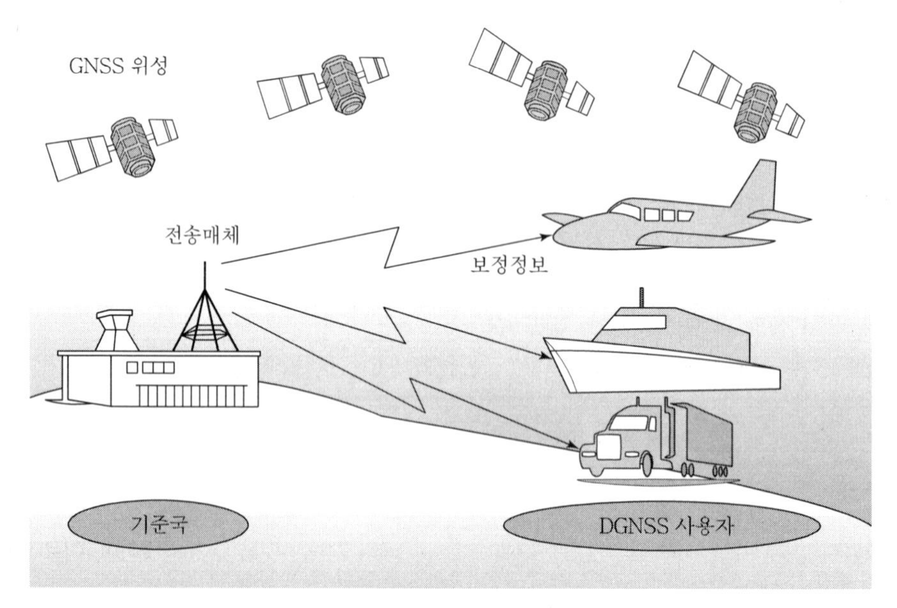

[그림 1] 위성항법 보정시스템의 구성

1) 기준국은 사전에 정확하게 결정된 위치를 바탕으로 시시각각 변하는 위성별 오차를 계산하여 사용자에게 전송

2) 위성항법오차 성분은 기준국에서 멀리 떨어질수록 그 크기가 달라짐
   ① 코드 신호의 경우 반경 100~200km
   ② 반송파 신호는 10~20km 내에서만 적용 가능
   ③ 넓은 지역 오차보정은 네트워크를 통하여 오차 모델링
      - 광역보정항법시스템(WADGNSS : Wide-area DGNSS)
      - Network RTK(Real-Time Kinematics)

3) 보정오차 전송매체
   ① 중파
   ② VHF(Very High Frequency)
   ③ 인터넷

④ 휴대전화

⑤ 위성

⑥ DMB(Digital Multimedia Broadcasting) 등

(2) 위성항법 보정정보

① 기준국과 사용자 간 규약

② 메시지 생성(인코딩), 해석(디코딩) 필요

3. 위성항법 보정정보의 표준화 필요성

(1) 수신기 제조사

① 수신기 제조사마다 고유의 프로토콜 보유

② 수신기 제조사의 메시지 생성방식 다양

③ 수신기 제조사의 비공개

(2) 기준국 간 네트워크 필요

① WADGNSS, Network RTK 구성 시

② 통일된 수신기 및 소프트웨어 구성 어려움

(3) 다양한 제조사 수신기로 인프라 구성

① 기준국과 사용자의 다양한 수신기 사용

② 경제적 인프라 구성

4. 위성항법 보정정보 국제표준

(1) 항공분야 위성항법 보정정보 국제표준

1) RTCA(Radio Technical Commission for Aeronautics)

① 통신, 항법, 관제, 항공교통관리(CNS/ATM) 등에 대한 표준

② 미국 이외의 약 60여 개의 정부기관, 산업체 등이 참여

③ 항공분야 보정위성항법시스템 관련 표준

내용	문서명	이슈	표준화 주체
GPS/LAAS 항공장비	MOPS DO-253	C	RTCA SC-159
GPS/WAAS 항공장비	MOPS DO-229	D	
항공용 GNSS 안테나	MOPS DO-228	1	
항공용 L_1 주파수 액티브 안테나	MOPS DO-301	1	
LAAS SIS ICD	MOPS DO-246	D	
LAAS 성능 규격	MOPS DO-245	A	

2) ICAO(International Civil Aviation Organization)

① 국제민간항공기구

② SBAS(Satellite Based Augmentation System)와 GBAS(Ground Based Augmentation System)를 각각 정의

③ GBAS 메시지의 종류

Message Type	Message Name	RM
1	Differential Corrections – 100sec smoothed pseudo – range	
2	BAS related data	
3	Full Message	
4	Final Approach Segment(FAS) Construction Data	
	Terminal Area Path(TAP) Construction Data	
5	Ranging Source Availability(Optional)	
6	Reserved for Carrier Corrections	
7	Reserved for Military	
8	Reserved for test	
11	Differential Corrections – 30sec smoothed Pseudo – range	
101	GRAS Pseudo – range Corrections	

④ SBAS 메시지의 종류

Data	Associated Message Type	Max. Update Interval	RM
PRN Mask	1	120	
UDREI	2~6, 24	6	
Fast Corrections	2~5, 24	6	
Long Term corrections	24, 25	120	
GEO Navigation Data	9	120	
Fast Correction Degradation	7	120	
Degradation Parameters	10	120	
Ionospheric Grid Mask	18	300	
Ionospheric Corrections	26	300	
UTC Timing Data	17	300	
Almanac Data	17	300	
Service Level	27	300	
Clk. – Eph. Covariance Matrix	28	120	

• 마스크 메시지
• 위성의 시계 및 궤도오차와 전리층 지연에 대한 보정 메시지
• 보정 메시지의 오차 신뢰 수준을 제공하는 무결성 메시지
• 보정정보를 방송하는 정지궤도위성에 대한 정보를 담은 메시지

(2) 해양 분야 위성항법 보정정보 국제표준

1) RTCM(Radio Technical Commission for Maritime Services)

① 해양 사용자의 전파통신과 전파항법 및 기타 관련 기술에 대한 국제 비영리 기구

② 정부기관, 협회, 서비스 제공업체, 장비업체, 선박회사 등 약 130여 개의 기관이 참여

③ 국제해사기구, 국제항로표지협회의 표준안과 법규에 활용

2) RTCM Version 2

① GPS 항법 메시지와 같은 형태의 Parity 알고리즘을 사용

② 수신기에 이미 코딩된 모듈을 그대로 활용

③ 데이터 타이밍 용이

④ RTCM Version 2 메시지 구조

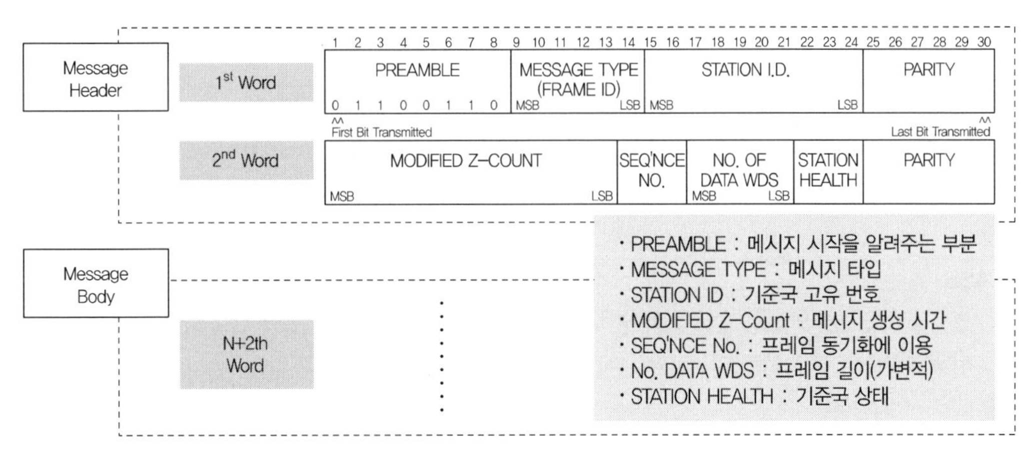

[그림 2] RTCM Version 2 메시지 구조

3) RTCM Version 3

① RTCM 메시지 1006 사용

② RTK 방식 중 FKP 지원

③ GPS 외에도 다양한 위성항법 환경을 지원

④ Beidou, QZSS 등 신규 항법시스템 지원 예정

⑤ RTCM Version 3 메시지 구조

Preamble	Reserved	Message Length	Variable Length Data Message	CRC
8bits	6bits	10bits	Variable length, integer number of bytes	24bits
11010011	Not defined－set to 000000	Message length in bytes	0－1023bytes	QualComm definition CRC－24Q

5. 위성항법 보정정보 표준의 국내 동향

(1) 보정정보 서비스 제공 기관

① 국토지리정보원

② 해양수산부의 위성항법중앙사무소

(2) 해양수산부

① 선박의 안전 항해를 목적으로 1999년부터 NDGPS 서비스 시작

② 17개의 기준국에서 중파로 보정정보를 방송

③ 해양 사용자를 대상으로 1m 급의 코드 기반 보정정보 제공

④ RTCM Version 2에 근거해 Massage Type 3, 5, 7, 9, 16을 송출

(3) 국토지리정보원

① 위성항법 기반 cm 급 실시간 정밀 측위 보정정보 제공

② 전국 68개의 상시관측소를 네트워크로 연결하여 VRS(Virtual Reference Station) 방식의 보정정보 제공

③ 해양이 아닌 측지 분야

④ Version 2와 Version 3 메시지를 모바일 인터넷에 적합한 NTRIP 프로토콜에 근거하여 전송

(4) 김포공항

① 2013년 시범공항으로 선정

② 일반항공기를 대상으로 GBAS 시험 운영

(5) KASS

① 초정밀 GPS 보정시스템(SBAS) 개발 · 구축

② 하늘길(항공로, 공항접근 및 착륙) APV-I SBAS 개발 및 구축

③ CAT-I 상용장비 개발

6. 결론

위성항법의 가장 큰 장점은 시간과 장소, 사용하는 장비와 관계없이 무제한의 사용자가 동시에 이용할 수 있는 위치정보 인프라를 제공한다는 점이다. 누구나 RTCM, RTCA와 같은 보정정보 표준을 통해 향상된 위치 정확도를 얻을 수 있어 인프라의 제한이 점차 사라지고 있으며 단방향 Network RTK 등 이를 지원하기 위한 기술들이 개발되고 있다.

다원화된 위성항법시스템 시대를 대비하여 현재의 인프라 구축과 서비스 창출을 지속해서 가속화하고 이와 더불어 표준화를 사전에 준비할 필요가 있다.

11 표고 기준면과 수심 기준면의 상관관계에 대하여 설명하시오.

3교시 1번 25점

1. 개요

우리나라는 측지측량, 수로측량, 지적측량 등 각 분야별로 그 위치측량의 기준이 서로 다르다는 문제점이 있다. 측지측량과 지적측량은 평면위치의 기준이, 측지측량과 수로측량은 높이의 기준이 달라서 각종 건설사업 및 GIS 구축, 활용 시 일반인들에게 혼란을 주기 때문에 이에 대한 통합 또는 연계성 확립 등의 명확한 규명이 필요하다.

2. 높이 기준면의 종류 및 정의

(1) 높이의 기준

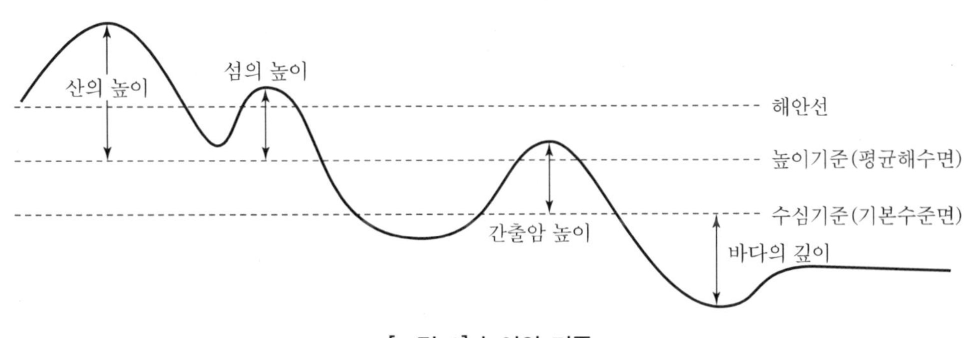

[그림 1] 높이의 기준

(2) 평균해수면(MSL : Mean Sea Level)

① 측지측량에서의 높이 기준면(표고 기준면)이다.

② 인천만에서 일정 기간 동안 관측한 조석을 분석하여 얻은 평균해수면의 높이값을 0m로 정한 해발고도이다.

③ 단일 원점만을 기준으로 전체 육지의 표고를 결정한다.

④ 대한민국 수준원점의 표고는 26.6871m이다.

⑤ 표지는 수준점(BM : Bench Mark)이라 한다.

(3) 기본수준면(DL : Datum Level)

① 수로측량에서의 높이 기준면(수심의 기준면)이다.

② IHO(국제수로기구)의 규정에 따라 각 해안의 여러 지점에서 일정 기간 관측한 조석을 분석하여 가장 낮은 해수면, 즉 약최저저조면의 높이값이다.

③ 여러 지역의 조석에 따라 기준면이 모두 다르다.

④ 표지는 기본수준점(TBM : Tidal Bench Mark)이라 한다.

3. 우리나라의 수직기준(공간정보의 구축 및 관리 등에 관한 법률)

(1) 측량 : 평균해수면으로부터의 높이

(2) 수로조사 : 간출지의 높이와 수심은 기본수준면

(3) 해안선 : 약최고고조면

(4) 우리나라 수직기준의 구분

구분	육지(인천만 평균해수면)	해양(지역별 평균해수면)
원점	단일원점	다원점
지도기준면	평균해수면(인천)	약최저저조면(지역별)
기준점	수준점(BM)	기본수준점(TBM)
활용 분야	지도제작, 측량의 기준	해도제작, 선박운행

4. 우리나라의 수직기준의 상관관계

육상의 경우 인천만 평균해면(MSL)을 수직기준으로 이용하고, 해상의 경우 약최고고조면(AHHW), 평균해면(LMSL), 약최저저조면(ALLW) 등 3가지를 목적에 따라 구분하여 이용함으로써 육상과 해상의 수직기준 차이로 인한 공간정보 불부합이 발생하고 있다.

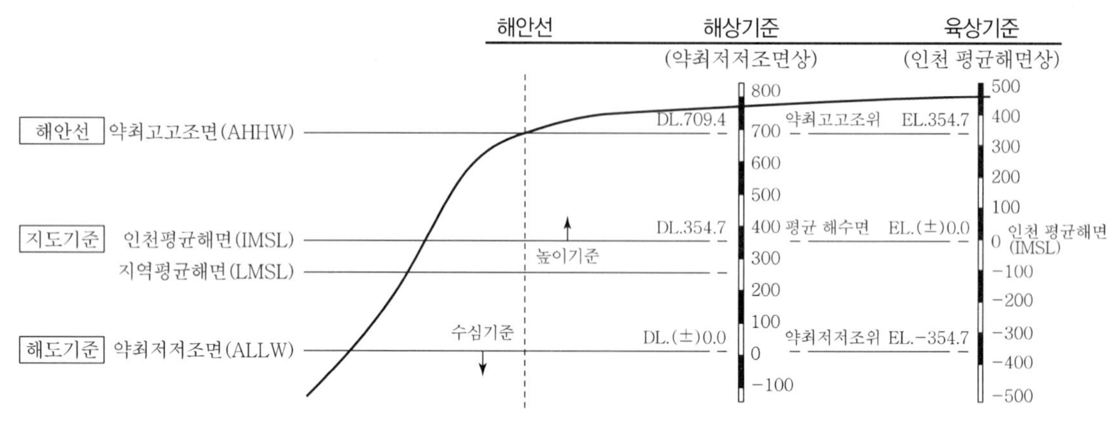

[그림 2] 수직기준의 상관관계(육지/해양)

5. 수직기준 이원화의 문제점

(1) 지도와 해도의 불일치

(2) 육지와 도서지역 연결 구조물의 불일치

(3) 육지와 해양을 연결하는 교량, 항만 등에 실무적 혼돈

6. 기준면 통합의 필요성

(1) 공공측량 및 각종 건설공사, GIS 구축 등에 정확한 값 제공

(2) 높이 기준이 상이한 BM과 TBM 성과 사용 시 혼선 방지

(3) 지구과학 연구에 필요한 정확한 자료 제공

7. 기준면 통합방안

(1) 항로, 박지 등 수역시설의 수심측량에는 TBM값을 기준

(2) 방조제, 계류시설, 하역시설 등과 같이 육지와 연결되는 시설물의 최종 높이 기준은 BM값을 기준으로 측량 실시(TBM값을 BM값으로 환산)

(3) TBM값의 BM값 환산 방법

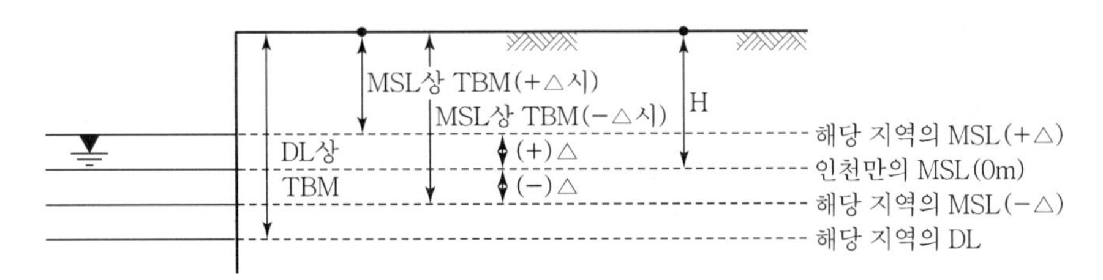

[그림 3] TBM값의 BM값 환산 방법

① TBM값의 BM 환산값 = MSL상 TBM값 ± △

② △는 인천만 평균해수면과 해당지역 평균해수면의 차이값으로 지역에 따라 (+) 또는 (−)로 나타남

③ 국립해양조사원에서 발급되는 기본수준점(TBM) 성과표에 표시되는 사항

- MSL상 TBM 표고
- DL상 TBM 표고
- TBM과 BM과의 상대차(± △)

8. 결론

육지와 바다의 높이 기준 차이를 해소하여 연안개발의 안전성을 확보하고 재해를 예방하기 위해 추진한 국가 수직기준 연계 사업이 완료됨에 따라 개발된 자동변환 S/W를 이용하면 별도의 보정측량 없이도 지역별 높이 기준면 차이를 쉽게 알 수 있어 연안지역 개발 및 재해예방에 다양하게 활용될 것이다. 그러므로 향후 서비스 지역의 확대 및 다양한 콘텐츠 개발을 위해 정부 및 전문기관이 보다 심도 있는 연구를 진행해야 할 것으로 판단된다.

12 DSM(Digital Surface Model)에서 수목, 건물 등 지형 · 지물을 추출하는 필터링 알고리즘에 대하여 설명하시오.

3교시 5번 25점

1. 개요

DEM은 공간상에 나타난 연속적인 기복의 변화를 수치적으로 표현한 것으로 DEM, DSM, DTM으로 구분할 수 있으며, 항공사진, 고해상도 위성영상, LiDAR 자료, 수치사진측량 시스템 등을 이용하여 DSM을 구축하고 도시지역의 대부분을 차지하는 건물이나 도시지역의 녹지지역을 제공하고 있는 수목 등 지형지물을 추출하여 도시지역 3차원 모델링의 정확도를 높이려 한다. 이에 따라 본문에서는 DSM 구축 방법 중에서 정밀한 DSM 취득이 가능한 LiDAR 자료와 항공사진을 이용하여 DSM에서 수목, 건물의 지형지물을 추출하는 방법을 중심으로 기술하고자 한다.

2. DEM의 종류

(1) 수치표고모형(DEM : Digital Elevation Model)

① 공간상에 나타난 지표의 연속적인 기복변화를 수치적으로 표현

② X, Y좌표로 표현된 2차원의 데이터 구조에 각 격자에 대한 표고(Z)값이 연결된 2, 3차원의 자료

③ 지형의 위치에 대한 표고를 일정한 간격으로 배열한 수치정보

(2) 수치표면모형(DSM : Digital Surface Model)

① 표고뿐만 아니라 강, 하천, 지성선 등과 지리학적 요소, 자연지물 등이 포함된 자료로서 포괄적 개념에서는 건물 등의 인공구조물을 포함한 지형기복을 표현하는 자료

② DTED(Digital Terrain Elevation Data)라고도 함

(3) 수치지형모형(DTM : Digital Terrain Model)

① 표고뿐만 아니라 지표의 다른 속성까지 포함하여 표현한 것

② 표고값 이외에도 최대, 최소, 평균 표고값 등을 제공하여 표고, 경사, 표면의 거칠기 등의 정보를 제공하는 자료

③ 적당한 밀도로 분포하는 지점들의 위치 및 표고의 수치정보

3. DSM에서 지형 · 지물 추출

(1) DSM의 구축순서(항공사진, LiDAR)

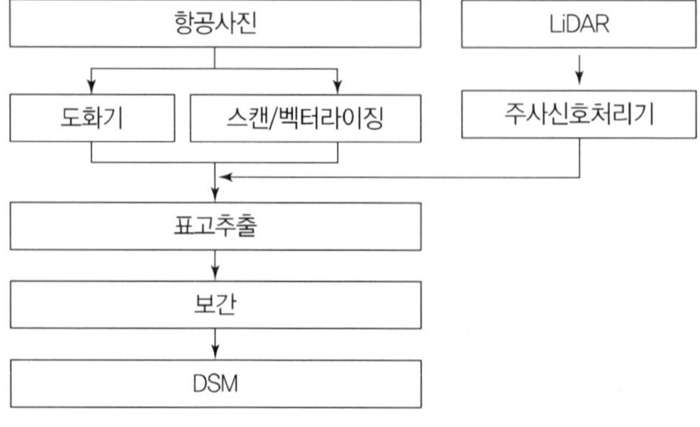

[그림 1] DSM의 구축 흐름도

(2) 수목, 건물 등 지형 · 지물 추출 방법

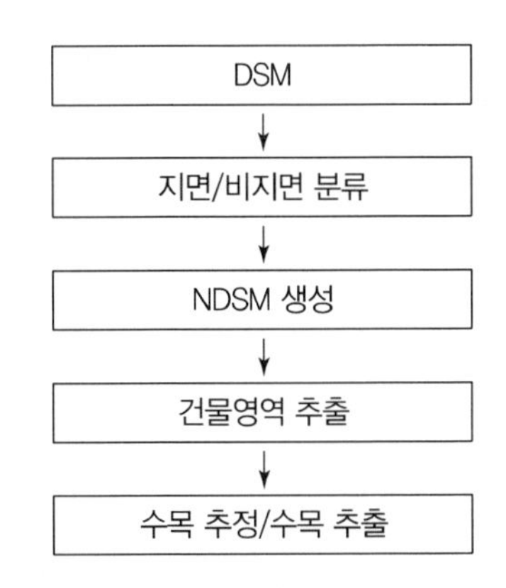

[그림 2] 수목, 건물 등 지형 · 지물 추출순서

1) 지면 · 비지면 분류

비지면에 포함되어 있는 지상객체를 추출하기 위해 분류하는 것

① 벡터방식(LiDAR 원시자료)

- Local Maxima를 이용하는 방법
- 엔트로피를 이용하는 방법

② 격자방식

- 경계검출 및 필터링 알고리즘을 이용하는 방법
- 평균필터링에 의한 추세면을 이용하는 방법

* 공간필터링 : 중앙값 필터링, 평균필터링, 최댓값 필터링, PCFA 필터링 등

2) NDSM(Normalized Digital Surface Model)

① 분리된 지면과 비지면은 DEM과 DSM을 변환(최근린보간법)

② DEM과 DSM을 중첩으로 NDSM 생성

지형의 높이값과 지상객체의 높이값을 중첩하여 순수한 지상객체의 높이값인 정규화된 NDSM(Normalized Digital Surface Model)을 생성

3) 건물영역 추출

① 건물군의 특성에 따라 지역을 분류(예 : 도로단위로 분류)

② NDSM 자료를 이용하여 건물영역 추출

- 높이값과 넓이값 이용 : 높이값과 넓이값의 최댓값을 임계값으로 설정하여 임계값 이내에 들어오는 점을 건물 영역으로 추출
- 평면의 방정식 이용 : 최소 3점을 이용하여 평면의 방정식을 구성하고 이를 통하여 건물 지붕으로 추출

4) 수목 추정/수목 추출

① 국지적 최댓값 필터링 방법

- 수목의 최소 높이값을 설정하고 임계값보다 작은 영역을 널(null)값으로 할당하여 임계값보다 높은 지역을 최댓값으로 부여
- 필터링 구조 : 원형, 삼각형, 사각형

② 수목의 추출 : NDSM을 입력자료에 국지적 최댓값 필터링을 사용한 결과와 건물을 추출한 결과를 중첩하여 수목 추출

4. 활용

(1) 도시지역의 3차원 모델링
(2) 조경설계 및 계획을 위한 입체적인 표현
(3) 수목공간정보 구축
(4) 건물에 입사되는 태양광에너지 등급도

5. 결론

위성영상, LiDAR, UAV 등으로 DSM을 구축함에 따라 자료의 전처리 방법 및 지형 · 지물을 추출하기 위한 영상처리기법이 다양하게 연구되고 있으며, 자료의 형태, 목적, 지역 등이 고려되어야 할 것이다.

13 구글 등 해외기업이 요구하는 공간정보의 국외 개방에 대한 문제점 및 해결방안을 설명하시오.

3교시 6번 25점

1. 개요

최근 구글 등 해외기업이 축척 1/5,000 수치지형도(디지털지도)를 구글의 글로벌 지도서비스 솔루션과 통합 운영을 통해 GIS 콘텐츠 산업의 활성화 및 고용창출, 국내 관광 및 여행 산업 진흥, 글로벌 서비스의 국내 도입을 통한 소비자 편익 확대 및 고품질 서비스 제공을 이유로 공간정보(1/5,000 수치지형도)에 대하여 지속적인 개방을 요구하고 있다. 이에 대하여 공간정보의 국외 개방에 대한 문제점 및 해결방안을 기술하고자 한다.

2. 구글의 지도 국외 반출 신청배경 및 반출요구 지도

(1) 신청배경

① 구글의 글로벌 지도서비스 솔루션과 통합 운영
② GIS 콘텐츠 산업의 활성화 및 고용창출
③ 국내 관광 및 여행 산업 진흥
④ 글로벌 서비스의 국내 도입을 통한 소비자 편익 확대
⑤ 고품질 서비스 제공

(2) 반출요구 지도

① 국토지리정보원이 제작한 축척 1/5,000 수치지형도
② SK텔레콤에서 가공한 수치지형도(전국 디지털지도)

(3) 반출 지역

1) 구글 본사(미국 캘리포니아)

2) 구글 데이터 센터
① 미국 사우스캐롤라이나 주 데이터 센터
② 칠레 킬리쿠라, 대만 창화 현, 싱가포르, 핀란드 하미나, 벨기에 생지슬랭, 아일랜드 더블린, 네덜란드 엠사븐 등 전 세계 데이터 센터

3. 외국 기업의 국내 위치기반 서비스 방법

(1) 외국 기업의 국내 위치기반 서비스 방법

① 국내 지도 국외반출
② 국내 서버 설치
③ 국내업체와 제휴
④ 국내기업과 인수 · 합병을 통해 국 · 내외 서비스

(2) 현재 외국 기업의 국내 위치기반 서비스 방법

서비스 방법	구글	애플	바이두(중국)
국내지도 국외 반출	×	×	×
국내 서버 설치	×	○	×
국내업체와 제휴	SKT	톰톰코리아, 맵퍼스	×
국내기업 인수 · 합병	×	×	×

4. 공간정보의 국외 반출 절차 및 관련 법령

(1) 관련 법

① 「공간정보의 구축 및 관리 등에 관한 법률」 제16조에 따라 지도정보의 국외반출을 허용하지 않고 있음

② 예외적으로 지도(측량성과) 반출 : 협의체* 심사를 거쳐 반출 가능

* 협의체 : 과학기술정보통신부, 외교부, 통일부, 국방부, 행정안전부, 산업통상자원부, 국가정보원

(2) 국외 반출 가능 지리정보

① 축척 1/25,000 지도데이터를 국외반출 가능형태로 가공하여 반출

② 2014년부터 영자 전자지도 서비스 중

(3) 보안처리

① 국토교통부 등 14개 정부기관에서 공간정보 관리규정을 제정

② 지도 및 항공사진상 군사시설 등을 보안처리

5. 공간정보의 국외 개방 시 문제점

(1) 국가 안보 문제

① 남북이 대치하는 안보여건에서 안보 위험 가중

② 위성영상의 개방에 대한 안보 위험 가중

(2) 한국의 정보 주권 침해

(3) 업주권 훼손

(4) 과세주권 무력화

(5) 공간정보 기반 산업의 종속화

(6) 국내 공간정보 산업 규제에 대한 역차별 심화

6. 해결방안

(1) 세금

① 국내에 데이터 센터 설치

② 구글세 도입

(2) 안보

주요 시설물에 대한 위성사진 삭제

(3) 지명표기 문제

독도 등 주요 이슈 지점

(4) 국내업체와 제휴

국내업체와 제휴를 통한 서비스

7. 결론

공간정보의 국외 개방은 국가 안보의 문제, 국내 공간정보 산업계에 대한 역차별, 과세주권의 무력화 등 많은 문제점을 발생시킬 수 있다. 이에 대한 해결 방안은 데이터 서버의 국내설치, 민감한 안보부분에 대한 국내업체와 제휴를 통해 해결이 가능할 것으로 판단된다.

14 국토교통부에서 고시한 표준시방서(KCS 10 30 15)에 따른 수심측량 작업기준에 대하여 설명하시오.

4교시 1번 25점

1. 개요

국가는 건설기준의 효율적인 관리, 내용의 중복 및 상충 소지를 제거하고 제 · 개정 등 기준관리의 용이성 도모를 위한 「건설기준(설계코드 KDS, 시방코드 KCS) 통합코드」를 제정 · 고시하였다. 국토교통부에서 고시한 수심측량 표준시방서(KCS 10 30 15)의 주요 내용에 대하여 기술하고자 한다.

2. 건설기준 통합코드

(1) 국토교통부 소관 건설기준 34종 및 신규 제정 건설기준 2종을 설계코드(KDS)와 시방코드(KCS)로 통합
(2) 설계기준은 대분류 13개, 중분류 89개, 소분류 308개로 구분
(3) 표준시방서는 대분류 13개, 중분류 107개, 소분류 450개, 세분류 76개로 구분
(4) 설계기준, 표준시방서의 중복 · 상충내용 정비
(5) 생활안전 · 환경 건설기준 개정 내용 반영

3. 국토교통부에서 고시한 표준시방서(KCS 10 30 15) 주요 내용

(1) 측량 기준

1) 기준점측량

① 측량기준점은 국가기준점으로 함
② 신설측점 및 물표의 위치는 국가기준점 성과를 기준으로 결정
③ 측점의 위치는 삼각측량, 다각측량 및 위성측량 측량 방법으로 결정
④ 위성측량으로 위치결정 시 GNSS에 의한 기준점측량 작업규정 적용

2) 검조

① 검조는 측량지에서 실시
② 측량지에 기준검조소가 있을 경우 검조소 성과 이용
③ 검조 표척의 눈금은 10mm까지 독취
④ 압력식 검조의 사용 시 매일 고 · 저조를 포함한 연속관측을 2회 이상 실시

3) 기본수준면

① 기본수준면(약최저저조면) 적용
② 조석수준점표(TBM)가 없거나 확실하지 않은 경우 1개월 이상 관측한 조위로 해당 지역의 기본수준면 산출

기본수준면(DL) = 연평균해면 $-(H_m + H_s + H' + H_o)$

여기서, H_m, H_s, H', H_o : 각 분조의 반조차

③ 당해 지역의 연평균해면 결정

- $A_o' = A_l' + (A_o - A_l)$
- $DL = A_o' - S_o$

여기서, A_o' : 당해 검조소의 연평균해면

A_o : 기준검조소의 연평균해면

A_l' : 당해 검조소의 단기 평균해면

A_l : 기준검조소의 단기 평균해면

S_o : 연평균해면으로부터 기본수준면까지의 값$(=H_m+H_s+H'+H_o)$

④ 기본수준점 설치
- 지반이 견고한 장소
- 장래 검조 업무에 유효하게 이용될 수 있는 장소에 설치

⑤ 기본기준면 성과 결정
- 검조소 수축기점 또는 검조 표척상의 기준면과 직접 수준측량을 실시
- 기본수준면(DL)은 국가기준점 직접 수준측량을 실시
- 측지기준면(EL)과의 높이차를 제시

(2) 측심(수심측량)

1) 측심

① 음향측심기의 송수파기는 측량선의 중앙 부근에 설치

② 수심은 수직 측심치만 채용

③ 사측심용 송수파기의 지향각은 3° 이내

④ 수심의 독취
- 31m 미만 0.1m, 31m 이상은 1m 단위로 독취
- 수심의 얕은 수심을 우선으로 독취
- 자연 해저의 경우에는 해저지형이 표현될 수 있도록 독취

⑤ 음측기록상 이상이 있어 판단하기 불가능한 경우 재측

⑥ 측심연에 의한 측심
- 계류선박이 밀집되어 있는 곳
- 통상 수심 4m 이하의 해역
- 측량선이 항주할 수 없는 경우
- 정치어장 구역이나 양식장 등에 준용

⑦ 안벽시설 전면의 측방 측심
- 안벽 등의 방충재 가장 가까운 곳에서부터 먼 바다 쪽으로 실시
- 안벽 가장 안쪽의 측심은 방충재 외단 직하에서 외측 1m 이내인 곳에서 실시

2) 수심 경정

① 측득수심에 포함되어 있는 오차
- 기계의 오차
- 송수파기의 흘수량
- 수중 음속도의 변화에 의한 오차 등

② 측심기의 기계 오차 및 수중 음속도의 경정 방법
- 바-체크(Bar-check) 실시
- 바-체크는 매일 측심 전·후에 측심 해역의 최대 수심 부근에서 실시
- 바-체크 간격 : 심도 32m까지 2m 간격, 그 이상은 5m 간격으로 측정
- 바-체크 오차범위 : 32m까지 25mm, 그 이상은 50mm 이내

③ 조석의 대조승차 0.2m 또는 조시차 20분 이상일 때는 별도로 조석관측

④ 수심 200m 이상은 음속보정만 실시, 조위 경정 미실시

3) 조위 경정

① 측심치의 조위 경정

- 원칙적으로 조위 관측치(기본수준면상)를 적용
- 부득이한 경우에는 인근 기준검조소의 조위 관측치를 개정

② 검조소의 위치와 측심 위치 사이의 조석의 차가 있을 때

- 조시차 및 조고비를 적용
- 조위의 편차가 100mm 이내가 되도록 보정한 조위 이용

4) 측심 간격

① 측심선의 간격

구분	측심 간격(m)	비고
정박지	5~30	
항로	5~30	
기타 해역	10~50	

구조물 설계 측량의 중요도, 해저의 기복, 해저질의 속성에 전문시방서 규정 적용

② 측심선의 측심방향

- 해안선에 직각 방향으로 설정
- 해저지형을 파악할 수 있는 방향

③ 검측선 측심

- 검측선 주측선이 직교하도록 관측
- 검측선은 주 측심선 간격의 15배 이내

4. 결론

국가는 건설기준의 효율적인 관리를 위하여 건설기준(설계코드 KDS, 시방코드 KCS) 통합코드를 제정 · 고시하였다. 표준시방서(KCS 10 30 15)는 건설기준의 표준이므로 최소한의 기준을 제시한 것이다. 따라서 수심측량 작업 시 반드시 이 규정을 적용하여야 하며 설계의 중요도, 해저의 기복, 해저질의 속성에 따라 추가로 전문시방서를 준수하여야 한다.

15 노선측량의 순서 및 방법을 설명하시오.

4교시 2번 25점

1. 개요

노선측량(Route Surveying)은 도로, 철도, 수로, 관로 및 송전선로와 같이 폭이 좁고 길이가 긴 구역의 측량을 총칭하며, 도로나 철도의 경우는 현지 지형에 조화를 이루는 선형계획과 경제성 및 안정성을 고려한 최적의 곡선설치가 이루어져야 한다. 일반적으로 노선측량은 노선선정, 지형도 작성, 중심선측량, 종 · 횡단측량, 용지측량 및 공사비 산정의 순서로 진행된다.

2. 실시설계를 위한 노선(도로, 철도)측량의 작업과정

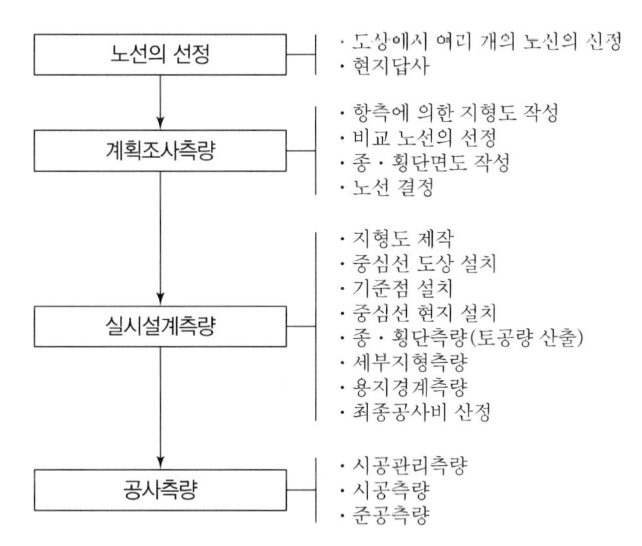

[그림] 노선측량의 일반적 흐름도

3. 세부내용

(1) 노선의 선정

일반적으로 1/50,000 수치지형도 및 항공영상(위성영상)을 이용하여 현지답사를 통해 개략 노선을 결정한다.

(2) 계획조사측량

항공사진측량에 의한 지형도 제작은 일반적으로 1/5,000 축척이며 계획선의 중심에서 500m 정도의 폭으로 작성하고 개략적인 공사비 산정 및 기술적 검토를 통해 최적 노선을 결정한다.

(3) 실시설계측량

1) 지형도 제작

1/1,000 축척으로 좌우 100~200m 폭만큼 항공사진을 도화한다.

2) 중심선측량

① 중심선측량에는 RTK-GNSS, 네트워크 RTK 또는 TS(2급 이상)를 사용한다.

② 중심선측량의 정확도는 ±3cm 이내로 한다.

3) 종단측량

① 종단측량은 RTK-GNSS, 네트워크 RTK 및 TS 등의 측량장비를 사용하며, 정밀한 종단측량 성과가 필요한 경우에는 레벨을 사용하여 직접수준측량 방법으로 실시할 수 있다.

② GNSS 및 토털스테이션에 의한 일반 종단측량의 정확도는 ±5cm 이내이며, 레벨에 의한 정밀종단측량의 정확도는 ±1cm 이내로 한다.

4) 횡단측량

① 횡단측량은 RTK-GNSS, 네트워크 RTK 및 TS의 장비를 사용하여 3차원 좌표로 측정하며, 정밀한 횡단측량 성과가 필요한 경우에는 레벨과 TS를 사용하여 관측점의 표고 및 거리를 측정한다.

② GNSS 및 TS에 의한 일반 횡단측량의 정확도는 ±5cm 이내이며, 레벨에 의한 정밀횡단측량의 정확도는 ±1cm 이내로 한다.

5) 용지경계측량

① 횡단면 설계에 의하여 결정되는 용지의 경계 지점에 용지 경계 말뚝을 설치한다.

② 용지경계측량의 정확도는 ±3cm 이내로 한다.

6) 용지도 및 지장물도 작성

① 용지도는 축척 1/1,000으로 작성한다.

② 지장물도 및 지장물조서는 용지 내의 손실보상 및 이전 대상이 되는 지장물건을 조사하여 작성한다.

③ 지장물조사의 대상은 용지의 경계선 내에 존재하는 건축물, 묘지, 농작물, 조경물, 전주, 가로등, 지하시설물 등 사유재산과 관련된 인공물을 포함한다.

(4) 공사측량

① 시공측량

모든 구조물을 설계도면에 명시된 위치와 규격에 따라 정확하게 시공하기 위하여 시공과정에서 실시하는 측량으로 정위치측량, 확인측량 및 검사측량 등을 말한다.

② 준공측량

설계도서에 따라 시공된 구조물 등의 현황을 정확히 조사하여 효율적으로 시설물을 유지관리하기 위하여 실시하는 측량을 말한다.

(5) 시설물 유지관리측량

시설물의 유지, 보수, 확장, 이전 등에 수반되는 측량 및 시설물의 변위량 확인을 위한 측량을 말한다.

4. 결론

과거의 도로나 철도공사 시 공사비의 절감이 주된 고려대상이었으므로 대부분의 선형이 구조적으로 불안정하여 교통사고의 발생빈도가 높았고 차량운행비용이 증가될 뿐만 아니라 주변 경관을 고려하지 못하여 운전자의 피로도나 시각적 안정감이 매우 결여되었다. 그러나 최근의 신설 도로는 물론 기존 도로의 확 · 포장공사나 선형개량공사에서도 선형이 매우 안정적이고 경제적이며 주변 경관과 조화를 이루도록 최적으로 설계되고 있다. 따라서 앞으로는 고해상도 위성영상이나 항공사진을 기반으로 가상의 준공 투시도 생성기법(Perspective View) 등으로 최적의 노선을 선정하고 평면도, 종 · 횡단면도는 물론 공사비 산정까지도 자동으로 처리할 수 있는 첨단기법에 대한 연구 개발이 필요하다고 판단된다.

16 무인비행장치(UAV : Unmanned Aerial Vehicle)의 지적재조사 활용방안에 대하여 설명하시오.

4교시 3번 25점

1. 개요

지적재조사는 토지의 실제 현황과 일치하지 않는 지적공부의 등록사항을 바로잡고, 종이로 구현된 지적을 디지털지적으로 전환하여 국토를 효율적으로 관리하고 국민의 재산권을 보호하고자 추진하는 국가사업이다. 인력, 비용, 효과, 시간 등을 고려하여 효율적인 방법으로 지적재조사사업을 할 필요가 있으므로 무인비행장치(UAV)를 이용한 지적재조사 활용방안에 대하여 기술하고자 한다.

2. 지적재조사 사업

(1) 사업계획

① 1단계(2012~2015년) : 도입 및 추진기반 마련
② 2단계(2016~2020년) : 안정적 디지털지적 이행
③ 3단계(2021~2025년) : 사업의 파급 확산
④ 4단계(2026~2030년) : 디지털지적 정착

(2) 목표

① 국민재산권 보호 지적제도 정착
② 국토 자원의 효율적 관리
③ 선진형 공간정보 산업 활성화

(3) 추진방안

① 국가재정부담 최소화를 위한 추진방안 필요
① SOC사업 등 타 사업과 연계를 통한 사업예산 절감
① 국민복지 향상을 위한 사업비 배분

3. 무인항공측량(UAV : Unmanned Aerial Vehicle)

(1) 사람이 타지 않고 비행하는 항공기
(2) 사진 입력된 프로그램에 따라 비행하는 무인 비행체
(3) 자체 중량이 150kg 이하
(4) 고정익, 회전익 등으로 구분

4. 지적재조사에 무인항공측량 활용의 필요성

(1) 지적재조사사업 현장 여건 열악
(2) 인력과 비용측면에서 많은 비용 발생
(3) 기존의 측량 방법에 대한 문제점 극복

5. UAV의 지적재조사 활용방안

(1) 지적재조사 업무 수행 절차

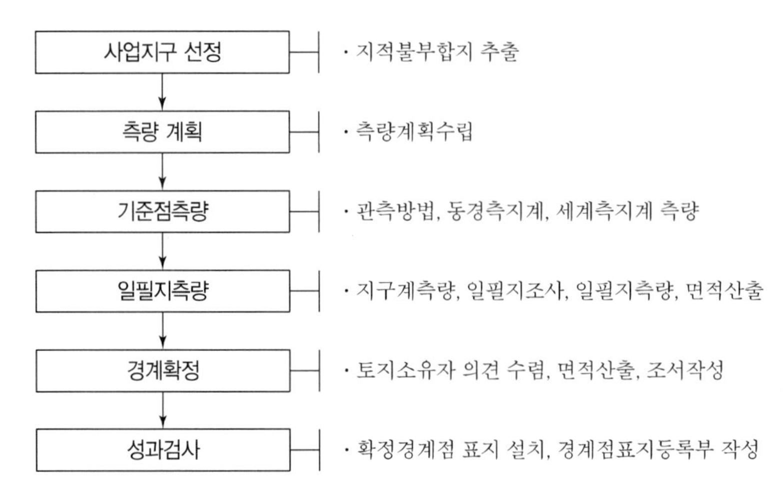

[그림 1] 지적재조사 업무 수행순서

1) 일필지조사
   ① 사전조사 : 지적공부, 토지등기부 조사
   ② 현지조사 : 토지이용현황조사

2) 경계확정
   ① 토지소유자 및 이해관계인 통보
   ② 행정소송판결이 확정된 경우

3) 성과검사
   ① 지적소관청
   ② 지적기준점 ±0.03m, 경계점 ±0.07m 이내 결정

(2) UAV 측량순서

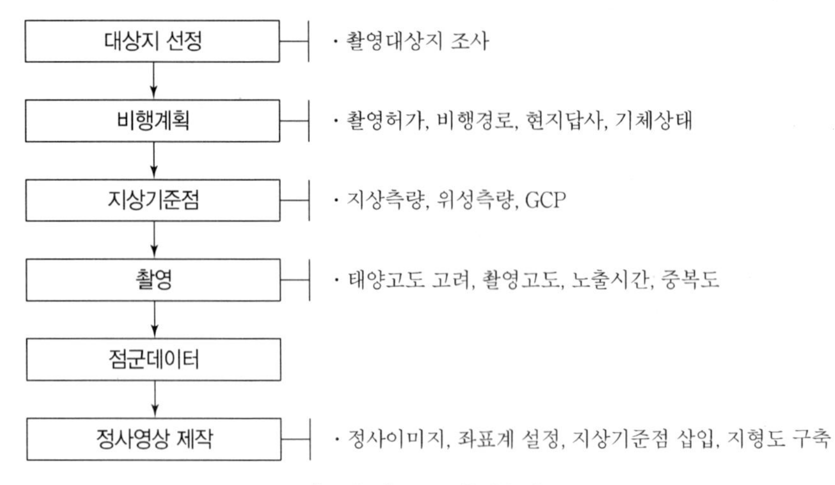

[그림 2] UAV 측량순서

1) 지상기준점

RTK-GNSS 지적기준점측량

2) 촬영

중복도 : 종중복 70%, 횡중복 80%

3) 정사영상 제작

① GSD 3cm 고정밀 정사영상 제작

② 사진정보 및 좌표계 설정

③ 기준점 위치 표시

④ 지형도 구축

(3) UAV의 지적재조사 활용방안

1) 고해상 정사영상과 지적도 중첩

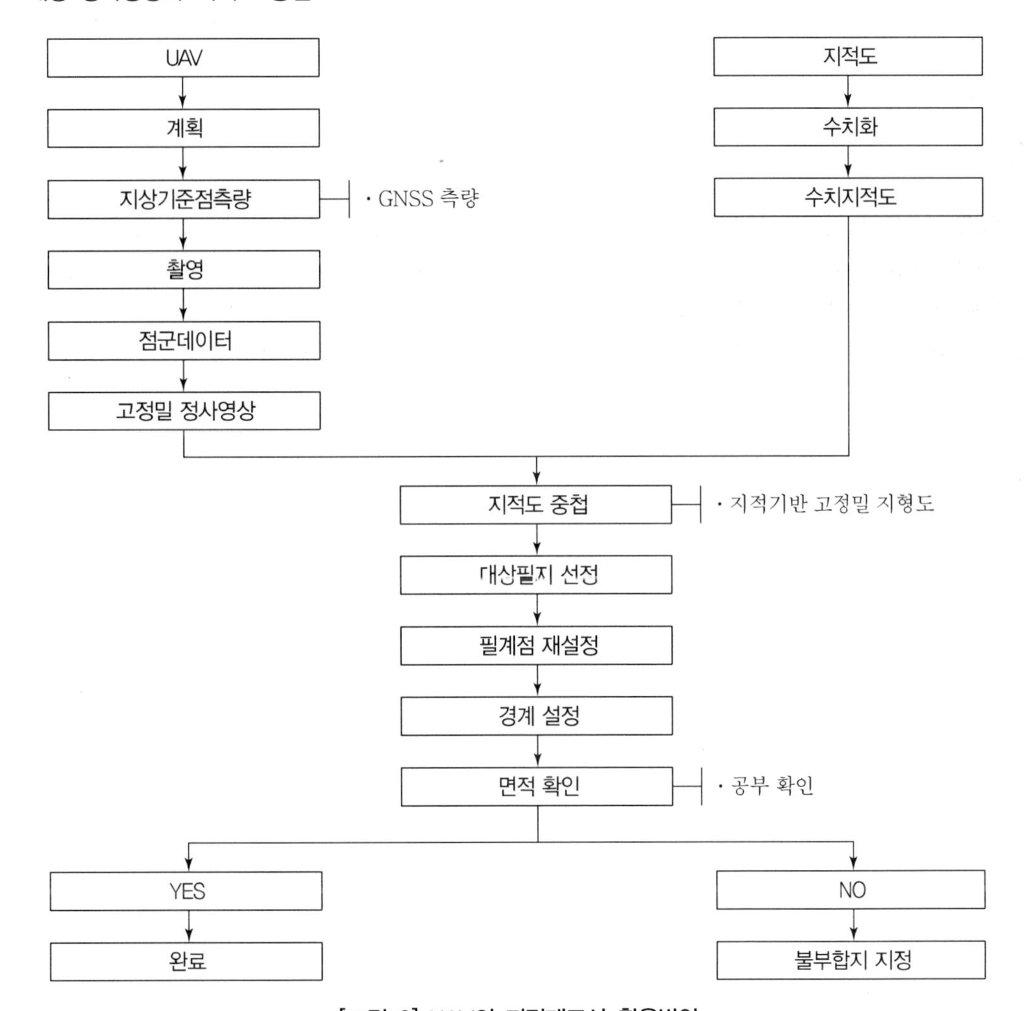

[그림 3] UAV의 지적재조사 활용방안

2) 지적도 중첩 시 고해상 정사영상의 활용
① 지적재조사 계획 수립
② 불부합지 추출
③ 주민설명회
④ 측량계획
⑤ 일필지측량
⑥ 경계확정

6. 지적재조사에 무인항공측량 활용의 기대효과

(1) 지적재조사 사업의 효율적 운영
(2) 인력과 비용 절감
(3) 신기술 적용
(4) 관련 산업 발전

7. 결론

지적재조사는 토지의 실제 현황과 일치하지 않는 지적공부의 등록사항을 바로잡고, 종이로 구현된 지적을 디지털지적으로 전환하여 국토를 효율적으로 관리하고 국민의 재산권을 보호하고자 추진하는 국가사업이다. 2030년을 목표로 추진하고 있으나 예산확보 등의 문제로 느리게 진행되고 있고, 새로운 신기술을 재조사사업에 적용할 필요성이 있다. 지적재조사를 효율적, 경제적으로 실시하기 위하여 최신측량기술인 UAV를 적용하는 데 관계기관 및 학계, 기술자의 연구가 필요하다고 판단된다.

2020~2021년
측량 및 지형공간정보기술사
출제경향 분석 및 문제해설

NOTICE

본 기출문제 해설은 예문사 출간 《포인트 측량 및 지형공간정보기술사》를 기본으로 집필하였습니다. 기출문제 중 상기 서적의 내용과 유사한 문제는 참고 편으로 표시하였으며, 유사하지 않은 문제는 추가로 모범답안을 제시하였음을 알려드립니다. 또한, 본서의 모범답안은 출제 당시 자료와 법령을 기준으로 작성하였으며, 출제자의 의도에 최대한 접근하기 위해 집필진은 많은 노력을 하였으나 출제자의 의도와 정확히 일치되지 않을 수도 있음을 알려드립니다.

제 1 장 출제경향 분석

1 ATTENTION

본 기출문제 해설은 예문사 출간 《포인트 측량 및 지형공간정보기술사》를 기본으로 집필하였습니다. 기출문제 중 상기 서적의 내용과 유사한 문제는 참고 편으로 표시하였으며, 유사하지 않은 문제는 추가로 모범답안을 제시하였음을 알려드립니다. 또한, 본서의 모범답안은 출제 당시 자료와 법령을 기준으로 작성하였으며, 출제자의 의도에 최대한 접근하려고 집필진은 많은 노력을 하였으나 출제자의 의도와 정확히 일치되지 않을 수도 있음을 알려드립니다.

2 출제경향

2020년부터 2021년까지 시행된 측량 및 지형공간정보기술사는 2018~2019년과 비교하여 총론 및 시사성, 측지학, GNSS 측량 PART의 비율이 줄고, 지상측량 및 응용측량 PART의 출제비율이 높아졌다.
세부적으로 살펴보면 응용측량(30.7%), 사진측량 및 R.S(26.6%), GSIS(15.3%)를 중심으로 집중 출제되었으며 측지학, 관측값 해석 PART의 경우 상대적으로 적은 출제빈도를 보였다.

3 PART별 출제문제 빈도표(120~125회)

PART	총론 및 시사성	측지학	관측값 해석	지상 측량	GNSS 측량	사진측량 및 R.S	GSIS (공간정보 구축 및 활용)	응용 측량	계
점유율 (%)	5.6	4.8	1.6	8.9	6.5	26.6	15.3	30.7	100

4 그림으로 보는 PART별 점유율

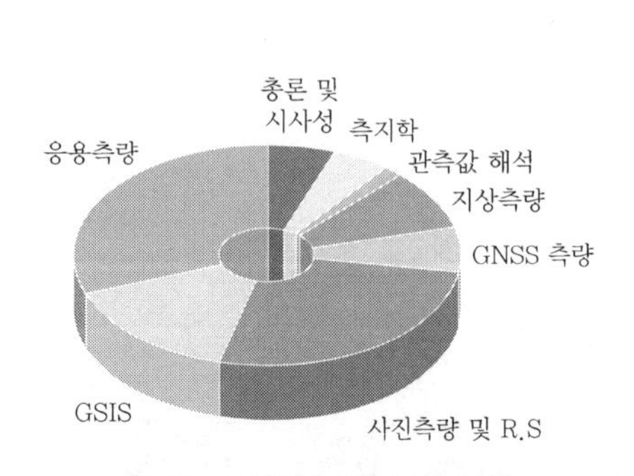

[120~125회 단원별 점유율]

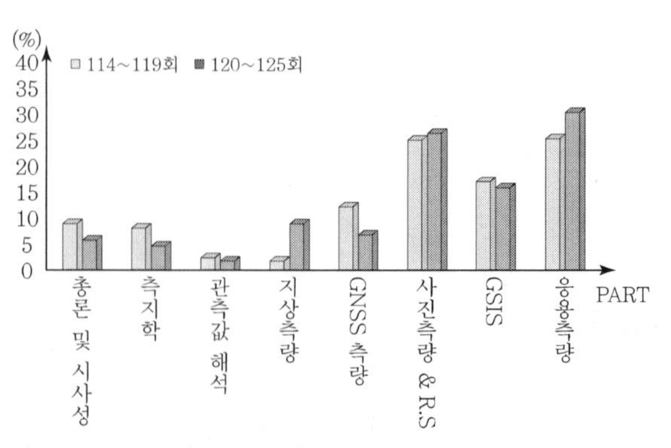

[114~125회 단원별 비교 분석표]

제2장 120회 측량 및 지형공간정보기술사 문제 및 해설

2020년 2월 1일 시행

분야	건설	자격종목	측량 및 지형공간정보기술사	수험번호		성명	

구분	문제	참고문헌
1교시	※ 다음 문제 중 10문제를 선택하여 설명하시오. (각 10점)	
	1. 구면 삼각형	1. 포인트 2편 참고
	2. 정밀도와 정확도	2. 포인트 3편 참고
	3. 국가기준점	3. 포인트 1편 참고
	4. Geo-IoT(Internet of Things)	4. 포인트 8편 참고
	5. GML(Geographic Markup Language)	5. 포인트 8편 참고
	6. 온맵(On Map)	6. 포인트 7편 참고
	7. 해안선(Coastline)	**7. 모범답안**
	8. 표정도(Index Map)	**8. 모범답안**
	9. 정밀도로지도	**9. 모범답안**
	10. 방사 렌즈 왜곡(Radial Lens Distortion)	10. 포인트 6편 참고
	11. 편류(Crab)	**11. 모범답안**
	12. 편심(귀심) 계산	12. 포인트 4편 참고
	13. 복곡선과 반향곡선	**13. 모범답안**
2교시	※ 다음 문제 중 4문제를 선택하여 설명하시오. (각 25점)	
	1. 수준측량 시 발생하는 오차와 보정 방법에 대하여 설명하시오.	1. 포인트 4편 참고
	2. GNSS(Global Navigation Satellite System) 정지측량과 이동측량 방법을 비교하여 설명하시오.	2. 포인트 5편 참고
	3. 변화탐지를 수행하기 위한 원격탐사 시스템의 고려사항에 대하여 설명하시오.	**3. 모범답안**
	4. 하천에서 수위 관측과 유속 관측에 대하여 설명하시오.	4. 포인트 9편 참고
	5. 장애인 · 노년층 등 공간정보 활용이 어려운 취약계층이 공간정보를 사용할 때 애로사항에 대하여 설명하시오.	**5. 모범답안**
	6. GPR(Ground Penetrating Radar) 탐사 기술의 활용성 증대를 위한 개선사항에 대하여 설명하시오.	**6. 모범답안**
3교시	※ 다음 문제 중 4문제를 선택하여 설명하시오. (각 25점)	
	1. 도로 건설 시 실시설계측량에 대하여 설명하시오.	1. 포인트 9편 참고
	2. 음향측심기와 라이다(LiDAR : Light Detection And Ranging) 수심측량 방법에 대하여 비교 설명하시오.	2. 포인트 9, 10편 참고
	3. 하상변동 조사공전과 최신기술 적용방안에 대하여 설명하시오.	**3. 모범답안**
	4. SAR(Synthetic Aperture Radar)의 분류에 따른 변화탐지기법에 대하여 설명하시오.	**4. 모범답안**
	5. 지도의 투영법 중 원통도법에 대하여 설명하시오.	5. 포인트 7편 참고
	6. 공간 빅데이터 체계의 구성요소에 대하여 설명하시오.	6. 포인트 8편 참고
4교시	※ 다음 문제 중 4문제를 선택하여 설명하시오. (각 25점)	
	1. 건설공사 시 토량 및 저수량 산정을 위한 체적계산 방법에 대하여 설명하시오.	1. 포인트 9편 참고
	2. 위성영상의 해상도 종류를 나열하고 이들 각 해상도를 설명하시오.	2. 포인트 6편 참고
	3. 위성영상의 센서 모델링 방법인 RFM(Rational Function Model) 기반의 RPC(Rational Polynomial Coefficients)를 설명하시오.	3. 포인트 6편 참고
	4. 터널측량을 위한 측량과정에 대하여 설명하시오.	4. 포인트 9편 참고
	5. 관로형 지하시설물 정보에 대한 지하공간 통합지도 제작 방법에 대하여 설명하시오.	5. 포인트 7편 참고
	6. 스마트시티(Smart City)에서 디지털 트윈(Digital Twin)의 역할에 대하여 설명하시오.	6. 포인트 8편 참고

NOTICE 본 측량 및 지형공간정보기술사 문제 및 해설 중 참고문헌의 《포인트》는 예문사 출간 《포인트 측량 및 지형공간정보기술사》임을 알려드립니다.

01 해안선(Coastline)

1교시 7번 10점

1. 개요

해안선이란 해수면이 약최고고조면에 이르렀을 때의 육지와 해수면의 경계로 정의하고 저조선은 기본수준면으로 정의되어 있다. 해면이 약최저저조면에 달하였을 때 저조선이라 하며 해안선과 저조선은 국가 영토의 형상을 정의하고, 국가가 바다의 경계를 획정하는 기준선으로서 국내뿐만 아니라 국제적인 법적 대응을 위해 국가가 관리하여야 할 중요한 공간정보이다. 해양의 공간범위 결정 등의 중요성이 증가되고 있어 해안선의 주기적인 조사와 관리가 요구된다.

2. 해안선 및 저조선

(1) 해안선의 기준

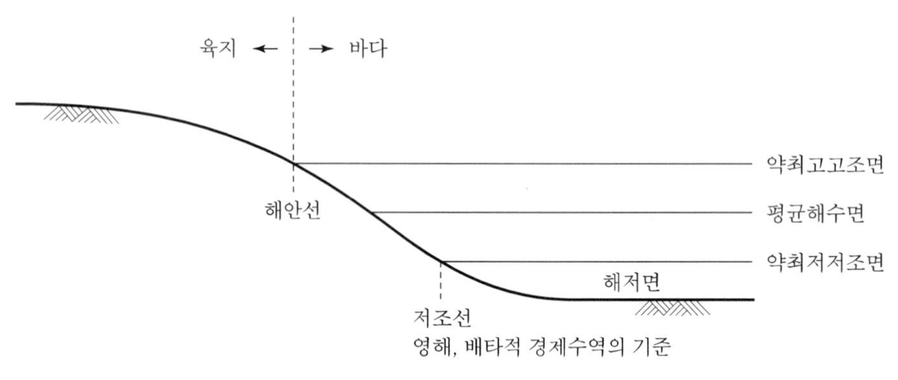

[그림] 해안선의 기준

(2) 해안선

① 해수면이 약최고고조면에 이르렀을 때의 육지와 해수면의 경계이다.
② 지적 및 토지재산권의 경계가 된다.
③ 바다와 육지가 서로 닿아서 길게 뻗은 선으로 수선(Water Line) 또는 정선이라고 한다.

(3) 저조선

① 해면이 약최저저조면에 달하였을 때의 육지와 해수면의 경계이다.
② 영해, 배타적 경제수역의 기준이다.
③ 만조(약최고고조면) 시는 바다, 간조(약최저저조면) 시는 노출되는 간석지로 이루어져 있다.

3. 우리나라 해안선의 특징

(1) 동해안 및 동남해안

① 대부분 해식절벽으로 형성되어 있다.
② 해안은 암초로 이루어져 수심측량을 위한 선박의 접근이 불가능하다.

(2) **서해안 및 서남해안**

① 대부분 간석지로 형성되어 있다.

② 조석 간만의 차이가 크고 수심이 얕아 선박의 운항이 어렵다.

4. 해안선측량

(1) **지형측량**

토털스테이션, GNSS, 항공사진측량, 레이저측량 등으로 시행

(2) **해저지형측량**

① 다중빔음향측심장비 이용

② 선박의 접근이 어려운 지역은 단빔음향측심장비 이용

(3) 측량의 주요 내용은 해안선 경계, 해안특성(해안절벽, 인공해안, 경사해안, 모래해안 등) 부근 육상지형, 노출암, 간출암, 수심측량 등

(4) 따라서 육상과 수심을 동시에 실시하는 해안선측량에는 항공라이다 수심측량기법이 필요

02 표정도(Index Map)

1교시 8번 10점

1. 개요

(1) 표정도란 항공사진의 촬영비행노선, 촬영점, 촬영범위, 촬영번호 등을 기입한 지도이다. 색인도, 촬영계획도라고도 하며, 전체를 나타낸 개략도로서 위치 · 장소 등의 검색에 사용된다.

(2) 항공기를 이용하여 넓은 지형을 관측할 때 촬영점이나 촬영구역 같은 과정을 기존의 지도에 표기하여 나타낸 그림이다.

2. 표정도

(1) 사진측량에서 사진을 촬영 당시의 기하학적 조건으로 재현하는 표정 작업에 필요한 내용을 입력한 도면

(2) 기존의 소축척지도상에 아래 그림과 같이 촬영코스 간격을 표시하는 것으로, 표정도(촬영계획도)의 축척은 촬영축척의 $\frac{1}{2}$ 정도의 지형도에 작성

(3) 표정도에 기록하는 내용

① 사진의 주점

② 촬영경로

③ 사진번호

④ 촬영 연월일

⑤ 사진축척

(4) 표정도는 촬영경로를 한눈에 알아볼 수 있게 작성

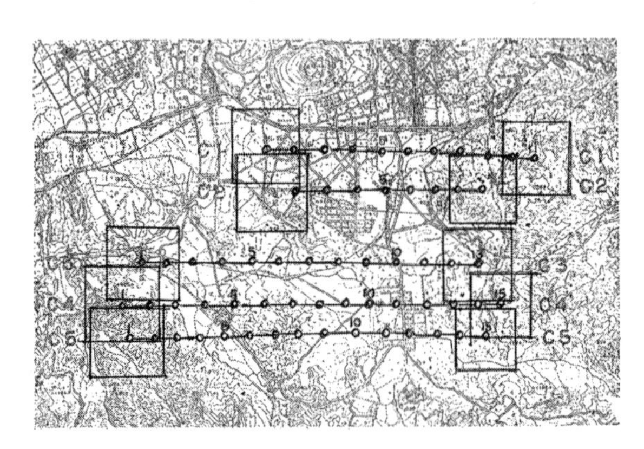

[그림] 표정도(Index Map)

03 정밀도로지도

1교시 9번 10점

1. 개요

자율주행자동차의 상용화를 위해서는 센서, 연산제어 및 통신기술뿐만 아니라 3차원 좌표가 포함된 정밀도로정보가 필요하다. 이에 국토지리정보원에서는 2015년 '자율주행차 지원을 위한 정밀도로지도 구축방안연구' 사업을 실시해 정밀도로지도의 효율적 구축방안, 기술기준, 표준 등을 마련하고, 시험운행구간에 대한 정확하고 표준화된 정밀도로지도를 시범 제작하였다.

2. 정밀도로지도

자율주행에 필요한 차선(규제선, 도로경계선, 정지선, 차로중심선), 도로시설(중앙분리대, 터널, 교량, 지하차도), 표지시설(교통안전표지, 노면표시, 신호기) 정보를 정확도 25cm로 제작한 전자지도이다.

3. 정밀도로지도 제작과정(MMS에 의한 방법)

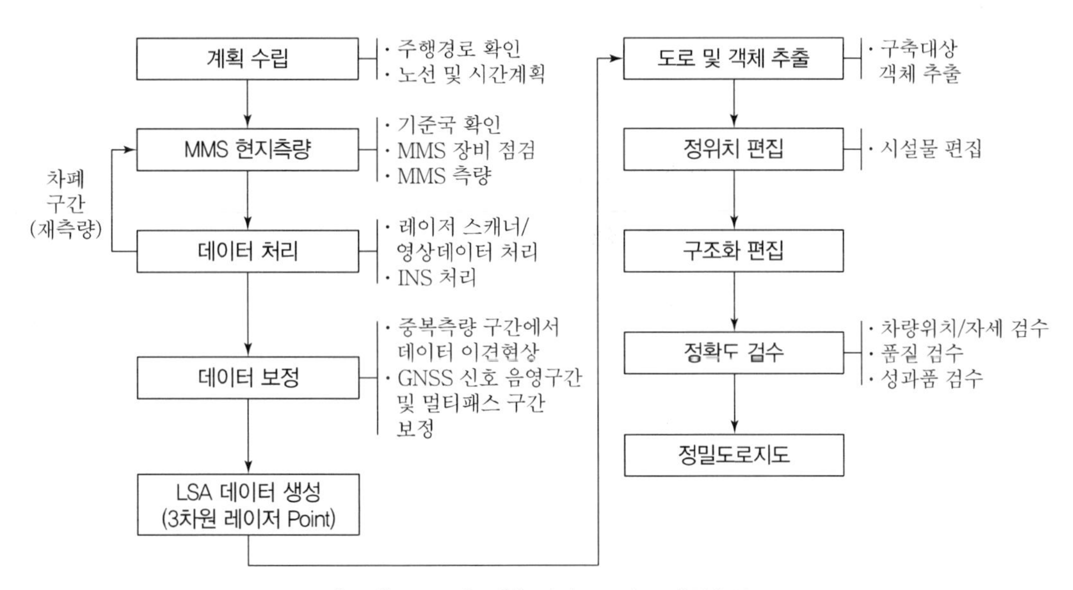

[그림] MMS에 의한 정밀도로지도 제작순서

4. 정밀도로지도 활용 분야

(1) 자율주행차 기술개발 지원

(2) 국가기본도 수정 · 갱신

(3) 도로관리

(4) 재난관리

04 편류(Crab)

1교시 11번 10점

1. 개요

촬영비행에는 항공기의 조종사 이외에 촬영사가 동승하여 카메라의 조작 및 촬영을 하는 것이 보통이다. 촬영은 지정된 코스에서 코스 간격의 10% 이상 차이가 없도록 하고 고도는 지정고도에서 5% 이상 낮게 혹은 10% 이상 높게 진동하지 않도록 직선상에서 일정고도로 비행하면서 촬영한다. 또한, 비행 중 기류에 의하여 항공기가 밀리게 되는데, 이를 편류(Crab or Drift)라고 한다.

2. 편류 촬영 시 유의사항

항공기에 평행으로 카메라를 두고 사진을 찍으면 그림과 같이 입체부분이 밀린다. 카메라의 방향을 편류의 각도 α만큼 회전하여 (b)와 같이 항공기의 대지진행방향(對地進行方向)으로 수정하고 편류각 α가 5° 이내로 되게 한다. 또한, 앞뒤 사진각의 회전각은 5° 이내, 촬영 시 카메라의 경사(Tilt)는 3° 이내로 하지 않으면 안 된다.

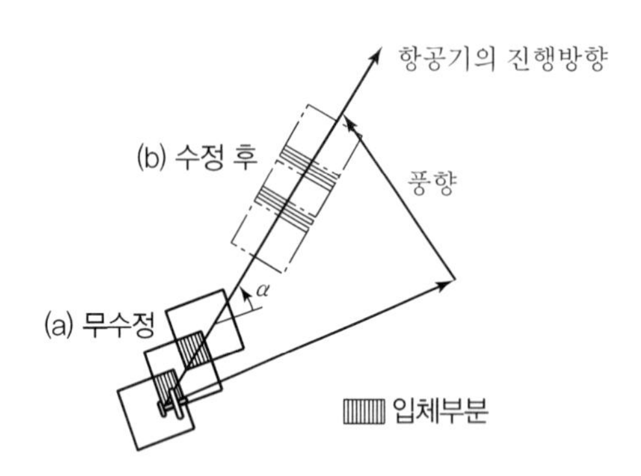

[그림] 편류 및 편류각

05 복곡선과 반향곡선

1교시 13번 10점

1. 개요

노선의 일반적인 평면선형은 직선 → 완화곡선 → 원곡선 → 완화곡선 → 직선의 순서로 구성된다. 노선의 수평곡선에는 원곡선과 완화곡선이 있으며, 원곡선은 단곡선, 복심곡선, 반향곡선, 배향곡선으로 구분된다.

2. 복곡선(Compound Curve)

(1) 복곡선의 일반사항

반경이 다른 2개의 단곡선이 그 접속점에서 공통접선을 갖고 그것들의 중심이 공통접선과 같은 방향에 있을 때 이것을 복곡선이라 하며, 이때 접속점을 복곡선 접속점(PCC : Point of Compound Curve)이라 한다. 철도나 도로에서 복곡선을 사용하면 그 접속점에서 곡률이 급격히 변화하기 때문에 차량에 동요를 일으켜 승객에게 불쾌감을 주므로 될 수 있는 한 피하는 것이 좋다. 어쩔 수 없는 경우에는 접속점 전후에 걸쳐서 완화곡선을 넣어 곡선이 점차로 변하도록 해야 한다. 또 산지의 특수한 도로나 산길 등에서는 곡률반경과 경사, 건설비 등의 관계 및 복잡한 완화곡선을 설치할 경우의 자동차 속도 저하 때문에 복곡선을 설치하는 경우가 많다.

(2) 복곡선 설치

복곡선은 일반적으로 [그림 1]과 같이 접선 $\overline{AD}$, $\overline{BD}$상에 각각 D_1, D_2를 $\overline{AD_1}=R_1\tan\frac{I_1}{2}$, $\overline{BD_2}=R_2\tan\frac{I_2}{2}$가 되도록 하여 D_1, D_2를 정하면 $\overline{D_1D_2}$는 점 C에서 공통접선으로 된다. 점 C는 이 접선상에 $\overline{D_1C}=\overline{AD_1}$ 또는 $\overline{D_2C}=\overline{BD_2}$로 하여 구해지며, 곡선설치는 2개의 원곡선으로 나누어 하면 된다.

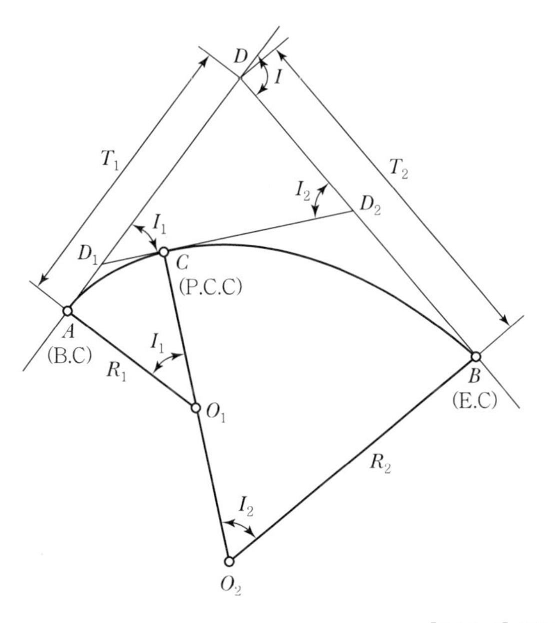

여기서, R_1 : 작은 원의 반경
R_2 : 큰 원의 반경
T_1 : 작은 원의 접선길이
T_2 : 큰 원의 접선길이
I_1 : 작은 원의 중심각
I_2 : 큰 원의 중심각
D_1 : 작은 원의 I.P
D_2 : 큰 원의 I.P
O_1 : 작은 원의 중심
O_2 : 큰 원의 중심
D : 복곡선의 I.P
I : 복곡선의 교각 $I=I_1+I_2$
A : B.C
B : E.C
C : P.C.C

[그림 1] 복곡선

3. 반향곡선(Reverse Curve, S－curve)

(1) 반향곡선의 일반사항

2개의 원곡선이 그 접속점에서 공통접선을 갖고 이것들의 중심이 공통접선의 반대쪽에 있을 때 이것을 반향곡선이라 하며 접속점을 반향곡선접속점(PRC : Point of Reverse Curve)이라 한다. 반향곡선은 복곡선보다도 곡률의 변화가 심하므로 적당한 길이의 완화곡선을 넣을 필요가 있고, 지형관계로 어쩔 수 없이 완화곡선을 넣어 사용하는 경우에서도 접속점의 장소에 적당한 길이의 직선부를 넣어 자동차 핸들의 급격한 회전을 피하도록 해야 한다.

(2) 반향곡선 설치

반향곡선은 일반적으로 [그림 2]와 같지만 그 기하학적 성질은 복곡선과 같고 복곡선의 모든 공식으로 R_2와 I_2의 부호를 반대로 하여 그대로 사용하며, 설치법도 복곡선의 설치법과 같다.

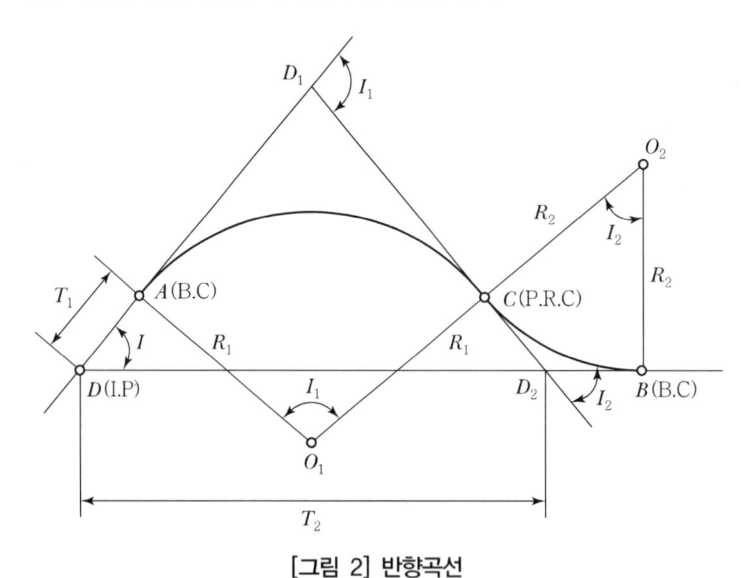

[그림 2] 반향곡선

06 변화탐지를 수행하기 위한 원격탐사 시스템의 고려사항에 대하여 설명하시오.

2교시 3번 25점

1. 개요

변화탐지(Change Detection)란 두 장 또는 다중시기 영상의 비교 및 분석을 통해 자연적 요인 또는 인위적 요인에 의한 지형, 생태, 토지이용 등의 변화를 탐지하는 기법이다. 최근 다양한 센서의 등장으로 효율적인 변화탐지를 수행할 수 있다.

2. 변화탐지

(1) 지구의 표면은 기후, 계절, 환경 등의 자연적 요인과 도시의 개발 등 인위적 요인에 의해 지형과 생태, 토지 이용이 변하며, 따라서 지구관측위성에 의해 관측되는 영상도 달라지게 된다. 변화탐지란 동일한 공간, 즉 위성영상을 이용하여 그 변화의 정도를 파악하는 것 또는 이와 관련된 기술을 말한다.

(2) 지리적 현상은 지형적 · 주제적 · 위상적 특성 외에도 시간에 따라 변화하는 특성이 있다. 예를 들어, 어떤 필지의 2020년도 소유주를 알아내거나, 당초 산림이었던 지역이 어떤 과정을 통해 목초지로 바뀌었는지 등이 변화탐지의 예이다.

3. 변화탐지를 수행하기 위한 원격탐사 시스템의 고려사항

변화탐지 처리과정에서 다양한 매개변수의 영향을 이해하지 못하면 부정확한 결과를 초래할 수 있다. 변화탐지를 위하여 사용된 원격탐사 자료는 다음과 같은 일정한 시간, 촬영각, 공간 · 분광 · 방사해상도를 유지한 원격탐사 시스템에 의해 수집되어야 한다.

(1) 시간해상도

다중시기의 원격탐사 자료를 이용하여 변화탐지를 수행할 때에는 시간해상도가 일정하게 유지되어야 한다. 변화탐지에 사용되는 원격탐사 자료는 대략적으로 동일한 시간대에 자료를 획득하는 센서 시스템으로부터 자료가 수집되어야 한다.

(2) 촬영각

변화탐지에 사용되는 자료는 가능하다면 대략적으로 동일한 촬영각으로 취득되어야 한다.

(3) 공간해상도

두 영상 사이의 정확한 공간등록은 변화탐지를 수행함에 있어 필수적이다. 원격탐사 자료는 각 날짜에 동일한 순간시야각(IFOV)을 가진 센서 시스템을 이용하여 자료를 수집한다.

(4) 분광해상도

변화탐지를 위해 다중시기의 영상을 취득하기 위해서는 동일한 센서 시스템을 사용해야 한다.

(5) 방사해상도

방사해상도 변수가 변함 없이 유지되는 동일한 원격탐사 시스템을 사용하여 다중시기에 원격탐사 자료가 수집되어야 한다.

4. 변화탐지를 수행하기 위한 환경의 고려사항

(1) 대기조건

① 운량, 구름에 의한 그림자

② 상대습도

(2) 토양 수분조건

(3) 생물계절학적 주기 특성

① 자연적(식생, 토양, 물, 눈, 얼음 등) 현상

② 인공적 현상

(4) 차폐 고려

① 자연적(나무, 그림자 등)

② 인공적(구조물, 그림자 등)

(5) 조석

5. 변화정보를 추출하기 위한 원격탐사 자료처리

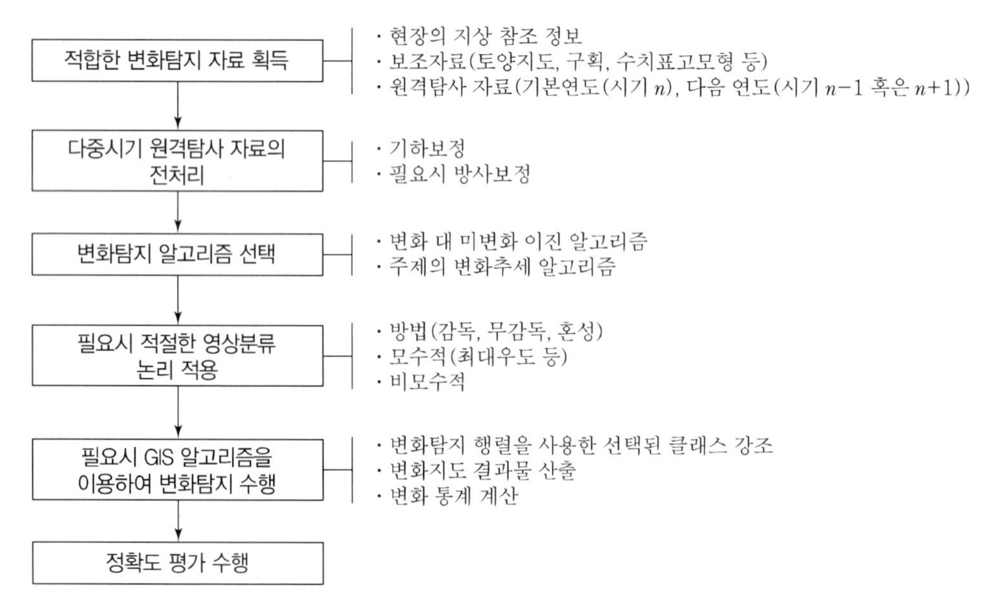

[그림] 변화정보 추출을 위한 원격탐사 자료처리의 일반적 순서

6. 활용

(1) 토지이용 및 토지피복의 변화

(2) 산불탐지, 산불 피해면적 계산

(3) 산림 및 식생의 변화

(4) 경관 변화
(5) 산림 손실, 파괴, 손상 분석
(6) 도심지 변화
(7) 선택적 수목벌채, 재건
(8) 환경 변화(가뭄, 홍수, 사막화, 산사태)
(9) 습지 변화
(10) 농작물 모니터링
(11) 빙하 변화
(12) 지질 변화

7. 결론

변화탐지는 위성영상의 주기적 취득에도 불구하고 데이터의 특징, 변화지역, 시기, 탐지목적에 가장 적합한 변화탐지기법이 존재하지 않고, 다양한 센서(LiDAR, SAR, 초분광센서 등)의 등장에도 대부분의 변화탐지에 관한 연구는 단밴드 또는 다중분광영상에 국한되어 있어 초분광영상의 활용에 연구가 집중되고 있다. 그러므로 다양한 탐지기법에 많은 연구가 진행되어야 할 것으로 판단된다.

07 장애인 · 노년층 등 공간정보 활용이 어려운 취약계층이 공간정보를 사용할 때 애로사항에 대하여 설명하시오.

2교시 5번 25점

1. 개요

지난 20년간 정부 주도의 공간정보정책 추진으로 지도서비스 이용자가 월별 약 4,000만 명에 이를 만큼 일반 시민의 공간정보 활용 저변이 확대되고 있다. 또한, 고령화 사회로 진입하면서 일반 장애인뿐만 아니라 65세 이상 노인층의 장애 발생률 증가로 사회적 이동성이 취약한 계층의 생활편의를 위한 지도 활용 수요도 크게 증가할 것으로 전망되고 있다. 그러나 이들 취약계층을 위한 지도 · 공간정보서비스는 경제성이 낮아서 네이버나 카카오 등 민간 활동이 저조한 만큼 국가 차원에서 공간정보의 공공성을 극대화할 수 있는 정책 지원이 필요하다.

2. 공간정보 취약계층의 현황

(1) 공간정보 취약계층

자신에게 필요한 공간정보서비스 또는 공간정보제품을 시장에서 공급하지 않거나 장애가 있어서 사용하기 어려운 장애인, 65세 이상 노인, 저소득층, 농어촌 주민 등이 해당

(2) 공간정보 취약계층 현황

① 「국가공간정보 기본법」 제3조(국민의 공간정보 복지증진)에는 누구나 공간정보에 쉽게 접근 · 활용할 수 있어야 한다고 명시되어 있지만, 지난 20년간 공간정보정책에서 공간정보 취약계층을 중점적으로 지원하기 위한 법 · 제도적 근거 마련과 정책 지원은 미흡한 실정

② 고령화 사회 가속화와 65세 이상 노인장애 발생률 증가 추세를 고려할 때, 취약계층 규모는 확대될 전망

③ 광역지방자치단체 인구의 약 18~54%가 공간정보 활용에 어려움이 있을 것으로 추정되며, 지역적으로는 전라남도 · 전라북도 · 경상북도 · 강원도 등이 취약계층의 비중이 높음

3. 취약계층이 공간정보를 사용할 때 애로사항

(1) 정보량 부족 : 전국 · 광역 단위 취약계층의 생활편의시설 공간정보 부재

취약계층에 필요한 생활편의시설 위치는 속성형태로 제공, 서울 · 대전 등 일부 지역에 제한적으로 공간정보(점 형태)가 제공되고 있으나, 그림 또는 접근 · 이동경로를 공간정보로 제공하는 사례는 아주 드묾

(2) 부정확한 정보 : 현장과 불일치, 신뢰도 낮은 저품질 공간정보로 불편 가중

취약계층은 이동이 불편한 경우가 많아서 최신의 정확한 정보 제공이 필요한데, 현재 취약계층이 사용 가능한 공간정보는 현장과 불일치된 경우가 많고 취약계층 특성별로 이동성을 고려하지 않은 채 정보가 제공됨

(3) 사용자 특성 미반영 : 공간정보 취약계층 특성을 고려하지 않아 정보 접근이 불편

현재 취약계층을 위한 공간정보는 웹기반 문자 · 이미지 · 지도 형태로 일반인과 동일한 접근 방식이 제공되어 시각 · 청각 · 지체장애인 등이 사용하는 데 한계가 있음

4. 무장애 공간정보의 현황

(1) 무장애 공간정보

1) 정의 : 장애인이나 이동약자가 접근하기 쉬운 상점과 문화시설 같은 생활공간을 지도정보로 만든 것

2) 수요 측면 : 취약계층에게 필요한 시설위치 · 이동경로 등의 공간정보

① 장애인의 경우 전동보장구와 LPG 충전소, 장애인 화장실 · 주차구역 · 승강기시설 등 건축물, 도시 · 공원 · 교통시설에 위치한 생활편의시설의 위치와 이 시설에 대한 접근 · 이동경로 정보 제공

② 개별시설을 접근 · 이용하는 데 불편을 느끼지 않도록 장애물 없는 생활환경 제공

3) 공급 측면 : 공공 · 민간에서 취약계층에게 제공 중인 공간정보서비스

① 국토지리정보원은 점자지도 항목과 함께 2015년 시각장애인의 이동편의를 지원하기 위해 서울시 25개 자치구에 대한 생활용 점자지도를 제작해 전국 맹학교 · 전자도서관에 배포

② 한국장애인개발원은 무장애 생활환경 인증을 받은 건축물, 도로 · 교통시설, 공원의 속성정보를 보유

③ 서울시(복지포털) · 직행플랫폼(위즈온) 등은 디지털 공간정보를 취약계층에게 제공

5. 공간정보 취약계층 지원을 위한 정책방안

(1) 취약계층에게 필요한 생활편의시설과 이동 · 접근경로 등 전국단위 정밀공간정보 구축 지원

① 보건복지부의 장애 없는 생활환경 속성정보를 공공데이터포털(행정안전부, data.go.kr)에 공개

② 3차원 공간정보플랫폼(국토교통부) 같은 공공플랫폼에 취약계층 생활시설 위치정보 공급

③ 지역소재 취약계층 당사자 참여기반 공간정보 수시 구축 · 검수 지원과 취약계층 콘텐츠 공공구매

(2) 공간정보 접근 · 활용 편의개선을 위한 취약계층 맞춤형 특수기술 개발 · 보급 지원

자율주행 휠체어, 증강현실기반 방향안내기술, 로봇기반 '휠체어뷰', 보조기기(휴대폰 화면확대기, 경로안내 지팡이) 등 취약계층의 공간정보 활용을 지원하는 편의서비스, 특수기술 · 장치 개발

(3) 무장애 공간정보 구축 · 활용을 지원하는 지역기반 민간주체 양성을 위한 법제도 · 정책 정비

① 「국가공간정보 기본법」에 공간정보 취약계층의 복지 증진을 위한 지원조항 명시

② 취약계층 대상 전국 공간정보 연계 · 통합에 필요한 공간정보표준 · 품질기준 제공

③ 공간정보 취약계층 실태 · 격차 조사, 지역경제주체 양성 지원, 시민참여사업 지원(예 : 공감e사업, 국민 디자인사업)을 통한 사회적 가치 창출성과 등 정책효과 측정

6. 결론

장애인 · 노인 등 이동약자들의 생활편의성을 향상시킬 수 있는 지도서비스 등이 활성화되기 위해서는 표준화된 최신 공간정보의 구축, 무장애서비스가 가능하도록 호환성 확보, 활용서비스 연계 지원까지 공간정보의 공공성을 제고할 수 있는 정책개발이 시급하다.

08 GPR(Ground Penetrating Radar) 탐사 기술의 활용성 증대를 위한 개선사항에 대하여 설명하시오.

2교시 6번 25점

1. 개요

정부는 지반침하로 인한 위해방지 및 공공의 안전 확보를 위해 「지하안전관리에 관한 특별법」(약칭 : 지하안전법)을 제정하여 지하정보를 통합한 지하공간통합지도를 제작하고, 지하정보를 효율적으로 관리 및 활용하기 위하여 지하공간 통합지도를 구축 · 운영하고 있다. 일반적인 지하시설물 탐사는 자장탐사법과 지중레이더 탐사법(GPR)이 있으며, 땅꺼짐의 원인인 지하의 공동 등의 탐사에 활용되는 탐사 기술이 GPR(Ground Penetrating Radar, 지중레이더)이다.

2. 지하시설물 탐사 방법

(1) 자장탐사법

① 송신기로부터 매설관이나 케이블에 교류 전류를 흘려 교류자장을 탐사
② 매설관의 평면위치와 심도를 측정하는 방법

(2) 지중레이더(GPR : Ground Penetrating Radar) 탐사법

① 지하를 단층 촬영하여 시설물 위치 판독
② 지상의 안테나에서 지하로 전자파를 방사
③ 대상물에서 반사된 전자파를 수신
④ 수신된 전자파를 분석하여 지하의 매질 및 매설관의 평면위치와 깊이를 측정

(3) 음파 탐사법

비금속 수도관로 등 탐사

(4) 전기 탐사법

지반의 토질 상황 등 분포 측정

3. 지중레이더 탐사법

전자파를 매질에 방사시킨 후 되돌아온 반사파를 이용하여 지반을 탐사하는 방법으로 지하동공, 철근콘크리트 구조물의 비파괴조사, 아스팔트의 밀도, 지하매설물, 기반암선, 지하수위 등에 활용하는 방법이다.

(1) 원리

① 송신안테나와 수신안테나로 구성
② 송신안테나는 정해진 주파수에 의해서 전자파 파장 방사
③ 수신안테나는 반사된 파장 수신

(2) GPR 탐사 순서

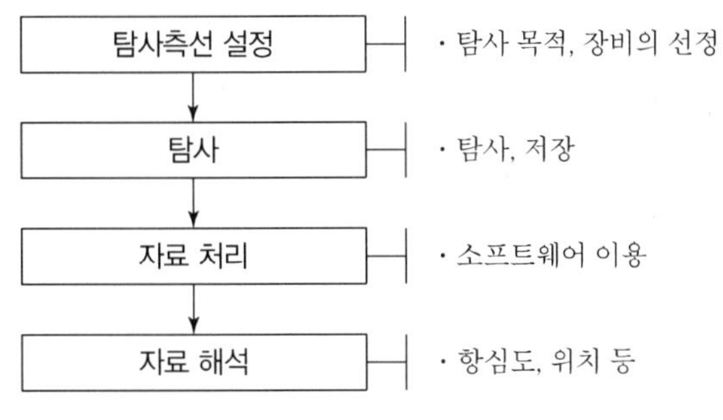

[그림] GPR 탐사 흐름도

4. GPR 활용성 증대의 필요성

(1) GPR 데이터 처리 기술의 고도화와 AR(증강현실)을 통한 현장 활용성 강화
(2) GPR 분석시간 단축
(3) 분석 소프트웨어의 국산화
(4) 핸디형 GPR의 위치정확도 향상
(5) AR 기반의 굴착공사 지원 솔루션 개발

5. GPR 활용성 증대를 위한 개선사항

(1) GPR 탐사 및 노면영상 촬영

① 3D GPR에 관한 노면영상 카메라 모듈 프로토 타입 개발
② 노면영상 기반의 위치정보 시스템 개발
③ 테스트 베드 적용을 통한 위치정보시스템 성능 검증 및 기능 보완

(2) GPR 데이터 후처리 SW 개발

한국형 3D 기반의 후처리 소프트웨어

(3) GPR 데이터 분석 및 관로 예측 딥러닝 모델 설계

① 3차원 형태의 GPR 데이터 분석으로 지하시설물 관로를 탐색
② 3차원 분할(3D Segmentation)
③ 관로 예측 딥러닝 모델 설계

(4) AR 관로작업 지원 시스템

① 증강현실 기반의 지하시설물 현장관리 솔루션에 대한 수요 증가 예측
② DEM을 적용한 영상정합 기술 구현과 DEM 기반 AR 솔루션 고도화

(5) 지하 관로 정확도 검증 테스트베드 선정

① 공공의 안전과 밀접한 지하시설물에 대한 GPR 및 AR 기술의 정확도 검증
② 지하시설물의 유형별 관리 현황 및 특성을 고려한 테스트베드 선정

6. GPR 활용성 개선에 따른 기대효과

(1) 고정밀 위치기반 AR 현장관로작업 시스템의 현장 적용
(2) 굴착사고 예방 및 관로작업 효율성 확보
(3) GPR 탐사 작업시간 단축
(4) 핸디형 GPR의 위치정확도 향상으로 GPR 탐사 수요 증가

7. 결론

지반침하 선제적 예방을 위한 지속적 탐사확대 지원 및 제도화된 관리체계 마련, 노후화된 지하시설물 및 주변지반에 대한 정비대책을 수립하고 지반침하 취약지역의 체계적인 안전점검 실시, 안전한 지하개발과 철저한 지하시설물 관리를 위해 지하안전관리 지원체계의 활성화 방안 마련, IoT 등의 첨단기술을 활용한 위험예측, 감지, 분석, 평가, 대응기술 개발 등을 통하여 진일보된 안심사회 실현과 지하안전관리 조기정착 구현을 위해 관계 분야 종사자들의 많은 관심과 참여가 요구된다.

09 하상변동 조사공정과 최신기술 적용방안에 대하여 설명하시오.

3교시 3번 25점

1. 개요

하천 흐름은 주로 강우의 유출로 인해 발생하고 하천지형이 변화하며 이러한 변화는 하천의 지형을 변화시키고 다시 안정화 되기까지 또 다른 문제를 야기할 수 있기 때문에 하천의 물리환경 변화에 따른 하천기능에 미치는 영향을 정량적으로 파악할 수 있도록 지속적인 하천 지형 변화에 대한 하상변동 조사가 요구된다. 하상변동 조사는 하상변동이 하천의 홍수소통 능력과 호안, 수제, 교각, 취수시설, 댐 등 하천구조물의 안전이나 고유기능에 미치는 영향을 파악하기 위하여 수행하며, 10년마다 하천기본계획의 수립과 연계하여 실시한다.

2. 하상변동 조사공정

(1) 하상변동 조사 주기

① 연 1회 동일 시기에 실시
② 홍수가 있는 경우 홍수 직후에 실시
③ 10년마다 하천기본계획의 수립과 연계하여 실시

(2) 하상변동 조사 항목

① 하천의 종 · 횡단 등의 측량
② 수위 조사
③ 골재 채취로 인한 하상변동 조사
④ 홍수 시 하상변동 조사

(3) 종 · 횡단측량

① 동일 구간, 동일 측점에 대하여 일정기간을 두고 2회 실시하여 변동량 산정
② 하천기본계획과 동일한 횡단면 선정
③ 조사는 연 1회 동일 시기에 실시
④ 홍수가 있는 경우는 홍수 직후에 실시

(4) 수위조사

① 종 · 횡단측량 자료가 충분하지 않거나 충분한 정도의 측량 조사를 수행하지 못하는 경우 개략적으로 하상변동량을 추정하기 위하여 시행
② 최대한 낮은 수위에서 과거 수위조사 시 유량과 같거나 비슷한 조건에서 시행

(5) 하상변동 조사

① 골재 채취로 인한 하상변동
② 홍수 시 하상변동 조사

3. 하상변동 조사측량

(1) 우리나라 하상의 특징

① 우리나라 하천은 비교적 수량이 적고 건기에는 하상이 노출되어 있음

② 유심부분은 수심이 얕아 보트를 이용한 수심측량에 한계가 있음

(2) 하상 조사측량 방법

① 장비별 측량 한계

(○ : 측정 가능, × : 측정 불가능)

구분	비수심 구간	수심 구간	동시측량
에코사운드	×	○	×
TS	○	×	×
GNSS	○	×	×
UAV	○	×	×
항공사진측량	○	×	×
항공 LiDAR 수심측량	○	○	○

② 비수심 구간 : TS, GNSS, UAV, 항공사진측량, 항공 LiDAR 수심측량

③ 수심 구간 : 에코사운드, 항공 LiDAR 수심측량

④ 비수심, 수심 동시 측량 가능 : 항공 LiDAR 수심측량

(3) 비수심 구간의 지형측량

① 대규모 지역은 항공사진측량으로 실시

② 소규모 지역은 TS 또는 GNSS 측량으로 실시

(4) 수심 구간의 지형측량

에코사운드를 이용한 수심측량

4. 하상변동 조사 최적화 측량(항공 LiDAR 수심측량)

(1) 항공 LiDAR 수심측량의 필요성

① 점, 선 중심의 2차원 하천관리에서 하천 전체를 면 단위의 3차원 관리로 변환

② 인력, 시간 등 노동 집약적 방식에서 새로운 기술 필요

③ 하천관리 고도화에 필요한 공간정보의 신속하고 효율적인 기술 필요

(2) 항공 LiDAR 수심측량의 특징

① 하천제방 및 하천지형 동시 측정

② 영상정보에 기반한 면 단위 공간정보 구축

③ 파장이 다른 2개의 레이저를 이용하여 수심측량

④ Scanning 관측으로 면 단위 공간정보 구축

(3) 항공 LiDAR 수심측량의 기대효과

① 하천지형측량에 소모되는 시간 단축

② 신속한 하천정보 분석 및 수재해 대응

③ 기존 측량 대비 비용절감

④ 신규시장 개척

5. 결론

우리나라의 하천관리는 10년을 주기로 수립되는 기본계획을 기초로 관리해 왔으나 급격한 기후 변화와 대규모 하천정비 이후의 유지관리의 필요성이 점차 중요한 이슈로 부각되고 있다. 하상변동 조사는 하천의 현황을 파악하는 데 중요한 공간정보이며 하천의 물리환경 변화에 따른 영향을 정량적으로 파악하고 지속적인 하천 지형 변화에 대한 모니터링에 필요한 항공 LiDAR 수심측량 시스템의 활용을 위한 기술인 및 학계 그리고 정부의 지원이 필요하다.

10 SAR(Synthetic Aperture Radar)의 분류에 따른 변화탐지기법에 대하여 설명하시오.

3교시 4번 25점

1. 개요

SAR 영상은 능동적 센서로 극초단파를 이용하며, 극초단파 중 레이더파를 지표면에 주사하여 반사파로부터 2차원 영상을 얻는 센서를 말한다. 종래의 변화탐지 연구는 단밴드 또는 다중분광영상에 국한되어 있었으나 최근에는 SAR 영상을 주기적으로 취득하여 변화탐지기법에 활용하고 있다. 본 답안에서는 SAR 영상의 분류에 따른 변화탐지기법을 중심으로 기술하고자 한다.

2. SAR(Synthetic Aperture Radar) 영상

(1) 원리

SAR(고해상도 영상 레이더)는 반사파의 시간차를 관측하는 것뿐만 아니라 위상도를 관측하여 위상조정 후에 해상도가 높은 2차원 영상을 생성한다.

(2) 특징

① 태양광선에 의존하지 않아 밤에도 영상의 촬영이 가능함
② 구름이 대기 중에 존재하더라고 영상을 취득할 수 있음
③ 극초단파(Micro Wave)를 이용하여 영상 취득이 가능함
④ 기상이나 일조량에 관계없이 자료 취득이 가능함
⑤ 지속적인 반복 관측에 의한 대상물의 시계열 분석 자료로서 활용성이 높음
⑥ 재해 상황이나 돌발사태 등의 경우에도 즉각적이고 신속하게 자료 취득이 가능함
⑦ 광학적 탐측기에 의해 취득된 영상에 비해 영상의 기하학적 구성이 복잡할 뿐 아니라 영상의 시각적 효과도 양호하지 못함
⑧ 영상이 명확하지 않기 때문에 자료의 정량적 분석을 수행하는 경우에는 곤란함
⑨ 최근에는 SAR 영상의 해상력 증진으로 DEM 구축 등 정량적 분석이 가능하게 됨

(3) SAR 영상을 이용한 변화탐지기법

① SAR 자료는 극초단파 레이더 에너지 펄스를 송수신하는 특수 장비를 사용하여 획득
② 현장 측량을 이용하여 적절히 분포된 적은 수의 수직 및 수평기준점이 필요
③ SAR 자료를 이용하여 DSM, DEM을 생성
④ 개별 시기 1과 시기 2의 SAR 자료의 DSM과 DEM을 이용하여 지형 · 지물의 변화를 탐지

3. InSAR(SAR Interferometry)

(1) 원리

① 동일한 지표면에 대하여 두 개의 SAR 영상이 지니고 있는 위상정보의 차이값을 활용하는 것
② 공간적으로 떨어져 있는 두 개의 레이더 안테나들로부터 받은 신호를 연결시킴으로써 고도값을 추출하고 위치결정 및 DEM을 생성

(2) 데이터 획득정보

① 안테나의 위치가 플랫폼의 이동 방향에 수직인 경우 : 지형표고 추출

② 안테나의 위치가 플랫폼의 이동 방향에 평행인 경우 : 이동물체 추출

(3) 관측 방법

1) Single Pass

① 1개의 플랫폼에 2개의 안테나를 탑재해서 동시에 데이터를 취득하는 방법

② 주로 항공기에 의한 관측

2) Two Pass

① 1개의 플랫폼에 1개의 안테나만 탑재하고 2회 관측으로 데이터를 취득하는 방법

② 주로 위성에 의한 관측

(4) 특징

① 레이더 데이터는 주야에 관계없고, 구름을 통과하므로 상시관측이 가능함

② 영상 대응점 검색을 필요로 하지 않기 때문에 특징점이 없는 지역에서의 계산이 가능함

③ 차분을 이용하므로 InSAR 기술은 지각변동을 포착할 수 있음

④ Two Pass 위성관측의 경우 기선조건에 의한 궤도 간의 제약, 관측일 차이에 의한 지표면의 변화 등 InSAR 관측 조건을 만족하는 데이터가 적음

⑤ 항공사진측량에 의하여 제작되는 수치표고자료(DEM)만큼 매우 정밀한 지형정보를 제공할 수 있음

(5) InSAR 기법을 이용한 변화탐지(Change Detection)기법

1) 개념

과거부터 현재까지의 다중시기(Multi-temporal)에 취득된 데이터를 이용하여 대상물(Object) 또는 현상들의 차이를 정량적으로 분석하는 과정

2) D-InSAR 기법

① 동일한 지역에서 획득된 2장의 SAR 영상(주영상, 부영상)으로부터 위상의 차이를 구하고, 지표의 고도 및 표면의 변위를 측정하는 기법

② 2-Pass, 3-Pass, 4-Pass 등 지형 기복을 제거하는 방법에 따라 다양하게 세분화되며, 그중 DEM 자료와 2장의 SAR 영상을 사용하는 2-Pass 방법이 가장 보편적으로 사용되고 있음

③ 2장의 SAR 영상만을 사용하므로 영상 간의 긴밀도에 따라 지표변위량이 크게 좌우되는 특징이 있음

- D-InSAR는 영상 획득 시 위성 간의 거리 차이인 기선길이(Baseline)가 긴 경우나 주영상과 부영상 간의 시간적 차이가 클수록 긴밀도가 떨어져 정확한 지표변위를 획득하는 것에 어려움이 발생함
- D-InSAR 기법을 작용할 때 우선적으로 정확한 기선거리를 알아야 하며, 주영상과 부영상 간 영상 촬영 시기 차이에 의해 발생하는 긴밀도 저하를 고려해야 함
- 또한 D-InSAR 기법에서 공간해상도가 높은 X-밴드를 사용하게 되면 파장이 긴 L-밴드나 C-밴드 등 낮은 공간해상도를 갖는 밴드를 사용할 때보다 영상 한 픽셀당 긴밀도 변화폭이 크게 생겨 정확한 지표변위를 도출하는 데 어려움이 발생함

4. 활용

(1) 토지이용과 토지피복 변화, 산림 및 식생의 변화, 산림손실, 파괴, 손상 분석, 선택적 수목벌채, 재건
(2) 습지 변화, 산불탐지, 산불피해면적 계산, 경관의 변화, 도심지 변화
(3) 환경 변화(가뭄, 홍수, 사막화, 산사태 등), 기타(농작물 모니터링, 빙하, 지질 변화 등)

5. 결론

최근 위성영상 및 항공사진의 활용에 관한 관심이 증대되면서 SAR 영상에 대한 연구가 활발히 진행되고 있다. 그러나 장비의 구입비용이 고가이고 전문 인력 미비로 인해 측량 전반에 활용되지 못하고 있으므로 전문 인력 양성과 관계 법령의 개선 등이 필요하다고 판단된다.

122회 측량 및 지형공간정보기술사 문제 및 해설

2020년 7월 4일 시행

분야	건설	자격 종목	측량 및 지형공간정보기술사	수험 번호		성명	

구분	문제	참고문헌
1 교시	※ 다음 문제 중 10문제를 선택하여 설명하시오. (각 10점)	
	1. 디지털 트윈 공간(DTS : Digital Twin Space)	1. 포인트 8편 참고
	2. SfM(Structure from Motion)	**2. 모범답안**
	3. 오차전파법칙(Propagation of Error)	**3. 모범답안**
	4. KNGeoid	**4. 모범답안**
	5. 메타데이터(Metadata)	5. 포인트 8편 참고
	6. OTF(On The Fly)	6. 포인트 5편 참고
	7. 실내공간정보 데이터 표준	**7. 모범답안**
	8. 인바 표척(Invar Staff)	**8. 모범답안**
	9. 슬램(SLAM : Simultaneous Localization And Mapping)	9. 포인트 8편 참고
	10. 교호수준측량(Reciprocal Leveling)	10. 포인트 4편 참고
	11. GNSS 오차 종류	11. 포인트 5편 참고
	12. 지하지반정보	**12. 모범답안**
	13. VLBI(Very Long Baseline Interferometry)	13. 포인트 2편 참고
2 교시	※ 다음 문제 중 4문제를 선택하여 설명하시오. (각 25점)	
	1. 클로소이드 곡선(Clothoid Curve) 설치에 대하여 설명하시오.	1. 포인트 9편 참고
	2. 도시 지역 간 연결교통로 개설에 따른 실시설계측량에 대하여 설명하시오.	**2. 모범답안**
	3. 스마트건설에서 측량의 역할에 대하여 설명하시오.	**3. 모범답안**
	4. 도시개발사업(택지, 산업단지)을 조성하기 위한 현황측량에 대하여 설명하시오.	4. 포인트 9편 참고
	5. 침수흔적도와 침수예상도를 포함하는 재해정보지도의 제작과정 및 활용방안에 대하여 설명하시오.	**5. 모범답안**
	6. 3차원 국토공간정보 구축 방법에 대하여 설명하시오.	**6. 모범답안**
3 교시	※ 다음 문제 중 4문제를 선택하여 설명하시오. (각 25점)	
	1. 지리정보시스템(GIS) 데이터 중 벡터자료 파일형식에 대하여 설명하시오.	1. 포인트 8편 참고
	2. 해양 물류수송에서 수중공간정보 취득을 위한 수심측량 작업공정에 대하여 설명하시오.	**2. 모범답안**
	3. 통합기준점 높이 결정에 대하여 설명하시오.	**3. 모범답안**
	4. 위치기반서비스 플랫폼 설계 시 사용되는 지도매칭에 대하여 설명하시오.	4. 포인트 8편 참고
	5. SAR를 이용한 지반 변위 모니터링 방안에 대하여 설명하시오.	**5. 모범답안**
	6. 철도시설 연결에 따른 시공측량에 대하여 설명하시오.	**6. 모범답안**
4 교시	※ 다음 문제 중 4문제를 선택하여 설명하시오. (각 25점)	
	1. 디지털항공사진측량 공정 중 촬영계획 수립에 대하여 설명하시오.	1. 포인트 6편 참고
	2. 공간정보를 이용한 화재진압 및 화재예방 활동에 대하여 설명하시오.	**2. 모범답안**
	3. 도로시설물의 유지관리측량에 대하여 설명하시오.	**3. 모범답안**
	4. 드론 초분광센서를 이용한 농작물 현황측량에 대하여 설명하시오.	**4. 모범답안**
	5. 「공간정보의 구축 및 관리 등에 관한 법률」에 의한 측량업의 종류 및 업무에 대하여 설명하시오.	5. 포인트 1편 참고
	6. 지하시설물 측량에 이용되는 탐사기법에 대하여 설명하시오.	6. 포인트 9편 참고

NOTICE 본 측량 및 지형공간정보기술사 문제 및 해설 중 참고문헌의 《포인트》는 예문사 출간 《포인트 측량 및 지형공간정보기술사》임을 알려드립니다.

01 SfM(Structure from Motion)

1교시 2번 10점

1. 개요

SfM(Structure from Motion)은 특징점 추출 기술로 Laplacian을 직접 계산하지 않고 DoG(Difference of Gaussian)을 이용하여 각 스케일별로 Laplacian을 근사적으로 계산함으로써 처리속도가 매우 빠른 장점이 있어 무인항공사진측량의 정사투영 생성에 활용되고 있다.

2. 무인항공사진측량에 의한 정사영상 제작순서

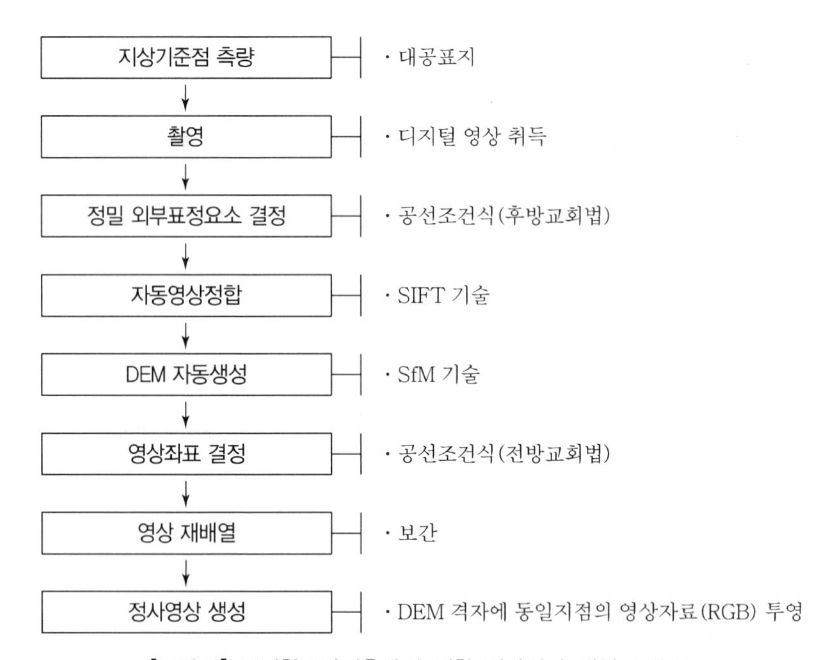

[그림 1] 무인항공사진측량에 의한 정사영상 생성 흐름도

3. SIFT(Scale Invariant Feature Transform) 기술

영상정합을 위한 SIFT 방법은 각각의 영상들로부터 특징점을 검출하는 방식으로 자동으로 영상을 정합하는 기술이다. 크게 특징점 추출단계, 서술자(Descriptor)를 생성하는 두 단계로 구분된다.

(1) 특징

① 회전, 축척, 명암, 카메라 위치 등에 관계없이 영상데이터를 특징점으로 변환하여 영상정합을 자동으로 수행

② 축척, 방향성, 밝기 및 카메라 노출점 등의 변화에 불변하기 때문에 비행특성상 흔들림이 많은 드론으로 획득한 사진영상의 정합에 적합한 방법

③ UAV 영상의 처리를 위한 자동항공삼각측량(AAT) 과정의 기반자료가 됨

④ 외부표정요소의 정확도와 관계없이 유효면적이 작은 대량의 사진영상을 자동으로 정합할 수 있는 장점이 있음

(2) SIFT 처리

① 영상을 $\sqrt{2}$ 의 순차로 블러링하여 구축한 영상 피라미드 방식의 스케일 공간에서 명암비가 극값(최대 또는 최소)인 특징점 검출

② 명암비가 낮거나 모서리에 위치한 특징점 제거

③ 필터링된 특징점의 방위를 할당하고, 그 크기와 방향을 나타내는 서술자(Descriptor) 생성

4. SfM(Structure from Motion) 기술

SfM은 다촬영점 3차원 구조(형상) 복원기술로 여러 방향에서 찍은 수많은 영상들로부터 점군을 생성하여 3차원 형상을 구현하거나 증강현실 등에 이용할 수 있는 방법이다.

(1) 특징

① SIFT에 의해 정합된 영상을 고차적으로 번들조정하여 대상물과 카메라의 위치관계를 복원하여 3차원 점군(Point-Cloud)을 생성하는 기술

② 전통적인 항공사진측량과 달리 외부표정요소 또는 지상기준점 좌표가 없어도 카메라의 자세와 영상기하를 재구성할 수 있음

③ 여러 시점에서 촬영된 2D 영상으로부터 카메라의 포즈(위치, 방향)를 추정하고 촬영된 물체나 장면의 3차원 구조를 복원하는 방법

④ 드론으로 촬영된 많은 수의 사진을 빠른 시간에 처리할 수 있고 비측량용 카메라를 사용할 수 있는 장점이 있음

⑤ 다양한 각도로 촬영된 다수의 영상에서 매칭된 각 특징점의 3차원 좌표와 카메라 위치를 추정하여 3차원으로 영상기하를 재구성

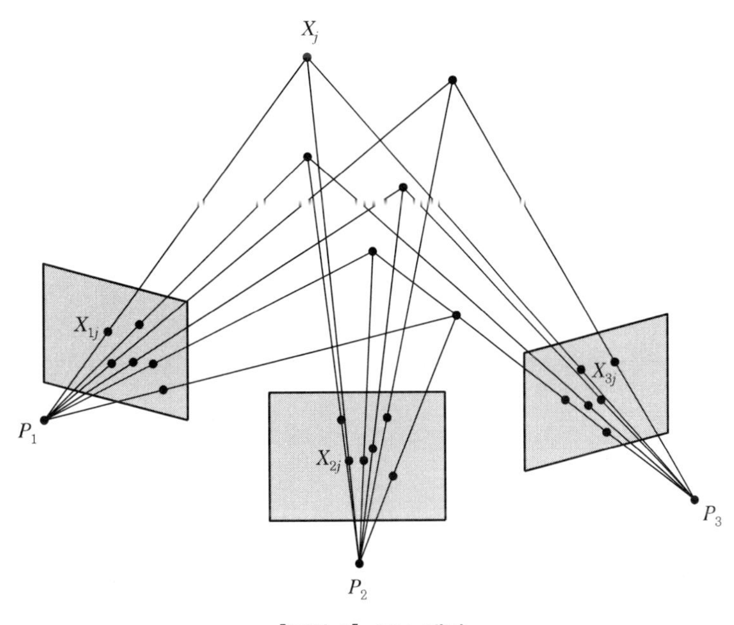

[그림 2] SfM 개념

(2) SfM 처리

① SIFT로 정합된 영상을 고차 번들 조정하여 3D 장면을 재구성함으로써 초기 포인트 클라우드 생성

② 초기 포인트 클라우드는 점밀도가 현저히 떨어지므로 영상을 분해하여 보간함으로써 고밀도의 3D 포인트 클라우드로 구조화

02 오차전파법칙(Propagation of Error)

1교시 3번 10점

1. 개요

랜덤 변수의 오차가 물리적 · 기하학적 환경에 따라 전파되는 것을 오차전파라 한다. 오차전파에는 크게 정오차 전파와 부정오차 전파로 구분된다.

2. 정오차 전파(Propagation of Systematic Errors)

오차의 부호와 크기를 알 때 이들 오차의 함수가 $y=f(x_1, x_2, x_3, \cdots, x_n)$로 구성되면 정오차 전파식은 다음과 같다.

$$\Delta y = \frac{\partial y}{\partial x_1}\Delta x_1 + \frac{\partial y}{\partial x_2}\Delta x_2 + \cdots + \frac{\partial y}{\partial x_n}\Delta x_n$$

3. 부정오차 전파(Propagation of Random Errors)

어떤 양 X가 $x_1, x_2, x_3, x_4, \cdots, x_n$의 함수로 표시되고 관측된 평균제곱근오차를 $\pm m_1, \pm m_2, \pm m_3, \cdots, \pm m_n$이라 하면 $X=f(x_1, x_2, x_3, \cdots, x_n)$에서 부정오차 총합의 일반식은 다음과 같이 표시할 수 있다.

$$M = \pm\sqrt{\left(\frac{\partial X}{\partial x_1}\right)^2 {m_1}^2 + \left(\frac{\partial X}{\partial x_2}\right)^2 {m_2}^2 + \cdots + \left(\frac{\partial X}{\partial x_n}\right)^2 {m_n}^2}$$

[부정오차 전파 응용(예)]

① $Y=X_1+X_2+\cdots+X_n$인 경우

$M=\pm\sqrt{{m_1}^2+{m_2}^2+{m_3}^2+\cdots+{m_n}^2}$

② $Y=X_1 \cdot X_2$인 경우

$M=\pm\sqrt{(X_2 \cdot m_1)^2+(X_1 \cdot m_2)^2}$

③ $Y=\frac{X_1}{X_2}$인 경우

$$M=\pm\frac{X_1}{X_2}\sqrt{\left(\frac{m_1}{X_1}\right)^2+\left(\frac{m_2}{X_2}\right)^2}$$

④ $Y=\sqrt{{X_1}^2+{X_2}^2}$인 경우

$$M=\pm\sqrt{\left(\frac{X_1}{\sqrt{{X_1}^2+{X_2}^2}}\right)^2{m_1}^2+\left(\frac{X_2}{\sqrt{{X_1}^2+{X_2}^2}}\right)^2{m_2}^2}$$

03 KNGeoid

1교시 4번 10점

1. 개요

지오이드 모델은 불연속적인 지오이드고를 수학식으로 나타내거나 격자 간격의 모델로 구성한 것이다. 지오이드 모델은 지구의 물리적 형상을 파악한다는 의미가 있으며, 측량 분야에서는 높이측량을 빠르고 효율적으로 수행할 수 있어 그 모델 구축이 중요하다. 최근 2018년에 KNGeoid 14 발표 이후 자료를 반영하여 개선된 KNGeoid 18이 발표되었다.

2. 우리나라 지오이드 모델 구축현황

(1) 베셀 지오이드 모델(1996년 발표)
(2) KGEOID 99(1998년 발표)
(3) KGD 2002 지오이드(2002년 발표)
(4) GMK 09(2009년 발표)
(5) KNGeoid 14(2014년 발표)
(6) KNGeoid 18(2018년 발표)

3. KNGeoid

(1) KNGeoid 13

2011년부터 국토지리정보원에서는 전국을 대상으로 국가지오이드 모델을 구축하기 위한 연구를 수행하여 2012년에는 지오이드 모델 구축 기반 자료를 수집하고 국가지오이드 모델을 개발하였다. 2013년에는 산악지역의 정밀도를 보완하고자 삼각점 중력자료를 획득하고 이를 반영하여 지오이드 모델 KNGeoid 13을 구축하였다. KNGeoid 13의 적합도는 3.08cm, 정밀도는 3.41cm 정도이다.

(2) KNGeoid 14

2014년에 재처리가 완성된 선상중력 자료와 신규삼각점 중력 자료를 반영하여 육지와 해양을 아우르는 고정밀의 국가지오이드 모델이 구축되었다.

(3) KNGeoid 18

2014년 이후 자료를 반영하여 지오이드를 개선하였고 GOCE 위성 관측 자료가 포함된 신규 범지구장 모델(XGM2016)을 적용하였다. 삼각점 중력 자료(2015~2016년) 및 2차 통합기준점 중력 자료(2017년)를 추가하였고, 1 · 2차 통합기준점 GNSS/Leveling 자료를 이용하였다. 전체 정밀도는 2.33cm, 평지 2.15cm, 산악 2.68cm 정도이다.

4. KNGeoid 14와 18의 비교

구분	KNGeoid 14	KNGeoid 18
범지구중력장 모델	EGM2008	XGM2016
육상중력 자료	9,455점	12,117점
항공중력 자료	27,343점	
해상중력 자료	242,379점(선상+DTU10)	
지형 자료	국토지리정보원+SRTM	
GNSS/Leveling 자료	1,034점	2,791점

5. 활용

(1) GNSS 타원체고의 표고 전환에 활용
(2) 기준점측량 및 응용측량에 활용
(3) 무인자동차, 자율주행 및 드론에 활용
(4) 해수면 측정 및 수고 측정에 활용
(5) 홍수 예방 및 모니터링에 활용

04 실내공간정보 데이터 표준

1교시 7번 10점

1. 개요

실내공간정보란 지상 또는 지하에 존재하는 건물 등 인공구조물의 내부에 관한 공간정보를 말한다. 실내공간정보 데이터 형식, 표준 데이터의 객체 유형 및 표준 데이터 사양은 다음과 같다.

2. 실내공간정보 구축 데이터의 형식(표준)

「실내공간정보 구축 작업규정」 제7조 데이터 형식은 다음과 같다.

(1) 실내공간정보는 City-GML 2.0 데이터 형식과 IndoorGML의 공간개념으로 제작하는 것을 원칙으로 한다. 다만, 작업기관의 활용계획에 따라 Shape, 3DS, JPEG 등 다른 데이터 형식을 추가할 수 있다.

(2) City-GML 2.0 데이터 형식과 IndoorGML의 공간개념에 대한 정의는 다음 "실내공간정보 표준데이터 사양"을 참고하고, 개방형 공간정보 컨소시엄에서 규정한 문서를 준용한다.

3. 실내공간정보 표준 데이터 사양

객체 유형	상위 객체	연계 객체	기하요소
추상건물	core::_Site	• 실내설치물(IntBuildingInstallation) • 실내가구(BuildingFurniture) • 단위공간(Room) • 경계면(BoundarySurface)	추상객체 타입이므로 자체 기하요소는 없음
건물	추상건물 (_AbstractBuilding)	추상건물에 연계된 객체 유형	LoD에 따라 다음과 같이 결정 • LoD0 : GM_MultiSurface • LoD2, 3 : GM_Solid
부분건물	추상건물 (_AbstractBuilding)	추상건물에 연계된 객체 유형	LoD에 따라 다음과 같이 결정 • LoD0 : GM_MultiSurface • LoD2, 3 : GM_Solid
단위공간	GML::_Feature	• 가상면(_BoundarySurface) • 실내가구(BuildingFurniture) • 실내설치물(IntBuildingInstallation)	LoD에 따라 다음과 같이 결정 • LoD0 : GM_MultiSurface • LoD2,3 : GM_Solid
실내 설치물	GML::_Feature	해당 없음	LoD에 따라 다음과 같이 결정 • LoD0 : 2D implicit Geometry GM_MultiSurface GM_MultiCurve • LoD2, 3 : 3D implicit Geometry GM_MultiSurface GM_Soli
실내가구	GML::_Feature	해당 없음	LoD에 따라 다음과 같이 결정 • LoD0 : 2D implicit Geometry GM_MultiSurface GM_MultiCurve • LoD2,3 : 3D implicit Geometry GM_MultiSurface GM_Solid

객체유형	상위 객체	연계 객체	기하요소
경계면	GML::_Feature	개폐(_Opening)	경계면은 객체화될 수 없는 추상 객체 유형이므로 기하요소를 가지고 있지 않다. 기하요소는 경계면 하부 객체 유형이 가질 수 있다
실내벽면	경계면 (_BoundarySurface)	경계면에 연계된 실내객체 유형	LoD에 따라 다음과 같이 결정 • LoD0 : GM_MultiCurve • LoD1－3 : GM_MultiSurface
천장면	경계면 (_BoundarySurface)	경계면에 연계된 실내객체 유형	LoD에 따라 다음과 같이 결정 • LoD0 : 표현하지 않음 • LoD2,3 : GM_MultiSurface
바닥면	경계면 (_BoundarySurface)	경계면에 연계된 실내객체 유형	LoD에 따라 다음과 같이 결정 • LoD0 : GM_MultiCurve 또는 GM_MultiSurface • LoD2, 3 : GM_MultiSurface
가상면	경계면 (_BoundarySurface)	경계면에 연계된 실내객체 유형	LoD에 따라 다음과 같이 결정 • LoD0 : GM_MultiCurve • LoD2, 3 : GM_MultiSurface
개폐	GML::_Feature	경계면(_BoundarySurface)	추상객체이므로 기하요소를 가지지 않으며, 기하요소는 하부객체 유형에서 정의
문	개폐(_Opening)	개폐에 연계된 실내객체 유형	LoD에 따라 다음과 같이 결정 • LoD0 : GM_MultiCurve • LoD2, 3 : GM_MultiSurface
창문	개폐(_Opening)	개폐에 연계된 실내객체 유형	LoD에 따라 다음과 같이 결정 • LoD0 : GM_MultiCurve • LoD2, 3 : GM_MultiSurface

05 인바 표척(Invar Staff)

1교시 8번 10점

1. 개요

표척이란 목제 또는 금속제의 판에 눈금을 표시하여 시준선의 높이를 측정하는 기구로 온도 변화에 따른 표척의 변화는 수준측량의 오차를 유발한다. 따라서 수준측량의 오차를 줄이기 위하여 온도 변화가 없는 재질의 표척이 필요하며, 이를 해결하기 위하여 개발된 표척이 인바 및 바코드 표척으로 정밀수준측량에 이용된다.

2. 표척의 종류

(1) 알루미늄 표척

① 알루미늄 재질로 제작
② 5단 5m, 4단 5m의 안테나 형태로 만들어짐
③ 온도 변화의 영향을 받음
④ 휴대가 편리
⑤ 건설현장의 수준측량에 이용

(2) 인바 표척

① 인바 재질로 제작
② 1단 3m, 1단 2m의 형태로 만들어짐
③ 온도 변화의 영향이 거의 없음
④ 휴대가 불편
⑤ 1등 및 2등 수준측량에 이용

(3) 바코드 표척

① 표척의 눈금을 바코드로 제작
② 디지털 레벨에 사용
③ 1등, 2등 정밀수준측량의 표척에 이용

3. 인바 표척

(1) Fe 64%, Ni 36%의 합금
(2) 열팽창계수가 적은 합금
(3) 휨 변화가 없는 알루미늄 프레임에 인바를 띠 형태로 부착
(4) 1단 3m 표척은 1등, 2등 정밀수준측량에 이용
(5) 1단 2m 표척은 실내공간 수준측량에 이용
(6) 프레임에 부착된 상태로 보관 및 이용
(7) 휴대가 불편하여 2인 1조로 사용

4. 인바 표척의 형태

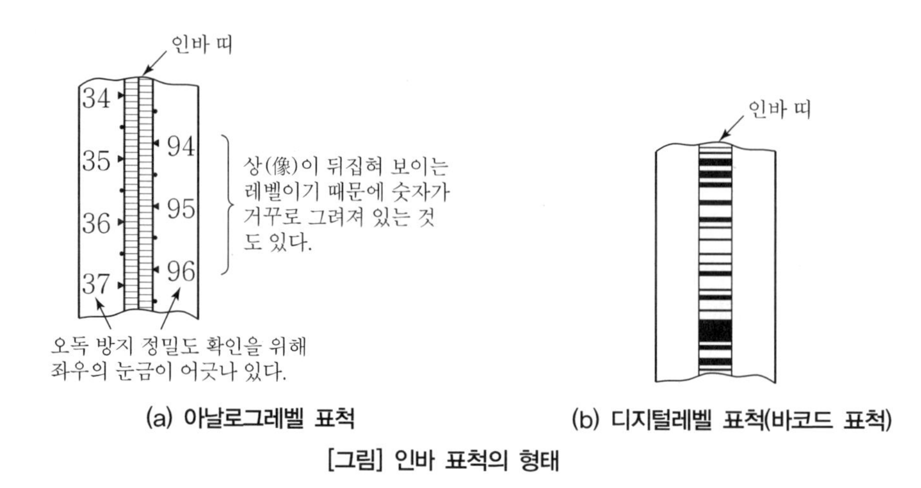

(a) 아날로그레벨 표척

(b) 디지털레벨 표척(바코드 표척)

[그림] 인바 표척의 형태

5. 인바 표척의 검교정

(1) 인바 표척의 검교정 지침 부재

(2) 프레임과 인바의 부착 상태 등에 대한 검교정 지침 필요

06 지하지반정보

1교시 12번 10점

1. 개요

지하지반정보는 터널, 지하구조물 등의 국토개발, 자원개발, 지진, 지질과 지반 재해, 지하수, 토양에 대한 환경오염 방지, 지반에 대한 지질학적 연구 등에 기여하고 있으며, 도시에서 발생하는 동공 및 도로 함몰에 따른 지하공간정보 통합 인프라 구축을 위한 표준화 방안 및 활용성에 관한 연구의 필요성이 대두되고 있다. 지하지반정보는 지하공간통합지도 구축의 기초 데이터로 지반침하 예방대책, 재해예측 및 피해 저감에 활용된다.

2. 지하지반정보

(1) 구축대상

① 시추(지층)정보 : 지반의 특성, 지층의 종류 및 지하수위 정보
② 관정정보 : 지하수의 수위분포, 지층의 구조와 수리적 특성 정보
③ 지질정보 : 암석의 종류, 성질, 분포상태 및 지질구조 정보

(2) 지반정보의 기초자료

① 시추정보 : 국토부 건설 시추정보 전산화 사업성과
② 관정정보 : 한국수지원공사, 한국농어촌공사 보유 관정 정보
③ 지질정보 : 한국지질자원연구원 1/5,000 수치지질도

3. 지하지반정보 데이터 추출

(1) 좌표계

① 세계측지계
② 중부원점 기준

(2) 지반 데이터 추출

1) 시추정보
① 군집분석기반의 시추 데이터 추출
② 도로 주변 시추 데이터 추출
③ DEM을 기준으로 표고 수정

2) 관정정보
기관별 정보 구성

3) 지질정보
레이어별로 구성

4. 지하지반정보 생성

(1) 시추정보

도로 중심 기반의 지층 Surface 데이터 생성

(2) 관정정보

관정별 3차원 Point 생성

(3) 지질정보

지표면상에 2차원으로 구축

5. 지하지반정보의 활용

(1) 지하공간통합지도 구축
(2) 지반침하 예방대책
(3) 재해예측 및 피해 저감

07 도시 지역 간 연결교통로 개설에 따른 실시설계측량에 대하여 설명하시오.

2교시 2번 25점

1. 개요

도시 발전과 팽창으로 대도시권의 같은 교통생활권에 있는 지역을 연결하는 도로, 철도 등의 시설이 필요함에 따라 정부는 광역교통시행계획을 수립하여 시행하고 있다. 도시 지역을 연결하는 광역교통시설에는 도로, 철도 등이 있으며, 본문에서는 최근 정부에서 추진하고 있는 GTX 광역도시철도의 실시설계측량을 중심으로 기술하고자 한다.

2. GTX의 특성 및 건설공사 설계

(1) GTX 건설의 특성

① 대심도 터널로 구성

② 주요 거점역 연결

(2) 건설공사 설계

① 건설공사 설계

구분	타당성 조사	기본설계	실시설계
설계내용	개략조사 최적노선 선정 경제성 분석	최적노선 선정 주요 도면설계 개략공사비	상세설계도 최종내역서 인허가서류
측량내용	지형도 도로 1/25,000~1/50,000 철도 1/5,000~1/25,000	기준점측량 지형측량(1/1,000) 중심선측량(100m 간격)	기준점측량 지형측량(1/1,000) 중심선측량(20m 간격) 용지측량

② 타당성 조사

사업의 기술적 가능성을 기본으로 경제적 · 재무적인 측면에서 평가를 하여 그 사업의 타당성, 즉 추진 여부를 결정하기 위한 조사이다.

③ 기본설계

타당성조사 및 기본계획을 감안하여 시설물의 규모, 기간, 개략 공사비 등을 조사하여 최적안을 선정하고 실시설계에 필요한 기술 자료를 작성하는 것이다.

④ 실시설계

기본설계의 결과를 세부 조사하여 최적안을 선정하여 시공 및 유지관리에 필요한 설계도서 등을 작성하는 것이다.

3. 실시설계측량

(1) 지형현황측량

① 현황측량은 항공사진측량을 원칙으로 함

② 주요 거점 역사구간은 TS를 이용한 직접측량 실시

(2) 세부측량

1) 측량 순서

[그림] 실시설계측량의 순서

2) 기준점측량

① 평면기준점 : GNSS 측량

② 수직기준점 : 직접수준측량

③ CP(Control Points) 설치 간격 : 500m

3) 중심선측량

① 설계 중심선을 기준으로 20m마다 그리고 지형이 변하는 곳은 추가 측점을 현지에 직접 측설하고 중심선 말목을 설치

② 측량 방법은 GNSS-RTK 혹은 TS 측량으로 실시

③ TS 측량 시 CP에서 측설하는 중심선까지 거리가 250m 이상이 될 경우 거리보정을 실시

4) 종단측량

① 중심선 말목 측설 위치의 지반고를 측량

② 직접수준측량, 간접수준측량으로 실시하며, 간접수준측량은 TS 측량

③ 종단면도 작성 축척 : 도로(H=1/1,200, V=1/200), 철도(H=1/1,000, V=1/400)

5) 횡단측량

① 중심선 말목 측설 위치를 기준으로 계획 노선의 좌우 직각방향에 대하여 설계폭 이상까지 지형의 변곡점에 대한 측량을 실시

② 직접수준측량, 간접수준측량으로 실시하며, 간접수준측량은 TS 측량

③ 횡단면도 작성 축척 : 1/100~1/200

6) 용지측량

① 설계 중심선을 기준으로 20m마다 좌우 용지폭을 현지에 직접 측설하고 용지 말목을 설치

② 용지측량은 설계를 기준으로 공사를 수행할 공사용지 확보를 위한 측량으로 향후 용지측량을 기준으로 한국국토정보공사에서 분할측량을 실시하여야 함

③ 용지도는 도로 1/1,200, 철도 1/1,000의 축척으로 작성

④ 용지도는 측량에 사용할 수 없는 참고 도면임

7) 지장물 조사
① 지하지장물 조사
② 지장물도 작성

8) 기타 측량
① 주요 통과역 조사
② 환승계획(환승통로)에 반영

4. 기본설계측량, 실시설계측량의 문제점

(1) 단계별(기본설계, 실시설계) 측량에 대하여 명문화 필요

① 기본설계 단계에서 실시설계 수준의 측량 요구
② 설계내역에 측량의 대가 미반영 대부분

(2) 발주 방법 변경

① 설계와 측량의 분리 발주 필요
② 대부분 분리 발주 미실시로 설계사에 종속되는 구조

5. 개선방향

(1) 설계와 측량의 분리 발주
(2) 내역서에 정확한 측량의 대가 반영
(3) 공공측량성과심사의 의무화

6. 결론

대도시권을 연결하는 광역교통시설에 필요한 도로, 철도에 대한 설계를 시행하는 과정에 필요한 측량에 대한 문제점을 보면 측량의 대가가 정확하게 반영된 내역서의 부재 그리고 분리 발주의 미실시로 인하여 측량은 설계업무에 종속되어 실시되고 있는 바 이 부분에 대한 개선과 공간정보산업의 활성화를 위하여 정부, 학계, 측량업계 그리고 공간정보 기술자의 적극적인 노력이 필요하다고 판단된다.

08 스마트건설에서 측량의 역할에 대하여 설명하시오.

2교시 3번 25점

1. 개요

스마트건설이란 건설에 첨단기술(BIM, 드론, 로봇, IoT, 빅데이터, AI 등)을 융합한 기술이며, 제4차 산업혁명으로 인해 건설업계는 기존의 경험의존적 산업에서 지식 첨단산업으로 패러다임을 전환하고 있다. 최근 국토교통부에서는 2025년까지 스마트건설기술 활용기반 구축 및 2030년까지 건설자동화 완성을 목표로 스마트건설 기술 로드맵을 수립하였으며, 이는 건설현장에서 2차원 설계도면에서 3차원 정보모델을 활용하고, 인력 · 경험 중심 반복작업에서 데이터 기반 시뮬레이션으로 변화하기 위해 건설 전 과정에서 ICT를 접목하는 것이다. 이를 위해서는 3D 설계, GNSS 위치정보 활용 및 레이저 스캐너 등을 활용한 건설현장의 3차원 매핑(Mapping)에 대한 기술발전이 그 중심에 있어야 한다. 본문에서는 스마트건설의 필요성, 기대효과 및 측량의 역할을 중심으로 기술하고자 한다.

2. 스마트건설의 필요성 및 기대효과

(1) 필요성

① 인구 감소, 고령화에 따른 노동인구 감소
② 투자 규모 대비 신규 노동력 부족으로 기술 전수의 어려움 발생
③ 생산성, 안정성의 근본적 개선
④ 글로벌 경쟁력 확보

(2) 기대효과

① 기술경쟁력 확보
② 해외 수주 기여
③ 건설데이터와 IT기술 접목으로 새로운 비즈니스 모델 창출

3. 스마트건설에서 측량의 역할

(1) 신속한 의사결정 지원

① 현장 지형의 정밀한 3차원 관측
② 건설 장비의 모니터링
③ 지형공간정보의 3차원 매핑

(2) MG(Machine Guidance), MC(Machine Control) 등 기술 지원

① 설계 도면의 3D 변화
② 자동화 공정의 확인 점검

(3) 취득한 공간정보의 관리

① 취득한 공간정보의 처리 및 저장
② 현장의 효율적 3차원 공간정보 제공

(4) 품질 및 안전관리

① 3D 입체를 통한 정확한 품질관리

② 원격제어를 통한 인사사고 예방

4. 스마트건설에서 측량의 활용(예)

(1) 드론의 활용

① 국한지역, 재난지역의 현장 조사

② 드론 라이다를 통한 숲 지역의 정확한 측량

③ 고정밀 해상도로 작성된 정사영상을 이용한 지적재조사

(2) MMS의 활용

① 2D 평면에서 관리하던 설계와 시공을 3D 입체로 관리

② 3D 지형정보를 활용하여 가상설계와 시공으로 발전

5. 결론

드론이 건설현장을 날아다니며 측량한다. 관제실에서는 드론이 보내온 데이터를 이용해 현장을 3차원 그래픽으로 생성하고 드론이 작업계획을 세우면 무인 굴착기가 공사를 시작한다. 사람이 없는 미래의 건설현장 모습이다. 이러한 변화의 흐름에 적응하고 신성장 역량을 갖추기 위해 기업들은 다양한 디지털 기술들의 통합을 통해 스마트건설을 앞당겨야 할 것으로 판단된다.

09 침수흔적도와 침수예상도를 포함하는 재해정보지도의 제작과정 및 활용방안에 대하여 설명하시오.

2교시 5번 25점

1. 개요

재해지도는 자연재해로부터 안전하도록 개발계획을 수립하고 재해 발생 시에는 신속한 주민대피에 활용되는 지도로서, 수치지도와 지적도 등의 기본 도형자료에 침수와 관련된 각종 정보를 수록하여 제작하며, 그 종류로는 침수흔적도, 침수예상도 및 재해정보지도 등이 있다. 재해의 예방, 대응 및 복구단계에 활용된다.

2. 재해지도별 특징

(1) 침수흔적도

① 침수 피해가 발생한 지역에 대하여 침수흔적 조사 및 측량

② 침수 구역에 대한 침수위, 침수심, 침수시간을 조사하여 지형도 및 지적도에 표시

③ 사전재해영향성 검토, 재해위험지구 정비, 풍수해 저감 종합계획 등 각종 개발계획 및 인 · 허가 시 사전 검토 자료로 활용

(2) 침수예상도

① 과거의 침수피해 흔적과 지진해일, 극한 강우, 댐 · 저수지 · 제방의 붕괴 및 월류, 계획홍수위 등 수문학적 인자를 고려하여 장래의 침수 예상지역 및 침수심 등을 예측하여 작성한 지도

② 내륙지역의 홍수범람 위험도와 해안지역의 해안침수 예상도로 세분

③ 토지이용계획 수립의 기반자료로 이용

(3) 재해정보지도

1) 침수흔적도와 침수예상도를 토대로 재해 발생 시 필요한 정보를 표시한 지도

2) 피난활용형, 방재정보형, 방재교육형으로 구분

3) 재해정보지도 수록 내용

① 침수예상 및 흔적 등의 침수 정보

② 대피장소, 대피로, 대피기준 등의 대피 정보

③ 보건소, 병원 등의 의료시설 정보

④ 시청, 구청, 동사무소, 소방서, 경찰서, 기상청, 군부대 등 방재관계기관 정보

⑤ 상하수도, 전기, 가스공급시설 및 통신시설 등의 라이프 라인 정보

⑥ 풍수해 관련 정보량 등

4) 침수가 예상되는 지역에서 주민들이 원활하고 신속하며 효과적으로 대피할 수 있도록 하는 안전도우미로서 활용

3. 재해지도의 작성(재해정보지도의 제작과정)

(1) 기본 도형 자료(Base Map)

수치지형도 및 연속지적도

(2) 속성 자료

1) 지형도 속성 자료
   ① 표고점 레이어 : 1/1,000~1/5,000 수치지형도(표고값)
   ② 등고선 레이어 : 1/1,000~1/5,000 수치지형도(등고값)
   ③ 건물 레이어 : 새주소 관리 시스템의 건물 레이어(주요 건물명)
   ④ 도로 레이어 : 도로관리 시스템의 도로 레이어(도로폭)
   ⑤ 하천유역 경계 : 하천대장, 공사도면 자료활용 신규 작성(유역명)

2) 지적도 속성 자료
   ① 지적선, 지목, 지번 등
   ② 연속지적도 자료(KLIS) 활용

3) 침수상황 속성 자료
   침수위, 침수심, 침수면적, 침수구역 경계, 침수피해 내용 등

(3) 작성자

지역 방재 분야, 수자원 분야, 공간정보 분야, 해일 및 해양 · 측량 분야(해안침수 예상도에 한함)의 전문가가 공동 참여하여 작성

(4) 재해지도 작성순서

재해지도는 침수흔적도와 침수예상도를 먼저 작성하고 이를 토대로 재해정보지도를 작성하는 것을 원칙으로 한다.

(5) 침수흔석도 삭성 설자 및 종류

1) 침수흔적도 작성 절차
   ① 침수흔적조사 자료 검토 및 분석 → ② 침수흔적지 현장 측량 → ③ 침수흔적 상황 도면 표시 등 → ④ 침수흔적 조사 자료 데이터베이스 구축 및 자료 관리

2) 침수흔적도 종류
   ① 연속지적도 기반의 침수흔적도
   ② 수치지형도 기반의 침수흔적도
   ③ 연속지적도 및 수치지형도 기반의 침수흔적도

(6) 홍수범람예상도 작성 절차

① 자료 수집 및 현장조사 → ② 조사측량(필요시) → ③ 수치표고자료 구축 → ④ 홍수범람 시나리오 작성 → ⑤ 수문 · 수리분석 → ⑥ 격자망 구성 및 계산조건 설정 → ⑦ 범람해석 → ⑧ 계산결과의 검증 → ⑨ 각종 시설의 위치 및 정보전달계통의 정리 → ⑩ 홍수범람예상도 작성

(7) 내수침수예상도 작성 절차

① 과거 내수 침수자료 및 침수 당시 방재시설현황 조사 → ② 강우 및 수문분석 시나리오 구축 → ③ 도시지역 지형자료 구축 → ④ 도시지역 우수배제시스템 자료 구축 → ⑤ 내수침수 해석 모형 구축 → ⑥ 모형 검증 및 시나리오별 수치 계산 → ⑦ 내수침수 결과의 해석 및 정리 → ⑧ 각종 시설의 위치 및 정보전달 계통의 정리 → ⑨ 내수침수예상도 작성

(8) 해안침수예상도 작성 절차

① 해안침수자료 조사 → ② 가상 시나리오 작성 → ③ 해저지형 및 육상지형 자료 수집 → ④ 계산영역 설정 및 수치표고 자료 구축 → ⑤ 격자망 구성 및 계산조건 설정 → ⑥ 모형 검증 및 시나리오별 수치계산 → ⑦ 수치계산 결과의 해석 및 정리 → ⑧ 시나리오별 계산결과의 검증 → ⑨ 시나리오별 해안침수예상도 작성 → ⑩ 각종 시설의 위치 및 정보전달 계통의 반영 → ⑪ 침수예상도의 작성 → ⑫ 시나리오별 DB 구축

(9) 재해정보지도 작성 흐름

① 작성조건 설정 : 침수흔적, 침수예상, 작성범위 등 조건 설정

② 대피계획 검토 및 수립 : 대피가 필요한 지역, 대피대상 주민 선정, 대피장소 등을 검토하여 최적의 대안으로 대피계획 수립

③ 지도 작성 : 침수조건 검토 자료 및 대피계획 수립내용을 정리하여 도면에 표시

4. 재해지도의 활용방안

(1) 예방 · 대비단계

자연재해 예방 · 대비 단계에서는 방재계획의 수립 및 재난 대비를 위한 교육 · 훈련 · 홍보에 활용한다.

(2) 대응단계

자연재해 대응단계에서는 긴급 상황에 신속히 대응할 수 있는 정보 제공 및 지원에 활용한다.

(3) 복구단계

자연재해 복구단계에서는 구호물자 및 복구장비의 신속한 전달, 부상자 이송, 피해원인 분석 및 대책 수립에 활용한다.

5. 문제점 및 대책

(1) 기존 수치지형도를 그대로 사용할 경우 표고값의 오차에 따라 부정확한 침수예상도 작성으로 실용성 저하

1) 대상지에 대한 수치지형도의 표고정확도 분석

① 대상지 면적의 약 20% 정도를 표본추출하여 표고를 관측하고 수치지형도의 표고와 비교

② 표고는 네트워크 RTK 관측에 의한 타원체고에 KNGeoid18에 의한 지오이드고를 감산하여 결정

2) 표고오차 발생지점에 대해서는 지형보완측량 실시

① 표고오차가 크게(예 : 10cm 또는 20cm) 발생하는 지점에 대하여는 표고관측 위주의 지형측량을 실시하여 수치지형도 보완

② 지형측량 방법은 지상레이저측량, 무인항공사진측량 및 지상측량 방법 중 적당한 방법으로 실시

(2) 정확한 측량 없이 조사만을 통해 침수흔적도를 작성함에 따라 부정확한 정보 제공

1) 침수흔적선의 정확한 3차원 측량

① 네트워크 RTK+KNGeoid18 지오이드 보정으로 정확한 3차원 위치측량 필요

② 재해지도 작성을 위한 측량은 수치지도제작업 등록업체가 아니라 측지측량업, 공공측량업 또는 일반측량업 등록업체가 수행하여야 함

6. 결론

정확한 측량을 배제하고 침수흔적조사자료만을 기존 수치지형도에 표시하여 작성한 재해지도는 부정확한 성과로 인해 실제 업무에 적용성이 떨어진다. 실용성 있는 재해지도는 침수흔적선의 정확한 측량과 수치지형도의 보완을 통해 작성되어야 할 것으로 판단된다.

10 3차원 국토공간정보 구축 방법에 대하여 설명하시오.

2교시 6번 25점

1. 개요

3차원 공간정보는 2차원 공간정보가 지닌 추상성의 한계를 극복하고 현실세계의 실제 형상을 반영한 서비스를 제공하기 위해 마련되었으며 3차원 공간정보를 구축하는 방법은 2차원 공간정보에 높이정보를 입력하여 3차원 면형으로 제작하고 세밀도에 따라 가시화정보를 제작한다. 이렇게 만들어진 3차원 공간정보는 민간과 공공 분야를 가리지 않고 다양하게 활용되고 있다.

2. 3차원 국토공간정보 제작을 위한 작업순서

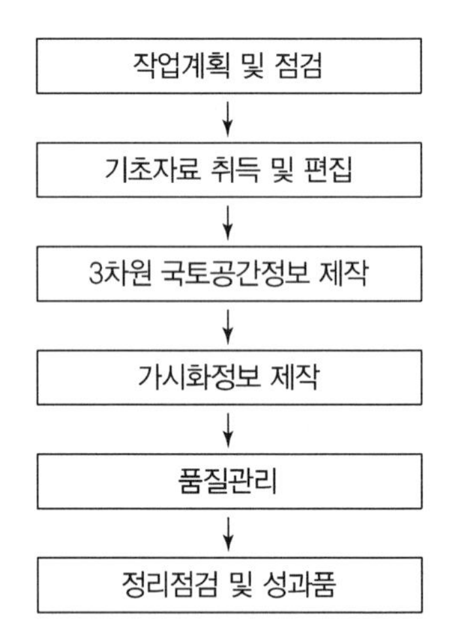

[그림 1] 3차원 국토공간정보 제작을 위한 작업 흐름도

3. 기초자료 취득

(1) 기본지리정보와 수치지도2.0을 이용한 2차원 공간정보 취득
(2) 항공레이저측량을 이용한 3차원 공간정보 취득
(3) 항공사진을 이용한 3차원 공간정보 및 정사영상 취득
(4) 이동형 측량 시스템을 이용한 3차원 공간정보 및 가시화정보 취득
(5) 디지털카메라를 이용한 가시화정보 취득
(6) 건축물관리대장, 한국토지정보시스템, 토지종합정보망, 새주소 데이터 등을 이용한 3차원 공간정보의 속성정보 취득
(7) 속성정보 취득 및 현지보완측량을 위한 현지조사
(8) 기존에 제작된 수치표고모델, 정사영상 및 영상정보를 이용한 자료의 취득

4. 3차원 국토공간정보 제작

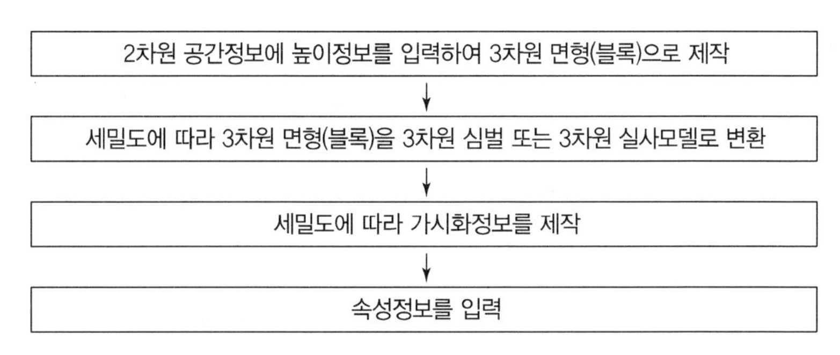

[그림 2] 3차원 국토공간정보 제작 방법

(1) 3차원 교통데이터 제작 방법

1) 단위도로면

① 단위철도면과 같이 서로 다른 면형의 지형 · 지물과 교차하는 경우에는 항상 우선한다.

② 동일 단면에서 동일한 높이값을 가진 평면으로 제작하여야 한다.

③ 차도면과 인도면으로 구성되며, 인도면은 차도면보다 높게 제작하여 차도면과 인도면을 구별하여야 한다.

④ 차도면에는 차선, 도로중심선 및 횡단보도가 표현되어야 한다. 차선 및 도로중심선은 선형으로, 횡단보도는 면형으로 차도면 위에 제작하여야 한다.

⑤ 세밀도에 따라 선형, 3차원 면형 또는 3차원 실사모델을 실폭(면)으로 제작하여야 한다.

2) 도로교차면

① 단위철도면과 같이 서로 다른 면형의 지형 · 지물과 교차하는 경우에는 항상 우선한다.

② 도로와 도로가 만나는 교차 지점을 말하며, 세밀도에 따라 선형, 3차원 면형 또는 3차원 실사모델을 실폭(면)으로 제작하여야 하며, 인접 단위도로면의 높이와 동일하여야 한다.

③ 제작 방법은 단위도로면과 동일하다. 다만, 차선 및 횡단보도는 제작하지 않는다.

3) 단위철도면

① 단위철도면과 도로의 교차 시 도로가 우선한다.

② 세밀도에 따라 3차원 면형, 3차원 심벌 또는 3차원 실사모델로 제작하여야 한다.

4) 교통시설물

① 도로 및 철도에 관련된 입체적 시설물을 말한다.

② 교량은 일반교량, 철도교량, 고가도로 및 입체교차부(램프)를 말하며, 터널은 일반터널, 지하차도, 도로교통시설물은 육교를 말한다.

③ 도로면과 접하도록 방향성을 고려하여 제작하여야 한다.

④ 교량에 표현되는 차선 및 도로중심선은 단위도로면과 동일하다.

⑤ 교량의 교각을 제작하는 경우에는 실제 개수로 제작하여야 한다.

⑥ 교량은 세밀도에 따라 3차원 면형, 3차원 심벌 또는 3차원 실사모델로 제작하여야 한다.

⑦ 터널은 터널 양쪽 출입구 및 내부구간을 제작하여야 한다.

⑧ 터널 내부구간의 도로 및 철도는 단위도로면 및 단위철도면과 동일한 방법으로 제작하여야 한다.

⑨ 터널은 세밀도에 따라 3차원 심벌 또는 3차원 실사모델로 제작하여야 한다.

⑩ 도로교통시설물은 세밀도에 따라 3차원 심벌 또는 3차원 실사모델로 제작하여야 한다.

⑪ 신호등, 가로등, 가로수, 송전탑, 안전 · 도로 표지판 등과 같은 도로교통시설물은 추가로 제작이 가능하며, 3차원 심벌 또는 3차원 실사모델로 제작하여야 한다.

(2) 3차원 건물데이터 제작 방법

① 3차원 면형(블록) 또는 연합블록(높이가 다른 블록의 조합)의 형태로 제작하여야 한다.

② 연합블록을 구성하는 개별 블록마다 높이정보 및 속성을 입력하여야 한다.

③ 세밀도에 따라 지붕의 구조, 수직적 · 수평적 돌출부 및 함몰부를 제작하여야 한다.

④ 3차원 면형(블록) 및 연합블록은 외곽점 정보를 가져야 한다. 외곽점은 건물의 정면, 좌측면, 뒷면, 우측면, 지붕면 순서로 입력한다.

⑤ 공동주택의 출입구, 환기구와 같이 건물의 부속적인 기능을 수행하며 독립적으로 존재하지 않는 기타 시설은 3차원 심벌로 제작하여야 한다.

⑥ 버스 · 택시 정류장과 같은 시설물 용도의 무벽건물은 3차원 심벌로 제작하여야 한다.

(3) 3차원 수자원데이터 제작 방법

1) 하천부속물(댐, 보)

① 하천부속물(댐, 보)이 도로 또는 교량과 교차하는 경우 도로와 교량이 우선한다.

② 하천부속물(댐, 보)과 인접하는 3차원 지형데이터 또는 제방과 일치하도록 제작하여야 한다.

③ 세밀도에 따라 3차원 면형, 3차원 심벌 또는 3차원 실사모델로 제작하여야 한다.

2) 호안, 제방

① 호안, 제방은 제방부의 천단에서부터 고수부를 포함한 하천면의 경계까지를 말한다.

② 호안, 제방은 인접하는 도로, 철도 및 교량과 일치하도록 제작하여야 한다.

③ 호안, 제방은 경사를 표현하여 제작하여야 한다. 다만, 발주처의 데이터 활용 목적에 따라 고수부는 호안, 제방에서 제외할 수 있다.

④ 우수구와 하수구는 제작하지 않고, 제방의 경계를 연장하여 처리한다.

⑤ 세밀도에 따라 3차원 면형 또는 3차원 실사모델로 제작하여야 한다.

3) 하천면은 다음과 같이 제작하여야 한다.

① 하천의 평수위를 높이로 하는 3차원 면형으로 제작하여야 한다.

② 하천부속물, 교량과 일치하도록 제작하여야 한다.

(4) 3차원 지형데이터 편집 방법

①「항공레이저측량 작업규정」에 따라 제작된 수치표고모델을 사용하는 것을 원칙으로 한다.

② 수치지도 축척에 따른 수치표고모델의 격자간격은 다음 표와 같다.

수치지도 축척	1/1,000	1/2,500	1/5,000
수치표고자료 격자간격	1m×1m	2m×2m	5m×5m

③ 도로, 철도, 교통시설물, 호안, 제방 및 건물 등의 바닥면이 지형과 일치하도록 1/1,000 수치지도 또는 정사영상 등에서 불연속선(Breakline)을 추출하여 수정 및 편집을 수행하여야 한다.

5. 가시화정보 제작

(1) 가시화정보 편집

① 실사 영상으로 취득된 가시화정보는 자료의 특성(그림자 등)을 고려하여 색상을 조정하여야 한다.

② 실사 영상에서 지물을 가리는 수목, 전선 등은 주변영상을 이용하여 편집하여야 한다.

③ 실사 영상에서 폐색지역이나 영상이 선명하지 않은 지역은 지상에서 촬영한 영상을 이용하여 편집하여야 한다. 다만, 편집이 어려운 경우, 가상 영상으로 대체할 수 있다.

④ 3차원 지형데이터의 가시화정보는 정사영상을 이용하여 편집한다(교량, 고가도로, 입체교차부 등 공중에 떠 있는 지물은 삭제하고 가려진 부분은 주변영상을 이용하여 편집한다).

(2) 가시화정보 제작 방법

① 3차원 교통데이터, 3차원 건물데이터 및 3차원 수자원데이터는 세밀도에 따라 단색, 색깔, 가상 영상 또는 실사 영상으로 가시화정보를 제작하여야 한다.

② 단색 또는 색깔 텍스처는 3차원 면형(블록)을 단색 또는 색깔로 제작하여야 한다.

③ 가상 영상 텍스처는 지물의 용도 및 특징을 나타낼 수 있도록 실제 모습과 유사하게 제작하여야 한다.

④ 실사 영상 텍스처는 '가시화정보 편집'에 의해 편집된 실사 영상을 이용하여 제작하여야 한다.

⑤ 가상 영상 및 실사 영상 텍스처는 3차원 모델의 크기에 맞게 제작하여야 한다.

⑥ 10층 이상 고층 공동주택, 시 · 군 · 구청 및 우체국 등 공공기관, 3차 의료기관, 경기장, 전시장 및 대형쇼핑센터 등은 실사 영상으로 가시화하여야 한다.

6. 품질관리

(1) 품질요소

① 완전성

② 논리일관성

③ 위치정확성

④ 주제정확성

(2) 검사 방법

1) 화면검사

① 3차원 모델의 누락, 인접 오류, 노드점 오류, 방향성 오류 등을 검사한다.

② 속성정보는 1/1,000 수치지도 2.0, 각종 대장자료 간의 비교를 통하여 누락, 오류 사항을 검사한다.

③ 가시화정보는 누락, 적절성, 영상정합 오류를 검사한다.

2) 현장검사

① 현장검사는 가시화정보의 영상정합 오류 및 표현 오류 등을 검사하여야 하며, 현장사진과의 비교로 현장 검사를 대신할 수 있다.

② 3차원 모델의 위치정확도에 대한 별도의 검증이 필요하다고 판단되는 경우에는 직접 또는 간접측량의 방법으로 현장검사를 실시할 수 있다.

7. 결론

디지털 트윈의 기반인 3차원 국토공간정보는 행정 · 민간 정보 등 각종 데이터가 결합 · 융합되어 활용 폭이 확대되고 있으며, 전국 3차원 지도 시범사업과 지방자치단체들의 3차원 공간정보 구축사업 등이 본격적으로 추진될 것이다. 따라서 지방자치단체별 다양한 구축 환경과 최신기술이 적용된 구축 방법 등이 작업규정에 적용될 수 있도록 예의주시해야 할 것이다.

11 해양 물류수송에서 수중공간정보 취득을 위한 수심측량 작업공정에 대하여 설명하시오.

3교시 2번 25점

1. 개요

수심측량은 해역 및 수로에서 수심을 측정하는 작업으로 바다를 항해하는 선박의 안전을 위하여 시작되었으며, 수면으로부터 수중 해저 지면까지의 깊이와 평면위치를 측정하여 획득한 데이터를 이용하여 해저면의 지형도를 작성하는 것으로 초기에는 납으로 만든 추에 눈금을 새긴 줄을 매어 해저까지 내려 표시된 눈금으로 깊이를 측정하였고, 현재의 수심측량은 바다 밑 횡단면 전체를 동시에 측정할 수 있는 다중빔 음향측심기를 이용하고 있다.

2. 수심측량의 변천

(1) 점의 측량

측심연 이용

(2) 선의 측량

단빔 음향측심기 이용

(3) 면의 측량

멀티빔 음향측심기 이용

3. 수심측량

(1) 수심측량의 순서

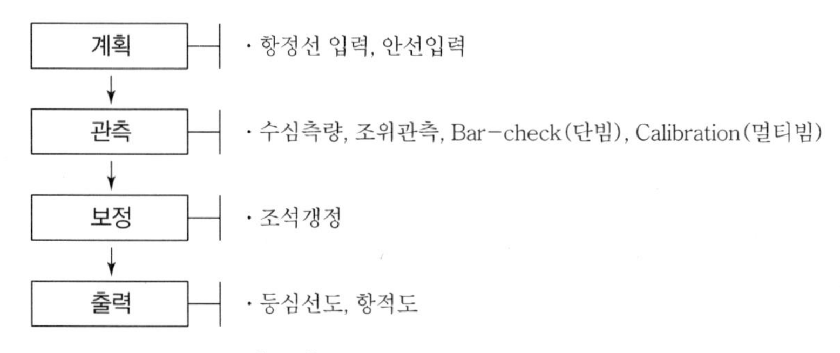

[그림] 수심측량의 일반적 흐름도

(2) 측심선 간격

1) 단빔 음향측심기의 측심선 간격

수역	해저상태	수심구분	측심선 간격
항만, 항로, 박지	준설구역	구분 없음	미측심폭 5m 미만
	자연해저	구분 없음	미측심폭 30m 미만

수역	해저상태	수심구분	측심선 간격
일반수역		3~10m	측심선 간격 50m 미만
		10~20m	측심선 간격 100m 미만
		10m 이상	측심선 간격 100m 이상

(3) 장비의 성능기준

① 단빔 음향측심기 성능기준

구분		수심	
		100m 미만	100m 이상
주파수		20~500kHz	
송수파기 지향각	단빔 음향측심기	8° 이하	10°
	다중빔 음향측심기	1빔당 3° 이하	
음속도		1,500m/sec	

② 다중빔 음향측심기 성능기준

구분	규격	
	천해용	심해용
주파수	50~500kHz	10~500kHz
측심빔폭	빔당 2° 이하×2° 이하	빔당 2° 이하×4° 이하
분해능	5cm 이하	수심의 0.5% 이하

(4) 점검 및 보정

1) 단빔 음향측심기

① Bar-check

② 심도 32m까지는 2m 간격, 32m 이상은 5m 간격

③ 오차는 심도 32m까지 2.5cm, 32m 이상은 5cm 이내

④ 매일 측심 작업 전·후에 당일 측량해역에서 실시

2) 다중빔 음향측심기 점검 및 보정

구성		측정 정도	출력간격	지연시간
Position		수평위치와 ±1m	0.1초 이내	Time Deley 보정
Heading		0.2도 이내	0.1초 이내	0.1초 이내 보정
선체동요	롤, 피치	0.05도	0.05초	0.05초 이내 보정
	히브	10cm		
수중음속계		0.06m/s	1m 단위 이내	

(5) 수심측량

① 해상상태가 정온할 때에 실시

② 측량선 속도와 음향측심 기록은 측량 중 일정하게 유지

③ 단빔 음향측심에 의한 수심은 직하 수심기록 채택

④ 음향측심기록지에 측량일자, 측점번호, 음속, 흘수 등 측정값 및 기타 참고사항 등을 기재

⑤ 천소 또는 상이한 기록이 나타날 경우 확인을 위한 측량을 실시

⑥ 안벽시설 전면의 측방측량은 안벽 등에 설치된 방현물(防舷物, Fender) 가장 가까운 곳에서부터 먼 바다 쪽으로 실시

(6) 천소지역의 수심측량

① 측량구역 내 해도 등 기초수집자료에 기재되어 있는 암초, 침선, 퇴 등의 항해위험물에 대해서는 최천소수심을 확인할 수 있도록 측량을 실시
② 측심연에 의한 측심은 0.1m까지 독취하되 저질의 판별을 병행하여 실시
③ 새로운 항해위험물이 발견될 경우 최천소 위치, 수심 및 저질 등을 확인
④ 측량구역에 인접하여 있는 부표, 어망 등은 그 위치 및 형상을 측정
⑤ 선박을 이용하여 저조선, 간출암 등의 측량을 실시할 경우 만조 시 형상을 확인
⑥ 간출암 중에서 현저한 것은 그 위치, 형상 및 높이를 측정

(7) 수심의 보정

① 기계오차, 흘수, 음속 변화, 조석 등을 보정, 수심 200m 이상의 조석보정 미실시, 음속 보정 실시
② 조석보정은 측량해역에서 조석관측을 실시
③ 조석자료는 통상 10분 단위로 입력

(8) 수심의 산출 방법

① 수심 31m 미만은 0.1m, 31m 이상은 1m 단위로 산출
② 최천소수심을 우선하고, 자연해저의 경우에는 해저지형이 표현될 수 있도록 독취

4. 수심측량의 등급

(1) 국제수로기구(IHO) 수로측량기준(S-44)에서 정하는 등급

(2) 수심측량 등급의 분류기준

① 특등급(Special Order) 수심측량
② 1a등급(Order 1a) 수심측량
③ 1b등급(Order 1b) 측량
④ 2등급(Order 2) 측량

5. 결론

수심측량은 바다를 항해하는 선박의 안전을 위하여 실시하는 공정으로 국제수로기구(IHO) 수로측량기준(S-44)에서 정하는 등급에 맞게 실시하여야 한다. 잘못 관측된 수심데이터는 해양 안전사고로 이어져 해양 물류사고, 국민의 안전 등 대형사고로 이어지므로 단계별 규정에 따라 철저하게 이루어져야 하므로 관련 기술자 그리고 정부기관의 관심과 노력이 필요할 때라 판단된다.

12 통합기준점 높이 결정에 대하여 설명하시오.

3교시 3번 25점

1. 개요

통합기준점은 개별적(삼각점, 수준점, 중력점 등)으로 설치 · 관리되어 온 국가기준점 기능을 통합하여 편의성 등 측량능률을 극대화하기 위해 구축한 새로운 기준점으로 같은 위치에서 GNSS 측량(평면), 직접수준측량(수직), 상대중력측량(중력) 성과를 제공하기 위해 2007년 시범사업을 통해 통합기준점 설치를 시작하였고, 2020년 현재 전국 3~5km 간격으로 주요 지점에 5,500점을 설치하여 관리하고 있다.

2. 통합기준점 측량

(1) GNSS 측량

GNSS 측량기기를 사용하여 통합기준점에 대한 지리학적 경위도 및 직각좌표를 결정하는 측량

(2) 직접수준측량

레벨과 표척을 사용하여 통합기준점에 대한 높이를 결정하는 측량

(3) 상대중력측량

중력측정기기를 사용하여 통합기준점에 대한 중력값을 결정하는 측량

3. 통합기준점의 수준노선 결정

(1) 수준측량의 종류

① 1등 수준측량 : 국도 또는 주요 지방도를 따라 1등 수준점을 새로 설치하거나 이미 설치되어 있는 1등 수준점의 표고를 1급 이상의 레벨과 표척을 사용하여 규정된 정확도로 결정하는 측량

② 2등 수준측량 : 1등 수준점으로 구성되는 1등 수준망을 보완하기 위하여 2등 수준점의 표고를 결정하는 측량

③ 통합기준점 높이 결정 : 1등 수준점 또는 이미 설치되어 있는 2등 수준점에 결합되도록 형성

(2) 통합기준점의 수준노선 결정

1) 통합기준점 및 수준점은 모두 수준측량 단위노선 단위로 출발점과 도착점을 정한다.

2) 노선 결정 방법

① 통합기준점 1과 2의 높이를 결정하기 위한 관측 구간이 1환 1노선의 2번과 3번, 4번 수준점이고 이를 연결하여 오차 분배를 실시하였다면 통합기준점 1의 출발점과 도착점은 01-01-01-02와 01-01-01-03이 되고 통합기준점 2의 출발점과 도착점은 01-01-01-03과 01-01-01-04가 된다.

② 통합기준점 4는 01-01-01-02를 출발점, 01-01-02-02를 도착점으로 정한다. 통합기준점 3은 통합기준점 2와 왕복측량만 수행하여 높이를 결정하였으므로 통합기준점 2를 출발점, 통합기준점을 도착점으로 지정함으로써 개방측량임을 명시한다.

③ 통합기준점 5 역시 수준점 01－01－01－02와 왕복측량만 수행하여 높이를 결정하였으므로 01－01－01－02를 출발점, 통합기준점을 도착점으로 지정한다.

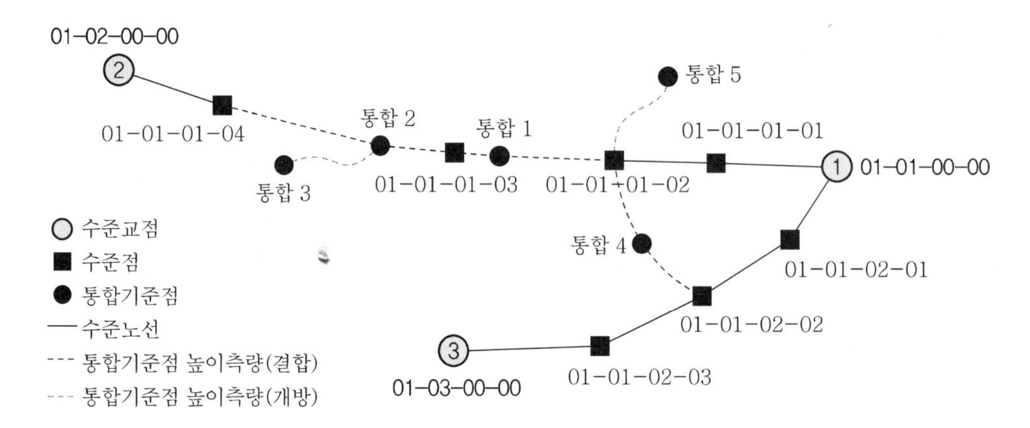

구분	통합기준점 1	통합기준점 2	통합기준점 3	통합기준점 4	통합기준점 5
출발점	01－01－01－02	01－01－01－03	통합기준점 2	01－01－01－02	01－01－01－02
도착점	01－01－01－03	01－01－01－04	통합기준점 3	01－01－02－02	통합기준점 5

[그림 1] 통합기준점 수준노선 결정

4. 통합기준점의 수준측량

(1) 관측용 기기

① 전자레벨

기포관감도	Compensator	최소눈금	비고
3분	0.4초	0.01mm	

② 스타프

테이프	간격	정도	전장	기포관 감도
인바	10mm 또는 5mm 양측 눈금	100μ/m 이상	3m 이상	15~25분

(2) 기기점검

① 표척을 30m 간격으로 바르게 세우고 그 중앙에 레벨을 세운 다음 두 표척 간의 고저차를 측정한다. 읽음 단위는 0.01mm로 한다.

A지점에서 관측한 두 표척 간의 고저차 $= a-b$

② 레벨의 위치를 되도록 두 표척을 잇는 직선상으로 18m 옮긴 다음 두 지점의 고저차를 측정한다. 읽음 단위는 0.01mm로 한다.

B지점에서 관측한 두 표척 간의 고저차 $= a'-b'$

③ 두 관측 고저차의 차이가 0.3mm 이내인지 점검한다.

$(a-b)-(a'-b')<$0.3mm

④ ③의 점검 결과 고저차의 차이가 0.3mm 이상이면 장비점검 결과 보정 후 고저차 차이가 0.3mm 이하가 될 때까지 ①~③의 과정을 반복한다.

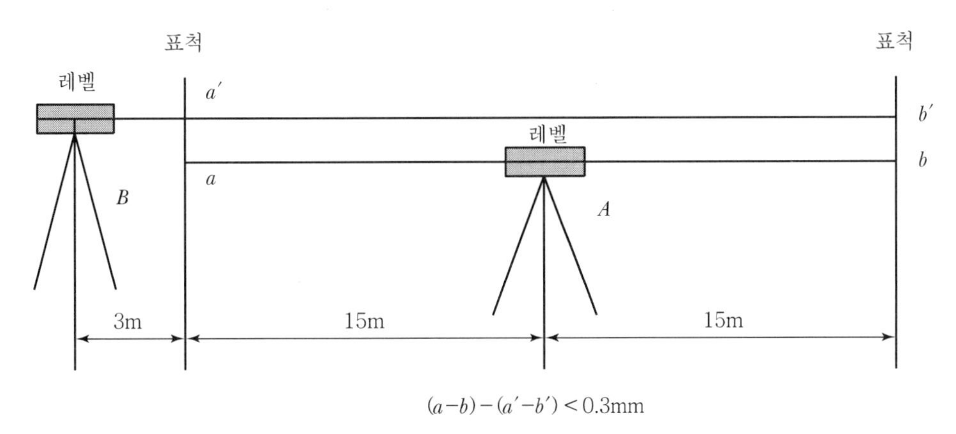

$(a-b)-(a'-b')<0.3\text{mm}$

[그림 2] 기기의 점검

(3) 관측

① 관측시간은 일출 2시간 후부터 일몰 2시간 전까지 수행한다.
② 관측은 왕복관측(수준점에 연결하여 마감)으로 한다.
③ 표척은 2개를 한 조로 하여 Ⅰ호, Ⅱ호의 번호를 부여하고 왕과 복의 관측에서는 Ⅰ호, Ⅱ호를 바꾸어 관측한다.
④ 표척의 하단 20cm 이하와 상단 20cm 이상은 읽지 아니한다.
⑤ 수준점 간의 편도관측의 측점 수는 짝수로 한다(출발점과 도착점에서 동일한 표척 이용).
⑥ 레벨과 후시 및 전시 표척과의 거리는 되도록 같게 하고, 레벨은 가능한 두 표척을 잇는 직선상에 세워야 한다.
⑦ 시준거리는 50m, 읽음 단위는 0.01mm로 한다.

(4) 관측의 제한 및 허용범위

1) 관측값의 교차 및 환폐합차

S : 관측거리(편도) km 단위

구분	1등 수준측량	2등 수준측량
왕복관측 값의 교차	$2.5\text{mm}\sqrt{S}$ 이하	$5\text{mm}\sqrt{S}$ 이하
검측의 경우 전회의 관측 고저차와의 교차	$2.5\text{mm}\sqrt{S}$ 이하	$5\text{mm}\sqrt{S}$ 이하
재설 및 신설의 경우 기지점 간의 폐합차	$15\text{mm}\sqrt{S}$ 이하	$15\text{mm}\sqrt{S}$ 이하
환폐합차	$2.0\text{mm}\sqrt{S}$ 이하	$5\text{mm}\sqrt{S}$ 이하

2) 통합기준점의 결합측량

① 2점의 수준점을 이용하는 경우
② 결합측량 시 도착점에서의 교차 : $2.5\text{mm}\sqrt{S}$ 이하 [S는 전체 관측거리(편도, km단위)]

(5) 계산

① 관측값에 타원보정을 적용하여 계산하고, 수준망 평균 계산을 시행하여 표고를 구하여야 한다.
② 최종성과는 0.1mm 단위까지 구한다.
③ 중력에 의한 영향은 타원을 기준으로 하는 타원보정량

$$K=5.29\times\sin(B_1+B_2)\times\frac{B_1-B_2}{\rho'}\times H$$

여기서, K : 타원보정량(mm 단위)

B_1, B_2 : 수준노선의 출발점 및 도착점(또는 변곡점)의 위도(분 단위)

H : 수준노선의 평균표고(m 단위)

$$\rho' = \frac{180°}{\pi \times 60'} = 3,437.7468$$

5. 우리나라 위치기준체계

(1) 기준점 등급체계

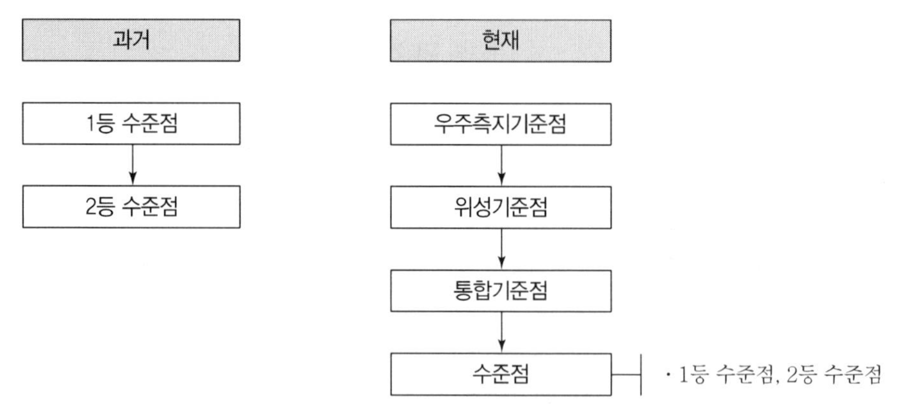

[그림 3] 우리나라 기준점 등급체계의 비교

(2) 기준점 등급체계 조정 필요

① 법 : 통합기준점 아래에 수준점 배치

② 측량성과 : 1등 수준점, 2등 수준점을 기초로 통합기준점 성과 결정(3급, 4급)

③ 법과 성과의 일치 필요

④ 통합기준점, 1등 수준점, 2등 수준점, 전체를 대상으로 전국적 수준망 재편성 필요

6. 결론

통합기준점은 개별적(삼각점, 수준점, 중력점 등)으로 설치 · 관리되어 온 국가기준점 기능을 통합하여 편의성 등 측량능률을 극대화하기 위해 구축한 새로운 기준점으로 현재는 높이에 대한 성과를 1등 수준점, 2등 수준점을 기준으로 측량하여 성과를 관리하고 있으나, 우리나라 기준점 등급체계에 맞는 수준점보다 상위 기준점으로서의 통합기준점 성과를 관리할 수 있게 새로운 국가수준망 및 수준환의 조정이 필요할 것으로 판단된다.

13 SAR를 이용한 지반 변위 모니터링 방안에 대하여 설명하시오.

3교시 5번 25점

1. 개요

합성개구레이더(SAR : Synthetic Aperture Radar)는 플랫폼 진행의 직각방향으로 신호를 발사하고 수신된 신호의 반사강도와 위상을 관측하여 지표면의 2차원 영상을 얻는 방식이다. 또한 InSAR(SAR Interferometry)는 간섭계 합성개구레이더로 센서를 기반으로 한 측지 레이더 기술로 서로 다른 시간에 획득한 레이더 이미지의 비교를 통해 변화를 파악하고 신호처리 알고리즘을 통해 자동 감지된 지형면의 변화 데이터를 검색할 수 있다. 또한, InSAR는 장기간 누적된 위성 레이저 이미지 자료를 이용하여 변형 데이터를 검색할 수 있으며, 산사태 측정부터 단일 건물 모니터링까지 다양한 측지 분야에 활용할 수 있다.

2. InSAR(SAR Interferometry)

영상레이더 인터페로메트리(InSAR)는 두 개의 SAR 데이터 위상을 간섭시켜, 지형의 표고와 변화, 운동 등에 관한 정보를 추출해내는 기법이다.

[InSAR의 원리(기하모델)]

레이더 간섭기법(Interferometry)의 경우는 동일한 지표면에 대하여 두 SAR 영상이 지니고 있는 위상정보의 차이값을 활용하는 것으로서, 공간적으로 떨어져 있는 두 개의 레이더 안테나들로부터 받은 신호를 연관시킴으로써 고도값을 추출하고 위치결정 및 DEM을 생성한다.

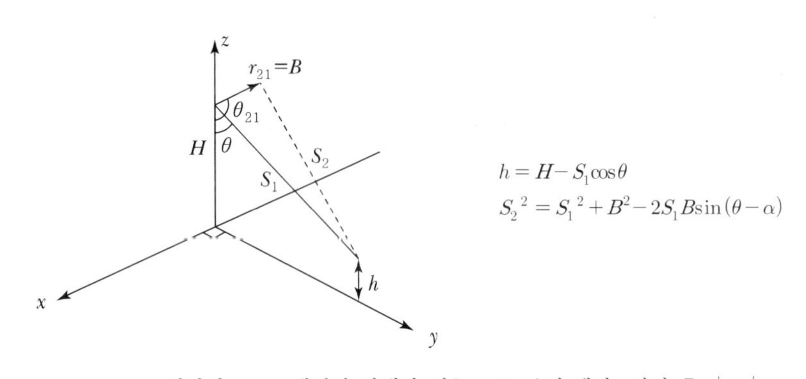

여기서, r_{21} : 레이더 안테나 간(Baseline)의 벡터, 거리 $B=|r_{21}|$
S_1, S_2 : Slant Range(경사거리)
h : 구하는 표고
H : 안테나 고도
θ : Off-nadir 각
α : B의 수평각도

[그림 1] InSAR의 원리

3. InSAR를 이용한 지반 변위 모니터링 방안

(1) InSAR의 지반 모니터링 원리

① InSAR는 여러 시간대의 레이더 이미지 집합으로부터 변화 데이터를 검색하는 원격감지기술로 위성 레이더 센서에서 지구를 향하여 신호를 송신하고 그 신호의 일부는 구조물이나 토지에서 반사되어 위성 안테나로 돌아오는데, 위성 센서에 포착된 반사 신호를 이용하여 지표면의 레이더 이미지를 생성한다.

② 레이더 이미지의 주요 정보는 레이더 안테나와 지상 물체 사이의 거리이며 동일한 기하학적인 방법으로 수집된 데이터로부터 다른 시간에 획득한 이미지를 비교함으로써 변화 차이를 탐지하고 측정한다.

③ 위성기반 합성 개구 레이더는 레이더 펄스를 방출하고 수신하며 지상 물체에 의해 반사된 신호를 이용하여 레이더 이미지를 작성하는데, 이 이미지는 표적의 거리 및 관련 정보를 나타낸다. 여러 차례 데이터 습득 비교를 통하여 일정 기간에 발생한 지반 및 구조물의 변형을 감지한다.

④ 레이더 간섭측정법은 단계적 측정의 비교를 기반하고 레이더 센서는 파장의 길이가 몇 센티미터에 불과한 마이크로파 영역에서 작동하는 이 기술의 감도가 극도로 높기 때문에 수백 킬로미터부터 떨어진 거리의 1mm의 변위도 감지할 수 있다.

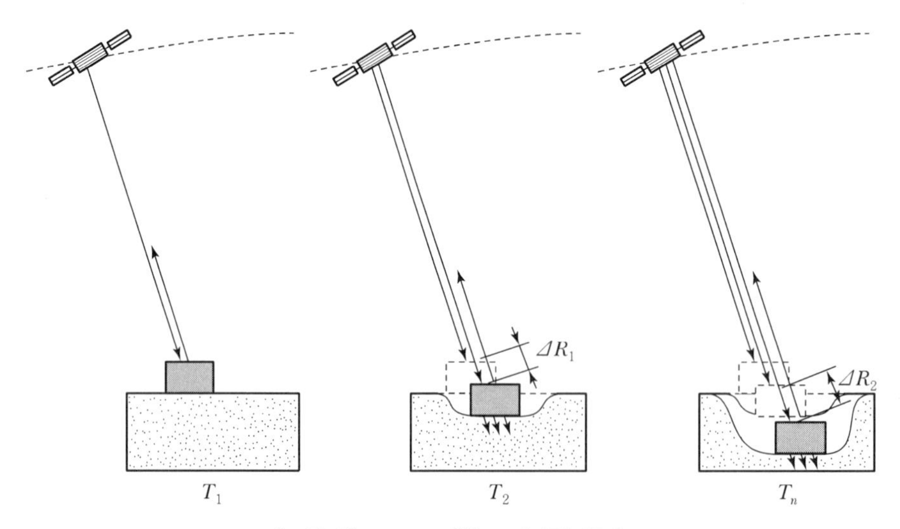

[그림 2] InSAR 지반 모니터링 원리

(2) InSAR의 지반 모니터링 한계

지구 대기가 레이더 신호에 영향을 주어 위상 변동을 주거나 지상 목표물의 전자기적인 특성이 변경되어 다른 시간대 데이터의 비교를 방해받는 경우이다.

4. InSAR 기술의 건설 분야 활용

(1) 건설 분야의 설계, 시공, 운영 및 유지보수에 적용

(2) 건설로 인한 피해 책임 확인

(3) 개별 구조물의 안전성 분석

(4) 광역지역 매핑에 활용

(5) 기타

5. 결론

InSAR 데이터를 사용하여 의사 결정자가 다양한 시나리오를 분석 및 평가할 수 있으며, 동종의 사례 및 신뢰할 수 있는 측정을 기반으로 특별한 작업을 계획할 수 있으므로 기존의 기술을 대체하는 것보다 항공 · 위성 센서 및 지상 기반 장비와 함께 이용하면 시너지 효과가 더욱 증가될 것으로 판단된다.

14 철도시설 연결에 따른 시공측량에 대하여 설명하시오.

3교시 6번 25점

1. 개요

시공측량은 모든 건설공사의 설계, 시공, 감리와 유지관리 등에 있어 시설물의 위치를 결정하고, 시공 중 또는 시공 후 시설물의 유지관리와 각 시설물 간의 공간적인 위치관계를 규명하고 이를 향후 시설계획에 활용하도록 하는 건설 기술로 모든 공사의 전 과정에서 필수적으로 요구되는 핵심 기술이다. 본문에서는 철도시설물 측량을 중심으로 기술하고자 한다.

2. 시공측량의 구분

(1) 착공 선 측량

설계도서와 현지의 부합 여부를 확인하는 측량

(2) 공사 중 측량

설계도서를 현지에 구현하는 시설물 시공측량

(3) 준공측량

시공된 시설물에 대한 As-Built 측량을 실시하여 도면화하는 과정

(4) 유지관리측량

시설물에 대한 변위 등을 조사하는 측량

(5) 수급인 준수사항

1) 측량기술자를 포함한 소정의 인원을 현장에 배치

2) 공사 착공 후 60일 이내에 설계확인측량 실시
   ① 철도기준점, 중심선, 종 · 횡단, 용지경계, 수량 산출 등
   ② 상이점 확인 후 감독자에 보고
   ③ 측량성과에 관련된 모든 성과품은 측량기술자가 서명날인 후 감독자에게 제출

3) 감독자 확인사항
   ① 주요 시설물설치지점을 선정하여 직접 확인측량에 의한 정확도 관리표를 작성
   ② 중간점, 임시수준점, 중심선 및 종 · 횡단 측량지점, 용지폭말뚝설치지점, 경계지점 등

4) 공사 준공 시 측량기술자가 실측한 준공도서 및 측량결과 감독자에게 보고

5) 공사 준공 후 시설물 등의 이전, 보수, 변위측정 등을 위하여 유지관리기준점을 설치, 감독자에게 성과품 제출

3. 착공 전 측량(설계확인측량)

(1) 착공 전 측량순서

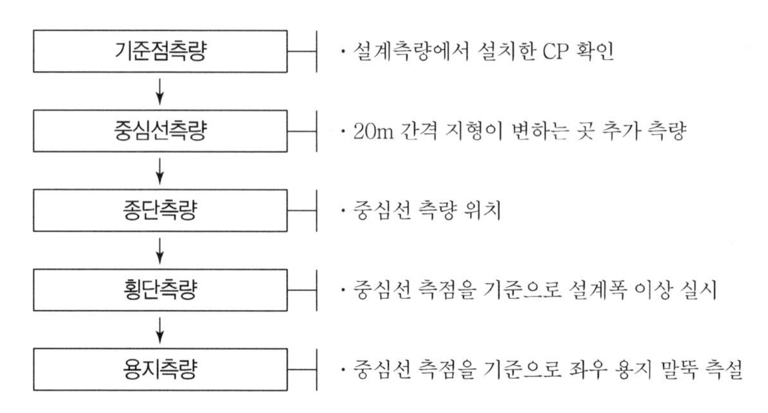

[그림] 착공 전 측량의 일반적 흐름도

(2) 기준점측량

1) GNSS 측량 실시
2) 직접수준측량 실시
3) 주요 내용
   ① 기준점 간격은 약 500m
   ② 주요 구조물 근처에 임시표지점 설치
   ③ 매 2년마다 기준점 확인 측량 실시

(3) 용지경계측량

설계횡단면도와 비교하여 용지 부족 부분 확인

(4) 주요 구조물 위치 확인

설계도와 현지 부합 여부 확인

(5) 토공 수량 확인

(6) 측량 및 지형공간정보기술사 검토 확인 필수

4. 시공 중 측량(공사관리측량)

(1) 기준점측량

매 2년마다 기준점 확인 측량 실시

(2) 공사관리측량의 준수사항

① 설계도면으로부터 설치좌표 계산 검토 승인
② 승인된 측량장비 사용
③ 관측기록부, 계산부 등 모든 성과표는 감독자에 제출하여 확인

(3) 주요 내용

① 터널, 교량 등의 주요 시설물에 대한 측량을 실시한 후 시공오차, 침하, 변위 등을 확인

② 감독자는 직접 확인측량에 의한 정확도 관리표 작성

③ 준공측량 및 유지관리 기준점 설치

5. 준공측량

(1) 기준점측량

① 향후 시설물의 유지관리를 위한 기준점

② 약 500m 간격으로 설치

(2) 주요 내용

1) 시공된 상태를 직접 측량

2) 노반 시공 상태(폭, 높이) 확인

3) 교각 중심 위치, 상판 시공 현황

4) 터널 내부 기준점 설치

5) 터널 시공 상태(폭, 내공단면 등) 확인

6) 용지경계

① 공사용지 침범 여부 확인

② 용지경계말뚝 설치

7) 준공현황도 작성

① 향후 시설물 유지관리 이용

② 실측된 지형현황 및 구조물 등이 도시되어야 함

③ 지형도는 국가수치지도 갱신에 이용

8) 측량 및 지형공간정보기술사의 검토확인서 필수

6. 유지관리측량

(1) 유지관리측량 및 변위점측량으로 구분하여 실시

(2) 관련 법령에 따른 측량업 등록자 및 측량기술자가 실시

(3) 준공측량 시 설치한 기준점을 사용하여야 함

(4) 측량성과는 측량기술자의 서명 필

7. 시공측량의 문제점

(1) 측량 대가 부재

설계내역에 시공측량에 대한 대가 없음

(2) 측량에 무관심

① 발주처, 건설사업관리기술자, 시공사의 측량에 대한 무관심

② 무면허 측량기술자의 난립

8. 개선방향

(1) 내역서에 정확한 측량의 대가 반영

(2) 법제도 강화

자격을 갖춘 측량기술자 투입

9. 결론

시공측량은 모든 건설공사의 설계, 시공, 감리와 유지관리 등의 전 과정에서 필수적으로 요구되는 핵심기술이나 발주처의 측량 대가 미반영, 측량기술이 미비한 건설사업관리기술자 배치, 시공사의 측량 무관심 등으로 건설현장의 품질관리가 저해되고 안전사고가 발생하고 있다. 이에 대한 개선을 위하여 관계기관, 학계, 시공사, 측량기술자의 제도개선과 노력이 필요할 때라 판단된다.

15 공간정보를 이용한 화재진압 및 화재예방 활동에 대하여 설명하시오.

4교시 2번 25점

1. 개요

2008년 숭례문 화재로 소방방재청에서는 부천, 인천, 경주 불국사 등 한국공간정보통신의 인트라맵을 통해 3차원 공간정보 시스템을 구축하여 화재예방 및 시뮬레이터를 시범사업으로 구축하였으나 전국적으로 확산시키지는 못하였으며, 소방 분야에서 GIS를 활용한 연구들은 입지분석 관련 연구에 초점이 맞추어져 화재진압을 위한 연구는 미진한 실정이다. 이에 따라 '화재진압 취약성 지도 제작' 연구를 통해 화재진압 및 화재예방에 대하여 설명하려고 한다.

2. 화재진압 취약 요소

화재 발생 시 소방관들이 출동하여 화재장소까지 이동하여 화재를 진압하는 데 있어서 시간적 · 공간적으로 방해를 받아 원활한 화재진압을 할 수 없게 만드는 요소는 다음과 같다.

(1) 고가사다리차 공간 미확보 지역

고가사다리차 운용에 있어 공간적 제약을 받는 지역

(2) 도로분리대 설치 지역

도로분리대 설치로 인해 소방차 출동을 방해하는 지역

(3) 소방차 접근불가 도로

폭이 협소하여 소방차가 접근하지 못하는 지역

(4) 소방용수 활용 취약지

소방용수 위치와 거리가 먼 지역

(5) 주 · 정차 상습구간

주 · 정차로 인하여 소방차 접근이 어려운 지역

(6) 소방차 회전반경 취약지역

소방차 회전 시 도로반경이 좁아 소방차가 회전을 못하는 지역

3. 화재진압 취약성 지도 제작

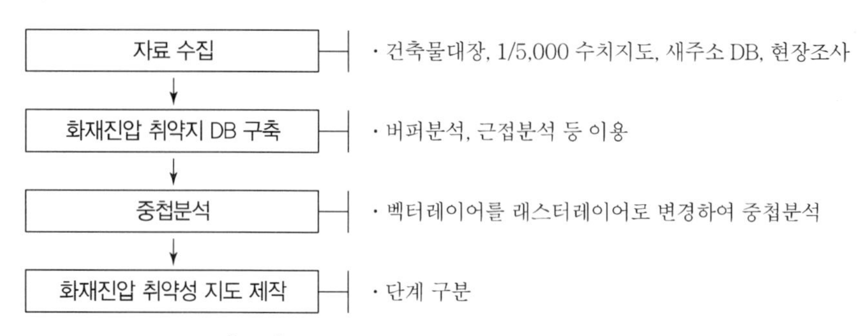

[그림] 화재진압 취약성 지도 제작의 흐름도

(1) 화재진압 취약지 DB 구축

1) 고가사다리차 공간 미확보 지역
   ① 5층 이상 건물을 고층건물 DB로 구축
   ② 고층건물과 고가사다리차의 제원을 이용하여 이격거리 분석
   ③ 고가사다리차 공간 확보영역과 도로와의 근접성 분석을 실시하여 고가사다리차 공간 미확보 지역 구축

2) 도로분리대 설치 지역
   수치지형도에서 중앙분리대 추출

3) 소방차 접근불가 도로
   ① 현행법상 기준은 없으나 건축법상 도로의 기준 적용
   ② 새주소 DB를 사용하여 4m 미만 도로 추출

4) 소방용수 활용 취약지
   ① 「소방기본법 시행규칙」 제6조 제2항 적용
   ② 주거지역, 상업지역 및 공업지역 소방용수의 위치를 기준으로 버퍼 100m 구축
   ③ 그 외 지역 소방용수의 위치를 기준으로 버퍼 100m 구축
   ④ 버퍼링 제외구역을 소방용수 활용 취약지로 구축

5) 주 · 정차 상습구간
   현장조사 실시하여 구축

6) 소방차 회전반경 취약지역
   소방차 등 대형차량들의 규모를 감안하여 외부회전반경을 기준으로 11m 이하 지역을 소방차 회전반경 취약지로 분류

(2) 중첩분석을 통한 화재진압 취약성 지도 제작

① 화재진압 취약성 지도
   소방대원들이 화재진압 활동에 있어 밀접한 상관이 있는 공간적 저해요소 및 환경적 저해 요소 등과 같은 주제도를 구축하여 저해요소가 많은 지역이 취약성이 높으며 저해요소가 적은 지역이 취약성이 낮게 표현되는 지도
② 중첩분석
   화재진압 취약요소 벡터레이어를 래스터레이어로 변환한 후 중첩분석하여 합산된 값들을 하나의 레이어로 생성

4. 공간정보를 이용한 화재진압 및 화재예방

(1) GNSS를 이용하여 화재현장의 위치 파악 및 최단경로 선정
(2) 화재 현장과 인근 위험시설의 거리를 파악해 현장에 전달하여 대형화재 예방
(3) 화재 현장에서 가장 가까운 소방용수 위치 분석 및 매핑

5. 결론

각 지방자치단체별로 구축되고 있는 GIS 기반의 소방안전지도, 화재진압 취약지도 등 다양한 명칭, 요소 등을 표준화하고 산학연의 의견을 수렴하여 전국에 적용한다면 화재예방, 화재 현장에서의 대응 역량 증대 및 소방대원의 안전 확보에 기여할 것으로 기대된다.

16 도로시설물의 유지관리측량에 대하여 설명하시오.

4교시 3번 25점

1. 개요

시설물의 안전점검과 유지관리를 통하여 재해와 재난을 예방하고 시설물의 효능을 증진시켜 공중의 안정을 확보하고 국민의 복리 증진에 기여하기 위하여 사회기반시설 등 재난이 발생할 위험이 높거나 계속적으로 관리할 필요가 있는 시설물에 대하여 정부는 「시설물의 안전 및 유지관리에 관한 특별법」(약칭 : 시설물안전법)을 제정하여 관리하고 있다. 그러나 측량기술인이 배제된 구조로 운영되고 있는 시설물 유지관리정책은 정확한 공간정보 구축에 한계가 있으므로 개선 방안으로 기술적 방법이 아닌 제도적 문제점에 대하여 기술하고자 한다.

2. 유지관리가 필요한 도로시설물

(1) 제1종 시설물

① 500m 이상의 도로 및 철도교량
② 1,000m 이상의 도로 및 철도터널

(2) 제2종 시설물

① 100m 이상의 도로 및 철도교량
② 고속국도, 일반국도, 특별시 · 도 및 광역시 · 도 도로터널

3. 시설물 유지관리측량

(1) 구분

① 유지관리측량
② 변위점측량

(2) 유지관리측량

① 준공 시 설치된 유지관리기준점의 측량성과를 기초로 하여 실시
② 시설물의 보수, 보완, 확장, 이전 등 측량

(3) 변위점측량

① 변위의 우려가 있는 연약지반, 교량, 터널, 기타 주요 시설물 등에 변위점 설치
② 수시 또는 정기적으로 변위점 측량을 실시
③ 침하 및 변위 여부를 확인 · 점검 및 예측

(4) 주요 측량 내용

1) 시설물의 사용에 따른 변위 계측

2) 교량

① 기초침하, 주탑 거동, 상판 처짐 등
② GNSS, TS 사용

3) 터널

① 내공변위 등

② TS, 3D Scanner 사용

4. 시설물의 유지관리측량의 필요성

(1) 시설물 유지관리의 중요성

① 최소 비용으로 유지관리 효율화 필요

② 국가 주요 자산인 SOC 장수명화와 효율적 활용

③ 미래의 경제적 부담 완화

(2) 시설물 안전 중요성

① 복지 · 안전사회 구현을 위한 필수적 수단

② 국민의 안전

(3) 환경 변화

제4차 산업혁명 기술 등 첨단기술의 개발 및 적용 요구 증가

(4) 건설현장의 관행

① 건설현장에 측량기술자 미배치

② 반복된 측량 오류

③ 측량자격을 갖추지 않은 감리원 배치

(5) 준공도면의 부재

① 대부분의 건설현장은 준공측량 미실시

② 준공 시 제출된 준공도서는 실제 준공측량으로 작성된 도서가 아님

5. 현행 도로시설물 유지관리체계의 문제점

(1) 지하시설물(상수관로, 하수관로 등)

① 공공측량성과심사로 대체

② 실제 시공과 괴리 발생

(2) 교량, 터널 등

① 준공측량 미실시로 정확한 준공도면 부재

② 준공 후 지속적인 유지관리측량, 변위점측량 없음

(3) 유지관리 기술자

① 측량전문가가 배재된 구조

② 공간정보의 중요 부분 결측 발생으로 비효율적 유지관리

6. 개선방향

(1) 준공측량 의무화

① 시설물에 대한 As-Built 작성으로 정확한 정보 확보

② 향후 유지관리의 용이

(2) 분야별 전문가 구성

측량전문가를 포함한 유지관리팀 구성

(3) 공공측량 확대

공공시설물에 대한 공공측량성과심사 확대

(4) 기술사 검토서

측량 및 지형공간정보기술사 검토서 의무화

7. 기대효과

(1) 정밀한 품질관리

① 준공측량 의무화로 정확한 시공관리

② 준공측량 의무화로 부실공사 방지

(2) 경제적 공사관리

① 준공측량 의무화로 유지관리 비용 절감

② 공사 중 재시공 예방

(3) 공공측량 확대로 일자리 창출

① 공공측량 확대로 일자리 확대

② 건설현장의 측량 전문가 채용

(4) 공간정보의 위상 확립

① 준공측량 의무화에 따른 측량의 중요성 전파

② 공간정보기술자의 중요성 전파

8. 결론

시설물의 안전점검과 유지관리는 국민의 안전에 필수적인 부분이나 국가의 제도적 모순 그리고 학계 및 측량 관련 업체 측량기술인의 무관심으로, 측량이 국토지리정보원에서 발주하는 업무가 전체 측량인 것처럼 변하여 국민 안전의 필수 부분인 국가주요시설물은 공간정보에서 제외된 채 일부 업체 및 기술인만 관심을 가진 결과 건설측량이 제도적 측량으로 인정받지 못하게 되었다. 이 부분을 개선하여야 국민의 안전에 필요한 시설물 유지관리에 공간정보의 바른 역할을 할 수 있으므로 국가의 제도적 개선, 학계의 의식 변화 그리고 측량기술인들의 노력이 필요한 때라 판단된다.

17 드론 초분광센서를 이용한 농작물 현황측량에 대하여 설명하시오.

4교시 4번 25점

1. 개요

드론의 기술은 날로 진화되고 있다. 비가 와도 비행할 수 있는 드론, 프로펠러가 없는 소위 다이슨 드론, 새가 둥지에 날아가 앉듯 수직한 벽에 날아가 붙을 수 있는 드론 등 인간의 무한한 상상력이 기술과 만나 새로운 드론을 창조해 나가고 있다. 드론의 활용성과에 따라 시장성이 확대되면서 과거에는 대형 항측회사나 국책연구기관에서나 구매 · 활용할 수 있었던 고가의 카메라, 다분광 · 초분광센서, 열적외선센서 등이 초소형화, 경량화, 저렴화되면서 부담 없이 드론에 장착할 수 있는 수준에 이르렀다. 최근 드론 초분광센서를 이용한 농작물 작황분석과 이를 공간정보 기반에서 분석 및 예측하기 위한 다양한 접근이 시도되고 있다.

2. 드론을 활용한 원격탐사 · 사진측량

드론을 활용한 원격탐사는 인공위성 원격탐사에 비해 조사면적은 작지만 매우 높은 분광해상도와 정밀도로 분석과 모니터링이 가능하다는 장점이 있다. 드론 자체가 매우 저렴하고 최근 드론 탑재 원격탐사센서가 전자기술의 발전으로 초소형화, 초경량화, 고기능화되고 가격도 매우 저렴하기 때문에 선진국을 중심으로 활발하게 활용되고 있으며, 드론용 원격탐사 자료처리 프로그램도 계속 개발되고 있다.

(1) 드론용 적외선(Infrared)센서

드론에서 적외선을 활용한 원격탐사가 가능해지고 있다. 특히, 적외선 카메라는 구조물, 식생, 환경, 재난현장 등에서 모니터링 및 진단 등을 위한 원격, 비파괴 진단 도구로서 다양한 분야에서 활발히 적용되고 있는 가운데 드론을 이용함으로써 인간이 접근할 수 없거나 비교적 넓은 지역을 보다 용이하게 조사할 수 있게 되었다.

(2) 드론용 다중분광(Multi－spectral)센서

다중분광센서는 많은 종류의 센서가 있으며, 같은 회사에서도 다양한 제품군이 있는데, 센서 기술이 첨단화됨에 따라 소형화, 초경량화되고 있다. 이러한 기술적 발전과 드론의 등장으로 드론에서 원격탐사가 가능해지고 있다. 현재는 정밀농업(Precision Agriculture)을 중심으로 활발히 적용되고 있으며, 적용 분야를 개발함에 따라 드론에 의한 원격탐사의 적용범위는 무궁무진할 것으로 전망된다.

(3) 드론용 초분광(Hyperspectral)센서

① 초분광 영상은 분광 밴드가 많고(Many), 연속적이며(Continuous), 파장폭이 좁은(Narrow) 3가지 특징으로 정의된다. 초분광 영상은 영상을 구성하는 각 화소별로 지표물의 완전한 분광정보(분광특성곡선, Spectral Reflectance Curve) 및 공간정보를 얻을 수 있는 시스템이다.

② 항공기 탑재 초분광 영상자료의 초기 활용 분야는 광물자원의 분포를 파악하거나 암석 종류 구분 등 지질 분야가 주를 이루고 있다.

③ 식생 분야에서는 식물의 생화학적 구성 인자들(클로로필, 탄소량, 질소량, 리그닌 등)의 추정에 많은 연구가 수행되고 있으며 더 나아가 식물에 나타나는 각종 스트레스들의 탐지가 시도되고 있다. 또한 초분광 영상을 이용한 클로로필 양의 추정과 관련된 수질 모니터링이나, 도시지역에서의 각종 인공물의 분류 등 그 활용 분야가 확대되고 있다.

(4) 드론용 라이다(LiDAR)센서

① 3차원 공간정보측량 및 구축을 위한 라이다(LiDAR) 장비는 크기와 무게 때문에 주로 지상 및 항공기 장비로 개발되어 사용되어 왔다.

② 전자기술의 발전으로 센서 기술이 첨단화함에 따라 측량장비의 소형화, 초경량화가 이루어지고 있으며, 이러한 기술적 발전은 드론의 등장으로 그 가치와 적용 분야를 극대화하게 되었다.

③ 드론 라이다측량은 무인기에 탑재한 상용 디지털카메라로 촬영한 연속사진을 소프트웨어로 이미지 분석을 실시하여 입체 데이터를 생성할 수 있다. 사진측량 기술의 일종으로 사진은 항공사진측량과 마찬가지로 중복하여 촬영한다. 이미지 분석을 통해 각 사진의 특징점 추출과 사진 사이의 매핑을 자동으로 실시하여 카메라 위치(X, Y, Z, Yaw, Pitch, Roll)를 추정하고, 3차원 공간좌표를 가진 점군(Point－cloud)을 얻을 수 있다. 항공사진측량에 비해 저공에서 촬영한 고해상의 이미지를 사용하기 때문에 상세한 지형도를 얻을 수 있다.

3. 드론 초분광센서를 이용한 농작물 현황측량

최근 농업 분야에서도 드론 초분광센서를 이용하여 농작물 작황 현황 정보와 기초자료를 획득하고 있다. 일반적인 작업 흐름도는 다음과 같다.

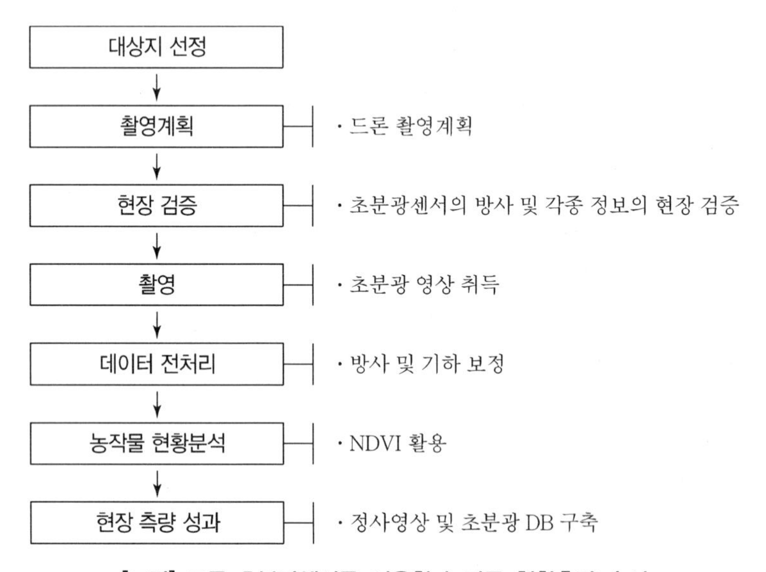

[그림] 드론 초분광센서를 이용한 농작물 현황측량 순서

(1) 최근 농업 분야에서 초분광 영상은 농작물의 분광 반사 특성을 통해 식물의 종류와 상태에 대한 정보를 제공할 수 있으며, 특히 수분 또는 양분 부족에 의한 스트레스, 잎의 함수량 및 화학적 특성 등을 정규식생지수(NDVI : Normalized Difference Vegetation Index)로 산출하여 정량적 분석이 가능하다.

(2) 식생지수는 단위가 없는 복사값으로 식물의 상대적 활동성 및 광합성 흡수 복사량과 같은 지표로 사용된다. 식생지수 중 하나인 NDVI는 식생의 활성도를 나타내는 지표로 원격탐사에서 널리 사용되는 지표 중 하나이다.

(3) 정규식생지수는 －1～1 사이의 값을 가지며, 농작물의 건강 상태 및 생산량 추정 등에 효율적으로 사용된다. 식생지역은 근적외선 영역이 가시광선 영역의 반사율보다 높게 나타나며, 반대로 물, 눈, 구름은 근적외선 영역이 가시광선 영역의 반사율보다 낮게 나타난다. 이에 따라 NDVI가 양수인 지역은 식생을 나타내며, NDVI가 음수인 지역은 물, 눈, 구름이다.

(4) 정규식생지수는 식생의 반사율이 가시 영역에서 낮고 근적외선 영역에서 높은 성질을 이용한 단순 계산으로 산정된다.

$$NDVI = \frac{\rho_{NIR} - \rho_{RED}}{\rho_{NIR} + \rho_{RED}}$$

여기서, ρ_{NIR} : 근적외선 영역에서의 반사율

ρ_{RED} : 가시광선 영역 중 적색광 영역에서의 반사율

4. 결론

드론 초분광센서를 이용하여 대상 농작물의 정규식생지수를 산출하여 실제 대상 지역의 농작물의 작황상태 및 토양온도와의 상관관계를 분석할 수 있으며, 이와 같은 방식은 비접촉 방식으로 향후 작물의 종류, 작물의 생육 정도, 단위면적당 작황상태에 관한 데이터를 생산하여 효율적인 농작물 현황 분석 및 스마트팜에 효율적으로 활용될 것으로 판단된다.

제4장 123회 측량 및 지형공간정보기술사 문제 및 해설

2021년 1월 30일 시행

분야	건설	자격종목	측량 및 지형공간정보기술사	수험번호		성명	

구분	문제	참고문헌
1교시	※ 다음 문제 중 10문제를 선택하여 설명하시오. (각 10점)	
	1. 관성항법장치(INS : Inertial Navigation System)	**1. 모범답안**
	2. 다각측량(Traverse Surveying)	2. 포인트 4편 참고
	3. 방위, 방위각 및 방향각	3. 포인트 4편 참고
	4. 수준면(Level Surface)과 수준선(Level Line)	**4. 모범답안**
	5. 국가기준점	5. 포인트 1편 참고
	6. 다중경로오차(Multipath Error)	**6. 모범답안**
	7. 단열삼각망	7. 포인트 4편 참고
	8. 지상표본거리(GSD)	**8. 모범답안**
	9. 능동형 센서와 수동형 센서	9. 포인트 6편 참고
	10. Map API	**10. 모범답안**
	11. DPW(Digital Photogrammetric Workstation)	**11. 모범답안**
	12. 해양수심측량 라이다(SHOALS)	12. 포인트 10편 참고
	13. 해저면 영상조사	**13. 모범답안**
2교시	※ 다음 문제 중 4문제를 선택하여 설명하시오. (각 25점)	
	1. 「공간정보의 구축 및 관리 등에 관한 법률 시행령」에 의한 공공측량의 종류와 「공간정보의 구축 및 관리 등에 관한 법률」을 적용받지 아니하는 측량을 설명하시오.	1. 포인트 1편 참고
	2. 항공레이저측량에 의한 수치표면자료(Digital Surface Data), 수치지면자료(Digital Terrain Data), 불규칙삼각망(TIN), 수치표고모델(DEM) 제작공정에 대하여 설명하시오.	**2. 모범답안**
	3. 공선조건식을 기반으로 공간후방교회법(Space Resection)과 공간전방교회법(Space Intersection)의 개념과 활용에 대하여 설명하시오.	**3. 모범답안**
	4. 4차 산업혁명과 관련된 개념으로서, 디지털 트윈(Digital Twin)의 개념과 우리나라 공간정보 분야에 활용하는 방안에 대하여 설명하시오.	**4. 모범답안**
	5. GIS에서 벡터데이터와 래스터데이터의 구조에 대하여 설명하시오.	5. 포인트 8편 참고
	6. 우리나라 연안해역기본도의 현황과 발전 방안에 대하여 설명하시오.	**6. 모범답안**
3교시	※ 다음 문제 중 4문제를 선택하여 설명하시오. (각 25점)	
	1. GNSS 현장관측 방법의 종류에 대하여 설명하시오.	1. 포인트 5편 참고
	2. 하천에서 유속계(Current Meter)와 부자(Float) 등을 이용하는 유속측정법과 평균유속을 계산하는 방법에 대하여 설명하시오.	2. 포인트 9편 참고
	3. 드론측량의 활용 · 확산을 위해 관련된 기존 제도의 보완사항 및 타 산업분야와의 기술 연계 방안에 대하여 설명하시오.	**3. 모범답안**
	4. 위스크브룸(Whiskbroom)과 푸시브룸(Pushbroom) 스캐너의 자료취득 방법을 비교하고, 푸시브룸 방식의 상대적 장점을 설명하시오.	4. 포인트 6편 참고
	5. 지자체에서 활용 중인 지하시설물 관리시스템의 주요 기능을 상세히 설명하시오.	**5. 모범답안**
	6. 제6차 국가공간정보정책 기본계획에 대하여 설명하시오.	6. 116회 기출문제 및 해설 참고
4교시	※ 다음 문제 중 4문제를 선택하여 설명하시오. (각 25점)	
	1. 토목공사에서 사용하는 체적계산 방법에 대하여 설명하시오.	1. 포인트 9편 참고
	2. 국토지리정보원이 주관하는 항공촬영카메라의 성능검사 절차에 대하여 설명하시오.	**2. 모범답안**
	3. 공간 필터링(Filtering)을 이용한 영상강조처리 방법에 대하여 설명하시오.	**3. 모범답안**
	4. GIS의 공간분석 방법에 대하여 설명하시오.	4. 포인트 8편 참고
	5. 국가적인 대규모 선형구조물(송전선로, 고속도로, 철도)의 노선을 GIS를 이용하여 선정하는 방법에 대하여 설명하시오.	**5. 모범답안**
	6. 융 · 복합 산업 활성화를 위한 3차원 입체모형 구축 기술을 비교 분석하고, 장 · 단점을 설명하시오.	**6. 모범답안**

NOTICE 본 측량 및 지형공간정보기술사 문제 및 해설 중 참고문헌의 《포인트》는 예문사 출간 《포인트 측량 및 지형공간정보기술사》임을 알려드립니다.

01 관성항법장치(INS : Inertial Navigation System)

1교시 1번 10점

1. 개요

관성항법장치(Inertial Navigation System)는 물체의 각속도와 가속도를 측정하고 이를 시간으로 계산해 냄으로써 출발점으로부터 얼마나 어떤 각도로 이동했는지를 측정(판단)하는 장치이다. IMU(Inertial Measurement Unit)와 컴퓨터로 구성되어 GNSS와 결합하여 다양한 측량 분야에 응용되고 있다.

2. 구성 및 원리

(1) 구성

자이로스코프(자동평형기), 가속도계 센서를 3축으로 구성하고 컴퓨터와 통합된 유닛(Unit)으로 구성된다.

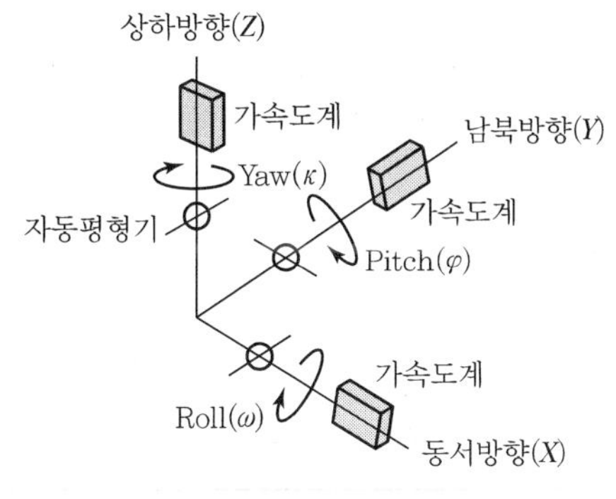

[그림 1] INS의 구성

① 가속도계 : x, y, z 방향 가속도 측정
② 자이로스코프(자동평형기) : 가속도계의 평형 유지
③ 시계 : 각 미지측점의 가속도 측정 시 시간 측정

(2) 원리

가속도계는 이동체의 3방향 가속도를 검출하고 자이로는 IMU 중심을 원점으로 하는 3축 주변의 각속도를 검출하여 시간적분하면 속도, 거리 및 각도로 변환할 수 있다.

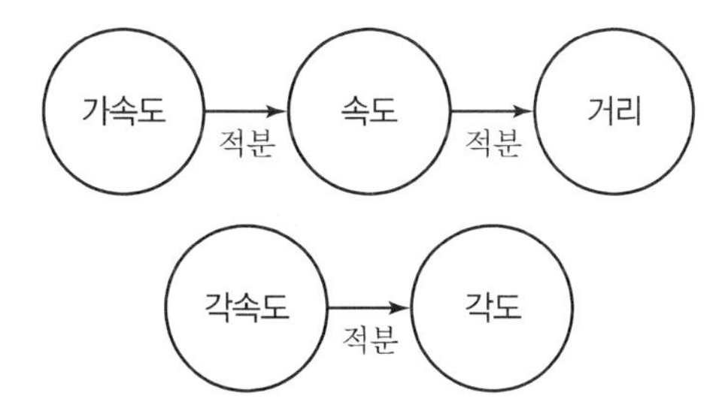

[그림 2] 이동거리 및 자세방향각의 산출

3. 관성항법장치의 장 · 단점

(1) 장점

① 계산 속도가 빠르고 운동체의 운동에 따른 영향을 거의 받지 않음

② 악천후나 전파 방해 등의 영향을 받지 않음

③ 안정적으로 시스템을 유지

(2) 단점

① 시간이 길어질수록 오차 증가

② 장거리일수록 오차 범위 증가

③ GNSS와 결합하여 단점 해결

4. 관성항법장치의 응용

(1) 기준점 측량(Control Surveying)

① 기지점 성과로 유용한 효과와 기지점의 검사 및 신속하고 경제적인 복구 가능

② 기준점은 도플러 위성측량으로 실측하여 항공사진의 기준점 측량에 이용

(2) 시공측량(Construction Surveying)

다른 측량 방법과 지도제작이 실패한 예가 많은 산림지역 같은 먼 지역에서는 그 성능이 우수함

(3) 지구물리 측량(Geophysical Surveying)

탄성파나 중력측량에서 측점의 수평위치나 표고 결정 및 오차 제거에 활용

(4) GNSS 측량

GNSS를 적용 불가능한 곳에 활용(실내공간 등)

(5) 항공사진측량

항공사진측량, 항공레이저측량, MMS(이동형 측량시스템), 항공중력관측, 원격탐측 분야에 활용

02 수준면(Level Surface)과 수준선(Level Line)

1교시 4번 10점

1. 개요

수준측량(Leveling)이라 함은 지구상에 있는 점들의 고저차를 관측하는 것을 말하며 레벨측량이라고도 한다. 표고는 수준면(기준면)을 기준으로 하고 있어 장거리수준측량에는 중력, 지구곡률, 대기굴절 등을 보정한다.

2. 수준면과 수준선

(1) 수준면(Level Surface)

① 각 점들이 중력 방향에 직각으로 이루어진 곡면, 즉 지구 표면이 물로 덮여 있을 때 만들어지는 형상의 표면으로 지오이드면이나 정수면과 같은 것을 말한다.

② 수준면은 일반적으로 구면 또는 회전타원체면이라 가정하지만 소범위의 측량에서는 이것을 평면으로 가정하여도 무방하다.

③ 수평면이라고도 한다.

(2) 수준선(Level Line)

① 지구의 중심을 포함한 면과 수준면이 교차하는 선을 말한다.

② 수평선이라고도 한다.

(3) 지평면(Horizontal Plane)

수준면의 한 점에서 접하는 평면을 말한다.

(4) 지평선(Horizontal Line)

수준면의 한 점에서 접하는 직선을 말한다.

3. 기타(수준측량의 주요 용어)

(1) 표고(Height)

기준으로 하는 어떤 수준면으로부터 어떤 지점에 이르는 수직거리를 말한다.

(2) 기준면(Datum Level)

높이의 기준이 되는 수준면을 말한다.

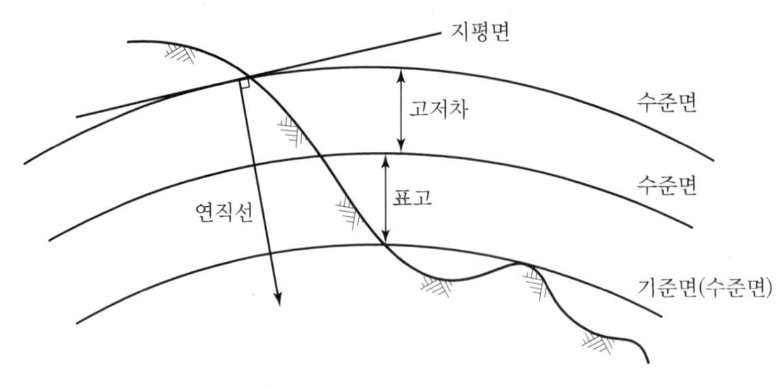

[그림] 수준면/기준면/표고

(3) 수준점(Bench Mark)

기준면에서 표고를 정확하게 측정해서 표시해둔 점을 수준점이라 하며, 우리나라는 국도 및 주요 도로에 1등 수준점이 4km, 2등 수준점이 2km마다 설치되어 있다.

(4) 수준망(Leveling Net)

수준점을 연결한 수준노선이 원점, 즉 출발점으로 돌아가거나 다른 표고의 수준점에 연결하여 망을 형성하는 것을 말한다.

(5) 통합기준점

지리학적 경위도, 직각좌표, 지구중심직각좌표, 높이 및 중력 측정의 기준으로 사용하기 위하여 위성기준점, 수준점 및 중력점을 기초로 정한 점을 말한다.

03 다중경로오차(Multipath Error)

1교시 6번 10점

1. 개요

GNSS 측량을 실시할 때 위성으로부터 송신되는 신호가 수신기 주변의 장애물로 인해 굴절이 발생하는데 이를 다중경로라 하고, 이에 따른 오차를 다중경로 오차라 한다. GNSS 측량의 정확도는 위성과 수신기 사이의 거리를 얼마나 정확하게 계산하는가로 결정되는데 수신기에 도달하는 신호의 다중경로가 발생하는 경우에는 위성에서 송신된 신호가 수신기 주변에 존재하는 여러 종류의 물체를 거쳐 수신기로 들어오기 때문에 거리의 오차를 발생시키게 된다.

2. GNSS 오차

GNSS 측량 시 발생되는 오차는 크게 구조적 요인에 의한 오차, 측위환경에 따른 오차, 지각변동에 따른 오차로 구분할 수 있다.

[그림] GNSS 오차

3. 다중경로오차(Multipath Error)

위성신호는 GNSS 안테나에 직접파로만 수신되어야 하는데 건물 벽면 등에 부딪혀 들어오는 반사파와 같이 다른 경로로 신호가 수신되는 경우 정상적 측위 계산이 되지 않는 현상을 멀티패스에 의한 오차라 한다.

(1) 멀티패스의 원인

① 건물 벽면, 바닥면 등에 의한 반사파 수신
② 낮은 위성 고도각(Elevation Mask)
③ 다중경로에 따른 영향은 위상측정 방식보다 코드측정 방식이 더 큼

(2) 오차소거 방법

① 멀티패스가 발생하는 지점 회피
② 관측시간을 길게 설정 : 양호한 시간대 추출 계산
③ 위치 계산 시 반송파와 코드를 조합하여 해석

(3) 멀티패스를 줄이는 측량 방법

① 멀티패스 발생지점 회피

② 임계 고도각을 양각 15° 이상 설정

③ 초크 링(Chock Ring) 안테나 사용

04 지상표본거리(GSD)

1교시 8번 10점

1. 개요

지상표본거리(GSD : Ground Sample Distance)란 지상 해상력과 동일한 의미로 사용하며, 각 화소(Pixel)가 나타내는 X, Y 지상거리를 말한다.

2. 지상표본거리 산정

항공사진촬영에서 촬영고도(H), 초점거리(f) 및 물리적인 픽셀 크기를 이용하여 산출된 지상표본거리를 cm 단위로 기록한다.

$$GSD = \frac{H}{f} \times \text{픽셀 크기}$$

3. 지상해상도 검정 방법

(1) 실제 외부직경

공간해상도 검증을 위해서 검정장에 설치된 시각적 해상도 분석 도형의 실제 직경을 미터(m) 단위로 기록한다. (예 : 2m)

(2) (평균) 직경비(내부직경(d)/외부직경(D))

① 영상의 공간해상도 분석을 위하여 촬영한 시각적 해상도 분석 도형의 내부직경과 외부직경의 비를 소수점 이하 3자리까지 기록한다.

② 시각적 해상도 분석을 위해 검정장에 설치한 분석 도형의 개수가 여러 개일 경우 직경비의 평균값을 표시한다.

[그림] 외부직경(D)과 내부직경(d) 관측

③ 예 : 시각적 해상도 분석 도형을 촬영한 영상을 이용하여 외부직경(D)과 내부직경(d)을 관측하여 각각 29.62와 13.32가 나왔을 경우 직경비는 0.450이 된다$\left(\text{직경비} = \frac{13.32}{29.62}\right)$.

(3) 흑백선 수

검정장에 설치된 분석 도형의 흑백선의 개수를 숫자로 표시한다.

(4) (평균)시각적 지상해상도 산정

① 영상의 시각적 지상해상도(l) 분석을 위하여 다음 식을 적용하여 결과를 산출하고, 단위는 cm 단위로 표기하며 소수점 이하 1자리까지 표시한다.

$$l = \frac{\pi \times \text{직경비}\left(=\dfrac{\text{내부직경}(d)}{\text{외부직경}(D)}\right)}{\text{흑백선 수}} \times \text{실제 외부직경}$$

여기서, n은 흑백선의 개수, 직경비는 내부직경/외부직경

② 시각적 지상해상도의 경우에도 검정장에 설치한 분석 도형의 개수가 여러 개일 경우 평균직경비를 이용하여 평균 시각적 지상해상도를 산출한다.

③ 예 : 직경비가 0.450이고 흑백선의 개수가 32이며, 실제 외부직경이 2m일 경우 시각적 해상도(l)는 8.8cm이다.

$$l = \frac{\pi \cdot 0.450}{32} \times 2\text{m} = 8.8\text{cm}$$

(5) (평균)영상의 선명도 산정

① 영상의 선명도는 시각적 해상도(l)/지상표본거리(GSD)의 비로 나타내고 단위는 cm로 표기하며 소수점 이하 2자리까지 표시한다.

② 예 : 시각적 해상도(l)가 8.8cm이고 GSD가 10cm일 경우 영상의 선명도는 0.88이다.

4. 도화축척, 항공사진축척, 지상표본거리와의 관계(「항공사진측량 작업규정」)

도화축척	항공사진축척	지상표본거리(GSD)
1/500~1/600	1/3,000~1/4,000	8cm 이내
1/1,000~1/1,200	1/5,000~1/8,000	12cm 이내
1/2,500~1/3,000	1/10,000~1/15,000	25cm 이내
1/5,000	1/18,000~1/20,000	42cm 이내
1/10,000	1/25,000~1/30,000	65cm 이내
1/25,000	1/37,500	80cm 이내

05 Map API

1교시 10번 10점

1. 개요

Map API는 웹 서비스 또는 애플리케이션에 지도를 활용할 수 있도록 다양한 기능을 제공하는 것을 말한다. 간단한 약도부터 주변 맛집이나 유명 관광지 표시까지, 요청하는 여러 정보들을 지도 위에 표현할 수 있다.

2. Map API(지도 API)

(1) 웹사이트와 모바일 애플리케이션에서 지도를 이용한 서비스를 제작할 수 있도록 다양한 기능을 제공

(2) 기능(Kakao 지도 API)

1) 간단한 코드를 통해 웹브라우저에 지도 띄우기
   ① 지도를 담을 영역(예 : 500×400pixel) 만들기
   ② 실제 지도를 그리는 Javascript API 불러오기
   ③ 지도를 띄우는 코드 작성

2) 라이브러리 사용하기(특화된 기능을 묶어둔 것)
   마커 클러스터링, 장소 검색, 주소-좌표 변환, 그리기(Drawing) 모드 지원 등

3) 지도 URL(특정 위치를 표시한 후, 지도에서 크게 보기나 길찾기로 연결)
   지도 바로가기, 길찾기, 로드뷰 등

3. Open API

(1) 누구나 사용할 수 있도록 '공개된'(Open) '응용 프로그램 개발환경'(API : Application Programming Interface)
(2) 임의의 응용 프로그램을 쉽게 만들 수 있도록 준비된 프로토콜, 도구 같은 집합으로 소프트웨어나 프로그램의 기능을 다른 프로그램에서도 활용할 수 있도록 표준화된 공개 인터페이스

4. OSS(Open Source Software)

(1) 무료이면서 소스코드를 개방한 상태로 실행 프로그램을 제공하는 동시에 소스코드를 누구나 자유롭게 개작 및 개작된 소프트웨어를 재배포할 수 있도록 허용된 소프트웨어
(2) GIS에 관한 오픈소스소프트웨어(FOSS4G : Free and Open Source Software for Geospatial) : PostGIS, GeoServer, Mapserver, GRASS, Qgis 등

06 DPW(Digital Photogrammetric Workstation)

1교시 11번 10점

1. 개요

DPW(Digital Photogrammetric Workstation)는 수치사진측량시스템 또는 수치식 도화기라고 하며, 디지털카메라로 촬영된 원시영상을 디지털 형태로 변환된 실체시 정사사진으로부터 컴퓨터에서 활용이 가능한 수치지도를 그려내는(영상파일을 처리하는) 도화기를 말한다.

2. 구성 요소 및 주요 기능

(1) 구성 요소

① 하드웨어 : 워크스테이션, 3D 모니터, LCD 모니터, 데이터 입력장치
② 소프트웨어 : 스테레오 뷰어, 벡터 프로그램

(2) 주요 기능

① 다양한 항공카메라 영상 적용(프레임, 라인, UAV)
② 사용자 중심의 편리한 표정 기능
③ 표정 자동화 기능(내부표정, 상호표정)
④ Direct Georeferencing(외부표정 입력 기능)
⑤ 다양한 위성영상 적용
⑥ 벡터프로그램(오토캐드) 사용 및 높은 호환성
⑦ 상용소프트웨어 프로젝트파일 임포트(Import) 기능
⑧ 3D 도화 자동화 기능 제공
⑨ 키패드를 이용한 명령어 입력
⑩ 핸드휠, 3D 마우스 등 다양한 장치를 이용한 데이터 입력

3. 특징

(1) 중복된 한 쌍의 실체 모델에 대한 수치영상파일을 사용하며, 이때 중복된 이미지는 컴퓨터 스크린에 표시되고 입체적으로 관측됨
(2) 수치영상의 분석 능력과 영상해석 또는 영상형상인식 능력을 통한 자동화
(3) 기존의 자료나 실체 모델로부터 획득한 벡터 자료를 실체 영상에 중첩시킬 수 있음
(4) 항공사진의 측정을 위한 입체경이 부착된 것 이외에는 일반적인 데스크톱 컴퓨터와 동일

07 해저면 영상조사

1교시 13번 10점

1. 개요

해저면 영상조사는 측면주사음향탐지기(SSS : Side Scan Sonar)를 이용하여 해저면의 영상정보를 획득하여 해저면영상도 등을 작성하는 작업을 말한다. 최근 간섭계 소나(Interferometer Sonar)가 개발되어 수심과 바닥면에 대한 지형정보를 동시에 취득하여 탐사 범위가 향상되었다. 본문에서는 측면주사음향탐지기를 중심으로 기술하고자 한다.

2. 측면주사음향탐지기의 구성

측면주사음향탐지기는 하나의 센서를 이용하여 초음파를 송 · 수신하고 입력되는 신호강도를 이용하여 해저면 지형정보를 획득한다. SSS 시스템은 크게 이동국 GNSS, 신호영상장치, SSS로 구성되어 있다.

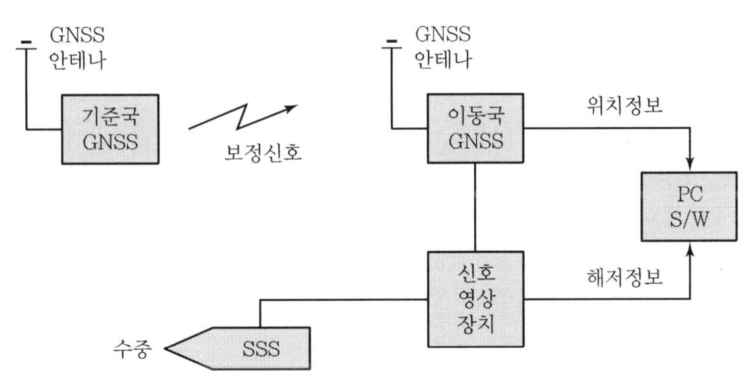

[그림] SSS 시스템

(1) 이동국 GNSS : 위치정보 수신
(2) 신호영상장치 : SSS에 신호 송신 및 수신
(3) SSS : 해저면에 위치하며 음향 신호 송신 및 수신 센서

3. 측면주사음향탐지기의 적용

(1) 목포물 탐색

① 넓은 해저 표면을 영상화하기에 효과적
② 침선 등 특정 목표물 탐색
③ 해저 환경 탐색

(2) 해저면 상태 조사

① 다양한 목적으로 해저면 도면화
② 해저면의 변화 추적
③ 해중산 등 장애물 조사

4. 해저면 영상조사 방법

(1) 시험조사

① 암초, 어초, 침선 등 장애물 위치 확인

② 적정 주사 폭 결정

③ 방법 결정 : 고정식 혹은 예인식

(2) 조사

① 시험조사를 기초로 조사

② 해저장애물이 충분히 나타날 수 있도록 조사

(3) 자료처리

① GNSS 보정

② 영상 보정

(4) 해저면영상도 작성

① 해저 장애물, 저질의 특성 표현

② UTM 도법

08 항공레이저측량에 의한 수치표면자료(Digital Surface Data), 수치지면자료(Digital Terrain Data), 불규칙삼각망(TIN), 수치표고모델(DEM) 제작공정에 대하여 설명하시오.

2교시 2번 25점

1. 개요

항공레이저측량이란 항공기에 레이저스캐너를 탑재하여 레이저를 주사하고, 반사되는 정보로 거리를 측정하고 GNSS, INS를 이용하여 관측점에 대한 3차원 위치 좌표를 취득하는 시스템을 말한다. 항공레이저측량은 크게 자료수집, 처리 및 해석으로 구분되며, 무작위 점군을 격자형 자료로 변환 후 수치표면모델(DSM)이나 수치표고모델(DEM) 또는 수치지형모델(DTM) 등의 자료로 변환한다. 본문에서는 항공레이저측량에 의한 수치표면자료, 수치지면자료, 불규칙삼각망, 수치표고모델의 제작공정을 항공레이저측량 작업규정 내용을 중심으로 기술하고자 한다.

2. 수치표고모델 제작을 위한 작업순서

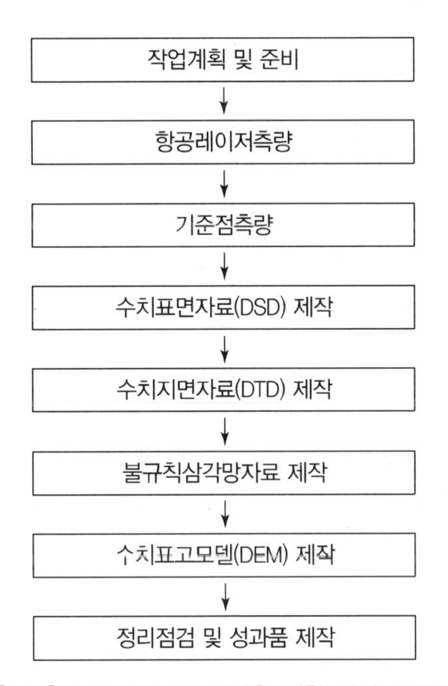

[그림] 수치표고모델 제작을 위한 작업 흐름도

3. 수치표면자료의 제작

수치표면자료란 원시자료를 기준점을 이용하여 기준좌표계에 의한 3차원 좌표로 조정한 자료로서 지면 및 지표 피복물에 대한 점자료를 말한다.

(1) 수치표면자료의 제작

수치표면자료는 조정된 원시자료의 정확도 검증을 완료한 후, 정확도 기준 이내인 경우에 제작한다.

(2) 정표고 변환

① 조정이 완료된 항공레이저측량 원시자료의 타원체고를 정표고로 변환하여야 한다.

② 정표고 변환은 발주처와 협의하여 기준점 및 검사점 성과 또는 별도 성과를 이용하여 산출된 작업지역에 대한 지오

이드 모델을 정하여 사용할 수 있다.
③ 정표고 변환한 결과를 보고서로 작성하여야 한다.

4. 수치지면자료의 제작

수치지면자료란 수치표면자료에서 인공지물 및 식생 등과 같은 표면의 높이가 지면의 높이와 다른 지표피복물에 해당하는 점자료를 제거한 점의 자료를 말한다.

(1) 수치지면자료의 제작

① 필터링은 작업지역의 범위를 100m까지 연장하여 수행한다.
② 필터링은 자동 또는 수동 방식으로 수행할 수 있다.
③ 자동 방식으로 분류하기 어려운 교량, 고가도로, 낮은 공장지대, 하천, 건물밀집지역, 수목이 우거진 산림지역 등의 지형 · 지물은 수동 방식으로 하여야 한다.
④ 필터링을 수행할 때에는 수치영상과 비교(또는 중첩)하여 식별, 분류작업을 실시하여야 한다.
⑤ 수치표면자료의 용량이 큰 경우에는 작업지역을 분할하여 실시할 수 있다. 이때, 작업단위 간의 인접부분은 20m 이상 중복되도록 하여야 한다.
⑥ 수치지면자료는 지면과 지표 피복물로 구분되어야 한다.

(2) 수치지면자료의 점검 및 수정

① 단면검사에 의해 오류의 유무를 점검하고 수정한다.
② 동일한 시기에 촬영된 수치영상자료와 비교(또는 중첩)하여 오류의 유무를 점검하고 수정한다.

5. 불규칙삼각망자료의 제작

불규칙삼각망자료란 수치지면자료를 이용하여 불규칙삼각망을 구성하여 제작한 3차원 자료를 말한다.

(1) 불규칙삼각망자료의 제작

불규칙삼각망자료는 정표고로 변환된 수치지면자료를 이용하여 제작한다.

(2) 불규칙삼각망자료의 정확도 점검

실측된 기준점 및 검사점과 불규칙삼각망자료의 표고 차이에 대한 최댓값, 최솟값, 평균, 표준편차 및 불규칙삼각망자료의 RMSE를 구하여 정확도를 점검한다.

(3) 불규칙삼각망자료의 오류 확인 및 수정

생성된 불규칙삼각망자료를 화면상에서 육안으로 검사하고 오류를 확인하여 수정한다.

6. 수치표고모델의 제작

수치표고모델이란 수치지면자료를 이용하여 격자 형태로 제작한 지표의 모형을 말한다.

(1) 수치표고모델의 제작

수치표고모델은 정표고로 변환된 수치지면자료를 이용하여 격자자료로 제작하여야 한다.

(2) 격자자료의 제작

격자자료는 사용목적 및 점밀도를 고려하여 불규칙삼각망, 크리깅(Kriging)보간 또는 공삼차보간 등 정확도를 확보할 수 있는 보간 방법으로 제작하여야 한다.

(3) 수치표고모델 규격 및 정확도

수치표고모델의 격자 규격에 따른 평면 및 수직 위치 정확도의 한계는 다음과 같다.

① 평면위치 정확도 : H(비행고도)/1,000

② 수직위치 정확도

격자규격	1m×1m	2m×2m	5m×5m
수치지도 축척	1/1,000	1/2,500	1/5,000
RMSE	0.5m 이내	0.7m 이내	1.0m 이내
최대오차	0.75m 이내	1.0m 이내	1.5m 이내

7. 결론

최근 위성영상 및 항공사진의 활용에 관한 관심이 증가되면서 레이저 및 레이더 센서에 대한 연구가 활발히 진행되고 있다. 그러나 장비의 고가 및 전문인력 미비로 측량 및 타 분야에 잘 활용되지 못하고 있으므로 전문인력 양성, 관계법령 개선 및 장비의 대중화를 통하여 다양한 분야에서 활용될 수 있는 기반을 마련해야 할 것으로 판단된다.

09 공선조건식을 기반으로 공간후방교회법(Space Resection)과 공간전방교회법(Space Intersection)의 개념과 활용에 대하여 설명하시오.

2교시 3번 25점

1. 개요

공선조건(Collinearity Condition)은 사진의 노출점(L), 대상점(A), 상점(a)이 동일 직선상에 있어야 하는 조건이며, 사진측량에서 가장 유용하게 사용되는 조건이다. 이 조건식은 3점의 지상기준점을 이용하여 노출점 L의 좌표(X_L, Y_L, Z_L)와 표정인자(κ, ϕ, ω)를 후방교회법에 의하여 구하고, 외부표정인자 6개와 상점(x, y)을 이용하여 새로운 지상점의 좌표(X, Y, Z)를 구하는 전방교회법에 이용된다.

2. 공선조건식

[그림 1]은 공선조건을 나타내는 그림이며, [그림 2]는 항공사진의 촬영점(L)은 X, Y, Z의 대상좌표체계에 대해 X_L, Y_L, Z_L의 좌표체계를 갖는다. 대상점 A에 상응하는 상점 a는 사진기좌표($x_a{}'$, $y_a{}'$, $z_a{}'$)를 가진다. 이 좌표는 대상좌표체계와 평행한 사진좌표체계를 갖는다.

3차원 회전식을 이용하여 [그림 1]의 상점 a는 [그림 3]의 X, Y, Z 좌표체계에 평행인 x', y', z' 좌표체계로 회전변환될 수 있다. 회전된 사진기좌표 $x_a{}'$, $y_a{}'$, $z_a{}'$는 사진좌표(x_a, y_a), 카메라 초점거리(f), 회전요소(κ, ϕ, ω)로 표현될 수 있다. 회전변환식은 다음과 같다.

$$\begin{bmatrix} x_a{}' \\ y_a{}' \\ z_a{}' \end{bmatrix} = R_{\kappa,\phi,\omega} \begin{bmatrix} x_a \\ y_a \\ z_a \end{bmatrix} \quad \cdots\cdots ①$$

여기서, $x_a{}'$, $y_a{}'$, $z_a{}'$: 변환좌표계(기울어지지 않은 좌표계)

x_a, y_a, z_a : 기울어진 좌표계

R : 회전변환계수

식 ①을 다항식으로 표현하면,

$$\left.\begin{aligned} x_a &= m_{11}x_a{}' + m_{12}y_a{}' + m_{13}z_a{}' \\ y_a &= m_{21}x_a{}' + m_{22}y_a{}' + m_{23}z_a{}' \\ z_a &= m_{31}x_a{}' + m_{32}y_a{}' + m_{33}z_a{}' \end{aligned}\right] \quad \cdots\cdots ②$$

여기서, m : 회전(κ, ϕ, ω)요소

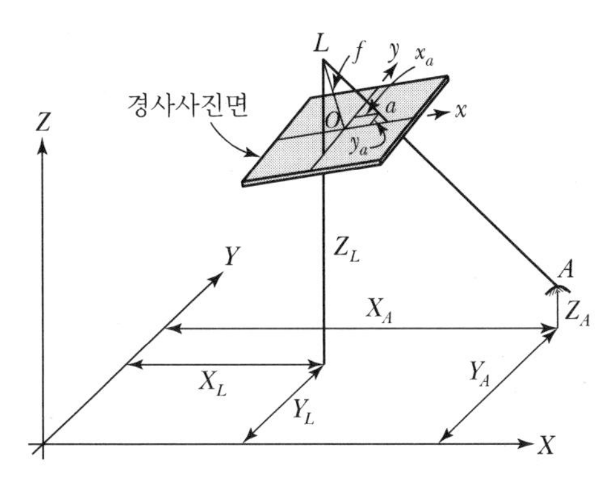

L : 노출점, A : 대상점, a : 상점
X_A, Y_A, Z_A : 대상점 좌표
X_L, Y_L, Z_L : 노출점 좌표
x_a, y_a, f : 상점 좌표

[그림 1] 공선조건

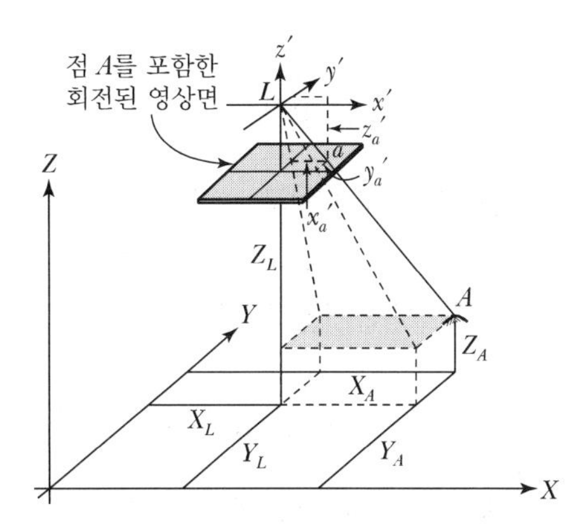

x_a', y_a', z_a' : 기울어지지 않는 좌표

[그림 2] 대상물 좌표체계와 평행하도록 회전된 사진좌표계

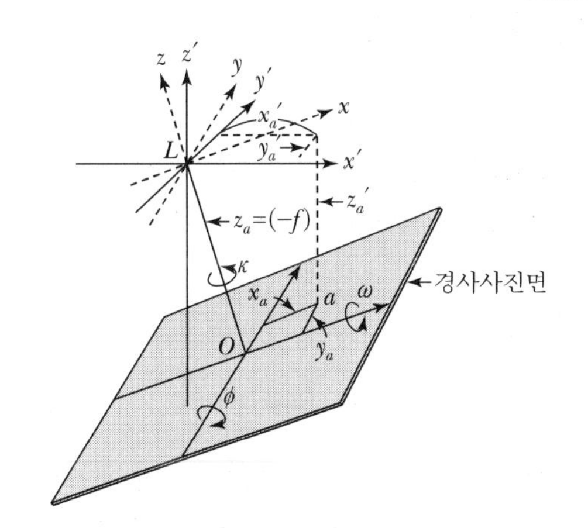

x_a', y_a', z_a' : 기울어지지 않는 좌표
x_a, y_a, z_a : 기울어진 좌표

[그림 3] 기울어진 좌표계와 기울어지지 않는 좌표계

공선조건식은 [그림 2]로부터 유도된다.

$$\frac{x_a'}{X_A - X_L} = \frac{y_a'}{Y_A - Y_L} = \frac{-z_a'(f)}{Z_A - Z_L} \quad \cdots\cdots ③$$

여기서, $x_a' = \left(\frac{X_A - X_L}{Z_A - Z_L}\right) z_a' \quad \cdots\cdots ④$

$$y_a' = \left(\frac{Y_A - Y_L}{Z_A - Z_L}\right) z_a' \quad \cdots\cdots ⑤$$

$$z_a' = \left(\frac{Z_A - Z_L}{Z_A - Z_L}\right) z_a' \quad \cdots\cdots ⑥$$

위의 식 ④, ⑤, ⑥을 식 ②에 대입하면,

$$x_a = m_{11}\left(\frac{X_A - X_L}{Z_A - Z_L}\right) z_a' + m_{12}\left(\frac{Y_A - Y_L}{Z_A - Z_L}\right) z_a' + m_{13}\left(\frac{Z_A - Z_L}{Z_A - Z_L}\right) z_a' \quad \cdots\cdots ⑦$$

$$y_a = m_{21}\left(\frac{X_A - X_L}{Z_A - Z_L}\right)z_a' + m_{22}\left(\frac{Y_A - Y_L}{Z_A - Z_L}\right)z_a' + m_{23}\left(\frac{Z_A - Z_L}{Z_A - Z_L}\right)z_a' \quad \cdots\cdots ⑧$$

$$z_a = m_{31}\left(\frac{X_A - X_L}{Z_A - Z_L}\right)z_a' + m_{32}\left(\frac{Y_A - Y_L}{Z_A - Z_L}\right)z_a' + m_{33}\left(\frac{Z_A - Z_L}{Z_A - Z_L}\right)z_a' \quad \cdots\cdots ⑨$$

식 ⑦, ⑧을 식 ⑨로 나누고 z_a' 대신에 $-f$를 대입하면 공선조건의 기본식을 유도할 수 있다.

$$x_a = -f\left[\frac{m_{11}(X_A - X_L) + m_{12}(Y_A - Y_L) + m_{13}(Z_A - Z_L)}{m_{31}(X_A - X_L) + m_{32}(Y_A - Y_L) + m_{33}(Z_A - Z_L)}\right]$$

$$y_a = -f\left[\frac{m_{21}(X_A - X_L) + m_{22}(Y_A - Y_L) + m_{23}(Z_A - Z_L)}{m_{31}(X_A - X_L) + m_{32}(Y_A - Y_L) + m_{33}(Z_A - Z_L)}\right]$$

여기서, x_a, y_a : 상좌표

f : 초점거리

3. 공선조건에 의한 공간후방교회법

(1) 개념

공선조건식에 의한 공간후방교회법은 사진의 6개의 외부표정요소, 즉 ω, κ, ϕ, X_L, Y_L, Z_L를 결정하는 방법이다. 이 방법에서는 최소한 3점의 지상기준점이 필요하다. 만일 지상기준점의 좌표를 알고 있다면 후방교회법에 의한 공선조건식은 점 A에 대하여 다음과 같다.

$$\left.\begin{array}{l} b_{11}d\omega + b_{12}d\phi + b_{13}d\kappa - b_{14}dX_L - b_{15}dY_L - b_{16}dZ_L = J + v_{x_a} \\ b_{21}d\omega + b_{22}d\phi + b_{23}d\kappa - b_{24}dX_L - b_{25}dY_L - b_{26}dZ_L = K + v_{y_a} \end{array}\right] \cdots\cdots ⑩$$

하나의 기준점당 2개의 방정식이 성립되므로 최소 3개의 기준점이 있으면 6개의 방정식이 성립되며 미지수가 6개 이므로 유일해를 얻을 수 있다. 이 경우 식 ⑩의 우변 항의 잔차는 0이 된다. 만일 3점 이상의 기준점을 사용하면 최소제곱법을 사용하여야 한다. 공선조건식은 비선형방정식으로서 테일러(Taylor) 급수에 의하여 선형화하였으므로 미지수들에 대한 초기 가정값이 필요하다. 일반적으로 수직사진의 경우 $\omega = \phi = 0$으로 하고 Z_L은 몇 개의 기준점으로부터 비행고도를 계산하며 이들을 평균하여 사용한다. X_L과 Y_L, κ는 영상좌표와 지상좌표 간의 2차원 사상변환 방법을 응용하여 계산한다.

(2) 활용

공선조건에 의한 공간후방교회법을 이용하여 선형화된 공선조건식으로 6개의 외부표정요소를 결정하는 데 활용된다.

4. 공선조건에 의한 공간전방교회법

(1) 개념

[그림 4]에서와 같이 외부표정요소가 결정된 사진으로부터 점 A에 대한 광속의 교차점을 구하면 점 A의 지상좌표를 구할 수 있다. 이러한 방법을 공간전방교회법이라 부른다. 공간전방교회법에 의하여 점 A에 대한 좌표를 계산하기 위해서는 각 점에 대하여 식 ⑪과 같이 선형 공선조건식을 세울 수 있다.

$$\left.\begin{array}{l} b_{14}dX_A + b_{15}dY_A + b_{16}dZ_A = J + v_{x_a} \\ b_{24}dX_A + b_{25}dY_A + b_{26}dZ_A = K + v_{y_a} \end{array}\right] \cdots\cdots ⑪$$

그러나 6개의 외부표정요소는 이미 알고 있기 때문에 식 ⑪에 남아 있는 미지수는 단지 dX_A, dY_A, dZ_A, 3개이므로 최소제곱법을 사용하여 결정할 수 있다. 이와 같이 계산된 보정값은 X, Y, Z의 초기 가정값에 합하여 X, Y, Z에 대한 새로운 좌푯값으로 하여 계산을 반복하게 된다. 이러한 반복계산은 보정값, dX_A, dY_A, dZ_A이 무시할 정도의 값이 될 때까지 반복한다. 초기값은 지상좌표를 알고자 하는 모든 기준점들에 대하여 필요하다.

일반적으로 이들 초기값은 수직사진의 경우 시차공식을 사용하여 계산한다. 시차공식을 사용함에 있어 기준면으로부터 투영 중심까지의 거리 Z_R은 두 사진의 노출점에 대한 지상좌표, 즉 X, Y, Z는 알고 있으므로 두 노출점의 Z좌표, 즉 Z_{L1}과 Z_{L2}의 평균값으로 하며, B의 값은 $B=\sqrt{(X_{L2}-X_{L1})^2+(Y_{L2}-Y_{L1})^2}$ 으로 계산한다.

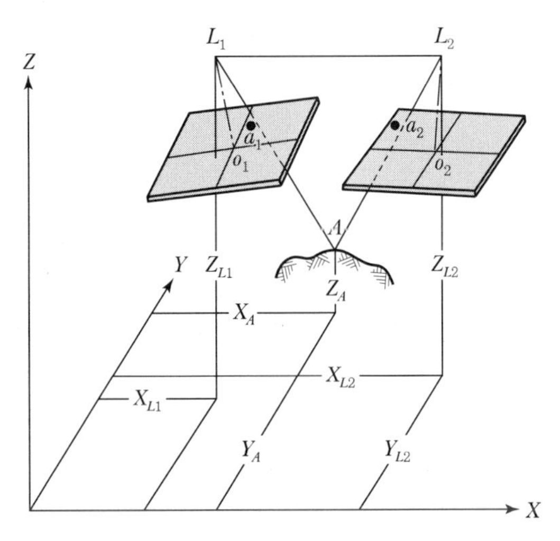

[그림 4] 공간전방교회법

(2) 활용

공선조건에 의한 공간전방교회법을 이용하여 외부표정요소와 결정된 사진좌표들로부터 지상점의 좌표를 결정하는 데 활용된다.

5. 결론

공선조건(Collinearity Condition)은 사진의 노출점(L), 대상점(A), 상점(a)이 동일 직선상에 있어야 하는 조건이며, 사진측량에서 가장 유용하게 사용되는 조건이다. 그러므로 기본원리를 철저하게 학습하여 항공사진측량 및 위성측량 등 다양한 분야에 활용해야 할 것이다.

10 4차 산업혁명과 관련된 개념으로서, 디지털 트윈(Digital Twin)의 개념과 우리나라 공간정보 분야에 활용하는 방안에 대하여 설명하시오.

2교시 4번 25점

1. 개요

제4차 산업혁명과 관련된 개념의 하나인 디지털 트윈(Digital Twin)은 실제로 존재하는 사물과 똑같은 쌍둥이를 가상의 공간에 만들어내는 마법 같은 기술을 말한다. 디지털 트윈은 세계적인 시장조사기관 가트너가 매년 발표하는 '10대 전략 기술 트렌드'에 2년 연속 그 이름을 올릴 만큼 4차 산업혁명을 이끌 핵심 기술로 꼽히고 있으며, 우리나라 공간정보 분야를 중심으로 차츰 그 영역을 확장해가고 있다.

2. 디지털 트윈

(1) 개념

① 디지털로 만든 실제 제품의 쌍둥이가 가상 환경(컴퓨터 안)에서 미리 동작을 해 시행착오를 겪어 보게 하는 기술

② 제품 개발 및 제조 방식에 변화를 가져오며, 더 나아가서 전 산업 분야에서 경쟁사보다 더 빠른 제품 출시를 위해 노력하는 과정에서의 혁신적 변혁

③ 실제 공간의 데이터를 공간정보와 연계하여 가상화한 것

④ 사이버 물리 시스템 기반의 스마트시티를 구현하여 재난 대응과 시설물 관리 등에 활용

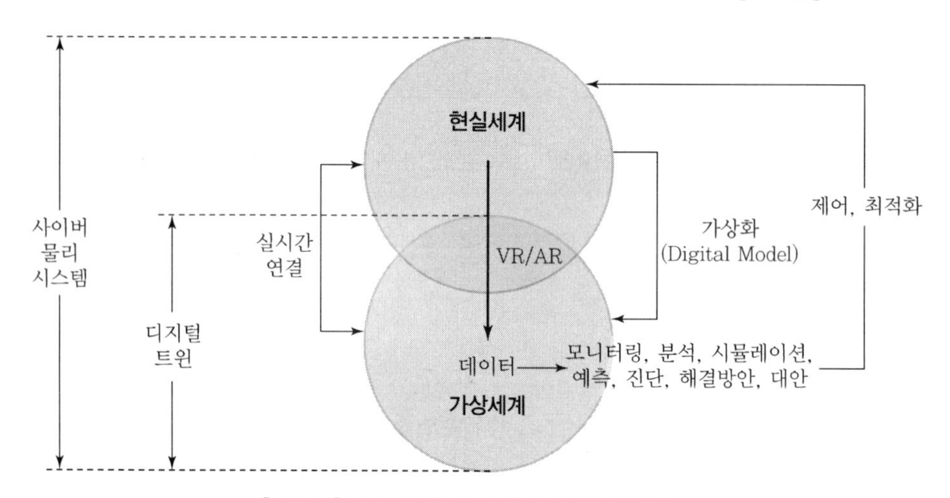

[그림 1] 현실세계와 가상세계의 융합 개념도

(2) 구성요소

1) 디지털 트윈을 구성하는 요소는 세 가지로 나눌 수 있음

① 현실 사물 : 현실의 사물

② 분석 시스템 : 현실 사물을 바탕으로 분석과 처리를 수행할 수 있는 시스템

③ 디지털 트윈 : 가상세계 구현

2) 상세 구성요소 : 센싱을 위한 IoT, ZigBee, NFC 등의 센싱 기술과 환경의 정보를 취할 수 있는 온도 · 습도정보, 적외선 센서, 분석을 처리할 수 있는 빅 데이터와 AI 기술 등

3) 그 밖에 필요한 것 : 시뮬레이션을 진행할 수 있는 3D 영상기술(디지털 트윈은 실제 모델을 바탕으로 가상화 모델을 구성하고 가상화 모델 분석을 통하여 오류를 탐지하게 됨)

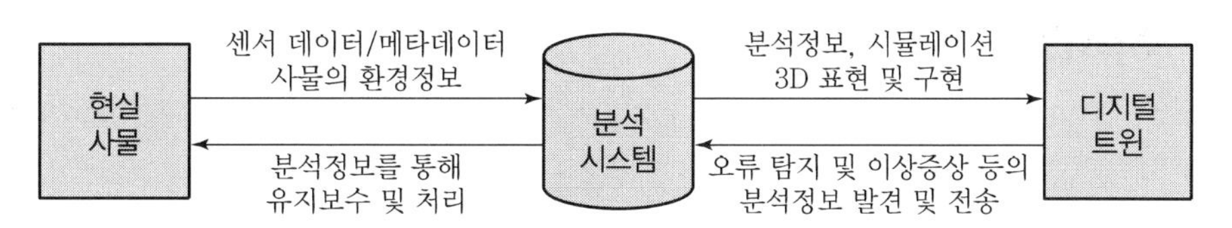

[그림 2] 디지털 트윈의 구성

(3) 구현 단계

① Level 1 : 3D 시각화

→ 트윈 모델에 속성정보를 입력하여 3D 시각화만 하거나, 여기에 속성정보 변경 등을 통한 사전 시뮬레이션까지 포함

② Level 2 : 실시간 모니터링

→ IoT 플랫폼을 통하여 실시간 센싱 데이터를 받으며, 동시에 현실 세계에 있는 실제 사물이나 시스템들과 1 : 1 매칭이 되고 모니터링이 됨

③ Level 3 : 분석, 예측, 최적화

→ 운영 중인 모델을 기반으로 예측 및 분석하면서 시뮬레이션을 해보고, 이를 기반으로 실제 사물을 제어하는 영역까지 구현하게 되는 것

3. 우리나라 공간정보 분야에 활용하는 방안

(1) 3D 지도 : 지하공간, 지상 3차원, 정밀도로지도, 스마트시티 문제해결, 실내공간정보 구축

(2) 스마트시티 통합플랫폼을 연계한 서비스인 방범, 방재, 교통, 환경 등의 서비스

(3) 예측 플랫폼 : 예측 데이터 기반 공간 속성정보 확장

→ 타 분야 응용에 활용 가능한 공간분석, 시뮬레이션 예측 기반의 속성정보 확장

4. 결론

최근 디지털 트윈은 스마트시티 인프라 구축단계에서 관리 및 운영 단계로 빠르게 진화하고 있다. 국내의 경우, 디지털 트윈은 관리 및 운영에 있어서 중요한 기술로 그 중요성이 급격히 증가할 것이다.

11 우리나라 연안해역기본도의 현황과 발전 방안에 대하여 설명하시오.

2교시 6번 25점

1. 개요

연안해역기본도는 연안해역(수심 50m 이내)을 대상으로 하는 설계 및 개발을 위한 기초자료 확보를 목적으로 육지 및 해양의 공간정보를 동일한 기준좌표계로 일치시켜 1/25,000 축척으로 등심선, 기반암심선 등의 해저지형을 추가적으로 표현한 전산파일 형태의 수치지도와 도식규정을 기준으로 표현한 종이지도 형태의 지형도를 말한다. 연안해역기본도는 1/25,000 축척으로 제작되어 설계 및 개발에 있어 활용이 어려운 실정으로 효율적인 제작과 공급, 활용도 증대를 위한 개선 방안이 필요하다.

2. 연안의 범위

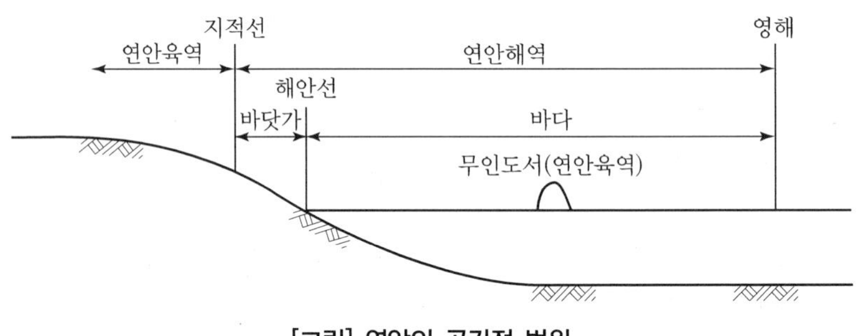

[그림] 연안의 공간적 범위

(1) 법률적 의미

① 연안이란 연안해역과 연안육역을 말함
② 바닷가는 해안선(약최고고조면)으로부터 최외곽 지적선까지의 사이
③ 바다는 해안선으로부터 영해 외측 한계 사이의 지역
④ 연안육역은 무인도서와 육지 쪽 경계선으로부터 500~1,000m 이내의 육지 지역

(2) 연안해역기본도 제작을 위한 공간적 범위

① 작업규정은 연안해역기본도 제작을 위한 공간적 범위 없음
② 수심 50m 이내 지역에 대해서만 제작
③ 법률상 연안의 공간적 범위를 포함하지는 못함

3. 연안해역기본도의 구축 현황

(1) 국토지리정보원

① 연안해역 설계 및 개발을 위한 기초자료 확보를 목적으로 제작
② 육지와 수심 50m 이내 연안해역의 해양공간정보를 단일높이기준(인천 평균해면)으로 구축
③ 2010년부터 제작 방법을 수치지도로 전환
④ 2010~2017년간 서 · 남해 연안에 대하여 총 82도엽 구축

(2) 국토해양조사원

1) 갯골분포도

① 갯벌의 형상을 3차원으로 표현하여 조간대 지역 갯골의 형상을 표현한 도면

② 인명구조 및 사고 예방 등에 활용하는 갯골분포도 제작

2) 연안해역 재질분포도

① 해안선 기준 육상 500m, 해상 수심 20m까지의 연안 해저 표층을 암반, 자갈, 모래, 뻘 등 4개의 재질로 분류하여 표시한 도면

② 백화현상 조사, 인공어초 조성 등의 수산자원 관리나 연안침식 관리 등에 활용

③ 축척은 1/10,000, 공간해상도는 1.0m, 좌표계는 WGS-84를 적용, 수심은 약최저저조면 적용

3) 해아름 구축

① 국립해양조사원에서 제공하는 맞춤형 해양공간 베이스맵

② 전자해도의 해양정보와 바로e맵의 육상정보를 통합한 스마트 지도정보 제공

③ 국립해양조사원에서 제공하는 "개방해" 또는 "공유해" 플랫폼을 통해 이용

(3) 해양수산부

1) 연안정보도

① 해양수산부에서는 연안정보도라는 명칭의 연안해역 공간정보 구축

② 연안 및 국토의 통합적인 관리를 시행하고, 육지(수치지형도)와 바다(수치해도)의 공간정보를 통합하여 제작

③ 1/25,000 및 1/5,000으로 구축

4. 새로운 연안해역기본도의 필요성

(1) 전 연안에 걸쳐 정보가 구축되지 않음

(2) 갱신 주기가 없어 자료의 최신성 확보 미흡

(3) 연안개발 및 연안건설 분야 활용에 미흡

(4) 자연재해 등 해양 변화에 따른 피해 등을 사전에 예측

(5) 해양 인프라 구축에 활용할 수 있는 새로운 형태의 연안해역기본도 제작 필요

5. 기구축된 연안해역기본도의 문제점

(1) 활용적 부분

① 갱신주기가 없어 최신성 확보에 문제

② 동해지역은 미구축

(2) 제도적 부분

① 육상과 해상을 연결하는 일관된 지형정보 미흡

② 국가기본도 기본 요건인 전국 단위 미구축

(3) 제작 방식

① 현행 작업규정의 연안해역기본도 구축 범위 및 갱신주기 등 주요 내용 누락

② 유관기관과의 협의 등을 통한 업무중복 방지 및 사용자 접근성 확보 필요
③ 명칭, 축척, 제작주체, 제작범위 및 주기 등에 대한 검토 필요

6. 연안해역기본도의 발전 방안

(1) 1단계 : 제작방식 표준화 수행

① 1안(현행 유지) : 현행 생산체계 혁신방안에 도입 및 신규 연안해역기본도 제작 표준화
② 2안(해조원 이관) : 신규 연안해역기본도 제작 성과에 대해 공동활용
③ 3안(공동제작 간행) : 최적 형태의 수록항목 및 제작방식을 표준화하고, 주 관리기관 확정

(2) 2단계 : 전국 단위 연속화 수행

① 해당 연안지역 전체에 대하여 신규 연안해역기본도 연속화 제작
② 자료관리, 구축, 검사 및 분석 등을 통합적으로 지원 · 구현할 관리체계 구축

(3) 3단계 : 주요 분야 활용 및 확산 수행

① 전국 통합 국가기본도 DB 형태의 공간정보 생산체계로의 편입
② 연안건설, 대규모 연안재해 등에 의한 지형 변동 등을 고려한 안정적 수시 갱신체계 적용
③ 통합 DB 활용 및 정보제공서비스 구축
④ 사용자별 활용성을 위한 지속적 모니터링 및 의견 수렴

7. 기대효과

(1) 연안건설산업 및 연안해역 개발을 위한 다양한 산업분야와 융 · 복합 기반 마련
(2) 우리나라 해양영토에 대한 실효적 지배권 확립을 위한 기초자료 확보
(3) 유관기관들의 중복투자 감소
(4) 연안건설 분야 적극지원으로 연안개발 활성화
(5) 연안지역 신산업 생태계 구축 및 활성화
(6) 건설공사를 위한 새로운 공간정보 서비스 혁신

8. 결론

연안해역기본도가 연안건설 분야를 포함한 다양한 관련 분야에 폭넓게 활용되기 위하여
첫째, 정부나 민간의 여러 해양정보 관련 연구나 이를 통한 활용을 정량적으로 지원할 수 있도록 해야 한다.
둘째, 연안해역기본도는 수집된 자료를 토대로 다양한 정보를 제공하는 기능도 있지만 수집된 자료를 제공이나 재생산하여 필요한 정보를 이용자의 편의에 맞게 제공이 가능한 주제도 기능도 갖춰야 한다.
셋째, 기관별로 산재해 있는 연안지역 관련 공간정보 항목을 수집 · 정리하여, 사용자가 필요한 주요 항목에 대한 소재, 구축현황 및 취득경로 등의 간략한 기초정보라도 일괄 제공할 수 있는 Know-Where 방식의 정보서비스 체계의 구현도 필요하다.
넷째, 연안해역기본도와 관련하여 보다 상세한 정보가 필요한 사용자들이 관련 데이터를 공개하도록 청구하는 창구의 기능을 자료 제공기관이 수행할 수 있도록 해야 한다.
마지막으로 현재 국토지리정보원을 비롯하여 정부 및 공공기관 등에서 구축되고 있거나 시행 중인 연안해역기본도 관련 정책 · 연구 동향 · 법제도 등에 대해서 지속적인 홍보의 기능도 수행할 수 있어야 한다.

12 드론측량의 활용 · 확산을 위해 관련된 기존 제도의 보완사항 및 타 산업분야와의 기술 연계 방안에 대하여 설명하시오.

3교시 3번 25점

1. 개요

드론(Drone)은 조정사가 탑승하지 않고 무선전파 유도에 의하여 비행과 조정이 가능한 비행기나 헬리콥터 모양의 무인기(UAV)를 말한다. 드론측량에서는 렌즈 왜곡이 큰 일반카메라와 정밀도가 낮은 IMU 센서를 사용하므로, 기존의 항공사진측량 방법으로는 영상을 처리하기가 어렵다.

2. 드론을 활용한 항공사진측량 방법

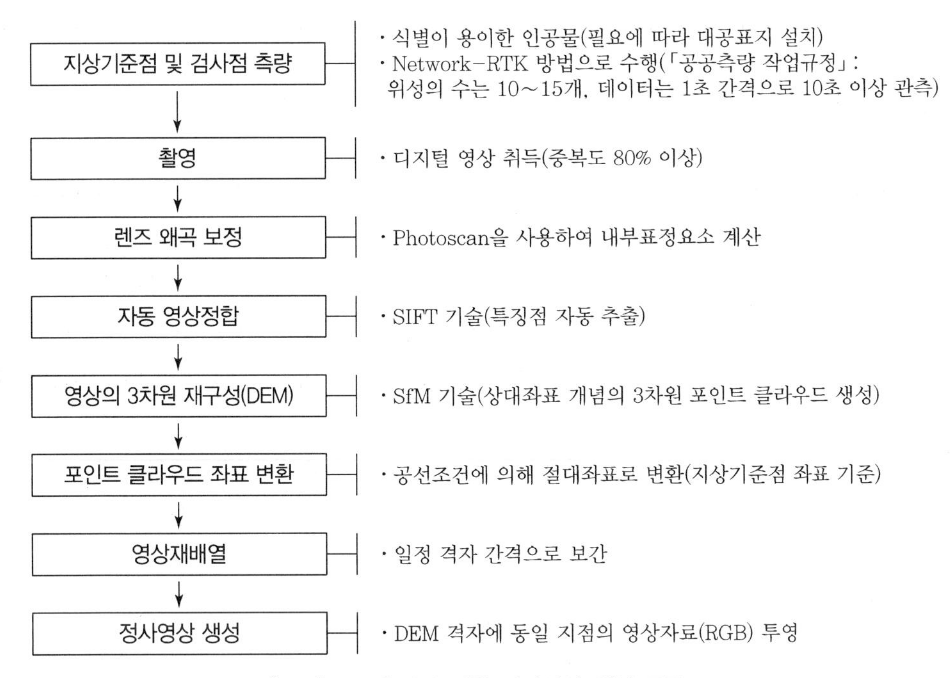

[그림] 드론측량에 의한 정사영상 생성 흐름도

3. SIFT 기술과 SfM 기술

(1) SIFT 기술

① 영상 데이터를 회전, 축척, 명암, 카메라 위치 등에 변하지 않는 특징점으로 변환하여 영상정합을 자동으로 수행

② 변화되는 특징점은 축척과 회전, 명암 변화 및 카메라 노출점의 변화에 불변하므로 드론의 영상정합에 매우 적합

③ 경사각이 큰 드론 영상에 적합

④ 외부표정요소의 정확도와 관계없이 유효면적이 작은 대량의 사진을 고속으로 정합함으로써, 드론 촬영의 단점을 보완

(2) SfM 기술

① Structure from Motion, 3차원 점군 형성 기술

② 동일 물체를 대상으로 다양한 각도로 촬영한 다수의 중복사진에서 3차원 점군 데이터를 생성하는 기술

③ SIFT로 구현한 영상접합과 결합하여 3차원 형상을 구현할 수 있음

4. 기존 제도의 보완사항과 드론길의 법 · 제도적 개선사항

(1) 기존 제도의 보완사항

저해 요인	보완사항
• 국가공간정보 보안규정으로 인하여 고해상도 영상 활용이 어려움 • 무인항공기 작업규정이 과정에 대한 규제를 두어 신기술 진입이 어려움 • 무인항공기 비행 규제 심함	• 국가공간정보 보안규정 보완 • 결과 중심으로 가고 정확도만 충족하면 중간 과정은 간섭하지 말도록 수정 • 비행 규제 완화

(2) 드론길의 법 · 제도적 개선사항

1) 3차원 격자체계에 대한 정의

무인비행기의 자율운항 및 관제 측면에서 고려된 3차원 격자체계에 한정하지 않고, 국토의 입체적인(지하, 지상, 공중, 해양 등) 관리로 확장 필요

2) 3차원 격자체계의 기준

① 2차원 격자체계(국가지점번호)에서는 평면직각좌표계를 사용하나, 3차원 격자체계에서는 경위도 좌표계를 사용

② 향후 2차원 격자체계와 3차원 격자체계의 연계 활용 또는 2차원 격자체계에 대한 재논의 필요

3) 3차원 격자체계 구성

① 3차원 격자체계 구성 요소 및 격자에 포함되는 정보(장애물정보 등)에 대한 규정 필요

② 격자에 포함되는 정보의 종류 및 양에 따라 3차원 공간정보의 구축 방향 결정

4) 3차원 격자체계의 활용 의무화

3차원 격자체계를 활용한 무인비행기의 운항 및 관제 의무화 필요

5. 타 산업분야와의 기술 연계 방안

(1) 컴퓨터 비전 분야 : SIFT, SfM 기술과의 연계

(2) AI와 연계 : 정밀농업에 활용, 식생 분석

(3) 건설기술 분야와 연계 : 머신 가이던스, 스마트건설 등

6. 결론

드론측량은 낮은 GNSS/INS 정밀도가 있더라도 150m 내외의 저공촬영과 80% 이상의 중복도로 촬영하고, 왜곡이 적은 중심부 영상만을 사용하고 SfM 기술과 다수의 GCP를 사용하면, 높은 정확도의 DEM과 정사영상 제작이 가능하므로, 타 산업분야와의 기술 연계 및 활용 · 확산에 노력해야 할 것이다.

13 지자체에서 활용 중인 지하시설물 관리시스템의 주요 기능을 상세히 설명하시오.

3교시 5번 25점

1. 개요

지자체에서 활용 중인 지하시설물 관리시스템은 안전사고 예방과 시설물 관리의 효율화, 민원서비스 제고를 위해 지하시설물 전산화를 추진하고 7대 지하시설물 통합 · 활용체계를 구축하는 것으로 전국 시(84개) · 군(81개)의 주요 도로(폭 4m 이상)에 매설된 상 · 하수 관로 위치정보를 전자도면화하였으며, 기관별로 구축한 지하시설물 정보의 공동이용을 위해 2009년부터 상 · 하수, 가스 등 7대 지하시설물(상수 · 하수 · 가스 · 전기 · 전력 · 통신 · 송유 · 난방)을 통합하고 활용시스템을 확산하였다.

2. 지하시설물 통합체계 고도화

(1) 지하시설물 전산화

지자체에서 관리하는 도로에 설치된 상수관, 하수관 및 도로경계선 등을 조사 · 측량하여 전자지도로 제작하고 시설물 관리 및 행정에 활용할 수 있도록 활용시스템을 개발하는 사업이다.

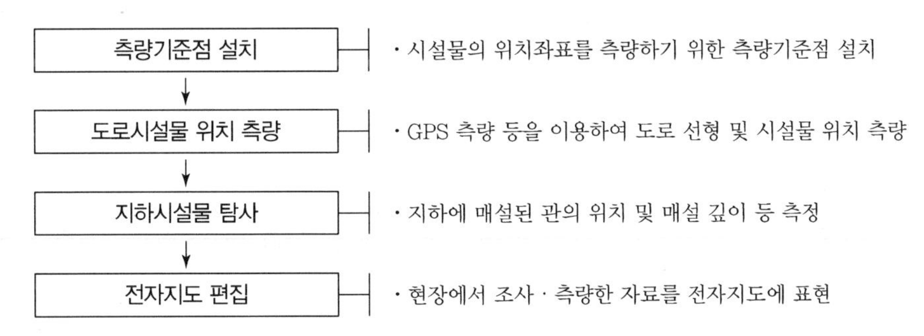

[그림] 지하시설물 전산화 작업의 흐름도

(2) 지하시설물 통합체계 구축

지자체 및 가스공사 등의 유관기관에서 개별 구축한 7대 지하시설물 정보를 하나로 통합하고 이를 모든 기관에서 활용할 수 있도록 활용시스템을 개발 · 확산하여 지하시설물 통합정보를 관련 기관이 공유함으로써 굴착 시 안전사고 예방 및 원스톱 민원업무 처리 및 지원을 하는 체계이다.

3. 지자체에서 활용 중인 지하시설물 관리시스템의 주요 기능

시스템명	활용주체	활용목적
지하시설물 통합관리시스템	지자체, 유관기관	통합데이터 공동활용
웹 시설물 관리시스템(도로, 상 · 하수)	지자체	통합대상 개별 시설물 관리
도로점용 · 굴착 인허가시스템	지자체, 유관기관, 민간	굴착민원행정 온라인화
공간정보 자동갱신시스템	지자체, 유관기관, 공사업체	준공도면기반 데이터 갱신

(1) 웹 시설물 관리시스템

① 상수도 관리시스템

상수 관련 17개 기본시설물 관리기능과 상수도 요금정보 조회, 2D 횡단면도 조회, 차단제수변 분석 기능 등으로 구성

상수도 시설물 관리	· 상수관망 관리 → 상수관거, 맨홀, 변류시설, 소방시설 관리 등 10개 · 상수부속시설 관리 → 수원지, 취수장, 정수장 관리 등 5개 · 수용가시설 관리 → 급수관, 급수전계량기 관리

② 하수도 관리시스템

하수 관련 13개 기본시설물 관리기능과 건축물대장 조회 및 2D 횡단면도 조회 기능 등으로 구성

하수도 시설물 관리	· 하수관망 관리 → 하수관거, 물받이, 하수맨홀 관리 등 10개 · 하수부속시설 관리 → 하수펌프장, 하수처리장 관리 · 배수불량민원 관리 → 배수불량민원 관리

③ 도로 관리시스템

도로 관련 43개 기본시설물 관리기능과 항공사진 등 영상정보 조회 기능으로 구성

도로 시설물 관리	· 도로현황 관리 → 차도구간, 보도구간, 도로노선, 도로중심선 관리 등 9개 · 도로시설물 관리 → 교차시설, 교량, 육교, 고가도로 관리 등 7개 · 도로부속시설물 관리 → 자전거보관소, 중앙분리대, 방호울타리 관리 등 9개 · 기전시설물 관리 → 보안등, 가로등, 가로등제어기 관리 · 교통시설물 관리 → 횡단보도, 과속방지턱, 정류장, 신호등 관리 등 10개 · 기타 시설 관리 → 장애인편의시설, 식수대 관리 등 5개

(2) 지하시설물 통합관리시스템

7대 지하시설물의 통합정보를 조회할 수 있는 시스템으로 지하시설물 관련 35개 기본시설물 관리기능과 건축물대장 조회 및 2D 횡단면도 조회 기능 등으로 구성

지하시설물 통합관리	· 광역상수도 관리 → 광역상수관로, 광역상수터널 관리 등 11개 · 전력시설물 관리 → 전기맨홀, 전력관로 관리 등 3개 · 통신시설물 관리 → 통신맨홀, 통신선로 관리 등 3개 · 가스시설물 관리 → LPG맨홀, 천연가스배관 관리 등 6개 · 난방시설물 관리 → 난방맨홀, 난방열배관 관리 등 5개 · 송유시설물 관리 → 송유저유소, 송유관로 관리 등 7개

(3) 도로점용 · 굴착 인허가시스템

도로점용 · 굴착 관련 민원업무를 온라인으로 처리할 수 있는 시스템으로 새올행정시스템, 새외수입시스템, 전자문서시스템, 원콜시스템, 전자민원 G4C 시스템 등과의 연계를 포함

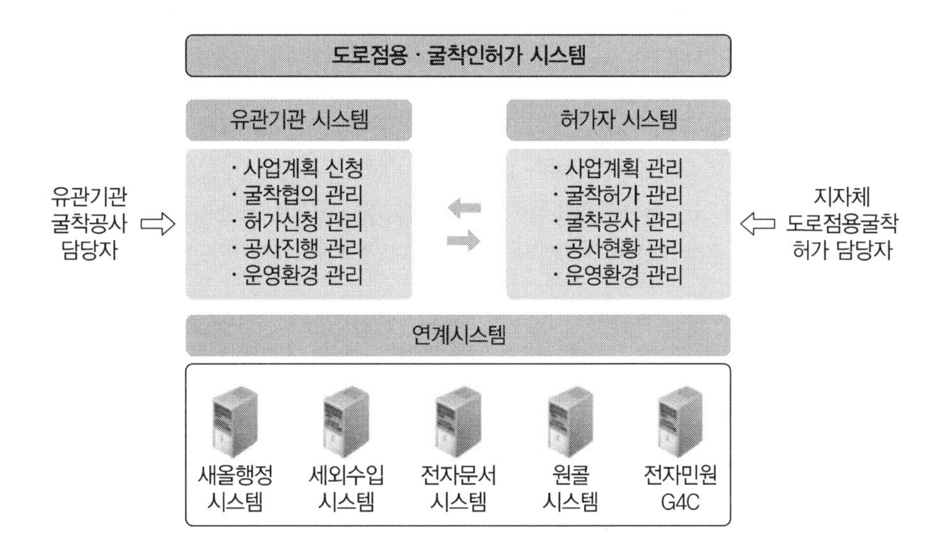

(4) 공간정보 자동갱신시스템

도로점용 · 굴착 공사의 준공성과물(구조화된 공간정보)을 기반으로 공간정보가 갱신될 수 있도록 구축된 시스템으로 공사계약정보관리, 유지관리현황관리, 통계관리 등으로 구성

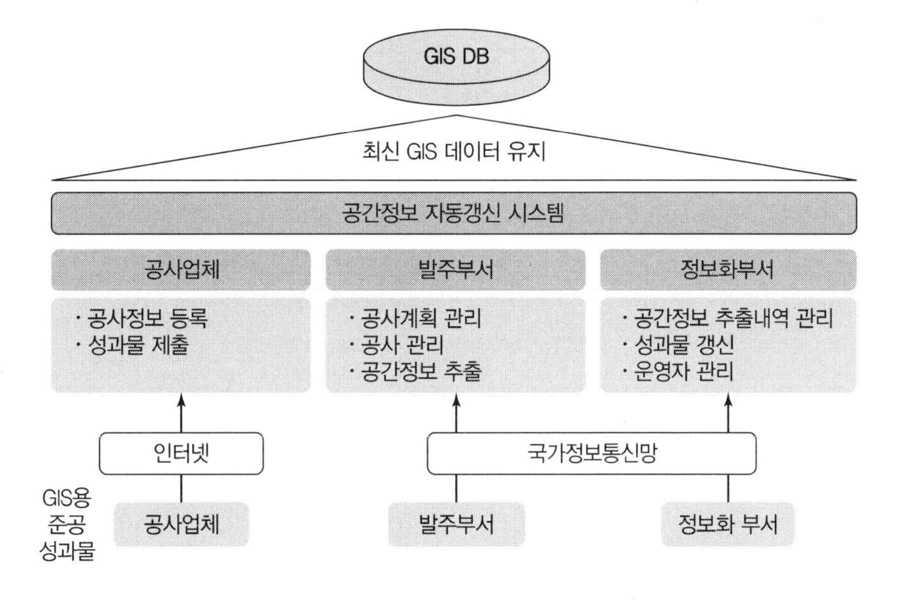

5. 지하시설물 통합관리시스템 기능개선 및 재개발(예 : 서울특별시)

(1) "기능개선" 사업을 통해 기능 개선

① 자동갱신시스템 적용 및 도로굴착복구시스템, 새주소시스템 연계

② 사용자 편의를 위한 기능 추가 및 화면개선 등

(2) "지하시설물통합정보시스템 재개발" 사업을 통해 프로그램 재개발

① 시스템의 비표준기술(액티브X) 제거를 위한 프로그램 전면 재개발

② 공간정보 엔진 업그레이드

③ 개인정보 보안관리 강화

④ 프로그램 기능 고도화

6. 결론

이렇게 구축되어 활용되고 있는 지하시설물 통합관리시스템은 최근 특정 웹브라우저 제한, 보안취약 등의 문제로 지속적인 개선 필요성과 시스템 노후화로 일부 지자체에서는 시스템 기능개선 및 재개발을 추진하고 있다. 지하에 설치한 기반시설들의 노후화뿐만 아니라 시스템 기능 저하는 잠재적 사고의 원인이 될 수 있다. 따라서, 공공의 안전을 확보하기 위해 지속적인 지하시설물 정비, 시스템 기능개선 및 재개발이 필요하다고 판단된다.

14 국토지리정보원이 주관하는 항공촬영카메라의 성능검사 절차에 대하여 설명하시오.

4교시 2번 25점

1. 개요

항공사진측량에서 사용되는 디지털카메라는 유효면적이 넓으므로 촬영 성과의 품질을 확보하기 위해서는 카메라의 성능을 최적화해야 한다. 따라서, 촬영 전 자체적인 렌즈 캘리브레이션(Calibration)을 수행하는 것 외에도 정기적인 검정장 검사를 통하여 그 성능을 점검해야 한다. 최근 정기검정 시 촬영조건을 통일하기 위해 현행 각 항업사별로 수행했던 성능검사를 국토지리정보원이 주관하여 실시하고 있다. 본문에서는 국토지리정보원이 주관하는 항공촬영카메라 성능검사의 주요 절차를 중심으로 기술한다.

2. 검정 방법

현행 각 항업사별 검정에서 국토지리정보원이 주관하여 정기점검 및 촬영조건을 통일한다.

3. 검정대상

항공촬영 등록업체이며, 카메라 탈부착, 충격에 의한 변위 발생 등의 경우 촬영사에서 추가 수행한다.

4. 검정장의 조건

「항공사진측량 작업규정」에 따라 다음과 같은 조건을 갖추어야 한다.

(1) 검정장은 항공카메라의 위치정확도와 공간해상도의 검정이 가능한 장소이어야 함
(2) 검정장은 평탄한 곳을 선정하되 규격은 3×3km 이상이어야 함
(3) 항공카메라 검정을 위한 촬영 시 동서방향을 원칙으로 하며 보정값 산출을 위하여 남북방향으로 최소 2코스 이상 촬영을 실시해야 함
(4) 위치정확도 검정을 위하여 평면 · 표고측량이 가능하고 명확한 검사점이 있어야 하며, 스트립당 최소 2점 이상 존재해야 함
(5) 공간해상도 검정을 위하여 아래의 규격에 맞는 분석도형이 3개 이상 설치되어 있어야 함

[공간해상도 검정을 위한 분석도형 규격]

기준	직경	내부 흑백선상 개수
GSD 10cm 초과	4m	16개
GSD 10cm 이하	2m	16개

(6) 촬영작업기관은 검정장에 대한 항공사진촬영 전 촬영계획기관과의 사전협의를 거쳐 항공촬영을 실시해야 함

5. 검정기준

「항공사진측량 작업규정」에 따라 공간해상도, 방사해상도, 위치정확도에 대해 평가 및 장비 적부를 판정한다.

(1) 공간해상도 : 영상선명도 < 1.1
(2) 방사해상도 : 밝기값 선형성
(3) 평면 · 표고 표준편차 < 0.2m, 최댓값 < 0.4m

6. 검정절차

수행사는 기간 내 검정장 촬영 및 AT 수행 후 데이터 납품, 국토지리정보원의 점검 후 최종 적부를 판정한다. 주요 성능검정 절차는 다음과 같다.

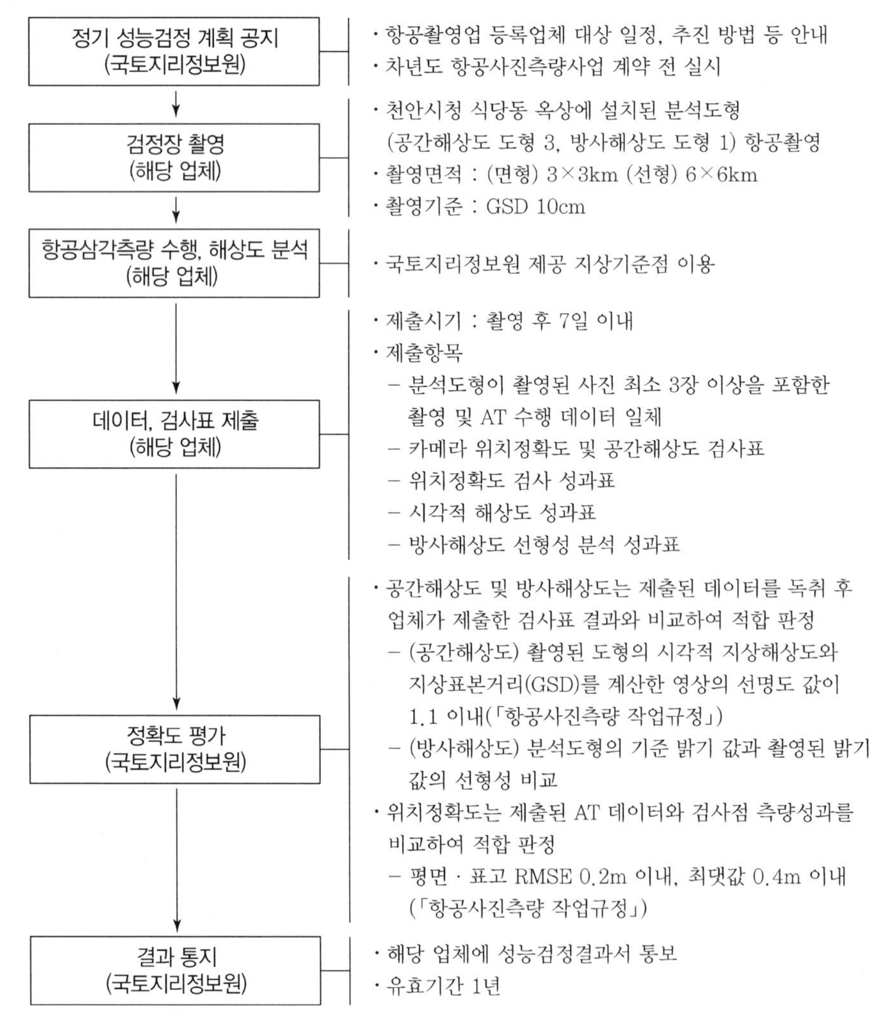

[그림] 국토지리정보원이 주관하는 항공촬영카메라 성능검사 절차

7. 제출성과 및 검정 유효기간

(1) 제출성과는 분석도형이 촬영된 사진 3장 이상을 포함한 데이터 일체, 「항공사진측량 작업규정」 내 관련 검사표 및 성과표 등

(2) 검정유효기간은 성능검사서 발급일로부터 1년

8. 결론

항공사진측량에서 사용되는 디지털카메라는 유효면적이 일반카메라에 비해 넓으므로 촬영성과의 품질을 확보하기 위해서는 카메라 성능을 최적화해야 한다. 촬영영상의 품질은 카메라의 성능과 직결되므로 검정장에서의 정기점검을 통해 카메라의 위치정확도와 공간해상도를 정량적으로 검정하여 최상의 상태를 유지하여야 한다.

15 공간 필터링(Filtering)을 이용한 영상강조처리 방법에 대하여 설명하시오.

4교시 3번 25점

1. 개요

원격탐사란 직접 접촉 없이 멀리 떨어진 곳으로부터 대상물을 확인(판독)하거나 계측하고, 혹은 그 성질을 분석하는 기술이다. 원격탐사의 영상자료의 변환에는 인간의 판독을 전제로 한 표시기술에 중점을 두고 변환하는 영상 강조와 자료 처리의 정량화를 중점에 두고 실시하는 특징 추출 등으로 구분된다. 본문에서는 영상강조의 여러 가지 처리 방법 중 공간 필터링 방법을 중심으로 기술하고자 한다.

2. 영상자료의 변환

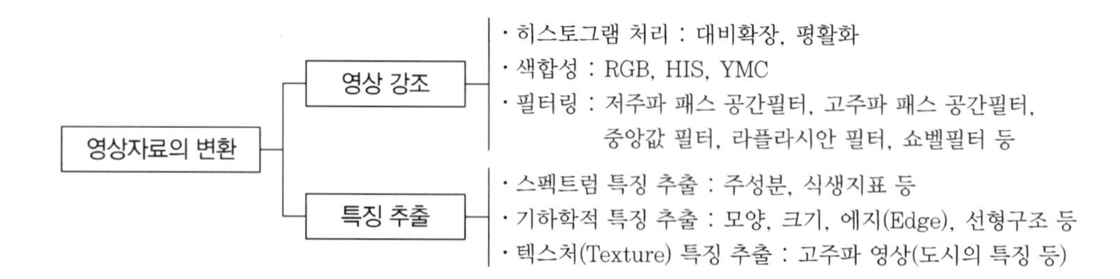

3. 공간 필터링을 이용한 영상강조처리 방법

공간 필터링이란 영상좌표(x, y) 혹은 공간 주파수영역(ξ, η)에서 입력영상에 어떤 필터함수를 적용시켜 향상된 출력영상을 얻는 기술을 말한다. 결과로서는 평활화, 잡음 제거, 에지 강조, 영상의 선명화 등이 있다.

(1) 공간영역 필터링

디지털 영상의 경우 공간영역의 필터링은 국소적인 연산을 실시하며, 일반적으로 $n \times n$ 연산자가 함수로 이용된다. 영상자료는 양이 많으므로 일반적으로 3×3 연산자가 주로 사용되나, 5×5 또는 11×11 연산자가 이용되는 경우도 있다.

$$g(i,\ j) = \sum_{k=1-w}^{i+w} \sum_{l=j-w}^{j+w} f(k,\ l) \times h(i-k,\ j-l)$$

여기서, f : 입력영상
h : 필터함수
g : 필터링 후 출력영상

공간영역 필터링의 주요 방법은 다음과 같다.

① 중앙값 필터법(Median Method)

이웃 영상소 그룹의 중앙값을 결정하여 영상소 변형을 제거하는 방법이다. 잡음만을 소거할 수 있는 기법으로 가장 많이 사용되며, 어떤 영상소 주변의 값을 작은 값부터 재배열하고 가장 중앙에 위치한 값을 새로운 값으로 설정한 후 치환하는 방법이다.

영상 입력

11	8	14	24	14	24
13	11	15	7	15	25
21	4	11	21	10	21
18	12	17	19	99	27
9	11	19	13	29	14
17	14	12	22	12	22

정렬된 영상

7	10	11	15	15	17	19	21	99

중앙값

영상 출력

11	8	14	24	14	24
13	11	15	7	15	25
21	4	11	15	10	21
18	12	17	19	99	27
9	11	19	13	29	14
17	14	12	22	12	22

[그림 1] 중앙값 연산(예)

② 이동평균법(Moving Average Method)

어떤 영상소의 값을 주변의 평균값을 이용하여 바꾸어 주는 방법으로 영상 전역에 대해서도 값을 변경하므로 노이즈 뿐만 아니라 테두리도 뭉개지는 단점이 발생한다.

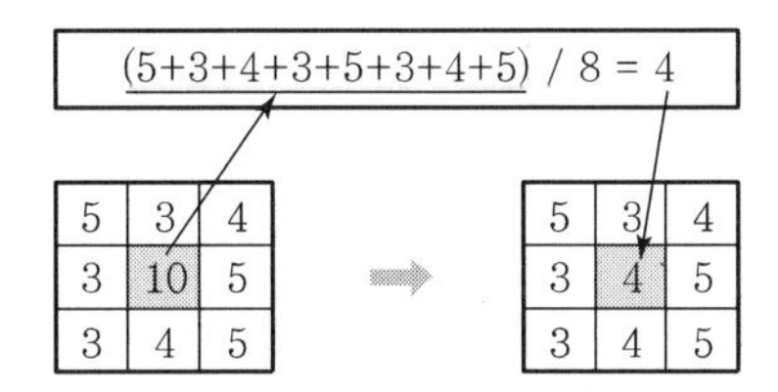

[그림 2] 이동평균법 연산(예)

③ 최댓값 필터법(Maximum Filter)

영상에서 한 화소의 주변들에 윈도를 씌워 이웃 화소들 중에서 최댓값을 출력영상에 출력하는 필터링 방법이다.

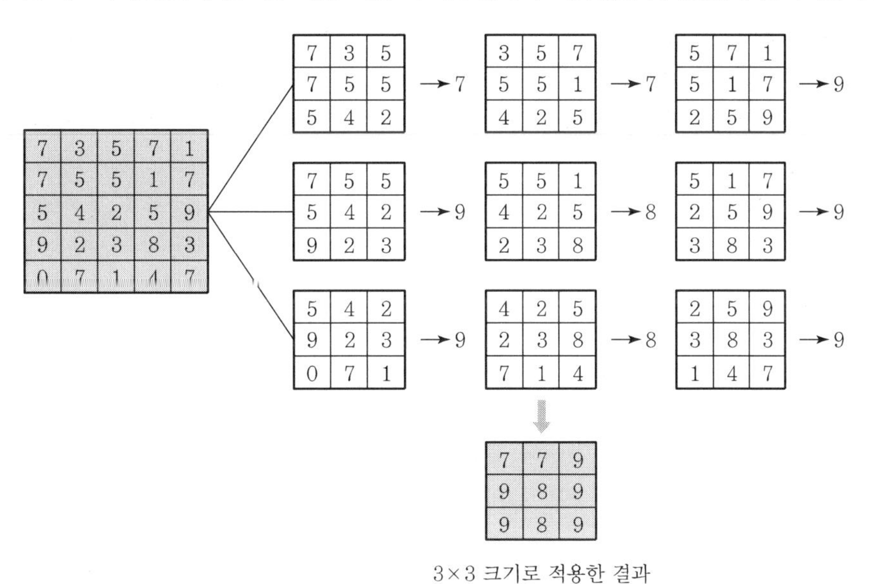

[그림 3] 최댓값 필터법 연산(예)

(2) 주파수 공간에 대한 필터링

1) 기본식

수치영상처리에서 공간영역과 주파수영역 간에 기본적인 연결을 구성하는 방법에는 푸리에(Fourier), 호텔링(Hotelling), 발쉬(Walsh) 변환이 있다. 영상처리 기술을 이해하는 데 중요한 내용이다. 주파수 공간에 대한 필터링은 푸리에 변환(Fourier Transformation)식으로 표현되며, G에 역변환을 실시하여 필터링 후의 영상을 얻을 수 있다.

$$G(\xi,\ \eta) = F(\xi,\ \eta) + H(\xi,\ \eta)$$

여기서, F : 원영상의 푸리에 변환
H : 필터링 함수
G : 출력영상의 푸리에 변환

2) 필터링 함수 종류

① Low Pass Filter

낮은 주파수의 공간 주파수 성분만을 통과시켜서, 높은 주파수 성분을 제거하는 데 이용된다. 일반적으로 영상의 잡음 성분은 대부분 높은 주파수 성분에 포함되어 있으므로 잡음 제거의 목적에 이용할 수 있다.

② High Pass Filter

고주파수 성분만을 통과시키는 데 대상물의 윤곽 강조 등에 이용할 수 있다.

③ Bend Pass Filter

일정 주파수 대역의 성분만 보존하므로 일정 간격으로 출현하는 물결 모양의 잡음을 추출(제거)하는 데 이용된다.

④ Sobel/Preneit/Laplacian

에지 추출(경계 추출)에 이용된다.

⑤ 가우시안 필터(Gaussian Filter)

평활화(부드러움) 필터에 이용된다.

4. 결론

원격탐사란 멀리서 물체를 간접적으로 판별하는 기술로, 수집된 영상에 대하여 각종 보정 및 처리를 수행하여야 한다. 영상보정이 관측자료에 포함된 오차나 왜곡을 제거하여 참값에 가깝게 하는 것을 목적으로 하는 것에 비해 영상강조는 해석자가 영상 내용을 시각적으로 파악하기 쉽게 하는 것에 중점을 두고 있으므로 이에 대한 충분한 교육과 훈련이 필요하다고 판단된다.

16 국가적인 대규모 선형구조물(송전선로, 고속도로, 철도)의 노선을 GIS를 이용하여 선정하는 방법에 대하여 설명하시오.

4교시 5번 25점

1. 개요

대규모 선형구조물의 노선선정에 필요한 지형공간정보의 분석 및 처리에 따른 효율성을 증진시키기 위해서는 GIS(지형공간정보체계)의 분석기능이 필요하다. GIS(지형공간정보체계)는 지형 및 공간체계와 관련 있는 복잡한 현실문제를 해결할 수 있는 지형공간 표현과 데이터베이스 구축 및 체계적인 분석기능을 제공한다. 본문에서는 GIS를 이용한 대규모 선형구조물의 노선선정 방법을 노선선정 시 고려사항 및 순서, 데이터베이스 구축, GIS를 이용한 노선분석 및 노선선정 방법을 중심으로 기술하고자 한다.

2. 최적 노선선정 시 고려사항 및 순서

노선의 선정은 1/50,000과 1/25,000 수치지형도에서 선정된 후보 노선대의 범위에서 최적노선을 선정할 수 있는 기준을 정하고 현지답사를 통해 1/5,000 수치지형도에서 비교노선안을 도출한 후 경제적 · 기술적 · 환경적 측면에서 비교, 분석, 평가하여 최적 노선을 선정한다.

(1) 최적 노선의 선정 시 고려사항

1) 기술적 측면

① 노선 전체의 선형흐름
② 부대시설의 설치와 용이성
③ 터널, 교량 등의 구조물에 대한 연장 및 시공성(공사비)
④ 토질(연약지반의 여부)
⑤ 유지관리의 용이성

2) 경제적 측면

① 경제비용(공사비 및 유지관리비)
② 경제적 편익(운행비의 최소화)

3) 환경적 측면

① 도시계획 구역의 저촉 여부
② 소부락 생활권의 침해 여부
③ 공동묘지, 공원묘지 등 민원발생 소지 여부
④ 문화재 천연기념물 등의 저촉 여부
⑤ 자연환경의 훼손 여부

(2) 최적 노선선정의 일반적 순서

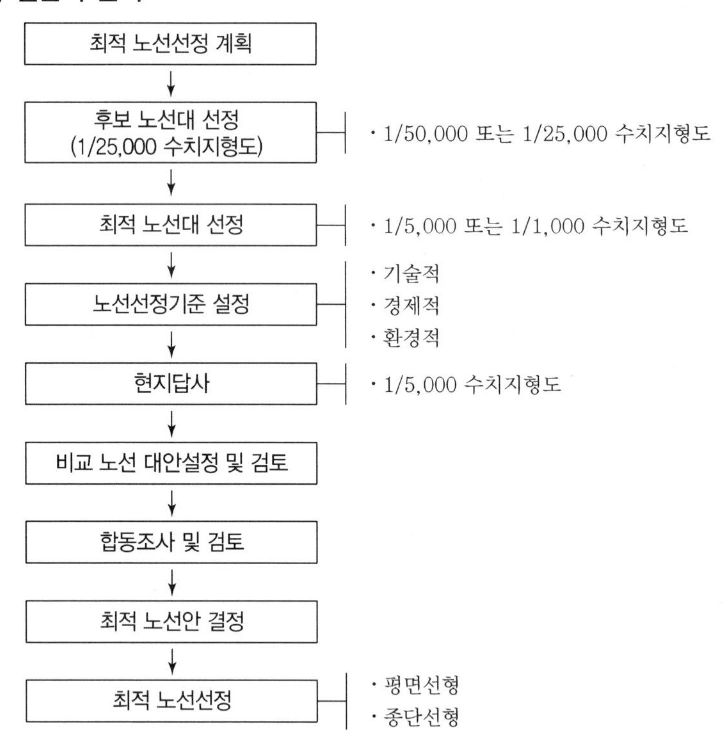

[그림 1] 최적 노선선정의 일반적 흐름도

3. 데이터베이스 구축

위치자료를 구축하기 위해서는 우선 기본도와 「국토이용관리법」, 「도시계획법」 등과 같이 국토의 개발과 보전에 관련된 각종 계획 및 법규에 근거하여 제작된 지도 중 여러 분야에서 공동으로 활용할 수 있는 토양도, 지질도, 토지이용현황도, 국토개발계획도 등 공통주제도 이용하고, 각종 공간의 속성을 나타내는 토지정보, 통계정보 등을 정비한 후 이를 통합하여 데이터베이스를 구축한다.

(1) 기본자료

1) 도형자료

① 일반도

- 수치지형도 : 1/50,000, 1/25,000
- 지적도 : 1/1,000, 1/1,200
- 임야도 : 1/1,6000

② 주제도

- 군도, 농어촌 도로망도, 행정지도, 정밀토양도, 토지이용현황도
- 지질도, 토지이용계획 총괄도, 도시계획 총괄도, 국토이용계획도

2) 속성자료

토지대장, 임야대장, 도로 관련 각종 통계자료 등

(2) 최적노선 선정을 위한 통합주제도 구축 절차

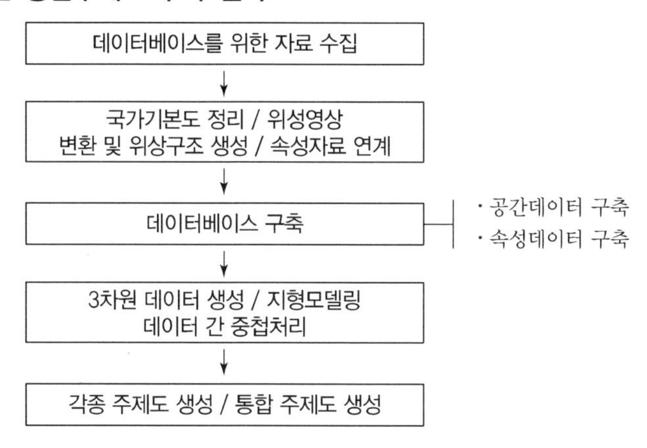

[그림 2] 최적 노선선정을 위한 통합주제도 구축 순서

4. 분석 및 노선선정

구축된 데이터베이스를 이용하여 최적노선을 선정하기 위한 조건과 분석은 설계자에 따라 다양하게 적용될 수 있다. 노선 선정에 대한 GIS 분석기능에는 공사비 및 절·성토량 분석을 위한 경사도 분석, 토지이용도 분석을 통한 보상비 산출을 위한 각종 주제도의 중첩 및 버퍼링(Buffering) 분석, 최단경로 선정을 위한 네트워크(Network) 분석 중 거리만큼의 값을 각각의 셀에 할당하기 위한 유클리드 거리분석 등이 이용된다.

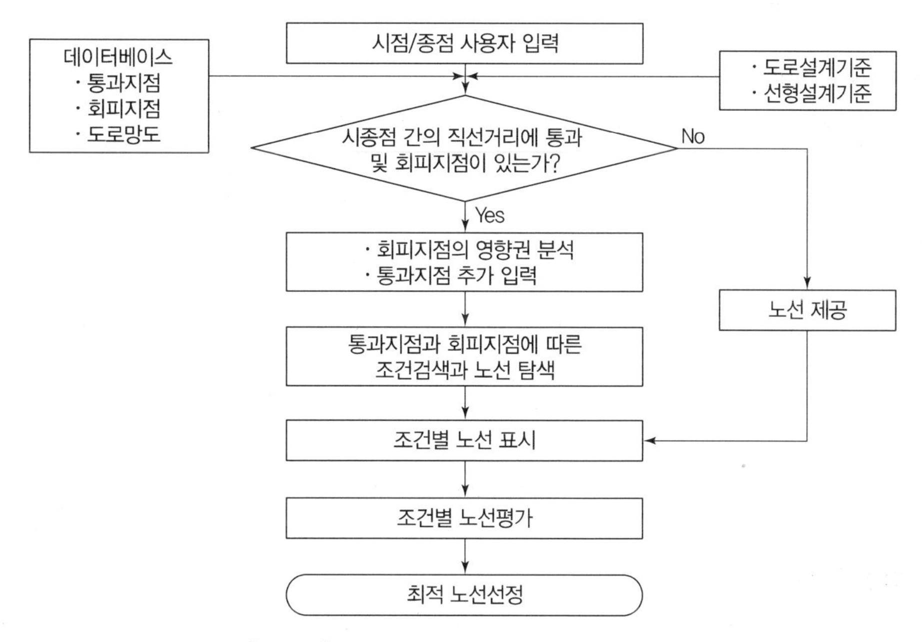

[그림 3] GIS를 이용한 최적 노선선정 흐름도

5. 결론

종래 국가적인 대규모 선형구조물을 설계하는 데 있어서 수작업으로 계산되던 많은 부분들에 컴퓨터가 활용되고 관련 프로그램이 발달하면서 선형설계에 소요되는 시간이 많이 단축되었다. 사회기반시설로서의 도로, 철도, 송전선로의 역할이 증대됨과 동시에 GIS나 RP(Road Project) 등과 같은 각종 프로그램 및 인공지능(AI)을 활용함으로써 노선에 있어 경제성, 물류 수송에 대한 분석 등이 보다 편리하고 정확성이 높아지고 있다.

17 융 · 복합 산업 활성화를 위한 3차원 입체모형 구축 기술을 비교 분석하고, 장 · 단점을 설명하시오.

4교시 6번 25점

1. 개요

도시, 건설, 교통, 에너지 등의 기존 국토교통 정보화 서비스뿐만 아니라, 디지털 트윈, 자율주행, VR/AR, 디지털 콘텐츠 등의 제4차 산업혁명 관련 신규 서비스에 능동적으로 대처하기 위하여 공공 및 민간의 3차원 입체모형 수요가 크게 증가하고 있으며 3차원 입체모형의 활용 분야별로 다양한 정밀도의 입체모형이 요구되고 있다. 현재 입체모형을 구축할 때 고려해 볼 수 있는 기술로는 수치지도(도화원도)를 이용한 방식, 항공사진 입체도화를 통한 기존 방식, 영상매칭 방식 등이 있다.

2. 3차원 입체모형 활용 현황

(1) 공공분야 : 도시행정 효율화 및 최신 스마트시티 서비스 등
LoD1~4 수준의 3차원 입체모형 활용

(2) 민간분야 : 언론사, 대학교, 건축사무소, 부동산, 3차원 게임, VR/AR 등
LoD3 또는 LoD4의 입체모형 활용

3. 3차원 입체모형 구축 방법

(1) 수치지도(도화원도) 이용 방식

도화원도를 이용하여 고도 좌표를 유지한 채 구조화 편집을 수행하고 건물 옆면을 생성하여 입체모형을 구축하는 기술이다. 도화원도의 DXF 파일에서 꼭짓점의 좌표를 포함하는 버텍스와 꼭짓점을 연결하는 폴리라인 섹션으로부터 다각형 정보를 얻어 건물 외곽의 2차원 경계를 구성할 수 있고 꼭짓점에 포함된 고도좌표까지 활용하면 3차원 데이터를 확보할 수 있다.

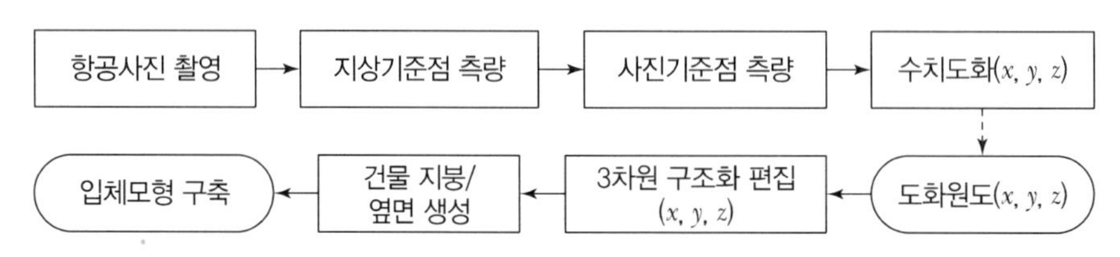

[그림 1] 수치지도(도화원도)를 이용한 입체모형 구축공정

(2) 영상매칭 방식

항공사진 촬영 후 영상매칭을 통해 건물 형태를 추출하여 모델링하고 항공사진을 이용하여 텍스처 데이터를 구축하는 방식으로 입체모형, 수치표고모형, 실감정사영상이 동시에 제작되는 특징이 있다.

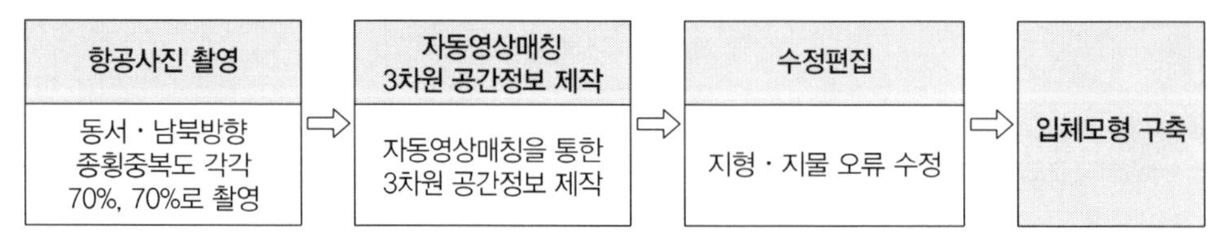

[그림 2] 영상매칭 방식을 이용한 입체모형 구축공정

(3) 기존 방식(객체형 입체모형 구축 방식)

항공사진 촬영 후 3차원 도화를 통해 건물 형태를 추출 및 모델링하고, 항공사진을 이용하여 획득한 텍스처 데이터를 부착하는 방식이며, 이때 입체모형의 바탕이 되는 실감정사영상과 수치표고모형도 개별적으로 구축해야 한다.

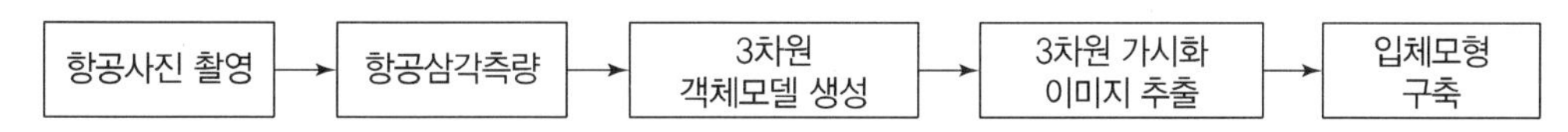

[그림 3] 기존 방식(객체형 방식)을 이용한 입체모형 구축공정

4. 3차원 입체모형 구축기술 비교 분석

현재 입체모형을 구축할 때 고려해볼 수 있는 기술로는 수치지도(도화원도)를 이용한 방식, 항공사진 입체도화를 통한 기존 방식, 영상매칭 방식 등이 있다. 구축 방식에 따라 구축 비용, 세밀도, 텍스처, 장·단점, 활용 분야 등에서 상이한 특징을 가지고 있으며, 입체모형 구축 방식별 주요 특징은 다음과 같다.

구분	수치지도 이용(도화원도)	영상매칭 방식	기존방식(객체형)
구축 방식	1/5,000 도화원도를 이용하여 구축	항공사진 매칭을 통한 자동 구축	항공사진 입체도화를 통한 반자동 구축
구축 가능 세밀도	LoD2	LoD3	LoD4
장점	• 최소 비용으로 구축 가능 • 추가 항공사진 촬영 없이 기구축된 도화원도 활용 가능 • 수시갱신체계에 맞춘 입체모형 갱신 가능 • 가벼운 용량으로 인해 정보시스템에 활용 용이	• 기존 방식에 비해 저비용이지만 높은 효율로 입체 모형 구축 가능	• 고정밀 데이터 구축 가능 • 활용 범위가 가장 넓음
단점	• 수치도화 시 건물 옥상의 높낮이와는 상관없이 하나의 폴리곤으로 묘사하고 옥상 구조물에 대한 묘사가 없으므로 실상과 다른 형태로 구축	• 중복률 70% 이상의 항공사진 필요 • 정사영상·수치지도 구축사업의 항공사진 촬영성과와 예산중복 절감 방안 필요 • 수치지도 성과, 드론 활용 등 별도의 수시갱신 방안 필요	• 활용도가 높지 않음 • 작업에 오랜 시간이 소요됨 • 타 방식 대비 매우 높은 구축 단가 발생 • 수치지도 성과, 드론 활용 등 별도의 수시갱신 방안 필요
활용 분야	• 각종 기본 공간분석 • 지상·지하 3차원 구축 • 드론 택배	• 각종 시뮬레이션(재난 방지 등) • 3D 게임 데이터 • BIM, 스마트시티, VR	• 건축 설계 • 통신 기지국 입지 선정

5. 3차원 입체모형의 서비스 방안

(1) 유지관리 및 갱신

입체모형 등 공간정보의 활용 활성화를 위해서는 데이터의 최신성과 정확도를 유지하는 것이 가장 중요

(2) 입체모형 서비스

① 플랫폼을 통한 입체모형 서비스 : 입체모형 데이터를 활용하기 위한 기술·인프라·자금 등이 부족한 중소기업, 스타트업, 1인 창조기업 등을 대상으로 활용 지원하기 위해서는 3차원 플랫폼 활용

② 데이터 제공 : 4차 산업시대의 공간정보 기반 융복합 산업 활성화를 위해서 기본 인프라 성격의 데이터인 입체모형의 활용과 수요 증가에 대한 데이터 제공 절차 검토 필요

6. 결론

디지털 트윈 시대에 전 국토의 입체모형 구축을 위해서는 기존의 구축 방법 외에도 UAV, MMS, 스마트폰 등을 활용한 3차원 입체모형 방법이 연구되어야 하며, 정밀도에 따른 입체모형 구축 방안을 마련한다면 효율적인 3차원 입체모형 정보를 구축할 수 있을 것으로 판단된다.

제5장 125회 측량 및 지형공간정보기술사 문제 및 해설

2021년 7월 31일 시행

분야	건설	자격종목	측량 및 지형공간정보기술사	수험번호		성명	

구분	문제	참고문헌
1교시	※ 다음 문제 중 10문제를 선택하여 설명하시오. (각 10점)	
	1. 양차(구차와 기차)	**1. 모범답안**
	2. 캔트(Cant)와 확폭	2. 포인트 9편 참고
	3. 자오선과 묘유선	**3. 모범답안**
	4. 사진 좌표계	4. 포인트 6편 참고
	5. 광속조정법(Bundle Adjustment Method)	**5. 모범답안**
	6. 흑체 방사(Blackbody Radiation)	**6. 모범답안**
	7. 방송력과 케플러 6요소	**7. 모범답안**
	8. 지중투과레이더(GPR) 탐사	**8. 모범답안**
	9. UTM(Universal Transverse Mercator) 좌표계와 UPS(Universal Polar Stereographic) 좌표계	9. 포인트 2편 참고
	10. 히스토그램 평활화	10. 포인트 6편 참고
	11. 위스크 브룸 스캐너(Whiskbroom Scanner)	11. 포인트 6편 참고
	12. 기본수준면(Datum Level)	**12. 모범답안**
	13. 영해기준점	**13. 모범답안**
2교시	※ 다음 문제 중 4문제를 선택하여 설명하시오. (각 25점)	
	1. 지도투영법 중에서 원통, 원추, 방위 투영법에 대하여 설명하시오.	**1. 모범답안**
	2. 원격탐사에서 전자파의 파장별 특성에 대하여 설명하시오.	**2. 모범답안**
	3. 실감정사영상의 제작원리에 대하여 설명하시오.	**3. 모범답안**
	4. 비측량용 디지털카메라의 자체검정(Self－Calibration) 방법에 대하여 설명하시오.	**4. 모범답안**
	5. 제2차 국가측량기본계획(2021~2025년)에 대하여 설명하시오.	**5. 모범답안**
	6. 해도의 의미와 종류에 대하여 설명하시오.	**6. 모범답안**
3교시	※ 다음 문제 중 4문제를 선택하여 설명하시오. (각 25점)	
	1. 삼각측량의 특징과 삼각망의 종류에 대하여 설명하시오.	1. 포인트 4편 참고
	2. 항공레이저측량 시 GNSS, IMU, 레이저의 상호 역할에 대하여 설명하시오.	**2. 모범답안**
	3. SSR(State Space Representation)의 개념과 활용 분야에 대하여 설명하시오.	**3. 모범답안**
	4. 현재까지 발사된 한국형 다목적 실용위성(KOMPSAT)체계에 대하여 설명하시오.	4. 포인트 6편 참고
	5. 사진판독 방법과 판독요소에 대하여 설명하시오.	**5. 모범답안**
	6. 3차원 지하공간통합지도 구축에 있어서 민간기관에서 운영하고 있는 전력구와 통신구의 조사측량 방법에 대하여 설명하시오.	**6. 모범답안**
4교시	※ 다음 문제 중 4문제를 선택하여 설명하시오. (각 25점)	
	1. 우리나라 측지 VLBI 시스템과 활용 방안에 대하여 설명하시오.	1. 포인트 2편 참고
	2. MMS(Mobile Mapping System)를 활용한 정밀도로지도의 제작 방법과 갱신에 대하여 설명하시오.	2. 포인트 7편 참고
	3. 사진해석을 위한 내부표정(Interior Orientation)에 대하여 설명하시오.	3. 포인트 6편 참고
	4. 공공측량 성과의 메타데이터 작성에 대하여 설명하시오.	**4. 모범답안**
	5. 지하시설물 관리를 위한 '품질등급제'의 해외 사례와 국내 현황에 대하여 설명하시오.	**5. 모범답안**
	6. 드론 사진측량으로 수치표고모델(DEM)을 제작하기 위한 SIFT(Scale Invariant Feature Transform) 기법과 SfM(Structure from Motion) 기법에 대하여 설명하시오.	6. 포인트 6편 참고

NOTICE 본 측량 및 지형공간정보기술사 문제 및 해설 중 참고문헌의 《포인트》는 예문사 출간 《포인트 측량 및 지형공간정보기술사》임을 알려드립니다.

01 양차(구차와 기차)

1교시 1번 10점

1. 개요

구차와 기차가 측량결과에 어떠한 영향을 주는가를 점검하는 일은 매우 중요한 일이다. 대지측량 시 구차와 기차의 영향은 매우 크므로 측량 시 발생되는 구차와 기차를 산정하여 보정하는 것은 측량의 정밀도 향상에 매우 중요한 사항이다.

2. 지구의 곡률에 의한 오차(구차)

(1) 정의

대규모 지역에서 수평면에 대한 높이와 지평면에 대한 높이가 다르게 나타나는데 이를 곡률오차라 한다.

(2) 특징

① 지구가 회전타원체인 것에 기인된 오차를 말하며, 이 오차는 고도각이 작게 나타나는 경향이 있으므로 이 오차만큼 크게 조정한다.

② 곡률오차는 거리의 제곱에 비례하여 변화한다.

(3) 해석

[그림 1]에 있어서 NAN을 수평면, 그 반경을 r, A에 대한 지평면을 AH, B'에 대한 고저각을 $BB'=h$로 하고 $AB=D$, A에 있어서 B'를 시준할 때의 고저각$=v'$, $\angle AOB=\theta$로 하면 $\angle HAB=\dfrac{\theta}{2}$이므로 $\triangle ABB'$에 있어서

$$\angle B'=180°-(90°+v'+\theta)=90°-(v'+\theta)$$

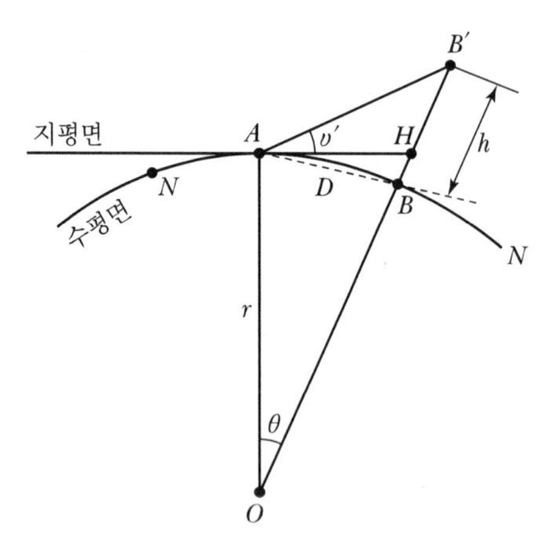

[그림 1] 지구의 곡률에 의한 오차

그러므로 다음 식이 얻어진다.

$$\frac{h}{D}=\frac{\sin\left(v'+\dfrac{\theta}{2}\right)}{\sin B'}=\frac{\sin\left(v'+\dfrac{\theta}{2}\right)}{\cos(v'+\theta)}$$

그런데 θ는 미소하게 되므로 위 식에 있어서

$$\sin\left(v'+\frac{\theta}{2}\right)=\sin v'\cos\frac{\theta}{2}+\cos v'\sin\frac{\theta}{2} \fallingdotseq \sin v'+\frac{\theta}{2}\cos v'$$

$$\cos(v'+\theta)=\cos v'\cos\theta-\sin v'\sin\theta \fallingdotseq \cos v'$$

으로 하면,

$$\frac{h}{D}=\frac{\sin v'+\frac{\theta}{2}\cos v'}{\cos v'}=\tan v'+\frac{\theta}{2}$$

또 $\theta=\frac{D}{r}$로 볼 수 있다. 따라서

$$h=D\tan v'+\frac{D^2}{2r}$$

그러므로 ΔC를 곡률오차라 하면,

$$\Delta C=+\frac{D^2}{2r}$$

3. 빛의 굴절에 의한 오차(기차)

(1) 정의

광선이 대기 중을 진행할 때는 밀도가 다른 공기층을 통과하면서 일종의 곡선을 그리는데, 물체는 접선방향에 서서 보면 시준방향, 진행방향과 다소 다르게 나타난다. 이때의 차를 굴절오차라 한다.

(2) 특징

① 이 오차만큼 작게 조정한다.

② 기차 또한 거리의 제곱에 비례한다.

(3) 해석

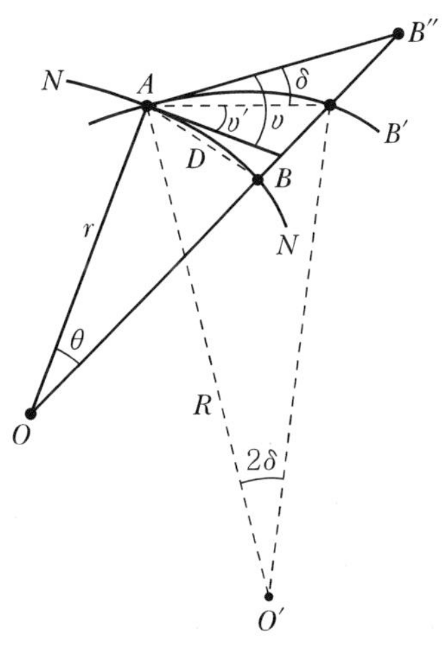

[그림 2] 빛의 굴절에 의한 오차

[그림 2]에 있어서 B'에서 A에 오는 광선은 곡선이 되므로 B'는 그 접선 AB''와 연직선 BB' 연장과의 교점 B''에 온다고 본다. 지금 접선 AB''와 AB'가 이룬 각을 δ라 하고 AB''와 지평면이 이룬 각을 v라 하며 다른 것은 전항의 기호를 사용하면,

$$v' = v - \delta$$

$$\tan v' = \tan(v - \delta) = \frac{\tan v - \tan\delta}{1 + \tan v \tan\delta}$$

그런데 δ는 미소하게 되므로 분모의 제2항을 생략하고 또한 $\tan\delta$의 대신으로 δ를 사용하면,

$$\tan v' = \tan v - \delta$$

곡선 $B'A$를 원호로 가정하고 그 중심을 O'로 하면 중심각은 2δ가 된다. 그 반경을 R이라 하면 $\frac{r}{R} = k$가 되며, 이때 k는 굴절계수(Coefficient of Refraction)라 한다. 호 AB 및 호 AB'는 r에 비하여 미소하므로 $AB = AB' = D$로 된다. 그러므로 다음 식으로 쓸 수 있다.

$$\delta = \frac{1}{2} \cdot \frac{D}{R} \qquad \therefore \delta = \frac{kD}{2r}$$

이것을 식 $\tan v' = \tan v - \delta$에 대입하면,

$$\tan v' = \tan v - \frac{kD}{2r}$$

$$\therefore D\tan v' = D\tan v - \frac{kD^2}{2r}$$

따라서, 굴절오차를 Δr로 하면,

$$\Delta r = -\frac{k}{2r}D^2$$

4. 양차

(1) 정의

양차란 지구의 곡률에 의한 오차(구차)와 빛의 굴절에 의한 오차(기차)의 합을 말한다.

(2) 해석

$$\Delta E = \Delta C + \Delta r = \frac{(1-K)D^2}{2r}$$

여기서, ΔC : 구차, Δr : 기차
ΔE : 양차, r : 지구반경
D : 수평거리, K : 빛의 굴절계수

구차(ΔC)와 기차(Δr)를 고려하여 A에 대한 B'의 높이 h는 다음과 같다.

$$h = D\tan v' + \Delta C = D\tan v + \Delta r + \Delta C = D\tan v + \frac{1-K}{2r}D^2$$

02 자오선과 묘유선

1교시 3번 10점

1. 개요

지구상의 절대 위치인 경도와 위도는 지구의 기하학적 성질을 이용하여 결정된다. 지구의 기하학적 성질 중에서도 자오선과 묘유선은 서로 상호 관계를 가지고 있다. 지구상 자오선은 양극을 지나는 대원호로 적도와 직교하며, 묘유선은 한 점을 지나는 자오선과 정확하게 직교하는 선은 평행권이 아니라 묘유선으로 정의한다.

2. 자오선(Meridian)

(1) 개념

① 양극을 지나는 대원의 북극과 남극 사이의 절반으로 180°의 대원호로서, 무수히 많음

② 12간지 중에서 자(子)의 방향인 북과 오(午)의 방향인 남을 연결하는 선

(2) 특징

① 관찰자의 위치에 따라 수없이 존재하며, 수직권인 동시에 시간권임

② 관측자의 천정과 천구의 북극 및 남극을 지나는 자오면이 천구와 교차되는 대원을 천구의 자오선이라고 하고, 관측자와 지구의 북극 및 남극을 지나는 평면이 지구와 교차하는 대원을 지구의 자오선이라고 함

(3) 종류

1) 천구의 자오선(Meridian)

① 관측자의 천정과 천극을 지나는 대원을 천구자오선이라 하며, 천구자오선은 수직권인 동시에 시간권임

② 천구자오선은 한 지점에서는 유일하게 정해지며 관측자의 위치에 따라 달라짐

③ 천구자오선과 지평선의 교점은 남점(S)이 북점(N)을 결정하고 이것을 연결한 직선이 일반측량에서 쓰이는 자오선임

2) 지구의 자오선(Meridian)

양극을 지나는 대원의 북극과 남극 사이의 절반으로 180°의 대원호로서 무수히 많음

3) 도북자오선(Grid Meridian)

① 직각 좌표계에서 중앙자오선과 나란한 자오선

② 도북자오선들은 모두 중앙자오선에 나란하기 때문에, 진북자오선에서와 같이 극점에 수렴하지 않음

③ 지도에 표시된 직각좌표의 종선들은 모두 도북자오선을 의미함

4) 자침자오선(Magnetic Meridian)

① 자유로이 움직이는 자침이 가리키는 북쪽 방향과 나란한 선

② 자북과 진북이 일치하지 않기 때문에, 자침자오선과 진북자오선이 나란하지 않음

③ 자북의 위치가 주기적으로 변화하기 때문에, 자침자오선의 방향도 항상 일정하지 않음

5) 본초자오선(Prime Meridian)

① 지구의 경도 측정에 기준이 되는 경선

② 그리니치 천문대를 지나는 경선을 기준으로 함

6) 표준자오선(Standard Meridian)

① 표준시를 정하기 위한 기준이 되는 자오선(경선)

② 15° 간격이며, 우리나라의 표준시는 동경 135°를 표준자오선으로 사용

7) 중앙자오선(Prime Meridian)

한 나라의 중앙부를 가르는 자오선(경선)이며, 우리나라는 127°30′

3. 묘유선(Prime Vertical)

(1) 개념

① 지구 타원체상 한 점의 법선이 지나는 자오면과 직교하는 평면과 타원체면과의 교선으로서, 수평선에 해당함

② 12간지 중에서 묘(卯)의 방향인 동과 유(酉)의 방향인 서를 연결하는 선

(2) 특징

① 천구상에서 동점(東點), 천정(天頂), 서점(西點)을 잇는 대원이며, 묘유권이라고도 함

② '동쪽(묘의 방각)과 서쪽(유의 방각)을 잇는다'는 뜻에서 생긴 말

③ 자오선과는 천정에서 직각으로 교차

(3) 종류

1) 천구의 묘유선

지평선상에서 남점과 북점의 이등분점은 동점(E)과 서점(W)이며 동점, 서점과 천정을 지나는 수직권

2) 지구의 묘유선

① 한 점을 지나는 자오선과 정확하게 직교하는 선은 평행권이 아니라 묘유선으로 정의

② 지표상 묘유선은 지구타원체상 한 점에 대한 묘유선과 지표면의 교선

③ 한 점의 묘유선은 그 점의 법선을 포함하며 자오면과 직교하는 평면

④ 타원체면상 1점에서 임의 방향의 수직단면의 곡률반경은 자오선 곡률반경과 묘유선 곡률반경의 함수로 표시

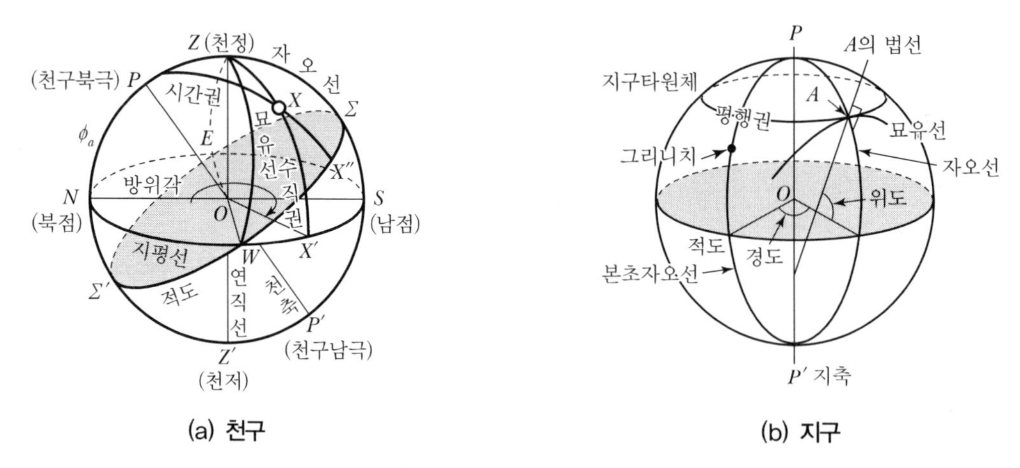

[그림] 자오선과 묘유선

03 광속조정법(Bundle Adjustment Method)

1교시 5번 10점

1. 개요

항공삼각측량(Aerial Triangulation)이란 항공사진을 이용하여 내부표정, 상호표정, 절대표정을 거쳐 사진상 여러 점의 절대좌표를 구하는 방법을 말한다. 항공삼각측량 조정 방법에는 다항식 조정법(Polynomial Method), 독립모델법(Independent Model Triangulation), 광속조정법(Bundle Adjustment) 등이 있다.

2. 광속조정법

(1) 광속조정법은 지상기준점의 절대좌표와 지상기준점 및 접합점에 대한 사진좌표들을 이용하여 각 사진의 외부표정요소와 주어진 사진좌표들에 대응하는 절대좌표를 결정하는 방법이다.
(2) 번들 조정은 모델좌표의 계산과정을 거치지 않고 사진좌표로부터 직접 지상좌표로 환산하는 방법이다.

3. 광속조정법의 특징

(1) 상좌표를 사진좌표로 변환시킨 다음 사진좌표로부터 직접 절대좌표를 구하는 방법이다.
(2) 내부표정만으로 AT가 가능한 최신 방법이다.
(3) 블록 내의 각 사진상에 관측된 기준점, 접합점의 사진좌표를 이용하여 최소제곱법으로 각 사진의 외부표정요소 및 접합점의 최확값을 결정하는 방법이다.
(4) 비선형의 공선조건식을 선형화한 후 최소제곱법 기반 반복보정을 통해 최확값을 산출한다.
(5) 조정능력이 높은 방법이나 계산과정이 매우 복잡하다.

4. 조정순서

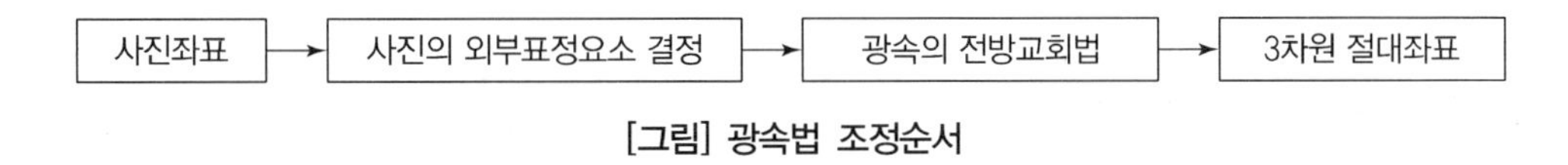

[그림] 광속법 조정순서

5. 세부적 조정순서

(1) 번들 조정을 위한 기본 관측방정식은 공선조건식을 사용한다.
(2) 공선조건식은 비선형이므로 테일러(Taylor) 급수 전개식에 의하여 선형화하여야 한다.
(3) 공간후방교회법에 의해 외부 표정요소를 산정한다.
(4) 공간전방교회법에 의해 중복지역 내의 대상점에 대한 지상좌표를 산정한다.

6. 공선조건의 선형화

(1) 공선조건식

$$x_{ij} = x_0 - f\left[\frac{m_{11_i}(X_j - X_{Li}) + m_{12_i}(Y_j - Y_{Li}) + m_{13_i}(Z_j - Z_{Li})}{m_{31_i}(X_j - X_{Li}) + m_{32_i}(Y_j - Y_{Li}) + m_{33_i}(Z_j - Z_{Li})}\right]$$

$$y_{ij} = y_0 - f\left[\frac{m_{21_i}(X_j - X_{Li}) + m_{22_i}(Y_j - Y_{Li}) + m_{23_i}(Z_j - Z_{Li})}{m_{31_i}(X_j - X_{Li}) + m_{32_i}(Y_j - Y_{Li}) + m_{33_i}(Z_j - Z_{Li})}\right]$$

여기서, x_{ij}, y_{ij} : 사진 i상의 상점 j에 대한 사진좌표

x_0, y_0 : 사진좌표계 내 주점의 좌표

f : 초점거리

m_{11_i}, m_{12_i}, ⋯, m_{33_i} : 사진 i의 회전행렬

X_j, Y_j, Z_j : 대상좌표계 내 j점 좌표

X_L, Y_L, Z_L : 대상좌표계 내 카메라 렌즈의 좌표

(2) Taylor 급수 정리에 의해 선형화한 공선조건식

$$b_{11}d\omega + b_{12}d\phi + b_{13}d\kappa - b_{14}dX_O - b_{15}dY_O - b_{16}dZ_O + b_{14}dX_P + b_{15}dY_P + b_{16}dZ_P = J + v_x$$

$$b_{21}d\omega + b_{22}d\phi + b_{23}d\kappa - b_{24}dX_O - b_{25}dY_O - b_{26}dZ_O + b_{24}dX_P + b_{25}dY_P + b_{26}dZ_P = K + v_y$$

(3) 공간후방교회법에 의한 외부표정요소 결정

① 외부표정요소는 지상기준점 좌표와 그 영상좌표를 이용하여 공간후방교회법으로 결정할 수 있다. 여기서, 지상점의 좌표는 알고 있는 값이므로 선형화된 공선조건식에서 dX_P, dY_P, dZ_P는 0이 된다.

$$b_{11}d\omega + b_{12}d\phi + b_{13}d\kappa - b_{14}dX_O - b_{15}dY_O - b_{16}dZ_O = J + v_x$$

$$b_{21}d\omega + b_{22}d\phi + b_{23}d\kappa - b_{24}dX_O - b_{25}dY_O - b_{26}dZ_O = K + v_y$$

② 미지수가 6개로, 1점에 대하여 2개의 관측방정식이 만들어지므로 1매의 사진에 3점의 지상기준점이 있으면 6개의 방정식에 의해 외부표정요소를 구할 수 있다.

(4) 공간전방교회법에 의한 지상점의 3차원 좌표 결정

① 사진의 외부표정요소가 얻어지면 공간전방교회법으로 기지인 카메라에서 미지의 지상점을 관측하여 지상점의 3차원좌표를 결정할 수 있다.

② 선형화된 공선조건식에서 카메라의 외부표정요소가 결정되었다면 $d\omega$, $d\phi$, $d\kappa$, dX_O, dY_O, dZ_O는 0이 되므로 아래 식에서 미지수 3개로, 입체영상으로 촬영된 1개의 지상점에 대하여 4개 관측방정식이 만들어지므로 입체로 촬영만 되었다면 해를 구할 수 있다.

$$b_{14}dX_P + b_{15}dY_P + b_{16}dZ_P = J + v_x$$

$$b_{24}dX_P + b_{25}dY_P + b_{26}dZ_P = K + v_y$$

04 흑체 방사(Blackbody Radiation)

1교시 6번 10점

1. 개요

물체는 방출률과 온도에 의해 결정되는 에너지와 스펙트럼 분포의 전자파를 복사한다. 이 복사는 온도에 의존하기 때문에 열복사라 한다. 열복사는 물체를 구성하는 물질과 조건에 따라 다르기 때문에 흑체(Blackbody)를 기준으로 열복사의 정량적인 법칙이 확립되어 있다. 흑체복사란 모든 투사 방사선을 흡수하고 반사가 전혀 없으며, 모든 분광 방사선을 방사시키는 완전 방사체인 동시에 완전 흡수체를 말한다.

2. 흑체(Blackbody)/복사(Radiance)

(1) 흑체

① 흑체란 입사하는 모든 전자파를 완전히 흡수하고, 반사도 투과도 하지 않는 물체이다.
② 파장(진동수)과 입체각에 관계없이 입사하는 모든 전자기 복사를 흡수하는 이상적인 물체이다.
③ 모든 투사 방사선을 흡수할 수 있고 주어진 온도에 대해 각 파장별로 단위면적당 가능한 최대 에너지를 복사할 수 있는 이상적인 물체를 말한다. 원격탐측에서 흑체의 온도에 따른 복사 곡선은 태양복사나 지구복사와 같은 자연현상을 설명하는 데 이용된다.

(2) 복사

매질을 통해 열이 흘러가는 전도나 열과 매질이 같이 움직이는 대류와 달리 전자기파를 통해서 고온의 물체에서 저온의 물체로 직접 에너지가 전달되는 현상을 말한다.

3. 흑체복사(Blackbody Radiation)

(1) 절대온도 0도($0K$, $n℃ = n + 273K$) 이상인 모든 물질은 분자교란(Molecular Agitation)으로 인하여 전자기 에너지를 방출한다. 교란은 분자의 운동을 말한다. 이는 태양 및 지구도 파동 형태의 에너지를 방출함을 의미한다. 모든 전자기 에너지를 흡수하고 재방출할 수 있는 물질을 흑체(Blackbody)라고 한다. 흑체는 방사율(Emissivity, ε)과 흡수율(Absorptance, α)이 모두 최댓값인 1이다.

(2) 물체에서 방사되는 에너지의 양은 절대온도, 방사율, 파장의 함수이다. 물리학에서는 이러한 원리를 스테판-볼츠만의 법칙이라고 한다. 흑체는 연속파장대를 방사한다. 여러 가지 온도대별로 흑체에서 방사되는 에너지는 그림과 같다. 이 그림에서 단위를 살펴보면, x축은 파장이며, y축은 단위면적당의 에너지 양이다. 그러므로 곡선 아랫부분 면적은 그 온도에서의 총 에너지 방사량에 해당한다.

(3) 그림으로부터 온도가 높아지면 짧은 파장 쪽이 강해진다고 결론지을 수 있다. 400℃의 경우에는 4μm에서 최대 방사가 되며 1,000℃의 경우에는 2.5μm에서 최대 방사가 이루어진다.

(4) 흑체의 방사량과 비교한 어떤 물질의 방사 능력을 그 물질의 방사율이라고 한다. 실 세계에서 흑체는 거의 없으며 모든 자연물의 방사율은 1보다 작다. 즉, 받은 에너지의 일부, 대부분 90~98%만을 재방사하게 된다. 따라서 그 나머지 에너지는 흡수된다. 이러한 물리적 특성은 지구온난화 현상의 모델링에서 사용된다.

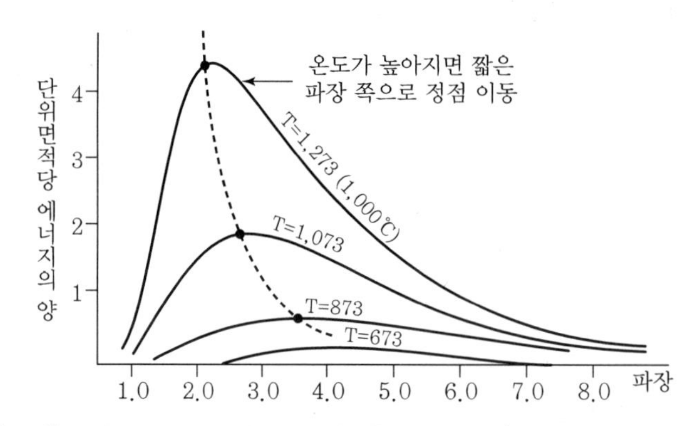

[그림] 스테판-볼츠만 법칙에 의한 흑체방사곡선(온도는 절대온도 K)

05 방송력과 케플러 6요소

1교시 7번 10점

1. 개요

GPS 측량의 정밀도는 위성궤도정보의 정확도, 전리층과 대류층의 영향, 안테나의 위상특성, 수신기 내부오차와 방해파, 기선계산 소프트웨어의 영향을 받는다. GPS 궤도정보에는 항법메세지에 포함되어 실시간으로 전송되는 방송력과 추후에 제공되는 정밀력으로 대별된다. 방송력은 6개의 케플러 요소로 구성되어 있으며, GPS 측위 정확도를 좌우하는 중요한 사항이다.

2. 방송력

(1) 개념

시간에 따라 GNSS 위성의 궤적을 기록한 것으로 각각의 GNSS 위성으로부터 송신되는 항법메시지는 앞으로의 궤도에 대한 예측값이 반영되어 있다. 방송력을 이용하여 위성의 위치를 계산할 수 있다.

(2) 주요 내용

① GPS 위성이 지상으로 송신하는 궤도 정보
② 사전에 계산되어 위성에 입력한 궤도 정보
③ 실제 운행궤도에 비해 정확도가 떨어짐
④ 향후 궤도에 대한 예측값이 반영되어 있음
⑤ 형식은 매 30초마다 기록
⑥ 6개의 케플러 요소로 구성
⑦ 일반 측량에 이용

3. 정밀력

(1) 개념

IGS가 전 세계에 산재한 약 110개소에서 취득한 GNSS 관측 자료를 후처리하여 별도의 컴퓨터 네트워크를 통하여 약 11일 후에 제공되는 위성궤도력을 말한다.

(2) 주요 내용

① 실제 위성의 궤적
② 지상 추적국에서 위성전파를 수신하여 계산된 궤도 정보
③ 방송력에 비해 정확도가 높으며 위성관측 후 정보 취득 : 약 11일 이후
④ 지각 변동량 관측과 같이 높은 정확도가 요구되는 곳에 사용

4. 방송력, 정밀력 비교

구분	방송력	정밀력
궤도 정보	예보궤도	실제 운행 궤적
정확도	낮다(정밀력에 비해)	매우 높다(방송력에 비해)
데이터 취득	신속 취득	11일 후
사용	측량	지각 변동량 관측

5. 케플러 6요소

(1) 개념

한 천체를 공전하고 있는 행성 또는 위성의 궤도는 케플러의 법칙을 통해 타원에 가까운 형태를 나타낸다. 그리고 그 행성 또는 위성의 시간에 따른 위치, 궤도면의 기울기 등을 나타내기 위해 사용하는 요소들을 궤도요소라 한다. 케플러 궤도요소란 위성의 타원궤도 및 운동을 정의하는 6가지 요소를 말한다.

(2) 케플러 6요소

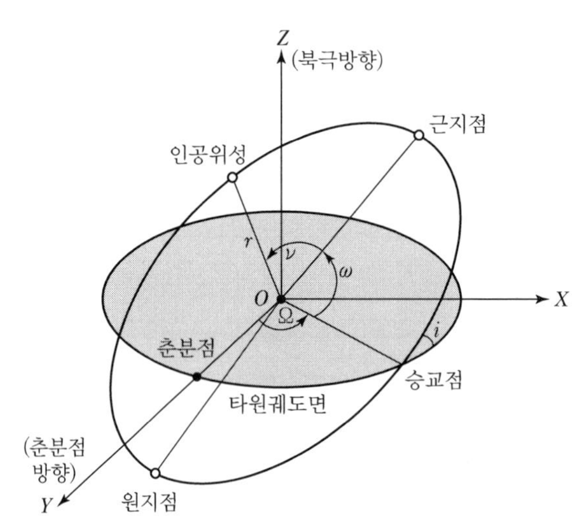

[그림] 케플러 위성궤도 요소

① 궤도 장반경(a) : 타원에서 장축의 1/2로 정의되는 타원궤도의 크기, 즉 타원의 장반경

② 궤도 이심률(e) : 타원궤도 형상을 표현하는 수치, 타원의 찌그러진 정도. 이심률이 "0"이면 원이 됨

③ 궤도 경사각(i) : 인공위성의 궤도가 만드는 평면(궤도면)이 적도면과 이루는 각

④ 근지점 인수(ω) : 인공위성 궤도상에서 지구와 가장 가까워지는 점이 근지점이며, 궤도면상에서 타원의 방향을 정의하기 위해 승교점 방향과 근지점 방향 사이에 이루는 각을 이용하는데 그 각거리가 근지점 인수임

⑤ 승교점 적경(Ω) : 인공위성의 궤도가 지구의 적도면을 남쪽에서 북쪽으로 지나가는 점을 승교점이라 하고, 지구 중심에서 춘분점 방향과 승교점 방향 사이의 각을 승교점 적경이라 함. 궤도경사각과 승교점 적경이 구해지면 우주공간에서 궤도면의 위치가 정해짐

⑥ 근지점 통과 시각(T) : 임의의 시각에서 인공위성의 궤도상 위치를 계산하기 위해 인공위성이 근지점을 통과하는 시각을 정함

06 지중투과레이더(GPR) 탐사

1교시 8번 10점

1. 개요

지중투과레이더(GPR : Ground Penetration Radar)는 지하를 단층 촬영하여 시설물 위치를 판독하는 방법으로 지상의 안테나에서 지하로 전자파를 방사시켜 대상물에서 반사 또는 주사된 전자파를 수신한 후 반사강도에 따라 다양한 색상 또는 그래픽으로 표현되는 형상을 분석하여 매설관의 평면 위치와 깊이를 측정하는 방법이다.

2. 지하시설물 탐사 방법

(1) 지중투과레이더 탐사법(GPR) : 비금속관, 금속관, 콘크리트 등 측정
(2) 자장 탐사법 : 금속관 측정
(3) 음파 탐사법 : 비금속 수도관로 탐사에 유용
(4) 전기 탐사법 : 토질의 공극률, 함수율 등 토질의 지반 상황 변화 추적

3. 지중투과레이더 탐사법(GPR)

(1) GPR 탐사장비의 구성

① 전자기파를 발생시키고 수신하는 송 · 수신기
② 전자기파의 송수신기인 측정안테나
③ 데이터 전송, 저장 분석장치 및 출력장치

(2) GPR 탐사의 종류

① 반사법 탐사

송수신 안테나의 거리를 일정하게 유지시키면서 측선을 따라 지표에서 탐사를 수행하여 지하 단면을 영상화하는 방법으로, 지층 경계면을 영상화하는 데 가장 많이 적용되는 탐사 방법

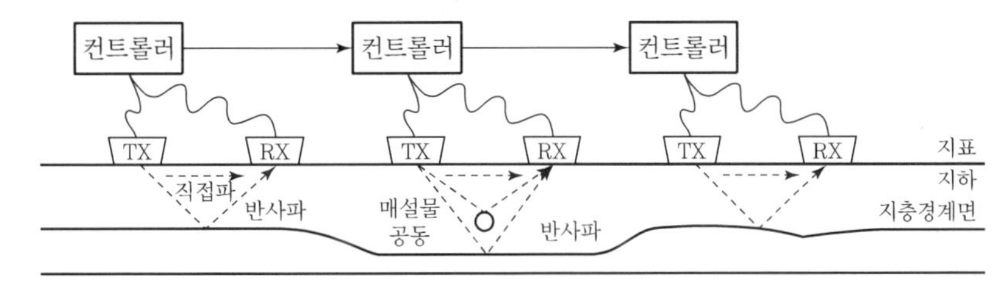

[그림 1] 반사법 탐사

② 공통중간점 탐사

송수신 안테나의 거리를 일정하게 벌려가면서 탐사를 수행하며, 이때 송수신 안테나의 거리와 전파 시간의 관계를 통해 지하매질의 속도를 추정하는 데 사용

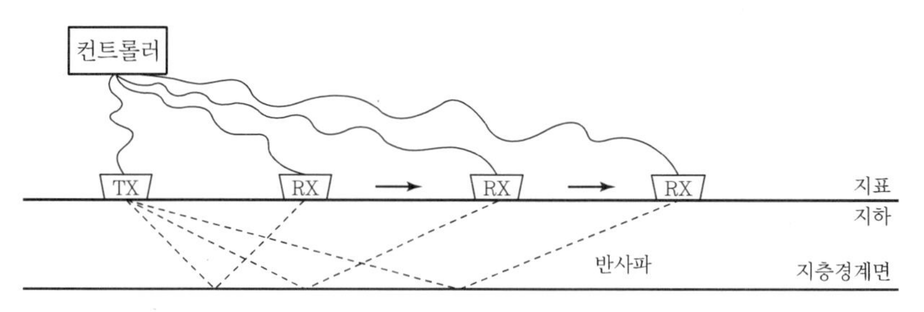

[그림 2] 공통중간점 탐사

③ 투과법

송신 안테나는 매질의 한쪽에, 수신 안테나는 반대쪽에 위치시켜서 탐사를 수행하며 기둥, 보, 교각 같은 구조물의 비파괴 검사에 이용

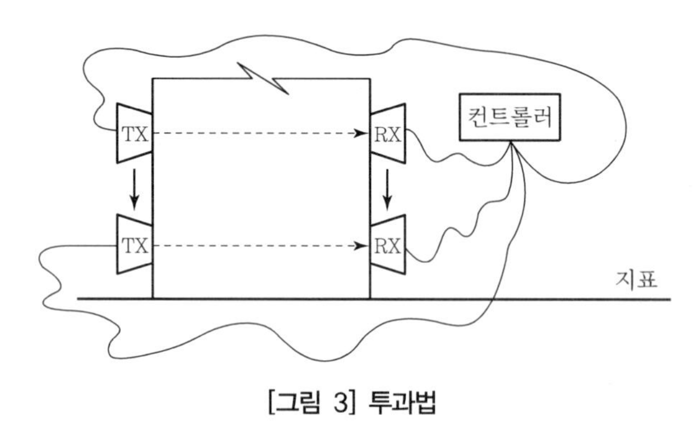

[그림 3] 투과법

(3) GPR 탐사에 영향을 미치는 요소

① 유전상수 : 전기장이 가해졌을 때 어떤 물질의 전하를 측정할 수 있는 정도

② 전기전도도 : 전기장이 가해졌을 때 전류를 흐르게 할 수 있는 능력으로 금속성이나 이온성 물질에서 높음

07 기본수준면(Datum Level)

1교시 12번 10점

1. 개요

수심을 나타내는 기준이 되는 수면으로 해도 작성, 조고 및 항만시설의 계획 · 설계 등을 위한 기준면으로 사용하고 있으며, 수심은 (±)0.00m로 표현하고 있다. 기본수준면은 국제수로회의에서 "수심의 기준은 조위가 그 이하로 거의 떨어지지 않는 낮은 면이어야 한다."라고 규정하고 있으며, 우리나라는 「공간정보의 구축 및 관리 등에 관한 법률」에서 "일정 기간 조석을 관측하여 분석한 결과 가장 낮은 해수면"으로 규정하고 있다.

2. 높이의 기준

(1) 육상의 높이

① 바다의 평균해수면으로부터 측정한다.
② 우리나라는 인천 앞바다의 평균해수면을 기준으로 한다.

(2) 해상의 깊이

① 선박의 안전운항을 위하여 기준을 정한다.
② 조석관측을 하여 바닷물이 가장 많이 빠지는 지점을 기준으로 한다.
③ 이를 기본수준면(Datum Level)이라 한다.

3. 기본수준면

(1) 기본수준면은 일정 기간 조석을 관측하여 분석한 결과 가장 낮은 해수면을 말한다.
(2) 기본수준면은 수심측량 및 해수면 높이를 측정하는 기준면으로서 수심기준면이라고도 한다.
(3) 해도의 수심 및 간출암 높이, 조석표의 조위는 기본수준면을 기준으로 표기한다.
(4) 기본수준면의 산정 기준은 각국마다 다르며, 국제수로기구는 조석이 그 이하로는 내려가지 않는 가장 낮은 해수면으로 선정해야 한다고 규정하고 있다.
(5) 기본수준면은 육상 지도의 높이기준(인천 평균해면상의 높이)과는 다르다.
(6) 해수면이 기본수준면 이하로 내려가는 경우는 드물지만, 겨울부터 봄에 걸쳐 대조기의 저조 시에 해수면이 기본수준면 이하로 내려가는 경우가 있다.

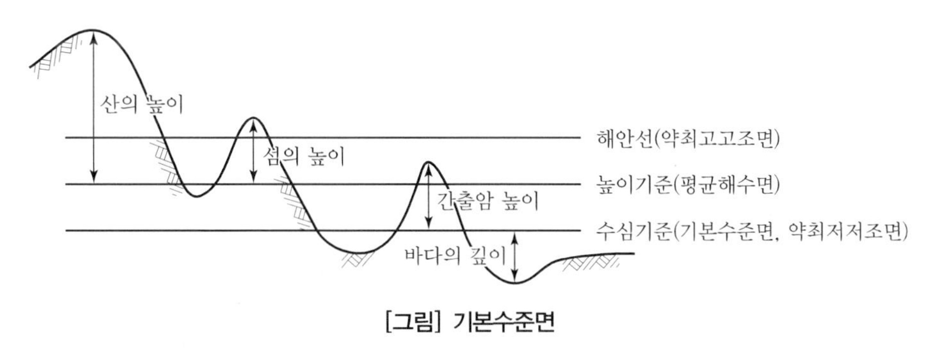

[그림] 기본수준면

4. 우리나라 기본수준면

우리나라는 관측지점의 산술평균해면(A_0)에서 천문조평균해면(Z_0), 즉 주요 4개 분조의 반조차 합인 "$H_m + H_s + H_k + H_o$" 만큼 내려간 약최저저조면을 기본수준면으로 하고 있다.

(1) A_o : 임의 관측기준면으로부터 장기간의 해수면 높이를 평균한 값

(2) H_m : M2 분조(태음반일주조) 반조차

(3) H_s : S2 분조(태양반일주조) 반조차

(4) H_k : K1 분조(일월합성일주조) 반조차

(5) H_o : O1 분조(태음일주조) 반조차

08 영해기준점

1교시 13번 10점

1. 개요

영해기준점은 해양영토관할권 획정에 기본이 되는 영해기선을 결정하기 위한 기준점이다. 우리나라는 영해법에 의거 동·남·서해의 최외곽에 위치하는 육지 또는 섬의 끝점 등에 총 23점이 선정되었으며, 유엔해양협약에 따라 WGS84 좌표계에 준거한 성과가 요구된다.

2. 영해기점/영해기선

(1) 영해

한 나라의 주권이 미치는 바다로서 영해기선을 기준으로 12해리까지의 거리를 말한다.

(2) 영해기점

① 영해를 획정하기 위하여 정한 기준점을 말한다.

② 우리나라는 1978년 제정된 「영해 및 접속수역법」에 따라 동·남·서해의 최외곽에 위치하는 육지 또는 섬의 끝점으로 동해안에 4점, 남해안에 9점, 서해안에 10점이 있다.

(3) 영해기선

① 영해관할권 획정에 기본이 되는 선으로 간조 시 바다와 육지의 경계선인 저조선을 기준으로 설정한다.

② 통상기선 : 우리나라 동해안과 같은 해안선이 단조롭고 육지 부근에 섬이 존재하지 않는 경우에 썰물 때의 저조선을 말한다.

③ 직선기선 : 우리나라 남해안, 서해안과 같이 해안선이 굴곡이 심하고 주변에 많은 섬이 산재해 있을 때 육지의 돌출부 또는 맨 바깥의 섬들을 직선으로 연결한 것이다.

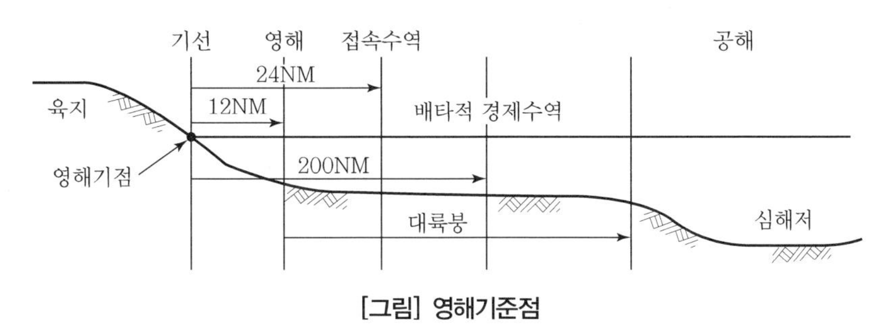

[그림] 영해기준점

3. 우리나라의 영해기점/영해기선

(1) 우리나라는 1978년 제정된 「영해 및 접속수역법」에 따라 동·남·서해의 최 외곽에 위치하는 육지 또는 섬의 끝점으로 통상기선과 직선기선을 선포하였다.

(2) 통상기점/통상기선

① 우리나라 동해안에 적용

② 4점 적용

(3) 직선기점/직선기선

① 우리나라 남해안, 서해안에 적용

② 남해안 9점, 서해안 10점

09 지도투영법 중에서 원통, 원추, 방위 투영법에 대하여 설명하시오.

2교시 1번 25점

1. 개요

투영(Projection)이란 가상의 지구 표면인 곡면을 평면상에 재현하는 방법으로서, 지구 표면의 일부에 국한하여 얻은 측량의 결과를 평면상에 어떤 모양으로 표시할 수 있는가를 취급하는 수학적 기법이다. 3차원인 지구를 2차원의 평면 지도로 변환할 때는 모양, 면적, 거리, 방향에서 반드시 왜곡이 발생하며, 오차 없이 평면으로 표현하는 것은 불가능하다.

2. 지도투영법(Map Projection)

지도투영이란 곡면인 3차원 지구상의 점을 2차원 평면 지도로 전개하는 방법을 말한다.

(1) 특징

① 지구의 표면을 평면상에 표현하기 위한 방법
② 지구타원체상의 위치와 형상을 평면에 옮기는 방법
③ 경위선으로 이루어진 지구상의 가상적인 망 또는 좌표를 평면에 옮기는 방법

(2) 분류

투영 방법	투영식	투영 형태	투영축	투영의 성질
투시도법	직각좌표	원통도법	정축법	등각도법
		원추도법	사축법	등적도법
비투시도법	극좌표	방위도법	횡축법	등거리도법
				대원도법

3. 원통 투영법(Cylindrical Projection)

원통 투영법은 지구본을 원통으로 둘러싼 후에 광원을 지구본의 중심에 두고 투영 · 전개하는 방법으로 가장 보편적인 방법이며, 적도 중심의 투영법이다.

(1) 특징

① 위도와 경도는 직선으로 평행이며, 90°로 교차함
② 자오선이 등간격인 직사각형의 지도이며, 간편하게 구성됨
③ 적도 또는 기준 평행선에 대한 축척계수는 1.0000

(2) 종류

1) 중앙원통도법
① 원통도법 중 가장 기본적인 도법
② 광원이 지구의 중심에 있으며, 메르카토르 도법의 기초가 됨

③ 위선의 간격은 고위도로 올라갈수록 급격하게 증가하여, 적도에서부터 남북방향으로 축척이 과장될 뿐만 아니라 동서방향도 과장되어 있음

2) 메르카토르 도법

① 메르카토르(Gerard Mercator)에 의하여 고안된 도법

② 원통으로 지구를 둘러싸고 지구의 각 지점을 원통상에 투영하는 방법

③ 국제적으로 세계지도를 제작할 때, 가장 많이 사용되는 원통도법의 한 종류인 등각원통도법을 메르카토르 도법이라고 함

④ 경선과 위선은 직선이고, 등각항로가 직선으로 표시

⑤ 두 지점 간의 최단거리인 대권항로가 곡선으로 표시

⑥ 고위도 지역의 거리와 면적이 과장되어 확대 표시

⑦ 항정선을 이용하여 선박을 운항할 때 많이 쓰임

4. 횡원통 투영법(Transverse Cylindrical Projection)

경선을 원통에 접하여 투영하는 방법을 총칭하여 횡원통 투영법이라고 하며, 원통의 축이 적도면상에 있다.

(1) 특징

① 표준형(정) 메르카토르 투영에서 지구를 90° 회전시켜 중앙자오선이 원기둥에 접하도록 투영

② 중앙자오선 이외 지역에서의 축척계수는 1.0000보다 큼

③ 우리나라 대축척 지도 제작에 이용

(2) 종류

1) 등거리 횡원통도법

① 한 중앙점으로부터 다른 한 점까지의 거리를 같게 나타내는 투영법

② 원점으로부터 동심원의 길이를 같게 재현

③ y의 값을 지구상의 거리와 같게 하는 도법

④ 현재 프랑스 지도의 기초가 되었고, 유럽의 지형도에 널리 이용됨

2) 등각 횡원통도법

① 지도상의 어느 곳에서도 각의 크기가 동일하게 표현되는 투영법

② 소규모 지역에서 바른 형상을 유지하며, 두 점 간의 거리가 다르고 지역이 클수록 부정확함

③ 가우스 이중투영법, 가우스 퀴르거도법(T.M), 국제 횡메르카토르도법(UTM) 등이 있음

5. 원추 투영법(Conic Projection)

원추 투영법은 지구회전타원체를 원뿔의 표면에 투영한 후 이를 절개하여 평면으로 사용하는 것을 말한다.

(1) 특징

① 원추의 정점이 지구의 극축선과 일치하도록 원추를 씌워 투영

② 투영된 원추를 전개하여 부채꼴 모양의 투영도면을 얻게 됨

③ 축척의 변화가 동서는 일정하며 남북방향으로 크게 되므로 남북이 좁고 동서가 긴 지역에 적합한 투영법

(2) 종류

등거리원추도법, 등각원추도법, 등적원추도법, 다원추도법, 다면체도법

6. 방위 투영법(Azimuthal Projection)

방위 투영법은 지구의 한 극을 점으로 하고, 극을 중심으로 하는 원군을 위선군, 극을 중심으로하는 직선을 경선군으로 하는 투영법이다. 등거리방위도법, 등각방위도법, 등적방위도법, 대원도법 등이 있다.

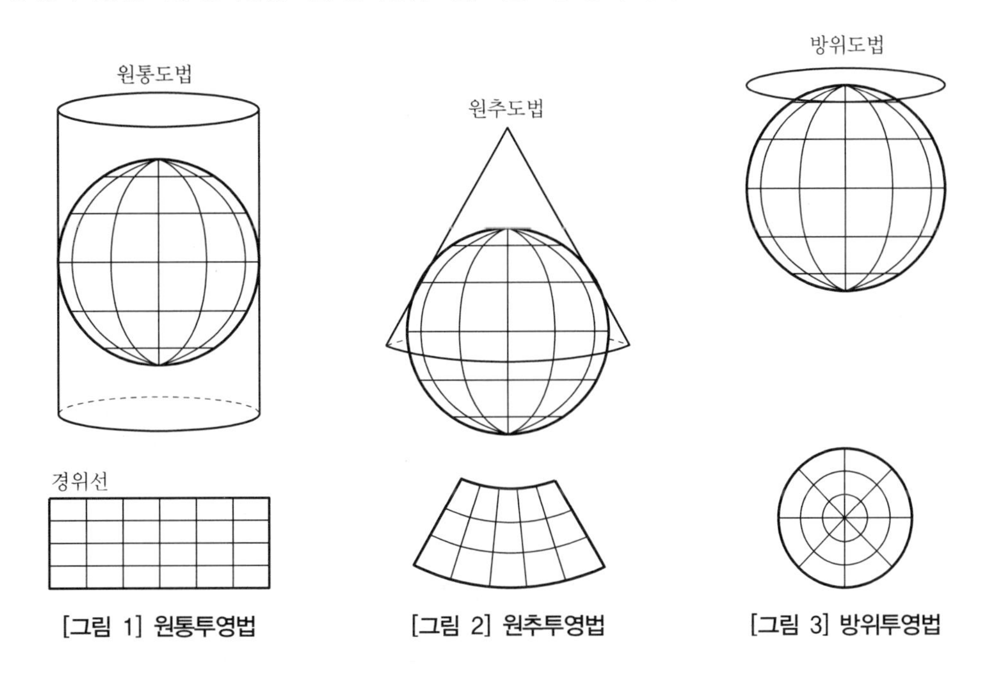

[그림 1] 원통투영법 **[그림 2] 원추투영법** **[그림 3] 방위투영법**

7. 결론

투영법을 이용해서 지도를 작성하는 경우, 지도의 목적, 축척, 넓이, 위도 등을 충분히 고려하여야 하며, 이에 따른 왜곡량 처리 및 보정 등에 관한 기초적인 연구가 심도 있게 진행되어야 할 것으로 판단된다.

10 원격탐사에서 전자파의 파장별 특성에 대하여 설명하시오.

2교시 2번 25점

1. 개요

일정한 온도의 모든 물질은 다양한 파장대의 전자기파를 방사한다. 파장대 전체 영역을 일반적으로 전자기 분광대역(Electromagnetic Spectrum)이라고 한다. 그 범위는 감마선으로부터 라디오파까지 걸쳐 있다. 원격탐사란 대상물에 직접 접촉하지 않고 정보를 도출하는 과학기술로 자외선, 가시광선, 적외선 및 극초단파의 일부 영역에서 지표면의 각종 정보를 얻는다.

2. 전자기 에너지와 원격탐사

(1) 원격탐사는 다양한 형태의 전자기(EM : Electromagnetic) 에너지 측정을 기반으로 하고 있다. 지구상에서 가장 중요한 전자기 에너지원은 태양으로서, 우리가 볼 수 있는 가시광선, 열, 피부에 해로운 자외선 등을 방출하고 있다.

(2) 원격탐사에서 사용되는 센서의 대부분은 반사된 태양광을 측정한다. 그러나 일부 센서 중에는 지구 그 자체에서 방출되는 에너지를 감지하거나, 자체적으로 송출한 에너지를 감지하는 것도 있다.

(3) 원격탐사의 원리를 이해하기 위해서는 전자기 에너지의 특성과 상호작용 등에 대한 기본적인 이해가 필요하다. 또한 이러한 지식이 있어야만 원격탐사자료를 올바르게 분석할 수 있다.

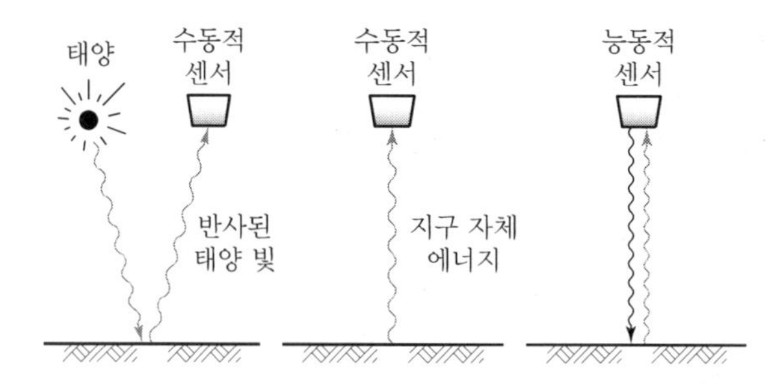

[그림 1] 원격탐사 센서 및 에너지원

3. 전자파의 파장별 특성

(1) 원격탐사는 이 전자기 분광대역 중 몇 가지 영역에서 이루어진다. 전자기 분광대역 중 광학부분은 광학법칙이 적용되는 부분을 말한다. 즉, 반사 및 반사된 빛을 초점으로 모으는 데 사용되는 굴절 등이 적용되는 분광대역이다.

(2) 광학대역은 X－ray(0.02)로부터 가시광선영역을 포함하여 원적외선(1,000μm)까지의 부분을 말한다.

(3) 원격탐사에서 실제적으로 사용 가능한 가장 짧은 파장대는 자외선대역이다. 자외선은 가시광선의 보라색을 벗어난 부분을 말한다.

(4) 지표상의 몇몇 물질, 주로 바위 혹은 광물질은 자외선을 비출 경우 가시광선을 방사하거나 형광현상을 보인다. 극초단파(Microwave) 대역은 파장이 1mm로부터 1m 사이인 영역이다.

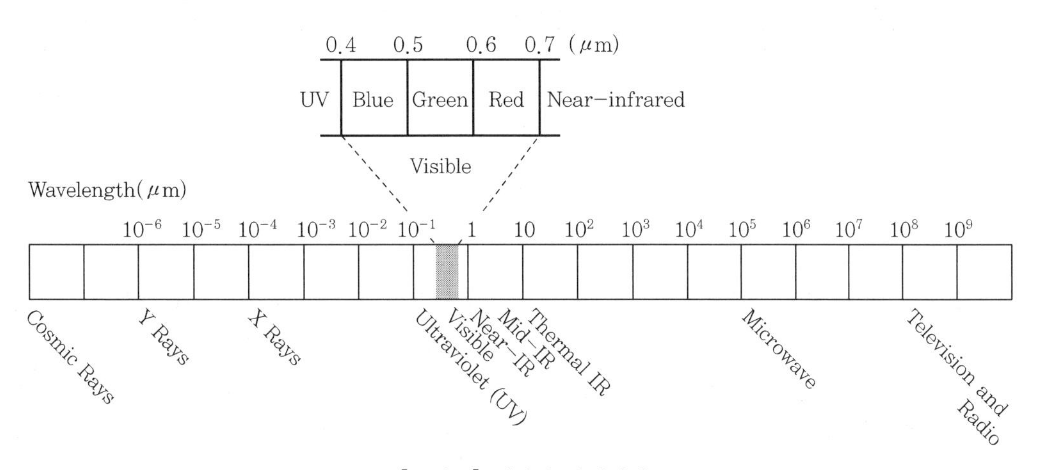

[그림 2] 전자기 파장대역

4. 세부내용

(1) 가시광선영역은 일반적으로 '빛'이라고 부르는 부분이다. 전자기 분광대역 전체에 비해서는 상대적으로 좁은 부분에 해당하며, 이 부분만이 색의 개념을 연결시킬 수 있다. 파란색, 녹색, 빨간색은 기본색 또는 가시광선영역의 기본 파장이다.

(2) 원격탐사에서 사용하는 긴 파장영역은 열적외선영역과 극초단파(Microwave)영역이다. 열적외선은 표면 온도에 관한 정보를 제공한다. 이 표면온도는 다른 물리적 특성, 예를 들면 암석의 광물 함유량 혹은 식물의 상태와 연결시킬 수 있다. 극초단파는 지표면의 평탄도, 함수량과 같은 표면의 성질에 관한 정보를 제공한다.

5. 결론

원격탐사의 원리를 이해하기 위해서는 전자기 에너지의 특성과 상호작용 등에 대한 기본적인 이해가 필요하다. 또한 이러한 지식이 있어야만 원격탐사 자료를 올바르게 분석할 수 있다. 하지만 이러한 발전된 최신기술을 실제 업무에 활용하고 사업화하는 점에서는 측량업체 기술력의 한계, 현실적이고 체계적인 자료와 정보의 부재 등 많은 제약조건들이 존재하고 있는 것이 현실이다. 그러므로 교육훈련을 통하여 원격탐사 기법을 습득하고 최신 기술혁신의 급격한 변화에 능동적으로 대처해야 할 것으로 판단된다.

11 실감정사영상의 제작원리에 대하여 설명하시오.

2교시 3번 25점

1. 개요

제4차 산업혁명 시대에 따라 디지털 트윈체계 구축 및 스마트시티 조성에 필수요소인 3차원 공간정보에 대한 기술 개발 및 연구가 활발히 진행되고 있으며, 영상처리 기술의 발달로 고품질 정사영상에 대한 수요도 증가하고 있다. 실감정사영상은 3차원 공간정보의 핵심요소이자 기존 정사영상의 한계를 극복한 고도화된 영상정보자료이다. 국토지리정보원에서는 최상의 품질 취득이 가능한 실감정사영상 제작 기술 및 표준화된 작업공정을 마련하고 실감 정사영상 제작 로드맵을 수립하였다.

2. 실감정사영상의 필요성

(1) 고품질의 정사영상에 대한 수요도 증가
(2) 수치지형도와 중첩 시 정확히 일치하고 영상기반에서 정확한 면적, 거리 산출 가능
(3) 영상기반의 변화 탐지가 용이하여 국토영상정보 수시수정 체계의 기반자료로써 활용
(4) 제4차 산업혁명 시대에 디지털 트윈체계 구축 및 스마트시티 조성에 필수요소인 3차원 공간정보로 활용

3. 실감정사영상 제작 절차

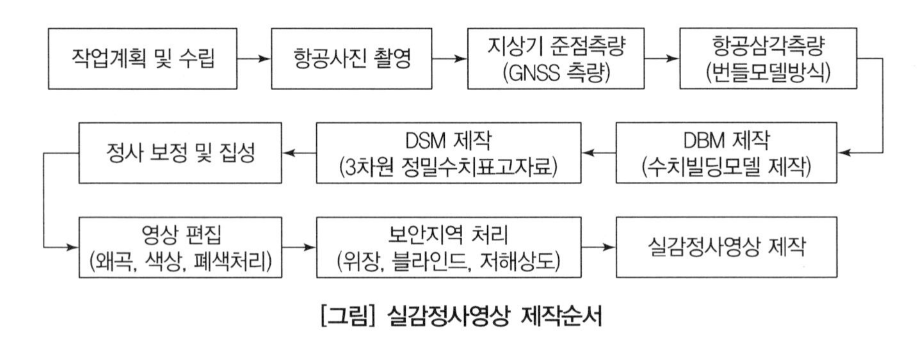

[그림] 실감정사영상 제작순서

4. 실감정사영상 제작을 위한 공정별 주요내용

(1) 수치빌딩모델(DBM) 제작

DBM은 3차원 정밀도화성과를 활용하여 제작하고 단일객체 폴리곤을 기준으로 보간 실시

(2) 수치표고모델(DEM) 제작

① 지형의 변화로 불일치할 경우 수정을 통해서 기구축된 DEM 자료를 갱신하여 활용
② 지면에 대한 수치표고자료는 수치사진측량 또는 항공레이저측량을 통해 취득된 자료만을 사용하는 것을 원칙으로 함

(3) 3차원 정밀수치표고자료(DSM) 제작

실감정사영상을 제작하기 위해 생산되는 중간 성과물로, 라이다(LiDAR) 데이터에서 추출된 지표면 포인트와 3차원 건물 벡터를 융합하여 제작하거나 디지털항공사진영상으로 제작된 정밀도화데이터와 라이다 데이터의 지표면 포인트를 융합하여 제작하는 등 다양한 방법으로 제작

(4) 영상편집

① 폐색영역 보정 : 실감편위수정을 통해 폐색영역으로 탐지되어 표시된 지역을 온전히 나타나 있는 우선순위의 인접 영상을 이용하여 보정 실시

② 그림자 영역보정 : 건물 등 객체의 그림자로 인하여 교량, 도로, 소화전 등 인접한 공간정보의 판독력이 저하되는 경우 그림자 지역에 대해 밝기값을 조정하여 해당 공간정보의 판독력을 향상시켜야 함

(5) 보안지역 처리

국가주요목표시설물은 주변지역의 지형 · 지물 등을 고려하여 위장 처리하여야 한다. 위장 처리는 주변 지형에 맞는 위장 처리, 블러링 처리, 저해상도 처리로 구분할 수 있으며, 관련 규정에 따라 전후 영상을 제작함

(6) 실감정사영상 제작

기존 정사영상에 건물도화를 통해 구축된 정보를 바탕으로 모든 건물이 바로 서 있는 실감정사영상을 구축함

5. 실감정사영상 로드맵

(1) 기술개발 및 기반조성 단계 : 「실감정사영상 작업규정」 등 제도적 기반 마련

(2) 기술검증 및 제작확산 단계 : 도심지를 우선으로 한 고해상도 실감정사영상 제작 추진 및 기술 검증

(3) 전국 확산 및 운영단계 : 고해상도 실감정사영상 전국 확산과 수시수정체계 운영

6. 결론

2015년 이후 주요 도심지역을 대상으로 실감정사영상을 제작하였으나 표준화된 공정 부재로 일관성 있는 데이터 확보가 미진하여 국토지리정보원은 표준공정을 마련하고 로드맵을 수립하였다. 이에 따라 향후 실감정사영상 제작은 가상국토 구현 수요에 부응하는 영상정보 생산체계 정립, 실감정사영상 제작방식 다각화와 자동화, 영상정보 획득체계의 다변화, 수요 맞춤형 영상정보 제공 등 단계적으로 추진되어야 할 것이다.

12 비측량용 디지털카메라의 자체검정(Self-Calibration) 방법에 대하여 설명하시오.

2교시 4번 25점

1. 개요

국방 분야에서 시작된 UAV(Unmanned Aerial Vehicle) 기술이 최근에는 다양한 분야로 활용이 확대되어 가는 추세이다. 국내에서도 UAV를 이용한 대축척 수치지형도 제작 등 다양한 분야에 연구 및 실용화되고 있다. UAV에 탑재되는 저가의 비측량용 카메라는 내부표정요소가 없으므로 사진측량에 활용하기 위해서는 검정(Calibration)을 통해 내부표정요소를 획득하여야 한다. 현재 사용되는 자체검정 방법에는 실험실에서 검정하는 방법과 현장에서 촬영된 영상을 이용한 현장 자체검정 방법 등이 있다.

2. 카메라의 검정 방법

높은 정밀도의 영상 해석을 위해서는 카메라 렌즈의 정밀검정을 수행하여야 하지만 일반적 경우에는 실험적 방법에 의한 렌즈 왜곡을 보정하여 사용하여도 소정의 성과를 얻을 수 있다. 최근에는 자체검정(Self-Calibration) 방법과 같은 카메라 검정이 많이 이용되고 있다.

(1) 정밀측정 방법(Collimator Method)

대부분의 카메라 검정은 정밀측정 방법에 의해 수행되며, 카메라 제조업자 또는 관련 전문지식을 갖고 있는 대행업자가 수행한다.

① 다중 시준의(Multi-Collimator)를 이용하는 방법 : 상대위치를 정확히 알고 있는 측점을 촬영하고 이에 상응하는 상점들의 위치를 비교하여 결정하는 방법이다.

② 측각기(Goniometer)를 사용하는 방법 : 측각기를 이용하여 카메라의 초점면에 정밀하게 위치시킨 격자점을 통한 투영으로 직접 측정하는 방법이다.

(2) 실험실 방법(Laboratory Method)

① 타깃과 관련한 상점들의 위치를 측량기기로 측정하는 것이다. 높은 정밀도의 영상 해석을 위해서는 카메라 렌즈의 정밀 검정을 수행해야 하지만 일반적 경우에는 실험실 방법에 의한 렌즈 왜곡을 보정하여도 소정의 성과를 얻을 수 있다.

② 최근에는 자체검정 방법과 같은 카메라 검정이 많이 이용되고 있다.

(3) 현장 방법(Field Method)

현장에서 촬영된 영상을 이용하여 번들 조정으로 부가 매개변수를 포함한 내부표정요소와 외부표정요소를 동시에 결정하는 방법이다.

3. 카메라 검정에 의한 내부표정요소

아래 내부표정요소에서 (1)~(5)항을 결정하는 과정은 검정 방법에 따라서 달라지고 수학적 해석 과정도 다소 복잡하며, (6)과 (7)항은 노출된 유리판 상에서 지표들을 직접 측정하여 구할 수 있다. 지표들의 x, y 좌표는 필름의 수축 및 팽창을 보정하는 데 중요한 요소로 사용되며, (8)항은 특수 게이지를 사용하여 직접 측정할 수 있다.

(1) EFL(Equivalent Focal Length) : 렌즈의 중심부에 유효한 초점길이
(2) CFL(Calibrated Focal Length) : 방사상의 렌즈 왜곡수차를 전체적으로 평균 배분한 초점길이
(3) 렌즈의 방사왜곡(Radial Lens Distortion) : 주점으로부터 방사선을 따라 생기는 상점의 위치 왜곡
(4) 렌즈의 접선왜곡(Tangential Lens Distortion) : 주점으로부터 방사방향에 직각으로 발생되는 상점의 왜곡. 이 값은 매우 작으므로 정밀도가 높은 측정이 아니면 보통 무시한다.
(5) 주점의 위치(Principal Point Location) : 지표축 x, y에 대한 주점의 지표좌표
(6) 마주보는 지표 간의 거리(지표의 좌푯값에 의해 주어진다.)
(7) 지표를 잇는 두 선의 교차각(90°±1′이어야 한다.)
(8) 초점 면의 평편도(평면으로부터 ±0.01mm 이상 벗어나지 않도록 한다.)

4. 비측량용 디지털카메라의 자체검정 방법

(1) 자체검정 방법

① UAV에 탑재되는 저가의 비측량용 카메라는 내부표정요소가 없으므로 사진측량에 활용하기 위해서는 검정을 통해 내부표정요소를 획득하여야 한다.
② 하지만 비측량용 카메라의 경우 렌즈 품질이 불안정하기 때문에 수시 검정이 필요하다. 이러한 단점을 극복하기 위해 비측량용 카메라를 사용할 경우 자체검정 방법이 많이 사용되고 있다.
③ 현재 사용되는 자체검정 방법에는 체스보드 검정판이나 정밀 타깃을 이용하여 실험실에서 검정하는 방법과 현장에서 촬영된 영상을 이용한 현장 자체검정 방법이 있다.

(2) 실험실 자체검정 방법

① 타깃과 관련한 상점들의 위치를 측량기기로 측정하는 것이다. 높은 정밀도의 영상 해석을 위해서는 카메라 렌즈의 정밀 검정을 수행해야 하지만 일반적 경우에는 실험적 방법에 의한 렌즈 왜곡을 보정하여도 소정의 성과를 얻을 수 있다.
② 최근에는 자체검정 방법과 같은 방법을 이용한 카메라 검정이 많이 이용되고 있다.
③ 한 예로 실험실에서 체스보드 검정판이나 정밀 타깃을 일정한 격자 간격으로 정밀하게 제작된 흑백 표적을 다양한 각도에서 촬영하여 내부표정요소를 구한다.

(3) 현장 자체검정 방법

현장 자체검정 방법은 대상지역이 촬영된 영상과 기준점 정보를 입력하여 번들조정(Bundle Block Adjustment)으로 부가 매개변수를 포함한 내부표정요소와 외부표정요소를 동시에 결정하는 방법이다. 여기서, 부가 매개변수는 렌즈왜곡(Lens Distortion), 초점거리(Focal Length), 주점 이동량(Offsets of the Principal Point) 등이다.

① 현장 자체검정 방법의 일반적 순서

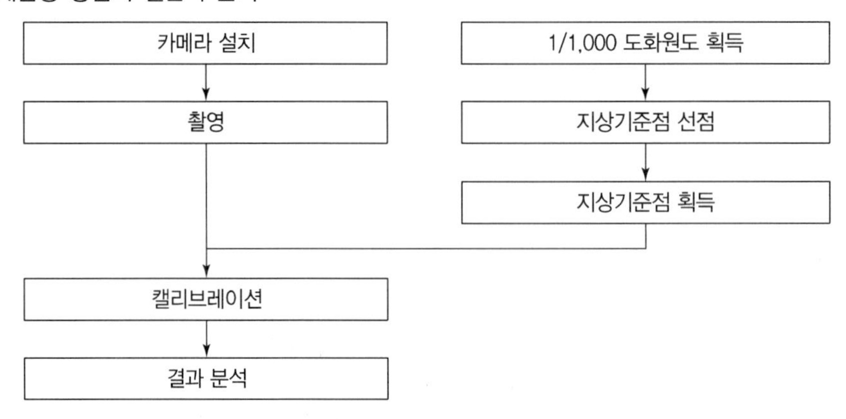

[그림 1] 현장 자체검정 방법의 일반적 흐름도

② 렌즈 캘리브레이션 및 자료처리 순서

자료처리를 위한 설정에서 초기 내부표정요소 초점거리(f), x_p, y_p와 방사왜곡계수(k_n)는 0으로 설정한 후 항공삼각측량 및 렌즈 캘리브레이션을 한다. 캘리브레이션 후 계산된 내부표정요소(f', x_p', y_p', k_n')를 이용하여 다시 한 번 항공삼각측량을 하여 두 경우에 대한 지상기준점의 평균제곱근오차와 최대 잔차를 비교한다.

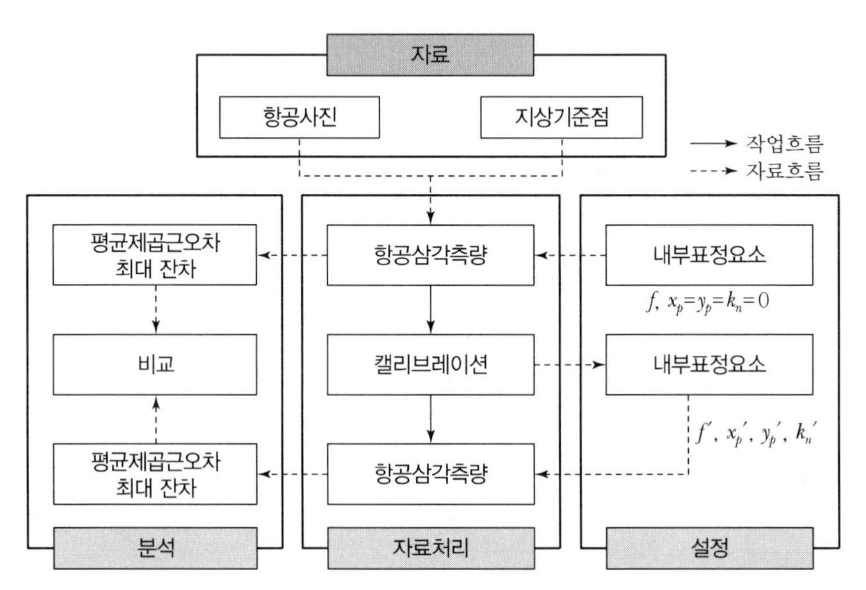

[그림 2] 렌즈 캘리브레이션 및 자료처리 흐름도

5. 결론

최근 광학 디지털 기술의 발달로 수천만 화소의 비측량용 디지털카메라를 쉽게 접할 수 있게 되었을 뿐만 아니라 사진측량 분야에도 다양하게 활용하게 되었다. 그러나 이와 같은 카메라를 활용하기 위해서는 카메라와 렌즈에 대한 내부표정요소의 정보는 필수적이나 제조사에서는 이를 제공하지 않고 있다. 따라서, 캘리브레이션 과정을 통해 내부표정요소를 획득하는 것은 필수적이며, 특히 렌즈에 의한 왜곡현상을 보정하는 것은 위치정확도 향상에 매우 중요하다. 따라서, 비측량용 디지털 카메라는 지상기준점을 이용한 렌즈 캘리브레이션만으로도 항공사진측량에 충분히 활용할 수 있으므로 이에 대한 심도 있는 연구가 필요할 것으로 판단된다.

13 제2차 국가측량기본계획(2021~2025년)에 대하여 설명하시오.

2교시 5번 25점

1. 개요

국토교통부 국토지리정보원은 「공간정보의 구축 및 관리 등에 관한 법률」에 따라 향후 5년간의 국가 측량정책의 기본방향을 제시하는 '제2차 국가측량기본계획(2021~2025)'을 수립하였다. '제2차 국가측량기본계획'은 한국판 뉴딜의 디지털 트윈 국토를 실현할 수 있도록 측량 데이터를 양적 · 질적으로 혁신하기 위한 정책 방향을 설정하고 국가공간정보정책 등 범정부 국가정책을 지원토록 마련하였다.

2. 비전 및 목표

(1) 비전

측량의 스마트화를 통한 안전하고 편리한 국토관리 실현

(2) 목표

측량데이터 및 서비스 혁신으로 측량의 양적 · 질적 성장

3. 추진전략 및 추진과제

추진전략	추진과제
[전략 1] 고정밀 위치정보 서비스 강화	• 우주측지기술을 이용한 국가위치기준체계 확립 • 국가위치정보 고도화 • 실시간 위치정보 서비스 확대
[전략 2] 고품질 측량 데이터 구축	• 국가위치기준 데이터 혁신 • 디지털 트윈 국토 구현을 위한 차세대 측량데이터 구축 • 측량데이터 생산체계 자동화 및 핵심기술 국산화
[전략 3] 측량데이터의 융 · 복합 활용 확대	• 측량데이터의 융 · 복합 활용을 위한 국가품질기준 확립 • 고품질 측량데이터의 맞춤형 서비스 강화 • 측량데이터의 융 · 복합 활용을 위한 지원체계 구축
[전략 4] 측량 제도개선 및 신산업 육성	• 측량데이터의 성과 관리체계 등 개선 • 측량산업 발전을 위한 산업생태계 활성화 지원 • 국제활동 확대 및 글로벌 역량 강화

4. 세부내용(주요 추진과제)

(1) 우주측지기술을 이용한 국가위치기준체계 확립

VLBI 관측국 운영 및 성과 도출로 고품질의 국가위치기준체계 구축

(2) **국가위치정보 고도화**

측량기준점 확대 및 국가측량 기준의 정확도 제고로 국가위치정보의 고정밀화

(3) **실시간 위치정보 서비스 확대**

GNSS 위성기준점 인프라 확대 및 운영 · 관리로 실시간 위성측위 서비스 확대

(4) **국가위치기준 데이터 혁신**

국가기본도 등 측량 데이터의 디지털 전환을 통한 활용성 강화

(5) **디지털 트윈 국토 구현을 위한 차세대 측량데이터 구축**

자율주행자동차, 스마트건설 등 미래 변화에 대응하기 위한 차세대 측량정보 구축

(6) **측량정보 생산체계 자동화 및 핵심기술 국산화**

측량정보의 자동화 생산체계 구축 및 측량정보 처리 핵심기술 확보

(7) **측량정보의 융 · 복합 활용을 위한 국가품질기준 확립**

측량정보의 융 · 복합 활용을 위한 품질 및 보안기준 마련

(8) **고품질 측량데이터 맞춤형 서비스 강화**

국토위성을 활용하여 다양한 사용자의 수요에 부합하는 맞춤형 서비스 제공 기반 마련

(9) **측량데이터의 융 · 복합 활용을 위한 지원체계 구축**

측량정보의 효율적 관리와 이용을 위한 플랫폼의 기능 고도화 및 토지이용정보 활용성 강화

(10) **측량데이터의 성과 관리체계 등 개선**

새로운 측량기술과 수요 변화에 따른 법 · 제도 개선 및 현행화

(11) **측량산업 발전을 위한 산업생태계 활성화 지원**

측량기술자 역량 강화 및 민간 협력체계 활성화

(12) **국제활동 확대 및 글로벌역량 강화**

국제기구 활동 참여를 통한 글로벌 영향력 강화와 해외시장 진출을 통한 국가위상 제고

5. 기대효과

(1) **국가위치정보의 품질향상**

무인기기, 디지털 국토관리, 공공 · 민간분야 등에서 요구되는 실시간 위치기준 서비스 및 측량데이터의 고품질화

(2) **측량데이터의 디지털 전환으로 생산성 · 활용성 향상**

디지털 트윈 국토, 자율주행차, 스마트건설 등 미래 환경 변화에 효율적 · 체계적으로 대응하기 위해 측량데이터 디지털 전환

(3) 측량데이터 품질기준 확립 및 시스템 고도화

측량데이터 품질 · 보안기준 확립과 수요자 맞춤형 서비스 및 플랫폼 기술 고도화로 측량데이터 융 · 복합 활용의 상승효과 극대화

(4) 측량산업 발전 및 국내 · 외 협력체계 강화

새로운 측량기술과 수요 변화에 따른 법 · 제도 개선과 다양한 분야와의 협력체계 구축을 통한 측량산업 생태계 활성화

6. 결론

정부는 한국판 뉴딜의 디지털 트윈 국토를 실현할 수 있도록 측량데이터를 양적 · 질적으로 혁신하기 위한 정책 방향을 설정하고 국가공간정보정책 등 범정부 국가정책을 지원하기 위해 2021년에 제2차 국가측량기본계획을 발표하였다. 이 기본계획을 실현하기 위하여 고정밀 위치정보 서비스 강화 및 고품질 측량데이터 구축 등을 기반으로 한국판 뉴딜의 핵심 축이라고 할 수 있는 디지털 트윈 국토를 실현하기 위해 측량인들이 모두 노력해야 될 때라 판단된다.

14 해도의 의미와 종류에 대하여 설명하시오.

2교시 6번 25점

1. 개요

해도란 항해 중인 선박의 안전한 항해를 위해 수심, 암초와 다양한 수중 장애물, 섬의 모양, 항만시설, 각종 등부표, 해안의 여러 가지 목표물, 바다에서 일어나는 조석 · 조류 · 해류 등이 표시되어 있는 바다의 안내도이다. 따라서 아주 정밀한 실제 측량을 통해 과학적으로 제작되며 최근엔 첨단기술이 적용된 전자해도를 간행하고 있다.

2. 해도의 의미

해도는 암초 등 위험물의 위치를 포함하여 항해 중에 자기의 위치를 알아내기 위한 해안의 목표물과 육지의 모양 및 바다에서 일어나는 조석(潮汐) 및 조류의 방향, 속도 등이 표시되어 있는 바다의 지도이다.

3. 해도의 기준면

(1) 해도에서 나오는 수심기준면과 높이기준면을 말한다.

(2) 높이기준면 : 특정 기간 동안의 해면의 평균 높이이다.

(3) 수심기준면 : 평균해면으로부터 4대 분조의 반조차 합만큼 아래로 내린 높이의 해수면으로 수심을 나타내는 기준이 되며, 이 면의 수심은 0.0m이고, 약최저저조면이라고도 한다.

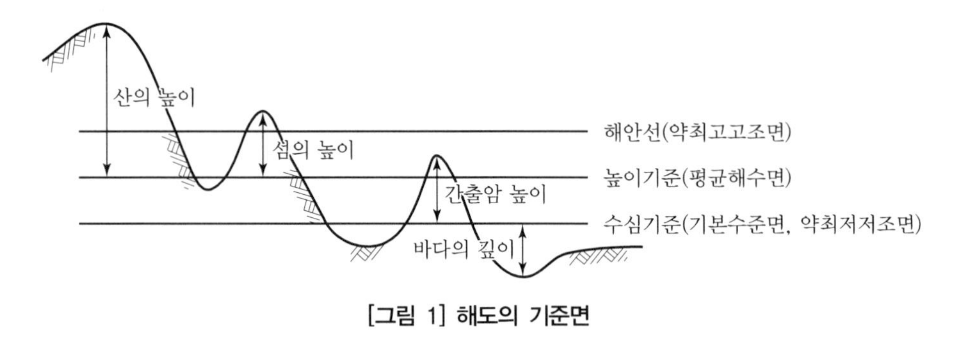

[그림 1] 해도의 기준면

4. 해도의 분류(종류)

(1) 항해용 해도(Nautical Chart)

① 총도(General Chart) : 지구상 넓은 구역을 한 도면에 수록한 해도로서 원거리 항해와 항해계획을 세울 때 사용한다. 축척은 1/400만보다 소축척으로 제작된다.

② 항양도(Sailing Chart) : 원거리 항해 시 주로 사용되며 먼바다의 수심, 주요 등대 · 등부표 및 먼바다에서도 볼 수 있는 육상의 목표물들이 도시되어 있다. 축척은 1/100만보다 소축척으로 제작된다.

③ 항해도(General Chart of Coast) : 육지를 멀리서 바라보며 안전하게 항해할 수 있게끔 사용되는 해도로서 1/30만보다 소축척으로 제작된다.

④ 해안도(Coastal Chart) : 연안 항해 시 연안을 상세하게 표현한 해도로서, 우리나라 연안에서 가장 많이 사용되고 있다. 축척은 1/3만보다 작은 소축척이다.

⑤ 항박도(Harbor Chart) : 항만, 투묘지, 어항, 해협과 같은 좁은 구역을 대상으로 선박이 접안할 수 있는 시설 등을 상세히 표시한 해도로서 1/3만 이상 대축척으로 제작된다.

(2) 특수도

① 어업용 해도(Fishery Chart) : 일반 항해용 해도에 각종 어업에 필요한 제반자료를 도시하여 제작한 해도로서 해도 번호 앞에 "F" 자를 기재한다.

② 기타 특수도(Special Charts) : 위치기입도, 영해도, 세계항로도 등이 있다.

(3) 전자해도(Electronic Navigational Chart)

선박의 항해와 관련된 모든 해도 정보를 국제수로기구(IHO)의 표준규격(S-57)에 따라 제작한 디지털 해도

5. 전자해도

(1) 전자해도(ENC : Electronic Navigational Chart)

전자해도표시시스템(ECDIS)에서 사용하기 위해 종이해도상에 나타나는 해안선, 등심선, 수심, 항로표지(등대, 등부표), 위험물, 항로 등 선박의 항해와 관련된 모든 해도 정보를 국제수로기구(IHO)의 표준규격(S-57)에 따라 제작한 디지털 해도를 말한다.

(2) 전자해도표시시스템(ECDIS : Electronic Chart Display & Information System)

1) 전자해도를 보여주는 장비로서 국제해사기구(IMO)와 국제수로기구(IHO)에 의해 정해진 표준사양서(S-52)에 따라 제작된 것만을 전자해도표시시스템이라 한다.

[그림 2] 전자해도표시시스템

2) 주요 제공정보

① 선박의 좌초, 충돌에 관한 위험상황을 항해자에게 미리 경고

② 항로설계 및 계획을 통하여 최적항로 선정

③ 자동항적기록을 통해 사고 발생 시 원인규명 가능

④ 항해 관련 정보들을 수록하여 항해자에게 제공

3) 개발배경

① 선박의 대형화, 고속화

② 대형 해난사고의 빈번한 발생

③ 해양안전 시스템의 필요성 대두

6. 전자해도와 e-내비게이션(e-Navigation)

(1) e-내비게이션의 정의

e-내비게이션은 선박의 출항부터 입항까지 전 과정의 안전과 보안을 위한 관련 서비스 및 해양환경 보호 증진을 위해 선박의 육상 관련 정보의 수집, 통합, 교환, 표현 및 분석을 융합하고 통일하여 수행하는 체계

(2) 적용분야

1) 컨테이너선
   ① 일정의 신뢰성 증가
   ② 선박의 효율적 관리
   ③ 비용절감

2) 어선
   ① 연료소비 최소화
   ② 수확 수산물의 안전 저장
   ③ 연료 및 유지보수 비용 절감

3) 오프-쇼어(Off-shore)
   산업 장애 발생 사전 통보

(3) 활용방안

① 선내·외 유무선 통신 인프라 기반의 스마트 선박 건조
② 자연재해·재난 예방 및 사후처리에 활용
③ 수집된 데이터를 안전·경제 운항을 위한 해양 빅데이터 기술과 연계

(4) 기대효과

① 해양사고 예방과 환경보호 증진에 기여
② 조선기자재산업의 IT화에 선구적 역할
③ 바다, 국민 삶의 질 향상 및 행복 실현
④ 해양, 선박, 물류, 효율화 도모로 국가경쟁력 제고

7. 결론

인명 및 해양안전을 위해 제기된 전자해도와 e-내비게이션은 해양에서의 종이지도를 마감하고 디지털 시대로의 전환을 알리는 중요한 전환점이라 할 수 있다. 해양사고 예방과 환경보호, 국민 삶의 질 향상 그리고 세계 초일류의 조선 강국에서 세계 초일류의 해양 강국으로 거듭나기 위해 기술인, 학계 및 관련 기관의 준비와 노력이 필요하다고 판단된다.

15 항공레이저측량 시 GNSS, IMU, 레이저의 상호 역할에 대하여 설명하시오.

3교시 2번 25점

1. 개요

항공레이저측량 시스템은 항공기에 레이저 스캐너를 탑재하여 레이저를 주사하고, 반사되는 정보로 거리를 측정하여 GNSS, INS를 이용해 관측 지점에 대한 3차원 위치좌표를 취득하는 시스템을 말한다. 항공레이저측량 시스템은 일반적으로 GNSS, IMU, 레이저 스캐너의 3가지 계측센서로 구성된다.

2. 항공레이저측량 탑재센서의 취득 자료

센서명	계측대상 및 취득 자료
GNSS	0.5~1초 간격 항공기의 3차원 위치
IMU	1/200초 간격 항공기의 3방향 기울기와 가속도
레이저 스캐너	초당 수만회의 항공기와 지표면 간의 거리

3. 항공레이저측량 시 GNSS, IMU, 레이저 스캐너의 상호관계

GNSS(GPS)와 레이저 스캐너 간의 위치관계와 IMU와 레이저 스캐너 간의 자세관계를 알고 있을 때, 레이저 스캐너의 관측에 의해 만들어지는 레이저 스캐너와 표고점 간의 벡터에 의한 기준 좌표계의 대상지물 좌표는 다음과 같다.

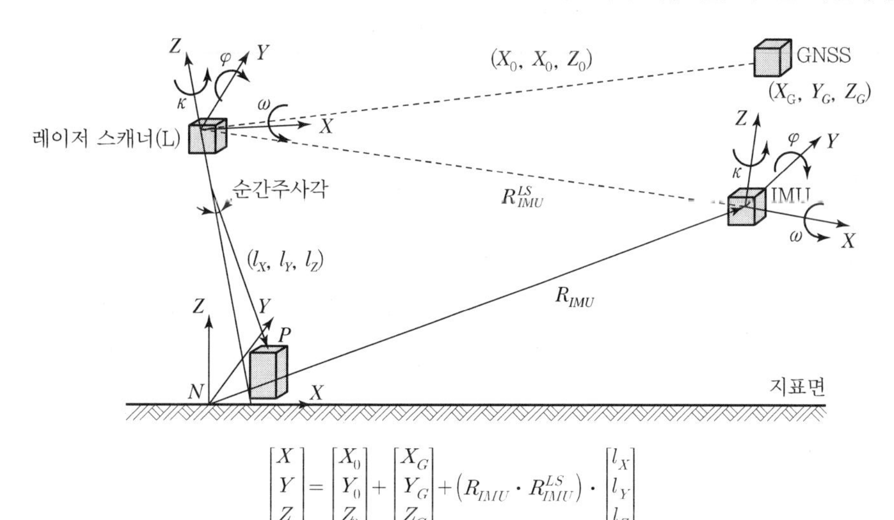

$$\begin{bmatrix} X \\ Y \\ Z \end{bmatrix} = \begin{bmatrix} X_0 \\ Y_0 \\ Z_0 \end{bmatrix} + \begin{bmatrix} X_G \\ Y_G \\ Z_G \end{bmatrix} + \left(R_{IMU} \cdot R_{IMU}^{LS}\right) \cdot \begin{bmatrix} l_X \\ l_Y \\ l_Z \end{bmatrix}$$

여기서, (X, Y, Z) : 지상점의 좌표

(X_0, Y_0, Z_0) : GNSS 장비에 대한 레이저 스캐너의 위치

(X_G, Y_G, Z_G) : GNSS의 위치

R_{IMU} : 기준좌표계와 IMU 간의 회전행렬

R_{IMU}^{LS} : 레이저 스캐너와 IMU 간의 회전행렬

(l_X, l_Y, l_Z) : 레이저 광선 벡터

[그림 1] GNSS, IMU, 레이저 스캐너 간의 위치 및 자세 상관관계

4. 항공레이저측량 시 GNSS, IMU, 레이저의 상호역할

(1) GNSS/IMU

수집되는 자료 해석을 통해 이동하는 항공기에 대한 위치와 자세를 정밀하게 측정하기 위한 시스템으로 각각의 시스템에 대한 결점을 상호보완함으로써 정확도를 높인다.

- GNSS는 고속으로 이동하는 대상에 대한 단독 측위 시 정확도가 낮아지는 경우나 잡음, 위성전파의 누락 등으로 인해 위치 추정이 불가능한 경우에는 IMU로 취득된 고빈도(200Hz 정도)의 관성자료를 합성함으로써 위치결정의 정확도나 빈도를 향상
- IMU에서 시간의 경과 및 위치 이동으로 인해 발생되는 오차는 GNSS를 이용하여 보정

1) GNSS(Global Navigation Satellite System)

① 인공위성을 이용한 지구위치 결정체계로 정확한 위치를 알고 있는 위성에서 발사한 전파를 수신하여 관측점까지의 소요시간 또는 반송파의 개수를 관측함으로써 관측점의 위치를 구하는 체계(GPS, GLONASS, Galileo, Beidou−2)

② 원리 : GPS 안테나와 카메라(레이저)의 투영 중심 간의 편위량 x_A, y_A, z_A를 구해야 한다. GNSS에 의해 얻은 대상공간좌표는 안테나를 기준으로 한 것이므로 렌즈중심좌표계로 변환해야 한다.

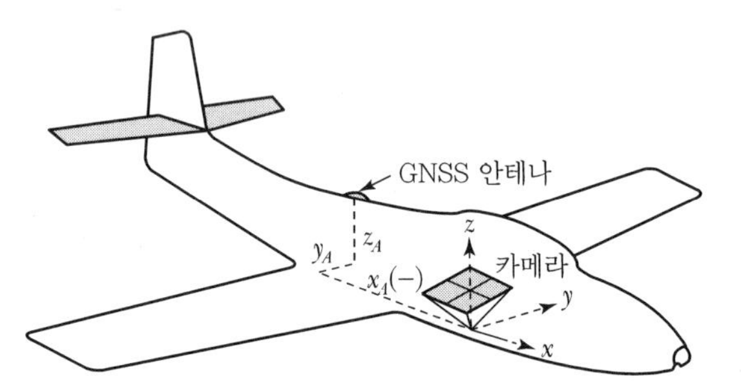

$$\begin{bmatrix} X_0 \\ Y_0 \\ Z_0 \end{bmatrix} = \begin{bmatrix} X_{GNSS} \\ Y_{GNSS} \\ Z_{GNSS} \end{bmatrix} - R'^T \begin{bmatrix} x_A \\ y_A \\ z_A \end{bmatrix}$$

여기서, X_0, Y_0, Z_0 : 카메라 노출점 좌표

X_{GNSS}, Y_{GNSS}, Z_{GNSS} : GNSS 안테나 좌표

x_A, y_A, z_A : 안테나 벡터에 대한 카메라 좌표

R' : 회전행렬

[그림 2] GPS안테나와 카메라좌표계 기하학

2) IMU(Inertial Measuremnet Unit, 관성측정장치)

① 이동체의 자세인 롤링(Rolling), 피칭(Pithcing), 헤딩(Heading 또는 Yawing) 등의 각속도와 가속도를 측정하는 기기

② 구성 : 직교하는 3축(X, Y, Z)에 각각 1개씩 설치된 3개의 가속도계와 3개의 자이로(Gyro)

③ 원리 : 가속도계는 이동체의 3방향 가속도를 검출하고 자이로는 IMU 중심을 원점으로 하는 3축 주변의 각속도를 검출하여 시간적분하면 속도나 거리 및 각도로 변환할 수 있다.

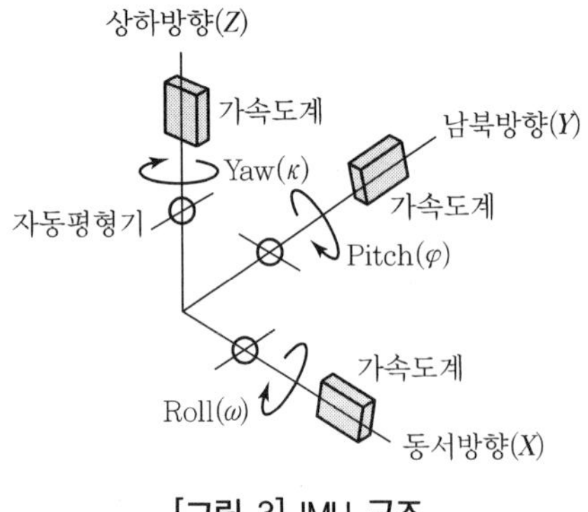

[그림 3] IMU 구조

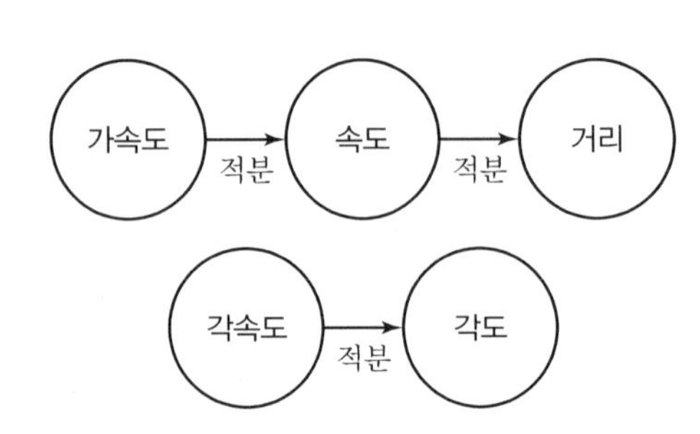

[그림 4] 이동거리 및 자세방향각의 산출

(2) 레이저 거리측량장치

① 지표의 물체에 레이저광을 조사하고 그 반사광의 도달시간과 방향(스캐닝 방향의 밀러각)을 기록하는 장치이다.

② 회전반사경을 이용하여 레이저광을 비행 직각방향으로 스캔하고 항공기가 스캔과 직교방향으로 이동함으로써 레이저가 지면 전체를 스캐닝한다.

③ 조사지점의 형상(Trace)은 스캔 반사경의 회전기구에 따라 달라지지만 왕복회전 반사경에서는 지그재그(Zigzag) 모양 또는 사인파(Sinusoidal) 모양이 되고, 1축회전 반사경의 경우 평행선(Parallel) 모양이 된다.

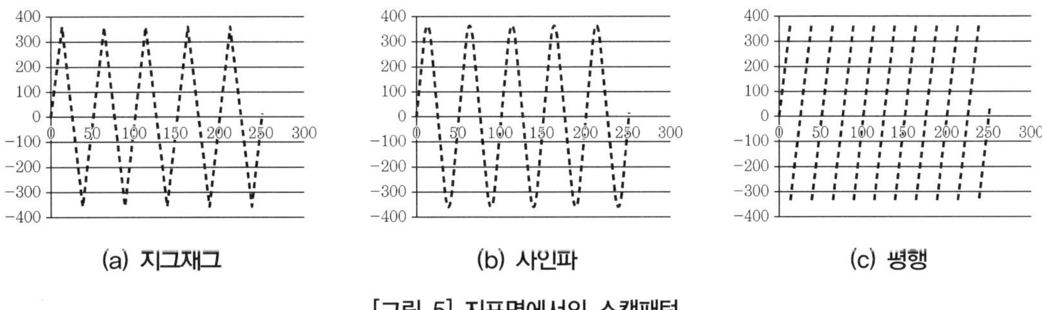

[그림 5] 지표면에서의 스캔패턴

(3) 기록제어장치

고정확도의 시간정보에 의해 각 장치의 기능 및 동작을 연결시킴과 동시에 GNSS 시간정보에 관한 자료를 수록한다.

5. 활용

(1) 지형 및 일반 구조물 측량
(2) 하천 및 사방 : 하천범람, 지진재해 및 토사재해
(3) 해안선측량 및 해안지형의 변화 모니터링
(4) 도로 : 도로면 관측, 시가지도로의 관측
(5) 삼림환경 : 수목성장 관측, 수종분포 관측
(6) 구조물의 변형량 계산
(7) 가상공간 및 건축 시뮬레이션
(8) 도시, 수자원, 에너지 : 송전선 이격 조사, 풍력발전 조사

6. 결론

최근 위성영상 및 항공사진의 활용에 관한 관심이 증가되면서 레이저 및 레이더 센서에 대한 연구가 활발히 진행되고 있다. 그러나 장비의 높은 구입비용 및 전문인력 미비로 측량 및 타 분야에 잘 활용되지 못하고 있으므로 전문인력 양성, 관계법령 개선 및 장비의 대중화를 통하여 다양한 분야에서 활용될 수 있는 기반을 마련해야 할 것으로 판단된다.

16 SSR(State Space Representation)의 개념과 활용 분야에 대하여 설명하시오.

3교시 3번 25점

1. 개요

(1) 최근에는 텔레매틱스, 위치기반서비스 등 다양한 분야에서 GNSS를 이용한 위치결정기술을 활용하고 있으며, 특히 스마트 기기의 보급 확대, 자율주행기술 발전 등과 같은 새로운 산업의 발전으로 GNSS를 이용한 정확도 높은 위치결정서비스 수요가 크게 증가하고 있다.

(2) 이에 따라, 국토교통부 국토지리정보원은 측량 목적으로 사용되던 cm 수준의 위치보정정보를 일반 위치기반서비스에 확대 이용할 수 있도록 하는 새로운 SSR(State Space Representation, 상태공간보정) 방식의 위치보정정보를 2020년부터 제공하고 있다.

2. SSR 방식의 서비스 제공 목적 및 필요성

(1) 정확한 위치를 알고 있는 위성기준점 망을 이용해 사용자 위치에 적합한 보정정보를 생성 · 제공하여 사용자의 측위정확도 향상을 목적으로 한다.

(2) GNSS는 위성에서부터 지상까지 신호를 전달하면서 다양한 오차가 발생하므로 정확도 향상을 위해 각 오차의 보정이 필요하다.

3. SSR 및 OSR 방식의 개념

관측 시 발생하는 오차에 대한 보정정보를 생성 · 제공하는 방식에 따라 OSR과 SSR 방식으로 분류된다.

(1) OSR(Observation Space Representation) 방식

측위 시 발생하는 각 오차요인을 하나의 보정정보로 생성하여 제공하는 방식이다.

(2) SSR(State Space Representation) 방식

측위 시 발생하는 각 오차요인별로 보정정보를 생성하여 제공하는 방식으로, 보정정보 선택에 따라 저가형 수신장비에 활용 가능하다.

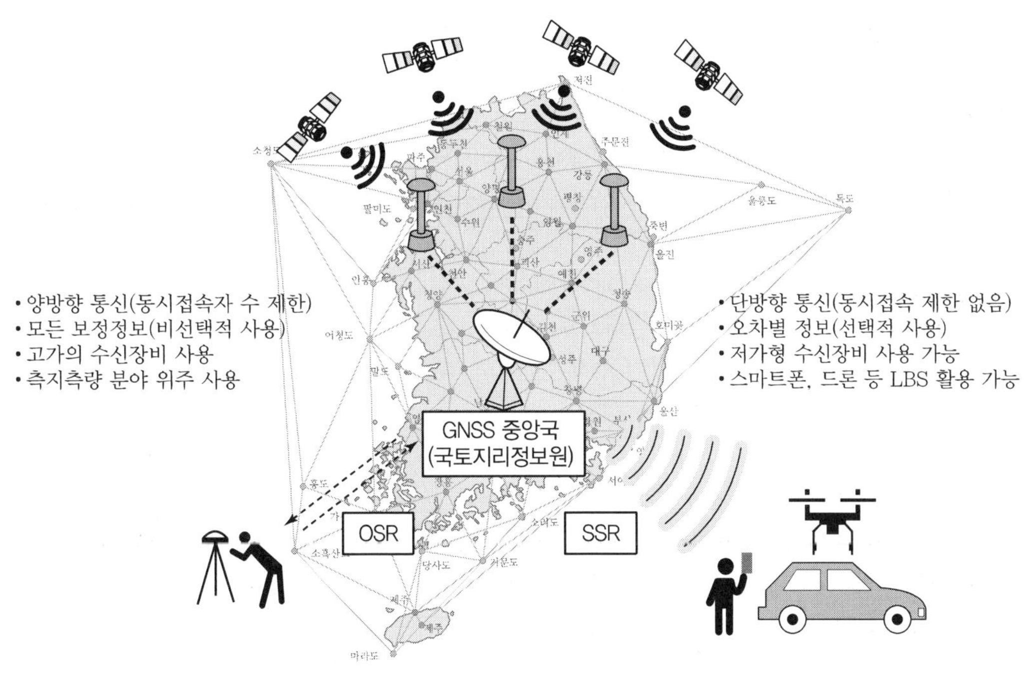

[그림] OSR/SSR 개념도

4. OSR/SSR 방식의 비교

구분	OSR 방식	SSR 방식
원리	• 중앙 서버가 사용자 위치에 적합한 보정정보를 생성하고 인터넷 등 통신매체를 이용해 사용자에게 전달하여 측위정확도 향상	• 중앙 서버가 위성항법측위에 발생하는 오차를 모델링하여 사용자에게 제공하는 방식 • 사용자는 모델링된 보정정보로 오차보정값을 계산하여 측위정확도 향상
서비스 대상	• 기본 · 공공측량, 일반측량 등 측량사 • 정지한 상태로 정확한 위치결정 • 고가의 2중 주파수 수신장비 필요	• 측량사업자(정밀측량용) • 일반사용자(스마트폰, 내비게이션 등) • 자동차, 드론 등 이동체 대상 서비스 • 장비성능에 따라 보정정보의 선택 적용 가능(저가 수신기에 보정정보 적용 가능)
서비스 방식	• 인터넷 통신(TCP/IP) 방식의 서비스 제공 • 중앙 서버와 양방향 통신(사용자 위치를 서버로 송신, 보정신호 수신)	• 양방향(인터넷 통신 방식) • 단방향(DMB, 위성통신 등의 방송 형태) (오차모델링 정보를 방송하여 사용자 개별 활용)
활용 장비	• 2주파수 이상 고정밀 GNSS 관측장비	• 2주파수 이상 고정밀 GNSS관측장비 • 저가형(1주파수) 장비(스마트폰, 차량내비게이션 등의 활용 장비)
정확도 성능	• 정밀측량 기기/2~3cm	• 정밀측량 기기/수 cm • 중저가 수신기/수십 cm • 저가 수신기/수 m
특이 사항	• 양방향 통신이 반드시 필요 • 고가 수신장비 필요(2주파 수신기) • 정지측량에 한해 정밀도 확보 가능	• 단방향 통신 가능 • 이동측위(드론, 자율주행차 등) 활용 가능 • 보정정보의 국제표준포맷 부재

5. 현황 및 SSR 방식의 이점

(1) 현황

① 위치보정정보란 GPS 등 위성항법시스템(GNSS)을 이용하는 위성측위에서 정확도를 향상시키기 위해 사용되는 부가정보로, 국토지리정보원은 2007년부터 인터넷을 통해 실시간으로 위치보정정보(OSR) 서비스를 무상으로 제공하고 있다.

② OSR(Observation Space Representation, 관측공간보정) 방식인 기존 서비스는 연간 150만 명 이상의 사용자가 이용하고 있으며, 3~5cm 수준의 정확도로 측위가 가능하다.

③ 하지만 고가(高價)의 측량용 기기를 이용해야 하므로, 일반사용자를 대상으로 하는 민간 위치기반 서비스에는 쉽게 활용하기가 다소 어렵다는 한계가 있었다.

(2) SSR 방식의 이점

① 새로운 방식의 위치보정정보 서비스는 GNSS를 이용한 위치결정 시 발생하는 오차보정정보를 위성의 궤도, 시각, 대기층 등 오차요인별로 구분하여 사용자에게 제공하는 방식으로, 기존 방식(OSR)에서 제한적이었던 스마트폰 등 보급형 수신기에서도 cm급 위치 결정이 가능하다.

② 특히, 전송되는 데이터 양이 적기 때문에 방송 등 단방향 형태로 보정정보를 제공할 수 있어, 드론 · 자율주행자동차 등 이동체의 위치 안정성과 정확도를 제고할 수 있는 이점이 있다.

③ 또한 스마트폰이나 드론에 탑재되는 저가의 위치결정용 단말기에도 적용이 가능해 일반 위치정보 사용자의 위치결정에 보다 유리한 방식이다.

6. 활용 분야

(1) SSR 방식의 위치보정정보 서비스는 스마트폰, 드론 등 LBS에서 활용이 가능하며, 국내 위치기반 산업과 서비스 시장의 활성화에 기여할 수 있다.

(2) SSR 방식은 필요한 정보만 활용할 수 있어 데이터 양이 적기 때문에 보급형 GNSS 기기인 스마트폰 및 드론, 자율주행차 등에서 활용이 가능하다.

(3) SSR 방식의 기술을 활용해 일상 생활에서 많이 사용하는 스마트폰 위치정보 서비스(지도, 내비게이션 등) 및 드론, 자율주행차 등에서 더욱 정확한 위치정보를 얻을 수 있다.

(4) SSR 방식의 위치보정정보 서비스는 스마트폰, 드론 등 민간부문에서 사용되는 위치결정용 단말기(GNSS 수신기)의 정확성을 높이는 데 활용이 가능하다.

(5) 일반인도 전문가용 위치정보를 활용할 수 있어 오차 1m 이하의 도심지 위치정보 서비스가 가능하다.

7. 결론

최근 국토교통부 국토지리정보원은 측량 목적으로 사용되던 고정밀 위치보정정보를 일반 위치기반 서비스에 확대 이용할 수 있도록 하는 새로운 방식의 위치보정정보를 2020년부터 제공하고 있다. 따라서, 그동안 측량 분야에만 한정적으로 사용하던 고정밀 위치보정정보를 민간에서 보다 쉽게 활용할 수 있도록 하여 위치기반 서비스의 품질 향상으로 공익적 서비스를 지속 발굴하여 국민생활의 편의 증진과 산업 발전을 위해 측량인 모두 노력해야 할 때라 판단된다.

17 사진판독 방법과 판독요소에 대하여 설명하시오.

3교시 5번 25점

1. 개요

사진판독(Photographic Interpretation)은 사진을 이용하여 대상물의 정보를 추출하고 분석하기 위한 기술로서, 사용목적에 따라서 다양한 분석 방법으로 판독을 실시하고 정보를 얻는 작업이다. 이 정보를 기초로 하여 대상체를 종합분석함으로써 피사체 또는 지표면의 형상, 지질, 식생, 토양 등의 연구수단으로 이용하고 있다.

2. 사진판독 요소

(1) 색조(Tone, Color)

피사체가 갖는 빛의 반사에 의한 것(수목의 종류를 판독)으로 식물의 집단이나 대상물의 판별에 도움이 된다.

(2) 모양(Pattern)

항공사진에 나타난 식생, 지형 또는 지표면 색조 등의 공간적 배열상태이다.

(3) 질감(Texture)

색조, 형상, 크기, 음영 등 여러 요소의 조합으로 구성된 조밀, 거칢, 세밀함, 세선, 평활 등으로 표현한다.(초목, 식물의 구분)

(4) 형상(Shape)

개체나 목표물의 윤곽 구성, 배치 및 일반적인 형태를 말한다.

(5) 크기(Size)

어느 피사체가 갖는 입체적 · 평면적인 넓이와 길이를 말한다.

(6) 음영(Shadow)

피사체 자체가 갖는 그림자(빛의 방향, 판독방향 고려)로 높은 탑과 같은 지물의 판독, 주위 색조와 대조가 어려운 지형의 판독에는 음영이 중요한 요소가 된다. 판독 시 빛의 방향과 촬영 시의 빛 방향을 일치시키는 것이 입체감을 얻는데 용이하다.

(7) 상호위치 관계(Location)

특정 영상면이 주위 영상면과 어떤 관계가 있는가를 파악하는 것은 영상면 판독에 있어서 중요한 사항 중 하나이다. 한 영상면은 일반적으로 주위의 영상면과 연관되어 있으므로 어떤 특정한 영상면만 보고 다른 영상면과의 관련 사항은 고려하지 않으면 올바른 판독을 행하기 어렵다.

(8) 과고감(Vertical Exaggeration)

과고감은 지표면의 기복을 과장하여 나타낸 것으로 낮고 평탄한 지역에서의 지형 판독에 도움이 되는 반면, 경사면의 경사는 실제보다 급하게 보이므로 오판에 주의하여야 한다.

3. 사진판독 순서

[그림] 일반적인 사진판독 흐름도

4. 사진판독에 이용되는 영상면

종류	성질	주된 용도
전정색영상면	가시광선의 흑백영상면	형태를 판독요소로 하는 것, 특히 지질, 식물
적외선영상면	근적외선의 흑백영상면	식물과 물의 판독
천연색영상면	가시광의 천연색영상면	색을 판독요소로 하는 것
적외색영상면	가시광의 일부와 근적외선을 색으로 나타낸 영상면	식물의 종류와 활력의 판독
다중파장대영상면	가시광선과 근적외선을 대역별로 동시에 촬영한 흑백영상면	광범위한 이용면을 가지며, 특히 식물의 판독
열영상	표면온도의 흑백영상면	온도

5. 사진판독 방법

(1) 제1단계(관찰, 확인과정)

지형적인 차이, 색조나 색조 구조, 수계 모양, 선상(Imagery Lineation)의 상황 또는 식생의 밀도 등 단순한 관찰 및 확인과정 단계로 영상면 자체가 확실하다면 판독이 완전히 틀리는 경우는 극히 적다. 그러나 이 단계에서 판독을 마치게 되면 영상면에서 정확한 정보를 얻을 수 없다.

(2) 제2단계(관찰, 확인한 사항을 분류 · 분석)

애추(崖錐), 단구(段丘), 현하상(現河床), 지반침하 등을 판독함으로써 1단계 과정보다는 고차원의 정보를 얻을 수 있으나 보다 많은 판독자의 주관이 개입되어 판독오차가 다소 커질 수도 있다.

(3) 제3단계(해석과정)

판독자의 경험과 전문지식을 기초로 하여 지질구조, 지층 상하관계 또는 지반침하와 같은 움직임과 산사태 등의 과정에 대한 추측으로써 보다 높은 차원의 정보를 얻는 과정이다.

6. 사진판독의 장 · 단점

(1) 장점

① 단시간에 넓은 지역을 판독할 수 있다.
② 대상지역의 정보를 종합적으로 획득할 수 있다.
③ 접근하기 어려운 지역의 정보 취득이 가능하다.
④ 정보가 정확히 기록 · 보존된다.

(2) 단점

① 상대적인 판별이 불가능하다.
② 색조, 모양, 입체감 등이 나타나지 않는 지역의 판독이 불가능하다.
③ 기후 및 태양고도에 좌우된다.

7. 사진판독의 응용

(1) 토지 이용 및 도시계획조사
(2) 지형 및 지질 판독
(3) 환경오염 및 재해 판독
(4) 농업 및 산림조사

8. 결론

항공사진측량은 지형도 제작뿐만 아니라 사진에 의한 광역 지역을 판독할 수 있는 장점을 가지고 있으나, 그 효용성이 널리 알려져 있지 못하고 있는 실정이다. 그러므로 제도적으로 지질, 방재 측면 등에 항공사진측량에 의한 판독을 제도화하고 측량인이 사진판독에 유용성을 널리 알려야 할 것으로 판단된다.

18 3차원 지하공간통합지도 구축에 있어서 민간기관에서 운영하고 있는 전력구와 통신구의 조사측량 방법에 대하여 설명하시오.

3교시 6번 25점

1. 개요

지하공간통합지도는 지하시설물(6종), 지하구조물(6종), 지반정보(3종) 등 15종의 지하정보를 반영한 3차원 지도로, 지하의 안전한 개발과 이용에 활용되며 지하안전영향평가에 효과적으로 활용할 수 있도록 만든 지도이다. 지하공간통합지도 구축계획 수립('15) 이후 8대 특 · 광역시, 수도권 17개 시(市) 대상의 지하공간통합지도 구축을 완료하였고 2021년부터 전국 민간 지하구(통신구 · 전력구)를 대상으로 지하공간통합지도를 구축하고 있다.

2. 3차원 지하공간통합지도

(1) 지하공간통합지도 구축 대상

① 지하시설물 정보 : 상수도, 하수도, 전기, 가스, 통신, 난방
② 지하구조물 정보 : 지하철, 공동구, 지하차도, 지하보도, 지하상가, 지하주차장
③ 지반 정보 : 시추, 관정, 지질

(2) 지하공간통합지도 활용 시스템

① 3차원 가시화, 검색 및 속성 확인
② 종 · 횡단면도
③ 지형굴착, 지하정보 투시
④ 지반침하 위험도 분석, 지반침하 관련 주제도

(3) 지하공간통합지도 활용 분야

1) 공공 분야

① 지하안전평가
② 지하안전점검
③ 지하수 영향조사
④ 지반침하 계측자료 분석 및 예측
⑤ 도시 지하매설물 모니터링 및 관리 등

2) 민간 분야

① 지하안정성 검토
② 지하공간 근접 시공
③ 각종 구조물 설계
④ 굴착 및 터파기 공사

3. 민간기관에서 운영하는 공동구

(1) 공동구의 종류

① 전력구
② 통신구

(2) 공동구의 설치 현황

① 지하철 공사와 병행하여 설치
② 간선도로 내 공동구 설치
③ 국가 주도의 개발사업 위주로 설치

(3) 공동구의 관리 및 문제점

① 종이도면 및 전자파일(단순 도면 스캔)로 관리
② 실제 측량도면 아님
③ 각 기관별로 관리
④ 민간 관리 지하구는 DB가 구축되지 않음

4. 민간기관에서 운영하는 공동구 측량의 필요성

(1) 지하안전사고 예방

① 지반침하 사고 대응
② 지하의 안전한 개발과 공공의 안전을 확보하기 위한 제도 마련

(2) 기관별 관리 데이터 통합

① 기관별 관리로 배관 파손, 지반침하 등 사고 발생 시 활용 어려움
② 2D로 구축된 지하정보는 매설 깊이 분석이 어려움
③ 등록 대상 확대

5. 민간기관에서 운영하는 공동구 조사측량 방법

(1) 계획

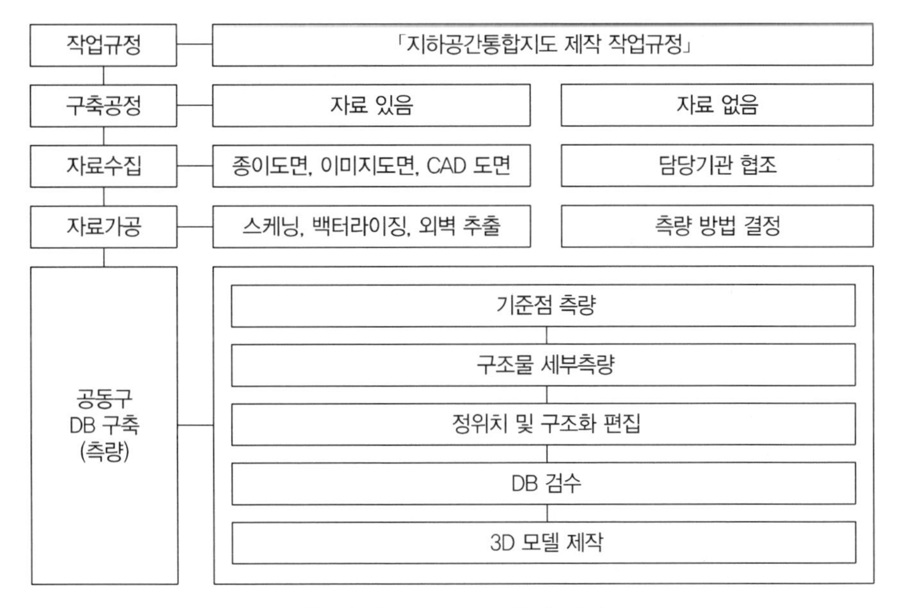

[그림 1] 공동구 조사측량 방법

(2) 자료수집

① 관공서 및 한국전력공사(전력구), KT(통신구) 협조를 통한 자료수집
② 도면자료 : 설계 및 준공도면, 전산도면(CAD), 종이도면, 이미지도면(PDF 등)
③ 구조물 관리대장
④ 국토지리정보원 자료 : 수치지형도, 정사영상, 수치표고 자료 등

(3) 자료가공

① 종이도면 : 스캐닝, 백터라이징 → 전산화 성과
② 이미지 자료 : 스캐닝, 백터라이징 → 전산화 성과
③ 전산(CAD) 자료 : 레이어 정리

(4) 공동구 DB 구축

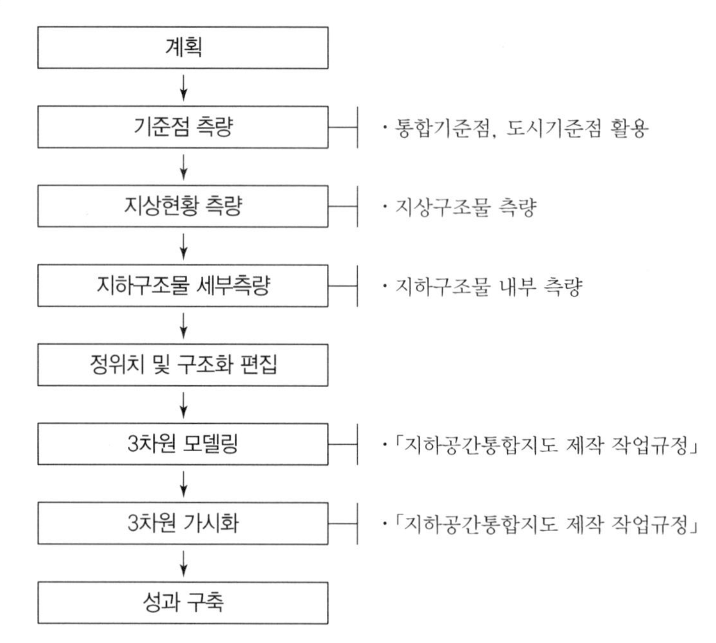

[그림 2] 공동구 DB 구축 방법

(5) 기준점 측량

① 통신구, 전력구 주변의 측량기준점 선정
② 위성장애 및 지형 상황 고려
③ TS 측량을 고려하여 2점 이상 시통이 되도록 선점
④ 실내 · 외 연계를 고려하여 선점

(6) 세부(지상 및 지하구조물)측량

1) 공동구 입구 측량

2) 공동구 지하부 측량 : TS, 스캐너(Scanner) 등 효율적 관리
① TS : 지하기준점 및 구조물 모서리 측량
② 스캐너 : 지하구조물 세부측량

6. 민간기관에서 운영하는 공동구 DB 구축의 기대효과

(1) 공공분야

① 산재되어 있는 지하정보의 통합관리
② 입체적 지하공간 활용계획 수립
③ 국가정책 방향 설정 지원 및 스마트시티 등 공간정보와 연계
④ 지하안전영향평가 등 기초자료 제공

(2) 민간분야

① 재난, 재해 방지 등 국민안전 기여
② 지하정보 3D 데이터 구축 및 소프트웨어 개발
③ 공간정보산업 일자리 창출

7. 결론

「지하안전관리에 관한 특별법」 시행으로 굴착공사 수행 시 통합지도를 활용한 지하안전영향평가 등의 업무 수행이 필요한 실정이지만 지하시설물(6종), 지하구조물(6종), 지반정보(3종) 등 15종의 지하정보만 지하공간통합지도가 구축되어 있을 뿐 민간 전력구, 민간 통신구와 같은 민간 지하구에 대해서는 구축되지 않아 추가적인 구축이 필요한 상황이다. 따라서 관련 기관에서 보유하고 있는 자료와 현장측량을 통하여 정확한 지하공간통합지도를 구축하여 체계적인 지하공간 활용계획을 수립하고 국민안전 기여 및 활용을 통한 공간정보산업 발전에 기여하도록 정부기관 및 기술인의 노력이 필요하다.

19 공공측량 성과의 메타데이터 작성에 대하여 설명하시오.

4교시 4번 25점

1. 개요

기존 공공측량성과가 사업별로 관리됨에 따라 기성과의 검색 · 제공 · 재사용이 곤란한 문제의 해소 및 공공측량성과의 사용 확대와 중복 방지 등을 위해 성과단위로 작성한 후 메타데이터와 함께 제출하도록 「공공측량 작업규정」이 일부 개정되었다. 2021년 7월부터 변경된 제도의 원활한 진행과 공공측량 시행자 및 수행자의 혼선을 방지하기 위해 성과단위의 공공측량성과 제출 시 메타데이터의 작성에 대하여 기술하고자 한다.

2. 변경된 공공측량 최종성과 제출 방법

구분	기존 사업단위 관리체계	성과단위 관리체계
특징	• 사업단위별로 최종성과 제출	• 각 측량별 성과단위로 제출하고 별도의 메타데이터를 작성하여 각각 성과별로 관리함으로써 검색 및 성과 활용에 용이
현황	• 기존 공공측량 수행자는 각 회사별, 개인별 양식의 기준을 정하고 최종성과를 작성하고 있어 수행자 대부분은 표준용어 및 메타데이터 작성 관련 업무가 생소함	–
작업계획 검토서	• 시행자가 국토정보플랫폼에 접속하여 사업 관련 내용 입력 후 승인 시 사업 시행	• 기존 방법과 동일하고, 수행자가 국토정보플랫폼에서 해당 사업의 기본 메타데이터 및 양식을 다운받아 최종성과 납품 시 성과단위 메타데이터 작성
메타데이터 작성 제출 범위	• 일부 측량성과에 제출기준이 있음(수치지도, 수치주제도, GNSS 높이 측량 등)	• 고시가 필요한 모든 측량성과(공공기준점, 지형현황도, 지하시설물도, 정밀도로지도, 지하공간통합지도 제작 등)
최종성과 제출 방법	• 사업단위로 최종성과 작성	• 기존 사업단위로 제출성과를 작성하되, 별도 제공하는 "공공측량 최종성과 폴더" 사용 • 메인 폴더 안에 기존 방식의 전체 제출성과 및 최종성과 폴더(메타데이터 성과)를 작성하여 제출 • 최종성과 폴더에는 제출성과 중 고시사항에 해당되는 공공기준점(매설점), 지형현황도, 지하시설물도 등을 정리한 메타데이터 양식(엑셀)과 관련 성과 데이터(파일)를 성과 단위별 폴더에 분류하여 저장

3. 공공측량 성과의 메타데이터 작성 방법

(1) 용어

① 공공측량

- 국가, 지방자치단체, 그 밖에 대통령령으로 정하는 기관이 관계 법령에 따른 사업 등을 시행하기 위하여 기본측량을 기초로 실시하는 측량
- 위 항목 외의 자가 시행하는 측량 중 공공의 이해 또는 안전과 밀접한 관련이 있는 측량으로서 대통령령으로 정하는 측량

② 공공측량 시행자 : 「공간정보의 구축 및 관리 등에 관한 법률」 제17조 제2항에 따라 공공측량의 시행을 하는 자

③ 공공측량 수행자 : 공공측량을 수행하는 자

④ 공공측량계획 : 공공측량 시행자가 측량의 규모와 작업량 등을 결정하고 작업계획을 수립하는 것

⑤ 공공측량작업계획 : 공공측량 수행자가 작업규정 등을 검토하고 사용기기, 작업공정 및 인원편성 등을 결정하여 세부계획과 작업공정표 등을 작성하는 것

⑥ OOO.CSV 파일 : 쉼표를 기준으로 항목을 구분하여 저장한 데이터를 말하며 데이터베이스나 계산 소프트웨어 데이터를 보존하기 위해 사용함. 여기서는 메타데이터 작성을 위한 공공측량작업계획서 기본정보 파일을 말한다.

⑦ 메타데이터 : 다른 데이터를 설명해주는 데이터로 대량의 정보 가운데에서 원하는 정보를 효율적으로 찾아내서 이용하기 위해 일정한 규칙에 따라 콘텐츠에 대하여 부여되는 데이터이다. 여기서는 공공측량작업규정에 따라 제출하는 측량성과에 대하여 성과 종류별(객체단위)로 구분 작성한 데이터를 말한다.

(2) 공공측량성과 메타데이터 작성 · 제출 흐름도

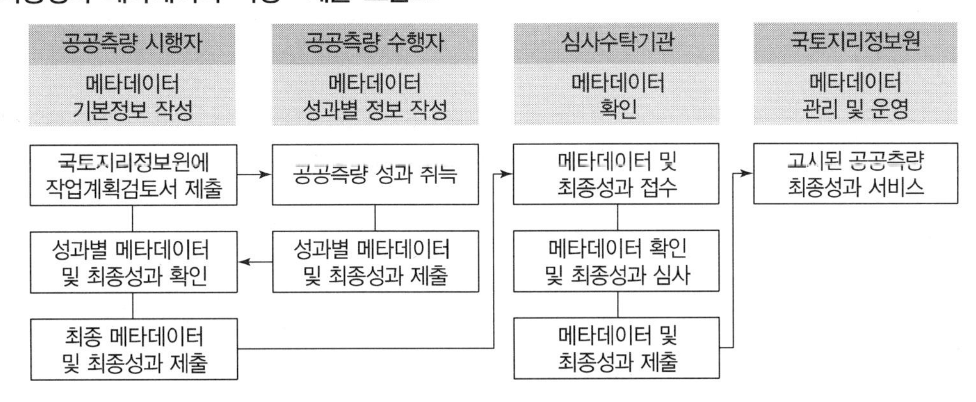

[그림] 공공측량성과 메타데이터 성과 작성 및 제출 흐름도

4. 공공측량성과 종류에 대한 메타데이터

(1) 메타데이터 및 공통(성과물)

① 메타데이터 식별자, 연락 정보(책임기관의 연락 정보, 책임부서 명칭 등), 데이터 정보(고시일자, 참고일자유형)

② 식별 정보[인용(제목, 제작일자 등), 요약, 신뢰도, 연락지점 등]

(2) 공공기준점

위도, 타원체고, 정표고, 기준점 설치일자, 기준점 설치자, 경로, 기준점 관측일자, 관측자명 등

(3) 수치지형도

지도종류 코드, 제작축척, 도엽번호, 1/50,000 도엽명, 제작구분, 평면직각좌표투영원점, 수치지도 제작 방법, 사용성과, 좌표, 촬영연도, 조사년도, 제작연도, 지도이력번호, 도면 최소 X, 도면 최소 Y, 도면 최대 X, 도면 최대 Y 등

(4) 지형현황도

지도종류 코드, 제작축척, 도곽형식, 도엽번호, 1/50,000 도엽명, 지형현황도 제작 방법, 평면직각좌표투영원점, 도면 최소 X, 도면 최소 Y, 도면 최대 X, 도면 최대 Y 등

(5) 항공사진

코스번호, 사진번호, 항공사진종류, 1/50,000 도엽번호, 1/50,000 도엽명, 주점 X좌표, 주점 Y좌표, 사진기준점 여부 등

(6) 촬영기록부

렌즈번호, 촬영일자, 렌즈종류, 렌즈초점거리(mm), 카메라종류, 카메라번호, 촬영사, 항로지시사, 조종사, 비행고도, 해상도, 촬영축척 등

(7) 촬영코스 기록

렌즈번호, 촬영일자, 코스번호, 촬영방향 등

(8) 코스별 검사표

렌즈번호, 촬영일자, 코스번호, 사진번호 등

(9) 지상기준점

지상기준점종류, 점의 명칭, 1/50,000 도엽번호, 읍면동 코드, 1/50,000 도엽명, 시군구 명칭, 평면직각좌표투영원점, 평면직각좌표 X, 평면직각좌표 Y, 정표고, 지상기준점 관측일자, 관측자명 등

(10) 정사영상

도엽번호, 1/50,000 도엽명, 해상도, 제작축척, 사용영상, DEM 사용성과, 수치지도 사용성과, DEM 격자간격, 카메라위성 종류, 렌즈초점거리(mm), 원본해상도(m), 촬영일자, 위장처리 여부, 제작연도, 평면직각좌표투영원점, 좌표, 도면 최소 X, 도면 최소 Y, 도면 최대 X, 도면 최대 Y 등

(11) 수치표고

도엽번호, 1/50,000 도엽명, 해상도, 수치표고종류 코드, 평면직각좌표투영원점, 원시자료종류, 라이다 촬영일자, 라이다 종류, 보간 방법, 제작연도, 좌표 직접입력, 최소 X, 최소 Y, 최대 X, 최대 Y 등

(12) 수치주제도

수치주제도 구분코드, 지도종류 코드, 도곽형식, 구조화 레이어 ID, 레이어명, 제작축척, 도엽번호, 1/50,000 도엽명, 주제도 제작 방법, 평면직각좌표투영원점, 도면 최소 X, 도면 최소 Y, 도면 최대 X, 도면 최대 Y, 읍면동 코드 등

(13) 지하시설물도

지하시설물 구분코드, 지도종류 코드, 도곽형식, 구조화, 레이어명, 제작축척, 도엽번호, 1/50,000 도엽명, 지하시설물도 제작 방법, 평면직각좌표투영원점, 도면 최소 X, 도면 최소 Y, 도면 최대 X, 도면 최대 Y, 읍면동 코드 등

(14) 기타

성과구분 코드, 지도종류 코드, 레이어명, 제작축척, 도엽번호, 1/50,000 도엽명, 형식, 종류, 평면직각좌표투영원점, 도면 최소 X, 도면 최소 Y, 도면 최대 X, 도면 최대 Y 등

5. 결론

기존 사업단위로 작성된 공공측량성과를 각 측량별 성과단위로 작성한 후 메타데이터와 함께 제출토록 제도가 변경됨에 따라 측량별 성과의 수정 · 갱신이 용이하며 성과의 검색 및 성과 활용이 확대될 것으로 기대된다.

20 지하시설물 관리를 위한 '품질등급제'의 해외 사례와 국내 현황에 대하여 설명하시오.

4교시 5번 25점

1. 개요

우리나라는 1995년 제1차 국가지리정보체계 구축사업 시행으로 전국 지방자치단체 및 지하시설물 관리기관에서 7대 지하시설물 정보 구축에 착수하였고, 현재는 제6차 국가공간정보정책 기본계획(2018~2022년)을 수립 후 국가공간정보 기반을 확충하여 디지털 국토 실현을 목표로 추진 중에 있다. 그러나 기구축된 지하시설물도는 측량성과의 품질과 관계없이 획일적으로 적용 · 관리되고 있어 지하시설물 DB 성과 간 상호정확도 차이가 발생하여 사용 · 개선 · 유지 · 활용 시 많은 제약을 유발하므로 측량성과의 품질에 의거한 품질등급제를 실시하여 현행 관리체계의 미비점 개선이 필요하다.

2. 우리나라 지하시설물 구축 및 취득 방법

(1) 지하시설물의 정의

지하시설물이란 도로 및 도로부대시설물로 도로와 관련된 지하시설, 지하철 및 ITS 관련 지하시설, 지하에 설치된 케이블 TV 및 유선선로 공동구, 지하도 및 지하상가 시설 등과 같이 공공의 이해관계가 있는 지하시설물로 정의하고 있다.

(2) 지하시설물 범위

① 도로시설물 : 도로폭 4m 이상인 도로 및 도로부대시설물
② 상수도시설물 : 관경 50mm 이상인 상수관로 및 부속시설물
③ 하수도시설물 : 관경 200mm 이상인 하수관로 및 부속시설물
④ 가스시설물 : 관경 50mm 이상인 가스관로 및 부속시설물
⑤ 통신시설물 : 관경 50mm 이상인 통신관로 및 부속시설물
⑥ 전기시설물 : 관경 100mm 이상인 전기관로 및 부속시설물
⑦ 송유관시설물 : 모든 송유관
⑧ 난방열관시설물 : 모든 난방열관

(3) 지하시설물 전산화 사업

1) 추진 배경
① 종류가 다양하고 복잡
② 급속한 도시화로 지하시설물의 양적 증가
③ 사고 시 환경오염 및 재산상 손실 발생
④ 체계적 관리체계 필요성 대두

2) 추진 현황
① 지자체 관리 시설물 구축 완료 : 도로 · 상수 · 하수
② 유관기관 관리 지하시설물 미구축 : 가스 · 통신 · 전력 · 송유관 · 열난방
③ 2008년 : 지하시설물 통합관리 정보화전략계획(ISP) 수립
④ 2009년 : 지하시설물 통합관리체계 구축시범사업
⑤ 2010년 : 지하시설물 통합관리체계 구축(2차)사업
⑥ 2012년 : 활용시스템 개발 및 시 · 군 지역으로 확산

(4) 지하시설물 데이터 취득 방법

① 탐사기기를 이용한 방법 : 전자유도탐사법, 지표투과레이더(GPR) 탐사법, 탄성파 탐사법, 음파탐사법 등
② 굴착에 의한 방법 : 정확도 확보 용이, 추가 비용 발생
③ 실시간 측량 방법 : 관로 매설 시 직접측량

(5) 지하시설물 데이터 취득 및 DB 구축의 문제점

① 탐사기기를 활용한 데이터 취득으로 불탐구간 상당수 존재
② 비금속 재질에 따른 탐사의 어려움
③ 불탐, 도면 이기(移記) 등에 따른 정확도 낮은 성과의 DB
④ 품질 및 정확도에 관계없는 획일적 적용

3. 지하시설물 품질등급제의 필요성

(1) 품질 및 정확도와 관계없는 획일적 관리
(2) 공공측량 성과심사 적합 요건에 부합되지 않는 지하시설물 정보
(3) 품질 분류가 되지 않는 DB 구축 성과로 상호 정확도 구분이 어려움
(4) 시설물 정보에 대한 체계적인 관리 필요
(5) 다양한 측량 방법을 통한 효율적인 지하시설물 정보 취득

4. 해외 선진국 지하시설물 관리체계

(1) 해외 선진국은 탐사 방법에 따른 등급을 결정하여 지하시설물을 관리하고 있으며, 특히 싱가포르의 경우 등록된 측량사의 준공측량을 통한 성과로 구축하고 있다.

(2) 미국의 품질등급 분류

등급	내용
A등급 (측량)	• 실측으로 측량(X, Y, H) 및 속성정보 취득 • 15mm 정확도
B등급 (물리탐사)	• 전자유도, GPR 탐사 방법 • 위치오차는 다양한 품질 등급으로 분류
C등급 (지상시설물 측량)	• 지상 노출 시설물 등을 측량으로 취득 • D등급 정보에 대한 전문가 판단 포함
D등급 (조사자료)	• 기존 자료, 구두자료 등 • 대략적인 평면위치를 파악하여 전문가가 서명한 자료

(3) 프랑스의 품질등급 분류

등급	정확도	내용
클래스 A	40cm 이내	통신, 상수도, 하수도 미포함
클래스 B	40cm~1.5m	시설물 보유기관 위치정보 미제공의 경우
클래스 C	1.5m 이상	

(4) 캐나다의 품질등급 분류

등급	조사 방법	내용
0	직접측량	실제 위치의 추정값
1		노출상태 정확도 ±25mm
2		노출상태 정확도 ±100mm
3		노출상태 정확도 ±300mm
4		노출상태 정확도 ±1,000mm
5	탐사	물리탐사 방법 정확도 ±1,000mm

(5) 영국의 품질등급 분류

등급, 유형		위치 정확도		지원 데이터
		수평	수직	
D	기록	불확실	불확실	–
C	현지조사	불확실	불확실	도로시설물 등
B	탐사	불확실, ±500mm ±250mm, ±150mm로 분류	불확실, 탐사심도의 ±40%, ±15%로 분류	불탐 및 탐사구간을 4가지 방법으로 분류
A	검증	±50mm	±25mm	지하시설물의 수평, 수직 위치

(6) 싱가포르의 품질등급 분류

등급	정확도	내용
1	±100mm	준공측량
2	±300mm	탐사
3	±500mm	–
4	미확인	–
5	Trenchless	파이프, 덕트의 설치 교체 기술

(6) 호주의 품질등급 분류

등급	정확도	위험도	내용
A	수직±50mm 수평±50mm	매우 낮음	시공문서
B	수직±500mm 수평±300mm	낮음	설계, 계획, 경로 선택에 사용
C	수평±300mm	높음	정교한 계획 및 설계에 사용
D	매우 낮음	매우 높음	상세 계획 및 설계에 사용

5. 우리나라의 지하시설물 품질관리체계

(1) 시설물 유지관리 측면의 품질관리

① 상수도의 운영관리비 및 유지관리비의 빠른 증가

② 하수도의 운영관리비 및 유지관리비의 빠른 증가

(2) 법 · 제도에 의한 품질관리

① 공간정보 3법(「국가공간정보 기본법」, 「공간정보산업 진흥법」, 「공간정보관리법」)
② 「지하안전관리에 관한 특별법」
③ 「재난 및 안전관리 기본법」
④ 「도로법」

(3) 정확도 개선사업을 통한 품질관리

① 건설시추정보 전산화사업
② 지하시설물 통합체계 구축사업
③ 지하공간통합지도 구축사업
④ 지자체 지하시설물 정확도 개선사업

6. 우리나라의 지하시설물 품질등급제 도입 방안

(1) 품질등급제 도입의 필요성

① 우리나라의 지하시설물 DB 구축은 품질에 대한 정보 부재
② 해외 선진국은 직접측량, 조사, 탐사, 조정자료, 문헌자료 등 4단계 품질 등급제 운영
③ 해외 선진국은 구축된 데이터의 정확도를 기반으로 데이터 신뢰도에 대한 등급제 실시

(2) 한국형 지하시설물 품질등급제 도입 방안

① 비용편익 관점의 공학으로 발전
② 공공의 자산을 관리하는 것으로 전환
③ 지상과 연계하여 관리
④ 검증된 엔지니어(측량 기술인)가 수행하도록 제도화
⑤ 규정 미준수 시 강력한 처벌

7. 결론

우리나라에 구축된 지하시설물도는 측량성과의 품질과 관계없이 획일적으로 적용 · 관리되고 있어 지하시설물 DB 성과 간 상호정확도 차이가 발생하여 사용 · 개선 · 유지 · 활용 시 많은 제약을 유발하므로 측량성과의 품질에 의거한 품질등급제를 실시하여 현행 관리체계의 미비점 개선이 필요하다. 또한 지하시설물은 건설측량과 밀접한 관계가 있으므로 해외 선진국과 같이 검증된 엔지니어가 준공측량을 실시하여 지하시설물에 대한 성과를 확인하는 방안이 확보되어야 건설현장의 국민안전과 품질관리에 국가예산 절감이 이루어질 것이다.

2022년 측량 및 지형공간정보기술사 출제경향 분석 및 문제해설

NOTICE

본 기출문제 해설은 예문사 출간 《포인트 측량 및 지형공간정보기술사》를 기본으로 집필하였습니다. 기출문제 중 상기 서적의 내용과 유사한 문제는 참고 편으로 표시하였으며, 유사하지 않은 문제는 추가로 모범답안을 제시하였음을 알려드립니다. 또한, 본서의 모범답안은 출제 당시 자료와 법령을 기준으로 작성하였으며, 출제자의 의도에 최대한 접근하기 위해 집필진은 많은 노력을 하였으나 출제자의 의도와 정확히 일치되지 않을 수도 있음을 알려드립니다.

제 1 장 출제경향 분석

1 ATTENTION

본 기출문제 해설은 예문사 출간 《포인트 측량 및 지형공간정보기술사》를 기본으로 집필하였습니다. 기출문제 중 상기 서적의 내용과 유사한 문제는 참고 편으로 표시하였으며, 유사하지 않은 문제는 추가로 모범답안을 제시하였음을 알려드립니다. 또한, 본서의 모범답안은 출제 당시 자료와 법령을 기준으로 작성하였으며, 출제자의 의도에 최대한 접근하려고 집필진은 많은 노력을 하였으나 출제자의 의도와 정확히 일치되지 않을 수도 있음을 알려드립니다.

2 출제경향

2022년 시행된 측량 및 지형공간정보기술사는 기존에 시행된 시험과 출제비율이 유사한 형태를 보이고 있으며, 이전과 비교하여 사진측량 및 R.S, GSIS(공간정보 구축 및 활용) PART 출제비율이 높고, 지상측량 PART에서는 출제되지 않았다. 세부적으로 살펴보면 사진측량 및 R.S(30.7%), 응용측량(29%), GSIS(17.7%)를 중심으로 집중 출제되었으며, 총론 및 시사성, 지상측량 PART의 경우 적은 출제빈도를 보였다.

3 PART별 출제문제 빈도표(126~128회)

PART	총론 및 시사성	측지학	관측값 해석	지상 측량	GNSS 측량	사진측량 및 R.S	GSIS (공간정보 구축 및 활용)	응용 측량	계
점유율 (%)	3.2	8.1	4.8	0	6.5	30.7	17.7	29	100

4 그림으로 보는 PART별 점유율

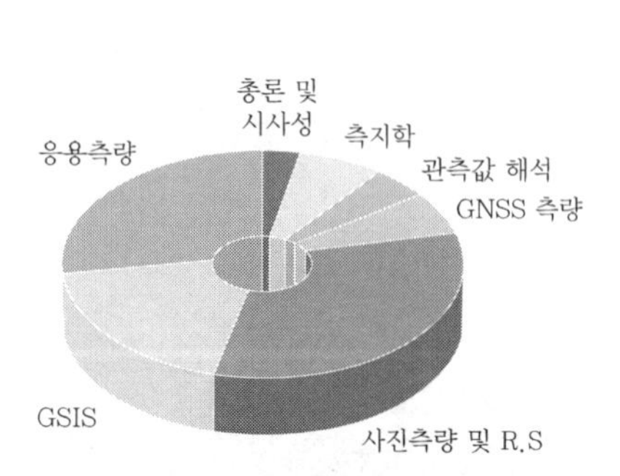

[126~128회 단원별 점유율]

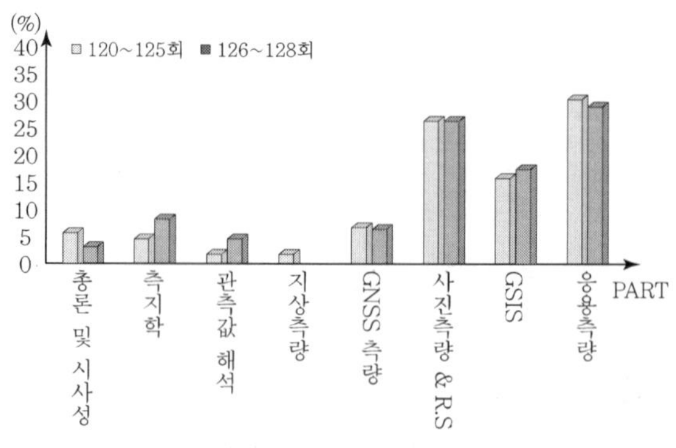

[120~128회 단원별 비교 분석표]

제2장 126회 측량 및 지형공간정보기술사 문제 및 해설

2022년 1월 29일 시행

분야	건설	자격 종목	측량 및 지형공간정보기술사	수험 번호		성명	

구분	문제	참고문헌
1교시	※ 다음 문제 중 10문제를 선택하여 설명하시오. (각 10점)	
	1. Broadcast-RTK	**1. 모범답안**
	2. 확률곡선과 정규분포(Probability Curve and Normal Distribution)	2. 포인트 3편 참고
	3. 유토곡선(Mass Curve)	**3. 모범답안**
	4. 간섭계 소나(Interferometric Sonar)	**4. 모범답안**
	5. 기복변위(Relief Displacement)	5. 포인트 6편 참고
	6. 정규식생지수(Normalized Difference Vegetation Index)	6. 포인트 6편 참고
	7. 음향측심(Echo Sounding)	**7. 모범답안**
	8. KS X ISO 19157(지리정보-데이터 품질)에서 정의된 지리정보 데이터 품질 요소	**8. 모범답안**
	9. 기본공간정보	9. 포인트 8편 참고
	10. 브이월드(V-world)	**10. 모범답안**
	11. 영상 재배열(Resampling)	11. 포인트 6편 참고
	12. 국제천구좌표계(ICRF : International Celestial Reference Frame)	**12. 모범답안**
	13. 독도의 측량 및 지도제작 현황	**13. 모범답안**
2교시	※ 다음 문제 중 4문제를 선택하여 설명하시오. (각 25점)	
	1. 우리나라 지자기측량의 방법 및 활용에 대하여 설명하시오.	**1. 모범답안**
	2. 지상레이저측량을 활용한 터널의 내공단면 확인측량의 절차 및 방법에 대하여 설명하시오.	**2. 모범답안**
	3. 국토지리정보원에서 실시하는 항공사진측량용 카메라 검정에 대하여 설명하시오.	**3. 모범답안**
	4. 스마트건설에서 이루어지는 설계, 시공, 유지관리 단계별 3차원 공간정보의 구축 및 활용 방안에 대하여 설명하시오.	**4. 모범답안**
	5. 지하공간통합지도에 포함되는 데이터, 유지관리 절차, 전담기구에 대하여 설명하시오.	**5. 모범답안**
	6. 국가해양기본도를 종류별로 구분하고, 내용 및 구축 방법에 대하여 설명하시오.	6. 포인트 10편 참고
3교시	※ 다음 문제 중 4문제를 선택하여 설명하시오. (각 25점)	
	1. 국토지리정보원에서 서비스하고 있는 네트워크 RTK 중 VRS(Virtual Reference Station) 방식과 FKP(Flächen Korrektur Parameter) 방식에 대하여 비교 설명하시오.	1. 포인트 5편 참고
	2. 노선측량의 순서와 방법에 대하여 설명하시오.	2. 포인트 9편 참고
	3. 레이더(Radar) 원격탐측과 하이퍼 스펙트럴(Hyper Spectral) 원격탐측의 특성 및 활용에 대하여 각각 설명하시오.	3. 포인트 6편 참고
	4. 무인비행장치측량(UAV Photogrammetry)을 정의하고, 무인비행장치측량에 의한 지도제작 과정을 설명하시오.	**4. 모범답안**
	5. SAR 영상을 활용한 철도 인프라의 효율적 관리 방안에 대하여 설명하시오.	**5. 모범답안**
	6. 해저 물체 탐지를 위한 IHO S-44 표준에 따른 4가지 등급의 적용 해역, 탐사 요구사항을 설명하시오.	**6. 모범답안**
4교시	※ 다음 문제 중 4문제를 선택하여 설명하시오. (각 25점)	
	1. 국가위치의 기준에 관한 아래 사항에 대하여 설명하시오. 1) 지구기준측지좌표계 2) 한국측지계2002 3) 우리나라의 측량원점과 측량기준점	1. 포인트 1편 참고
	2. 원격탐측에서 사용하는 영상처리에 대하여 설명하시오.	2. 포인트 6편 참고
	3. 항공사진측량과 드론사진측량의 장 · 단점을 비교하고, 드론사진측량의 미래 활용방향에 대하여 설명하시오.	3. 포인트 6편 참고
	4. 지리정보체계(GIS)를 구축하기 위한 공간정보 취득 방법에 대하여 설명하시오.	4. 포인트 8편 참고
	5. 공간정보 기반의 재난 대비 지능형 시설물 모니터링체계 구축 및 활용 방안에 대하여 설명하시오.	**5. 모범답안**
	6. 저개발국가의 국가공간정보인프라(NSDI) 구축 시 고려해야 할 사항에 대하여 설명하시오.	**6. 모범답안**

NOTICE 본 측량 및 지형공간정보기술사 문제 및 해설 중 참고문헌의 《포인트》는 예문사 출간 《포인트 측량 및 지형공간정보기술사》임을 알려드립니다.

01 Broadcast – RTK

1교시 1번 10점

1. 개요

브로드캐스트 – RTK(Broadcast – RTK, B – RTK) 기법은 상시관측소에서 관측되는 위치오차량을 보간하여 생성되는 반송파 위치 보정신호를 방송망을 통해 전송받아 이동국 GNSS 관측값을 보정함으로써 수신기 1대만으로 고정밀의 RTK 측량을 수행하는 기법으로, 기존 IP 기반 네트워크 RTK에서 발생할 수 있는 네트워크 부하 문제를 해결할 수 있고 단방향 서비스 제공이 가능하다.

2. 네트워크 RTK의 종류

(1) 보정정보에 따른 분류

1) 관측공간정보(OSR) 기반의 네트워크 RTK

① OSR : Observation Space Representation

② 위성 관련 오차, 전리층 및 대류층 오차 등 GNSS 측위 시 발생되는 모든 오차 요소를 통합하여 생성한 보정신호를 서버에서 제공

③ 종류 : VRS, FKP

2) 상태공간정보(SSR) 기반의 네트워크 RTK

① SSR : State Space Representation

② 서버에서 GNSS 오차요소를 각각 분리하여 모델링하고 파라미터 값으로 제공하므로 GNSS 수신기에서 위치보정신호를 생성

③ 종류 : PPP – RTK

(2) 오차 보간 방법에 따른 분류

① 가상기준점 보정 : VRS

② 면보정 방식 : FKP

③ 단일기준점 방식 : B – RTK

(3) 보정신호 통신 방법에 따른 분류

① IP 기반 : VRS, FKP

② 방송망 기반 : B – RTK

3. B – RTK

(1) B – RTK의 개념

1) B – RTK는 보정신호의 전달매체로 지상파 DMB 통신망을 활용하는 기술이다.

2) B – RTK의 구성

① 보정신호 수집 : GNSS 상시관측소

② RTK 보정신호 가공 : B-RTK 서버
③ RTK 보정신호 전달 : DMB 서버 및 안테나

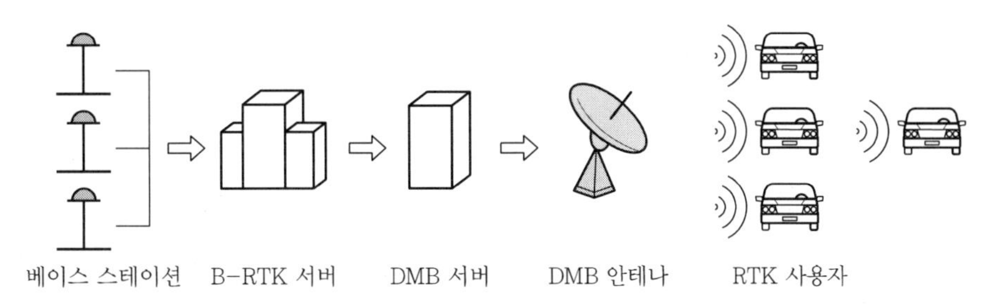

[그림] B-RTK 개념도

(2) 베이스 스테이션(Base-Station)

① GNSS 데이터 수신
② GNSS 데이터를 B-RTK 서버로 송신

(3) B-RTK 서버

① 보정신호 가공 생성
② 보정신호를 DMB 서버로 송신

(4) DMB 서버 및 안테나

① 보정신호 전달
② 보정신호 방송

(5) 사용자

① DMB 서버로부터 방송되는 위치보정신호를 수신
② 위치보정신호를 이용 보정하여 GNSS 관측값의 위치 보정

4. B-RTK 활용분야

(1) 자율주행차, 자율주행로봇, 드론, 스마트 모빌리티 등
(2) 각종 센서 기술과 융합
(3) 정밀 이동 측위

02 유토곡선(Mass Curve)

1교시 3번 10점

1. 개요

어느 절토가 어느 성토에 유용하고, 어느 절토를 사토하며, 어느 성토를 토취장에서 보급할 것인가를 결정하는 것을 토량 배분이라고 한다. 토량 배분에는 토적도 또는 유토곡선(토적곡선)을 이용하는 것이 편리하며, 토적도를 작성하려면 먼저 토량 계산서를 작성하여야 하고, 토량 배분에 의해서 계획 토량과 운반거리를 명확히 알게 된다.

2. 유토곡선의 작성 방법

(1) 측량 결과에 의해 종 · 횡단면도를 그린다.
(2) 종단면도 아래에 유토곡선을 그린다. 이때 누가토량에 의해 유토곡선을 작성한다.
(3) 종축에 누가토량을 취하고, 횡축에 거리를 취하여 종단면도의 각 측점에 대응하는 누가토량을 도시하여 유토곡선을 작도한다.

3. 유토곡선을 작성하는 이유

(1) 토량 이동에 따른 공사 방법 및 순서 결정
(2) 평균 운반거리 산출
(3) 운반거리에 의한 토공 기계 선정
(4) 토량 배분

4. 유토곡선의 성질

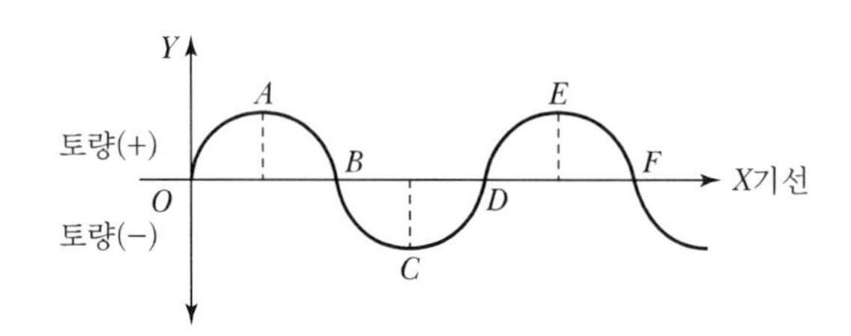

[그림] 유토곡선의 성질

(1) 유토곡선이 하향인 구간은 성토구간(AC, EF)이고, 상향인 구간은 절토구간(OA, CE)이다.
(2) 유토곡선의 극소점은 성토에서 절토로 옮기는 점이고, 극대점은 절토에서 성토로 옮기는 점이다.
(3) 절토와 성토의 평균운반거리는 유토곡선토량의 1/2점 간의 거리로 한다.
(4) 평균 운반거리는 절토부분의 중심과 성토부분의 중심 간의 거리를 의미한다.
(5) B, D, F는 토량 이동이 없는 평행부분이다.

03 간섭계 소나(Interferometric Sonar)

1교시 4번 10점

1. 개요

수중 공간정보는 수심과 바닥면에 대한 지형정보로 구성할 수 있으며, 수심측량과 바닥면에 대한 해저면 영상탐사를 별도의 탐사 방법으로 실시하고 있다. 수심측량은 싱글빔 에코사운더(Single Beam Echo Sounder)와 멀티빔 에코사운더(Multi Beam Echo Sounder)를 이용하고, 해저면 영상탐사는 사이드스캔소나(Side Scan Sonar, 측면주사음향탐지기)를 이용하여 공간정보를 취득하고 있다. 간섭계 소나(Interferometer Sonar)는 수심과 바닥면에 대한 지형정보를 동시에 취득 가능한 장비로 탐사 범위가 향상되었다.

2. 수중 탐사 방법

(1) 해저면 수심측량

① SBES : Single Beam Echo Sounder

② MBES : Multi Beam Echo Sounder

(2) 해저면 지형정보

① SSS : Side Scan Sonar

(3) 해저면 수심측량 및 지형정보 동시 관측

① MBES : Multi Beam Echo Sounder

② 간섭계 소나 : Interferometric Sonar

3. 간섭세 소나

하나의 장비로 수행 가능한 수심측량의 범위는 센서(빔)의 개수에 비례한다. 간섭계 소나는 소량(2개)의 센서를 이용하여 음파 간의 위상차를 계산하는 간섭기법을 적용하여 광범위한 지역 해저 지형의 수심과 지형정보를 동시 획득 가능한 장비이다.

4. 측면주사음향탐지기와 간섭계 소나의 기본 개념

(1) 측면주사음향탐지기

하나의 트랜스듀서(Transducer, 센서)를 이용하여 초음파를 송 · 수신하고 입력되는 신호 강도를 이용하여 해저면 지형정보를 획득한다.

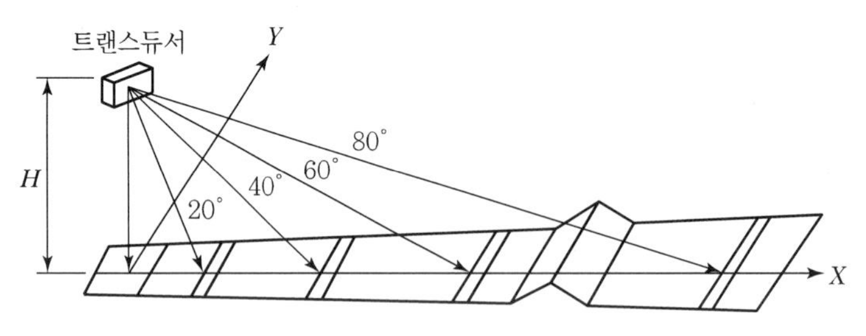

[그림 1] 측면주사음탐기의 개념도

(2) 간섭계 소나

두 개의 트랜스듀서(센서)를 이용하여 음파 간의 위상차를 계산하는 간섭기법을 적용하여 해저 지형의 수심과 지형정보를 동시에 획득한다.

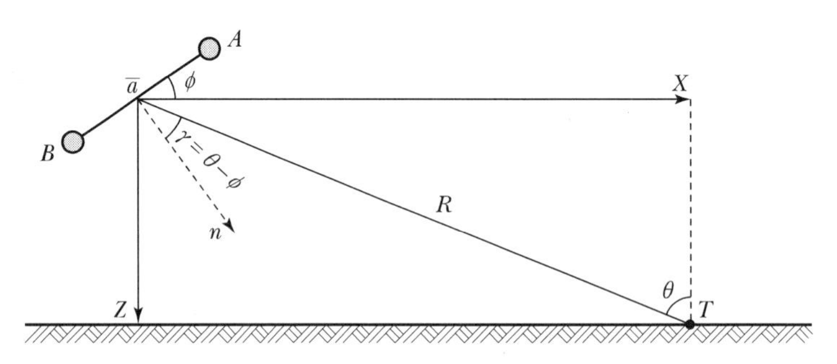

[그림 2] 간섭계 소나의 개념도

$$\Delta\phi AB = k\delta R = ka\sin\gamma = 2\pi\frac{\bar{a}}{\gamma}\sin\gamma$$

$$\theta = \sin^{-1}\left(\frac{\Delta\phi AB + 2\pi \cdot n}{ka}\right) + \phi$$

$$z = R \cdot \cos\theta$$

여기서, A, B : 트랜스듀서

$\bar{a} = \overline{AB}$: 수신기 간 거리

ϕ : 수신기 기울기(30°~60°)

T : 측정점

R : 측정점까지의 거리

n : 수신기의 직각방향

z : 수심, $\theta = \gamma + \phi$

5. MBES와 간섭계 소나 비교

구분	MBES	간섭계 소나
빔 개수	256	2
트랜스듀서	1	2
주요 사용	수심 측정, 매핑	수심 측정, 매핑, 이미징

04 음향측심(Echo Sounding)

1교시 7번 10점

1. 개요

최초의 수심측량 기술은 굵은 밧줄이나 닻줄을 선박의 뱃전에서 내려뜨린 다음 해저 바닥에 도달하는 데 필요한 길이를 측정하는 방법을 이용했다. 이 방법은 많은 시간이 소요될 뿐만 아니라 일반적으로 결과가 부정확하므로 연속적인 측정보다는 어느 한 지점에서의 수심을 측정하는 데 이용되었다. 오늘날 널리 사용되는 방법으로는 선박에서 나간 음의 파동이 해저 바닥까지 도달한 후 반사되어 되돌아오는 것을 이용하는 음향측심법(音響測深法)이 있다.

2. 음향측심법

음향측심법은 선박에서 나간 음의 파동이 해저 바닥까지 도달한 후 반사되어 되돌아오는 것을 이용한다. 파동이 발사되어 되돌아오는 데 걸린 시간과 물속에서의 소리속도를 감안하여 계산함으로써, 해저지형에 대한 연속적인 기록을 얻을 수 있다.

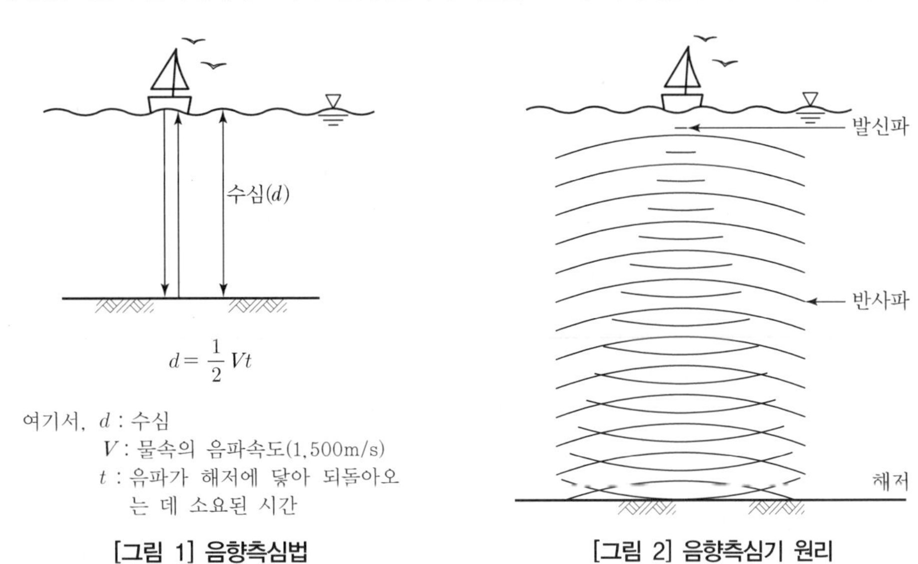

[그림 1] 음향측심법

[그림 2] 음향측심기 원리

3. 음향측심기(Echo Sounder)

(1) 수중음파탐지기 중 능동형 센서로 음파발신장치로부터 음파를 발생시켜 해저에서 반사되어 오는 음파의 속도와 시간을 측정해서 수심을 측정하는 장비를 말한다.

(2) 능동형 센서에 사용되는 음파의 주파수는 10~200kHz 정도인데, 주파수가 낮으면 깊은 곳까지 측정할 수 있는 반면 정밀도는 낮아지고, 주파수가 높으면 정밀도는 향상되지만 깊은 수심까지 측정이 불가능해진다. 보통 정밀한 측정을 위해 200kHz가량의 주파수를 사용하고 있다.

(3) 현재 수심측량은 기존의 음향측심기와 달리 음파의 송 · 수신 범위 안에서는 바다 밑 횡단면 전체를 동시에 측정할 수 있는 다중빔 음향측심기(Multi-Beam Echo Sounder)를 이용하고 있다.

(4) 기존 음향측심기가 조사선의 수직하부 한 지점의 측심만 할 수 있는 것과는 달리 다중빔 음향측심기는 송 · 수파 가능 범위의 해저 횡단면 전체를 동시에 측심할 수 있다. 또한, 측정된 자료는 컴퓨터를 통해서 실시간 등심도 또는 지형도가 컬러그래픽으로 작성되며, 여러 형태의 정보로 분석 · 처리하여 관리된다.

05 KS X ISO 19157(지리정보 – 데이터 품질)에서 정의된 지리정보 데이터 품질 요소

1교시 8번 10점

1. 개요

표준이란 특정 표준화 기구 또는 단체에서 절차를 거쳐서 만든 것으로 우리나라 공간정보 관련 표준화 기구도 국가표준(국토교통부), 기관표준(국토지리정보원), 단체표준 등 다양한 기구 또는 단체에서 공간정보의 품질표준을 제정 · 평가하고 있다. 본문에서는 KS X ISO 19157(지리정보 – 데이터 품질)의 품질 요소를 중심으로 기술하고자 한다.

2. KS X ISO 19157(지리정보 – 데이터 품질)

(1) 목표

공간정보의 품질 확보를 위해 공급자 및 수요자에게 맞춤형 표준 가이드라인을 제공함으로써 공급자는 품질을 정확히 검사하여 표준화된 품질 설명이 가능하고, 사용자들은 표준화된 품질 비교를 통해 용도에 맞는 공간정보를 선택할 수 있도록 하는 것을 목표로 한다.

(2) 개념

데이터 품질(Data Quality)은 고객이 원하는 요구사항을 만족시킬 수 있는 데이터를 생산하기 위하여 품질 요소를 통해 데이터의 전체적인 특징과 성격을 설명하며 품질 확보란 요구사항에 만족하는 양적 품질평가가 완료된 상태를 말한다.

데이터 품질 개념		데이터 구축단계
데이터 생산자	"실제 세계를 반영한 데이터를 생산하기 위해서는..."	공간 데이터 구축
	· 데이터 품질 제품 사양 작성	
		데이터 품질 평가
데이터 사용자	"실제 세계가 반영된 원하는 데이터를 선택해볼까?"	
	· 원하는 데이터 비교 · 선택 · 데이터 셋 공유 · 교환	데이터 품질 확보

[그림 1] KS X ISO 19157 데이터 품질 개념 및 구축단계

3. 지리정보 데이터 품질 요소

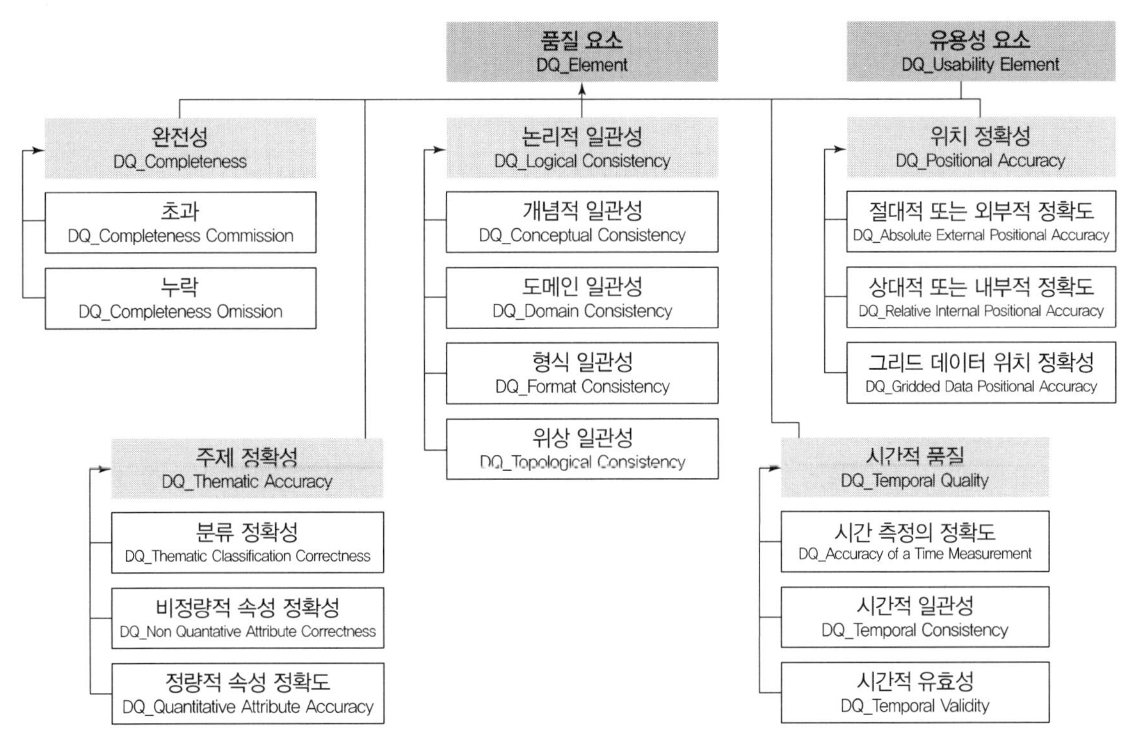

[그림 2] 지리정보 데이터 품질 구성요소

06 브이월드(V-world)

1교시 10번 10점

1. 개요

국토교통부에서 다양한 공간정보를 서비스하는 오픈 플랫폼(www.vworld.kr)으로 2차원(2D)과 3차원(3D) 공간정보 데이터를 오픈 API 방식으로 무료로 제공하며, 모든 국민이 공개 정보를 활용할 수 있도록 다양한 방법을 제공한다.

2. 공간정보 오픈플랫폼(Spatial Information Open Platform)

(1) 공간정보(Spatial Information)

우리가 사는 실세계의 형상과 그것을 바탕으로 도형으로 구성한 물리적 공간 구성요소(예 : 건물, 도로 등)와 논리적인 공간 구성요소(예 : 행정경계, 연속지적 등) 그리고 그 도형에 속한 속성을 모두 포괄하여 공간정보라고 하며 표현의 수준에 따라 2차원 공간정보와 3차원 공간정보로 나누어 표현

(2) 플랫폼(Platform)

기존의 단상, 무대 따위의 의미가 바뀌어 컴퓨터 시스템 기반이 되는 하드웨어, 소프트웨어, 응용 프로그램이 실행될 수 있는 기초를 이루는 컴퓨터 시스템

(3) 오픈(Open)

공간정보를 공개하는 것으로 단순히 볼 수 있게만 하는 것이 아니라 2차, 3차 활용도 할 수 있도록 다양한 서비스 체계로 공간정보 공개

(4) 오픈 API(Open Application Programming Interface)

브이월드 2D/3D 기반의 다양한 국가공간정보 및 검색기능을 외부에 웹 서비스(Web Service) 형태로 공개하여 사용자가 원하는 지도 콘텐츠를 만들 수 있는 웹 개발 프로그램

3. 브이월드에서 제공하는 서비스

(1) 제공 데이터

1) 영상지도

지역	해상도	자료출처	서비스 구분
대한민국	25~50cm	국토지리정보원	2차원, 3차원
북한(평양, 백두산 등)	50cm	Pleiades 위성	3차원
북한	1m	교육과학기술부(아리랑 위성2호)	3차원
전 세계(육지)	15m	Landsat ETM^{+}	3차원
전 세계(바다)	450m	해저기복도	3차원

2) 3차원 건물 및 지형

구분	설명	서비스 구분
3차원 건물	LoD4 이상 모델과 건물면 이미지로 구성	3차원
지형	전 세계(90m SRTM, DEM), 대한민국(5m DEM)	3차원

① DEM(Digital Elevation Model) : 지형 표면의 높이를 일정간격으로 측정하여 만든 수치표고모델

② SRTM(The Shuttle Radar Topography Mission) : 인공위성을 이용하여 전 세계 지형 모델을 구축하는 프로젝트로, 현재 미국은 30m×30m, 미국 외의 지역은 90m×90m의 정밀도를 가진 지형 모델이 구축되어 있음

③ LoD(Level of Detail) : 3D 건물 모델의 상세표현 기준으로 단계가 높을수록 실제 건물 모습에 근사하며, 데이터 처리 양은 많아짐

3) 행정경계 및 교통시설

지역	자료명	출처	서비스 구분
대한민국	연속수치지도 2.0	국토지리정보원	2차원, 3차원
북한	1/25,000 수치지도	국토지리정보원	3차원

4) 지적도 관련 정보

구분	자료명	출처	서비스 구분
지적도	연속지적도, 지적 부과정보 (공시지가, 토이지용현황)	국토교통부	2차원, 3차원

5) 배경지도 및 시설 명칭

구분	설명	서비스 구분
배경지도	수치지도 2.0 기반 제작(도로, 교통시설, 지형지물 등)	2차원
시설 명칭	대한민국 약 90만 개(2차원), 북한지역 약 3만 개(3차원), 전 세계 약 5만 개(3차원)	2차원, 3차원

(2) 지도 서비스

공간정보 오픈플랫폼 지도는 다양한 국가공간 정보(예 : 주제도), 부동산 정보(예 : 공시지가, 토지이용도 등), 건축물 정보(예 : 건물용도, 면적, 준공일자 등), 다양한 검색 지원(예 : 장소, 새주소 검색), 3D 장소 콘텐츠 등을 제공한다.

4. 기대효과

(1) 국가공간 정보의 민간 활용

(2) 국가공간 정보 품질의 선순환

(3) 사용자의 예산규모와 서비스 유형에 맞는 서비스 채널 선택 가능

07 국제천구좌표계(ICRF : International Celestial Reference Frame)

1교시 12번 10점

1. 개요

ICRF는 천구의 춘분점과 적도면을 기준으로 우주공간상의 위치를 적경과 적위로 나타내는 좌표계로서 우주공간상의 위치측정체계이다. 적경(赤經, Right Ascension, α)은 춘분점의 시간권으로부터 천체의 시간권까지의 각이며, 적위(赤緯, Declination, δ)는 천구의 적도면에서 천체까지의 각이다. 춘분점은 천구의 적도와 황도가 만나는 지점으로서 지구의 축이 태양의 축과 일치하는 점을 말한다.

2. 국제천구좌표계

어떤 천체의 위치를 지평좌표로 나타내면 그 값이 시간과 장소에 따라 변하므로 불편하다. 천구상 위치를 천구적도면을 기준으로 해서 적경과 적위로 나타내는 좌표계를 국제천구좌표계라 하는데 시간과 장소에 관계없이 좌푯값이 일정하지만 특별한 시설이 없으면 천체를 바로 찾기는 어렵다.

(1) 특징

① 천체의 위치값이 시간과 장소에 관계없이 일정함
② 정확도가 좋아 가장 널리 이용됨
③ 특별한 시설이 없으면 천체를 나타내지 못함
④ 중심평면은 천구적도이며 위치요소는 적경(α) · 적위(δ)

(2) 관련 용어

① 적경(α) : 춘분점을 따라 반시계 방향으로 천체의 시간권까지 측정한 값(0~24h)
② 적위(δ) : 천구의 적도면에서 천체까지의 각을 시간권을 따라 남북 방향으로 측정한 값(0~±90°)

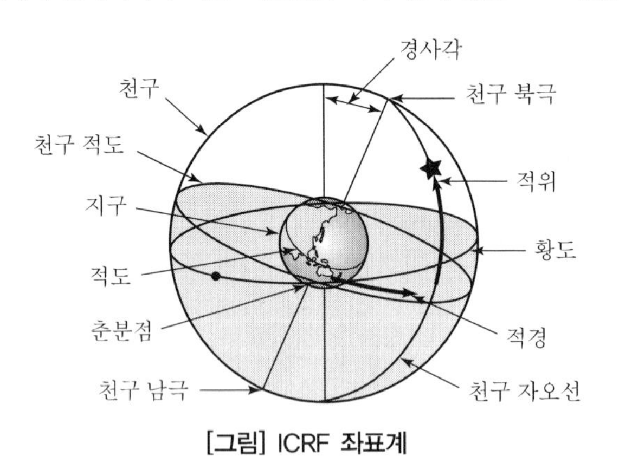

[그림] ICRF 좌표계

3. 천구좌표계의 종류

천체의 위치를 나타내는 좌표계는 천구좌표계가 이용되며, 천구좌표계는 지평좌표계, 적도좌표계, 황도좌표계, 은하좌표계로 구분된다.

(1) 지평좌표계(Horizontal Coordinate) : 관측자의 연직선과 지평면 기준

(2) 적도좌표계(Equatorial Coordinate) : 좌표축과 수직인 적도면 기준, 국제천구좌표계(International Celestrial Reference Frame)

(3) 황도좌표계(Ecliptic Coordinate) : 지구 공전 궤도면 기준

(4) 은하좌표계(Galactic Coordinate) : 은하계의 적도면 기준

08 독도의 측량 및 지도제작 현황

1교시 13번 10점

1. 개요

대한민국 영토인 독도(천연기념물 제336호)에 관한 일본의 영유권 주장이 거세져 외교적 쟁점 및 국제분쟁화 위기 등 첨예한 대립 상황이 지속되고 있다. 그러므로 우리 영토로서 국제적 지위와 가치 제고를 위한 국토공간정보인 독도 좌표, 높이, 섬 둘레를 명확히 하고 전 세계에 알릴 필요가 있어 1950년 이후 지속적으로 측량 및 지도제작을 실시하고 있다.

2. 독도의 측량 및 지도제작 현황

구분	독도 측량 및 지도제작 현황	비고
1952~1953	독도 직접측량 및 지도제작(1/2,000)	한국산악회(박병주)
1954. 10	독도해역 수심측량 및 1/2,000 지형도 제작	해군 수로국(현 국립해양조사원)
1961. 12	독도 천문측량 및 1/3,000 지형도 제작	평판측량
1980. 05	1/5,000 항공사진촬영(1/1,000, 1/5,000 지도제작), 천문측량, 검조측량, 수준측량 실시	
1989~1990	독도 재측량 및 1/10,000 해도 제작	교통부 수로국(현 국립해양조사원)
1996. 05	1/3,000,000 동북아지도(국 · 영문판) 최초 제작	
1998. 05	GPS에 의한 국가기준점측량 실시(독도 11)	
2000. 08~12	1/5,000 항공사진촬영(독도 1/1,000 수치지도 및 1/5,000 제작)	
2003. 05	1/5,000 해도 제작	국립해양조사원
2004. 07	1/3,000,000 동북아지도(국 · 영문판) 수정제작 · 배포	
2004. 12	울릉도 및 독도의 GPS에 의한 국가기준점측량 실시	
2005. 04	3차원 독도 입체영상지도 제작	
2005. 06	국토지리정보원 독도 일반 현황 정부 표준고시 – 독도(동도, 서도)의 좌표 및 높이, 섬의 둘레	
2005. 10	울릉도 독도 기준점 재측 및 수치수지도 수정제작	
2005. 12	한국지리지(영남권, 독도 포함) 발간	
2006. 04	세계지도(국 · 영문판) 최초 제작	
2006. 12	독도에 GPS 상시관측소 설치	
2008. 01	LiDAR 및 디지털 항공사진측량 실시(3차원 입체영상 제작)	
2008. 02	독도/동해를 표기한 국가지도집(국 · 영문판) 발간 · 배포	
2008. 10	국가기준점 망실되어 재설치(2개소)	독도 헬기장 및 초소 설치로 매몰(독도 11), 접근 곤란(독도 402)
2010. 05	독도 중력측량(절대) 실시	
2012. 09	국가기본도 수정제작(1/5,000 수치지도 수정)	

3. 독도의 일반현황 고시

(1) 거리

① 울릉도 : 87.4km

② 오키섬 : 157.5km

(2) 면적 등

① 동도 : 73,297m^2, 높이 98.6m, 둘레 2.8km

② 서도 : 88,740m^2, 높이 168.5m, 둘레 2.6km

③ 기타 부속도서(89개) : 25,517m^2

09 우리나라 지자기측량의 방법 및 활용에 대하여 설명하시오.

2교시 1번 25점

1. 개요

지자기측량은 중력측량과 함께 지하측량에 많이 이용되는 측량으로, 중력측량은 지하물질의 밀도 차이가 원인이 되지만, 지자기측량은 지하물질의 자성의 차이가 원인이 된다. 또한 지하의 구조 및 광물체의 물리적 성질에 의한 이상을 발견하고, 퍼텐셜 이론을 기본으로 하는 것은 지자기측량이 중력측량과 유사한 점이지만, 그 측량 방법과 해석 방법은 좀 더 복잡하고 어렵다고 할 수 있다. 지자기측량의 결과는 지도와 해도에 기재되는 편각과 자오선수차의 결정을 비롯하여 지하자원의 탐사, 로켓이나 인공위성의 자세 결정에 필요한 귀중한 자료를 제공해 준다. 본문에서는 우리나라 지자기측량의 방법 및 활용을 중심으로 기술하고자 한다.

2. 지자기측량(Geomagnetic Surveying)

지자기는 방향과 크기를 가진 양이며, 이를 구하는 것을 지자기측량이라 한다.

(1) 지자기측량 방법(이론적)

지자기측량은 일반적으로 강도관측에 의하며, 그 방법으로는 수평분력 및 연직분력을 관측하는 방법, 전자력을 관측하는 방법, 그리고 수평 및 연직분력의 1차 미분값인 자기 경사를 관측하는 방법이 있다.

(2) 단위

가우스(Gauss), 테슬라(Tesla)

(3) 절대관측

지구자장의 측정은 크기와 방향을 결정하는 것으로 그 방향성분(D, I)의 측정으로 가능해졌다. 편각 측정의 가장 단순한 방법은 작은 자석을 비틀림 없는 가는 실로 수평으로 매달아 그 작은 자석이 정지하는 방향과 지리적인 남북방향을 비교하면 된다. 복각은 자침을 중심에서 떠받친 간단한 장치(복각계)로 측정할 수 있다.

(4) 연속관측

지구자장은 일변화나 자기풍 등 현저한 시간적 변화를 나타낸다. 지자기 관측소에서는 이러한 변화를 통상 지자기 변화계에 의하여 연속적으로 기록하는 방법이다.

(5) 육상에서의 관측

육상에서의 지자기 측정은 움직이지 않는 대지 위에 계기를 설치하여 측정하는 것으로 측정계기의 특성을 충분히 발휘시킬 수 있고, 측정장소도 명확하며 같은 장소에서의 반복 측정이 가능한 방법이다.

3. 지자기의 보정 및 이상

(1) 지자기 보정

지자기 보정은 지자기장의 위치변화에 따른 보정과 지자기장의 일변화 및 기계오차의 의한 시간적 변화에 따른 보정 및 기준점보정, 온도보정 등이 있다.

(2) 지자기 이상

지구의 자장과 거의 일치하는 쌍극자를 지구 중심에 놓은 상태와 실측결과의 차이를 비쌍극자장 또는 지자기 이상이라 한다. 현재, 비쌍극자장의 원인은 정확하게 규명되지 않았지만, 코어와 맨틀 경계부에서의 유체의 와동에 의한 것으로 생각하고 있다.

※ 쌍극자의 축이 지구의 자전축과 11.5°의 각을 이루고 있다.

4. 우리나라의 지자기측량 현황

(1) 국토지리정보원에서 1975년부터 1, 2등 지자기점으로 지자기측량 실시

(2) 목적

① 지자기의 수평적 분포
② 지자기의 영년변화
③ 지역적인 자기 이상을 조사

(3) 프로톤(Proton) 자력계를 도입하여 1975~1978년까지는 전자력 측정 실시
(4) 1978년 GSI형 2등 자기의와 1981년 GSI형 1등 자기의를 도입하여 지자기 3성분을 측정

(5) 1등 지자기측량

① 약 3,500km^2에 1점씩 총 30점으로 매 5년마다 17시간 측정(매시 1회 측정)이 원칙
② 관측 평균값에 일변화의 보정을 한 다음 기준년의 값으로 환산
③ 편각관측에는 북극성을 사용
④ 1등 지자기점 : 일반적인 지구자장의 분포와 영년변화를 조사 · 연구하고 국가 기본도의 자편각 표기의 목적을 위해 설치한 점

(6) 2등 지자기측량

① 1/25,000 도엽에 약 1점씩 800점을 선정하여 16~17시 사이에 4회 등간격으로 실시
② 관측값을 일변화, 영년변화의 보정을 한 다음 기준년 값으로 환산
③ 편각 산출을 위한 진북방향은 태양관측으로 결정
④ 2등 지자기점 : 우리나라 각 지역의 자기 이상을 조사하여 지자기도를 작성하기 위해 설치한 점

5. 우리나라의 지자기측량 방법

(1) 도상선점

① 도상계획은 1/50,000 지형도를 이용하여 작성
② 지자기점은 가능한 한 전국에 균일하게 분포되게 하고 시가지, 철도, 송전탑 등으로부터 충분한 거리를 확보

(2) 선점 실시

① 도상에서 미리 선점한 지역을 현장 조사하여 인공적인 지자기 잡음이 발생하지 않고 자연자장을 측정할 수 있는 조건을 갖추고 있는 지역을 선점
② ①에 따라 선점 시 장래에도 영구적으로 유지될 수 있는지를 고려

③ 육안으로 확인할 수 없는 지하의 자기발생원이 있을 수 있으므로 선점지역 주변에서 전자력을 측정하여 자장분포를 조사

④ 지자기점의 주변은 태양 또는 북극성 관측에 의한 진북관측과 방위표 설치 등에 지장이 없어야 함

(3) 점의 위치도 및 조서

① 선점작업에 의하여 지자기점의 위치를 정한 때에는 1/50,000 지형도상에 점의 위치도를 작성

② 점의 조서에는 지자기점의 명칭, 소재지, 경로, 매설일자, 소유자 또는 관리자 및 그 주변의 상세한 약도 등 지자기점의 유지관리에 참고할 사항을 기재

(4) 매설

표지를 매설할 때에는 지자기점이라고 새겨진 면을 남쪽으로 향하도록 하고 표지 상면은 수평으로 함

(5) 관측용 기계 · 기구

지자기 관측 장비는 지자기 3요소와 방위각 관측이 가능하여야 함

(6) 관측의 준비

① 지자기계의 중심은 반드시 표지 중심의 연직선상에 설치하며, 삼각대의 1개 다리는 북쪽을 향하도록 함

② 방위표지는 지자기점으로 부터 100m 이상의 거리에 견고하게 설치 또는 인근의 구조물을 선택하고 가능한 자기계에 대하여 수평방향으로 함

(7) 관측의 실시

1) 지자기 관측

① 1등 지자기측량의 관측은 09시부터 15시까지 1시간 간격으로 1일 6대회를 실시

② 2등 지자기측량의 관측은 09시 이후와 15시 이전 15분 간격으로 1일 4대회를 실시

③ 지자기계에 의한 편각, 복각, 전자력의 관측을 실시

④ ③에 따른 편각 관측은 지구물리학적 진북으로부터 산출하는 것을 원칙으로 함

⑤ 진북 및 방위각 관측은 천문측량 및 관성항법장치에 의함

2) 방위표지 관측

① 방위표지 관측은 방위각 관측 및 지자기 관측과 동일 회차에 실시

② 고도각이 10°를 초과하는 경우에는 레벨 보정 실시

3) 방위각 관측

① 1등 지자기측량의 방위각 관측은 북극성에 의하여 6세트 이상의 관측을 실시

② 2등 지자기측량의 방위각 관측은 태양 및 관성항법장치에 의하여 5세트 이상의 관측을 실시

③ 최초로 정한 방위각은 지자기점 및 방위표지의 이동 등이 없는 한 계속하여 사용

(8) 관측오차의 한계

편각의 정수차	복각의 정수차	관측시간
21″	21″	10분 이내

(9) **계산**

관측된 편각, 복각 및 전자력에 일변화와 영년변화를 보정하고, 기준년 값으로 환산하여 최종 성과를 산정한다.

6. 지자기측량 성과의 활용

측정된 지자기는 선박의 항해, 지구물리학적 자료조사, 원유개발 및 지구 내부에서 대기층에 이르는 광범위의 과학적인 연구에 활용이 가능하다. 국토지리정보원에서는 전국의 지자기도, 지형도, 항로 및 항공도 작성, 지구물리학의 기초자료로 제공하는 것을 목적으로 1975년부터 현재까지 측정하고 있다.

7. 결론

현재 우리나라의 지자기측량은 매우 열악한 실정이며, 1980년대부터 국토지리정보원에서 실시한 지자기측량은 매우 소규모적으로 이루어지고 있는 상황이므로 자기 측정에 관한 기술 도입 및 개발, 국제공동관측 등 국제적인 지자기에 관한 자료 및 정보의 교류를 통한 기술의 선진화, 국제화를 모색하여야 할 때라 판단된다.

10 지상레이저측량을 활용한 터널의 내공단면 확인측량의 절차 및 방법에 대하여 설명하시오.

2교시 2번 10점

1. 개요

터널측량은 폭이 좁고 길이가 긴 공간의 측량으로 관통 전까지 개방 또는 폐합 트래버스에 의한 중심선측량과 그 성과에 근거한 내공단면측량으로만 작업이 되므로 반드시 정밀한 트래버스측량을 통한 중심선측량을 실시하고 내공단면측량을 실시하여야 그 성과를 담보할 수 있다. 본문에서는 지상레이저측량을 활용한 터널의 내공단면 확인측량의 절차 및 방법을 중심으로 기술하고자 한다.

2. 터널측량의 순서

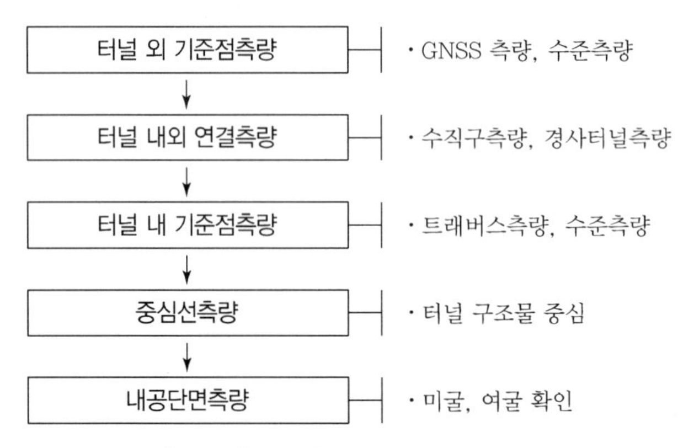

[그림 1] 터널측량의 일반적 흐름도

3. 내공단면측량

(1) 터널 내공단면측량 방법

① 검측봉 및 TS에 의한 방법

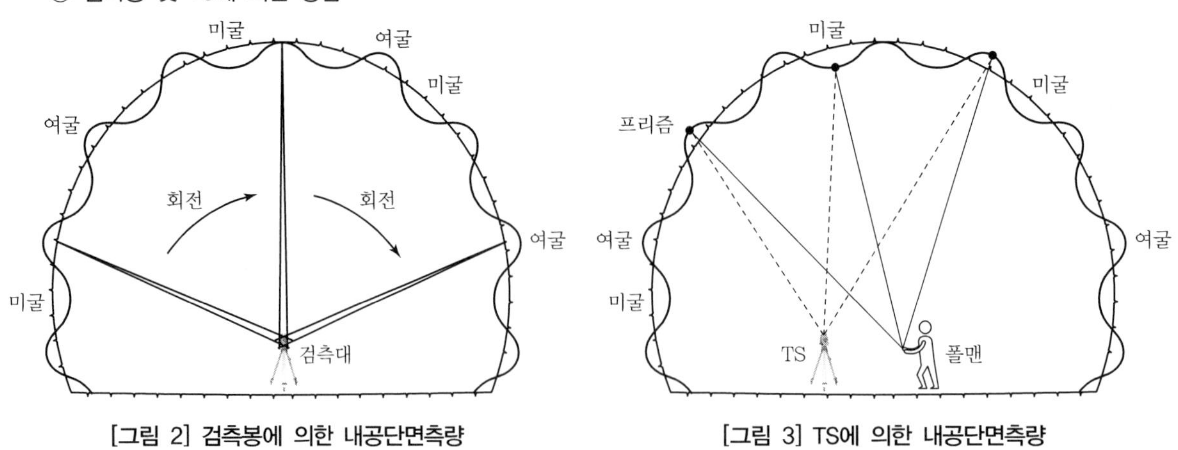

[그림 2] 검측봉에 의한 내공단면측량

[그림 3] TS에 의한 내공단면측량

② 무타깃 TS 및 지상레이저(3D 스캐너)에 의한 방법

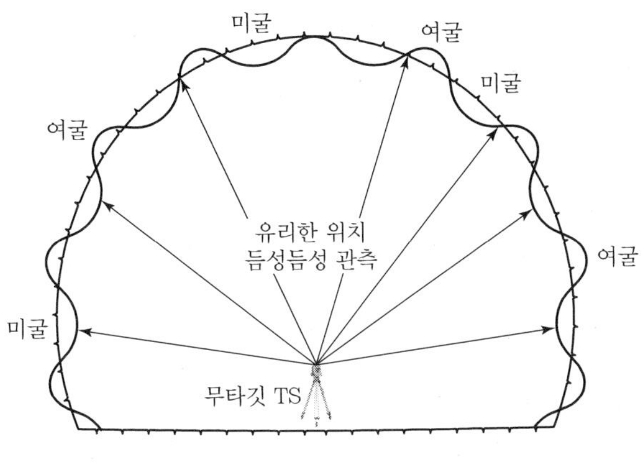

[그림 4] 무타깃 TS에 의한 내공단면측량

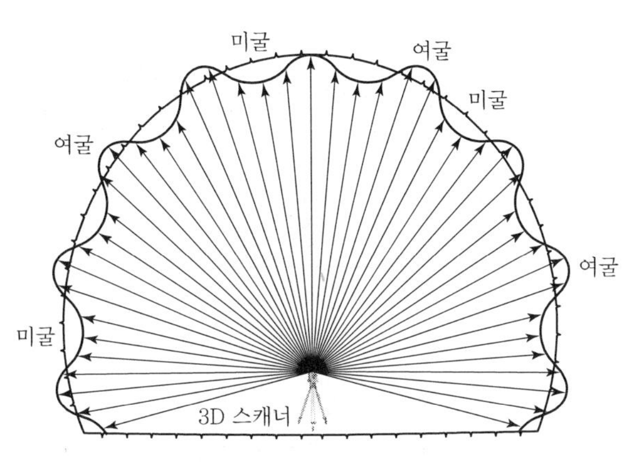

[그림 5] 지상레이저에 의한 내공단면측량

③ 내공단면측량의 비교

구분	내용	비고
검측봉에 의한 방법	주로 미굴부분 조사	과거의 방법
TS에 의한 방법	육안으로 확인된 문제구간 일부분 관측	
무타깃 TS에 의한 방법	육안으로 확인된 문제구간 일부분 관측	
지상레이저측량에 의한 방법	전단면 관측	

4. 지상레이저측량에 의한 내공단면 확인측량의 절차 및 방법

(1) 지상레이저측량의 순서(절차)

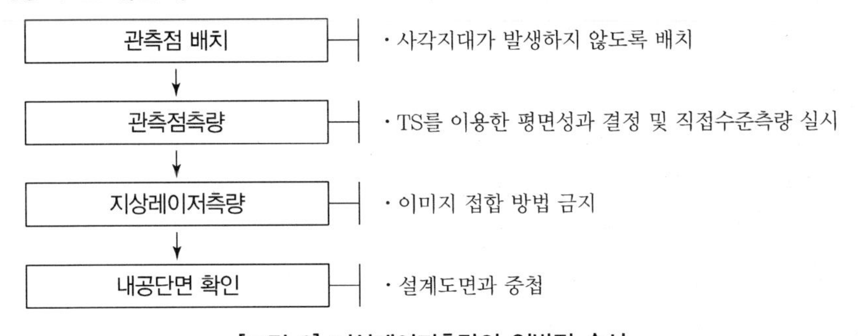

[그림 6] 지상레이저측량의 일반적 순서

(2) 지상레이저측량의 방법

1) 굴착면의 특성

① 터널 내부 굴착면은 발파로 현성된 요철이 많은 단면이다.

② 요철의 뒷면은 레이저 관측이 불가한 사각지대이므로 중복관측이 가능하도록 선정하여 사각지대가 발생하지 않도록 해야 한다.

2) 관측점(기계점) 간격

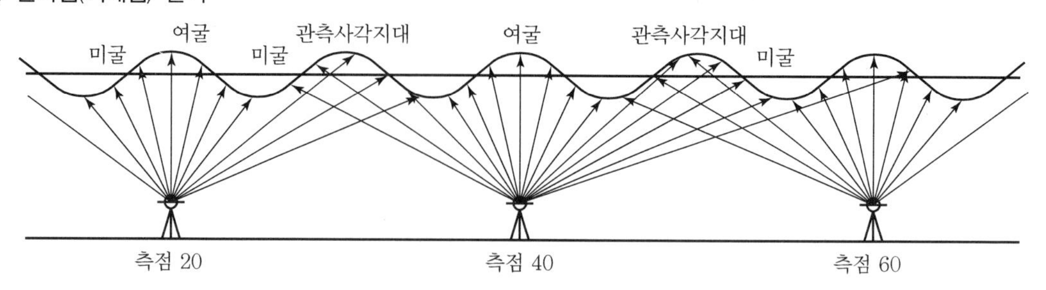

[그림 7] 내공단면 측점 간격

① 관측은 결측(사각지대) 부분이 발생하지 않도록 중복관측하여야 한다.

② 기계점의 간격은 터널 단면의 크기에 따라 결정되며 2차선 터널의 경우 약 60~80m 간격으로 한다.

3) 관측점(기계점)의 배치

① 결측이 발생하는 원인

• 터널 벽면과 가까이 측량기를 설치한 경우

• 측량기와 관측면(벽면) 사이의 관측각도가 예각일 경우

② 결측(사각지재)을 최소화하는 위치

• 횡방향은 터널 중심부가 최적 위치

• 종방향은 터널 단면 크기에 따라 결측(사각지대)이 최소화되는 측정 간격 결정

• 결측(사각지대)의 최소화 위치는 터널 중심부를 따라 약 60~80m 간격

4) 관측점(기계점)의 측량

① 터널 내 기준점 측량에서 결정된 성과를 이용

② 관측점의 X, Y 성과 결정은 정밀 TS를 이용

③ 관측점의 H 성과 결정은 직접수준측량 실시

5) 지상레이저측량

① 지상레이저의 관측은 직접측량 방법(후방교회법, 기계후시법)을 이용하여 실시

② 지상레이저에 내장된 소프트웨어를 이용한 이미지 접합 방법 금지

• 터널 내부는 특징점이 없으므로 내장된 소프트웨어 활용 시 오류 발생

• 이미지 접합 방법을 사용할 경우 별도의 기준점(타깃 등) 설치

6) 내공단면 결정

① 지상레이저측량에서 결정된 성과와 설계 성과 중첩

② 필용 위치 내공단면 확인

5. 지상레이저측량에 의한 내공단면측량의 기대효과

(1) 굴착면에 대한 3D 성과 결정

(2) 기존 측량(TS)은 점단위 측량인데 지상레이저측량은 면단위 측량임

(3) 면단위 측량으로 결측 부분이 없음

(4) 면단위 내공변위 확인으로 안전사고 예방

(5) 라이닝 콘크리트의 정확한 수량 산출로 예산절감 및 공기단축

(6) BIM 적용

6. 결론

터널의 검사측량은 기존의 측량 방법으로는 한계가 있어 내공단면의 과대오차가 발생하여 품질 및 원가관리에 지장을 초래한다. 지상레이저를 이용한 내공단면측량은 결측 부분이 없는 면단위의 측량으로 터널 전 부분에 대한 관리가 가능하다. 그러나 지상레이저에 대한 사용 방법, 터널 적용 방법 등 규정 및 절차가 마련되어 있지 않아 혼선을 초래하고 있어 이에 대한 대책 마련이 필요하다. 시공 중 터널의 기준점 성과 결정은 트래버스측량에 의존하는 방법뿐이며, 기준점측량의 오류는 후속측량(중심선, 내공단면측량)에 영향을 미치므로 반드시 터널 기준점측량의 정확도를 확보하여야 한다.

11 국토지리정보원에서 실시하는 항공사진측량용 카메라 검정에 대하여 설명하시오.

2교시 3번 25점

1. 개요

항공사진측량에서 사용되는 디지털카메라는 유효면적이 넓으므로 촬영성과의 품질을 확보하기 위해서는 카메라의 성능을 최적화해야 한다. 따라서, 촬영 전 자체적인 렌즈 캘리브레이션을 수행하는 것 외에도 정기적인 검정장 검사를 통하여 그 성능을 점검해야 한다. 최근 정기검정 시 촬영조건을 통일하기 위해 현행 각 항업사별로 수행했던 성능검사를 국토지리정보원이 주관하여 실시하고 있다. 본문에서는 국토지리정보원이 주관하는 항공촬영카메라 성능검사의 주요 절차를 중심으로 기술한다.

2. 검정 방법 및 대상

(1) 현행 각 항업사별 검정에서 국토지리정보원이 주관하여 정기점검 및 촬영조건을 통일한다.

(2) 항공촬영 등록업체이며, 카메라 탈부착, 충격에 의한 변위 발생 등의 경우 촬영사에서 추가 수행한다.

3. 검정장의 조건 및 검정기준

(1) 검정장의 조건

「항공사진측량 작업규정」에 따라 다음과 같은 조건을 갖추어야 한다.

① 검정장은 항공카메라의 위치정확도와 공간해상도의 검정이 가능한 장소이어야 함

② 검정장은 평탄한 곳을 선정하되 규격은 3km×3km 이상이어야 함

③ 항공카메라 검정을 위한 촬영 시 동서방향을 원칙으로 하며 보정값 산출을 위하여 남북방향으로 최소 2코스 이상 촬영을 실시해야 함

④ 위치정확도 검정을 위하여 평면 · 표고 측량이 가능하고 명확한 검사점이 있어야 하며, 스트립당 최소 2점 이상 존재해야 함

⑤ 공간해상도 검정을 위하여 아래의 규격에 맞는 분석도형이 3개 이상 설치되어 있어야 함

[공간해상도 검정을 위한 분석도형 규격]

기준	직경	내부 흑백선상 개수
GSD 10cm 초과	4m	16개
GSD 10cm 이하	2m	16개

⑥ 촬영작업기관은 검정장에 대한 항공사진 촬영 전 촬영계획기관과 사전협의를 거쳐 항공촬영을 실시해야 함

(2) 검정기준

「항공사진측량 작업규정」에 따라 공간해상도, 방사해상도, 위치정확도에 대해 평가 및 장비 적부를 판정한다.

① 공간해상도 : 영상선명도 < 1.1

② 방사해상도 : 밝기값 선형성

③ 평면 · 표고 표준편차 < 0.2m, 최댓값 < 0.4m

4. 국토지리정보원에서 실시하는 검정절차

수행사는 기간 내 검정장 촬영 및 AT 수행 후 데이터 납품, 국토지리정보원의 점검 후 최종 적부를 판정한다. 주요 성능검정 절차는 다음과 같다.

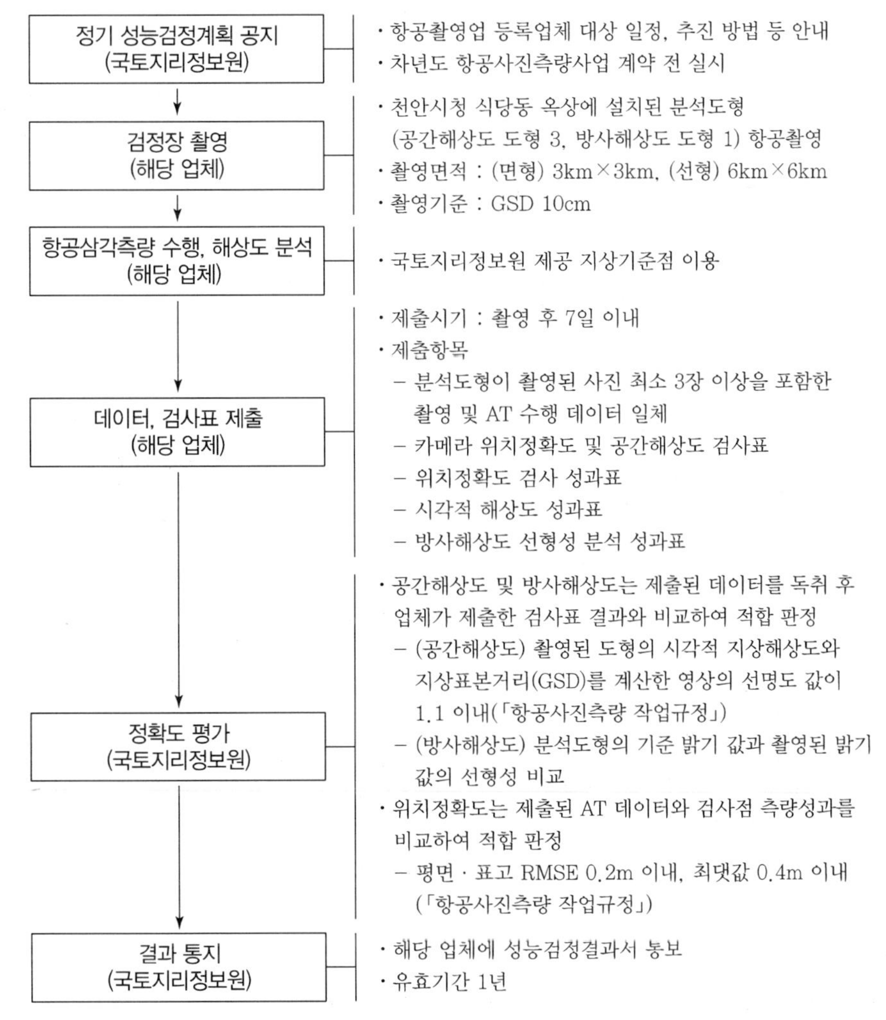

[그림] 국토지리정보원이 주관하는 항공촬영카메라 성능검사 절차

5. 결론

항공사진측량에서 사용되는 디지털카메라는 유효면적이 일반카메라에 비해 넓으므로 촬영성과의 품질을 확보하기 위해서는 카메라 성능을 최적화해야 한다. 촬영 영상의 품질은 카메라의 성능과 직결되므로 검정장에서의 정기점검을 통해 카메라의 위치정확도와 공간해상도를 정량적으로 검정하여 최상의 상태를 유지하여야 한다.

12 스마트건설에서 이루어지는 설계, 시공, 유지관리 단계별 3차원 공간정보의 구축 및 활용 방안에 대하여 설명하시오.

2교시 4번 25점

1. 개요

스마트건설 기술이란 공사기간 단축, 인력투입 절감, 현장 안전 제고 등을 목적으로 전통적인 건설 기술에 ICT 등 첨단 스마트 기술을 적용함으로써 건설공사의 생산성, 안전성, 품질 등을 향상시키고, 건설공사 전 단계의 디지털화, 자동화, 공장제작 등을 통한 건설산업의 발전을 목적으로 개발된 공법, 장비, 시스템 등을 의미한다.

2. 스마트건설 기술의 단계별 개념

(1) 단계별 개념

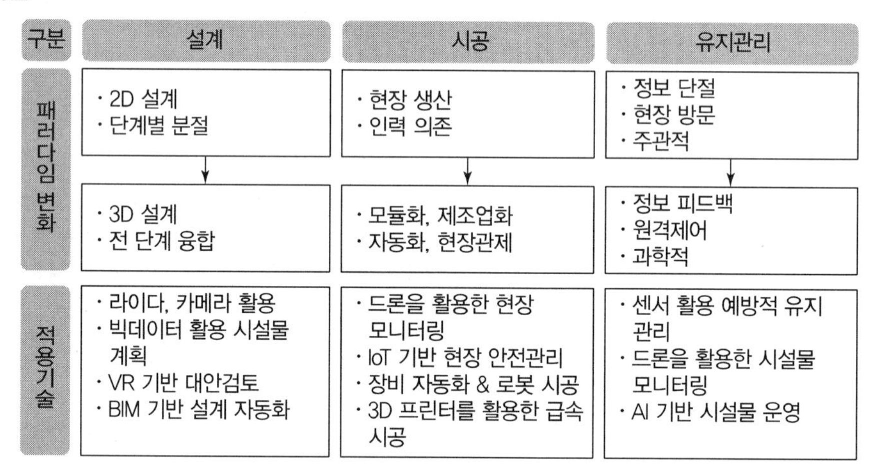

[그림] 스마트건설 기술의 단계별 개념

(2) 설계

3D 가상공간에서 최적 설계, 설계단계에서 건설 · 운영 통합관리

(3) 시공

① 날씨 · 민원 등에 영향을 받지 않고 부재를 공장 제작 · 생산

② 비숙련 인력이 고도의 작업이 가능하도록 장비 지능화 · 자동화

(3) 유지관리

시설물 정보를 실시간 수집 및 객관적 · 과학적 분석

3. 현재의 단계별 현황

(1) 계획, 설계 단계

1) 정보 취득(측량)

① 인력으로 측량하고 2D 지형도 작성

② 시간 · 인력의 소모
③ 정확한 토공사 물량 산정이 어려움

2) 설계
① 2D CAD 도면 작성
② 설계오류 변경 등 작업 과다
③ 유지관리 단계의 활용 제한적

(2) 시공 단계

1) 건설기계 운용
① 건설기계 운전자의 육안 관측 및 장비의 수동 조작
② 숙련도 부족, 과다투입 · 안전사고

2) 시설 구축
현장에서 콘크리트 타설 · 양생

3) 현장 안전관리
안전관리자가 현장 점검

(3) 유지관리 단계

1) 시설물 점검 · 진단
인력중심 점검 · 진단으로 시간 · 인력 소요

2) 시설믈 관리 정보 시스템
관리 주체별 제한적 유지관리

4. 단계별 3차원 공간정보의 구축 및 활용 방안

(1) 계획, 설계 단계

1) 라이다, 카메라, 드론 활용 자동측량, 3차원 지형데이터 구축
① 넓은 현장의 지형정보 신속 · 정확 구축, 설계 생산성 향상
② 극한지, 재난지역 등 접근 불능지역 현장조사 용이

2) 3차원 모델(BIM) 구축, AI를 통한 설계 자동화
① 설계오류로 인한 시행착오 감소, 공사비 감축 및 품질 향상
② 설계 자동화로 설계 생산성 향상
③ 건설 전 단계 플랫폼으로 활용

(2) 시공 단계

1) 건설기계 운용
① 자동화 건설기계가 AI의 관제에 따라 자율주행 · 시공
② 작업의 최적화로 생산성 향상
③ 인적 위험요인 최소화로 안정성 향상

2) 시설 구축

① 공장 모듈 생산 → 현장 조립

② 공사기간 · 비용 획기적 감축

③ 교통 · 환경 피해 최소화

3) 현장 안전관리

① 장비 · 근로자 위치 실시간 파악

② 장비 · 근로자 충돌 경고 등 예측형 사고 예방

(3) 유지관리 단계

1) 시설물 점검 · 진단

① IoT 센서로 실시간 모니터링

② 로봇으로 자동 점검 · 진단

③ 정밀 · 신속한 시설물 점검

④ 접근이 어려운 시설물 점검 · 진단 용이

2) 시설물 관리 정보 시스템

① 시설물에 대한 빅데이터 축적, AI로 관리 최적화

② 디지털 트윈 구축으로 시설물의 영향을 사전에 파악

③ 예방적 유지관리를 통한 유지관리 비용 절감 및 시설물 수명 연장

④ 가상도시 · 국토로 시스템 확장

5. 단계별 핵심 개발 기술

(1) 계획, 설계 단계

1) 드론 기반 지형 · 지반 모델링 자동화 기술

① 융 · 복합 드론으로 습득한 정보로부터 지형의 3차원 디지털 모델 자동 도출

② 측량, 시추정보와 BIM에 연계하여 지반강도 · 지질상태 보간 · 예측

③ AI를 활용한 통합 BIM 모델링

2) BIM 적용 표준

① BIM 설계 표준 구축

② 공통의 파일 형식 마련

③ 빅데이터 활용 표준 구축

3) BIM 설계 자동화 기술

① 속정정보를 포함한 3D 모델 구축

② BIM 라이브러리 자동 생성

③ 자체 해석 및 기술판단이 가능한 BIM 설계

④ AI 기반 BIM 자동 설계화

(2) 시공 단계

1) 건설기계 자동화 기술

① 센서 · 제어기 · GNSS를 통한 위치 · 자세 · 작업범위 정보를 운전자에게 제공

② 자율이동 · 작업의 진행상황 실시간 확인

2) 건설기계 통합운영 및 관제 기술
① 다수의 건설기계를 통합관리 · 운영
② IoT를 통한 실시간 공사정보를 관제에 반영
③ AI를 활용한 최적 공사계획 수립 · 운영

3) 시공 정밀제어 및 자동화 기술
① 공장 제작, 현장 조립 공법 확대
② 부제 위치 정밀 제어, 접합부 자동 시공
③ 로봇을 활용한 자동화

4) ICT 기반 현장 안전사고 예방 기술
① 취약 공종과 위험요인 정보 실시간 모니터링
② 예방형 안전 관리

5) BIM 기반 공정 및 품질관리
① BIM 기반 시공 간섭, 공정 진행 확인
② 가상시공을 활용한 공사관리 최적화
③ AI를 활용한 맞춤형 공사관리

(3) 유지관리 단계

1) IoT 센서 기반 시설물 모니터링 기술
① 저전력형 상황감지형 정보 수집
② 대용량 통신 H/W
③ 초연결 IoT로 연결성 · 안정성 강화

2) 드론 · 로보틱스 기반 시설물 상태 진단 기술
① 다기능 드론을 통한 시설물 진단
② 자율적 탐색 진단

3) 시설물 정보 빅데이터 통합 및 표준화 기술
① 정형 데이터로 표준화
② 건설 관련 빅데이터 구축

4) AI 기반 유지관리 최적 의사결정 기술
① AI가 유지관리 최적 의사결정 지원
② 디지털 트윈(3D)을 유지관리 기본 틀로 활용

6. 결론

스마트건설 기술은 전통적 건설 기술에 BIM · IoT · 빅데이터 · 드론 · 로봇 등 첨단기술을 융합한 기술로 측량을 바탕으로 자동 설계, 시공, 최적의 공정계획에 따라 건설장비 투입, 원격 관제로 건설장비들이 자율 작업을 진행하고 시공 과정을 디지털화해 플랫폼에 저장하여 시뮬레이션 등에 활용하는 기술이다. 스마트건설은 정확한 공간정보의 성과로 구축이 가능하므로 이 부분에 대한 기술인, 학계 및 관련 기관의 준비와 노력이 필요하다고 판단된다.

13 지하공간통합지도에 포함되는 데이터, 유지관리 절차, 전담기구에 대하여 설명하시오.

2교시 5번 25점

1. 개요

2014년 서울시 송파구 석촌호수 인근 지하차도에서 발생한 지하안전사고를 계기로 지반침하(싱크홀)에 대한 국민불안이 증대되고 사회적인 이슈로 부각됨에 따라 정부에서는 지하공간에 대한 안전한 관리와 정확한 현황 분석을 위해 지반침하 예방대책의 일환으로 지하공간통합지도를 구축하게 되었다. 지하공간통합지도는 지하공간을 개발 · 이용 · 관리함에 있어 기본이 되는 지하시설물, 지하구조물, 지반정보를 3D기반으로 통합 · 연계한 지도로 지하시설물은 상 · 하수도, 통신 등 관로 형태로 땅속에 매설된 시설물을 의미하며, 지하구조물은 지하철, 공동구 등 콘크리트 구조물 형태의 시설물, 지반은 지하 지층구조를 확인할 수 있는 시추, 지질 등으로 구성된다.

2. 지하공간통합지도의 전담기구

(1) 국토교통부장관은 한국국토정보공사를 지하공간통합지도의 제작과 지하정보 구축을 지원하기 위한 전담기구로 지정(「지하안전관리에 관한 특별법 시행령」 제33조의2)

(2) 전담기구의 업무

① 지하공간통합지도의 제작 지원
② 지하정보 개선계획 수립 지원
③ 지하정보 정확도 개선사업 성과에 대한 품질 검증 및 관리
④ 갱신정보 및 개선된 지하정보의 지하공간통합지도로의 반영 지원
⑤ 지하공간통합지도 제작과 지하정보 정확도 개선 관련 조사 · 연구 및 데이터 표준화
⑥ 지하공간통합지도 제작과 지하정보 정확도 개선에 필요한 기술 개발, 외국 기술 도입 및 국제협력

3. 지하공간통합지도 데이터

(1) 지하시설물(관로형) 정보

① 지하공간에 인공적으로 매설된 6종의 지하시설물(「지하안전법」 제2조 제11항) : 상수도, 하수도, 통신, 난방, 전력, 가스
② 제작공정 : 지하시설물의 경우에는 기존에 구축된 2차원 지도의 위치정보와 깊이 값, 관 지름 등 속성정보를 이용하여 3차원 형태의 관로지도를 작성

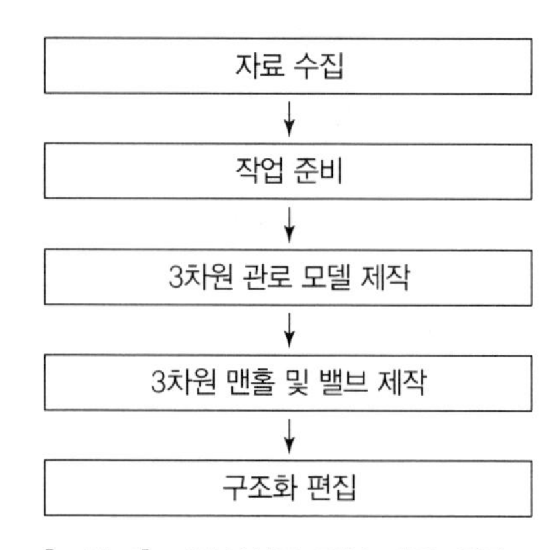

[그림 1] 지하시설물 정보 제작 흐름도

(2) 지하구조물 정보

① 지하공간에 인공적으로 제작된 6종의 지하구조물(「지하안전법」 제2조 제11항) : 지하철, 공동구, 지하상가, 지하도로, 지하보도, 지하주차장

② 제작공정 : 지하구조물은 구조물 준공도면을 이용하여 3차원 모델링을 수행하고 현지 측량을 통해 취득한 좌푯값을 모델링 정보에 부여하여 3차원 구조물 지도를 구축

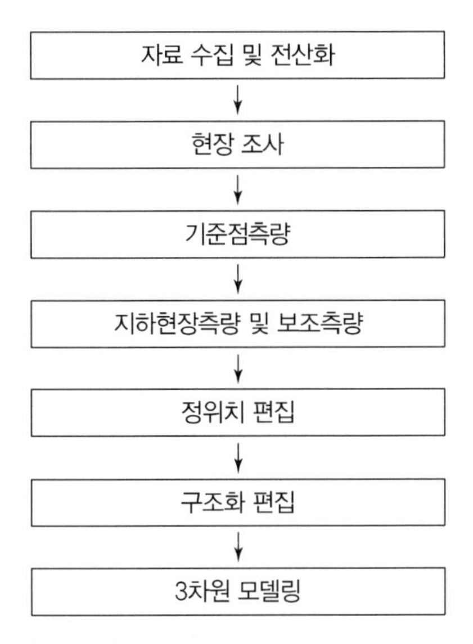

[그림 2] 지하구조물 정보 제작 흐름도

(3) 지반정보(「지하안전법 시행령」 제3조 제1~3항)

① 지하공간에 자연적으로 형성된 토층 및 암층에 관한 시추, 지질, 관정에 관한 정보
- 시추정보 : 지반의 특성, 지층의 종류 및 지하수위 등 시추기계 또는 기구를 사용하여 생산된 정보
- 지질정보 : 암석의 종류 · 성질 · 분포상태 및 지질구조 등 지질을 조사하여 생산된 정보
- 관정정보 : 지하수의 수위분포 및 지하수를 함유하고 있는 지층의 구조와 수리적(水理的) 특성 등 관정을 통하여 측정된 정보

② 제작공정 : 지반정보는 기존 시추공에서 포함하고 있는 개별 지층정보와 인접 시추공 동일 지층을 연결하여 3차원 지층구조를 생성

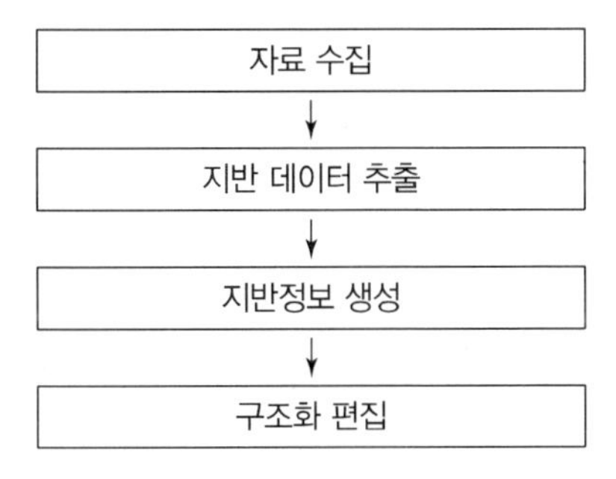

[그림 3] 지반정보 제작 흐름도

4. 지하공간통합지도의 유지관리

(1) 지하정보 활용지원센터

한국건설기술연구원이 지하공간통합지도 활용의 정착 및 활성화와 사용자 편의성 중심의 지하공간통합지도 활용 서비스 체계 마련을 목적으로 운영

(2) 지하정보 활용지원센터의 주요 업무

① 「지하안전관리에 관한 특별법」 제정에 따른 지하안전영향평가, 지반침하위험도평가 등 지하공간통합지도 활용 지원 및 기술 컨설팅, 지하정보의 수집 및 관리 지원

② 지하정보 및 지하공간통합지도의 활용 활성화를 위한 교육 · 홍보 및 대외협력 추진

③ 스마트시티, 재해 · 재난, 도시재생 등 지하공간통합지도 활용분야 지원

(3) 절차

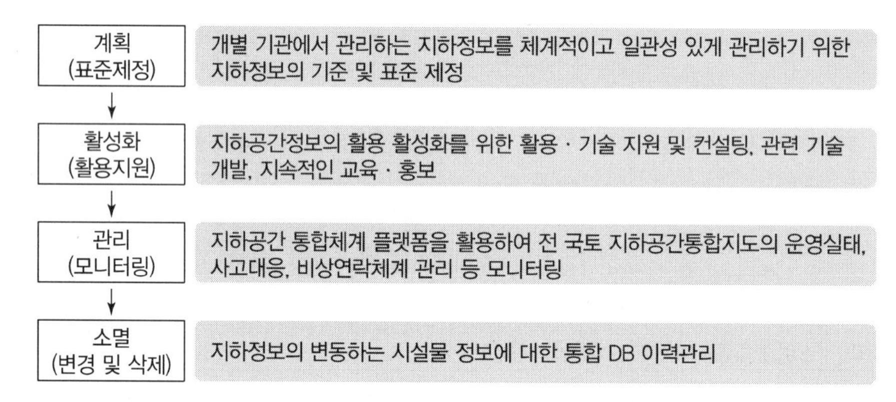

[그림 4] 지하공간통합지도 유지관리 흐름도

5. 지하공간통합지도의 기대효과

(1) 지하안전사고 발생 시 실시간 모니터링을 통해 신속한 대응 가능

(2) 가상 굴착 기능을 통해 공사 구간의 관로 위치, 깊이 등 파악

(3) 속성정보 등을 통해 노후화된 지하시설물 파악 및 관리

6. 결론

지하시설물 안전관리를 위해서는 여러 전문 분야의 다각적 활동이 필요하고 이를 통한 정책, 시스템, 안전관리 개선 방안을 모색해야 하며, 공공기관과 지하 안전영역 평가 전문 민간기관 등에서 지하공간통합지도의 활용도를 높이기 위해서는 지도의 자동화 기술 개발이 시급할 것으로 판단된다.

14 무인비행장치측량(UAV Photogrammetry)을 정의하고, 무인비행장치측량에 의한 지도제작 과정을 설명하시오.

3교시 4번 25점

1. 개요

무인비행장치측량(UAV Photogrammetry)은 초소형 비행체에 디지털카메라를 탑재하고, GNSS/INS에 의해 촬영구역을 자동 비행하여 사진영상을 취득한 다음 프로그램에 의해 사진의 왜곡을 보정한 후 모자이크하여 정사영상, 수치표고모델(DEM) 및 수치지형도 등을 자동 또는 반자동으로 제작 가능한 시스템이다.

2. 무인비행장치측량의 정의

(1) 무인비행장치(Unmanned Aerial Vehicle)

「항공안전법 시행규칙」 제5조 제5호에 따른 무인비행장치 중 측량용으로 사용되는 것을 말한다.

(2) 무인비행장치측량(Unmanned Aerial Vehicle Photogrammetry)

무인비행장치로 촬영된 무인비행장치 항공사진 등을 이용하여 정사영상, 수치표면모델 및 수치지형도 등을 제작하는 과정을 말한다.

3. 특징

(1) 일반 항공사진측량은 경제적, 시간적, 기술적으로 많은 비용이 소요되기 때문에 특수한 경우에 제한적으로 사용되고 있다. 무인비행장치를 이용한 사진측량의 기술적 발달에 따라 항공영상의 활용이 가능해지고 다양해지고 있다.

(2) 무인비행장치를 이용한 사진측량은 카메라와 함께 라이다(LiDAR), 초분광(Hyperspectral) 및 열적외센서 등 다양한 센서를 함께 활용함으로써 고도화 측량이 가능하여 다양한 3차원 영상 획득이 가능하다.

(3) 저고도에서 높은 중복도로 고해상도의 영상 취득이 가능해지면서 촬영고도에 따라 수 cm 오차범위 내의 해상도를 갖는 영상을 얻을 수 있으며, 비교적 가격이 저렴한 무인비행장치를 사용하므로 경제적 비용 부담이 덜 하면서도 일반 항공사진측량의 성과물과 동일한 결과를 얻을 수 있다.

(4) 무인비행장치측량은 일반적으로 고도 150m 이하에서 비행하므로 구름에 영향을 받지 않고 촬영이 가능하여 비, 눈 등으로 인한 기상악화에만 영향을 받으므로 시간과 비용을 절감할 수 있다.

(5) 무인비행장치측량은 일반 측량기술자도 쉽게 작동할 수 있는 장점이 있으나, 장시간 비행이 불가능하고 촬영 면적에 제한이 있다는 단점이 있다.

4. 무인비행장치측량에 의한 지도 제작과정

(1) 일반적 순서

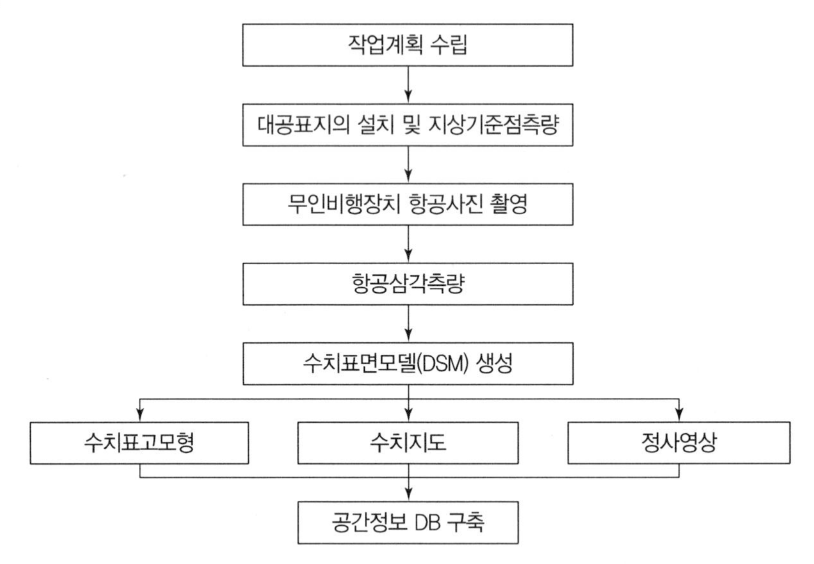

[그림 1] 무인비행장치측량에 의한 지도제작의 일반적 흐름도

5. 세부내용

(1) 작업계획 수립

촬영지역, GSD, 촬영고도, 중복도, 셔터속도, 비행노선 간격 설정 등을 고려하여 효과적인 촬영계획을 수립한다.

(2) 대공표지 설치 및 지상기준점측량

1) 대공표지

대공표지의 설치는 「항공사진측량 작업규정」을 따른다.

2) 지상기준점의 배치

① 지상기준점은 작업지역의 형태, 코스의 방향, 작업 범위 등을 고려하여 외곽 및 작업지역에 그림과 같이 가능한 한 고르게 배치하되, 작업지역의 각 모서리와 중앙 부분에는 지상기준점이 배치되도록 하여야 한다.

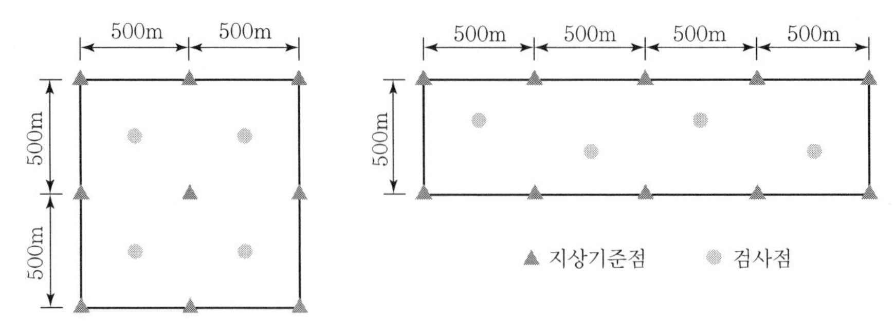

[그림 2] 지상기준점의 배치

② 지상기준점의 선점은 사진과 현장에서 명확히 분별될 수 있는 지점이 되도록 평탄한 장소를 선정한다.

③ 지상기준점의 수량은 1km^{2}당 9점 이상을 원칙으로 한다.

3) 지상기준점 측량 방법

① 평면기준점측량은 「공공측량 작업규정」의 공공삼각점측량이나 네트워크 RTK 측량 방법 또는 「항공사진측량 작업규정」의 지상기준점측량 방법을 준용함을 원칙으로 한다.

② 표고기준점측량은 「공공측량 작업규정」의 공공수준점측량 방법을 준용함을 원칙으로 한다.

(3) 무인비행장치 항공사진 촬영

1) 촬영계획

① 촬영계획은 요구 정밀도, 사용 장비, 지형 형상, 기상여건 등을 고려하여 수립한다.

② 중복도는 촬영 진행방향으로 65% 이상, 인접코스 간에는 60% 이상으로 하며, 지형의 기복이 크거나 고층건물이 존재하는 경우에는 촬영 진행방향으로 85% 이상, 인접 코스 간에는 80% 이상으로 촬영하여야 한다.

구분	평탄한 저지대 지역	매칭점이 부족하거나 높이차가 있는 지역	높이차가 크거나, 고층건물이 있는 지역
촬영 방향 중복도	65% 이상	75% 이상	85% 이상
인접코스 중복도	60% 이상	70% 이상	80% 이상

③ 무인비행장치항공사진의 지상표본거리(GSD)는 「항공사진측량 작업규정」의 축척별 지상표본거리 이내이어야 한다.

④ 촬영대상면적, 촬영고도, 중복도, 비행코스 및 카메라의 기본정보를 무인비행장치 전용 촬영계획 프로그램에 입력하여 이론적 지상표본거리, 촬영 소요시간, 사진 매수 등의 정보를 확인한다.

2) 촬영비행 및 촬영

① 촬영비행은 시계가 양호하고 구름의 그림자가 사진에 나타나지 않는 맑은 날씨에 하는 것을 원칙으로 한다.

② 촬영비행은 계획촬영고도에서 가급적 일정한 높이로 직선이 되도록 한다.

③ 계획촬영 코스로부터의 수평 또는 수직이탈이 가능한 한 최소화되도록 한다.

④ 무인비행장치는 설정된 비행계획에 따라 자동으로 비행함을 원칙으로 한다.

⑤ 노출시간은 촬영계절, 촬영시간대, 기상, 비행속도, 카메라의 진동 등을 감안하여 선명도가 유지되도록 설정하여야 한다.

⑥ 카메라는 가능한 한 연직방향으로 향하여 촬영함을 원칙으로 한다.

⑦ 매 코스의 시점과 종점에서 사진은 최소 2매 이상 촬영지역 밖에 있어야 하며, 대상지역을 완전히 포함하도록 여유분을 두어 사진을 촬영하여야 한다.

3) 재촬영

① 촬영대상지역에 중복도로 촬영되지 않은 지역이 존재하여 측량성과의 제작에 지장을 줄 가능성이 있는 경우

② 촬영 시 노출의 과소, 블러링(Blurring) 등으로 무인비행장치 항공사진이 선명하지 못하여 후속작업에 지장이 있는 경우

③ 적설 또는 홍수로 인하여 지형을 구별할 수 없어 수치도화 또는 벡터화에 지장이 있는 경우

(4) 항공삼각측량

1) 항공삼각측량 작업 방법

① 항공삼각측량은 자동매칭에 의한 방법으로 수행하여야 하며, 광속조정법(Bundle Adjustment) 및 이에 상당하는 기능을 갖춘 소프트웨어를 사용하여야 한다.

② 사용 소프트웨어는 결합점의 자동선정, 결합점의 3차원 위치 계산, 영상별 외부표정요소 계산의 기능을 갖추어야 한다.

③ 지상기준점의 성과는 지상기준점이 표시된 모든 무인비행장치 항공사진에 반영되어야 한다.

2) 조정계산 및 오차의 한계

① 각 무인비행장치 항공사진의 외부표정요소 계산은 광속조정법 등의 조정 방법에 의해서 결정한다.

② 조정계산 결과의 평면위치와 표고의 정확도는 모두「항공사진측량 작업규정」 기준 이내이어야 한다.

③ 결합점이 요구되는 정확도를 만족할 때까지 오류점의 재관측 및 추가관측을 자동 및 수동으로 실시하여 재조정 계산을 실시한다.

(5) 수치표고모델 제작

1) 수치표면자료의 생성

① 무인비행장치 항공사진의 외부표정요소 등을 기반으로 영상매칭 방법을 이용하여 고정밀 3차원 좌표를 보유한 점(점자료)으로 구성된 수치표면자료를 생성한다. 다만, 라이다(LiDAR)에 의한 경우는「항공레이저측량 작업규정」의 작업 방법에 따라 수행할 수 있다.

② 수치표면자료의 높이는 정표고 성과로 제작하여야 한다.

③ 필요에 따라 보완측량을 실시하여 수치표면자료를 수정할 수 있다.

2) 수치지면자료의 제작

① 수치지면자료를 필요로 하는 경우에는 수치표면자료에서 수목, 건물 등의 지표 피복물에 해당하는 점자료를 제거하여 수치지면자료를 제작할 수 있다.

② 필요에 따라 보완측량을 실시하여 수치지면자료를 수정할 수 있다.

3) 수치표면모델 또는 수치표고모델의 제작

① 수치표면모델은 수치표면자료를 이용하여 격자자료로 제작되어야 한다.

② 수치표고모델의 제작이 필요한 경우에는 수치지면자료를 이용하여 격자자료로 제작할 수 있다.

(6) 정사영상 제작

1) 정사영상 제작 방법

① 정사영상의 제작은 수치표면모델(또는 수치표면자료) 또는 수치표고모델(또는 수치지면자료)과 무인비행장치 항공사진 및 외부표정요소를 이용하여 소프트웨어에서 자동생성 방식으로 제작하는 것을 원칙으로 한다.

② 정사영상은 모델별 인접 정사영상과 밝기값의 차이가 나지 않도록 제작하여야 한다.

2) 보안지역 처리

일반인의 출입이 통제되는 국가보안시설 및 군사시설은 주변지역의 지형 · 지물 등을 고려하여 위장처리를 하여야 한다.

(7) 지형 · 지물 묘사

① 무인비행장치 항공사진 또는 수치표면모델 및 정사영상 등을 이용하여 수치도화 또는 벡터화 방법 등으로 지형 · 지물을 묘사한다.

② 수치도화 방법은 무인비행장치 항공사진과 항공삼각측량 성과를 기반으로 수치도화시스템에서 입체시에 의해 3차원으로 지형 · 지물을 묘사하는 방법이다.

③ 벡터화 방법은 연속정사영상과 수치표면모델(또는 수치표고모델) 기반의 벡터화를 통하여 2차원으로 지형 · 지물을 묘사하는 방법이다.

(8) 수치지형도 제작

수치지형도의 제작은「수치지형도 작성 작업규정」을 따른다.

6. 결론

UAV 무인항측은 적은 비용으로 신속하고 정밀한 수치지도 및 정사영상을 취득할 수 있는 최신 기술로서 향후 그 적용성이 크게 증가할 것으로 예상된다. 따라서 성능 및 정확도에 대한 검증은 물론 비행 허가, 절차 및 안전운항 등에 대한 법 · 제도적 장치의 마련이 시급히 요구된다.

15 SAR 영상을 활용한 철도 인프라의 효율적 관리 방안에 대하여 설명하시오.

3교시 5번 25점

1. 개요

도로, 철도와 같은 국가 인프라의 지반침하는 시설물 운영의 안전을 위협하는 위험한 문제이므로, 이러한 국가 인프라에 대한 변화 모니터링은 매우 중요한 업무이다. 현장측량 기반의 침하 모니터링은 특정 지점(Point)에 대한 측량으로 전체 선로 상태를 추정하고 있어 점검의 신뢰성 문제가 제기됨에 따라 전체 선로 구간을 공간 단위로 계측할 수 있는 방법이 필요하다. 최근 선로 전 구간에 대한 미소 변이(수 mm) 탐지가 가능한 SAR 영상을 활용한 철도 인프라의 효율적 관리 방안이 대두되고 있어 이 방안을 중심으로 기술하고자 한다.

2. InSAR(Interferometry Synthetic Aperture Radar) 영상처리 및 활용

(1) InSAR(Interferometry Synthetic Aperture Radar) 영상의 개요

① 지반 침하 관측에 사용되는 레이더 간섭기법으로는 Differential InSAR 기법, Permanent Scatter InSAR 기법, SBAS 기법 등이 있다.

② Permanent Scatter InSAR란 고정 산란체를 이용하여, 최소 16장 이상의 영상을 비교하고 시계열 지표 변위를 얻는 기법을 말한다. 고정 산란체란 레이더 영상 내에서 안정된 신호를 제공하는 물체를 말한다.

③ SBAS(Small BAseline Subset)란 PS-InSAR 기법이 지닌 공간적 비상관화를 극복하기 위하여 비교적 짧은 수직 기선을 지니는 차분 간섭도만을 사용하여 지표 변위를 관측하는 기법이다.

(2) InSAR(Interferometry Synthetic Aperture Radar)

1) InSAR 기법

① Interferometry SAR 기법은 위성의 영상을 통해, 그 반사된 파를 수신하여 얻어지는 값으로 위상차를 구하고, 그 값으로 지표면의 변위를 관측하는 기술을 말한다.

② SAR는 영상을 분석하는 소프트웨어를 통하여, 좌푯값인 지오코드(Geocode)까지 얻는 과정을 말한다.

③ InSAR는 위상 차분 간섭도를 구현하고, 긴밀도(Phase Interferogram)를 생성하며, 라디안으로 표현되는 위상차를 mm로 바꾸는 Unwrap Mask(마스크를 벗겨내는) 과정을 거치고, 대기의 영향을 보정하는 작업을 한다.

2) InSAR의 영상 처리

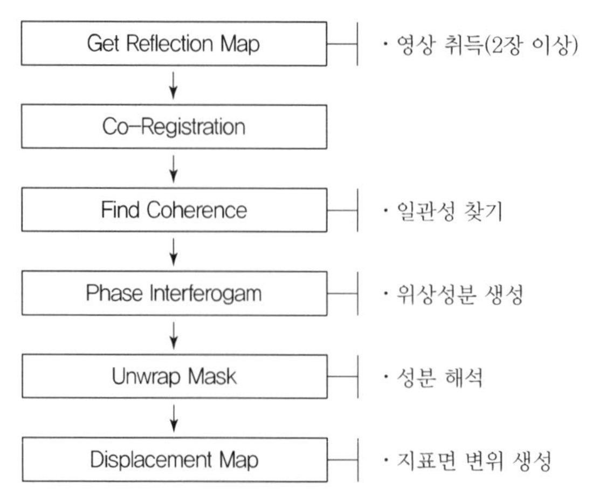

[그림 1] InSAR 영상 처리의 흐름도

3) Reflectivity Map

① SAR 영상

• SAR 영상은 극초단파(Microwave)를 발사하는 방식이므로 전파의 반사가 매우 중요하다.

• 철제구조물, 아스팔트, 건물 등은 반사강도가 매우 높고 산악지형, 농경지역 등은 반사강도가 상대적으로 낮다.

• 반사강도는 SAR 센서의 밴드(Band) 주파수에도 영향을 미친다.

② SAR 센서의 파장

• 파장은 L-밴드(15~30cm), C-밴드(3.75~7.5cm), X-밴드(2.4~3.75cm) 등을 이용한다.

• 주파수가 짧을수록 반사율이 높아지고 길수록 투과율이 높아지는 특성이 있다.

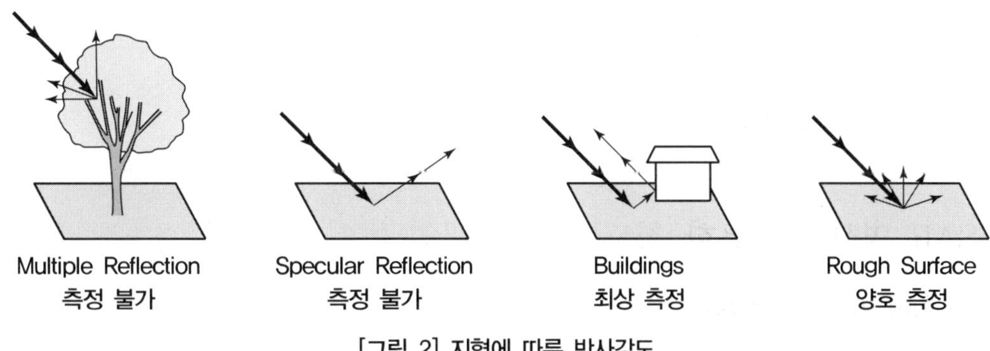

[그림 2] 지형에 따른 반사강도

4) Coherence

① InSAR는 시간의 이격이 존재하는 두 촬영 영상을 대상으로 수행한다.

② 시간의 이격이 있어도 촬영한 지역의 변화가 적을 경우 긴밀도가 높다.

5) Phase Interferogram

① 두 장의 반사율 영상을 간섭하여 위상성분을 생성하게 되는데 이를 Phase Interferogram이라 한다.

② $x(t) = A\cos(\omega t + \Phi)$ A : 진폭, ω : 각도, Φ : 위상각

③ Phase Interferogram은 각도의 단위인 radian으로 표현되며 마스크를 벗겨내는 과정을 통해 정밀한 지표변위를 생성한다.

(3) SAR 영상의 활용

① 지형의 표고변화, DEM 추출 및 지표 변화량 탐지

② 시계열 모니터링 기반 도심지역 주요 건물 지반침하 및 미세변위 관측

③ 화산, 지진과 같은 재난에 대한 분석기능 및 대응 역량 강화

3. 철도 인프라 관리현황

(1) 자격요건을 갖춘 기술자가 유지관리계획에 따라 점검을 수행

(2) 유지관리 목적의 현장 계측

① 정밀수준측량은 계측 정확도가 높으나 광범위한 선로 모니터링에는 효용성이 떨어짐

② 진동가속도계(센서) 등 활용의 한계

③ 현장계측은 현장 조사자 중심의 외관 조사 및 재료시험에 따른 결과의 검토 · 분석을 통해 진단계측

4. 철도 인프라 관리의 문제점 및 SAR 활용의 필요성

(1) 문제점

① 안전점검 방식과 그에 따른 비용(시간/인력)이 많이 소요됨

② 안전진단의 신뢰성 확보가 어려움

(2) SAR 활용의 필요성

① 기존의 현장점검 방식은 특정 지점만을 점검하는 방식임에 반해 SAR 영상의 활용은 전 구간에 대한 미소 변이 탐지 가능

② 기존 방식은 철도 운행이 멈춘 새벽 시간만 점검하므로 시간적 제약과 많은 인력 및 비용 소요

③ SAR 영상은 주 · 야간, 기후조건에 영향 없이 데이터 취득과 분석을 통한 변이 분석 가능

④ 정부가 추진 중인 센서와 데이터 기반의 디지털 트윈과 연계

5. SAR 영상을 활용한 철도 인프라 관리 방안

(1) SAR 영상 활용 기본방향

① SAR 영상 특성 활용

② SOC 디지털화 및 디지털 트윈과 연계

(2) SAR 영상을 활용한 철도 인프라 관리 방향

1) SAR 영상을 활용한 변이 관측 적용성 실증

① 철도 인프라 변이 모니터링체계 구축

② 철도 관련 재난과 재해에 즉시 대응 필요

2) 철도 인프라 관리의 자동화 기술개발

① SAR 영상기반 변이 상시모니터링시스템 개발을 위한 SAR 영상 처리 자동화, 변이 분석 및 탐지 자동화 관련 기술

② 3차원 라이다(LiDAR) 스캐닝 기술 도입 등 SAR 영상의 취약점을 보완하는 기술

3) 제도 개선

신기술의 등장, SOC 디지털화와 디지털 트윈 등을 접목하기 위해 관련 법률 개선

6. SAR 영상을 활용한 철도 인프라 관리의 기대효과

(1) 정부의 한국판 뉴딜 종합계획에 따른 국민 안전 SOC 디지털화

(2) 현장 중심의 아날로그 방식에서 첨단 영상 레이더(SAR) 기반의 국가 인프라 디지털화

(3) 현장 작업자의 안전 향상과 시간 절약, 미소 변이에 대한 전 구역적 조사 가능

(4) 안전 점검의 신뢰도 향상과 정부의 예산 절감

(5) SAR 영상의 특 · 장점 활용으로 재난 · 재해나 도시문제 등 국토 관리 전반에 적용 가능

7. 결론

정부는 한국판 뉴딜 종합계획에서 SOC 디지털화를 10대 대표과제로 선정, 국민 생활의 안전과 편의를 제공하고, 4대 분야 핵심 인프라의 스마트 디지털 관리체계 구축을 통한 운영 · 관리와 서비스 효율화를 추진하고 있다. 디지털 뉴딜 시대에 현장 조사와 같은 아날로그 방식에 의한 철로, 철로 교량 등 선형 국가 인프라의 유지관리 문제점 해결을 위해 SAR 영상을 활용해 현장조사를 최소화함으로써 유지관리 소요시간과 비용을 절감하고 국민 안전을 위하여 SAR 영상과 같은 새로운 기술이 실질적으로 도입될 수 있도록 제도적 개선이 필요하다.

16 해저 물체 탐지를 위한 IHO S-44 표준에 따른 4가지 등급의 적용 해역, 탐사 요구사항을 설명하시오.

3교시 6번 25점

1. 개요

수로측량은 국제수로기구(IHO) 수로측량기준(S-44)에서 정하는 등급으로 나누며, 등급의 분류기준은 국제수로기구에서 항해의 안전성을 향상시키기 위하여 제작된 기준 중 하나로서 주로 해도 제작에 사용되는 자료를 수집하기 위한 수로측량 수행에 필요한 기준으로 적용하여야 한다.

2. IHO S-44 표준에 따른 4가지 등급

(1) 특등급(Special Order)
(2) 1a등급(Order 1a)
(3) 1b등급(Order 1b)
(4) 2등급(Order 2)

3. IHO S-44 표준에 따른 4가지 등급의 적용 해역

(1) 특등급(Special Order)

① 측량 등급 중에서 가장 정밀한 등급으로 선저통과(Under-Keel Clearance) 수심이 중대한(Critical) 해역
② 묘박지, 항만, 항행수로 등의 중대한 해역

(2) 1a등급(Order 1a)

① 통행할 것으로 예상되는 선박 항행의 형태를 고려하여 수심이 얕은 해역의 해저에 자연적 또는 인공적인 물체(Features)가 있는 곳
② 수심 100m보다 얕은 해역

(3) 1b등급(Order 1b)

① 통행할 것으로 예상되는 선박 항행의 형태를 고려하여 해저면의 일반적인 묘사가 이루어지는 100m보다 얕은 해역
② 선저통과 수심이 고려되지 않는 곳

(4) 2등급(Order 2)

① 해저면의 일반적인 묘사가 충분히 고려되는 수심의 해역
② 100m보다 깊은 지역

4. IHO S-44 표준에 따른 탐사 요구사항

(1) IHO S-44 표준의 수심측량 검사 항목

① 수심 수평위치(THU)
② 수심 수직위치(TVU)

③ 물체 탐지
④ 물체 탐색
⑤ 측심 간격
⑥ 고정된 시설물의 위치
⑦ 해안선 위치
⑧ 부유 시설물의 평균 위치

(2) IHO S-44 표준의 수심측량 최소 기준

구분	특등급	1a등급	1b등급	2등급
THU	2m	5m+수심의 5%	5m+수심의 5%	20m+수심의 5%
TVU	a=0.25m, b=0.0075	a=0.5m, b=0.013	a=0.5m, b=0.013	a=1m, b=0.023
물체 탐지	1m 이하	1m 이하	-	-
물체 탐색	필요시	필요시	필요시	필요시
측심 간격	전체 가능범위	전체 가능범위	수심의 3배	수심의 4배
고정물	2m	2m	2m	5m
해안선	10m	20m	20m	20m
부유시설	10m	10m	10m	20m

(3) 수심의 수직불확실도(TVU)

$$TVU = \pm\sqrt{a^2 + (b \times d)^2}$$

여기서, a : 수심에 따라 변하지 않는 부분
b : 수심의 변화에 따라 나타나는 부분
d : 수심
$b \times d$: 수심의 변화에 따른 불확실도(Uncertainty)의 부분을 표현

6. 결론

수로측량기준(S-44)은 국제수로기구(IHO)에서 개발한 표준으로 수로측량은 일반적으로 선박에서 사용할 해도 편집을 목적으로 하고 있다. 국제수로기구는 1968년 1st Edition 출간 이후 2008년 5th Edition 업데이트하였으며 2017년 6th Edition 업데이트를 실시함에 따라 우리나라는 2020년 5th Edition을 기준하였으며, 2021년 3월 31일부터 6th Edition을 기준으로 「수로측량 업무규정」을 수정하여 시행하고 있다.

17 공간정보 기반의 재난 대비 지능형 시설물 모니터링체계 구축 및 활용 방안에 대하여 설명하시오.

4교시 5번 25점

1. 개요

「재난관리에 의한 특별법」에 따라 장대교량(예 : 인천대교, 서해대교 등) 및 초고층 복합건축물은 시설물의 변위상태 측정을 위해 정밀센서와 관련 시스템 등을 구축하여 개별 시설물 단위의 모니터링 시스템을 구축하고 있으나, 전국의 건축 시설물에 대해서는 기상, 측정 방법, 비용, 상시관측의 어려움으로 실시간 통합 모니터링체계가 미흡한 실정이다. 이에 일반적인 건축 시설물에 대한 변동 현황을 실시간 관리할 수 있도록 범용적인 센서를 활용한 공간정보 기반의 실시간 재난대응 통합 모니터링체계를 확립함으로써 시설물의 안전 확보 및 국민에게 안심 정보를 제공하고자 한다.

2. 지능형 시설물 모니터링체계의 정의 및 필요성

(1) 정의

공공 · 민간 시설물의 거동과 상태를 실시간 측정 · 모니터링하여 안전 · 안심정보를 생산 · 공유함으로써 효과적인 대응을 유도하고 붕괴재난 · 불안으로부터 국민을 보호하는 체계이다.

(2) 필요성

모든 시설물은 시간경과에 따라 노후화되어 사용한계를 초과하여 활용하는 경우 지속적인 유지보수와 안전성에 대한 모니터링을 필요로 한다.

① 재난위험시설로 분류되는 노후시설물의 증가
② 건설공사 시행 중 발생하는 건설 가시설 붕괴사고
③ 경주지역의 지진 등 재난발생 후 시설물의 내구성 저하로 인한 붕괴위험 증대
④ 노후화된 대형 산업시설 붕괴로 인한 유해화학물질 유출
⑤ 폭설 및 집중호우로 인한 시설물 취약성 증대 등 시설물 붕괴사고 위험 증대

3. 지능형 시설물 모니터링 체계의 구축

(1) 대상

적용대상 시설물	위험성
노후 시설물	• D등급 시설물 : 주요 부재에 손상이 발생한 시설물 • E등급 시설물 : 주요 부재에 심각한 손상이 발생한 퇴거대상 시설물
특수지역 시설물	• 지진발생지역 내에 위치한 내구성 손상 시설물 • 폭설, 폭우 등 이상 기상현상 발생지역 내에 위치하여 붕괴위험이 증대된 시설물 • 지하철 공사 등 지반공사지역 인근의 시설물
대형 산업시설	• 유해화학물질 취급 플랜트 시설로서 파괴 시 주변에 유출재난 유발 • 크레인 등 대형 시설로서 전도 시 인근지역에 추가적인 붕괴재난 유발
건설공사 가시설	• 거푸집, 동바리 등 콘크리트 시설물 조성 부재로서 붕괴 시 현장 작업자의 생명 위협 • 가교, 작업대 등 작업을 위해 임시적으로 설치한 시설물로서 붕괴 시 현장 작업자의 생명 위협
다중이용 건축물 및 공공 시설물	• 상가, 편의시설, 행정시설 등이 밀집된 건축물로서 많은 이용자의 안전 확보를 위해 노후화 정도에 상관없이 상시 모니터링 필요

(2) 주요 측정 항목

측정 대상 데이터	설명
시설물 자세 변화	• 부등침하로 인한 시설물의 기울어짐 • 구성부재의 변형으로 인한 시설물의 기울어짐
탄성 구조물의 진동 특성	• 손상된 건물의 진동 폭과 주기 이상 • 사용성 평가 기준을 초과하는 교량의 과대한 진동 • 다양한 내 · 외력에 대한 반응변위의 이상
침하 · 변형	• 침하에 의한 시설물 변형 • 노후화로 인한 시설물 부재의 영구 변형 • 외력의 급격한 변화로 인한 이상 변형
균열 등 시설물 외관 상태 변화	• 허용기준을 초과하는 균열의 폭 변화 • 시설물 표면에 발생하는 박락, 백태 등 이상 현상의 진행 현황

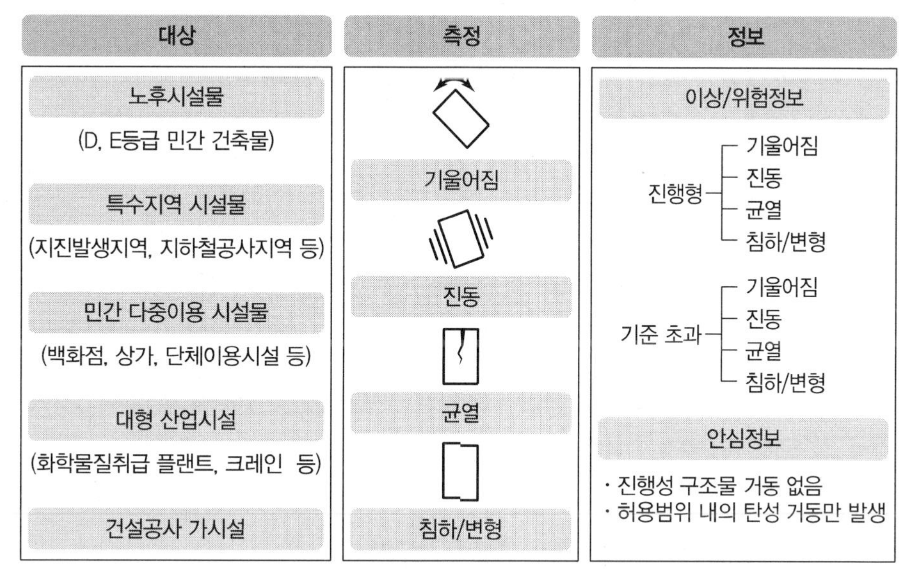

[그림 1] 지능형 시설물 모니터링체계의 대상과 측정 및 정보

(3) 지능형 시설물 모니터링체계 기술

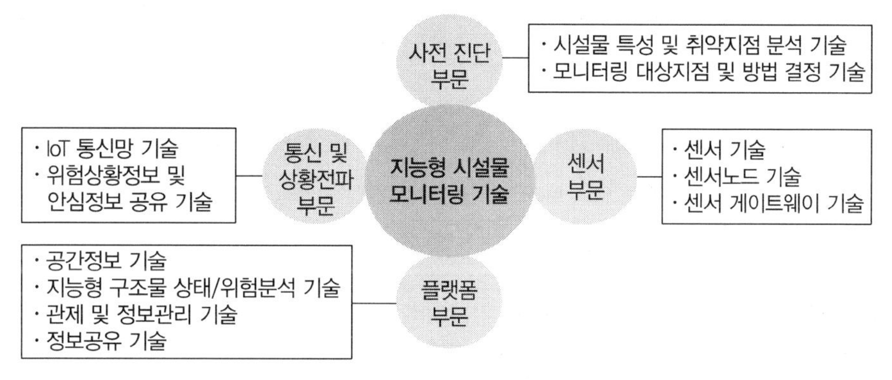

[그림 2] 지능형 시설물 모니터링 기술

① 센서 부문

시설물의 상태를 감지 분석할 수 있는 장치제작 기술로 직접 피측정 대상에 접촉하거나 그 가까이서 데이터를 알아내어 필요한 정보를 신호로 전달하는 장치를 총칭해서 센서(감지기)라 하는데 시설물의 자세 변화, 진동특성, 변형과 같은 상태정보를 감지할 수 있으며 지능형 시설물 모니터링시스템을 구성하는 핵심기술이라고 할 수 있다.

② 플랫폼 부문

시설물 모니터링 작업을 종합적으로 관제하고 정보를 취합 · 분석하며, 시설물 안전정보를 생산 · 공유하는 역할을 담당한다. 플랫폼 부분을 구성하는 기술을 정리하면 다음과 같다.

구성 기술	내용
공간정보 기술	• 상황(기상, 이벤트) 기반 붕괴재난 위험지역 도출 • 상황 및 이력 · 관리정보 기반 위험 시설물 분석 • 위치 기반 안전 · 안심정보 공유
위험분석 기술	• 센서 데이터 기반 시설물 유형별 위험 맥락(Context) 분석 • 실시간 센서 모니터링 정보 분석에 의한 시설물 위험도 진단 • 장기 센서 모니터링 정보 분석에 의한 구조물 위험도 진단
관제 기술	• 대량 센서 노드 데이터의 신속한 수집 • 수집된 데이터의 효율적인 저장과 관리 • 센서 노드를 통한 센서 제어 및 모니터링 특성 설정 • 실시간 센서 상태 모니터링 및 문제 발생 시 원인 분석
정보공유 기술	• 상황 · 위치기반 시설물 상태 및 이력정보 공유 • 위치기반 시설물 위험정보 전파

③ 통신 및 상황전파 부문

구성 기술	내용
사물인터넷 통신망 기술	• 저전력, 저용량 통신망(Lora, NB-IoT, Sigfox 등)에 적합한 저가형 통신망 기술
상황전파 기술	• 감지된 위험정보를 App., SMS 등을 통해 관련 시민에게 전파 • 안심정보를 다양한 매체를 통해 시민에게 전파

④ 사전 진단 부문

모니터링 대상 시설물의 취약점을 파악하여 예상되는 위험 거동 시나리오를 설정하고 센서노드 부착지점과 센서의 종류를 결정하는 기술들로 구성된다.

4. 지능형 시설물 모니터링체계의 활용 방안

(1) 시설물 모니터링체계 구축 활용을 위한 법제화 방안 마련

관련 법으로는 「국가공간정보기본법」 · 「공간정보산업진흥법」 · 「시설물 안전관리에 관한 특별법」 등이 있으며, '실시간 감지'에 대한 용어의 정의, 정기점검의 개념에서 확장된 상시점검의 개념 도입을 위해 시설물의 상태를 실시간으로 파악하기 위한 법적 근거 항목을 신설하는 방안을 제시한다.

(2) 지능형 시설물 모니터링 성과물을 기반으로 다부처 지원연계 실용화 방안 서비스 분석

재난 발생에 따른 공간정보 기반의 통합 모니터링 정보를 기반으로 행정안전부, 산업통상자원부, 보건복지부, 국방부 등 다부처와 연계한 실용화 서비스 실현 방안을 제시한다.

(3) 지능형 시설물 모니터링 서비스 모델별 활용서비스 성과 분석 및 검증 방안 제시

건축시설물 중요도 기준의 지능형 시설물 모니터링 대상에 대한 요소기술 성과 분석 및 검증 방안으로 위험도 평가 및 고위험도 건축 시설물을 선정하여 건축 시설물별 계측 데이터를 분석한다. 데이터베이스를 중심으로 변위해석 모델링 시뮬레이션을 통해 변위성능 평가를 수행하며, 건축 시설물 상호 간의 시간적 · 공간적 분석 및 계측 결과의 상관관계 분석 · 검증을 수행한다.

5. 결론

고층빌딩 공사현장에서 발생한 붕괴사고, 노후화된 건물 기둥의 균열로 싱크홀 발생, 붕괴 우려 등 최근 발생한 대형 재난사고 피해를 줄이기 위해 전국 규모의 지능형 시설물 모니터링체계를 정립하고, 이를 고도화하여 국민의 생명과 시설물의 안전을 확보해야 한다. 또한, 건축시설물의 중요도 기준에 따라 우선 적용할 필요가 있는 시설물을 모니터링하여 향후 발생 가능성이 있는 재난을 예방 · 대비해야 할 것으로 판단된다.

18 저개발국가의 국가공간정보인프라(NSDI) 구축 시 고려해야 할 사항에 대하여 설명하시오.

4교시 6번 25점

1. 개요

공간정보는 국토 균형개발 및 국가 경제발전의 토대가 되는 국가 기초 인프라로, 인구의 폭발적인 증가와 급속한 도시화가 진행되고 있는 개발도상국에는 체계적인 국토관리 및 경제발전을 위해 국토공간 개발사업을 통한 인프라 구축이 시급히 요구되고 있다. 실제로, 캄보디아를 비롯한 베트남, 라오스, 몽골 등의 저개발 국가들은 물리적 인프라 시설뿐만 아니라 공간정보인프라의 구축에 많은 관심을 가지고 있으며, 이는 공간정보 구축 및 활용의 수요가 창출되어 개발도상국에 공간정보시장이 형성될 것으로 예상된다. 국가공간정보인프라 구축은 국제사회에서 한국의 위상을 높이고, 국내 공간정보기업의 해외 진출 가능성을 높일 수 있는 기회가 될 것이다.

※ 저개발국가 : 선진국에 반대되는 개념으로, 산업 발달이 거의 이루어지지 않은 국가를 말하며, 후발개발도상국 등의 용어로도 통용된다.

2. 개발도상국의 공간정보 구축 및 활용 현황

공간정보 활용 현황	공간정보인프라 구축 현황
• 공간계획 보유 여부 −30개 국가 모두 1개 이상의 공간계획을 보유함 • 주요 정책현안 −인프라(철도/교통) 관련 공간정보 활용 잠재수요가 가장 높으며, 다음으로 자원탐사, 에너지, 농업, 관광수요가 높음 • 공공 부문 공간정보 활용시스템 구축 −도로/수자원/주택/토지업무 등 공공행정업무 관련 활용시스템 구축 −ArcGIS 같은 상용 SW와 함께 오픈소스를 사용함 −비용은 원조자금(아시아개발은행 및 양자 원조금)을 활용함	• 공간정보인프라(SDI) 계획 −30개 국가 중 45%가 SDI 계획 보유 • SDI 법 · 제도 보유 여부 −7개 상세조사 대상국은 모두 법 · 제도를 보유함 • 원조자금(아시아개발은행 및 양자원조금) 사용 • 국가공간정보 구축 −13개 국가가 전군 단위의 소축척(5만∼1백만) 수치지형도 구축 −비정기적 갱신 • 인력 양성 −28개 국가가 공간계획 관련(도시계획, 토목 등) 학과 보유

(1) 공간정보인프라 구축에 소요되는 비용은 아시아개발은행 등의 원조자금 등을 활용하므로 자국예산 확보가 어려움

(2) 공간정보인프라의 한 요소인 국가공간정보는 소축척 5만∼1백만분의 1을 사용하고 있으며, 갱신주기는 10년 이상으로 비정기적

(3) 공간정보 관련 DB나 시스템을 구축할 때 자국 기술보다는 해외 상용소프트웨어나 오픈소스소프트웨어를 사용

3. 국가공간정보인프라

(1) 개발도상국의 공간정보 활용 루프

공간정보인프라 구축환경에 투자할 수 있는 여력이 낮아 공간정보인프라 구축 수준이 낮아지는 현상을 반복하는 악순환체계를 형성한다. : 낮은 국민소득 → 공간정보인프라 구축투자 재원 부족 → 공간정보인프라 구축환경 열악 → 낮은 공간정보인프라 구축 수준 → 낮은 공간정보 활용 수준 → 문제해결의 비효율성 → 낮은 문제해결 수준 → 낮은 국가경제 성장 → 낮은 국민소득

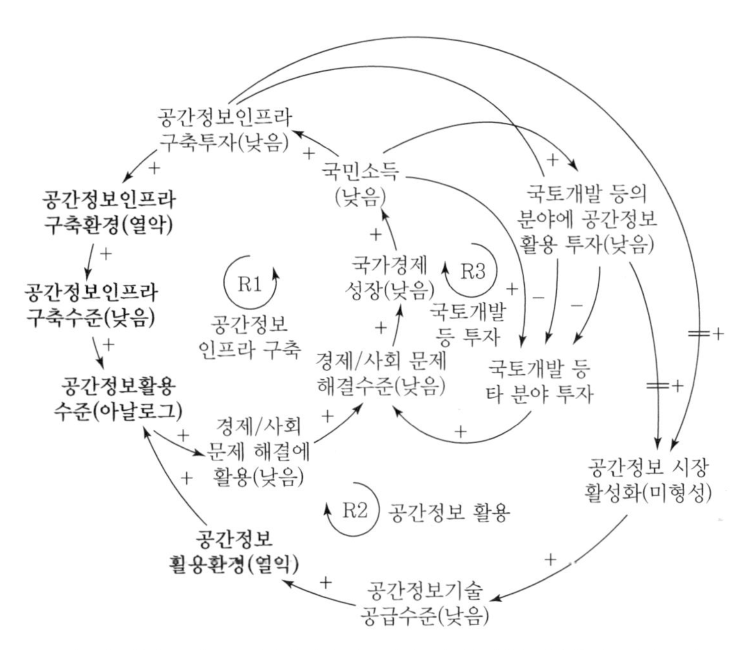

[그림 1] 개발도상국의 공간정보인프라 구축 및 활용 현황 인과루프지도

(2) 개발도상국 시장을 선순환 구조로 전환

악순환체계를 선순환체계로 전환하기 위해 외부의 투입이 필요하며 외국이나 국제기구의 지원을 통해 공간정보 구축 및 활용 환경을 개선시킴으로써 가능해진다.

① 개발도상국의 공간정보 구축 및 활용의 메커니즘이 작동되고, 해당 국가의 공간정보시장이 형성되어야 한다.
② 이를 위해 우선 개발도상국의 공간정보 구축 및 활용의 열악한 환경이 개선되어야 한다.
③ 이를 위해 국내 공간정보기업은 개발도상국의 열악한 환경을 개선시키는 데 기여할 수 있는 방안을 가지고 있어야 한다.

(3) 환경개선전략

환경개선 방안 도출은 경제, 사회, 기술, 정책 등 다양한 관점에서 접근되어야 한다.

① 개발도상국의 공간정보 수요특성 파악이 필요하다(개발도상국의 현황과 환경 등).
② 공간정보 구축 및 활용의 활동은 법 · 제도에 의해 규제되고 있으므로 개발도상국의 공간정보정책의 주요 요소 파악이 필요하다.
③ 개발도상국의 공간정보시장에 진출하기 위해 열악한 환경을 개선시킬 수 있는 방안이 필요하다.
④ 개발도상국의 수요 특성에 우리나라의 공간정보 기술, 지식 등을 체계화하여 접목하는 방법이 필요하다.

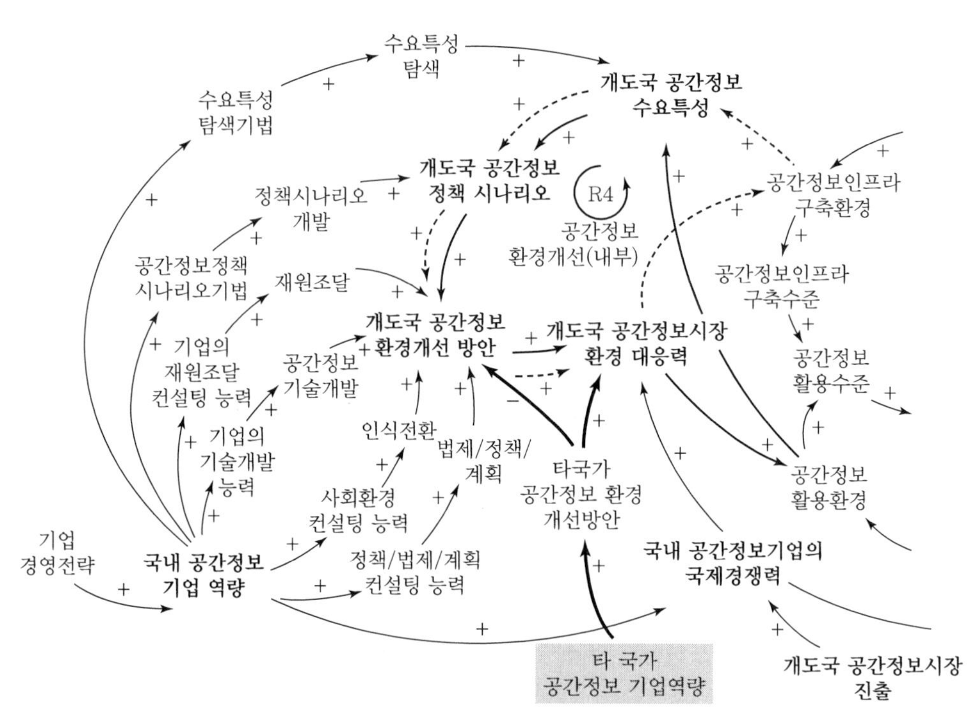

[그림 2] 개발도상국의 공간정보 구축 및 활용 환경개선전략 인과루프지도

4. 국가공간정보인프라 구축 시 고려사항

(1) 저개발국가의 공간정보화 현황 및 정책추진능력에 적합한 구축방향 수립

① 정보통신인프라 구축률이 낮고, 응용소프트웨어, 정보활용능력, 저작권 확립 등 정보화의 모든 측면에서 열악한 상황 고려

② 2단계 구축과정

- 1단계 : 정보통신인프라와 기본공간정보의 구축, 인력 양성 등 기반 확보
- 2단계 : 1단계의 기반을 활용하는 국가공간정보인프라의 단계적 구축

(2) 저개발국가의 경제 수준 및 주요 산업에 적합한 구축방향 수립

① 대외원조와 해외투자가 경제에서 차지하는 비중이 높아 예산 책정이 어려움

② 자체적인 추진역량을 확보하기 위해 자국 산업(예 : 관광, 농림어업 등)에 공간정보를 활용할 수 있도록 고려

(3) 저개발국가의 중앙부처 간 관계, 중앙부처-지방부처 간 관계에 적합한 추진체계 구성

① 조직 간 권한과 업무 분장을 명확히 하여 부처 간 갈등을 최대한 억제

② 이관이 가능한 업무는 지방부처로 이관하여 지방정부의 국가공간정보 활용 및 정보화 역량 제고

(4) 저개발국가의 향후 변화 고려

① 경제 및 사회변화를 반영한 계획 수립 : 대외원조의 비중이 높은 경우 자체 재원조달 방안, 지속적인 협력체계 구축에 중점을 두고 계획 수립

② 공공수요뿐만 아니라 민간수요 변화(증가)를 반영한 계획 수립

5. 결론

저개발 국가를 대상으로 한 국가공간정보인프라 구축 지원은 우리나라의 국격을 제고할 수 있는 기회인 동시에, 국가공간정보 역량의 해외 수출을 통한 국부 창출에도 기여할 수 있으므로 저개발국가 맞춤형 사전대응전략이 필요할 것으로 판단된다.

제3장 128회 측량 및 지형공간정보기술사 문제 및 해설

2022년 7월 2일 시행

분야	건설	자격 종목	측량 및 지형공간정보기술사	수험 번호		성명	

구분	문제	참고문헌
1 교시	※ 다음 문제 중 10문제를 선택하여 설명하시오. (각 10점)	
	1. 세밀도(LoD : Level of Detail)	1. 포인트 8편 참고
	2. 라이넥스(RINEX : Receiver Independent Exchange Format)	2. 포인트 5편 참고
	3. 초장기선간섭계(VLBI : Very Long Baseline Interferometry)	3. 포인트 2편 참고
	4. 편위수정	**4. 모범답안**
	5. 디지털 트윈(Digital Twin)	**5. 모범답안**
	6. ITRF2020(International Terrestrial Reference Frame 2020)	6. 포인트 2편 참고
	7. 수치표고모형(DEM)과 수치표면모형(DSM)	7. 포인트 6편 참고
	8. 수로기준점의 종류	**8. 모범답안**
	9. 다중분광(Multispectral) 및 초분광(Hyperspectral) 영상	**9. 모범답안**
	10. 최소제곱법(Least Square Method)	**10. 모범답안**
	11. 클로소이드(Clothoid) 곡선	**11. 모범답안**
	12. 조석 관측 방법	12. 포인트 10편 참고
	13. 슬램(SLAM : Simultaneous Localization And Mapping)	**13. 모범답안**
2 교시	※ 다음 문제 중 4문제를 선택하여 설명하시오. (각 25점)	
	1. 노선측량에 사용되는 곡선의 종류별 특징에 대하여 설명하시오.	**1. 모범답안**
	2. 최근 "2025 국가위치기준체계 중장기 기본전략 연구(국토지리정보원)"에 의한 정표고체계 전환에 따른 표고의 종류, 정표고 결정이론과 정규 정표고와의 차이점에 대하여 설명하시오.	**2. 모범답안**
	3. 현재 운영 중인 한국형 다목적 실용위성인 KOMPSAT(Korea Multi－Purpose SATellite)의 체계와 지도제작에서의 활용방안에 대하여 설명하시오.	**3. 모범답안**
	4. 디지털 항공사진측량에서 영상정합(Image Matching) 방법에 대하여 설명하시오.	4. 포인트 6편 참고
	5. 오차의 종류에 대하여 설명하시오.	5. 포인트 3편 참고
	6. 음향측심 기반의 수심측량 원리와 작업공정에 대하여 설명하시오.	**6. 모범답안**
3 교시	※ 다음 문제 중 4문제를 선택하여 설명하시오. (각 25점)	
	1. 최근 건설 중인 대심도 지하터널 측량 방법과 3차원 지하공간통합지도의 효율적 구축방안에 대하여 설명하시오.	**1. 모범답안**
	2. 드론 영상을 이용하여 DSM(Digital Surface Model)을 자동 제작하는 알고리즘과 작업과정에 대하여 설명하시오.	**2. 모범답안**
	3. 항공 및 드론 라이다(LiDAR)측량 시스템의 구성요소 및 특징을 비교 설명하시오.	3. 포인트 6편 참고
	4. 초분광(Hyperspectral) 영상에서 파장대(밴드)의 차원축소 방법 및 변환기법에 대하여 설명하시오.	**4. 모범답안**
	5. 도시개발사업 시행구역에 수용되는 토지에 대한 용지측량에 대하여 설명하시오.	**5. 모범답안**
	6. 측지좌표계와 지심좌표계에 대하여 구성요소, 특징, 용도 등을 비교하고, 상호변환을 위한 조건에 대하여 설명하시오.	6. 포인트 2편 참고
4 교시	※ 다음 문제 중 4문제를 선택하여 설명하시오. (각 25점)	
	1. 스마트건설에 필요한 3차원 공간정보 구축을 위한 측량의 역할에 대하여 설명하시오.	1. 포인트 9편 참고
	2. 항공사진측량 및 위성기반 영상취득체계에 대하여 설명하시오.	2. 포인트 6편 참고
	3. 도심지의 대규모 지하 터파기 공사현장에서 지중 및 지반 변위 측정을 위한 측량 방법에 대하여 설명하시오.	**3. 모범답안**
	4. 초고층 건축물과 비정형 건축물의 증가로 건축물 내부의 위치정보 필요성이 높아짐에 따른 실내공간정보 구축 방법에 대하여 설명하시오.	4. 포인트 8편 참고
	5. 전지구위성항법시스템(GNSS) 측량에서 위성의 기하학적 배치에 따른 정밀도 저하율(DOP : Dilution Of Precision)에 대하여 설명하시오.	5. 포인트 5편 참고
	6. 수치표고모형(DEM)의 격자형(Grid)과 불규칙삼각망(TIN)에 대하여 비교 설명하시오.	6. 포인트 6편 참고

NOTICE 본 측량 및 지형공간정보기술사 문제 및 해설 중 참고문헌의 《포인트》는 예문사 출간 《포인트 측량 및 지형공간정보기술사》임을 알려드립니다.

01 편위수정(Rectification)

1교시 4번 10점

1. 개요

1930년대부터 1970년대 중반에 이르기까지는 주로 광학적 편위수정 방법에 의해 정사투영사진이 제작되었다. 1970년 말부터 항공사진을 스캐닝한 후 수치고도모형을 이용하여 정밀 수치 편위수정 방법으로 기복변위를 소거함으로써 점차 수치 편위수정 방법으로 변화하게 되었다.

2. 광학적 편위수정(기계법)

촬영 당시의 경사와 축척을 바로 수정하여 축척을 통일하고 변위가 없는 연속 사진으로 수정하는 작업으로써 편위수정기가 사용되며, 일반적으로 4개의 표정점이 필요하다.

3. 정밀 수치 편위수정

정밀 수치 편위수정은 인공위성이나 항공사진에서 수집된 영상자료와 수치고도모형자료를 이용하여 정사투영사진을 생성하는 방법으로 수치고도모형 자료가 입력용으로 사용되는가, 출력용으로 사용되는가의 구분에 의해 직접법과 간접법으로 구분된다. 즉, 중심투영에서 발생할 수 있는 왜곡을 제거하여 정사투영 영상을 갖도록 재처리하는 작업이다.

(1) **직접법**(Direct Rectification)

직접법은 주로 인공위성 영상을 기하보정할 때 사용되는 방법으로 지상좌표를 알고 있는 대상물의 영상좌표를 관측하여 각각의 출력 영상소의 위치를 결정하는 방법이다. 직접 편위수정을 적용하기 위해 공선조건식을 이용하여 다음과 같이 정리할 수 있다.

$$X=(Z-Z_0)\frac{m_{11}(x-x_0)+m_{12}(y-y_0)+m_{13}f}{m_{31}(x-x_0)+m_{32}(y-y_0)+m_{33}f}+X_0$$

$$Y=(Z-Z_0)\frac{m_{21}(x-x_0)+m_{22}(y-y_0)+m_{23}f}{m_{31}(x-x_0)+m_{32}(y-y_0)+m_{33}f}+Y_0$$

여기서, $X,\ Y,\ Z$: 지상좌표

$X_0,\ Y_0,\ Z_0$: 촬영점의 위치(투영중심)

$x,\ y$: 상좌표

$x_0,\ y_0$: 상좌표의 중심좌표

f : 초점거리

$m_{11},\ m_{12},\ \cdots$: 회전행렬요소

(2) **간접법**(Indirect Rectification)

간접법은 수치고도모형자료에 의해 출력 영상소의 위치가 이미 결정되어 있으므로 입력 영상에서 밝기값을 찾아 출력 영상소 위치에 나타내는 방법으로 항공사진을 이용하여 정사투영영상을 생성할 때 주로 이용된다. 간접 편위수정을 위한 식은 다음과 같다.

$$x = x_0 - f\frac{m_{11}(X-X_0)+m_{12}(Y-Y_0)+m_{13}(Z-Z_0)}{m_{31}(X-X_0)+m_{32}(Y-Y_0)+m_{33}(Z-Z_0)}$$

$$y = y_0 - f\frac{m_{21}(X-X_0)+m_{22}(Y-Y_0)+m_{23}(Z-Z_0)}{m_{31}(X-X_0)+m_{32}(Y-Y_0)+m_{33}(Z-Z_0)}$$

(3) 정밀 수치 편위수정 방법

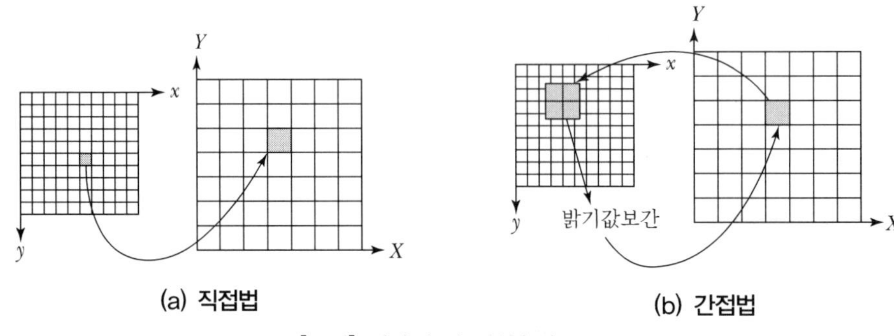

[그림] 정밀 수치 편위수정

(4) 정밀 수치 편위수정 과정에서 제거되는 오차

① 영상의 내부표정오차

② 지형의 기하학적 왜곡

③ 센서의 자세에 의한 오차

02 디지털 트윈(Digital Twin)

1교시 5번 10점

1. 개요

4차 산업혁명과 관련된 개념의 하나인 디지털 트윈(Digital Twin)은 실제로 존재하는 사물과 똑같은 쌍둥이를 가상의 공간에 만들어 내는 마법 같은 기술을 말한다. 디지털 트윈은 세계적인 시장조사기관 가트너(Gartner)가 매년 발표하는 '10대 전략 기술 트렌드'에 2년 연속 그 이름을 올릴 만큼 4차 산업혁명을 이끌 핵심 기술로 꼽히고 있으며, 우리나라 공간정보 분야를 중심으로 차츰 그 영역을 확장해가고 있다.

2. 디지털 트윈(Digital Twin)

(1) 개념

① 디지털로 만든 실제 제품의 쌍둥이가 가상 환경(컴퓨터 안)에서 미리 동작을 해 시행착오를 겪어 보게 하는 기술
② 제품 개발 및 제조 방식에 변화를 가져오며, 더 나아가서 전 산업 분야에서 경쟁사보다 더 빠른 제품 출시를 위해 노력하는 과정에서의 혁신적 변혁
③ 실제 공간의 데이터를 공간정보와 연계하여 가상화한 것
④ 사이버물리시스템 기반의 스마트시티를 구현하여 재난 대응과 시설물 관리 등에 활용

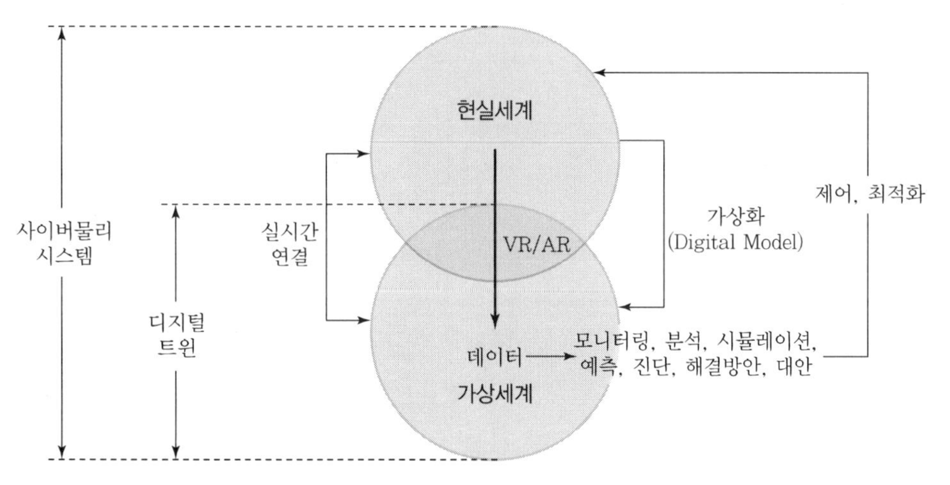

[그림 1] 현실세계와 가상세계의 융합 개념

(2) 구성요소

디지털 트윈을 구성하는 요소는 현실사물, 분석시스템, 디지털 트윈 등 세 가지로 나눌 수 있다.

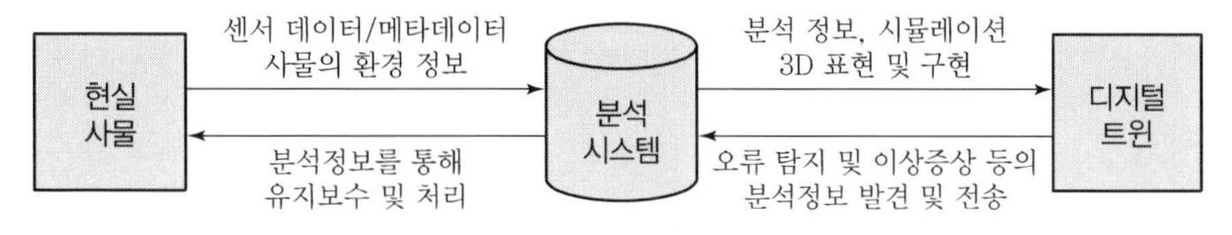

[그림 2] 디지털 트윈의 구성요소

3. 공간정보 분야에 활용하는 방안

(1) 3D 지도 : 지하공간, 지상 3차원, 정밀도로지도, 스마트시티 문제해결, 실내공간정보 구축

(2) 스마트시티 통합플랫폼을 연계한 서비스인 방범, 방재, 교통, 환경 등의 서비스

(3) 예측 플랫폼 : 예측 데이터 기반 공간 속성정보 확장(타 분야 응용에 활용 가능한 공간분석, 시뮬레이션 예측 기반의 속성정보 확장)

03 수로기준점의 종류

1교시 8번 10점

1. 개요

통일된 축척과 동일한 정확도의 관측을 통해 전국적인 지형도 제작 및 설계 등을 위한 측량 그리고 데이터 획득의 기준을 제공하기 위해 설치한 점을 기준점(원점)이라 한다. 해양조사의 정확도를 확보하고 효율성을 높이기 위하여 해양조사의 기준에 따라 측정하고 해양조사를 할 때 기준으로 사용하는 점을 국가해양기준점(수로기준점)이라 한다.

2. 해양조사의 기준

(1) 위치는 세계측지계에 따라 측정한 지리학적 경위도와 높이(평균해수면으로부터의 높이를 말한다)로 표시

(2) 수심과 간조노출지(干潮露出地)의 높이는 기본수준면(일정 기간 조석을 관측하여 산출한 결과 가장 낮은 해수면을 말한다)을 기준으로 측량

(3) 해안선은 해수면이 약최고고조면(略最高高潮面 : 일정기간 조석을 관측하여 산출한 결과 가장 높은 해수면을 말한다)에 이르렀을 때의 육지와 해수면의 경계로 표시

3. 국가해양기준점의 구분(수로기준점의 종류)

(1) 기본수준점

해양조사를 할 때 해양에서의 수심(水深)과 간조노출지(干潮露出地)의 높이를 측정하는 기준으로 사용하기 위해 기본수준면(일정 기간 조석을 관측하여 산출한 결과 가장 낮은 해수면을 말한다)을 기초로 정한 기준점

(2) 수로측량기준점

해양조사를 할 때 해양에서의 수평위치를 측정하는 기준으로 사용하기 위해 위성기준점을 기초로 정한 기준점

(3) 영해기준점

우리나라의 영해를 획정(劃定)하기 위해 정한 기준점

04 다중분광(Multispectral) 및 초분광(Hyperspectral) 영상

1교시 9번 10점

1. 개요

다중분광(Multispectral)은 몇 개의 파장에 대한 에너지를 기록하는 것을 의미하고, 초분광(Hyperspectral)은 수백 개의 분광 채널을 통해 연속적인 분광정보를 수집하는 것을 말하며 두 영상은 각기 다음과 같은 특징이 있다.

2. 다중분광 영상(Multispectral Image)과 초분광 영상(Hyperspectral Image)

다중분광 영상은 서로 다른 파장대의 전자기파를 인식할 수 있는 센서들을 나열한 후 대상지역을 스캐닝하여 얻어진 영상이며, 초분광 영상은 매우 협소한 대역폭 내에서 또다시 전자체계를 세분화하여 운용함으로써 도출되는 영상이다.

3. 다중분광 영상과 초분광 영상의 특징

다중분광 영상	초분광 영상
• 지표로부터 반사되는 전자기파를 렌즈와 반사경으로 집광하여 필터를 통해 분광한 다음 각 센서와 파장대별 강도를 인식하여 영상 형태로 저장 • 파장대역이 3~10개 정도 • 지표의 고유한 분광특성을 이용하여 디지털화된 광학영상을 다양한 종류의 영상처리기법으로 분류 가능 • 위성영상의 특성상 낮은 공간해상도로 인해 넓은 지역 분류에만 해당되고 분류정확도가 낮음	• 일반 카메라와 가시광선 영역(400~700nm)과 근적외선 영역(700~900nm) 파장대를 수백 개로 세분하여 촬영함으로써 사람의 눈으로 보는 것보다 훨씬 다양한 스펙트럼의 빛을 감지할 수 있음 • 영상 데이터 정보가 입방체(Cube) 형태의 개념으로 축적 • 많은 수의 밴드와 좁은 밴드 폭을 가지므로 분류정확도가 높음 • 밴드의 수와 비례하여 영상의 저장용량도 증가하기 때문에 대용량 저장공간을 요구 • 영상처리에 상당한 처리시간 소요 • 밴드마다 포함되는 잡음의 효과는 다중분광 영상에 비해 많이 발생

05 최소제곱법(Least Square Method)

1교시 10번 10점

1. 개요

측량에 있어 변수들이란 여러 번 관측을 행하였을 때 서로 다른 관측값을 갖는 임의의 변수들을 뜻한다. 이러한 변수들은 관측값을 조정하여 최확값을 결정하는데, 관측값의 조정 방법에는 간략법, 회귀방정식에 의한 방법, 최소제곱법 등이 있다. 특히 최소제곱법(Least Square Method)은 측량의 최확값 산정에 널리 이용되고 있다.

2. 최소제곱법 기본 이론

일반적으로 측량에서는 엄밀한 참값을 얻기 어려우므로 관측하여 얻는 관측값으로부터 최확값을 구하여 참값 대신 활용한다.

$$\bar{x} - x_1 = v_1$$
$$\bar{x} - x_2 = v_2$$
$$\vdots$$
$$\bar{x} - x_n = v_n$$

여기서, $\bar{x}$: 최확값, x : 관측값, v : 잔차

잔차 v_1, v_2, ……, v_n이 발생할 확률 P_i는

$$P_i = \frac{1}{\sqrt{2\pi}\,\sigma} e^{-\frac{1}{2}\left(\frac{x-\mu}{\sigma}\right)^2} \rightarrow P_i = \frac{h}{\sqrt{\pi}} e^{-h^2 v^2} = Ce^{-h^2 v^2}\left(C = \frac{h}{\sqrt{\pi}}\right)$$

여기서, $h = \dfrac{1}{\sigma\sqrt{2}}$: 관측 정밀도 계수, $x - \mu = v$

그러므로, 각 잔차가 발생할 확률은

$$P_1 = Ce^{-h_1^2 v_1^2}$$
$$P_2 = Ce^{-h_2^2 v_2^2}$$
$$\vdots$$
$$P_n = Ce^{-h_n^2 v_n^2}$$

이들이 동시에 일어날 확률 P는

$$P = P_1 \times P_2 \times \cdots\cdots \times P_n$$
$$P = C^n e^{-(h_1^2 v_1^2 + \cdots\cdots + h_n^2 v_n^2)}$$
$$P = \frac{C^n}{e^{(h_1^2 v_1^2 + \cdots\cdots + h_n^2 v_n^2)}}$$

즉, 측정 정밀도가 같은 조건에서 P가 최대가 되기 위한 조건은 $v_1^2+v_2^2+\cdots\cdots+v_n^2=\min$이며, 측정 정밀도가 다른 조건에서 P가 최대가 되기 위한 조건은 각각의 경중률을 w_1, w_2, ……, w_n이라고 하였을 때, $w_1v_1^2+w_2v_2^2+\cdots\cdots+w_nv_n^2=\min$이다.

3. 최소제곱법의 특징

(1) 같은 정밀도로 관측된 관측값에서 잔차 제곱의 합이 최소일 때 최확값이 된다.
(2) 서로 다른 경중률로 관측된 관측값을 경중률을 고려하여 최확값을 구한다.
(3) 오차의 빈도 분포는 정규분포로 가정한다.
(4) 관측값에는 과대오차 및 정오차는 모두 제거되고 우연오차만이 측정값에 남아 있는 것으로 가정한다.
(5) 통계적 이론에 충실하므로 조정 결과가 엄격하다.
(6) 각 관측값의 신뢰성에 따라 관측값의 무게(경중률)를 달리할 수 있다.
(7) 관측인자에 관계없이 미지변수를 조정할 수 있어 알고리즘 적용이 용이하다.
(8) 결과의 통계학적 정밀도 분석이 가능하므로 조정 후 최확값에 대한 정밀 분석이 가능하다.
(9) 행렬연산이 가능하다.
(10) 관측계획에 대한 모의가 가능하여 실행 전 관측계획을 수립할 수 있다.

06 클로소이드(Clothoid) 곡선

1교시 11번 10점

1. 개요

클로소이드 곡선은 완화곡선의 한 종류로, 곡률이 곡선의 길이에 비례하여 곡률이 증대(곡률반경이 감소)하는 성질을 가진 나선의 일종이다. 캔트가 완화곡선 길이에 비례하여 체감되는 특성의 곡선으로 대부분의 철도 및 도로의 완화곡선에 사용된다.

2. 클로소이드(Clothoid) 곡선

(1) 클로소이드 곡선의 요소

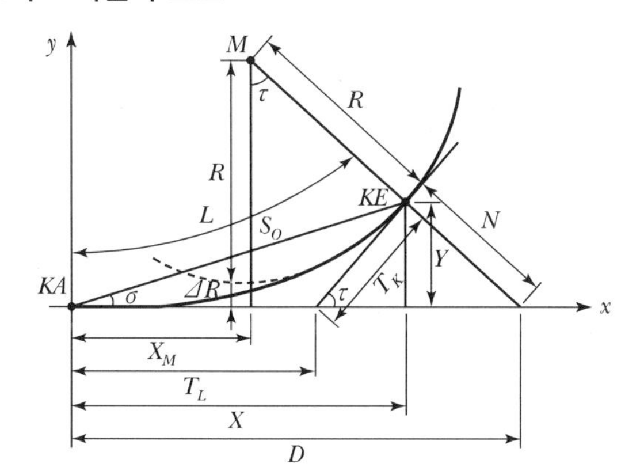

KA : 클로소이드 시점
KE : 클로소이드 종점
M : 완화곡선상의 KE에서의 곡률의 중심
A : 클로소이드 파라미터
X, Y : KE의 X, Y좌표
L : 완화곡선 길이
R : KE에서의 곡률반경

[그림] 클로소이드의 요소

(2) 클로소이드의 공식

① 매개변수

- $A=\sqrt{R \cdot L}=l \cdot R=L \cdot \tau=\dfrac{L}{\sqrt{2\tau}}=\sqrt{2\tau} \cdot R$
- $A^2=R \cdot L=\dfrac{L^2}{2\tau}=2\tau R^2$

② 곡률반경

$$R=\frac{A^2}{L}=\frac{A}{l}=\frac{L}{2\tau}=\frac{A}{\sqrt{2\tau}}$$

③ 곡선장

$$L=\frac{A^2}{R}=\frac{A}{\tau}=2\tau R=A\sqrt{2\tau}$$

④ 접선각

$$\tau=\frac{L}{2R}=\frac{L^2}{2A^2}=\frac{A^2}{2R^2}$$

⑤ 좌표

- $X=L\left(1-\dfrac{L^2}{40R^2}+\dfrac{L^4}{3{,}456R^4}-\dfrac{L^6}{599{,}040R^6}+\cdots\cdots\right)$

• $Y = \frac{L^2}{6R}\left(1 - \frac{L^2}{56R^2} + \frac{L^4}{7{,}040R^4} - \frac{L^6}{1{,}612{,}800R^{6)}} + \cdots\cdots\right)$

(3) 클로소이드 곡선의 형식

① 기본형 : 직선 − 클로소이드(A_1) − 원곡선 − 클로소이드(A_2) − 직선

② S형 : 원곡선 − 클로소이드(A_1) − 클로소이드(A_2) − 원곡선

③ 난형 : 원곡선 − 클로소이드(A_1) − 원곡선

④ 철형 : 클로소이드(A_1) − 클로소이드(A_2)

⑤ 복잡형 : 클로소이드(A_1) − 클로소이드(A_2) − 클로소이드(A_3)

07 슬램(SLAM : Simultaneous Localization And Mapping)

1교시 13번 10점

1. 개요

미지의 영역에서 작업을 수행하고자 하는 이동로봇은 가용한 주변의 지도가 없을 뿐만 아니라 자신의 위치도 알 수 없다. 이러한 환경에서 주행을 위해 가장 많이 사용하는 방법은 소위 동시 위치지정 및 지도 작성(SLAM : Simultaneous Localization And Mapping)으로, 이동로봇이 센서를 이용하여 자신의 위치를 추적하는 동안 미지의 주변 지역에 대한 지도를 제작하는 것이다. 정확한 지도는 로봇이 주행이나 위치지정(Localization) 등과 같은 특정한 작업을 좀 더 빠르고 정확하게 수행할 수 있게 한다.

2. 슬램(SLAM)

(1) "동시적 위치 추정 및 지도 작성", "위치 측정 및 동시 지도화"

(2) 카메라와 같은 센서를 가진 로봇의 주변 환경을 3차원 모델로 복원함과 동시에 3차원 공간상에서 로봇의 위치를 추정하는 기술

(3) 정확한 3차원 환경의 맵과 로봇의 위치를 예측하는 것은 증강현실, 로보틱스, 자율주행과 같은 응용에서 필수적

3. 슬램의 기능

(1) Mapping(Environment Representation)

① 로봇이 센서를 통해 지도를 생성할 수 있는 능력을 제공

② 지도의 종류 : Topological Map, Geometric Map, Grid Map, Mixed Map 등

(2) Localization(Location Estimation)

① Mapping 과정에 의해 작성된 지도를 이용

② 로봇 자신의 경로, 랜드마크, 장애물의 위치를 계산하고 추정하여 자신의 위치, 주변 환경, 주변의 장애물 파악

(3) Navigation(Path Planning)

① Mapping & Localization 과정 중에 수신된 경로를 통해 적절한 경로 계획을 세움

② 탐사 이후 시작 지점으로 되돌아올 수 있게 함

4. 슬램의 처리절차

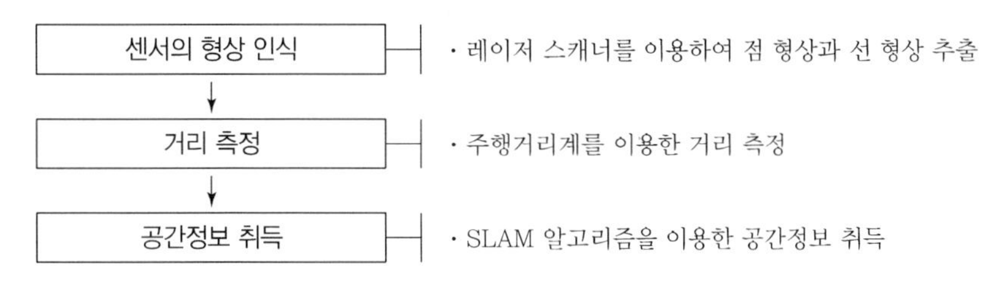

[그림] 슬램(SLAM)의 처리절차

5. 활용 현황

(1) 로봇공학 관련 학계 및 기업에서 다양한 알고리즘을 개발하고 있음

(2) 컴퓨터 비전(Computer Vision) 및 딥러닝과 결합하고 카메라를 이용하여, 3차원 공간상의 위치를 추정

(3) 로봇청소기, 무인자동차, 자동지게차, 무인항공기, 드론, 자율주행, 증강현실, 가상현실 등에서 활용

(4) 주변 정보를 취합한 지도를 가상공간에 만들어 내는 Visual SLAM(시각 정보를 이용한 동시적 위치 추정 및 지도 작성 기술)으로 발전하고 있음

08 노선측량에 사용되는 곡선의 종류별 특징에 대하여 설명하시오.

2교시 1번 25점

1. 개요

노선측량, 즉 철도나 도로의 평면선형의 선형요소는 직선, 원곡선, 완화곡선의 3종류로 하고, 현지 지형과의 조화 및 경제성과 안정성을 고려하여 적절한 종단구배와 종단곡선을 배치하여 최적노선을 결정한다.

2. 노선의 형상

(1) 평면형상

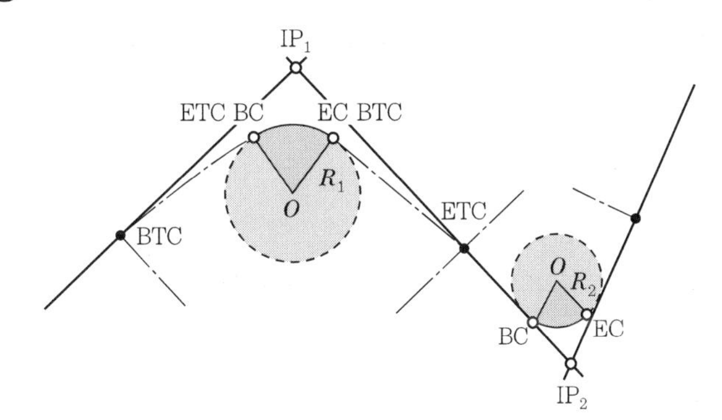

[그림 1] 노선의 평면형상

(2) 종단형상

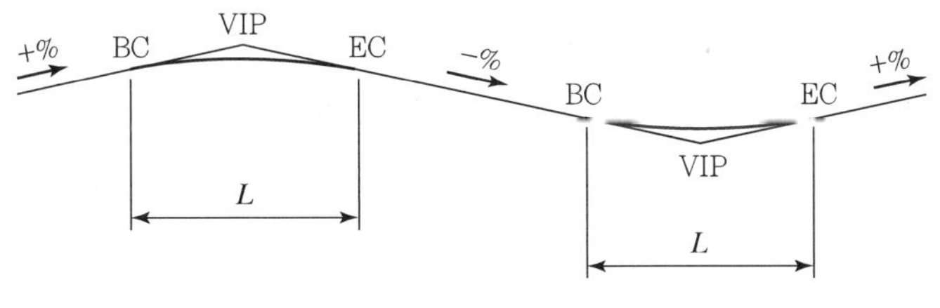

[그림 2] 노선의 종단형상

3. 노선측량에 사용되는 곡선의 분류

(1) 수평곡선

1) 원곡선

① 단곡선 : 반경이 일정한 원호

② 복심곡선

- 반경이 다른 2개의 원곡선이 1개의 공통접선을 갖음
- 두 원의 중심이 공통접선의 같은 쪽에 있는 곡선
- 접속점의 곡률이 급격히 변화함

③ 반향곡선
- 반경이 다른 2개의 원곡선이 1개의 공통접선을 갖음
- 두 원의 중심이 공통접선의 다른 쪽에 있는 곡선
- 접속점에서 조향의 급격한 회전이 생기므로 가급적 피하는 것이 좋음

④ 배향곡선(머리핀 곡선)
- 복심곡선과 반향곡선의 복합곡선
- 도로의 경우 산지에서 기울기를 낮추기 위하여 사용
- 철도에서 스위치 백(Switch Back)에 적합

2) 완화곡선

① 클로소이드(Clothoid) 곡선
- 고속도로 및 일반도로에 사용
- 곡률이 곡선길이에 비례하는 곡선
- 기본공식 : $A^2 = R \cdot L$ (여기서, A : 파라미터, L : 완화곡선길이, R : 곡선반경)

② 렘니스케이트(Lemniscate) 곡선
- 시가지 철도에 사용
- 급격한 각도로 구부러진 곡선 또는 가로의 시가지 철도에 적용
- 곡률반경 R이 동경 Z에 반비례하여 변화하는 곡선
- 기본공식 : $A^2/3 = RZ$ (여기서, A : 파라미터, Z : 동경, R : 곡선반경)

③ 3차 포물선
- 철도에 사용
- 곡률반경 R이 횡거 x에 반비례하는 곡선
- 기본공식 : $y = x^3/RX$ (여기서, X : ETC의 횡거, R : 곡선반경)

④ 반파장 Sine 체감곡선
- 고속철도에서 350km/h의 속도구간에 적용
- 5차 방정식
- 위 ①, ②, ③은 캔트체감이 직선체감이나, 반파장 Sine 체감곡선은 곡선체감임
- 대만 고속철도, 일본 신간선에 적용
- 곡률반경이 가장 완만함

(2) 수직곡선

1) 종단곡선

① 원곡선 : 주로 철도에 사용

② 2차 포물선 : 주로 도로에 사용

③ 종단곡선 공식 : $y = \dfrac{(m-n)}{200 \times L} \times x^2$

(여기서, y : 종단 종거, m : 시점 쪽 구배, n : 종점 쪽 구배, L : 종곡선길이, x : 구하는 위치까지의 거리)

2) 횡단곡선

매코널 커브(McConnell Curve) : 자동차 주행시험장의 고속주행 회로에 사용

4. 노선측량에 사용되는 곡선의 형상

(1) 원곡선

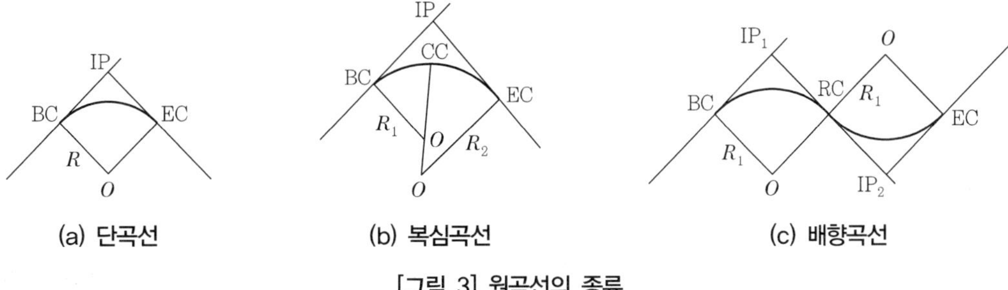

(a) 단곡선 (b) 복심곡선 (c) 배향곡선

[그림 3] 원곡선의 종류

(2) 완화곡선

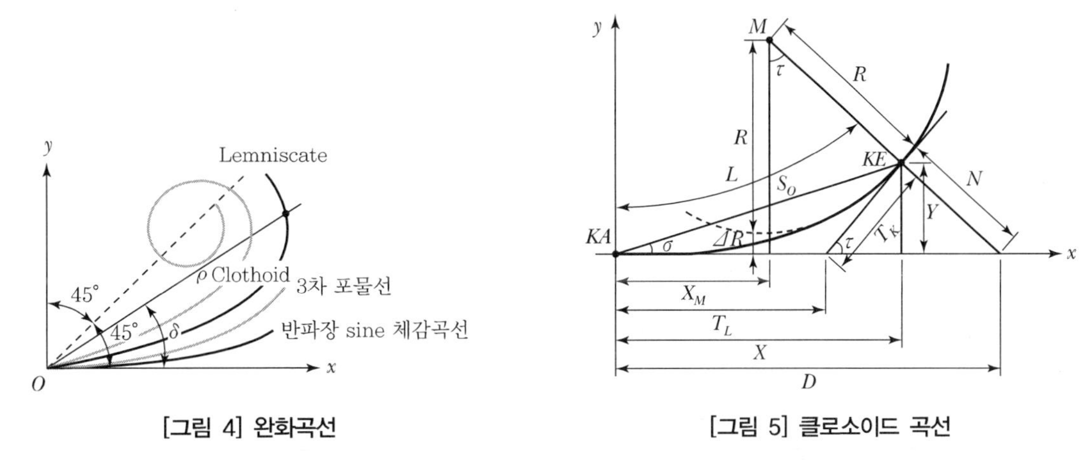

[그림 4] 완화곡선 [그림 5] 클로소이드 곡선

5. 결론

노선은 직선으로 되는 것이 바람직하나 지형의 상황에 따라 방향과 경사를 변환하여 직선부분과 원활하게 연결하고 운전자의 권태감을 방지하기 위하여 직선과 곡선을 적절히 배치하여 결정하여야 한다. 또한 최근 운행하는 차량의 속도 증가로 큰 곡선을 적용하고 있다. 최근 대부분의 고속도로에는 클로소이드 곡선을 적용하고 있으며, 우리나라의 고속철도에도 클로소이드 곡선을 적용하였다.

09 최근 "2025 국가위치기준체계 중장기 기본전략 연구(국토지리정보원)"에 의한 정표고체계 전환에 따른 표고의 종류, 정표고 결정이론과 정규 정표고와의 차이점에 대하여 설명하시오.

2교시 2번 25점

1. 개요

(1) 우리나라는 전통적으로 수준측량을 통해 관측한 측점 간의 고저차에 타원을 기준으로 한 중력의 효과를 보정하여 높이를 결정해왔다. 이 경우, 실제 중력이 반영되지 않아 한 지점의 높이가 측량 경로에 따라 달라지므로 유일한 값이 되어야 한다는 국가 높이체계의 필요조건을 만족하지 못한다.

(2) 그러므로 국토지리정보원에서는 글로벌 위치기준체계 확립을 위한 기준 프레임 갱신, 3차원 국가위치기준망 구성 및 효율적 유지관리 방안, 환경 변화를 반영하는 높이체계 고도화, 기본계획 및 로드맵 마련을 세부 연구 과업으로 하는 "2025 국가위치기준체계 중장기 기본전략 연구"를 발주하였다.

2. 표고의 종류

높이(Height)란 기준면으로부터 그 측점을 잇는 연직선을 따라 측정한 거리이다. 측점이 지표면상에 있으면 이때의 높이를 표고(Elevation)라고 한다.

(1) 표고(Elevation) : 평균해수면에서 그 점까지 이르는 연직거리

(2) 정표고(Orthometric Height) : 지표면의 한 점에서 중력 방향을 따라 관측한 지오이드까지의 거리(정표고를 구하기 위해 수준측량의 결과에 중력보정을 하여야 한다. 실제 일일이 중력 측량하기 어려우므로 정규표고를 활용한다.)

(3) 역표고(Dynamic Height) : 정표고의 문제점을 보완한 것으로 어떤 기준 중력값으로부터의 높이

(4) 타원체고(Ellipsoidal Height) : 준거 타원체상에서 그 점까지 이르는 연직거리

(5) 지오이드고(Geoidal Height) : 지오이드와 타원체 사이의 고저차

(6) 정규표고(Normal Height) : 기준타원체와 텔루로이드 사이의 연직거리(지구의 타원체 형상에 기초한 중력식을 사용하여 근사적으로 보정한 높이)

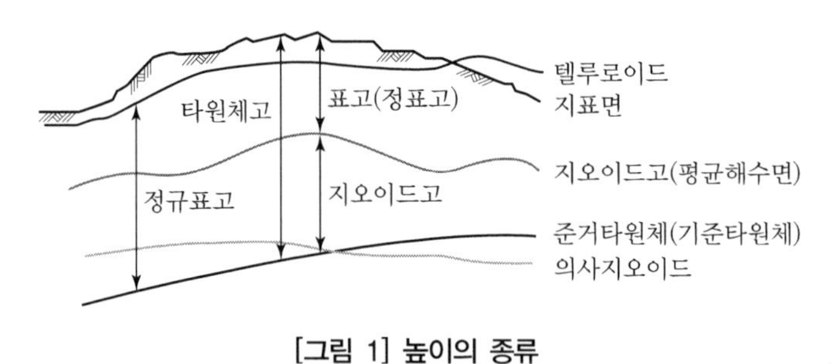

[그림 1] 높이의 종류

3. 정표고 결정이론과 정규 정표고와의 차이점

(1) 정표고 결정이론

정표고 결정이론은 크게 엄밀 정표고, Hermert 정표고, Niethammer 정표고, Marder 정표고 및 정규 정표고 등으로 구분한다.

(2) 정표고와 정규 정표고의 차이점

① 정표고(Orthometric Heights)

일반적으로 사용되는 표고시스템은 정표고로서 한 점 P에서의 정표고는 지구표면상의 한 점과 지오이드 간의 기하학적인 거리로서 정의되며, 다음과 같은 식으로 표시된다.

$$H^0 = \frac{1}{\bar{g}} \int_0^p g \cdot dh$$

여기서 $\bar{g}$는 지오이드와 지구표면상에 위치하는 점 P 간의 수직재선상의 평균중력으로서 실질적으로는 지구 내부에 위치하므로 측정할 수 없으며, 지구 내부의 밀도에 따라서 가정할 수 있다.

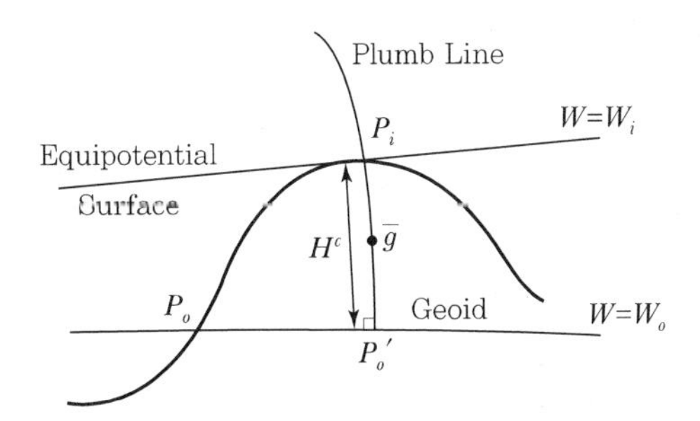

[그림 2] 정표고의 개념

정표고는 Geopotential Number와 밀접하게 관련되어 있다는 것을 알 수 있으나, 지구 내부의 밀도가 불균질하므로 정표고가 동일한 두 점은 반드시 동일한 지오퍼텐셜면상에 놓이지 않는다.

② 정규표고(Normal Heights)

Molodenski(1954)는 지구표면과 지오이드 간의 중력값을 알아야 할 필요성이 없는 새로운 표고체계를 제안하였다. 정규표고(H^N)는 지오이드가 준거타원체와 일치하거나 중력이 Normal인 경우에는 정표고와 동일하게 될 것이다. 정표고체계는 지오이드와 지구 표면 간의 수직재선상의 평균중력값을 사용하는 반면, 정규표고는 준거타원체와 Telluroid 사이 준거타원체의 법선상의 평균정규중력을 사용한다.

정규표고에 관한 식은 다음과 같이 표시된다.

$$C = \int_0^p g \cdot dh$$

$$H^N = \frac{C}{\bar{r}}$$

여기서 $\bar{r}$는 준거타원체와 Telluroid 사이의 평균정규중력이다.

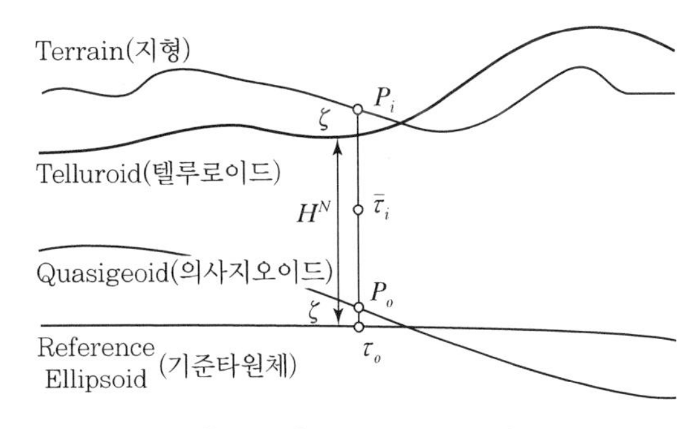

[그림 3] 정규표고의 개념

(3) 각종 표고체계의 특징

표고체계 (표고기준면)	장점	단점
기하학적 표고 (기준타원체)	• 기하학적 의미가 분명함 • GNSS로 직접 측정 • 중력자료 불필요 • 지구밀도나 지형보정 불필요	• 중력과 무관하기 때문에 수리수문에 관한 응용에 제약 • 타 표고체계로 변환 보정량 큼 • 기존 표고기반과 이질적임
역(동)표고 (지오이드)	• 계산 간단 • 지구밀도나 지형보정 불필요 • 동일 동표고이면 동일 수준면	• 기하학적 의미가 없음 • 타 표고체계로 변환 보정량 과대
정규표고 (의사지오이드)	• 계산 간단 • 지구밀도나 지형보정 불필요 • 의사지오이드로부터 기학학적 거리 • GNSS로 측정, 의사지오이드모델 필요 • 수준측량 높이차에 보정량 미소	• 의사지오이드는 물리적 의미 없음(수준면이 아님) • 산악지에서 수준측량 높이차에 대한 보정량 상당
Hemert 정표고 (지오이드)	• 계산 간단(보정 불필요) • GNSS로 측정, 합성지오이드모델 필요 • 개념상, 지오이드모델에 지형보정 불필요	• 산악지에서 엄밀 정표고와 차이 • 산악지에서 수준측량 높이차에 대한 보정량 큼 • 이론적으로 중력지오이드에 부적합
Marder 정표고 (지오이드)	• 엄밀 정표고에 거의 근접 • Niethammer 정표고보다 계산 간단 • Helmert 정표고보다 중력지오이드와 호환성 있음 • 수준측량 높이차에 대한 보정량 미소	• 산악지에서 오차 증가 • 지형보정 계산이 복잡 • 지오이드 상부 중력선형변화 가정 • GNSS로 측정하려면 중력지오이드 변환 필요
Niethammer 정표고 (지오이드)	• 엄밀 정표고에 가장 근접 • GNSS 측정한 중력지오이드(지형보정된)로부터 높이에 보다 적합 • 수준측량 높이차에 대한 보정량 가장 미소	• 계산이 가장 복잡

4. 결론

(1) 국가기준점의 높이 성과는 실제 물리적 높이 차(중력의 차)를 나타내는 정표고 체계로 전환하여, 높이성과를 활용하는 다양한 산업 분야에 보다 정확한 높이 정보를 제공할 필요가 있다.

(2) 이에 따라 정표고 전환을 위해서는 어떠한 종류의 정표고를 활용할 것인가를 먼저 결정하여야 한다. 참고로, 엄밀정표고를 활용하는 것이 가장 정확 · 정밀하나 고정밀 · 고해상도의 중력 자료와 중력변동 영향 계산을 위한 지각밀도, 지각형태, 부우게(Bouguer) 판 등 다양한 지구물리 정보가 요구되기 때문에 국내 기반자료 및 표고체계 활용 여건 등을 고려하여 단기적으로는 개략정표고 전환 후 단계적으로 엄밀정표고로 변환하는 방식을 취하는 것이 바람직하다고 판단된다.

10 현재 운영 중인 한국형 다목적 실용위성인 KOMPSAT(Korea Multi-Purpose SATellite)의 체계와 지도제작에서의 활용방안에 대하여 설명하시오.

2교시 3번 25점

1. 개요

우리나라는 저궤도 위성으로 다목적 실용위성 1호(1999), 2호(2006), 3호(2012), 5호(2013), 3A호(2015), 차세대중형위성 1호(2021), 2호(2022) 등을 개발하여 운영하고 있다. 현재 다목적 실용위성 6호와 7호를 개발하고 있으며 추후 많은 위성을 운영할 계획이다. 대규모 국가 예산을 투입한 다목적 실용위성의 지속적인 개발 및 운영을 위해서 위성정보 활용이 활성화되어야 한다. 본문에서는 현재 운용 중인 KOMPSAT의 체계와 공공 및 민간에서 위성 정보를 이용하여 다양한 서비스를 지원할 수 있도록 지도제작에서의 활용방안에 대하여 기술하고자 한다.

2. 우리나라 위성 운영 및 활용 현황

위성을 운영하고 위성영상을 배포하는 기관으로는 한국항공우주연구원 외에 국가기상위성센터, 국립해양조사원, 국토위성센터, 환경위성센터 등이 있다.

(1) 한국항공우주연구원

다목적 실용위성 및 차세대중형위성 등 저궤도 지구관측위성을 이용하여 수신한 영상정보에 대한 수신, 처리, 관리 및 배포업무를 수행하고 있다.

(2) 국가기상위성센터

천리안위성 1호, 2A호 및 해외위성으로부터 기상관측자료를 수신하여 기상 예보에 필요한 기상정보를 생성 및 활용하고 있으며 천리안위성 2A호로부터 기상 및 우주기상 자료를 수신, 처리, 분석, 관리 및 서비스할 수 있는 지상국을 구축 및 운영하고 있다.

(3) 국가해양위성센터(국립해양조사원)

천리안위성 2B호 해양탑제체로부터 관측자료를 수신하여 해양 모니터링 및 해양재해 조기 대응에 필요한 부가정보 생성 및 활용업무를 수행하고 있다.

(4) 환경위성센터

천리안위성 2B호 환경탑제체로부터 관측자료를 수신하여 기후변화 등 국가 환경정책 수립 및 평가를 위해 환경위성 분석자료를 생성 및 활용하고 있다.

(5) 국토위성센터

차세대중형위성을 이용하여 국토자원관리 및 국가공간정보 활용 서비스 제공을 위한 정밀지상관측 영상을 제공하고 있다.

3. 다목적 실용위성의 체계

(1) 다목적 실용위성

① 다목적 실용위성은 독자적인 위성 개발 기술 확보와 공공 수요의 위성영상 확보를 목표로 추진되고 있다.

② 저궤도 지구관측위성으로 전자광학 카메라, 영상레이더, 적외선 카메라 등의 탑재체를 통해 다양한 위성 데이터를 확보하고 있으며, 국토 · 해양모니터링, 기상, 지질, 농업, 수자원, 재해 · 재난 대응 등에 활용하고 있다.

(2) 다목적 실용위성의 발사 현황 및 계획

1) 발사 현황

① 아리랑위성 1호 : 1999년 국내 최초의 다목적 실용위성인 아리랑위성 1호 개발

② 아리랑위성 2호 : 2006년 세계 7번째로 해상도 1m급 위성 개발

③ 아리랑위성 3호 : 해상도 70cm급 광학 관측 가능

④ 아리랑위성 5호 : 영상레이더를 탑재해 기상 조건, 밤낮 구분없이 지구관측 가능(전천후 영상촬영 가능)

⑤ 아리랑위성 3A호 : 해상도 55cm급 광학 및 적외선 관측 가능

2) 계획

① 아리랑위성 6호 : 아리랑위성 5호의 후속 위성으로 영상레이더 성능 향상

② 아리랑위성 7호 : 초정밀광학 및 적외선 센서 탑재

③ 아리랑위성 7A호 : 아리랑위성 7호에 비해 적외선 탑재체의 성능을 개선하고 30cm 이하의 고해상도 카메라 개발과 광학탑재체의 핵심부품인 '초점면 전자유닛' 등의 국산화를 목표로 하고 있으며, 7호와 연계하여 관측빈도를 극대화하여 성능도 높일 계획

4. 지도제작에서의 활용방안

(1) 다목적 실용위성을 이용한 지도제작 순서

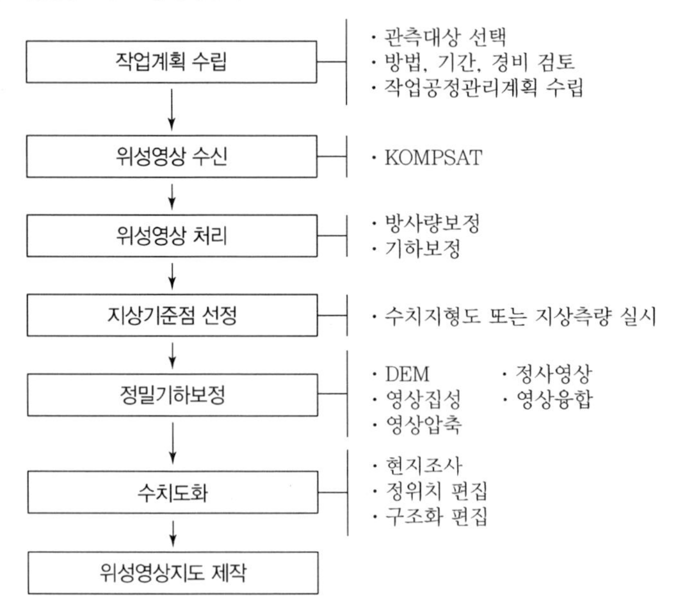

[그림] 다목적 실용위성을 이용한 지도제작 순서

(2) 다목적 실용위성을 이용한 활용방안

① 다목적 실용위성 광학영상을 이용하여 대축척 지도 제작(접경지역 포함)

② 다목적 실용위성 3호 In-Track과 Cross-Track 입체영상을 이용하여 DEM 생성(다목적 실용위성 2호까지는 서로 다른 궤도(Cross-Track)를 이용한 입체영상 획득)

③ 다목적 실용위성 5호(SAR)를 이용한 정밀지표변위 분석을 통한 지반침하, 지진탐지 등에 이용(전천후 영상촬영 가능)

④ 다목적 실용위성 5호(SAR)를 이용한 기상상태가 좋지 않은 극지방이나 악기상 시에 긴급한 지도제작(전천후 영상촬영 가능)

⑤ 다목적 실용위성 5호(SAR)와 해양기상 환경정보 적용으로 해상풍 분석

⑥ 다목적 실용위성의 경우 토지피복/이용 변화, 해안선 변화, 산림 및 도심 변화, 가뭄모니터링 등 변화 탐지 및 시계열 분석에 활용(다중시기 영상 획득 용이)

⑦ 다목적 실용위성 3호, 3A, 5호 영상을 이용하여 NDVI, NDVItexture, IR(Infra-Red) map 등을 제작하고 산림의 군락정보 등을 이용하여 산림자원 조사에 활용(다양한 밴드로 구성)

5. 결론

다목적 실용위성은 1999년 12월 발사된 다목적 실용위성 1호를 시작으로 총 5기의 다목적 실용위성이 발사되었으며, 현재 3기의 위성(3호, 3A호, 5호)이 운영 중에 있다. 후속 위성으로 다목적 실용위성 6호, 7호, 7A호가 개발 및 발사 예정 중에 있기 때문에 향후 이들 위성영상을 공간정보 분야에 적용 · 활용하기 위해서는 보다 체계적인 연구 개발이 뒤따라야 할 것으로 판단된다.

11 음향측심 기반의 수심측량 원리와 작업공정에 대하여 설명하시오.

2교시 6번 25점

1. 개요

수심측량은 초기에는 납으로 만든 추를 이용하여 수심을 측량하였으며, 현재는 수중으로 음파를 보내고 해저에서 반사되어 돌아오는 음파를 수신하여 수심을 측정하는 음향측심기(Echo Sounder)를 이용하여 수심 측정을 하고 있다.

2. 수심측량의 변천

(1) 점의 측량

연추(Lead)를 사용하여 임의 지점에 대한 수심을 취득하는 방법

(2) 선의 측량(단빔 측량)

일정한 간격으로 선박이 항주하면서 음향측심기에 의하여 연속적으로 수심을 측정하는 방법

(3) 면의 측량(멀티빔 측량)

수심의 3~5배를 커버할 수 있는 멀티빔(Multi Beam)을 사용하여 해저면을 측량하는 방법

3. 음향측심기(Echo Sounder)

(1) 음향측심기 원리

① 수중으로 초음파를 발생하면 약 1,500m/s의 속도로 해저면에 이른 뒤 반사되어 같은 경로로 되돌아오는 성질을 이용

② 10~200kHz의 주파수를 이용

③ $d = \frac{1}{2}v \cdot t$

여기서, d : 수심, v : 음파속도, t : 시간

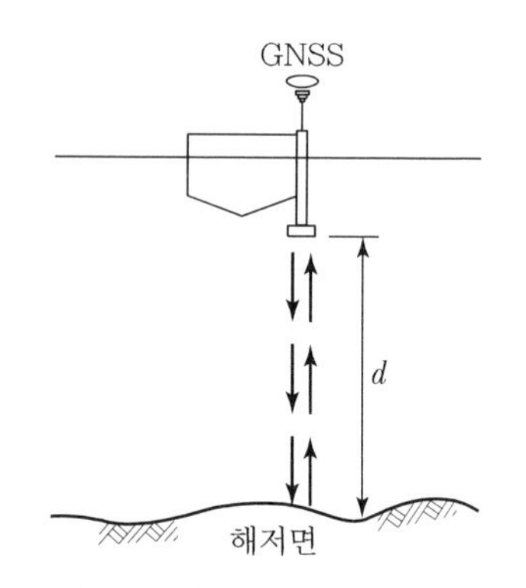

[그림 1] 음향측심기 원리

(2) 수심측량 원리

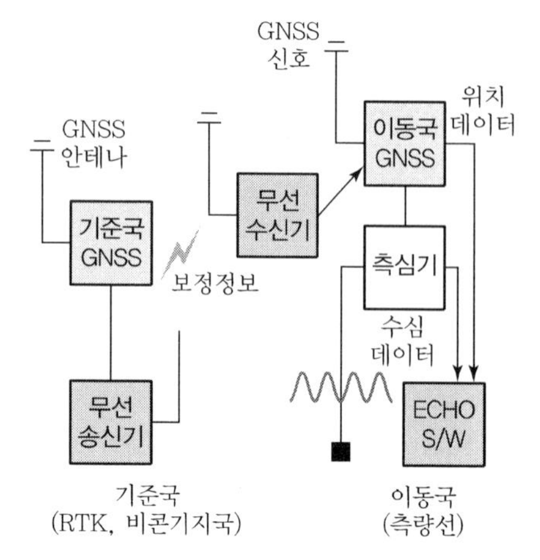

[그림 2] 수심측량의 원리

4. 수심측량 순서(작업공정)

(1) 수심측량의 작업공정

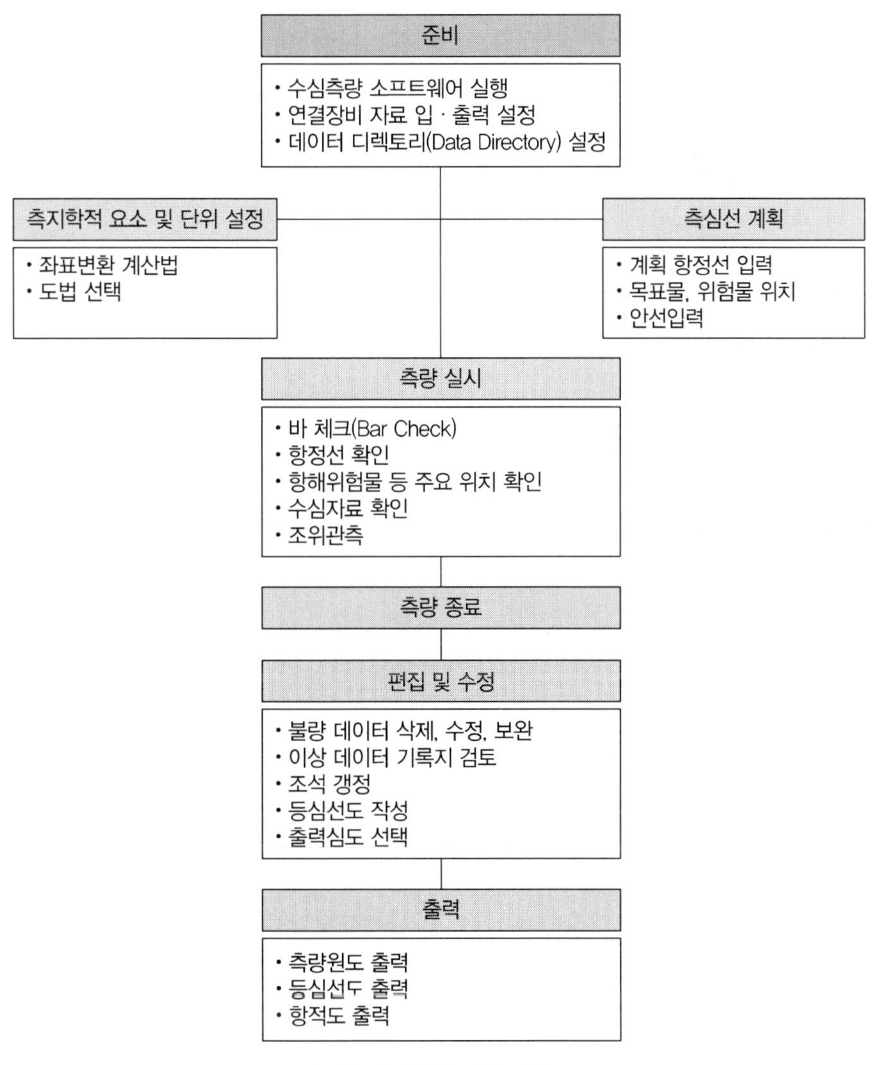

[그림 3] 수심측량의 흐름도

(2) 음향측심기로 측심한 수심

① 실수심 = 관측수심 ± 기기 보정량 ± 음속도 보정량 ± 흘수 보정량 ± 조석 보정량

② 음향측심기 기기오차 보정 : 수중음향속도 변화에 의한 보정 실시

③ 실제 수심 보정 : 흘수 보정과 수중음향속도 보정

④ 실제 수심은 흘수 보정 및 수중음향속도가 보정된 수심 데이터에 조석 보정 실시

(3) 음속도 보정

측정 장소의 실효음속도와 가정음속도(1,500m/s)의 차이 보정

(4) 흘수 보정

송수파기(Transducer)가 해수면보다 아래에 위치하는 흘수만큼 보정

(5) 조석 보정

① 조석(조위관측)에 따른 해수면의 변화오차 보정

② 국립해양조사원 검조소 데이터 이용

5. 문제점 및 대책

(1) 수심 관측 전 음향측심기 보정 불이행

반드시 바 체크(Bar Check) 실시

(2) 조위관측 부실

조위관측 철저, 기본수준점에 준거하는 현장 기준점 설치

6. 결론

수심 결정은 육안으로 확인이 용이하지 못하므로 매 공정마다 철저한 확인이 요구되며, 각각의 장비에 대한 점검을 충실히 하여야 관측 데이터의 품질을 확보할 수 있다.

12 최근 건설 중인 대심도 지하터널 측량 방법과 3차원 지하공간통합지도의 효율적 구축 방안에 대하여 설명하시오.

3교시 1번 25점

1. 개요

지하공간통합지도는 지하시설물, 지하구조물, 지반정보 등 15종의 지하정보를 반영한 3차원 지도로 지하의 안전한 개발과 이용에 활용되며, 지하안전영향평가에 효과적으로 활용할 수 있도록 만든 지도이다. 최근 건설되고 있는 대심도 지하터널의 효율적 지하공간통합지도 구축 방법에 대하여 설명하고자 한다.

2. 3차원 지하공간통합지도

(1) 지하공간통합지도 구축 내상

① 지하시설물 : 상수도, 하수도, 전기, 가스, 통신, 난방

② 지하구조물 : 지하철, 공동구, 지하차도, 지하보도, 지하상가, 지하주차장

③ 지반정보 : 시추, 관정, 지질

(2) 지하공간통합지도 활용시스템

① 3차원 가시화, 검색 및 속성 확인

② 종 · 횡단면도

③ 지형굴착, 지하정보 투시

④ 지반침하 위험도 분석, 지반침하 관련 주제도

(3) 지하공간통합지도 활용분야

① 공공분야 : 지하안전평가, 지하안전점검, 지하수 영향조사, 지반침하 분석 및 예측, 도시 지하매설물 모니터링 및 관리 등

② 민간분야 : 지하안정성 검토, 지하공간 근접 시공, 각종 구조물 설계, 굴착 및 터파기 공사

3. 대심도 지하터널의 측량 방법

(1) 작업순서

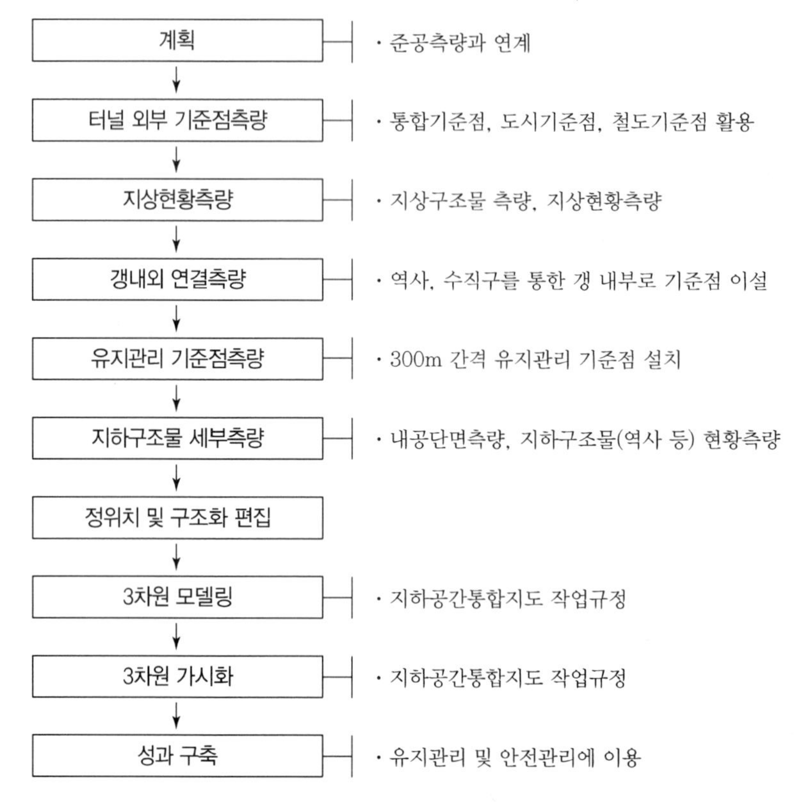

[그림] 대심도 지하터널 측량 및 DB 구축 방법

(2) 계획

① 준공측량과 연계
② 준공도면 입수
③ 준공측량 준비

(3) 기준점측량

① 환기구, 역사 주변의 측량기준점 선정
② TS 측량을 고려하여 2점 이상 시통이 되도록 선점
③ 갱내외 연결을 고려하여 선점

(4) 갱내 · 외 연결측량

① 환기구 : 연직추를 이용한 측량, 환기구 및 수직구 이용
② 역사 : TS를 이용한 측량, 계단 등 이용

(5) 갱내 측량

1) 기준점 측량

① 유지관리 기준점 설치, 측량 : 300m 간격
② 정밀 트래버스 측량

2) 내부시설물 측량
① 3D 스캐너를 이용
② 내공단면 및 지하역사 시설물 측량
③ TS, 스캐너 등 효율적 관리
- TS : 지하기준점 및 구조물 모서리 측량
- 스캐너 : 지하구조물 세부측량

4. 준공측량

(1) 철도를 제외한 타 기관은 준공측량을 의무화하지 않음

(2) 주요 내용
① 기준점측량 : 터널 외부 기준점, 터널 내부 기준점, 유지관리 기준점
② 세부측량 : 내공단면 측량, 구조물 현황측량, 주변 현황측량

5. 지하공간통합지도의 효율적 구축 방법

(1) 준공측량 성과 활용
① 준공측량 성과 활용
② 정밀도 향상

(2) 기대효과
① 비용 절감
② 구축시간 단축
③ 정밀 구축

6. 결론

지하공간통합지도는 지하시설물, 지하구조물, 지반정보 등 지하정보를 반영한 3차원 지도로 지하의 안전한 개발과 이용에 활용되며, 지하안전영향평가에 효과적으로 활용할 수 있도록 만든 지도이다. 최근 건설되고 있는 대심도 지하터널의 효율적 지하공간통합지도를 구축하기 위하여 준공측량을 의무화하고, 준공측량 성과를 활용하여 구축하면 효율적 · 경제적으로 지하공간통합지도 구축이 가능하다. 따라서 이를 위한 관련 기관 및 기술인의 노력이 필요한 실정이다.

13 드론 영상을 이용하여 DSM(Digital Surface Model)을 자동 제작하는 알고리즘과 작업과정에 대하여 설명하시오.

3교시 2번 25점

1. 개요

DEM 및 DSM을 구축하는 연구는 주로 위성영상 또는 항공사진의 분광정보를 이용하는 방법과 산림의 수직적 구조정보를 제공하는 항공라이다를 이용하는 방법 그리고 이 두 가지를 융합하는 방법으로 대별되어 왔다. 최근에는 드론(무인비행장치)의 시 · 공간적 해상도가 높은 장점을 이용하여 컬러카메라를 탑재한 소형 무인기 영상으로 고해상도 DSM을 제작하는 연구가 이루어지고 있다.

2. DSM 구축 방법

(1) 위성영상 또는 항공사진을 이용하는 방법

① 자료의 수집과 가공이 용이하기 때문에 다른 조사 방법에 비해 비용이 저렴
② 접근이 용이하지 않은 지역에 대한 정보 취득 용이
③ 개체를 식별하는 기법은 육안에 의한 사진판독 과정으로 수행되기 때문에 과다한 인력과 시간이 필요한 측정 방법이므로 광범위한 산림지역에 적용하기에는 어려움이 있음
④ 날씨의 영향을 많이 받으며 고도나 해상도 조정에 한계 발생

(2) 항공라이다(LiDAR)를 이용하는 방법

① 지상을 향해서 발사되는 레이저 빔을 통해서 대상물에 반사된 모든 3차원 좌표를 취득할 수 있는 장비로서 밤과 낮의 구분 없이 관측 가능
② 항공기에서 고밀도로 주사되는 레이저 펄스는 수목의 공간적 분포 특성뿐만 아니라 수직적 구조와 관련된 정보 취득 가능
③ 현지 측정이나 항공사진 방법과 달리 정보 획득 과정의 자동화 가능
④ 여러 층위에서 반사되는 신호가 혼재되어 있어 반사된 신호를 정확하게 구분하기 어려움
⑤ 비용이 많이 들며, 분광정보가 없고 고도자료의 저밀도

(3) 드론(무인비행장치)을 이용한 방법

① 손쉽게 접근 가능
② 알고리즘 개발로 무인항공기 경사 이미지의 활용 가능
③ 나무 모양이 일관된 특징을 가지지 않고 독특하게 나올 경우 정확한 검출이 어려움
④ 무인 항공기(UAV) 기술, 데이터 처리의 발전으로, 매우 높은 해상도의 이미지와 3차원 데이터 획득 가능
⑤ 자신이 원하는 시기에 자신이 원하는 지역을 원하는 고도로 촬영 가능

3. 드론 영상을 이용한 지도 제작 순서

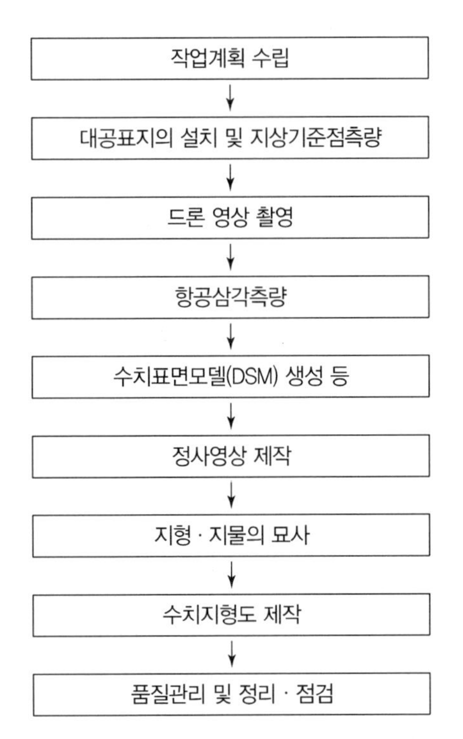

[그림 1] 드론 영상을 이용한 DSM 생성 및 지도 제작 순서

4. 드론 영상을 이용하여 DSM을 자동 제작하는 알고리즘과 작업 과정

(1) DSM 자동 제작순서

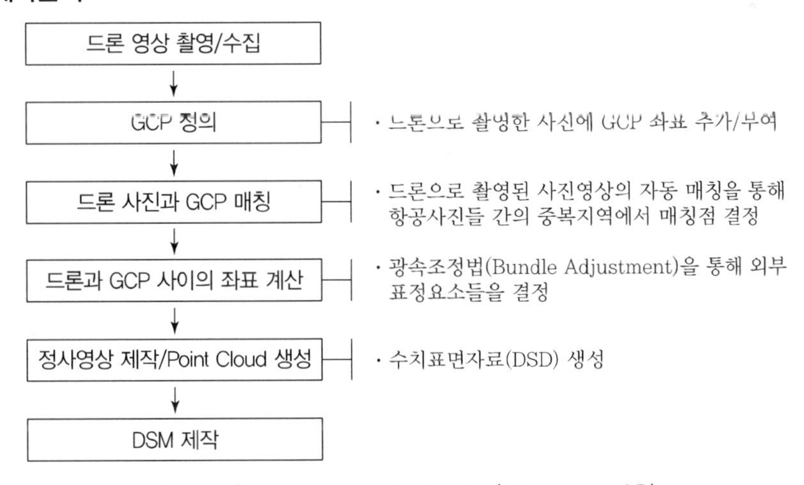

[그림 2] DSM 자동 제작 알고리즘(예 : Pix4D 사용)

(2) 수치표면자료의 생성

① 무인비행장치 항공사진의 외부표정요소 등을 기반으로 영상매칭 방법을 이용하여 고정밀 3차원 좌표를 보유한 점으로 구성된 수치표면자료 생성

② 수치표면자료의 높이는 정표고 성과로 제작

(3) 수치표면모델 제작

① 정사영상 제작에 이용하는 수치표면자료의 격자 간격은 영상의 2화소 이내 크기에 해당하는 간격이어야 함

② 격자자료는 사용목적 및 점밀도를 고려하여 성과물의 정확도를 확보할 수 있는 보간 방법으로 제작

5. DSM 활용

(1) 도시지역의 3차원 모델링

(2) 조경설계 및 계획을 위한 입체적인 표현

(3) 수목공간정보 구축

(4) 건물에 입사되는 태양광에너지 등급도 제작

6. 결론

최근에는 드론 기술의 발전과 함께 드론 영상을 활용한 기술에 관심이 커지고 있다. 특히, 산림은 접근이 용이하지 않고 영역이 크며, 산림 안에 수목개체가 막대한 경우 촬영 및 조사가 어렵지만, 드론 영상을 이용한 방법은 손쉽게 접근이 가능하다. 또한, 이 방법은 보다 비싸고 복잡한 시스템을 가진 라이다 데이터를 이용한 방법과 동일한 정확도를 확보할 수 있고, 원하는 시기에 원하는 지역을 원하는 고도로 촬영할 수 있는 시 · 공간적 해상도가 높은 자료를 제공할 수 있다.

14 초분광(Hyperspectral) 영상에서 파장대(밴드)의 차원축소 방법 및 변환기법에 대하여 설명하시오.

3교시 4번 25점

1. 개요

초분광 영상은 일반 카메라 영상과 달리 가시광선 영역과 근적외선 영역 파장대를 수백 개의 구역(밴드)으로 세분하여 촬영함으로써 미세한 분광 특성을 분석하여 토지피복, 식생, 수질, 갯벌 특성 등의 식별에 이용된다. 이러한 수백 개 밴드의 초분광영상에서 각 화소 위치의 분광 특성을 추출하기 위해서는 대기보정과 같은 전처리 과정이 매우 중요하며, 특정 목표물을 추출하거나 영상을 분류하는 기법 또한 다중분광 영상에서 적용되던 처리기법과는 다른 기법이 요구된다. 정해진 등급으로 분류하는 의미뿐만 아니라, 특정 대상물만을 탐지하거나 인식하는 개념까지 확장되고 있다. 초분광 영상에서는 일반적으로 분류 전에 모든 분광밴드를 사용하기보다는 이를 변환하여 차원 감소시킨 후 분류기법에 적용시킨다.

2. 초분광(Hyperspectral) 영상

(1) 초분광 영상

일반적으로 5~110nm에 해당하는 좁은 대역폭(Bandwidth)을 가지며, 36~288 정도의 밴드 수로 대략 0.4~14.52μm 영역의 파장대를 관측하고, 자료 취득 방식에 따라 Pushbroom 센서와 Wiskbroom 센서가 있다.

(2) 초분광 영상을 이용한 정보 추출의 일반적인 단계

[그림] 초분광 영상의 정보 추출 과정

3. 파장대(밴드)의 차원 축소(Dimensionality Reduction) 방법 및 변환기법

초분광 영상은 좁은 밴드 폭을 가진다는 장점이 있지만 이는 분광정보가 중복되어 불필요한 계산이 발생한다는 단점이 될 수 있다. 이러한 분광정보들의 차원을 줄이는 것은 자료를 분석하는 데 있어 가장 중요한 요소로 차원을 줄임으로써 데이터를 저장하는 공간과 처리하는 시간을 줄일 수 있다.

(1) 최적지수인자(OIF : Optimum Index Factor)

최적지수인자는 다양한 밴드조합 내(Within) 총 분산 및 상관관계와 밴드조합 간(Between)의 총 분산 및 상관관계에 기초하고 있다. 세 밴드로 구성된 영상에 대한 OIF를 계산하기 위해서는 다음 식이 사용된다.

$$OIF = \frac{\sum_{K=1}^{3} s_k}{\sum_{j=1}^{3} Abs(r_j)}$$

여기서, s_k : 밴드 k에 대한 표준편차

r_j : 평가되는 세 밴드 중 2개 사이의 상관계수의 절댓값

(2) 주성분분석(PCA : Principal Component Analysis)

① 원래의 원격탐사 이미지를 압축하여 기존 원격탐사 이미지에 있는 대부분의 정보를 나타낼 수 있도록 서로 간의 상관관계가 없는 변수들의 집합으로 바꿔 주는 기술이다.

② 주성분이란 원영상에서 분산의 최대 비율을 설명하는 1차 주성분과 잔여 분산의 최대비율을 나타내는 값들을 일련의 직교성분의 조합으로 나타낸 것이다.

③ 상관관계가 있는 영상에 주성분 분석 방법을 이용하면 특정 순서의 분산성분을 가진 비상관 다중분광 영상을 만들 수 있다.

④ 총 분산의 백분율을 다음 식을 이용하여 구할 수 있다.

$$\%_p = \frac{\text{고유값 } \lambda_p \times 100}{\sum_{p=1}^{n} \lambda_p}$$

여기서, λ_p : n개의 고유값 중에서 p번째의 고유값

⑤ 이 새로운 성분들은 각 밴드 k와 성분 p의 상관관계를 계산하면 각 밴드가 개개의 주성분과 어떻게 관련되어 있는지를 알 수 있다.

(3) 최소잡음비율 변환(MNF : Minimum Noise Fraction)

① 초분광자료의 원래 차원을 결정하고, 자료의 잡음을 식별 및 분리하여, 유용한 정보를 훨씬 작은 영상으로 압축하는 기법으로 초분광자료 처리에 필요한 계산시간을 줄이는 데 사용된다.

② 최소잡음비율 변환은 2개의 단계적 주성분 분석을 적용하는데 첫 번째 변환은 자료 내의 잡음에 대해 상관관계를 줄이고 재조정한다. 이는 다음 식을 이용하여 먼저 잡음을 구한다.

$$FI_n = OI_{n+1} - OI_n$$

여기서, OI_n : n밴드에서의 이미지

FI_n : n밴드와 $n+1$밴드에서의 이미지의 밝기값을 뺀 결과

③ 두 번째 주성분 분석은 앞 주성분 분석 식을 이용하며 유용한 정보를 담고 있는 응집된 MNF 고유영상과 잡음이 뚜렷한 MNF 고유영상을 생성한다.

4. 초분광(Hyperspectral) 영상의 활용

(1) 해양 분야

해안선 재질 분류, 조간대 염생식물 탐지, 자연해안 관리, 해상이용 현황 및 불법 양식장 탐지

(2) 수질환경 분야

수질분석에 적용, 기름 유출, 녹조현상 등 탐지

(3) 산림 분야

산림의 수종 분류, 엽록소의 함량, 수분함량, 광합성 지수 등을 분석하며, 이를 통해 종합적인 산림건강지수 산출

(4) 농업 분야

농작물의 종류, 건강, 활성도, 특정 엽록소의 함량, 엽면적 지수 등 분석

(5) 도시 분야

도시피복물의 종류 분류

5. 결론

기술이 발전함에 따라 밴드 수가 증가한 초분광 영상이 이용되고, 장치의 소형화 및 센서, 컴퓨터 기술이 발달함에 따라 환경, 국방, 식품, 농업, 해양 등에서 활용되고 있다. 또한, 최근 드론에 초분광 기술이 들어간 카메라를 탑재하거나 스마트폰에 초소형 초분광 카메라 장착 기술이 개발됨에 따라 초분광 영상 기술이 초소형 카메라 기술로 발전해 가고 있으며 이에 따라 분자생물학, 생물의학, 감시 분야 등에 다양하게 응용될 수 있을 것으로 예상된다.

15 도시개발사업 시행구역에 수용되는 토지에 대한 용지측량에 대하여 설명하시오.

3교시 5번 25점

1. 개요

도시개발사업은 계획적이고 체계적인 도시개발을 도모하고, 쾌적한 도시환경의 조성과 공공복리의 증진에 이바지하기 위하여 도시개발구역을 지정하여 시행하는 사업으로 사업 시행자가 토지 및 지상물에 대한 권리를 매수(수용)하여 시행한다. 이 과정에서 토지에 대한 용지측량으로는 지구계측량, 예비확정측량, 확정측량이 있으며 지적측량을 통하여 최종 토지정리를 하여야 한다.

2. 도시개발사업 진행 절차

(1) 도시개발사업 진행 절차

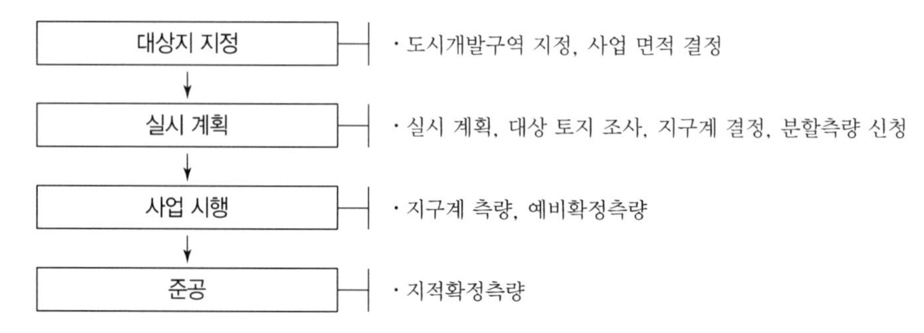

[그림 1] 도시개발사업 진행 절차

(2) 실시 계획 단계

① 대상토지 조사

② 용도별 토지 이용지구 지정

③ 지구계 결정, 분할측량 신청

(3) 사업 시행 단계

① 분할측량

② 지구계 확정

③ 용도별 토지 이용에 따른 예비 확정

(4) 준공 단계

① 확정 측량

② 지번 부여

③ 대장 정리

3. 지적측량

(1) 지적측량의 종류

① 기초측량 : 지적삼각점측량, 지적삼각보조점측량, 지적도근점측량

② 세부측량 : 신규등록측량, 등록전환측량, 분할측량, 경계복원측량, 현황측량, 확정측량

(2) 지적측량 수행자 및 지적측량 범위

1) 수행자

① 한국국토정보공사

② 지적측량업 등록자

2) 지적측량 범위

① 한국국토정보공사 : 모든(도해지적, 수치지적 등) 지적측량

② 지적측량업 등록자 : 수치지적, 확정측량, 지적재조사측량

(3) 도시개발사업에 필요한 지적측량

1) 도시개발사업 대상지의 특징

① 대부분 도해지역임

② 낙후된 도심지 혹은 도시 변두리 지역

2) 도시개발사업 측량 순서

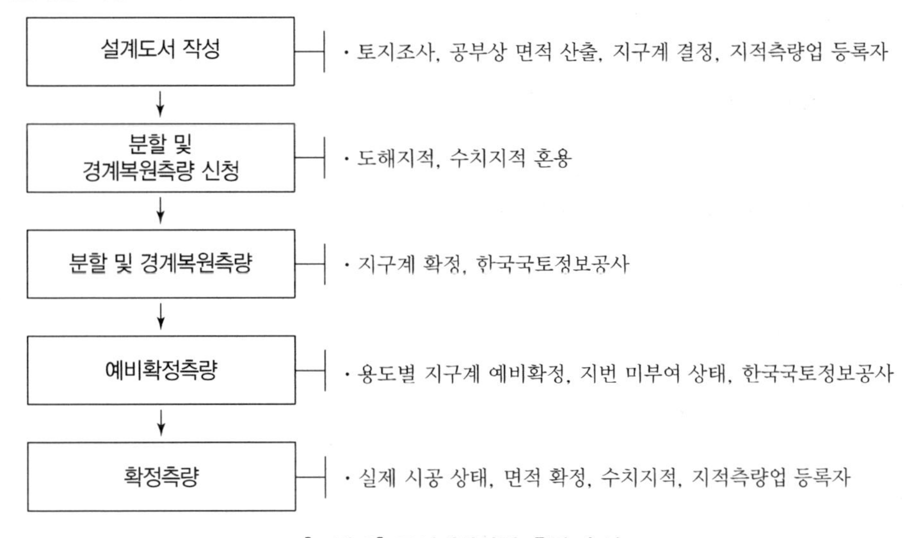

[그림 2] 도시개발사업 측량 순서

3) 분할측량

① 지적공부에 등록된 1필지의 토지를 2필지 이상으로 나누기 위하여 실시하는 측량

② 지구계 확정을 위한 분할측량 실시

③ 도시개발사업 대상지는 대부분 도해지적

④ 한국국토정보공사에서 수행

⑤ 지적측량등록업자는 수행 불가

4) 경계복원측량
① 지적도 또는 임야도에 등록된 경계 또는 경계점좌표등록부에 등록된 좌표를 지표상에 복원하는 측량
② 지구계 확정을 위한 경계복원측량 실시
③ 도시개발사업 대상지는 대부분 도해지적
④ 한국국토정보공사에서 수행
⑤ 지적측량등록업자는 수행 불가

5) 지구계 확정
① 설계도서의 지구계를 분할측량 및 경계복원측량 실시 후 지적도에 지구계 확정
② 도시개발사업 대상지는 대부분 도해지적
③ 한국국토정보공사에서 수행
④ 지적측량등록업자는 수행 불가

6) 확정측량
① 토지를 구획하고 환지를 완료한 토지의 지번, 지목, 면적, 경계 또는 좌표를 지적공부에 새로이 등록하기 위하여 실시하는 측량
② 예비확정측량
- 확정된 지구계를 근거로 대상 사업지 내부의 용도별 면적 산출
- 지구계 내부는 신규지역이므로 수치지적으로 작성해야 함
- 한국국토정보공사, 지적측량등록업자 모두 수행 가능

③ 확정측량
- 실제 이루어진 상태로 최종 확정단계
- 지구계 내부는 신규지역이므로 수치지적으로 작성해야 함
- 한국국토정보공사, 지적측량등록업자 모두 수행 가능

4. 도시개발사업 대상지 지적측량 문제점 및 개선방안

(1) 문제점
① 사업대상지 대부분은 도해지적임
② 지구계 확정부터 최종 확정측량 일괄 계약으로 한국국토정보공사에서 수행
③ 지적측량등록업자의 수행이 어려움

(2) 개선방안
① 한국국토정보공사와 지적측량등록업자의 업무 분리
② 한국국토정보공사 : 분할측량, 경계복원측량을 통한 지구계 확정 수행
③ 지적측량등록업 : 예비 확정 및 확정측량 수행

5. 결론

지적측량은 한국국토정보공사에서 모든 업무를 수행하였으나, 지적측량등록업자와의 상생을 위하여 한국국토정보공사는 도해지적 부분만 수행하고, 지적측량등록업은 수치지적 부분을 수행하여 공공분야와 민간분야가 함께 발전할 수 있게 제도 개선을 하여야 한다.

16 도심지의 대규모 지하 터파기 공사현장에서 지중 및 지반 변위 측정을 위한 측량 방법에 대하여 설명하시오.

4교시 3번 25점

1. 개요

최근 증가하는 도심지 지하개발로 인한 지하수 교란, 상하수도 누수, 지하구조물이나 지반의 침하 등을 정밀하게 측정 · 분석하여 이를 체계적으로 DB화하여 시공 중의 안전관리, 준공 후 유지관리, 설계 및 시공 공법 개발에 활용하고 시설물의 방재대책 수립, 건설비용 절감에 기여하기 위한 변위 측정에 대하여 기술하고자 한다.

2. 변형 데이터별 모니터링 방법

(1) 위치 데이터 : GNSS, TS, Level
(2) 경사 데이터 : 경사계
(3) 지하수 데이터 : 지하수위계
(4) 지표면 데이터 : Level, In-SAR
(5) 건물 데이터 : 기울기, 크랙
(6) 기타 데이터 : 신고 데이터 등

3. 대규모 지하 공사현장의 변위 측정 방법

(1) 예상 변위 및 측정장비 배치

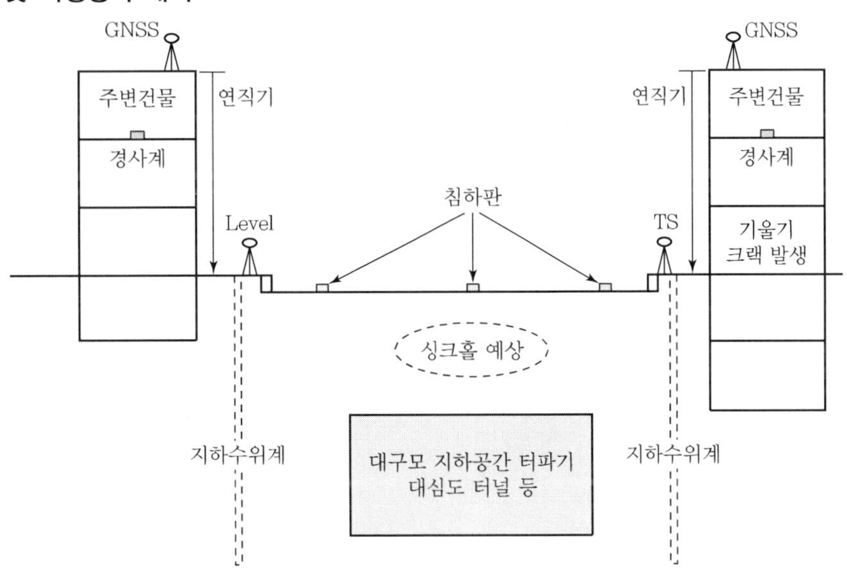

[그림 1] 예상 변위 및 측정장비 배치

1) 예상 변위
① 주변 건물 : 기울기 발생, 크랙 발생
② 도로 : 주변 침하 발생
③ 지하수위 : 지하수위 저하
④ 싱크홀 : 지하공간 터파기로 지하 지반 이완 싱크홀 예상

2) 변위 측정장비

① GNSS

② TS

③ Level

④ 경사계

⑤ 지하수위계

(2) 장비별 변위 측정 방법

구분	측정장비	측정요소	대상물	실시간 측정
건물변위	GNSS 안테나	후처리, TRK	주변 건물	자동/수동
건물변이	TS, 프리즘	각, 거리	주변 건물	자동/수동
건물변위	경사계	기울기	주변 건물	자동/수동
건물변위	연직추	기울기	주변 건물	수동
지하수위계	수위계	지하수위	지하수	자동/수동
지표변위	침하핀	지표면 EL	지표면	수동
주민신고	육안	크랙, 누수	주변 건물	수동

4. 대규모 지하공사 현장 변위 측정작업 순서

[그림 2] 변위 측정 흐름도

(1) 관측

① 3차원 좌표로 관측

② 동일 지점에 대하여 주기적 관측

③ 초깃값과 비교하여 모니터링

(2) 관측 시 주의사항

① 관측 전 기준점 변형 여부 확인

② 진동 등 현장의 관측 오류 발생 여부 확인

(3) 관측값 처리

1) 관측값 기록

① 메모리 등 이용

② 모니터링 서버로 직접 전송

2) 데이터 분석 및 처리

① 모니터링 프로그램 이용

② 초깃값과 비교하여 수치, 그래픽 등의 형식으로 변형량 분석

5. 결론

건설현장의 붕괴사고를 예방하기 위해서는 구조물의 변동, 변형을 주기적으로 모니터링해야 하지만 현실적으로 예산의 부재, 발주처, 건설사업관리사, 시공사의 인식 부족으로 거의 실시되지 못하는 실정이다. 측량분야에서도 원인 분석 작업에 적극 참여하여 측량의 소홀로 인한 문제가 있는지에 대한 원인 분석과 위험 구조물에 대한 변형 모니터링을 적용하도록 관련 기관과 협의가 필요하다.

부록

1 지적기술사 과년도 기출문제(120~128회)

국가기술 자격 검정시험

기술사 제120회 시행일 : 2020년 2월 1일

분야	건설	종목	지적기술사	수험번호		성명	

1교시 (13문제 중 10문제 선택, 각 10점)

1. 보간법
2. 특별소삼각원점
3. 커뮤니티 매핑
4. 통합기준점
5. 국가지오이드모델(KNGeoid18)
6. 7-Parameter(변환요소) 방법
7. 정오차(定誤差)와 부정오차(不定誤差)
8. 둠즈데이북(Domesday Book)
9. 국가공간정보포털
10. 결수연명부
11. 지적정리
12. 전시과제도
13. 다각망도선법

2교시 (6문제 중 4문제 선택, 각 25점)

1. 공동 소유한 토지를 점유한 상태로 분할하는 방법에 대하여 설명하시오.
2. 토지조사사업과 임야조사사업을 비교하여 설명하시오.
3. 지적공부의 세계측지계 변환에 따른 문제점 및 개선방안에 대하여 설명하시오.
4. 신규등록측량의 방법과 절차에 대하여 설명하시오.
5. 토지경계의 설정과 확정에 대하여 설명하시오.
6. 토지의 사정(査定)에 대하여 설명하시오.

3교시 (6문제 중 4문제 선택, 각 25점)

1. 지하공간정보의 효율적 관리 및 활용방안에 대하여 설명하시오.
2. 측량기준점의 관리체계 개선방안에 대하여 설명하시오.
3. 항공삼각측량 조정 방법에 대하여 설명하시오.
4. 지적 · 임야도 자료정비사업의 문제점과 개선방안에 대하여 설명하시오.
5. 우리나라의 측지기준(Geodetic Datum)에 대하여 설명하시오.
6. 토지의 경계가 안고 있는 문제점과 개선 방안에 대하여 설명하시오.

4교시 (6문제 중 4문제 선택, 각 25점)

1. 북한의 체제 전환 시 북한지역의 효율적인 토지조사방안에 대하여 설명하시오.
2. 평면거리 계산 방법에 대하여 설명하시오.
3. 「GNSS에 의한 지적측량규정」에서 정한 정지측량(Static Survey)과 실시간 이동측량(Real Time Kinematic Survey)을 비교하여 설명하시오.
4. 지적소관청에 위임된 지적사무의 현황과 개선방안에 대하여 설명하시오.
5. 토지 경계분쟁의 발생원인과 사법적 해결 방법에 대하여 설명하시오.
6. 지적(地籍) 어원의 발생론적 접근에 대하여 설명하시오.

국가기술 자격 검정시험

기술사 제122회 시행일 : 2020년 7월 4일

분야	건설	종목	지적기술사	수험번호		성명	

1교시 (13문제 중 10문제 선택, 각 10점)

1. 대위신청
2. 표준지 공시지가
3. 도로명 주소대장
4. 투화전(投化田)
5. 지목의 설정원칙
6. 지구계 측량
7. 교회법
8. 구면삼각형과 구과량
9. 부동산종합공부
10. 지적공부 등록사항 정정
11. 기지경계선(既知境界線)
12. GPS 관측데이터 표준포맷(라이넥스, RINEX)
13. 텔루로이드(Telluroid)와 의사지오이드(Quasi Geoid)

2교시 (6문제 중 4문제 선택, 각 25점)

1. 실시간이동측량(RTK)에 의한 지적측량 방법을 설명하시오.
2. 지적측량 성과 다툼에 대한 구제절차와 그에 따른 문제점 및 개선방안에 대하여 설명하시오.
3. 지적공부의 세계측지계 변환사업에 대하여 설명하시오.
4. 임야대장에 등록된 토지의 등록전환 신청절차와 등록사항의 결정에 대하여 설명하시오.
5. 지적재조사사업의 절차와 중점 추진과제에 대하여 설명하시오.
6. 지오이드 결정 방법에 대하여 설명하시오.

3교시 (6문제 중 4문제 선택, 각 25점)

1. 지적확정측량의 업무절차와 방법에 대하여 설명하시오.
2. 지적의 사법적 · 공법적 기능에 대하여 설명하시오.
3. 도로명 주소와 건물번호 부여 기준에 대하여 설명하시오.
4. 연속지적도 작성을 위한 도면접합의 일반적인 원칙에 대하여 설명하시오.
5. 의사위성(Pseudo Satellite)과 준천정위성(準天頂衛星)에 대하여 설명하시오.
6. 측량의 오차 종류와 표준편차에 대하여 설명하시오.

4교시 (6문제 중 4문제 선택, 각 25점)

1. 지하공간의 효율적 관리를 위한 통합지하정보 구축에 대하여 설명하시오.
2. 현재 정부에서 추진하고 있는 임의지번(가지번) 정비사업의 활성화 방안에 대하여 설명하시오.
3. 우리나라 지적통계 구축을 위한 지적전산 처리와 지적통계의 종류에 대하여 설명하시오.
4. 수치사진측량의 영상정합(Image Matching)에 대하여 설명하시오.
5. 디지털 트윈 구축을 위한 입체지적 대상 시설과 필지획정 방안에 대하여 설명하시오.
6. 지적제도와 등기제도를 비교하고, 일원화 방안에 대하여 설명하시오.

국가기술 자격 검정시험

기술사 제123회 　　　　　　　　　　　　　　　　시행일 : 2021년 1월 30일

분야	건설	종목	지적기술사	수험번호		성명	

1교시 (13문제 중 10문제 선택, 각 10점)

1. 개재지(介在地)
2. 삼각쇄(三角鎖)
3. 드론 라이다(LiDAR)
4. 평판측량의 후방교회법
5. 수치지면자료(Digital Terrain Data)
6. 지적재조사의 토지현황조사
7. 스마트 시티(Smart City)
8. 경중률(Weight)
9. 증강현실(Augmented Reality)
10. 토지조사사업 당시의 조표(造標)
11. 면적보정계수
12. 지적현황측량
13. 디지털 트윈(Digital Twin)

2교시 (6문제 중 4문제 선택, 각 25점)

1. 지적세부측량의 성과결정 방법에 대하여 설명하시오.
2. 토지조사사업과 지적재조사사업의 경계설정 기준에 대하여 비교 설명하시오.
3. 부동산종합공부시스템의 구축과정 및 향후 발전방향에 대하여 설명하시오.
4. GPS(Global Positioning System) 측량의 개념, 위치결정 원리, 차분법에 대하여 설명하시오.
5. 지적정보의 벡터와 래스터 자료구조에 대하여 설명하시오.
6. 지적재조사사업을 위한 사업지구지정 동의서 징구제도의 문제점 및 개선방안에 대하여 설명하시오.

3교시 (6문제 중 4문제 선택, 각 25점)

1. 지적공부를 세계측지계로 변환하여 부동산종합공부시스템에 등록하는 절차를 도해지역과 경계점좌표등록부시행지역으로 구분하여 설명하시오.
2. 공간정보의 개체(Entity)와 객체(Object)에 대하여 비교 설명하시오.
3. 지적측량 과정에서 등록사항정정 대상토지를 발견하였을 때 처리절차에 대하여 설명하시오.
4. 택지개발사업에 따라 50,000m^2 규모의 지적확정측량을 실시한 경우 측량성과검사 방법에 대하여 설명하시오.
5. 인공지능(AI)을 이용한 도해지역 토지경계 설정방안에 대하여 설명하시오.
6. 지적제도(지적재조사 포함) 운영을 위해 법률에서 규정하고 있는 위원회의 종류와 기능에 대하여 설명하시오.

4교시 (6문제 중 4문제 선택, 각 25점)

1. UAV(Unmanned Aerial Vehicle)를 활용한 건물 경계선 추출방안에 대하여 설명하시오.
2. 지적측량 처리기간의 현황과 개선방안에 대하여 설명하시오.
3. 스파게티(Spaghetti)모형과 위상(Topology)모형에 대하여 비교 설명하시오.
4. 지적공부 전산파일이 바이러스에 의하여 소실되었을 경우 복구과정에 대하여 설명하시오.
5. 육지지적과 해양지적을 비교하고, 해상경계 설정방안에 대하여 설명하시오.
6. 지적재조사 책임수행기관제도와 책임수행기관의 역할에 대하여 설명하시오.

국가기술 자격 검정시험

기술사 제125회 시행일 : 2021년 7월 31일

분야	건설	종목	지적기술사	수험번호		성명	

1교시 (13문제 중 10문제 선택, 각 10점)

1. 침수흔적도
2. 등록사항정정 대상 토지
3. 도로명주소
4. 벡터자료 파일 형식
5. 가상기준점(VRS)
6. 도해지적과 수치지적
7. 라플라스점
8. 지적위원회
9. 지적국정주의
10. 양차(Error Due to Both Curvature and Refraction)
11. SSR(State Space Representation, 상태공간보정)
12. SLAM(Simultaneous Localization and Mapping)
13. 신뢰구간(Confidence Interval)

2교시 (6문제 중 4문제 선택, 각 25점)

1. 지적재조사사업에 따른 지적기준점측량에 대하여 설명하시오.
2. 지하공간의 개발, 이용 및 관리를 위한 지하공간통합지도에 대하여 설명하시오.
3. 지상경계점등록부의 효율적 관리 및 활용방안에 대하여 설명하시오.
4. 제2차 국가측량기본계획(2021~2025)에 대하여 설명하시오.
5. 지형 · 지물 전자식별자(UFID : Unique Feature Identifier)에 대하여 설명하시오.
6. 디지털 트윈, 드론길 등 3차원 공간정보의 입체 격자체계 구축에 대하여 설명하시오.

3교시 (6문제 중 4문제 선택, 각 25점)

1. 공간정보 오픈 플랫폼(브이월드)의 문제점과 개선 방안에 대하여 설명하시오.
2. 등록전환측량의 방법과 절차에 대하여 설명하시오.
3. 소규모 필지의 불합리한 경계에 대한 해결방안에 대하여 설명하시오.
4. 지형공간정보체계의 자료기반(Database) 생성과정에서 발생하는 오차의 종류에 대하여 설명하시오.
5. 메타데이터(Metadata)의 정의와 특성에 대하여 설명하시오.
6. GNSS(Global Navigation Satellite System) 측량 성과에서 높이 계산을 위한 정밀 지오이드(Geoid)의 결정 방법에 대하여 설명하시오.

4교시 (6문제 중 4문제 선택, 각 25점)

1. 지적재조사지구에서 필지별로 실시되는 토지현황조사에 대하여 설명하시오.
2. 최근 한국국토정보공사법 제정안의 제안이유와 주요 내용에 대하여 설명하시오.
3. 3차원 국토공간정보의 제작기준 및 구축 방법에 대하여 설명하시오.
4. 국가공간정보 통합체계 구축에서 공간정보 품질기준 및 진단범위에 대하여 설명하시오.
5. 필지별 토지이용정보의 구축 및 활용방안에 대하여 설명하시오.
6. 지도투영법 중 TM과 UTM 투영법에 대하여 설명하시오.

국가기술 자격 검정시험

기술사 제126회 시행일 : 2022년 1월 29일

분야	건설	종목	지적기술사	수험번호		성명	

1교시 (13문제 중 10문제 선택, 각 10점)

1. 중첩(重疊, Overlay)
2. 불규칙삼각망(TIN)
3. 공간정보오픈플랫폼(Spatial Information Open Platform)
4. 지적측량의 실시대상
5. 양안(量案)
6. 사진판독(Photographic Interpretation) 요소
7. 토지이동 신청
8. 이중차분(Double Phase Difference)
9. 대위신청
10. 공간자료교환표준(SDTS)
11. 지적제도의 3대 구성요소
12. 세계측지계 변환의 평균편차 조정 방법
13. 시효취득

2교시 (6문제 중 4문제 선택, 각 25점)

1. 토지의 등록단위인 일필지의 성립요건에 대하여 설명하시오.
2. 토지개발사업 시행에 따른 토지이동 및 지적정리 업무를 승인 전, 승인 후, 준공 전, 준공 후로 나누어 설명하시오.
3. 지적공부 세계측지계 변환성과 검증 및 성과검사 방법에 대하여 설명하시오.
4. 공간데이터 구조 중 벡터자료 구조의 저장 방법 및 파일 형식에 대하여 설명하시오.
5. 도로명주소의 부여 방법 및 절차에 대하여 설명하시오.
6. NGIS 사업을 포함한 우리나라 국가공간정보 추진연혁에 대하여 설명하시오.

3교시 (6문제 중 4문제 선택, 각 25점)

1. 법률상 정의되는 「민법」상 경계, 「형법」상 경계, 「지적법」상 경계에 대하여 각각 설명하시오.
2. 지적제도의 특성 및 기능에 대하여 설명하시오.
3. 지적확정측량의 지구계측량 및 필계점 확정에 대하여 설명하시오.
4. 공간분석의 유형 및 공간자료 변환 방법에 대하여 설명하시오.
5. 평면지적의 문제점을 도출하고 3차원 지적으로의 구현방안에 대하여 설명하시오.
6. 1977년 이후 4차에 걸친 「부동산소유권 이전등기 등에 관한 특별조치법」을 비교하여 설명하시오.

4교시 (6문제 중 4문제 선택, 각 25점)

1. 우리나라 부동산 공시제도의 문제점과 개선방안에 대하여 설명하시오.
2. 지적재조사 책임수행기관의 지정절차와 수행업무에 대하여 설명하시오.
3. 3차원 위치결정측량에 대하여 설명하시오.
4. 우리나라 공간정보의 현황 및 외국의 공간정보 동향을 비교하여 향후 발전방향에 대하여 기술하시오.
5. 지적기준점의 종류 및 설치 방법에 대하여 설명하시오.
6. 공간정보 표준화 요소 및 국내외 표준 관련 기구에 대하여 설명하시오.

국가기술 자격 검정시험

기술사 제128회 시행일 : 2022년 7월 2일

분야	건설	종목	지적기술사	수험번호		성명	

1교시 (13문제 중 10문제 선택, 각 10점)

1. 필지식별인자(PID)
2. 양전척(量田尺)
3. 영상정합(Image Matching)
4. 평(坪)과 제곱미터(m^2)
5. 구장산술(九章算術)
6. 측량소도(測量素圖)
7. 과세지견취도(課稅地見取圖)
8. 전제상정소(田制詳定所)
9. 에피폴라 기하(Epipolar Geometry)
10. 사지수형(Quadtree)
11. 경계의 결정 방법
12. 지역권(地役權)
13. 초장기선간섭계(VLBI : Very Long Baseline Interferometry)

2교시 (6문제 중 4문제 선택, 각 25점)

1. 지적정보화 발전을 위한 품질표준화 적용방안에 대하여 설명하시오.
2. 기초측량인 지적삼각측량의 근사법과 정밀법을 비교하여 설명하시오.
3. 지적위원회 적부심사의 업무 처리절차 및 발전과제에 대하여 설명하시오.
4. 토지경계 측량의 복원 원칙과 표준화 방안에 대하여 설명하시오.
5. 지적공간정보 융·복합 처리를 위한 공간정보 기술변화에 대하여 설명하시오.
6. 지적측량에서 면적측정의 단위와 대상 및 결정 방법에 대하여 설명하시오.

3교시 (6문제 중 4문제 선택, 각 25점)

1. 빅데이터 시대 지적정보체계의 현안과제 및 발전모형에 대하여 설명하시오.
2. 등록사항정정의 측량대상 및 실시방안에 대하여 설명하시오.
3. 공간위치를 표시하는 좌표변환기법에 대하여 설명하시오.
4. 스마트워크 기반에서 지적기준점 전산관리의 발전모형에 대하여 설명하시오.
5. 한국형 지적전산 정보의 활용 및 응용 방법에 대하여 설명하시오.
6. 지적재조사에 따른 지적공부의 공신력 확보방안에 대하여 설명하시오.

4교시 (6문제 중 4문제 선택, 각 25점)

1. 도해지역 수치화를 위한 축척변경사업의 준비과정과 측량방안에 대하여 설명하시오.
2. 우리나라 지목제도의 문제점과 개편모형에 대하여 설명하시오.
3. 건물등록을 위한 지적측량과 공간정보의 연계방안 모형에 대하여 설명하시오.
4. 분쟁해결 유형인 ADR(Alternative Dispute Resolution)에 대하여 설명하시오.
5. 지적측량 시 발생하는 법률적 효력과 책임에 대하여 설명하시오.
6. 우리나라 토지등록과 토지등기의 제도적 차이에 대하여 설명하시오.

2 국가공무원 5급(기술) 측량학 출제빈도표 및 단원별 출제경향 분석

1 출제빈도표

구분		2001	2002	2003	2004	2005	2006	2007	2008	2009	2010	2011	2012	2013	2014	2015	2016	2017	2018	2019	2020	2021	2022	빈도 (계)	빈도 (%)
총론						1		1	1				1	1		1								6	6.5
소계						1		1	1				1	1		1								6	6.5
측지학	지구와 천구									1														1	1.1
	좌표해석		1	1	1												1		1			1		6	6.5
	중력/지자기측량																								
	공간측량																								
	해양측량																								
소계			1	1	1					1							1		1			1		7	7.6
관측값 해석	오차와 최소제곱법	1		1		1		1		1		1			1		1	1		1	1	1		12	13.0
소계		1		1		1		1		1		1			1		1	1		1	1	1		12	13.0
지상측량	거리측량																					1	1	2	2.2
	각측량																								
	삼각/삼변측량	1																			1			2	2.2
	다각측량	1		1															1					3	3.2
	수준측량																								
소계		2		1															1		1	1	1	7	7.6
GNSS 측량	GNSS 측량		1	1			1	1	1	1	1			1	1		1	1	1	1	1	1	1	16	17.4
	GNSS 측량 응용											1				1								2	2.2
소계			1	1			1	1	1	1	1	1		1	1	1	1	1	1	1	1	1	1	18	19.6
사진측량	사진측량	2	1		1	1			1	1							1		1	1			1	11	12.0
	사진판독																								
	사진측량 응용		1				1					1	1		1	1		1			1			8	8.7
	RS(원격탐측)										1				1									2	2.2
소계		2	2		1	1	1		1	1	1	1	1		2	1	1	1	1	1	1		1	21	22.9
공간정보 (GSIS)	GSIS					1	1	1	1				1	1				1						7	7.6
	GSIS 응용				1						1	1		1		1			1				1	7	7.6
소계					1	1	1	1	1		1	1	1	2		1		1	1				1	14	15.2
응용측량	지형측량																								
	면체적측량																								
	노선측량				1		1						1							1				4	4.3
	터널측량																								
	하천측량										1													1	1.1
	상하수도측량																								
	댐측량																								
	교량측량																								
	변형측량																								
	수로측량																								
	지적측량															1								1	1.1
	기타														1									1	1.1
소계					1		1				1		1		1	1				1				7	7.6
총계		5	4	4	4	4	4	4	4	4	4	4	4	4	5	5	4	4	5	4	4	4	4	92	100

2 단원별 출제경향 분석

<table>
<tr><th>내용
구분</th><th>출제문제</th><th>출제
유형</th><th>출제연도(배점)</th></tr>
<tr><td rowspan="14">총론/
측지학</td><td>우리나라 기본측량, 공공측량의 기준점에 대하여 기술</td><td>논술</td><td>2000년(40점)</td></tr>
<tr><td>세계측지계와 우리나라 평면직각 좌표계에 대하여 설명</td><td>논술</td><td>2002년(25점)</td></tr>
<tr><td>우리나라의 경위도좌표계, 표고좌표계, 평면직교좌표계 및 측지좌표계에 대하여 서술</td><td>논술</td><td>2003년(30점)</td></tr>
<tr><td>절대좌표계에 기준한 지구상의 점의 위치를 결정하는 방법을 그림을 그려서 설명하시오.</td><td>논술</td><td>2004년(30점)</td></tr>
<tr><td>우리나라에서 2003년도에 도입한 세계측지계를 기존 측지계와 비교하여 다음을 설명하시오.
(1) 세계측지계의 개념(10점)
(2) 기준타원체 및 좌표계(10점)
(3) 대한민국 경위도 원점(5점)</td><td>논술</td><td>2005년(25점)</td></tr>
<tr><td>세계측지계 전환과 관련한 다음 사항에 대하여 기술하시오.
(1) 세계측지계의 정의(15점)
(2) ITRF와 WGS84의 차이(5점)
(3) 한국측지계 2002의 의의(5점)</td><td>논술</td><td>2007년(25점)</td></tr>
<tr><td>우리나라는 측량법 개정에 따라 지역측지계를 세계측지계로 전환하는 과정에 있다. 세계측지계 전환과 관련하여 다음 사항을 기술하시오.
(1) 기존 측지계와 전환되는 세계측지계의 차이점(10점)
(2) GIS 데이터베이스의 세계측지계 전환 과정(10점)</td><td>논술</td><td>2008년(20점)</td></tr>
<tr><td>지리좌표계(ϕ, λ, h)에서 지심좌표계(X, Y, Z)로의 변환에 관련된 내용 중 다음 물음에 답하시오.
(1) ϕ, λ, h, X, Y, Z와 묘유선 곡률반경(N)의 정의를 그림과 함께 설명하시오.(20점)
(2) 위에서 정의된 매개변수를 이용하여 지리좌표계에서 지심좌표계로의 변환식을 유도하시오.(10점)</td><td>논술</td><td>2009년(30점)</td></tr>
<tr><td>현재 우리나라는 육상과 해상에서 상이한 높이기준을 사용하고 있다. 각 높이 기준에 대하여 설명하고, 이원화된 높이기준 때문에 발생하는 문제점과 두 높이 기준의 통합방안에 대하여 기술하시오.</td><td>논술</td><td>2012년(25점)</td></tr>
<tr><td>세종시 측지 VLBI 관측소 설치에 따른 측지기준과 기준점체계의 구성방안 및 위성기준점망과의 연결측량방법을 설명하시오.</td><td>논술</td><td>2013년(30점)</td></tr>
<tr><td>지구상의 위치기준 및 표시방법에 대한 다음 물음에 답하시오.
(1) 수평위치기준 및 표시방법에 대하여 설명하시오.(6점)
(2) 수직위치기준 및 표시방법에 대하여 설명하시오.(3점)
(3) 수평위치 결정과 수직위치 결정을 별도로 하는 이유에 대하여 설명하시오.(3점)
(4) GNSS 측량으로 수평위치와 수직위치를 동시에 결정하기 위한 조건에 대하여 설명하시오.(3점)</td><td>논술</td><td>2015년(15점)</td></tr>
<tr><td>3차원 직각좌표(X, Y, Z)와 경위도좌표(ϕ, λ, h)의 관계식은 다음과 같다.
$$X=(N+h)\cos\phi\cos\lambda \quad Y=(N+h)\cos\phi\sin\lambda \quad Z=\{N(1-e^2)+h\}\sin\phi$$
단, $N=\dfrac{a}{\sqrt{1-e^2\sin^2\phi}}$
여기서, ϕ, λ는 위도와 경도, h는 타원체고, N은 묘유선 곡률반경, e는 이심률, a는 타원체 장반경일 때 다음 물음에 답하시오.
(1) 위 관계식에서 3차원 직각좌표(X, Y, Z)로부터 경위도좌표(ϕ, λ, h)를 역계산하는 3개의 식을 유도하시오.(10점)
(2) 역계산식에서 위도를 반복계산하는 방법과 절차를 설명하시오.(10점)</td><td>논술</td><td>2016년(20점)</td></tr>
<tr><td>다음은 세계측지계(장반경=6,378,137m, 편평률=$\dfrac{1}{298.257222101}$)를 기준으로 한 삼각점의 위치정보를 나타낸 것이다. 설악11 삼각점에서 속초21 삼각점까지의 평균방향각이 29°00′00″, 평면거리가 7,780m였다. 다음 물음에 답하시오.(단, 0.1m 단위까지 계산)
<table>
<tr><th>점의 번호</th><th>위도</th><th>경도</th><th>타원체고</th><th>TM의 N좌표
(진북방향)</th><th>TM의 E좌표
(동서방향)</th></tr>
<tr><td>설악11</td><td>38°07′08″</td><td>128°27′55″</td><td>1,733m</td><td>613,357m</td><td>153,117m</td></tr>
<tr><td>속초21</td><td>38°10′49″</td><td>128°30′31″</td><td>551m</td><td></td><td></td></tr>
</table>
(1) 속초21 삼각점의 TM 평면직각좌표를 구하시오.(4점)
(2) 설악11과 속초21 삼각점의 3차원직각좌표(X, Y, Z)를 구하시오.(12점)
(3) 3차원 공간상에서 두 지점 간 거리를 구하고, 평면거리와의 차이 값을 계산하시오.(4점)</td><td>계산</td><td>2018년(20점)</td></tr>
<tr><td>임의의 점 A에 대한 측지좌표(Geodetic Coordinates)와 지심좌표(Geocentric Coordinates)의 상호 변환에 관한 다음 물음에 답하시오.
(1) 점 A의 측지 위도(ϕ_A), 경도(λ_A) 및 타원체고(h_A)는 각각 39°10′20.10″N, 74°55′48.55″W, 300.195m이다. WGS84 타원체의 매개변수를 사용하여 점 A의 지심좌표(X_A, Y_A, Z_A)를 구하시오. (단, WGS84 타원체의 이심률(Eccentricity)은 0.08181919084, 장반경(a)은 6,378,137.0m, 단반경(b)은 6,356,752.3m로 한다)(10점)
(2) 위 (1)에서 구한 지심좌표를 측지좌표로 역계산하고, 그 과정을 구체적으로 제시하시오.(15점)</td><td>계산</td><td>2021년(25점)</td></tr>
<tr><td>관측값
해석</td><td>최소제곱법에 대한 물음에 답하라.
(1) 최소제곱법의 원리에 대하여 설명하라.(10점)
(2) 최소제곱법의 관측방정식 및 조건방정식 중 하나를 행렬식을 이용하여 실 예를 들어 설명하라.(20점)</td><td>논술</td><td>2001년(30점)</td></tr>
</table>

<table>
<tr><th>구분 \ 내용</th><th>출제문제</th><th>출제유형</th><th>출제연도(배점)</th></tr>
<tr><td rowspan="8">관측값 해석</td><td>$\overline{AB}$, $\overline{BC}$, $\overline{CD}$, $\overline{AC}$, $\overline{BD}$를 측정한 결과가 다음 그림과 같다. 최소제곱법을 이용하여 각 구간의 조정거리와 총 구간 $\overline{AD}$의 조정거리를 매트릭스 해법으로 구하시오.(다만, 모든 측정값은 서로 상관관계가 없으며, 같은 정밀도로 측정하였다.) 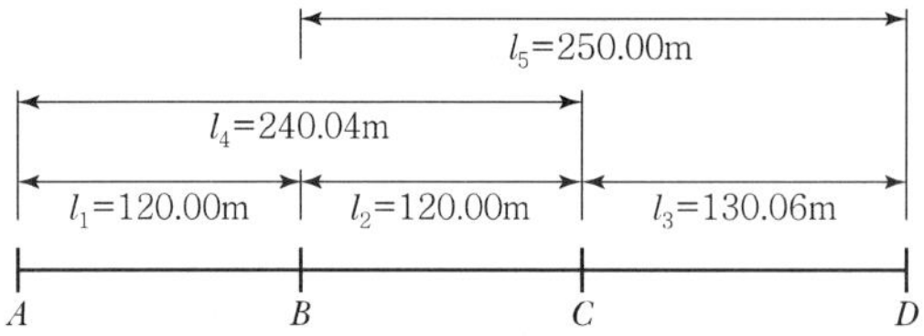
l_5=250.00m
l_4=240.04m
l_1=120.00m, l_2=120.00m, l_3=130.06m
A B C D</td><td>계산</td><td>2003년(25점)</td></tr>
<tr><td>△PQR에서 ∠P와 변길이 q, r을 TS(Total Station)로 측정하였다. 다음을 계산하시오.(단, ∠P=60°00′00″, q=200.00m, r=250.00m이며, 각측정의 표준오차 $\sigma_a=\pm 40''$, 거리측정의 표준오차 $\sigma_l=\pm\left(0.01\text{m}+\frac{D}{10{,}000}\right)$, D는 수평거리이다.)
(1) △PQR의 면적(A)에 대한 표준오차(σ_A)(20점)
(2) △PQR의 면적(A)에 대한 95% 신뢰구간(5점) 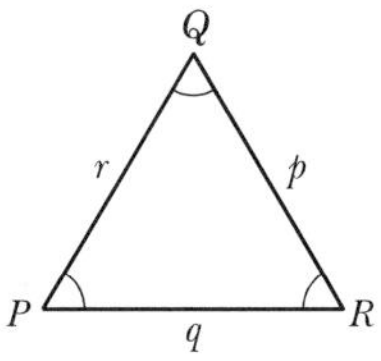
Q, r, p, P, q, R</td><td>계산</td><td>2005년(25점)</td></tr>
<tr><td>그림과 같은 수준망을 수준측량한 각 구간의 표고차가 아래와 같다. 최소제곱법을 적용하여 B, C, D점의 최확표고를 구하시오.(단, 수준점 A의 표고는 100.000m이다.) 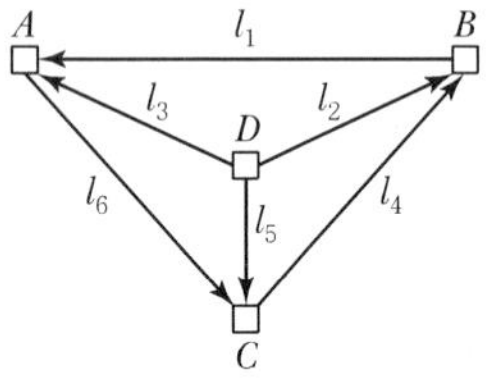
A, B, C, D, l_1, l_2, l_3, l_4, l_5, l_6
<table>
<tr><th>시점</th><th>종점</th><th>표고차(m)</th></tr>
<tr><td>B</td><td>A</td><td>$l_1=21.973$</td></tr>
<tr><td>D</td><td>B</td><td>$l_2=20.940$</td></tr>
<tr><td>D</td><td>A</td><td>$l_3=42.932$</td></tr>
<tr><td>C</td><td>B</td><td>$l_4=-11.040$</td></tr>
<tr><td>D</td><td>C</td><td>$l_5=31.891$</td></tr>
<tr><td>A</td><td>C</td><td>$l_6=-11.017$</td></tr>
</table></td><td>계산</td><td>2007년(25점)</td></tr>
<tr><td>평면삼각형의 세 내각을 측정한 최확값과 표준오차는 다음과 같다. 최소제곱법을 이용하여 조정하시오.(단, 0.1″단위까지 계산하시오.)
$\alpha_1=56°\ 21'\ 32''$ ($\alpha_1=\pm 1''$)
$\alpha_2=49°\ 52'\ 09''$ ($\alpha_1=\pm 2''$)
$\alpha_3=73°\ 46'\ 28''$ ($\alpha_1=\pm 3''$)</td><td>계산</td><td>2009년(20점)</td></tr>
<tr><td>1개 미지량을 관측할 때 일반적으로 참값을 알 수 없으므로 반복 관측한 결과를 최소제곱법을 이용하여 최확값을 구한다. 이와 관련하여 다음 사항을 기술하시오.
(1) 최확값의 의미(5점)
(2) 아래 확률밀도함수식을 사용하여 최소제곱법의 원리 설명(10점)
$y=\frac{1}{\sigma\sqrt{2\pi}}e^{-v^2/2\sigma^2}=Ce^{-h^2v^2}\left(\text{단, } h=\frac{1}{\sqrt{2}\sigma},\ C=\frac{h}{\sqrt{\pi}}\text{이다.}\right)$
(3) 1개 미지량에 대한 평균값이 최확값임을 증명(10점)</td><td>논술·계산</td><td>2011년(25점)</td></tr>
<tr><td>2차원 평면에서 점 P의 좌표(x, y)를 결정하기 위하여 원점(0, 0)으로부터 거리(r)와 방위각(y축 양의 방향으로부터 시계방향각 α)을 측정하였다. 거리 관측값이 150m, 방위각 관측값이 30°이며, 관측정밀도(표준편차)는 각각 0.1m, 0.1°이다. 다음 물음에 답하시오.
(1) 거리관측과 방위각 관측의 상관계수는 0.2라고 할 때, 점 P의 좌표를 결정하고 그 추정표준편차를 계산하시오.(10점)
(2) 점 P의 오차타원을 개략 도시하고 그 의미를 설명하시오.(5점)</td><td>논술·계산</td><td>2014년(15점)</td></tr>
<tr><td>오차의 전파에 대한 다음 물음에 답하시오.
(1) 우연오차의 오차전파식을 유도하시오.(15점)
(2) 삼각수준측량에 의해 높이 H를 구하기 위한 측정값이 경사거리 S=100m, 경사각 θ=40°이고, 거리(S)와 각(θ)에 대한 표준오차가 각각 $\sigma_S=\pm 0.1\text{m}$, $\sigma_\theta=\pm 5'$이다. 이때 S와 θ가 서로 독립 관측되었다면 높이 H와 높이의 표준오차 σ_H를 구하시오.(10점)</td><td>논술·계산</td><td>2016년(25점)</td></tr>
<tr><td>신도시 기반시설물의 설계와 시공을 위한 수준점측량을 실시하여 다음과 같은 결과를 얻었다. 수준점(BM)의 표고는 100.000m이고, 모든 관측값은 동일 조건에서 독립적으로 측정되었다. 물음에 답하시오.(총 30점)
<table>
<tr><th>측점경로</th><th>높이차</th><th>거리</th></tr>
<tr><td>BM → A</td><td>l_1=29.864m</td><td>2km</td></tr>
<tr><td>BM → B</td><td>l_2=34.722m</td><td>2km</td></tr>
<tr><td>A → B</td><td>l_3= 4.865m</td><td>2km</td></tr>
<tr><td>B → C</td><td>l_4= 9.529m</td><td>4km</td></tr>
<tr><td>A → C</td><td>l_5=14.376m</td><td>4km</td></tr>
</table>
BM, A, B, C, l_1, l_2, l_3, l_4, l_5, l_6</td><td>논술·계산</td><td>2017년(30점)</td></tr>
</table>

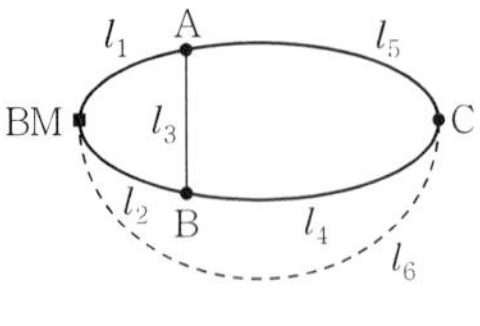

구분 \ 내용	출제문제	출제 유형	출제연도(배점)
관측값 해석	(1) 위의 그림에서 실선으로 표시된 수준망의 관측방정식을 제시하고, 최소제곱법을 이용하여 점 A, B, C 표고 및 조정된 표고값의 정밀도를 구하시오.(10점) (2) (1)의 수준망에 점선으로 표시된 경로에 대한 추가관측(BM → C, l_6)을 계획하였다. 계획된 관측을 고려하여 최소제곱법을 적용하면 어떤 결과가 나오는지 수치를 제시하여 설명하시오.(단, BM → C의 거리는 6km이다.) (10점) (3) BM과 점 A, B, C를 사진측량의 광속조정(Bundle Adjustment)에 연속된 사진의 종접합점(Pass Point)으로 사용하고자 한다. 수준망의 관측방정식을 광속조정에 통합하는 방법을 설명하고, 조정된 표고를 사용하는 방법과의 차이점을 기술하시오.(10점)	논술 · 계산	2017년(30점)

[관측값 해석 – 2019년(20점), 계산]

구간의 거리를 관측한 결과는 다음의 그림 및 표와 같다. 물음에 답하시오.

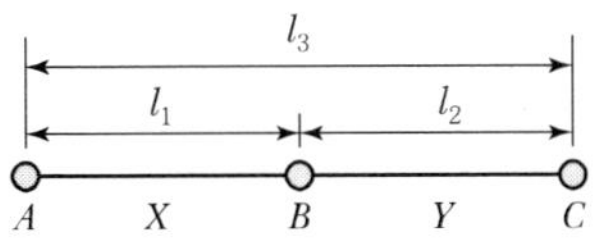

관측값 번호	구간	관측값±표준오차
l_1	AB	120.200m±0.002m
l_2	BC	110.100m±0.001m
l_3	AC	230.250m±0.003m

(1) 관측값의 경중률을 구하시오.(4점)
(2) 관측방정식을 이용하여 최소제곱법으로 조정된 X와 Y의 최확값을 구하시오.(8점)
(3) 조건방정식을 이용하여 최소제곱법으로 조정된 X와 Y의 최확값을 구하시오.(8점)

[관측값 해석 – 2020년(25점), 논술 · 계산]

BM1, BM2, BM3, BM4 등 4개의 기설 수준점을 이용하여 새로운 A, B의 신규 수준점을 설치하고자 한다. 기설 수준점에 대한 표고와 각 코스의 측량성과는 그림과 표와 같다. 다음 물음에 답하시오.

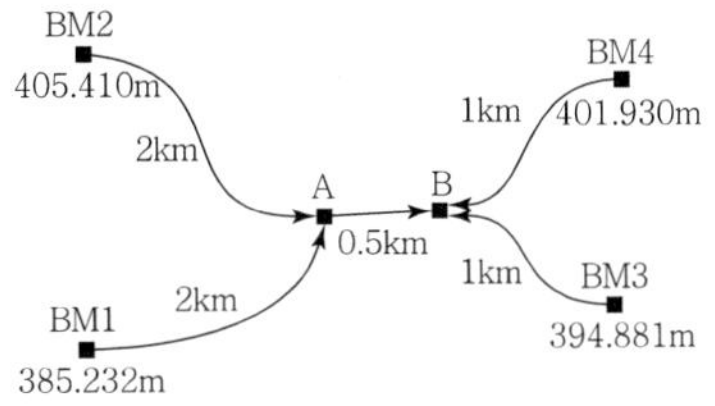

측점경로	높이차(m)
BM1 → A	11.010
BM2 → A	-9.172
A → B	3.538
BM3 → B	4.865
BM4 → B	-2.218

(1) 관측방정식으로 A, B점에 대한 표고를 행렬을 이용하여 구하시오.(10점)
(2) 수준점 A, B의 조정된 표곳값에 대한 개개의 표준편차를 구하시오.(10점)
(3) (2)에서 표준편차 차이가 발생하는 원인을 설명하시오.(5점)

[관측값 해석 – 2021년(25점), 논술 · 계산]

그림과 같이 토탈스테이션으로 거리와 각을 관측하고, 이를 이용하여 최소제곱법으로 미지 좌표를 추정하려고 한다. 다음 물음에 답하시오.

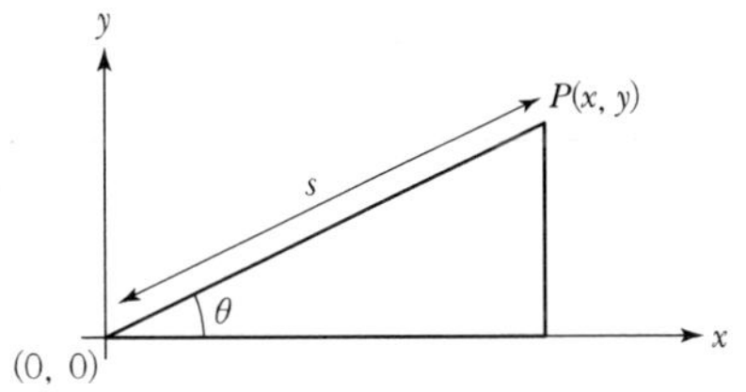

(1) 거리 관측값(s)과 각 관측값(θ)을 이용하여 점 P의 평면좌표(x, y)를 수식으로 나타내시오.(5점)
(2) 비선형 관측모델에 최소제곱조정 방법을 적용하기 위한 선형식을 유도하고, 이때 필요한 값과 조건을 설명하시오.(10점)
(3) 관측 결과가 아래 표와 같고, 동일 세션에서 거리와 각 관측의 상관계수(ρ)가 0.5라고 할 때 최소제곱조정 계산을 위한 관측값의 분산-공분산 행렬(Σ)을 구하시오. (단, 서로 다른 세션의 관측값은 서로 독립이라고 가정한다)(5점)

세션	거리(s)		각(θ)	
	측정값(m)	표준편차(m)	측정값(도-분-초)	표준편차(″)
1	40.000	0.002	30-00-01	2.0
2	40.002	0.002	29-59-59	2.0
3	39.998	0.002	30-00-02	2.0

(4) 만일, 최소제곱조정 결과 점 P의 평면좌표(x, y) 성분에 대한 표준편차가 각각 $\sigma_x = 0.4\text{cm}$, $\sigma_y = 0.2\text{cm}$이고, 공분산이 $\sigma_{xy} = 0.32\text{cm}^2$로 주어졌을 때, 점 P의 평면 오차 최댓값을 0.1mm 단위까지 구하시오.(5점)

구분 \ 내용	출제문제	출제 유형	출제연도(배점)
지상측량	국가삼각점 성과표는 삼각측량에서 매우 중요한 최종결과를 정리하여 표의 형식으로 작성한 것이다. 우리나라 삼각점 성과표의 내용에 기재되어 있는 사항들에 대하여 설명하라.	논술	2001년(25점)
지상측량	$\overline{DA}$ 길이와 $\overline{AD}$ 방위각을 구하라.(단, 결과를 도와 분으로 나타내어라.)	계산	2001년(10점)
지상측량	결합트래버스(Traverse)의 폐합오차식을 유도하시오.	계산	2003년(20점)

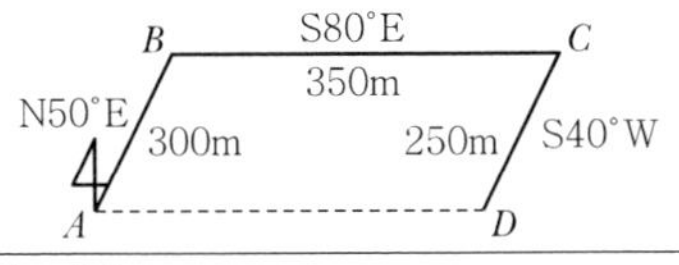

구분 \ 내용	출제문제	출제유형	출제연도(배점)
지상측량	트래버스 측량과 관련하여 다음 물음에 답하시오. (1) 트래버스 조정에 사용되는 트랜싯법칙과 컴퍼스법칙을 비교하여 설명하시오.(5점) (2) 다음과 같은 트래버스 관측결과를 컴퍼스법칙으로 조정하여 각 측점의 좌표를 구하시오.(단, 각도는 초 단위 소수 둘째 자리까지 조정하고, 거리는 0.001m 단위까지 계산한다. 편의상 1번 측점의 좌표는 (0,0)으로 한다.)(20점) 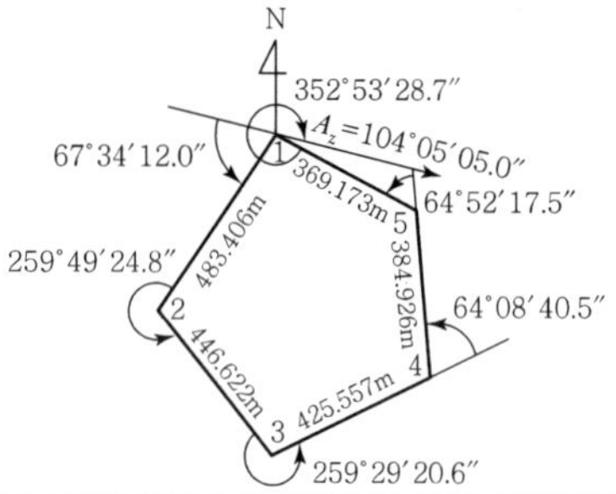	논술	2018년(25점)
	주어진 각과 거리를 이용하여 단열 삼각망 조정을 하고자 한다. 다음 물음에 답하시오. (단, ①, ②, ⋯, ⑮는 삼각형의 내각이고, 기선 b_1의 방향각은 T_1이며, 검기선 b_2의 방향각은 T_2이다.) (1) 각 조건 조정에 대하여 설명하시오.(5점) (2) 방향각 조건 조정에 대하여 설명하시오.(10점) (3) 변 조건 조정에 대하여 설명하시오.(10점) 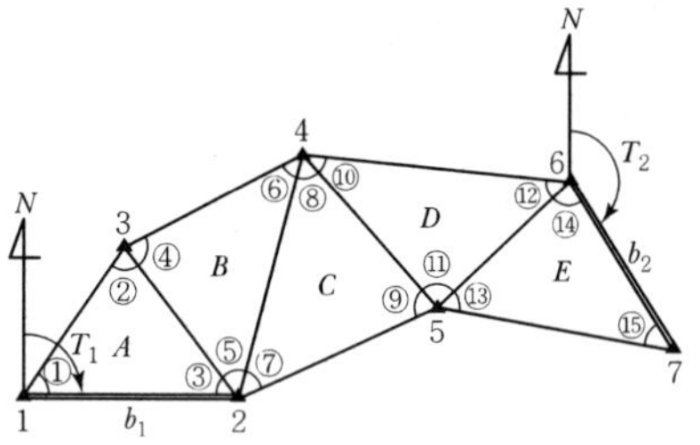	논술	2020년(25점)
	그림과 같이 건물의 좌표를 결정하기 위하여 A, B측선과 동일한 평면상에 P, Q점을 설치하고, 수평각과 연직각을 관측하였다. A측점에서 B측점 방향을 X축, 그 직각 방향을 Y축, 연직 방향을 Z축으로 설정하였으며, 이때 A점의 좌표는 (0, 0, 0)이다. 측정 결과가 다음과 같을 때 물음에 답하시오.(단, 수평각과 연직각의 관측오차가 없다고 가정한다) • 기선 : $\overline{PQ}=30$m • 수평각 : $\angle APB=25°$, $\angle APC=30°$, $\angle APQ=95°$, $\angle PQA=65°$, $\angle PQB=92°$, $\angle PQC=100°$ • 연직각 : $\angle\alpha_A=20°$, $\angle\alpha_B=17°$, $\angle\alpha_C=14°$ (측점 P에서 측점 A, B, C를 관측) 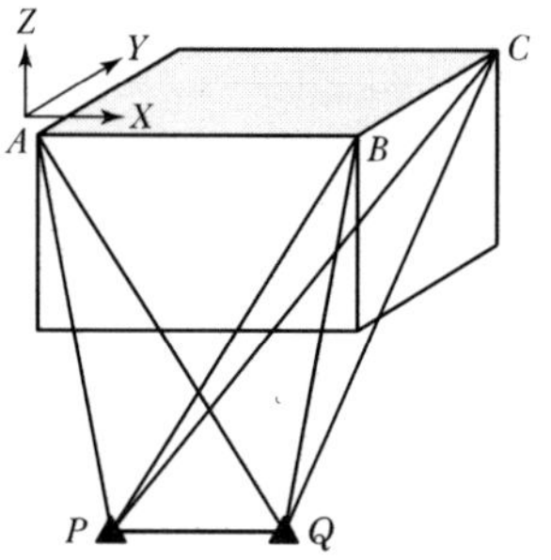 (1) 변장 $\overline{AP}$, $\overline{AQ}$, $\overline{BP}$, $\overline{BQ}$의 XY평면상 수평길이를 mm 단위까지 계산하시오.(15점) (2) B측점의 좌표를 mm 단위까지 계산하시오.(10점)	계산	2021년(25점)
	그림과 같이 점 P에서 수평각 α와 β를 관측하여 $\alpha=48°53'12''$와 $\beta=41°20'35''$를 얻었다. 기준점 A, B, C의 좌표가 아래 표와 같을 때, 다음 물음에 답하시오.(단, 좌표는 0.001m까지, 각은 초(″)단위까지 구한다) 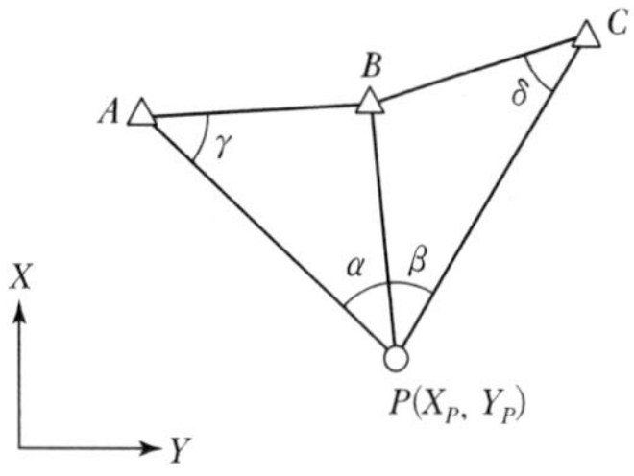 기준점 / X(m) / Y(m) A / 2180.248 / 572.125 B / 2249.795 / 1354.299 C / 2486.122 / 2035.009 (1) 수평각 γ와 δ를 구하시오. (20점) (2) 점 P의 좌표(X_P, Y_P)를 구하시오. (10점)	계산	2022년(30점)
GNSS 측량	GPS 측량의 특성과 상대측위(Relative Positioning)에 대하여 설명하시오.	논술	2002년(25점)
	GPS 측량의 다음 오차원인에 대하여 설명하시오. (1) 구조적 원인(5점) (2) 다중경로(5점) (3) 대기조건(5점) (4) DOP(5점) (5) 사이클 슬립(5점)	논술	2003년(25점)
	GPS(Global Positioning System) 측량에서 사용되는 좌표계와 높이기준, 측량방법에 대하여 설명하고, 최근 위성측위(GNSS) 기술 동향에 대하여 기술하시오.	논술	2006년(30점)
	위성위치결정체계(GNSS)에 대한 다음 사항에 대하여 기술하시오. (1) GPS의 위치결정 원리(10점) (2) GPS의 오차(10점) (3) GPS의 RTK 위치결정 방법(5점) (4) 유비쿼터스사회 구현을 위한 위성위치결정체계(GNSS)의 역할(5점)	논술	2007년(30점)

<table>
<tr><th>내용
구분</th><th>출제문제</th><th>출제
유형</th><th>출제연도(배점)</th></tr>
<tr><td rowspan="12">GNSS
측량</td><td>GPS 측량에서 발생하는 측위오차 중 기하학적 오차의 크기를 나타내는 DOP(Dilution of Precision)와 관련하여 다음을 기술하시오.
(1) DOP의 활용성을 측량 전과 측량 후로 나누어 설명하시오.(10점)
(2) 의사거리(Pseudo - Range) 관측치를 이용한 GPS 측위 방정식
$PR=\sqrt{(x^s-x_r)^2+(y^s-y_r)^2+(z^s-z_r)^2}+c\cdot\delta t_r$ 에서 DOP를 산출하는 방법을 최소자승추정법의 정규방정식(Normal Equation)과 관련지어 설명하시오.(단, PR은 의사거리 관측치, x^s, y^s, z^s는 3차원 직교좌표계상의 위성 위치, x_r, y_r, z_r은 3차원 직교자표계상의 수신기 위치, c는 빛의 속도, δt_r은 수신기 시계오차를 의미한다.)(10점)
(3) DOP의 종류를 나열하고 각각을 간단히 설명하시오.(5점)</td><td>논술</td><td>2008년(25점)</td></tr>
<tr><td>GPS와 관련하여 다음 사항을 기술하시오.
(1) GPS 위성신호의 구성요소(10점)
(2) GPS의 의사거리에 의한 단독측위 원리(10점)
(3) GPS의 의사거리 결정에 영향을 주는 오차의 종류와 각각의 저감대책(10점)</td><td>논술</td><td>2009년(30점)</td></tr>
<tr><td>GPS를 이용한 측량과 관련하여 다음을 설명하시오.
(1) 이중차분법(10점)
(2) 불확정정수(모호정수)의 결정방법(10점)
(3) DGPS 측위에서 상시관측소의 역할(5점)</td><td>논술</td><td>2010년(25점)</td></tr>
<tr><td>최근 GPS 측량기법으로 널리 이용되고 있는 RTK(Real - Time Kinematic) 방법과 VRS(Virtual Reference Station) 시스템 방법에 대한 원리 및 정확도와 각 방법의 장단점을 기술하시오.</td><td>논술</td><td>2011년(20점)</td></tr>
<tr><td>GPS를 이용한 위치결정방법과 관련하여 다음 사항을 설명하시오.
(1) 네트워크 RTK 측량방법(10점)
(2) 상시관측소를 이용한 기준국의 보정방법(10점)</td><td>논술</td><td>2013년(20점)</td></tr>
<tr><td>GNSS와 관련하여 다음 물음에 답하시오.
(1) GNSS 거리측량원리를 광파거리측량기(EDM) 거리측량원리와 비교하여 설명하시오.(10점)
(2) 관측 가능한 GNSS 위성의 개수가 증가할 때 PDOP 값이 감소하는 이유를 설명하시오.(10점)</td><td>논술</td><td>2014년(20점)</td></tr>
<tr><td>최근 GNSS 기반의 측량이 많이 활용되고 있다. 이와 관련하여 다음 물음에 답하시오.
(1) 전통적인 레벨을 이용한 높이측량과 GNSS 기반의 높이측량의 차이점에 대하여 설명하시오.(10점)
(2) 건설현장 등에서 네트워크 RTK를 이용하여 정표고를 결정하는 방법에 대하여 설명하시오.(10점)</td><td>논술</td><td>2015년(20점)</td></tr>
<tr><td>GPS 측량에서 시점 t에 대한 두 대의 위성수신기 i, j와 두 기의 위성 k, l 사이의 의사거리 관측값(Φ)은 다음과 같다.
$$y=\begin{bmatrix}\Phi_i^k(t)\\ \Phi_j^k(t)\\ \Phi_i^l(t)\\ \Phi_j^l(t)\end{bmatrix},\ \Sigma_y={\sigma_0}^2P^{-1}={\sigma_0}^2I_4$$
여기서, Σ_y는 관측값에 대한 분산공분산행렬(Variance - covariance matrix), P는 중량행렬(Weight Matrix), I_4는 4×4 단위행렬이다. 이때 위성 k에 대한 일차(단일)차분은 $\Phi_{ij}^k(t)=\Phi_j^k(t)-\Phi_i^k(t)$, 위성 l에 대한 일차차분은 $\Phi_{ij}^l(t)=\Phi_j^l(t)-\Phi_i^l(t)$가 된다. 다음 물음에 답하시오.
(1) 위성 k와 위성 l에 대한 관측값의 일차차분 관측방정식을 행렬 - 벡터(Matrix - vector) 관계식으로 표현하시오.(15점)
(2) 위성 k와 위성 l에 대한 관측값의 일차차분 관측방정식이 서로 독립임을 증명하시오.(15점)</td><td>논술</td><td>2016년(30점)</td></tr>
<tr><td>GNSS(Global Navigation Satellite Systems) 측량의 3차원 위치 추정에 사용하는 관측값은 다양한 요인에 의한 오차를 포함하고 있다. 이를 효과적으로 제거(추정)하기 위해 상대측량에서는 관측값을 차분하고, 다중주파수 관측데이터를 취득한 경우에는 선형결합(Linear Combination)하는 방법을 사용할 수 있다. 다음 물음에 답하시오.
(1) 고정밀 GNSS 상대측량에서 이중차분 관측값을 이용해 위치를 추정하는 이유를 단일차분 및 삼중차분과 비교하여 장점을 중심으로 설명하시오.(10점)
(2) GNSS 이중주파수 광폭선형결합(Wide - lane Combination)을 모호정수 결정(Integer Ambiguity Resolution)에 사용할 때 얻을 수 있는 긍정적 효과를 설명하시오.(10점)
(3) GNSS 이중주파수 반송파에 대하여 아래 식과 같은 선형결합을 형성할 때 장단점을 설명하시오.(5점)
$$\Phi_{Lc}=\Phi_{L1}-\frac{f_{L2}}{f_{L1}}\Phi_{L2}$$
여기서, Φ_{L1}과 Φ_{L2}는 $L1$, $L2$의 반송파 관측값이고, f_{L1}과 f_{L2}는 $L1$, $L2$의 반송파 주파수이다.</td><td>논술</td><td>2017년(25점)</td></tr>
<tr><td>GNSS에 의한 측량방법과 관련하여 다음 물음에 답하시오.
(1) 단독(Point) 측위와 상대(Relative) 측위, 정적(Static) 측위와 동적(Kinematic) 측위의 개념을 설명하시오.(8점)
(2) 네트워크 RTK 방법의 가상기준점(VRS) 방식과 면보정계수(FKP) 방식을 비교 설명하시오.(6점)
(3) 국가 GNSS 상시관측망의 개념과 활용성을 설명하시오.(6점)</td><td>논술</td><td>2018년(20점)</td></tr>
<tr><td>GNSS 측량과 관련하여 다음 물음에 답하시오.
(1) 위성의 배치에 따른 정확도를 나타내는 DOP(Dilution of Precision)를 산출하는 수식을 유도하시오.(15점)
(2) 단독측위에서 4개의 위성이 다음과 같이 배치되어 있을 때 GDOP, PDOP, HDOP, VDOP를 계산하시오.(15점)
<table><tr><th>위성 번호</th><th>방위각</th><th>고도</th></tr><tr><td>No.1</td><td colspan="2">천정</td></tr><tr><td>No.2</td><td>0°</td><td>60°</td></tr><tr><td>No.3</td><td>120°</td><td>60°</td></tr><tr><td>No.4</td><td>240°</td><td>60°</td></tr></table></td><td>계산</td><td>2019년(30점)</td></tr>
</table>

구분 \ 내용	출제문제	출제 유형	출제연도(배점)
GNSS 측량	GNSS 측량에 대한 다음 물음에 답하시오. (1) 코드기반 수신기 위치결정원리에 대하여 선형화와 행렬을 적용하여 설명하시오.(15점) (2) 코드기반 DGNSS(Differential GNSS) 측량의 ① 수행과정, ② 오차보정방식, ③ DGNSS 서비스 방법에 대하여 각각 설명하시오.(10점)	논술	2020년(25점)
	한 대의 저가형 GPS 수신기를 탑재한 차량이 운행하는 상황에서 위성을 이용한 차량 항법과 관련한 다음 물음에 답하시오. (1) 위성을 이용한 위치결정은 측위방법에 따라 단독 또는 상대측위, 정지 또는 이동측위, 실시간 또는 후처리 등으로 구분할 수 있다. 운행 중 교차로에서 신호대기로 정지한 차량이 별도의 보정정보 없이 측위한다면 이때 사용하는 측위방법은 무엇이며, 그 이유를 설명하시오.(10점) (2) 실시간 이동측위(RTK : Real Time Kinematic)에서 일반 RTK와 네트워크 RTK에 대해서 각각 설명하시오.(10점) (3) RTK 측량으로 취득한 높이 데이터를 이용하여 표고를 구하는 과정과 이때 필요한 정보를 기술하시오.(5점)	논술	2021년(25점)
	GNSS에 대한 다음 물음에 답하시오. (1) SBAS(Satellite Based Augmentation System, 위성기반 보강시스템)에 대하여 설명하시오.(10점) (2) GNSS를 이용한 위치 결정을 의도적으로 방해·교란하는 기술들에 대하여 설명하시오.(5점)	논술	2022년(15점)
사진측량/ R.S	입체모델의 시차 개념과 시차 공식을 유도	논술	2000년(20점)
	수치표고모델(DEM)의 개요와 자료수집방법에 대하여 설명하라.	논술	2001년(20점)
	평탄한 지역의 경사사진에서 특수 3점의 축척을 비교 설명하라.	논술	2001년(15점)
	수치표고모델(DEM)을 설명하고 수자원 분야에서의 활용에 대하여 기술	논술	2002년(25점)
	항공사진측량의 시차(Parallax)와 기복변위(Relief Displacement)에 대하여 설명	논술	2002년(25점)
	인공위성 영상데이터의 기하보정(Geometric Correction) 및 재배열(Resa－mpling) 방법에 기술하시오.	논술	2004년(20점)
	사진측량에 관한 다음 사항을 설명하시오. (1) 공선조건(Collinearity Condition)(10점) (2) 표정(Orientation)(10점) (3) 수치편위수정(Digital Rectification)(5점)	논술	2005년(25점)
	국지적인 집중호우에 의한 홍수 및 산사태 위험지역을 모니터링하기 위해 정확하고 신속한 지형도 제작이 요구되고 있다. 이와 관련하여 다음 사항에 대하여 논술하시오. (1) 지형도 작성방법(30점) (2) 항공레이저측량(LiDAR)의 활용방안(10점)	논술	2006년(40점)
	최근 유비쿼터스 시대에 즈음하여 고품질 3차원 지형공간정보의 필요성이 증가함에 따라 다중센서를 탑재한 항공레이저측량(디지털항공사진카메라＋LiDAR＋GPS/INS)에 대한 관심이 고조되고 있다. 항공레이저측량에 대한 다음 사항을 기술하시오. (1) 수치지도 제작 시 항공사진측량과 항공레이저측량의 차이점(10점) (2) LiDAR 데이터의 자료형태(Data Format)(5점) (3) LiDAR 데이터로 생성 가능한 수치지형모델(Digital Terrain Model)의 종류(5점) (4) 항공레이저측량의 활용 분야(5점)	논술	2008년(25점)
	항공사진측량에서 공선조건식을 유도하고 이 식을 이용한 3차원 지상좌표 결정방법을 기술하시오.	논술	2009년(20점)
	최근 국토개발, 지도제작, 환경조사, 자원조사 등에 활용되는 인공위성 영상데이터와 관련하여 다음을 설명하시오. (1) 인공위성 영상의 해상도(10점) (2) 원격탐사의 영상처리 과정(15점)	논술	2010년(25점)
	항공레이저측량과 디지털 항공카메라에 의해 얻어진 LiDAR 데이터와 영상을 이용하여 영상지도(Mosaic Image Map)를 생성하고자 한다. 이와 관련하여 다음 사항을 기술하시오. (1) 수치표고모델(Digital Elevation Model)과 정사영상의 정의(6점) (2) 수치표고모델과 정사영상 생성 작업공정(8점) (3) 수치표고모델과 정사영상의 정확도에 영향을 주는 요인(8점) (4) 영상지도 생성 작업공정(8점)	논술	2011년(30점)
	최근 항공사진측량 분야는 GPS/INS를 활용한 항공사진측량 방법의 활용도가 높아지고 있다. GPS/INS를 활용한 항공사진측량과 관련하여 다음 물음에 답하시오. (1) GPS/INS를 활용한 항공사진측량 방법의 특성과 GPS/INS의 연계 필요성에 대하여 기술하시오.(15점) (2) Direct Georeferencing의 개념 및 특성에 대하여 기술하시오.(10점)	논술	2012년(25점)
	위성영상처리와 관련하여 다음 물음에 답하시오. (1) 위성영상 시스템의 해상도에 대하여 설명하시오.(8점) (2) 그린벨트지역 불법이용을 모니터링하는 위성영상기반 변화탐지기법을 설계하시오.(12점)	논술	2014년(20점)
	수치지도나 항공라이다 등으로 구축한 DEM은 다양한 공간모델링이 가능한 셀 기반의 래스터 자료이다. 이와 관련하여 다음 물음에 답하시오. (1) DEM 구축 시 이용되는 내삽법(Interpolation) 중 크리깅(Kriging)기법에 대하여 설명하시오.(10점) (2) DEM으로 분석할 수 있는 경사도(Slope)와 주향도(Aspect)에 대하여 수식을 포함하여 설명하시오.(10점)	논술	2014년(20점)
	최근 고해상도 위성영상과 항공 LiDAR 데이터가 다양한 분야에 활용되고 있다. 이와 관련하여 다음 물음에 답하시오. (1) 항공레이저측량의 시스템 구성 및 특성에 대하여 설명하시오.(8점) (2) 중·저 해상도 위성영상을 이용한 산림바이오매스(이산화탄소 흡수량) 산정 방법의 문제점을 설명하시오.(7점) (3) 고해상도 위성영상과 LiDAR 데이터를 융합한 산림바이오매스 산정 방법의 특성을 설명하시오.(10점)	논술	2015년(25점)
	항공사진측량에 대한 다음 물음에 답하시오. (1) 공선조건식을 제시하고 그 의미를 설명하시오.(10점) (2) 광속조정법(bundle adjustment)의 정의, 작업순서, 관계식에 대하여 설명하시오.(15점)	논술	2016년(25점)

구분 \ 내용	출제문제	출제 유형	출제연도(배점)
사진측량/RS	무인항공기(UAV : Unmanned Aerial Vehicle)를 이용한 사진측량과 관련하여 다음 물음에 답하시오. (1) 무인항공기와 기존 유인항공기를 이용한 사진촬영의 장단점을 비교하여 설명하시오.(5점) (2) 무인항공기를 하천측량에 적용할 때, 기존 토털스테이션(Total Station) 및 GNSS 측량에 비해 기술적 측면과 작업의 효율성 측면에서 개선할 수 있는 사항을 설명하시오.(15점)	논술	2017년(20점)
	정사영상과 엄밀정사영상(진정사영상)에 관하여 다음 물음에 답하시오. (1) 공선조건식을 기반으로 정사영상을 제작하는 방법을 모두 설명하시오.(10점) (2) 엄밀정사영상(진정사영상)의 필요성과 제작방법에 대해 설명하시오.(10점)	논술	2018년(20점)
	사진측량에서는 동일 지역을 두 장의 사진에 중복되게 촬영시켜 입체시를 함으로써 3차원의 실세계를 재현하고 있다. 다음 물음에 답하시오. (1) 시차공식을 유도하여 설명하시오.(10점) (2) 입체시를 하기 위한 조건과 과고감(Vertical Exaggeration) 현상에 대하여 설명하시오.(10점)	논술	2019년(20점)
	무인항공기(UAV) 측량에 대한 다음 물음에 답하시오. (1) UAV를 이용한 ① 항공측량의 원리 및 특징, ② 수치지도 제작과정에 대하여 각각 설명하시오.(15점) (2) UAV를 고정익과 회전익으로 구분할 때 각 활용 분야에 대하여 설명하시오.(10점)	논술	2020년(25점)
	항공삼각측량에 대한 다음 물음에 답하시오. (1) 항공삼각측량을 조정기본 단위에 따라 분류 · 설명하시오.(5점) (2) 광속조정법(Bundle Adjustment)의 수학적 원리에 대하여 설명하시오.(15점) (3) 광속조정법의 특징 및 작업 순서를 설명하시오.(10점)	논술	2022년(30점)
공간정보(GSIS)	GSIS의 정의, 자료처리체계, 응용에 대해서 기술	논술	2000년(20점)
	도로의 최적노선 선정을 위한 공간데이터의 종류와 GIS의 공간분석기능을 설명하고 이들을 이용한 분석방법을 제시하시오.	논술	2004년(25점)
	지리정보시스템(GIS)의 공간데이터 획득방법에 대하여 설명하시오.	논술	2005년(25점)
	GIS 데이터에 관한 다음 사항을 설명하시오. (1) 벡터데이터와 래스터데이터의 비교(10점) (2) 메타데이터의 개념과 기능(5점)	논술	2006년(15점)
	다음 사항에 대하여 기술하시오. (1) 항공사진측량과 비교한 항공레이저측량(LiDAR)의 장단점(10점) (2) KLIS(한국토지정보시스템) (5점) (3) GIS의 중첩분석(5점)	논술	2007년(20점)
	GIS 데이터의 생성 및 품질과 관련하여 다음 사항을 기술하시오. (1) GIS 데이터의 분류(6점) (2) 스캐너(Scanner)를 활용하여 종이지도를 GIS에서 활용 가능한 데이터로 변환하는 과정(10점) (3) 벡터(Vector) 데이터의 위상(Topology)관계 설정(8점) (4) GIS 데이터의 품질(Quality)평가 항목(6점)	논술	2008년(30점)
	최근 3차원 국토공간정보 구축에 대한 관심도가 높아지고 있다. 이와 관련하여 다음을 설명하시오. (1) 3차원 국토공간정보 구축사업(5점) (2) LOD(Level of Details)(5점) (3) 항공사진측량용 디지털카메라 자료를 이용한 수치지도 제작과정(15점)	논술	2010년(25점)
	수치지도와 기본지리정보에 대한 다음 사항을 기술하시오. (1) 수치지도 VER1.0과 VER2.0의 특징 및 차이점(10점) (2) 기본지리정보의 정의와 항목(7점) (3) 수치지도 VER2.0을 이용한 기본지리정보 구축 절차(8점)	논술	2011년(25점)
	공간(지리)정보시스템(GIS)에 대한 다음 물음에 답하시오. (1) GIS의 개념 및 구성에 대하여 기술하시오.(5점) (2) GIS의 기본적인 기능들에 대하여 기술하시오.(10점) (3) GIS의 기술 발전에 다른 자료운용기술(플랫폼)에 대하여 기술하시오.(10점)	논술	2012년(25점)
	GIS 기술을 이용한 태양광발전소 부지의 최적 입지분석 방법을 설명하시오.	논술	2013년(20점)
	지형공간정보를 구축하는 최신 측량기술은 크게 위성사진측량, 항공사진측량, 항공라이다측량, 지상측량, 모바일매핑시스템으로 구분할 수 있다. 실내공간정보를 포함한 3차원 공간정보를 구축할 때 위 5가지 측량기술의 역할 및 구축방법에 대하여 설명하시오.	논술	2013년(30점)
	NGIS(국가지리정보체계) 사업을 통해 구축된 다양한 공간정보를 유통 · 활용하기 위해 국가에서는 공간정보유통체계를 구축하여 운영하고 있다. 다음 물음에 답하시오. (1) 국가공간정보유통체계의 개념 및 구축 목표를 설명하시오.(7점) (2) 국가공간정보유통체계의 구성요소 및 역할을 설명하시오.(8점) (3) 국가공간정보유통체계의 메타데이터에 대하여 설명하시오.(10점)	논술	2015년(25점)
	실내 3차원 공간정보를 구축하기 위해 ① 지상 LiDAR(Light Detection And Ranging), ② 광학영상, ③ 지상 LiDAR와 광학영상의 통합방식을 이용할 수 있다. 다음 물음에 답하시오. (1) 실내 3차원 공간정보의 구축을 위한 점군자료(Point Cloud)의 획득 방법을 정지형(Static)과 이동형(Kinematic)으로 나누어 각각 설명하시오.(15점) (2) (1)의 방법들을 통해 획득한 점군자료의 자동화 처리과정을 제시하고, 각 단계별 문제점을 설명하시오.(10점)	논술	2017년(25점)
	"수치지도에서 축척(예를 들어, 1 : 1,000과 1 : 5,000)의 개념이 의미가 있는가"라는 질문과, "모니터상에서 확대, 축소가 가능하므로 수치지도에 관한 한 축척은 1:1이다."라는 주장에 대하여 논하시오.	논술	2018년(15점)

구분 \ 내용	출제문제	출제 유형	출제연도(배점)
공간정보 (GSIS)	국토교통부에서는 지하시설물 등의 안전한 관리 및 지하개발 설계 · 시공 지원 등을 위하여 지하공간통합지도를 구축하고 있다. 이와 관련하여 다음 물음에 답하시오. (1) 지하공간통합지도의 정의 및 지하정보의 종류에 대하여 설명하시오.(10점) (2) 지하공간통합지도의 구축 방법에 대하여 설명하시오.(10점) (3) 지하공간통합지도의 품질 향상방안에 대하여 설명하시오.(5점)	논술	2022년(25점)
응용측량	하천측량의 목적 · 순서에 대하여 기술	논술	2000년(20점)
	도로의 선형계획에서 도로의 곡선 및 완화곡선과 관련하여 다음 사항을 설명하시오. (1) Cant와 Slack(10점) (2) Clothoid의 정의 및 이용(5점) (3) Clothoid의 형식 및 설치방법(5점) (4) Clothoid의 성질 및 단위 Clothoid(5점)	논술	2004년(25점)
	유토곡선의 정의, 주요 성질, 활용에 관하여 설명하시오.	논술	2006년(15점)
	최신 측량기술(GPS, TS 및 Echo-sounder 등)을 이용한 하천측량에 대하여 다음을 기술하시오. (1) 하천측량 작업과정(10점) (2) 수심 및 유속 결정(7점) (3) 하천수위의 종류와 활용(8점)	논술	2010년(25점)
	노선측량에 대한 다음 물음에 답하시오. (1) 도로의 개설하기 위한 도상계획, 계획조사측량 및 실시설계측량의 순서와 방법에 대하여 기술하시오.(10점) (2) 편경사와 확폭을 정의하고, 각각의 관련 수식을 유도하시오.(15점)	논술	2012년(25점)
	최근 100층 이상의 초고층 건물이 국내외에서 많이 건설되고 있다. 이와 관련하여 다음 물음에 답하시오. (1) 고층 건물 시공 시 수직도를 결정하기 위한 기존의 측량 방법들을 설명하시오.(10점) (2) 기존의 측량 방법들이 초고층 건물 적용 시 갖는 한계성에 대하여 설명하고, 이를 극복하기 위한 방법에 대하여 설명하시오.(15점)	논술	2014년(25점)
	우리나라 지적측량에 대한 다음 물음에 답하시오. (1) 지적확정측량의 개념 및 절차에 대하여 설명하시오.(6점) (2) 지적재조사사업의 배경 및 필요성, 방법, 기대효과에 대하여 설명하시오.(9점)	논술	2015년(15점)
	노선측량에서 교점(IP) 부근의 장애물로 인해 접근이 불가능하여 그림과 같이 트래버스를 구성하여 관측하였다. 누가거리가 100.000m인 점 A'에서 측량한 결과 $L=280.000$m, $\angle\alpha=20°20'00$, $\angle\beta=39°40'00$이었다. $R=200$m의 단곡선을 접선지거법에 의하여 설치하고자 할 때, 다음 물음에 답하시오.(단, 중심말뚝의 간격은 20m이며, 각은 초 단위까지 계산하고, 길이는 0.001m 단위까지 계산하되 지거의 좌표(x, y)는 소수점 이하 두 자리(0.01m)까지 계산함) (1) 곡선길이(C.L.), 시단현 길이(l_1), 시단현 편각(δ_1)을 구하시오.(5점) (2) 20m 편각(δ), 종단현 길이(l_2), 종단현 편각(δ_2)을 구하시오.(5점) (3) $\overline{AD}$를 X축으로 할 때 곡선 시점(A)으로부터 곡선의 중앙점까지의 모든 중심말뚝 위치를 좌표(x, y)로 나타내시오.(10점) (4) $\overline{BD}$를 X축으로 할 때 곡선 종점(B)으로부터 곡선의 중앙점까지의 모든 중심말뚝 위치를 좌표(x, y)로 나타내시오.(10점)	계산	2019년(30점)

참고문헌
REFERENCE

[SURVEYING & GEO-SPATIAL INFORMATION SYSTEM]

1. 「측량공학」 유복모 (박영사, 1996)
2. 「측량학 원론(Ⅰ)」 유복모 (박영사, 1995)
3. 「측량학 원론(Ⅱ)」 유복모 (박영사, 1995)
4. 「측량학」 유복모 (동명사, 1998)
5. 「사진 측정학」 유복모 (문운당, 1998)
6. 「측량학 해설」 정영동 · 오창수 · 조기성 · 박성규 (예문사, 1993)
7. 「원격탐측」 유복모 (개문사, 1986)
8. 「경관공학」 유복모 (동명사, 1996)
9. 「표준 측량학」 조규전 · 이석 (보성문화시, 1997)
10. 「측지학」 유복모 (동명사, 1992)
11. 「현대수치 사진측량학」 유복모 (문운당, 1999)
12. 「GIS 용어 해설집」 이강원 · 황창학 (구미서관, 1999)
13. 「지형공간정보론」 유복모 (동명사, 1994)
14. 「공간분석」 김계현 (두양사, 2004)
15. 「원격탐사의 원리」 대한측량협회 번역
16. 「지리정보시스템의 원리」 대한측량협회 번역
17. 「환경원격탐사」 채효석 · 김광은 · 김성준 · 김영섭 · 이규성 · 조기성 · 조명희 옮김 (시그마프레스, 2003)
18. 「공간정보공학」 조규전 (양서각, 2005)
19. 「GIS 개념과 기법」 김성준 · 김대식 · 김철 · 배덕효 · 신사철 · 조명희 · 조기성 옮김 (시그마프레스, 2007)
20. 「항공레이저측량의 기초와 응용」 서용철 · 최윤수 · 허민 옮김 (대한측량협회, 2009)
21. 「포인트 측량 및 지형공간정보기술사 과년도 문제해설」 박성규 · 임수봉 · 주현승 · 강상구 · 송용희 (예문사, 2010)
22. 「GNSS 측량의 기초」 서용철 옮김 (대한측량협회, 2011)
23. 「영상탐측학 개관」 유복모 · 유연 (동명사, 2012)
24. 「현장측량실무지침서」 ㈜케이지에스테크 (구미서관, 2012)
25. 「GPS 이론과 응용」 서용철 옮김 (시그마프레스, 2013)
26. 「지하공간정보 관리론」 손호웅 · 이강원 (시그마프레스, 2015)
27. 「공간정보 용어사전」 한국지형공간정보학회 (국토지리정보원, 2016)
28. 「드론(무인기) 원격탐사, 사진측량」 이강원 · 손호웅 · 김덕인 (구미서관, 2016)
29. 「사진측량 및 원격탐측개론」 한승희 (구미서관, 2016)
30. 「원격탐사와 디지털 영상처리」 임정호 · 손홍규 · 박선엽 · 김덕진 · 최재완 · 이진영 · 김창재 (시그마프레스, 2016)
31. 「지형공간정보체계 용어사전」 이강원 · 손호웅 (구미서관, 2016)
32. 「측지학 개론」 박관동 · 양철수 (금호, 2017)
33. 「정밀측량 · 계측」 이영진 (청문각, 2018)
34. 「포인트 측량 및 지형공간정보기술사」 박성규 · 임수봉 · 박종해 · 강상구 · 송용희 · 이혜진 (예문사, 2019)
35. 「포인트 측량 및 지형공간정보기사 필기」 박성규 외 6인 (예문사, 2021)
36. 「공간정보 품질표준(KS X ISO 19157) 해설서」 국토교통부
37. "정밀 1차망의 실용성과 산정에 관한 연구" 최재화, 국립지리원, 1994.
38. "정밀 2차 기준점 실용성과 산정방안에 관한 연구" 건설교통부 국립지리원, 1995.
39. "우리나라 정밀수준망에 관한 연구(우리나라의 주요 항구의 평균해면 및 조위 분석)" 건설교통부 국립지리원, 1983.
40. "정밀 수준망의 조정에 관한 연구" 건설교통부 국립지리원, 1987.
41. "한국 측지좌표계와 지구 중심 좌표계의 재정립에 관한 연구(Ⅰ)" 건설교통부 국립지리원, 1996.
42. "지자기 측량에 관한 연구" 건설교통부 국립지리원, 1990.
43. "지자기 편차 작성에 관한 연구" 건설교통부 국립지리원, 1997.
44. "우리나라 정밀 삼각망 조정에 관한 연구" 건설교통부 국립지리원, 1984.
45. "측지 기준점 유지관리에 관한 연구" 건설교통부 국립지리원, 1991.
46. "중력 측정에 관한 연구" 건설교통부 국립지리원, 1986.

참고문헌

REFERENCE

47. "수치지도 좌표체계" 이영진, 건설교통부 국립지리원, 1998.
48. "수치지도 관리 및 개선을 위한 연구" 건설교통부 국립지리원, 1997.
49. "TM 투영에서의 좌표변환에 관한 연구" 조규전, 대한측량협회, 1997.
50. "지리정보체계 구축을 위한 수치지도제작의 방향" 김원익, 대한측량협회 1994.
51. "GPS/INS 항공사진측량의 실무적용을 위한 연구" 건설교통부 국립지리원, 2002.
52. "항공사진 품질향상 방안에 관한 연구 II" 건설교통부 국립지리원, 2003.
53. "메타데이터 표준화 연구" 건설교통부 건설교통부 국립지리원, 2003.
54. "공간정보 기반의 지능형 시설물 모니터링체계 활용방안 마련 연구" 공간정보산업협회, 2017.
55. "스마트건설을 지원하는 측량제도 발전방안 연구" 국토교통부 국토지리정보원, 2019.
56. "우주측지기술을 이용한 국가측지망 고도화 연구" 국토교통부 국토지리정보원, 2019.
57. "우주측지기술을 이용한 국가측지망 고도화 연구(2차)" 국토교통부 국토지리정보원, 2019.
58. "2025 국가위치기준체계 중장기 기본전략 연구" 국토교통부 국토지리정보원, 2019.
59. "2019년도 지각변동감시체계 구축" 국토교통부 국토지리정보원, 2020.
60. "독도 측량 및 지도제작 주요성과 보고서" 국토지리정보원
61. "지하시설물 관리체계 고도화 방안 연구" 공간정보품질관리원
62. "우리나라 정밀측지망 설정에 관한 연구" 안철수 · 윤재식 · 김원익 · 안기원 (한국측지학회, 4(1), pp. 13~24, 1986)
63. "1, 2등 국가삼각점의 실용성과 정밀산정" 최재화 · 최윤수 (한국측지학회, 13(1), pp. 1~12, 1995)
64. "신뢰타원에 의한 삼변망의 오차 해석, 도로 시설물 관리를 위한 자료기반 설계에 관한 연구" 백은기 · 구재동 (한국측지학회, 13(1), pp. 13~20, 1995)
65. "한국측지좌표계의 재정립에 대한 연구" 이영진 · 조규전 · 김원익 (한국측지학회, 14(2), pp. 141~150, 1996)
66. "연직선 편차와 천문좌표산정을 위한 GPS의 적용 연구" 이용창 · 이용욱 (한국지형공간정보학회지, 5(1), pp. 57~70, 1996. 6)
67. "천문 경위도 결정에 있어서 GPS의 응용 가능성 검토" 강준묵 · 오원진 · 손홍규 · 이용욱 (한국지형공간 정보학회지, 3(2), pp. 75~82, 1995. 12)
68. "D-InSAR 기법을 이용한 호남선 고속철도 구간 지반 침하 분석" 김한별 · 윤홍식 · 염민교 · 이원응, 한국지형공간정보학회지, 2017.
69. "드론을 활용한 3차원 DSM추출을 위한 연구" 이병걸 (J. Korean Earth Sci. Soc., Vol.39, No.1, pp. 46~52, February 2018)
70. "다목적실용위성 영상자료 활용 현황" 이광재 외 (Korean Journal of Remote Sensing, Vol.34, No.6~3, pp. 1311~1317, 2018)
71. "우리나라 정밀도로지도의 갱신체계에 관한 연구" 설재혁 외 (Journal of the Korean Association of Geographic Information Studies, 22(3), pp. 133~145, 2019)
72. "실내환경에서 영상을 이용한 무인비행체 SLAM 기법연구" 임성규 (2011)
73. "디지털 트윈과 스마트시티 정책 및 방향" 이재용 (측량, 2017)
74. "드론 영상에 의한 수목 구조 특성 추출 연구" 임예슬 (건국대학교, 2017)
75. "드론 디지털 영상을 이용한 소규모 지형변화 분석" 천병석 (한국교통대학교, 2017)
76. "해안구조물 진단을 위한 초분광이미지의 영상처리방법 비교" 최재준 (명지대학교, 2020)
77. "라오스 · 몽골 등 8개국에 최신 국내 공간정보기술 전수" (국토교통부 보도자료, 2018)
78. "국가공간정보 통합 · 활용체계 개선 2단계 사업완료" (국토교통부 보도자료, 2022)
79. "해외 오픈소스 공간정보 정책동향 및 시사점" 강혜경 (국토연구원 보도자료, 2018)
80. "4차 산업혁명을 견인하는 '디지털 트윈 공간(DTS)' 구축 전략" 사공호상 외 (국토정책 Brief, 2018)
81. "캄보디아 국가공간정보인프라 현황 및 구축현황" 국토연구원 (국토정책 Brief, 2010)
82. "개발도상국 공간정보인프라 구축 및 활용 연구 : 해외시장 진출을 위한 전략과 정책과제를 중심으로" 최병남, 강혜경 외 (국토연구원, 2012)
83. "국가 인프라의 효율적 관리를 위한 SAR 영상 활용방향 : 철도인프라를 중심으로" 서기환 · 임륭혁 · 이일화 (국토연구원, 2021)
84. "해외 공간정보 인프라 현황 및 수주 전략 연구" 김경일 외 (대한지적공사, 2014)
85. "내 발 밑에서 발생하는 안전사고, 예방할 수 있는 단 하나의 수단 '지하공간통합지도'" (한국국토정보공사, 2021)
86. "지하매설물 스마트 통합 안전관리체계 포럼" (한국과학기술단체총연합회 · 한국부식방식학회, 2020)

87. "제5회 「측량의 날」 기념식 및 측량기술진흥대회/제3회 「Geomatics Forum」" (대한측량협회, 2004)
88. "2005 GIS/RS 공동춘계학술대회" 논문집 (2005)
89. "제6회 측량의 날 기념식/제10회 측량기술진흥대회/제4회 Geomatics Forum/측량학회 추계학술대회" (대한측량협회, 2005)
90. "한국측량학회 춘계학술발표회 논문집" (한국측량학회, 2006)
91. "제8회 측량의 날 기념식 및 측량기술진흥대회 & 제6회 Geomatics Forum 및 측량학회 추계학술대회" (대한측량협회, 2007)
92. "2007 GIS 공동춘계학술대회 논문집" ((사)한국공간정보시스템학회, 2007)
93. "2009 GIS 공동추계학술대회 논문집" ((사)한국공간정보시스템학회, 2009)
94. "측량" (대한측량협회, 2000~2015)
95. "국가 수직기준체계 수립을 위한 연구" (국토지리정보원, 2010)
96. "지구물리측량연구 연구보고서" (국토지리정보원, 2010)
97. "육지, 해양 지오이드 통합모델 구축방안 연구" (국토지리정보원, 2011)
98. "2011 한국지형공간정보학회 춘계학술대회 논문집" (한국지형공간정보학회, 2011)
99. "한국측량학회 춘계학술발표회 논문집" (한국측량학회, 2012~2014)
100. "2012 NSDI 공동추계학술대회 논문집" (한국지형공간정보학회, 한국공간정보학회, 2012)
101. "2012 한국수로학회 추계학술대회 논문집" (한국수로학회, 2012)
102. "2012 해양과학 국제세미나 지속가능한 해양영토관리를 위한 해양조사" (국립해양조사원, 2012)
103. "국가수직기준 연계성과 확산을 위한 워크숍" (국토지리정보원, 2012)
104. 지적측량분야 GPS 효율성 향상을 위한 PPP-RTK 기술연구 (대한지적공사 공간정보연구원, 2013)
105. 수준측량에 GNSS 기술 적용을 위한 공청회 (국토지리정보원, 대한측량협회, 2014)
106. "한국지형공간정보학회 춘계학술대회 논문집" (한국지형공간정보학회, 2014~2018)
107. "제14회 Geomatics Forum" (대한측량협회, 2015)
108. "공동추계학술대회 논문집" (한국공간정보학회, 한국지형공간정보학회, 2015~2016)
109. "한국측량학회 정기학술발표회 논문집" (한국측량학회, 2015~2022)
110. "측량" (공간정보산업협회, 2016~2019)
111. "대한공간정보학회 춘계학술대회 논문집" (대한공간정보학회, 2019~2022)
112. '측량' (한국공간정보산업협회, 2021)
113. "위글(국토위성센터 소식지)" 국토지리정보원 국토위성센터, 2021.
114. 한국항공우주연구원 국가과학기술연구회, 위성정보활용, 2021
115. 실내공간정보 구축 작업규정
116. 지하공간통합지도 제작 작업규정
117. 지하안전관리에 관한 특별법 시행령
118. 무인비행장치 측량작업규정
119. 고속도로설계 실무지침서
120. 국토교통부 스마트건설기술현장 적용 가이드라인
121. 공공측량성과 메타데이터 작성가이드(Ver.1.3, 공간정보품질관리원)
122. 국토교통부 국가관심지점정보(http://www.molit.go.kr/USR/WPGE0201/m_35926/DTL.jsp)
123. 국립해양조사원(https://www.khoa.go.kr)
124. 브이월드(https://map.vworld.kr)
125. 국토정보플랫폼/공간정보/독도공간정보(http://map.ngii.go.kr)
126. 한국항공우주연구원(https://www.kari.re.kr)
127. "Review on Simultaneous Localization and Mapping, SLAM에 대한 전반적인 지식"
https://blog.naver.com/ckgudwlscjsw/222670253177
128. 과학기술정보통신부 블로그(https://blog.naver.com/with_msip/221804664576)

저자소개
AUTHOR INTRODUCTION

박 성 규

약 력

- 공학박사
- 측량 및 지형공간정보기술사
- 現) 서초수도건설학원 원장
- 前) 한국지형공간정보학회 부회장

저 서

[도서출판 예문사]

- 측량 및 지형공간정보 특론
- 포인트 측량 및 지형공간정보기술사
- 포인트 측량 및 지형공간정보기술사 과년도문제해설
- 포인트 측량 및 지형공간정보기술사 실전문제 및 해설
- NEW 측량 및 지형공간정보기술사 기출문제 및 해설
- 지적기술사
- 포인트 지적기술사
- 포인트 측량 및 지형공간정보기사 필기
- 포인트 측량 및 지형공간정보기사 실기
- 포인트 측량 및 지형공간정보산업기사 필기/실기
- 포인트 측량 및 지형공간정보기사 과년도문제해설
- 포인트 측량 및 지형공간정보산업기사 과년도문제해설
- 포인트 측량 및 지형공간정보기사 · 산업기사 실기 과년도문제해설
- 포인트 측량기능사 필기+실기
- 토목기사 · 산업기사 핵심이론 및 문제해설
- 포인트 토목기사 과년도문제해설
- 포인트 토목산업기사 과년도문제해설
- 포인트 토목기사 실기
- 토목종합문제집
- 최신 측량학 해설
- 핵심 측량학 해설
- 도시계획기사 대비 측량학
- 포인트 토목시공기술사
- 측량 및 지형공간정보 용어해설

박 종 해

약 력

- 측량 및 지형공간정보기술사
- 現) ㈜케이지에스테크 전무
- 現) 현대건설기술교육원 강사
- 前) 한국지형공간정보학회 이사

저 서

[도서출판 예문사]

- 포인트 측량 및 지형공간정보기술사
- 포인트 측량 및 지형공간정보기술사 실전문제 및 해설
- NEW 측량 및 지형공간정보기술사 기출문제 및 해설

[구미서관]

- 현장측량실무지침서

이 혜 진

약 력

- 공학석사
- 측량 및 지형공간정보기술사
- 現) 신안산대학교 겸임교수
- 現) 대진대학교 강사
- 前) 인하공업전문대학, 송원대학교, 인덕대학교 강사

저 서

[도서출판 예문사]

- 포인트 측량 및 지형공간정보기술사
- 포인트 측량 및 지형공간정보기술사 실전문제 및 해설
- NEW 측량 및 지형공간정보기술사 기출문제 및 해설
- 포인트 측량 및 지형공간정보기사 필기
- 포인트 측량 및 지형공간정보산업기사 필기/실기
- 포인트 측량 및 지형공간정보기사 과년도문제해설
- 포인트 측량 및 지형공간정보산업기사 과년도문제해설

온 정 국

약 력

- 측량 및 지형공간정보기술사
- 現) ㈜하산공 부장

저 서

[도서출판 예문사]

- 포인트 측량 및 지형공간정보기술사 실전문제 및 해설

서초수도건설학원

www.seochosudo.kr

여러분의 미래를 설계하는 힘,
도전과 꿈이 있다면 그 가능성은 열려 있습니다.

건설기술교육의 최고의 장! 서초수도건설학원에서
여러분의 꿈을 위한 도전을 도와드리겠습니다.

강의 개강일정

측량및지형공간정보기술사				2월, 8월, 11월 개강			
측량 및 지형 공간 정보	기사/산업기사	필기	1 · 4회 시험대비 (1월, 7월 개강)	지적	기사/산업기사	필기	1 · 3회 시험대비 (1월, 5월 개강)
		실기	매회 필기시험 직후			실기	매회 필기시험 직후
	기능사	필기	1 · 3 · 4회 시험대비 (11월, 5월, 7월 개강)		기능사	필기	1 · 4회 시험대비 (11월, 7월 개강)
		실기	매회 필기시험 직후			실기	매회 필기시험 직후

[개설강좌]

토목시공기술사 / 토목구조기술사 / 건축구조기술사 / 도로및공항기술사 / 토질및기초기술사 / 건축시공기술사
측량및지형공간정보기술사 / 건설안전기술사 / 상하수도기술사 / 도시계획기술사 / 조경기술사 / 자연환경관리기술사
철도기술사 / 교통기술사 / 지적기술사 / 토목품질시험기술사 / 건축품질시험기술사
측량및지형공간정보(산업)기사 / 지적(산업)기사 / 도시계획기사 / 토목(산업)기사 / 건축(산업)기사
한국국토정보공사 전공대비 / 5급.7급.9급 공무원(기술직)

NEW
측량 및 지형공간정보기술사 기출문제 및 해설

발행일 | 2020. 10. 30 초판 발행
2022. 9. 30 개정 1판1쇄

저 자 | 박성규 · 박종해 · 이혜진 · 온정국
발행인 | 정용수
발행처 | 예문사

주 소 | 경기도 파주시 직지길 460(출판도시) 도서출판 예문사
TEL | 031) 955-0550
FAX | 031) 955-0660
등록번호 | 11-76호

• 이 책의 어느 부분도 저작권자나 발행인의 승인 없이 무단 복제하여 이용할 수 없습니다.
• 파본 및 낙장은 구입하신 서점에서 교환하여 드립니다.
• 예문사 홈페이지 http : //www.yeamoonsa.com

정가 : 40,000원

ISBN 978-89-274-4793-1 13530